쉽게 찾는 야생화

쉽게 찾는 야생화

초판 1쇄 발행 | 2010년 7월 25일
초판 4쇄 발행 | 2021년 6월 10일

지은이 | 김태정
펴낸이 | 조미현

디자인 | 김진경

펴낸곳 | (주)현암사
등록일 | 1951년 12월 24일 · 10-126
주소 | 04029 서울시 마포구 동교로 12 안길 35
전화 | 365-5051 · 팩스 | 313-2729
전자우편 | editor@hyeonamsa.com
홈페이지 | www.hyeonamsa.com

ⓒ 김태정 2010

*저작권자와 협의하여 인지를 생략합니다.
*잘못된 책은 바꾸어 드립니다.

ISBN 978-89-323-1556-0 03480

이 도서의 국립중앙도서관 출판시도서목록(CIP)은
e-CIP 홈페이지(http://www.nl.go.kr/ecip)에서 이용하실 수 있습니다.
(CIP제어번호 : CIP2010002411)

쉽게 찾는 야생화

글·사진 김태정

ㅎ 현암사

머리말

책을 펴내며

'도시 생활에 익숙한 사람들의 정서에 조금이나마 보탬이 될 수 있기를 바라는 마음에서 이 작은 책을 엮어 보았습니다.' 저는 이런 바람을 가지고 1994년 4월 『쉽게 찾는 우리 꽃 – 봄, 여름, 가을·겨울』을 만들었습니다. 이렇게 만들어진 작은 책 한 권에 보내주신 호응이 온 산천의 야생화들처럼 활짝 피어서 야생화를 사랑하고 그 이름들을 따뜻하게 불러주는 사람들이 많아졌습니다. 저 역시 변함없이 야생화를 사랑하며 살고 있습니다.

서울에 봄이 찾아와 집 마당귀에 따뜻한 햇볕이 들면 서울제비꽃이 살며시 고개를 내밉니다. 이미 남녘에서 여러 봄꽃을 만나고 왔는데도 이 수줍은 봄꽃을 만나면 또 다시 가슴이 설레고 행복합니다. 이 봄이 북녘으로 올라가면 저 역시 봄을 따라서 백두산에 올라가 여러 봄꽃을 만나면서 다시 한 번 가슴을 설레입니다. 이렇게 봄, 여름, 가을, 겨울 꽃들을 만나러 다니는 동안 만들었던 『쉽게 찾는 우리 꽃』이 벌써 열일곱 해째를 넘기게 되었습니다.

이 책이 열일곱 해 동안 계속 인쇄될 수 있었던 것은 모두 독자 여러분의 관심과 사랑 덕분입니다. 좀 더 일찍 새로운 편집으로 독자 여러분과 만나고 싶었으나 이제야 새로 단장하여 조심스럽게 선을 보입니다.

 새롭게 선보이는 책은 제목을 『쉽게 찾는 야생화』로 바꾸었고, 야생화를 사랑하는 독자 여러분이 어서 빨리 백두산에 핀 야생화들을 만나 그 정겨운 이름을 불러주기를 바라는 마음에서 북한의 백두산과 백두산을 둘러싼 고원지대의 야생화들도 함께 넣어 꾸몄습니다. 또한 식물의 특정부분에 초점을 맞춘 사진보다는 들길을 걷다가, 때로는 산길을 허위허위 걷다가 문득 마주치게 되는 야생화의 분위기를 느낄 수 있는 감성적인 사진들을 많이 실었습니다.

 많은 책을 펴냈지만 제 마음은 늘 변함이 없습니다. 이 작은 한 권의 책이 우리나라 곳곳에서 피어나는 야생화와 친해지는 데 많은 도움이 되길 바랄 뿐입니다.

2010년 7월
지은이 김태정

| 차례 |

머리말 4

일러두기 8

 봄

- ■ 12
- ■ 122
- ■ 34
- ■ 182

 **여름**

- ■ 250
- ■ 466
- ■ 316
- ■ 580

 가을

■ ..... 726 ■ 738
■ ..... 764 □ 794

 부록

원예식물 814

꽃의 구조 824

꽃차례 828

꽃이름 찾아보기 830

학명 찾아보기 842

| 일러두기 |

1. 백두산에서 한라산에 이르기까지 우리 산과 들의 풀종류(초본) 1,263종의 야생화와 90종의 원예종을 별도로 묶어 실었습니다.

2. 봄, 여름, 가을 꽃을 각 계절별로 나누고 꽃의 색깔별로 묶어 쉽게 찾아볼 수 있도록 하였습니다.
   ■ 붉은색 꽃   ■ 노란색 꽃   ■ 자주색 꽃   ■ 흰색 꽃

3. 꽃의 색깔은 크게 붉은색, 노란색, 자주색, 흰색으로 나누었습니다. 색깔이 약간 연하거나 변색이 있는 경우에는 큰 무리 색깔에 포함시켰는데, 예를 들면 녹색 꽃은 노란색 꽃에 포함시켰습니다.

4. 사진상으로는 꽃의 색깔이 분류된 것과 약간 다른 경우도 있는데, 이때에는 원래 식물 분류상에 나타난 꽃의 색깔별로 분류하였습니다. 우리나라의 꽃들은 중간색이 많아 경우에 따라서는 독자의 생각과 다를 수 있습니다.

5. 계절과 꽃의 색깔무리에서는 일반 식물도감 배열 순서대로 과(科), 또는 속(屬-무리) 등으로 묶어서 식물개체의 특징을 비교할 수 있도록 하였습니다.

6. 우리 자생종을 제외한 외래종은 귀화식물로 표기하여 구별하기 쉽게 하였습니다.

7. 독이 있는 식물은 유독성식물로 표기하여 구별하기 쉽게 하였습니다.

8. 『쉽게 찾는 우리 꽃-봄, 여름, 가을·겨울』에서는 물가나 연못, 냇가 등에 자라는 것들은 모두 수생식물로 하였으나 이 책에서는 물 속에서 자라는 것들만 수생식물로 분류하였습니다.

9. 외래종 약초, 외래종 작물, 원예종 일부도 본문에 포함하였습니다. 이는 무리를 구성하는 데 꼭 들어가야 할 것, 또는 열대원산으로 식용작물 중에 우리나라에서 꽃을 보기 어려운 것들입니다.

10. 일반적인 원예종을 후반부에 모아서 구분하기 쉽도록 하였습니다.

11. 양지, 음지, 반그늘 등 식물들이 자라는 곳을 표를 만들어 식물마다 표기하였습니다.

12. 식물의 활용방법을 비롯하여 식용, 약용, 관상용 등의 분류도 표를 만들어 각 식물마다 표기하였습니다. 또한 설명 끝에 별도의 상자를 만들어 이름의 유래 및 각 용도의 쓰임새를 상세히 설명하였습니다.

13. 우리나라 북부지방의 고원지, 개마고원·백무고원·백두고원에서만 자라는 식물들도 같이 엮었습니다. 그 중에는 우리의 특산식물도 포함되어 있으며 대개는 북부지방의 고산식물입니다.

14. 식물용어는 우리말로 풀어서 수록하였습니다.

15. 꽃을 촬영한 장소와 시기를 표기하였습니다.

16. 변이종은 원종과 함께 배열하였습니다. 꽃 색깔이 원종과 다른 경우에도 꽃 설명은 원종과 함께 배열하되 꽃의 원 색깔에서 찾아볼 수 있도록 해당 색깔 맨 끝에 수록 페이지를 표기하였습니다.

17. 여러 계절에 걸쳐 피는 꽃들은 꽃을 더 많이 볼 수 있는 계절에 배치하였습니다.

봄
Spring

청초한 봄 이슬을 머금고
화사하게 피어오른 얼레지꽃,
새봄을 알리는 그 자태가 바로 봄처녀로구나!

봄

갯장구채
Melandryum oldhamianum

과명 석죽과

개화 5~6월   **높이** 30~50cm

특징 두해살이풀 | 전체에 잔털이 있다. 원줄기와 가지 끝에 작은 꽃자루가 있고 꽃받침은 통모양으로 끝이 5개로 갈라진다. 10개의 모서리는 자줏빛이 돌며 전체에 굽은 털이 빽빽하게 있고 꽃은 분홍색이다. | 식용, 약용

결실 6~7월 | 튀는열매(삭과)

자생 중부 이남 지역, 바닷가 부근 마을 들녘의 길가 둑, 양지 초원

❗ 어린 잎은 나물로 먹는다. | 한방과 민간에서 풀 전체를 해열, 정혈, 지혈, 이질 등에 약재로 사용한다.

분홍개미자리
Spergularia rubra

과명 석죽과

개화 4~10월   **높이** 5~30cm

특징 한해 또는 두해살이풀 | 귀화식물 (유럽 원산). 우리나라에는 1980년대에 알려졌다. 잎은 마주 달리며 줄모양이고 턱잎은 긴 삼각모양의 흰색이다. 꽃은 분홍색이고 꽃받침은 긴 타원모양이며 바깥쪽에 샘털이 있다. 꽃잎은 긴 타원모양이다. | 식용

결실 6~11월 | 튀는열매(삭과)

자생 남부지방, 제주도 바닷가 습기 있는 모래땅, 갯벌, 논둑 등

❗ 어린 순은 나물로 먹는다.

할미꽃
Pulsatilla koreana

▲ 단양 4월

▲ 씨

과명 미나리아재비과

개화 4~5월 **높이** 25~40cm

특징 여러해살이풀 | 식물 전체에 흰 긴 털이 빽빽하게 나 있다. 풀잎은 뿌리목에서 모여 나며 잎이 가늘게 갈라지고 마지막 갈래조각이 약간 넓은 버들잎모양이다. 꽃은 붉은 자주색이고 꽃받침잎은 길이 3~4cm이다. | 유독성식물 | 관상용, 약용

결실 5~6월 | 여윈열매(수과)

자생 남·중·북부지방, 산과 들 양지 바르고 메마른 언덕

❗ 한방에서 뿌리를 [백두옹(白頭翁)]이라 한다. 뿌리에는 프로토아네모닌과 사포닌이 함유되어 있다. 한방에서 뿌리를 진통, 소염, 건위, 지혈, 익혈, 수렴, 신경통 등에 약재로 사용한다. | 꽃이 진 후 길고 흰 암술대가 하얗게 부푼 모습이 할아버지의 흰 머리카락 같아 '백두옹(白頭翁)'이라 하고, 꽃대가 휘어진 것이 할머니의 굽은 허리 같아 '노고초(老姑草)'라 부르기도 한다.

봄

분홍할미꽃
Pulsatilla davurica

▲ 백두산 6월

▼ 열매

과명 미나리아재비과

개화 5~6월　　**높이** 25~40cm

특징 여러해살이풀 | 굵은 뿌리가 땅속 깊이 들어가고 흑갈색이다. 잎은 뿌리에서 나오고 잎자루가 길며 5개의 깃모양겹잎이다. 밑의 작은 잎은 깃처럼 깊게 갈라지고 맨 끝조각은 줄모양으로 끝이 뾰족하며 뒷면에 명주실 같은 흰 털이 있다. 꽃줄기 끝에 연한 푸른빛이 도는 분홍색 꽃이 피며 고개를 숙인다. | 유독성 식물 | 관상용, 약용

결실 6~7월 | 여윈열매(수과)

자생 평안북도 강계, 후치령, 관모봉, 백두산 등지의 양지바른 길가 언덕

❗ 할미꽃과 거의 비슷하지만 꽃이 분홍색이며 고산지대에 자라는 것이 특징이다. | 뿌리를 할미꽃과 같이 한방약재로 사용한다.

동강할미꽃
Pulsatilla davurica var. *tongkangensis*

과명　미나리아재비과

개화　4~5월　　**높이**　25~40cm

특징　여러해살이풀 | 잎몸이 3~7개로 갈라지며 꽃이 연한 분홍색이다. 대개 고개를 숙이지 않고 위로 활짝 피는 것이 특징이다. | 유독성식물 | 관상용, 약용

결실　5~6월 | 여윈열매(수과)

자생　강원도 영월의 동강 부근, 정선 등지의 석회암 지대 바위틈

❗ 뿌리를 할미꽃과 같은 한방약재로 사용한다.

노랑할미꽃
Pulsatilla koreana for. *flava*

과명　미나리아재비과

개화　4~5월　　**높이**　25~40cm

특징　여러해살이풀 | 꽃이 노란색으로 피는 것이 특징이다. | 유독성식물 | 관상용, 약용

결실　5~6월 | 여윈열매(수과)

자생　중·남부 일부 지방의 산기슭 메마른 언덕

❗ 뿌리를 할미꽃과 같은 한방약재로 사용한다.

몽골할미꽃
Pulsatilla mongolia

과명　미나리아재비과

개화　4~5월　　**높이**　25~40cm

특징　여러해살이풀 | 귀화식물(몽골 고원 원산). 꽃의 색깔이 짙은 자주색이고 잎이 가죽질인 것이 특징이다. | 유독성식물 | 관상용, 약용

결실　5~6월 | 여윈열매(수과)

자생　몽골지방 고원지, 춥고 건조한 곳

❗ 뿌리를 할미꽃과 같은 한방약재로 사용한다.

봄

민산작약
Paeonia obovata var. *glabra*

과명	미나리아재비과
개화	5~6월 **높이** 40~80cm

특징 여러해살이풀 | 산작약과 잎이 비슷하지만 잎 뒷면에 털이 없다. | 유독성식물 | 관상용, 약용

결실 9월 | 쪽꼬투리열매(골돌)

자생 북부지방, 깊은 산골짜기 숲속

❗ 한방에서 뿌리를 [작약(芍藥)]이라 하고 진경, 해열, 지혈, 진통, 이뇨, 부인병, 복통, 두통, 창종, 대하증, 각혈, 금창, 하리, 혈림 등에 약재로 사용한다.

산작약(산함박꽃)
Paeonia obovata

과명	미나리아재비과
개화	5~6월 **높이** 40~80cm

특징 여러해살이풀 | 잎 뒷면에 털이 있고 암술대가 길게 자라서 뒤로 말리며 꽃이 붉은색인 것이 특징이다. | 유독성식물 | 관상용, 약용

결실 9월 | 쪽꼬투리열매(골돌)

자생 제주도, 남·중·북부지방의 깊은 산골짜기 숲속 반그늘

❗ 한방에서 뿌리를 [작약(芍藥)]이라 하고 민산작약과 같은 용도의 한방약재로 사용한다.

작약
Paeonia lactiflora var. *hortensis*

▲ 금산 5월　　　　　　　▼ 열매

과명　미나리아재비과

개화　5~6월　　　**높이**　40~90cm

특징　여러해살이풀 | 줄기는 곧게 서며 가지를 벋고 털은 없다. 뿌리는 굵고 대개 여러 개로 갈라졌으며 자르면 속살은 붉은색이다. 잎은 어긋나게 붙고 잎자루가 있다. 줄기 끝에서 여러 개의 붉은색, 연한 분홍색, 흰색 등 여러 가지 색으로 꽃이 핀다. | 유독성식물 | 관상용, 약용

결실　7~8월 | 쪽꼬투리열매(골돌)

자생　집 안에서 관상용으로 키우거나, 전국의 약초 농가에서 재배

◀ 약재

! 한방에서 뿌리를 [작약(芍藥)], [작약근(芍藥根)]이라 한다. 뿌리에는 배당체인 페오니플로린($C_{22}H_{28}O_{11}$), 알칼로이드인 페오닌, 그 밖에 안식향산, 정유 등이 함유되어 있다. 뿌리 말린 것을 이뇨, 진통, 진경, 해열, 지혈, 신경통, 위경련, 부인병, 복통, 두통, 창종, 대하증, 각혈, 금창, 하리, 혈림 등에 약재로 사용한다.

봄

금낭화
Dicentra spectabilis

▲ DMZ 백암산 5월 ▼ 열매

과명 양귀비과

개화 5~6월 **높이** 30~60cm

특징 여러해살이풀 | 땅속에 굵은 뿌리줄기가 있다. 줄기는 연약하고 굵으며 곧게 서고 붉은 자주색을 띤다. 전체가 흰빛이 도는 녹색이다. 잎은 어긋나게 붙고 긴 잎자루가 있다. 줄기 끝 또는 잎겨드랑이에서 꽃줄기가 나와 연한 홍색 꽃이 한쪽으로 치우쳐서 주렁주렁 매달려 핀다. 꽃잎은 납작한 심장모양으로 주머니모양이다. | 유독성식물 | 관상용, 식용, 약용

결실 6~7월 | 튀는열매(삭과)

자생 남·중부 이북 지방, 백두대간 높은 곳의 바위틈

❗ 강원지방에서는 '며눌취'라 하며 나물로 먹는다. 약간의 독성분이 있어 꽃이 피기 전에 줄기와 잎을 잘라서 데운 물에 데친 후 찬물에 몇 시간 동안 담가서 독 성분을 제거한 다음 나물로 무쳐 먹거나 묵나물로 먹는다. | 잎과 줄기 특히 뿌리에 프로토핀이란 알칼로이드가 함유되어 있어 한방과 민간에서 탈항증에 약재로 사용한다.

들현호색
Corydalis ternata

▲ 고창 4월

과명 양귀비과

개화 4월 **높이** 15cm 안팎

특징 여러해살이풀 | 땅속에 여러 개의 둥근 덩이줄기가 있고 가는 실뿌리도 있다. 줄기는 대개 외대로 자란다. 잎은 어긋나게 붙고 긴 잎자루가 있다. 잎몸은 세갈래난 겹잎, 마지막 갈래쪽잎은 마름모꼴의 쐐기모양, 달걀모양이며 가장자리에 불규칙한 톱니가 있거나 드물게는 2개로 깊게 갈라진다. 줄기 끝에서 홍자색 꽃이 송이꽃차례로 모여 핀다. | 유독성 식물 | 약용

결실 5월 | 튀는열매(삭과)

자생 남·중·북부지방 일부, 평안북도 이남 지역의 논밭이나 들녘 둑

❗ 덩이줄기에는 프로토핀($C_{20}H_{19}N$), 볼보카프닌($C_{19}H_{19}O_4N$), 코리다린($C_{22}H_{27}O_4N$) 등의 알칼로이드가 함유되어 있다. 한방에서 땅속의 덩이줄기를 [현호색(玄胡索)]이라 하며 진경, 진통, 조경, 타박상, 두통, 월경통 등에 약재로 사용한다.

봄

자운영
Astragalus sinicus

▲ 충무 5월

과명 콩과

개화 4~5월　　**높이** 10~30cm

특징 두해살이풀 | 귀화식물(중국 원산). 줄기는 밑에서 가지를 뻗고 누워 자란다. 잎은 어긋나게 붙고 9~11개의 쪽잎으로 구성된 홀수깃모양겹잎이다. 잎겨드랑이에서 긴 꽃줄기가 나오며 끝에서 홍자색 또는 흰색의 나비모양 꽃이 우산꽃차례를 이루며 핀다. | 식용, 약용, 가축 사료용, 퇴비용

결실 6~7월 | 꼬투리열매(협과)

자생 중부 이남 지방의 농가

❗ 어린 순은 나물로 먹기도 한다. 꽃에 꿀자원이 많아 양봉농가의 밀원자원이 된다. 근래에는 친환경농법으로 논에 많이 재배한다. | 민간에서 풀 전체를 이뇨제, 해열제로 사용한다.

쥐손이아재비(유럽쥐손이)
Erodium moschatum

과명 쥐손이풀과

개화 4~6월 **길이** 50cm 안팎

특징 한해살이풀 | 귀화식물(유럽 지중해 연안 원산). 줄기는 많은 가지를 벋으며 아래쪽은 땅 위에 누워 자라고 드문드문 털이 있으며 위쪽은 비스듬히 곧게 서며 샘털이 있다. 잎은 어긋나게 붙고 잎몸은 깃모양으로 갈라진 겹잎이다. 길이 20cm이고 3~6쌍의 쪽잎이 있으며 쪽잎은 달걀모양으로 가장자리는 톱니모양이다. 잎겨드랑이에서 나온 긴 꽃줄기 끝에 6~12개 정도의 홍자색 꽃이 우산꽃차례를 이루고 핀다.

결실 5~7월 | 튀는열매(삭과)

자생 중부 이남 지역, 들녘 길가 빈터나 초원지

고깔제비꽃
Viola rossii

과명 제비꽃과

개화 4~5월 **높이** 6~19cm

특징 여러해살이풀 | 잎은 뿌리줄기에서 여러 개가 모여 나며 잎자루가 있다. 잎몸은 심장모양이고 잎 가장자리는 물결모양이다. 잎 사이에서 나온 몇 개의 꽃줄기 끝에서 홍자색 큰 꽃이 1개씩 핀다. | 식용, 약용

결실 7월 | 튀는열매(삭과)

자생 전국 각지, 부식질이 많은 산기슭 나무 아래 반그늘

❗ 꽃 피는 시기에는 잎 양쪽 귀가 말려서 고깔모양으로 되었다가 꽃이 핀 후에는 펼쳐지기 때문에 이름 지어졌다. | 어린 잎을 나물로 먹는다. | 한방과 민간에서 풀 전체를 [근채(菫菜)]라 하며 고미, 해독, 거풍, 최토, 정혈, 진해, 간장기능 촉진, 태독, 유아발육 촉진, 감기, 통경, 기침, 부인병 등에 약재로 사용한다.

봄

줄민둥뫼제비꽃
Viola tokubuchiana var. *takedana* for. *variegata*

과명 제비꽃과

개화 4~5월　　**높이** 10~12cm

특징 여러해살이풀 | 원줄기는 없고 뿌리는 흰색이다. 잎은 세모난 달걀모양이고 윗부분이 뾰족하고 밑부분은 귀모양에 가까운 심장모양이다. 잎 표면은 녹색이고 뒷면은 대개 자줏빛이 돌며 민둥제비꽃과 거의 비슷하지만 잎 표면에 잎줄을 따라 흰 무늬가 있는 것이 특징이다. 꽃은 연한 홍자색이며 꽃대는 길지 않다. | 식용, 약용

결실 6~7월 | 튀는열매(삭과)

자생 중부지방, 경기도 광릉의 숲속 부식질 토양의 반그늘, 제주도

❗ 어린 잎은 나물로 먹는다. | 고깔제비꽃과 같은 약재로 사용한다.

큰앵초
Primula jesoana

과명 앵초과

개화 5~6월　　**높이** 40cm 안팎

특징 여러해살이풀 | 식물체에 잔털이 있고 뿌리줄기가 짧게 옆으로 벋으며 원줄기는 없다. 잎은 둥근 콩팥모양, 콩팥꼴의 심장모양으로 짧은 털이 있으며 가장자리가 7~9개로 얕게 갈라지고 이빨모양의 톱니가 있다. 잎자루는 길이 30cm이다. 긴 꽃줄기(20~40cm) 끝에 홍자색의 꽃이 5~6개씩 모여 1~2층을 이루고 돌려붙어 핀다. | 관상용, 식용, 약용

결실 7~8월 | 튀는열매(삭과)

자생 전국 각지, 높은 산 위쪽 능선이나 골짜기 숲속 반그늘

❗ 어린 잎은 나물로 먹는다. | 민간에서 풀 전체를 거담제로 사용한다.

설앵초
Primula modesta var. *fauriae*

▲ 한라산 5월

과명 앵초과

개화 5~6월　　**높이** 5~15cm

특징 여러해살이풀 | 모든 잎이 뿌리에서 나오고 네모꼴의 둥근 달걀모양이며 잎자루가 길다. 잎은 가장자리가 뒤로 말리는 것이 있으며 얇고 둔한 톱니가 있다. 뒷면은 황색 가루로 덮여 있고 밑부분이 갑자기 좁아져서 잎자루로 흘러 좁은 날개로 된다. 꽃줄기 끝에 3~8개의 연한 분홍색 또는 흰색 꽃이 피며 꽃에도 유황가루가 묻어 있다. | 관상용, 식용, 약용

결실 7~8월 | 튀는열매(삭과)

자생 제주도 한라산, 내륙의 높은 산 고원지 양지바른 바위 표면

❗ 어린 잎은 나물로 먹는다. | 민간에서 큰앵초와 같은 약재로 사용한다.

앵초
Primula sieboldi

▲ 서울 5월

과명 앵초과

개화 4~5월　　**높이** 15~40cm

특징 여러해살이풀 | 뿌리줄기는 짧고 옆으로 비스듬히 서며 잔뿌리가 있다. 잎은 모두 뿌리에서 무더기로 난다. 잎자루는 잎몸보다 1~4배 길고 연한 털이 있다. 잎몸은 달걀모양, 타원모양이고 털이 있으며 표면에 주름이 지며 가장자리가 얕게 갈라지고 갈래조각에 톱니가 있다. 꽃줄기 끝에 홍자색 또는 흰색 꽃이 여러 개 모여 우산꽃차례를 이루고 핀다. 꽃부리 지름은 2~3cm이며, 꽃통은 꽃받침 길이보다 길다. | 관상용, 식용, 약용

결실 6~7월 | 튀는열매(삭과)

자생 전국 각지, 산골짜기 부식질이 많은 비옥한 땅

❗ 어린 잎은 나물로 먹는다. | 민간에서 큰앵초와 같은 약재로 사용한다.

갯메꽃
Calystegia soldanella

▲ 태안반도 5월   ▼ 열매

과명 메꽃과

개화 5~6월   **길이** 2m 안팎

특징 여러해살이풀 | 굵은 땅속줄기가 옆으로 길게 벋는다. 줄기는 갈라져서 땅 위로 벋거나 다른 물체에 기어오른다. 잎은 둥근 콩팥모양이고 끝이 오목하거나 둥글며 가장자리에 물결모양의 주름이 있다. 잎자루가 있으며 어긋나게 붙는다. 잎겨드랑이에서 잎자루 길이와 거의 같은 꽃대가 나와 끝에 1개의 연한 붉은색 꽃이 피며 꽃부리는 5각꼴의 깔때기모양이다. | 식용, 약용

결실 8~9월 | 튀는열매(삭과)

자생 중부 이남지방, 바닷가 모래땅

❗ 어린 잎은 나물로 먹는다. | 한방과 민간에서 꽃과 뿌리를 이뇨, 중풍, 천식, 감기 등에 약재로 사용한다.

광대나물
Lamium amplexicaule

▲ 해남 산이면 4월

과명 꿀풀과

개화 3~5월　　**높이** 10~30cm

특징 두해살이풀 | 귀화식물(유럽, 북미 원산). 여러 대가 모여 나오며 원줄기는 가늘고 네모지며 자줏빛이 돈다. 잎은 마주 붙고 밑부분의 것은 잎자루가 길고 둥근 모양이며 윗부분의 것은 잎자루가 없고 반달모양이며 양쪽에서 원줄기를 완전히 둘러싸고 가장자리에 톱니가 있다. 윗부분의 잎겨드랑이에서 홍자색 입술모양의 작은 꽃이 돌림꽃차례를 이루며 1개 마디에 6~10개씩 모여 핀다. | 식용, 약용

결실 5~7월 | 갈래열매(분과)

자생 전국 각지 들녘이나 바닷가, 마을 부근의 밭둑, 빈터 등 양지

❗ 잎이 둥글고 지저분하게 주름져서 '코딱지풀', '코딱지나물'이라고도 한다. | 어린 잎과 줄기를 나물로 먹는다. | 한방에서 풀 전체를 [야지마(野芝麻)]라 하고 강장, 대하증, 토혈 등에 약재로 사용한다.

애기송이풀
Pedicularis ishidoyana

과명 현삼과

개화 5~6월 　　**높이** 25cm 안팎

특징 여러해살이풀 | 원줄기는 짧고 뿌리 끝에서 잎이 무더기로 나며 잎은 1회 깃모양겹잎이다. 깃조각은 긴 타원모양이고 깃모양으로 갈라지며 가장자리에 톱니가 있고 잎자루가 있다. 꽃은 연한 홍자색이며 뿌리에서 나오고 작은 꽃자루는 길이 6cm 정도이다. | 식용, 약용

결실 6~7월 | 튀는열매(삭과)

자생 중부지방, 연천 DMZ 근처 산골짜기 숲속

❗ 개성의 천마산에 자란다 하여 '천마송이풀'이라 하기도 한다. | 어린 잎은 나물로 먹는다. | 풀 전체에 알칼로이드, 플라보노이드, 사포닌이 함유되어 있어 민간에서 꽃이삭을 이뇨제, 해열제, 뱀 물린 데 해독제로 사용한다.

쥐오줌풀
Valeriana fauriei

과명 마타리과

개화 5~8월 　　**높이** 40~80cm

특징 여러해살이풀 | 밑에서 벋는 가지가 자라서 번식하고 마디 부근에 긴 흰 털이 있다. 줄기잎은 마주 붙고 5~7개로 갈라지며 갈래조각에 톱니가 있다. 꽃은 연한 붉은빛이 돌고 원줄기 끝에 고른모양으로 달리며 꽃부리는 5개로 갈라진다. | 관상용, 식용, 약용

결실 6~9월 | 여윈열매(수과)

자생 전국 각지 산마루 초원 양지

❗ 뿌리를 캐면 고약한 쥐 오줌 냄새가 난다 하여 이름 지어졌다. | 어린 잎과 줄기는 나물로 먹는다. | 한방과 민간에서 풀 전체를 [길초(吉草)]라 하여 산후병, 화상 등에 약재로 사용하며, 뿌리를 신경진정제로 사용한다.

지느러미엉겅퀴
Carduus crispus

과명 국화과

개화 5~6월　　**높이** 70~150cm

특징 두해살이풀 | 귀화식물(유럽 원산). 줄기는 곧게 서고 속이 비어 있으며 세로로 모서리가 있다. 모서리에 잎 같은 질로 된 지느러미 같은 날개가 나 있고 톱니 같은 거치가 있으며 끝에 딱딱한 가시가 있다. 뿌리잎은 무더기로 나고 꽃 피기 전에 말라 없어진다. 잎몸은 넓은 버들잎모양이며 끝이 뾰족하고 밑부분은 점차 좁아지며 가장자리에 큰 톱니모양 거치와 가시가 있다. 머리모양꽃차례는 줄기 끝, 가지 끝에서 3~4개씩 붙으며 짙은 자주색, 연한 홍색의 통모양 꽃이 모여 달린다. | 관상용, 식용, 약용

결실 6~7월 | 여윈열매(수과)

자생 전국 각지 마을 부근, 밭둑이나 들녘 길가, 빈터 양지

❗ 어린 잎은 나물로 먹는다. | 한방에서 뿌리와 풀 전체를 [비렴(飛廉)]이라 하며 지혈약 원료로 사용하고 민간에서 잎을 지혈제로 사용한다.

흰지느러미엉겅퀴
Carduus crispus for. *albus*

과명 국화과

개화 5~6월　　**높이** 70~150cm

특징 두해살이풀 | 귀화식물(유럽 원산). 지느러미엉겅퀴와 모두 같으나 꽃이 흰색으로 피는 것이 다르다. | 관상용, 식용, 약용

결실 6~7월 | 여윈열매(수과)

자생 중부지방 산과 들

❗ 엉겅퀴 무리와 약간 다르며 줄기에 많이 달린 지느러미 때문에 이름이 붙여졌다. 번식력이 대단히 강하다. | 어린 잎은 나물로 먹는다. | 한방과 민간에서 지느러미엉겅퀴와 같은 약재로 사용한다.

조뱅이
Breea segeta

과명 국화과

개화 5~8월   **높이** 25~50cm

특징 두해살이풀 | 암수딴그루 식물. 뿌리줄기가 길며 뿌리잎은 꽃이 필 때 쓰러진다. 줄기잎은 긴 타원꼴의 피침모양으로 끝이 둔하고 밑부분이 좁으며 가장자리에 작은 가시가 있다. 윗부분 잎은 잎자루가 없고 밑이 둥글며 거미줄 같은 흰 털이 약간 있고 가장자리가 밋밋하거나 끝에 가시가 달린 이빨모양 톱니가 있으며 위로 올라갈수록 점차 작아진다. 줄기 끝에서 지름 3cm의 자주색이나 연한 홍색 꽃이 1~2개 또는 몇 개의 머리모양꽃차례를 이루고 핀다. | 관상용, 식용, 약용

결실 6~9월 | 여윈열매(수과)

자생 전국 각지 들녘 길가, 초원, 밭둑 근처의 양지

❗ 어린 순은 나물로 먹는다. | 한방에서 풀 전체를 [소계(小薊)]라 하고 강장, 이뇨, 지혈, 감기, 금창, 토혈, 창종, 부종, 대하증, 안태, 음창 등에 약재로 사용한다.

큰조뱅이(엉겅퀴아재비)
Breea segeta for. *setosa*

과명 국화과

개화 5~8월   **높이** 100~180cm

특징 두해살이풀 | 키가 크고 가지를 많이 벋으며 꽃이 여러 송이씩 많이 피는 것이 특징이다. 나머지는 조뱅이와 같다. | 관상용, 식용, 약용

결실 6~9월 | 여윈열매(수과)

자생 북부지방, 함경북도 두만강변 초원 또는 모래땅

❗ 어린 순은 나물로 먹는다. | 한방에서 조뱅이와 같은 약재로 사용한다.

봄

털중나리
Lilium amabile

▲ 양구 대암산 5월

과명 백합과

개화 5~8월　　**높이** 50~100cm

특징 여러해살이풀 | 가지는 윗부분에서 약간 갈라진다. 식물체에 잔털이 있으며 비늘줄기는 달걀꼴의 타원모양이다. 잎은 어긋나게 붙고 피침모양으로 끝이 날카롭거나 둔하며 밑은 둔하고 잎자루는 없다. 가장자리는 밋밋하며 연한 녹색이고 양면에 잔털이 빽빽하게 있다. 줄기 끝에서 2~6개의 황적색 꽃이 송이꽃차례를 이루며 고개를 숙이고 핀다. 꽃에서 불쾌한 냄새가 난다. | 관상용, 식용, 약용

결실 8~9월 | 튀는열매(삭과)

자생 남·중·북부지방, 산지 초원의 양지 또는 들녘 밭둑

❗ 줄기와 잎 전체가 짧은 흰 털로 덮여 있어 '털중나리'라 한다. | 어린 순은 나물로 먹는다. | 한방과 민간에서 비늘줄기를 [백합(百合)]이라 하고 종독, 자양, 강장, 건위 등에 약재로 사용한다.

개불알꽃(주머니꽃)
Cypripedium macranthum

▲ 한계령 5월

과명 난초과

개화 5~7월　　**높이** 25~40cm

특징 여러해살이풀 | 뿌리줄기는 옆으로 벋으며 마디에서 뿌리가 내리고 여러 세포로 된 털이 있다. 줄기 밑부분에 줄기집모양의 갈색 비늘쪽잎이 몇 개 있고 그 위에 3~6개의 잎이 어긋나게 붙는다. 잎몸은 넓은 타원모양 또는 타원모양이며 밑부분이 점차 좁아져서 줄기를 감싸고 끝이 뾰족하며 표면에 세로로 주름이 있다. 줄기 끝에서 홍자색 큰 꽃이 1~2개씩 핀다. 꽃에서 불쾌한 냄새가 난다. | 관상용

결실 6~8월 | 튀는열매(삭과)

자생 남·중·북부지방, 깊은 산골짜기 높은 곳의 숲속 그늘

❗ 입술모양 꽃잎이 거꿀달걀꼴의 둥근 주머니 모양이다. 이 모양 때문에 '개불알꽃'이라 이름이 지어졌는데 흉측하다고 '주머니꽃'이라 불리기도 한다.

석곡
Dendrobium moniliforme

▲ 서울 5월

과명 난초과

개화 5~6월　　**높이** 20cm 안팎

특징 늘푸른 여러해살이풀 | 뿌리줄기에서 수염뿌리가 많이 나온다. 줄기는 여러 개가 모여 나와 곧게 서고 고기질이며 마디가 있다. 잎이 떨어진 부분은 녹갈색이며 처음에는 줄기집에 싸여 있다. 잎은 2~3개가 줄기 끝에 어긋나게 붙고 잎자루가 없으며 잎몸은 넓은 버들잎모양이고 밑부분은 점차 좁아져 줄기집을 이룬다. 잎이 떨어진 마디에서 지름 3cm 정도의 연한 홍색, 흰색 꽃 1~2개가 피며 향기가 있다. | 관상용, 약용

결실 6~7월 | 튀는열매(삭과)

자생 남부지방, 다도해 섬지탕, 제주도의 숲속 바위나 늙은 나무 표면

❗ 여름철에 줄기를 베어 증기에 쪄서 그늘에 말린 것을 한방과 민간에서 [석곡(石斛)]이라 하고 활신, 소염, 강장, 해열, 건위, 음위, 도한, 수종, 요통 등에 약재로 사용한다.

타래난초
Spiranthes sinensis

과명 난초과

개화 5~8월 　**높이** 10~40cm

특징 여러해살이풀 | 뿌리는 약간 굵으며 큰 뿌리잎이 있고 잎의 엄지잎줄은 약간 들어갔다. 줄기잎은 피침모양이고 끝이 뾰족하다. 곧게 선 줄기에 타래모양으로 꼬인(나선상) 이삭꽃차례에 분홍색 꽃이 옆을 향해 달린다.

결실 6~9월 | 튀는열매(삭과)

자생 전국 각지 산과 들, 길가 초원이나 양지바른 잔디밭

❗ 타래모양으로 꼬이면서 꽃차례가 길게 나오기 때문에 붙여진 이름이다. 습성이 까다로워 재배가 어렵다.

붉은조개나물
● 157p

붉은벌깨덩굴
● 159p

분홍꿀풀(붉은꿀풀)
● 161p

나도물통이 (화점초)
Nanocnide japonica

과명 쐐기풀과

개화 4~5월   **높이** 10~30cm

특징 여러해살이풀 | 식물체가 연약하다. 줄기는 가늘고 길며 털이 없거나 윗부분에 털이 약간 있고 자주색이 돈다. 잎은 어긋나게 붙고 잎자루 밑에 2개의 받침잎이 있으며 삼각모양이다. 잎 밑부분은 쐐기모양이고 끝이 둔하며 가장자리에 둔한 톱니가 있다. 잎겨드랑이에 고른살꽃차례를 이루고 연한 녹색 꽃이 핀다. | 식용

결실 6~7월 | 여윈열매(수과)

자생 남부지방, 백양산, 무등산, 거문도, 제주도 등 낮은 산 숲속 그늘

❗ 쐐기풀과의 '물통이'라는 풀과 같은 무리는 아니지만 모양이 비슷하여 '나도물통이'라 부른다. | 어린 줄기와 잎은 나물로 먹는다.

애기수영
Rumex acetocella

과명 여뀌과

개화 5~7월   **높이** 20~50cm

특징 여러해살이풀 | 귀화식물(유럽 원산). 줄기는 곧게 서고 붉은 자줏빛이 돈다. 가지를 벋고 줄기에 세로로 홈이 나 있으며 신맛이 있다. 뿌리잎과 줄기잎은 긴 잎자루가 있고 잎몸은 버들잎모양이다. 양쪽 옆에 귀모양 부속체가 붙고 끝이 뾰족하다. 줄기 끝에 고깔꽃차례를 이루고 홍록색 꽃이 꽃가지의 마디마다 모여 달린다. | 식용, 약용

결실 7~8월 | 여윈열매(수과)

자생 전국 각지 마을 근처, 바닷가 모래땅 양지

❗ 어린 잎줄기를 나물로 먹는다. | 민간에서 뿌리줄기를 통경, 옴, 버즘, 피부병 등에 약재로 사용한다.

수영
Rumex acetosa

과명 여뀌과

개화 5~6월　　**높이** 30~100cm

특징 여러해살이풀 | 원줄기는 둥근 기둥모양이고 많은 세로줄이 있으며 홍자색이 돌고 잎과 더불어 신맛이 난다. 뿌리잎은 무더기로 나고 긴 타원모양으로 끝이 둔하며 밑은 화살촉모양이다. 줄기잎은 어긋나게 붙고 위로 올라갈수록 작아지면서 원줄기를 감싼다. 받침잎은 잎집 같고 얇다. 고깔꽃차례에 연한 녹색, 녹색의 꽃이 돌려 붙는다. | 식용, 약용

결실 6~7월 | 여윈열매(수과)

자생 전국 각지 산과 들, 길가, 언덕 등 습기 있는 양지

❗ 어린 줄기와 잎을 생으로 먹는다. | 한방과 민간에서 [산모(酸母)]라 하고 애기수영과 같은 약재로 사용한다.

참소리쟁이
Rumex japonicus

과명 여뀌과

개화 5~7월　　**높이** 40~100cm

특징 여러해살이풀 | 줄기는 곧게 서고 세로줄이 많다. 뿌리는 굵고 땅속 깊이 들어간다. 뿌리잎은 긴 잎자루가 있고 긴 타원모양이며 끝이 둔하다. 줄기잎은 어긋나게 붙고 줄기에 털 같은 도드라기가 있으며 줄기 끝에서 긴 고깔모양꽃차례를 이루고 연한 녹색 꽃이 여러 개씩 꽃줄기 마디에 돌려 달린다. | 식용, 약용

결실 7~8월 | 여윈열매(수과)

자생 전국 들녘, 습기 있는 도랑가 양지

❗ 어린 잎은 나물로 먹는다. | 한방과 민간에서 뿌리줄기를 [양제근(羊蹄根)]이라 하고 건위, 해열, 어혈, 각기, 부종, 황달, 변비, 통경, 산후병, 피부병 등에 약재로 사용한다.

번행초
Tetragonia tetragonoides

▲ 독도 5월

과명 석류풀과

개화 3~9월　　**길이** 40~60cm

특징 여러해살이풀 | 식물체는 고기질이고 털은 없으나 사마귀 같은 도드라기가 많다. 줄기는 밑에서 굵은 가지가 갈라지고 땅 위를 따라 벋는다. 잎은 어긋나게 붙고 잎몸은 달걀꼴의 삼각모양이며 밑부분은 거의 잘려진 모양으로 끝이 둔하며 가장자리는 밋밋하다. 잎겨드랑이에 1~2개씩 꽃이 피고 꽃모양의 꽃받침통이 4~5갈래로 갈라지며 꽃잎은 없다. | 식용, 약용

결실 5~10월 | 굳은씨열매(핵과)

자생 중부 이남, 각 섬지방 바닷가 모래땅 양지

❗ 연한 잎과 줄기를 국이나 나물로 먹는다. | 꽃이 필 때 풀 전체를 채집하여 말린 것을 [번행(蕃杏)]이라 하고 민간에서 종기, 충독, 위장병 등에 약으로 사용한다.

개구리자리
Ranunculus sceleratus

과명 미나리아재비과

개화 4~6월　　**높이** 10~50cm

특징 두해살이풀 | 식물체에 털이 없고 윤채가 난다. 뿌리잎은 무더기로 나며 긴 잎은 둥근 콩팥모양이고 3개로 깊게 갈라지며 밑부분은 심장모양이다. 줄기잎은 어긋나게 붙고 밑부분이 반투명질이며 퍼지고 잎자루가 없으며 3개로 완전히 갈라지고 끝이 둔하다. 황색 꽃에는 작은 꽃자루가 있으며 꽃받침잎은 5개로 젖혀진다. | 유독성식물 | 약용

결실 7~8월 | 여윈열매(수과)

자생 전국 들녘 도랑가, 저지대 물가 양지

❗ 습한 곳에서 자라 개구리들이 모여들기 때문에 이름 지어졌다. | 한방과 민간에서 풀 전체를 [석용예(石龍芮)]라 하며 진통, 창종, 충독 등에 약재로 사용한다.

개구리갓
Ranunculus ternatus

과명 미나리아재비과

개화 4~5월　　**높이** 10~30cm

특징 여러해살이풀 | 실타래모양의 뿌리가 있다. 뿌리잎은 잎자루가 길고 둥근 콩팥모양이며 3개로 깊게, 완전히 갈라진다. 갈래조각은 세모진 거꿀달걀모양으로 둔한 톱니, 결각이 있다. 줄기잎은 1~4개로 완전히 갈라지고 약간 줄모양이며 끝이 둔하다. 꽃은 황색이고 작은 꽃자루 끝에 달리며 꽃받침잎은 5개이다. | 유독성식물 | 약용

결실 6~7월 | 여윈열매(수과)

자생 중부 이남지방, 제주도 등지의 높은 산 숲속 습기 있는 나무 밑 그늘

❗ 개구리자리와 같은 용도의 약재로 사용한다.

미나리아재비
Ranunculus japonicus

▲ 함백산 5월

과명 미나리아재비과

개화 5~8월　　**높이** 30~70cm

특징 여러해살이풀 | 줄기는 곧게 서고 윗부분에서 가지를 벋으며 대개 부드러운 털이 빽빽하게 퍼져 난다. 잎은 어긋나게 붙고 뿌리잎과 줄기 밑부분 잎은 긴 잎자루가 있다. 잎몸은 대개 3개로 깊게 밑부분까지 갈라진다. 줄기 끝에 고른살꽃차례를 이루고 황색 꽃이 핀다. 꽃꼭지에 부드러운 털이 빽빽하게 난다. | 유독성식물 | 약용

결실 6~9월 | 여윈열매(수과)

자생 전국 각지, 산과 들 습기 있는 초원 양지

❗ 풀 전체에는 라눈쿨린 성분이 함유되어 있다. 한방과 민간에서 풀 전체를 [모간(毛茛)]이라 하고 창종, 고혈압, 황달, 간질병, 만성대장염, 부인병 등에 약재로 사용한다. 민간에서는 풀 전체를 살충발포약으로 쓰고 종기에 붙인다.

왜미나리아재비
Ranunculus franchetii

과명 미나리아재비과

개화 5~6월　　**높이** 15~20cm

특징 여러해살이풀 | 뿌리가 사방으로 퍼진다. 뿌리잎은 잎자루가 길고 둥근 심장모양이며 3개로 깊게 갈라지고 가운데 갈래조각은 쐐기모양이다. 줄기잎은 작고 3개로 갈라지며 줄모양이다. 꽃은 황색이고 작은 꽃자루에 잔털이 있다. | 유독성식물 | 약용

결실 6~7월 | 여윈열매(수과)

자생 중부 이북지방의 산지, 강원도 이북의 고산지대 습기 있는 초원 양지

❗ 미나리아재비보다 식물체가 작아 왜미나리아재비라 부른다. | 미나리아재비와 같은 용도의 약재로 사용한다.

기는미나리아재비
Ranunculus repens var. *major*

과명 미나리아재비과

개화 5~7월　　**높이** 20~60cm

특징 여러해살이풀 | 줄기 아랫부분이 땅에 누우며 윗부분은 비스듬히 위로 선다. 잎은 어긋나게 붙고 3갈래난 겹잎이다. 뿌리잎과 줄기 밑부분 잎은 긴 잎자루가 있다. 잎자루의 밑부분이 넓어져서 줄기를 감싸며 줄기 끝, 가지 끝에서 나온 꽃꼭지 끝에 1개의 황색 꽃이 핀다. | 유독성식물 | 약용

결실 6~8월 | 여윈열매(수과)

자생 전국 각지, 논둑이나 도랑가의 습기 많은 양지

❗ 이 풀은 줄기의 밑에서 가지가 많이 나오고 모두 땅바닥에 누워서 자라며 약간 벋어 나가기 때문에 '기는미나리아재비'라 한다. | 미나리아재비와 같은 용도의 약재로 사용한다.

복수초
Adonis amurensis

과명 미나리아재비과

개화 2~5월　　**높이** 30~40cm

특징 여러해살이풀 | 땅속 뿌리줄기는 흑갈색이며 짧고 수염뿌리가 많다. 식물체는 꽃이 피는 시기에는 5~15cm지만 꽃이 피고 나서 더 높게 자라고 가지를 벋기도 한다. 밑부분에 줄기집모양의 비늘잎이 몇 개 붙어 있다. 잎은 깃모양겹잎이며 줄기잎은 어긋나게 붙고 줄기 밑부분의 잎은 잎자루가 있다. 줄기 끝, 가지 끝에 황색 꽃이 1개씩 핀다. 꽃받침은 대개 9개이며 긴 타원모양으로 녹색이 감도는 자주색이며 꽃잎 길이와 같다. | 유독성식물 | 관상용, 약용

결실 6~7월 | 여윈열매(수과)

자생 전국 각지, 산과 들의 부식질이 많은 넓은잎 떨기나무 아래 그늘

❗ '복수초(福壽草)'는 이름 그대로 생명력이 강인하여 오랫동안 사는 풀이라는 뜻이다. | 한방과 민간에서 뿌리를 [측금잔화(側金盞花)]라 하고 진통, 강심, 이뇨, 창종 등에 약재로 사용한다. 독성이 강한 식물이므로 일반인들이 함부로 쓸 수 없다.

세복수초
Adonis multiflora

과명 미나리아재비과

개화 2~5월　　**높이** 30~40cm

특징 여러해살이풀 | 제주도 한라산에 자라며 잎이 더 가늘게 갈라지는 것이 특징이다. 다른 것은 복수초와 거의 같다. | 유독성식물 | 관상용, 약용

결실 6~7월 | 여윈열매(수과)

자생 제주도 한라산

❗ 복수초와 같은 용도의 약재로 사용한다.

동의나물
Caltha palustris var. *membranacea*

▲ DMZ 대성산 5월   ▼ 열매

과명 미나리아재비과

개화 4~5월   **높이** 20~50cm

특징 여러해살이풀 | 뿌리줄기는 짧고 굵다. 꽃줄기는 비스듬히 자라기 때문에 마디에서 뿌리가 내리며 윗부분이 곧게 선다. 뿌리잎은 무더기로 나고 둥근 콩팥 모양이며 물결모양의 둔한 톱니가 있다. 원줄기 끝에 2개씩 황색 꽃이 피며 작은 꽃자루가 있다. | 유독성식물 | 관상용, 약용

결실 8~9월 | 쪽꼬투리열매(골돌)

자생 남·중·북부지방 깊은 산골짜기, 높은 곳 습기 많은 도랑가

❗ 식물의 이름은 동의나물이지만 독이 있어 지금은 먹지 않는다. | 식물체에 사포닌, 알칼로이드가 함유되어 있다. 민간에서 풀 전체를 진경약, 이뇨제, 구토약, 설사약으로 사용하며 기관지염, 천식에 기침 멎는 약으로 쓰고 월경장애, 자궁암, 화상, 피부병, 눈병, 염증, 신장병에 약재로 쓴다. | 곰취 잎과 모양이 비슷하지만 짧은 털이 있고 윤기가 나지 않는다. 늦봄에 잎부터 나온다.

봄

삼지구엽초
Epimedium koreanum

▲ 남양주 5월

과명 매자나무과

개화 5월　　　　**높이** 30cm 안팎

특징 여러해살이풀 | 뿌리줄기는 옆으로 벋으면서 자라고 수염뿌리가 많이 생기며 질은 딱딱하다. 쪽잎은 심장모양, 달걀모양으로 끝이 뾰족하며 가장자리는 뾰족한 잔톱니모양이다. 잎겨드랑이에서 송이꽃차례를 이루고 4~12개의 연한 황색 꽃이 핀다. | 관상용, 식용, 약용

결실 9월 | 튀는열매(삭과)

자생 중부 이북지방, 산기슭 넓은잎 큰키나무 숲속의 그늘

> ❗ 줄기에 가지 3개가 벋으며 3개의 가지 끝에 각각 3개씩 모두 9개의 잎이 달린다 하여 이름 지어졌다. | 연한 잎은 말려서 차 대용으로 먹는다. | 식물체에는 알칼로이드, 플라보노이드, 사포닌이 함유되어 있으며 뿌리와 뿌리줄기에는 데스메틸이카리인, 마그노플로린이 함유되어 있다. 한방과 민간에서 식물체 말린 것을 [음양곽(淫羊藿)]이라 하고 보혈, 강장, 신경쇠약, 류머티즘, 전신불수, 생목, 장절골, 건망증, 음위 등에 약재로 사용한다. 근래에는 식물체 말린 것으로 술을 담가 건강주로 먹기도 한다.

◀ 잎과 꽃

한계령풀
Leontice microrhynncha

▲ 향로봉 5월

과명 매자나무과

개화 5~6월　　**높이** 30~50cm

특징 여러해살이풀 | 뿌리는 땅속 깊이 곧게 들어가고 끝에 덩이뿌리가 굵게 달린다. 받침잎은 잎 같으며 반달모양이고 원줄기를 완전히 둘러싼다. 잎은 1개 달리고 3개로 갈라진 다음 다시 3개로 갈라지고 작은 잎꼭지가 있다. 윗부분에서 나온 꽃대 위에 송이꽃차례를 이루고 3~12개의 작은 황색 꽃이 핀다. | 식용, 약용

결실 6~7월 | 튀는열매(삭과)

자생 중부지방, 백두대간을 따라 남쪽으로는 함백산, 대덕산부터 한계령, 향로봉, 금강산에 이르기까지 높은 산속 그늘

❗ 식물조사 때 처음 한계령에서 이 풀을 발견했기 때문에 이름 붙여졌고, 지금은 향로봉 등의 DMZ 안에 더 많은 개체가 있다. | 북한에서 땅속 덩이뿌리를 [메감자]라 하여 식용한다. | 뿌리줄기에 3~4%의 알칼로이드, 녹말이 함유되어 있다. 민간과 한방에서 덩이뿌리를 이뇨, 건위, 위장병, 당뇨병, 하리 등에 약재로 사용한다.

애기똥풀

Chelidonium majus var. *asiaticum*

▲ 서울 5월

과명 양귀비과

개화 5~8월 **높이** 30~100cm

특징 두해살이풀 | 땅속에 황색 엄지뿌리가 곧게 들어가며 벋는다. 식물체에 황색 즙액이 함유되어 있다. 줄기는 곧게 서고 가지를 벋으며 흰색의 가늘고 긴 털로 덮여 있다. 뿌리잎은 1~2번 홀수깃모양으로 전부 갈라졌다. 잎겨드랑이에서 나온 꽃대 끝에 우산모양 고른살꽃차례를 이루고 3~9개의 황색 꽃이 핀다. | 유독성식물 | 관상용, 약용, 염료용

결실 6~9월 | 튀는열매(삭과)

자생 전국 각지, 산과 들의 낮은 지대 마을 근처, 길가 빈터 양지

❗ 줄기에서 나오는 즙액이 아기의 똥과 색깔이 비슷한 데서 온 이름이다. 이 즙액은 옷에 묻으면 잘 빠지지 않아 근래에는 옷감 염색에 사용하기도 한다. | 한방에서 풀 전체 말린 것을 [백굴채(白屈菜)]라 하고 마취제로 사용한다. 즙액으로 만든 약은 종창 치료에 쓴다.

피나물
Hylomecon vernale

▲ 축령산 5월   ▼ 열매

과명 양귀비과

개화 4~5월   **높이** 20~30cm

특징 여러해살이풀 | 줄기를 자르면 황적색 즙액이 나오며 줄기는 연약하고 곧게 선다. 줄기 밑부분은 갈색의 반투명질 비늘조각으로 덮여 있다. 뿌리잎과 줄기잎이 있다. 뿌리잎은 1~2개로 잎자루가 있고 잎몸은 깃모양으로 완전히 갈라졌으며 줄기 윗부분의 잎겨드랑이에 1~3개씩 황색 꽃이 핀다. | 유독성식물 | 관상용, 약용

결실 5~6월 | 튀는열매(삭과)

자생 중부 이북지방, 산지 숲속 그늘

❗ 줄기를 자르면 나오는 붉은 즙액이 피와 색깔이 비슷하다 하여 붙여진 이름이다. 이름 때문에 나물로 오인되지만 독성분이 있어 먹을 수 없다. | 민간에서 뿌리를 진통제로 사용하기도 한다.

매미꽃
Hylomecon hylomeconoides

▲ 지리산 5월

과명 양귀비과

개화 5~7월 **높이** 20~40cm

특징 여러해살이풀 | 피나물에 비해 꽃대가 뿌리목 잎겨드랑이에서 무더기로 나는 것이 특징이다. 짧고 굵은 뿌리줄기에서 잎이 모여 나며 뿌리에서 나온 잎은 잎자루가 있고 억센 털이 있다. 줄기를 자르면 황적색 즙액이 나오며 잎모양은 피나물과 거의 비슷하다. 잎자루보다 긴 꽃줄기 끝에서 1~10개의 황색 꽃이 핀다. | 유독성식물 | 관상용, 약용

결실 6~8월 | 튀는열매(삭과)

자생 남부지방, 지리산, 제주도 한라산 등 높은 숲속 그늘

❗ 민간에서 뿌리를 피나물과 같은 용도의 약으로 사용한다.

염주괴불주머니
Corydalis heterocarpa

▲ 해남 5월

◀ 열매

과명 양귀비과

개화 4~5월 　　**높이** 40~60cm

특징 두해살이풀 | 줄기는 약간 굵고 가지를 벋으며 곧게 선다. 식물체에 털이 없고 분록색이 돌며 줄기를 자르면 불쾌한 냄새가 난다. 잎은 어긋나게 붙고 긴 잎자루가 있다. 잎몸은 2번 깃모양으로 갈라지며 쪽잎은 달걀꼴의 쐐기모양으로 끝이 뾰족하고 가장자리는 깊게 갈라졌다. 가지 끝에 송이꽃차례로 작은 황색 꽃이 빽빽하게 모여 핀다. | 유독성식물 | 약용

결실 6~7월 | 튀는열매(삭과)

자생 제주도, 울릉도, 남부지방 바닷가나 해안 마을 논둑 등의 양지

❗ 열매가 염주알을 이은 모양으로 열리기 때문에 이름 지어졌다. | 한방에서 풀 전체를 진경, 조경, 진통, 타박상 등에 약재로 사용한다.

봄

갯괴불주머니
Corydalis heterocarpa var. *japonica*

▲ 독도 5월

과명 양귀비과

개화 4~5월 　　**높이** 40~60cm

특징 두해살이풀 | 염주괴불주머니의 변이종으로 염주괴불주머니와 같이 줄기를 자르면 불쾌한 냄새가 난다. 염주괴불주머니와 달리 튀는열매에 씨가 2줄 또는 거의 2줄로 배열되어 있으며 약재로 쓰지 않는 것이 특징이다. | 유독성식물

결실 5~6월 | 튀는열매(삭과)

자생 울릉도, 독도, 남해안의 각 섬지방 바닷가 양지

산괴불주머니
Corydalis speciosa

▲ 중앙산 5월

과명 양귀비과

개화 4~6월　　**높이** 50cm 안팎

특징 여러해살이풀 | 줄기는 약간 굵고 가지를 벋으며 전체에 분록색이 돌고 줄기 속이 비어 있다. 잎은 어긋나게 붙고 잎몸은 2번 깃모양으로 완전히 갈라지며 식물체에 상처를 내면 불쾌한 냄새가 난다. 잎의 마지막 갈래쪽은 줄꼴의 버들잎모양이거나 줄모양이며 끝이 뾰족하고 가장자리는 깊게 갈라진다. 가지 끝에 송이꽃차례를 이루고 황색의 많은 작은 꽃이 빽빽하게 모여 핀다. | 유독성식물 | 약용

결실 6~8월 | 튀는열매(삭과)

자생 전국 각지, 산과 들의 약간 습기 있는 곳, 낮은 지대 산골짜기 양지

❗ 한방과 민간에서 풀 전체를 진경, 조경, 진통, 타박상 등에 약재로 사용한다.

괴불주머니
Corydalis pallida

▲ 대둔산 5월

과명 양귀비과

개화 4~6월　　**높이** 50cm 안팎

특징 여러해살이풀 | 산괴불주머니와 거의 비슷하지만 꽃의 바깥꽃부리 끝이 갑자기 짧게 뾰족하고 꽃이 흰빛이 도는 황색인 것이 특징이다. 산괴불주머니는 약재로 사용하지만 괴불주머니는 약재로 쓰지 않는다. | 유독성식물

결실 6~8월 | 튀는열매(삭과)

자생 전국 각지, 산 중턱이나 낮은 곳의 물가, 길가 풀숲 양지

꽃다지
Draba nemorosa var. *hebecarpa*

▲ 서산 4월 어린 잎과 꽃

과명 십자화과

개화 3~6월 **높이** 10~20cm

특징 두해살이풀 | 줄기는 곧게 서며 밑부분에서 가지를 벋고 잎과 더불어 별모양 털이 빽빽하게 있다. 뿌리잎은 많이 나와서 방석처럼 퍼지고 주걱모양이며 톱니가 약간 있고 밑부분이 좁아져서 잎자루처럼 된다. 줄기 끝이나 잎겨드랑이에서 송이꽃차례를 이루고 10~20개의 작은 황색 십자화가 핀다. | 식용, 약용

결실 5~7월 | 짧은뿔열매(단각과)

자생 전국 각지, 산과 들, 양지바른 밭, 산기슭, 길가 빈터

❗ 봄나물로 널리 알려진 식물이며 어린 잎과 줄기를 나물로 먹는다. | 한방에서 씨를 [정력자(葶藶子)]라 하고 완하제, 이뇨제 등으로 사용하며 당뇨병 등에 약재로 사용한다.

대청
Isatis tinctoria var. *yezoensis*

과명 십자화과

개화 5~6월　　**높이** 30~70cm

특징 두해살이풀 | 귀화식물(중국 원산). 기둥모양 줄기는 곧게 서고 윗부분에서 가지를 벋는다. 털이 없다. 가지 끝에 고른살모양꽃차례를 이루고 황색 작은 십자화가 핀다. | 식용, 약용, 염료용

결실 7~8월 | 짧은뿔열매(단각과)

자생 중부 이북의 바닷가

❗ '대람(大藍)'이라 하여 남색 물감의 원료로 사용했다. | 어린 잎은 나물로 먹는다. | 한방에서 잎을 [숭람엽(菘藍葉)]이라 하고 해열제로 사용한다.

나도냉이
Barbarea orhoceras

과명 십자화과

개화 5~6월　　**높이** 20~100cm

특징 두해살이풀 | 식물체에 털이 없으며 뿌리잎은 무더기로 난다. 줄기잎은 어긋나게 붙고 밑이 귀모양으로 원줄기를 반 정도 감싸며 가장자리가 깃모양으로 갈라진다. 표면에 윤채가 나고 뒷면이 자줏빛이 돈다. 줄기 끝에서 송이꽃차례를 이루고 황색의 작은 십자화가 핀다. | 식용, 약용

결실 6~7월 | 긴뿔열매(장각과)

자생 전국 각지, 마을 주변, 밭둑, 강가, 빈터 등

❗ '냉이'와 같은 무리는 아니나 꽃모양이 냉이와 닮았다 하여 '나도냉이'라 한다. | 어린 잎은 나물로 먹는다. | 민간에서 씨를 이뇨, 해수, 부종, 기관지염 등에 약재로 사용한다.

개갓냉이
Rorippa indica

▲ 독도 5월

과명 십자화과

개화 5~6월 **높이** 20~50cm

특징 여러해살이풀 | 식물체에 털이 없고 가지가 많이 갈라진다. 뿌리잎은 한군데서 무더기로 나와 퍼지고 깃모양으로 갈라지거나 불규칙한 톱니가 있다. 줄기 끝에서 송이꽃차례를 이루고 황색의 십자화가 핀다. | 식용

결실 6~7월 | 긴뿔열매(장각과)

자생 전국 각지의 밭둑, 특히 남부의 섬 지방 언덕 양지

❗ '개'는 들녘을 가리키는 말로 들에 자라는 갓모양 냉이라는 뜻이다. | 어린 잎은 나물로 먹는다.

재쑥
Descurainia sophia

과명 십자화과

개화 5~6월　　**높이** 30~70cm

특징 두해살이풀 | 귀화식물(유럽, 아시아 원산). 줄기는 곧게 서고 윗부분에서 가지를 벋는다. 식물체에는 연한 회색의 여러 갈래 털이 빽빽하게 있고 어린 시기에는 흰색의 짧은 털로 덮인다. 줄기 밑부분의 잎은 잎자루가 있고 윗부분은 없다. 줄기 끝에서 송이꽃차례를 이루고 연한 황색 작은 십자화가 모여 핀다. | 식용, 약용

결실 7~8월 | 긴뿔열매(장각과)

자생 전국 각지, 특히 남부지방 산과 들, 길가 빈터 양지

❗ 어린 잎은 나물로 먹는다. | 식물체를 약초로 재배하기도 하며 씨를 흰겨자의 대용으로 사용한다. 재 성분에는 칼리 성분이 함유되어 있다.

돌나물
Sedum sarmentosum

과명 돌나물과

개화 5~6월　　**길이** 10~80cm

특징 여러해살이풀 | 둥근 기둥모양 줄기는 밑에서 많은 가지를 벋고 옆으로 누우며 덩굴지고 마디에 수염뿌리가 난다. 잎은 3개씩 돌려 붙고 잎몸은 거꿀버들잎모양으로 끝이 급하게 뾰족하며 밑부분도 좁아지고 고기질이다. 줄기 끝에 3~5개의 가지를 벋은 고른살꽃차례를 이루고 별모양 황색 꽃이 핀다. | 관상용, 식용, 약용

결실 7~8월 | 쪽꼬투리열매(골돌)

자생 전국 산과 들, 길가 양지 바위 표면

❗ 바위 표면에 붙어서 많이 나기 때문에 '돌나물'이라 부른다. | 연한 잎과 줄기는 나물, 김치로 먹으며 생으로 먹기도 한다. | 민간에서 풀 전체를 대하증, 선혈 등에 약재로 사용한다.

땅채송화
Sedum oryzifolium

▲ 독도 5월

과명 돌나물과

개화 5~7월　　**높이** 5~12cm

특징 여러해살이풀 | 수염뿌리는 실처럼 가늘다. 줄기는 가늘고 둥근 기둥모양이며 녹색이지만 때로 붉은색을 띤다. 어린 가지와 꽃가지는 처음에는 곧게 서지만 연약하며 땅 위로 기면서 벋어 나간다. 어린 가지에는 잎이 빽빽하게 붙는다. 잎몸은 둥근 기둥모양, 끝이 둔한 모양이며 밑은 가늘어지고 가장자리는 고기질이다. 줄기 끝에 고른살꽃차례를 이루고 황색의 별모양 꽃이 핀다. | 관상용

결실 6~8월 | 쪽꼬투리열매(골돌)

자생 제주도, 남해안 각 섬지방, 울릉도, 독도, 중부지방 바닷가, 바위절벽이나 모래땅

괭이눈
Chrysosplenium grayanum

과명 범의귀과

개화 4~5월 **높이** 5~20cm

특징 여러해살이풀 | 뿌리줄기는 땅 위로 길게 벋으며 그 밑에서 흰 수염뿌리가 내린다. 줄기 밑부분 잎겨드랑이 구슬눈에서 어린 가지가 생겨나 꽃 핀 다음에 길게 자라고 대개 붉은빛을 띠거나 연한 녹갈색이다. 꽃줄기는 네모지고 2~7쌍의 줄기잎이 붙는다. 줄기 끝에서 고른살꽃차례를 이루고 1~6개의 접시모양 황록색 꽃이 핀다. | 식용

결실 6~7월 | 튀는열매(삭과)

자생 전국 각지, 그늘지고 약간 습기 있는 산기슭, 냇가

❗ 열매가 익어가는 모양이 햇볕에 눈을 감고 있는 고양이 눈 같다고 하여 '괭이눈'이라는 이름이 붙었다. | 어린 잎은 나물로 먹는다.

가지괭이눈
Chrysosplenium ramosum

과명 범의귀과

개화 5~7월 **높이** 7~15cm

특징 여러해살이풀 | 어린 가지는 꽃줄기 밑부분이나 뿌리잎 겨드랑이에서 나오며 꽃이 진 다음 길게 자라 꽃줄기보다 길어지고 끝에 잎이 모여 붙는다. 잎은 마주 붙고 잎자루는 가늘며 겉면에 홈이 있고 줄기를 둘러싼다. 꽃줄기는 곧게 서고 연한 털이 있으며 2개로 갈라진 끝에 고른살꽃차례를 이루고 접시모양 연한 녹황색 꽃이 모여 핀다. | 식용

결실 6~8월 | 튀는열매(삭과)

자생 중부 이북지방, 산골짜기의 그늘지고 습기 있는 개울가

❗ 어린 잎은 나물로 먹는다.

털괭이눈
Chrysosplenium pilosum

과명 범의귀과

개화 5월 　　　**높이** 5~15cm

특징 여러해살이풀 | 뿌리줄기는 짧고 수염뿌리가 많다. 어린 가지는 꽃줄기 밑부분 잎겨드랑이나 뿌리잎 잎겨드랑이에서 나오며 꽃줄기보다 짧고 연한 갈색의 긴 털이 있으며 끝부분에 큰 잎이 모여 있다. 둥근모양의 큰 잎은 양면에 성글게 털이 있고 가장자리는 4~10개의 둥근 거치모양이며 밑부분은 넓은 쐐기모양이고 잎자루가 있다. 꽃줄기는 곧게 서며 대개 털이 없다. 뿌리잎은 꽃 피는 시기에 말라 없어진다. 줄기잎은 마주 달리고 접시모양 황색 꽃이 가지 끝에서 고른살꽃차례로 핀다. | 식용

결실 6월 | 튀는열매(삭과)

자생 전국 각지, 산골짜기 개울가 등 습기 있는 나무 그늘

! 어린 잎은 나물로 먹는다.

흰털괭이눈
Chrysosplenium pilosum var. *barbatum*

과명 범의귀과

개화 5월 　　　**높이** 5~15cm

특징 여러해살이풀 | 털괭이눈의 변종으로 어린 가지와 꽃줄기에 흰 수염털이 빽빽하게 난 것이 특징이다. | 식용

결실 6월 | 튀는열매(삭과)

자생 남·중·북부지방의 깊은 산골짜기 그늘

! 어린 잎은 나물로 먹는다.

봄

선괭이눈
Chrysosplenium trachyspermum

과명 범의귀과

개화 5~6월　　**높이** 10cm 안팎

특징 여러해살이풀 | 뿌리줄기는 가늘고 짧다. 어린 가지는 꽃줄기 밑부분이나 뿌리잎 겨드랑이에서 나오며 꽃줄기보다 길게 기면서 벋는다. 마주 붙는 작은 잎이 있으며 끝에서 뿌리가 내리고 새싹이 자라 큰 잎이 모여 붙는다. 줄기잎은 마주 붙고 2~3쌍이다. 줄기 끝에 고른살꽃차례를 이루고 연한 녹색, 황록색의 작은 꽃이 모여 핀다. | 식용

결실 6~7월 | 튀는열매(삭과)

자생 중부 이북지방, 그늘지고 습기 많은 산기슭

❗ 괭이눈은 바닥에 누워 자라는 데 비해 선괭이눈은 꽃줄기가 곧게 서서 자란다. | 어린 잎은 나물로 먹는다.

애기괭이눈
Chrysosplenium flagelliferum

과명 범의귀과

개화 4~5월　　**높이** 5~15cm

특징 여러해살이풀 | 꽃줄기의 뿌리잎 겨드랑이에서 땅 위로 기면서 자라는 가지가 나온다. 기는 가지에 어긋나게 붙은 작은 잎이 있고 꽃이 진 다음에 길게 자란다. 꽃줄기는 대개 털이 없고 연한 붉은색이다. 작은 잎몸은 둥근모양이고 밑은 심장모양이며 끝이 둥글거나 잘라진 모양이고 가장자리는 둥근 거치모양이다. 끝에 고른살꽃차례를 이루고 녹색, 황록색 작은 꽃이 모여 핀다.

결실 5~6월 | 튀는열매(삭과)

자생 울릉도, 북부지방의 깊은 산골짜기, 그늘지고 습기 있는 냇가 바위 표면

산괭이눈
Chrysosplenium japonicum

과명 범의귀과

개화 4~5월　　**높이** 10~15cm

특징 여러해살이풀 | 줄기는 곧게 서고 꽃이 진 다음에 털이 있는 달걀모양의 구슬눈이 생긴다. 뿌리잎에는 잎자루가 있다. 잎자루에 연한 털이 드물게 있다. 잎몸은 콩팥모양으로 밑부분이 심장모양이고 가장자리는 둔한 거치모양이다. 줄기잎은 1~2개이고 어긋나게 붙으며 긴 잎자루가 있다. 2갈래로 짧게 가지를 벋은 줄기 끝에 고른살꽃차례를 이루고 6~12개의 작은 녹색 꽃이 모여 핀다. | 식용

결실 6~7월 | 튀는열매(삭과)

자생 중부지방, 산기슭 길가, 습기 있는 그늘

❗ 어린 잎은 나물로 먹는다.

시베리아괭이눈 (오대산괭이눈)
Chrysosplenium alternifolium var. *sibiricum*

과명 범의귀과

개화 4~6월　　**높이** 5~12cm

특징 여러해살이풀 | 식물체에 털이 약간 있다. 꽃줄기 중앙부에 대개 1개의 잎이 달리고 땅속에 있는 실모양의 가는 가지가 땅 위로 벋어나오며 번식한다. 줄기 끝에 고른살꽃차례를 이루고 황색 꽃이 모여 핀다. | 식용

결실 7~8월 | 튀는열매(삭과)

자생 중부 이북지방, 오대산과 함경북도 고산지대의 산기슭, 습기 있는 반그늘

❗ 러시아, 내몽골 등 북쪽의 추운 지방인 시베리아에 많이 자라고, 한때는 오대산 높은 곳에 자랐기 때문에 두 가지 이름으로 불린다. | 어린 잎은 나물로 먹는다.

뱀딸기
Duchesnea chrysantha

▲ 파주 5월   ▼ 열매

과명 장미과

개화 4~6월　　**높이** 20cm 안팎

특징 여러해살이풀 | 줄기는 땅 위를 기면서 벋는 줄기로 꽃 필 무렵은 짧으나 열매가 익을 무렵이면 마디에서 뿌리가 내리고 더 길게 30~100cm 벋는다. 잎은 3개의 쪽잎으로 된 겹잎이다. 뿌리잎은 잎자루가 길다. 잎겨드랑이에서 긴 꽃자루가 나와 끝에 황색 꽃이 1개씩 피며 꽃받침과 꽃잎 길이가 비슷하다. | 식용, 약용

결실 5~7월 | 여윈열매(수과)

자생 전국의 산기슭, 들녘 초원 양지

❗ 뱀들이 다니는 곳에서 자라고 뱀 물린 데에 익은 열매를 짓찧어 붙이면 뱀독이 해독되는 데서 온 이름인 듯하다. | 익은 열매는 먹는다. | 한방과 민간에서 열매를 [야양매(野洋苺)]라 하고 해열, 제독, 진해, 위염, 상한, 토혈, 통경, 당뇨병, 뱀 물린 데 등에 약재로 사용한다. 식물체는 위암, 코암, 폐암, 자궁경부암, 세균성적리, 피부병, 창독 등에 약으로 사용한다.

가락지나물
Potentilla kleiniana

과명 장미과

개화 5~7월　　**길이** 20~60cm

특징 여러해살이풀 | 뿌리줄기는 짧고 수염뿌리가 많다. 뿌리잎은 무더기로 난다. 잎은 대개 5개의 쪽잎으로 된 손바닥모양겹잎이며 뿌리잎과 줄기 밑부분의 잎에는 긴 잎자루가 있다. 받침잎은 반투명질이다. 줄기 끝에 고른살꽃차례를 이루고 황색의 꽃이 핀다. | 식용, 약용

결실 6~8월 | 여윈열매(수과)

자생 전국 각지, 들녘, 논둑 등의 약간 습기 있는 양지 초원

> ❗ 어린 잎은 나물로 먹는다. | 민간에서 꽃 피는 시기에 줄기잎으로 즙을 만들어 뱀독, 벌레독, 벌 쏘인 데 등에 바르며, 여러 가지 상처에 지혈약으로 사용한다.

솜양지꽃
Potentilla discolor

과명 장미과

개화 4~8월　　**높이** 15~40cm

특징 여러해살이풀 | 잎 표면 외에는 솜 같은 흰 털이 빽빽하게 있다. 뿌리는 굵어지며 원줄기는 비스듬히 누워 자란다. 뿌리잎은 잎자루가 길며 홀수깃모양겹잎이다. 줄기잎은 3출엽이고 어긋나게 붙으며 갈래쪽잎의 뒷면은 흰 솜털로 덮여 있고 가장자리에 톱니가 있다. 황색 꽃이 가지 끝에 고른살꽃차례로 달린다. | 식용, 약용

결실 5~9월 | 여윈열매(수과)

자생 전국의 낮은 지대 양지바른 언덕, 제주도, 남부지방의 바닷가 초원

> ❗ 어린 잎과 줄기는 나물로 먹는다. | 한방과 민간에서 뿌리를 [번백초(翻白草)]라 하며 보익제, 지혈제 등으로 사용한다.

봄

양지꽃
Potentilla fragarioides var. *major*

과명	장미과
개화	4~6월 높이 30~50cm

특징 여러해살이풀 | 식물체에 긴 털이 있고 뿌리잎은 여러 개가 나와서 사방으로 비스듬히 퍼진다. 잎자루가 길고 3~13개의 쪽잎으로 구성된 홀수깃모양겹잎이다. 3개의 맨 끝 작은 잎은 크기가 비슷하고 밑부분의 것은 점차 작아지며 넓은 거꿀달걀모양, 타원모양으로 양끝이 좁다. 양면에 털이 있고 특히 잎줄 위에 털이 많으며 가장자리에 톱니가 있다. 받침잎은 타원모양이고 꽃잎은 끝이 오목하다. 잎겨드랑이에서 나온 가지 끝에 고른살꽃차례를 이루고 몇 개의 황색 꽃이 핀다. | 관상용, 식용

결실 5~7월 | 여원열매(수과)

자생 전국 각지, 산과 들, 길가, 언덕 양지

❗ 어린 순은 나물로 먹는다.

제주양지꽃
Potentilla stolonifera var. *quelpaertensis*

과명	장미과
개화	4~6월 높이 30~50cm

특징 여러해살이풀 | 양지꽃에 비해 줄기와 쪽잎이 작다. 땅 위로 기는 가지가 돋아나는 것이 양지꽃과 크게 다르다. 그 외에 모든 것은 양지꽃과 같다. | 관상용, 식용

결실 5~7월 | 여원열매(수과)

자생 제주도의 산과 들 양지

❗ 어린 순은 나물로 먹는다.

민눈양지꽃
Potentilla yokusaiana

과명 장미과

개화 5~6월 **높이** 10~20cm

특징 여러해살이풀 | 땅바닥을 기는 가지가 길게 벋고 전체에 긴 털이 있다. 뿌리잎은 잎자루가 길고 3개의 쪽잎으로 된 겹잎이다. 쪽잎은 잎자루가 없고 네모진 달걀모양으로 가장자리에 깊고 뾰족한 톱니가 있다. 잎자루와 더불어 흰색의 누운 털이 있고 받침잎은 반투명질이다. 꽃줄기는 2~3개로 갈라져 짧은 작은 꽃자루 끝에 황색 꽃이 1개씩 달린다. | 관상용, 식용

결실 6~7월 | 여윈열매(수과)

자생 제주도, 남·중·북부지방, 숲 가장자리 반그늘

❗ 어린 순은 나물로 먹는다.

세잎양지꽃
Potentilla freyniana

과명 장미과

개화 4~5월 **높이** 15~30cm

특징 여러해살이풀 | 뿌리줄기는 굵고 짧다. 많은 수염뿌리가 있으나 기는 가지는 없다. 식물체에 털이 거의 없고 줄기는 가늘며 연약하고 곧게 또는 비스듬히 자란다. 잎겨드랑이에서 고른살꽃차례를 이루고 황색 꽃이 핀다. | 식용

결실 6~7월 | 여윈열매(수과)

자생 제주도와 중부 이남지방, 산과 들, 숲 가장자리 반그늘

❗ 다른 양지꽃에 비해 풀잎이 가늘다. | 어린 순은 나물로 먹는다.

봄

개쇠스랑개비
Potentilla supina

과명 장미과

개화 5~7월 **길이** 15~50cm

특징 여러해살이풀 | 귀화식물(유럽 원산). 식물체 전체에 털이 많다. 줄기는 1개 또는 몇 개씩 나오며 대개 땅 위에 눕거나 비스듬히 자란다. 드물게 곧게 서고 윗부분에서 가지를 벋는다. 잎은 7~9개의 쪽잎으로 된 홀수깃모양겹잎이다. 뿌리잎과 밑부분 줄기잎에 긴 잎자루가 있다. 잎겨드랑이에서 송이꽃차례를 이루고 황색 꽃이 핀다. | 가축 사료용

결실 6~8월 | 여윈열매(수과)

자생 남·중·북부지방, 들녘, 강변, 도랑가, 길가 빈터의 습기 있는 양지

나도양지꽃
Waldsteinia ternata

과명 장미과

개화 5~6월 **높이** 10~15cm

특징 여러해살이풀 | 뿌리줄기는 옆으로 벋고 위 끝에서 2~3개의 잎이 나오며 밑부분이 작은 비늘조각으로 싸여 있다. 뿌리잎에는 긴 잎자루가 있고 잎몸과 더불어 긴 털이 있다. 줄기 끝에서 고른꽃차례를 이루고 2~3개의 황색 꽃이 모여 핀다. | 관상용

결실 6~7월 | 여윈열매(수과)

자생 중부 이북지방, 깊은 산골짜기 약간 습기 있는 빈터 반그늘

❗ 양지꽃과 같은 무리의 식물은 아니지만 양지꽃과 닮아 '나도양지꽃'이라 한다.

갯활량나물
Thermopsis lupinoides

과명 콩과

개화 5~8월 　　**높이** 40~80cm

특징 여러해살이풀 | 원줄기는 곧게 자라며 가지를 벋거나 드물게 가지가 없고 윗부분에 흰색 누운 긴 털이 빽빽하게 덮여 있다. 가지 끝에서 송이꽃차례를 이루고 황색의 나비모양 꽃이 핀다. 휴전선 이남에서는 귀하게 나타나며 양봉농가의 밀원식물이다. | 관상용, 약용

결실 7~9월 | 여윈열매(수과)

자생 중부지방, 양양, 속초 바닷가와 북부지방 원산 바닷가 모래땅 양지

❗ 식물체에 알칼로이드, 사포닌, 탄닌, 점액질, 적은 양의 정유 등이 함유되어 있다. 민간에서 식물체 말린 것과 익은 씨를 거담, 기침, 기관지염 등에 약으로 사용한다.

애기노랑토끼풀
Trifolium dubium

과명 콩과

개화 5~6월 　　**길이** 20~40cm

특징 여러해살이풀 | 귀화식물(유럽, 서아시아 원산)로서 1990년대에 우리나라에 알려졌다. 줄기는 땅 위를 기면서 끝부분이 곧게 선다. 잎겨드랑이에서 꽃대가 나와 나비모양의 황색 꽃 5~15개가 머리모양꽃차례를 이루고 핀다. | 가축 사료용

결실 6~7월 | 꼬투리열매(협과)

자생 중부지방, 한강 주변, 대개는 바닷가나 강가의 양지

❗ 토끼풀(클로버)과 같은 무리로 풀잎과 꽃의 모양은 같지만 식물체가 작고 꽃이 노란색으로 핀다.

잔개자리
Medicago lupulina

과명 콩과

개화 5~7월 　　**높이** 20~60cm

특징 두해살이풀 | 귀화식물(유럽 원산). 뿌리는 가늘고 가지를 벋으며 근류균이 많이 생긴다. 식물체에 연한 털이 드문드문 난다. 줄기는 대가 누워 자라거나 옆으로 비스듬히 자라며 드물게 곧게 자라고 밑에서부터 가지를 많이 벋는다. 잎겨드랑이에서 나온 긴 꽃줄기 끝에 짧은 송이꽃차례를 이루고 작은 황색 꽃 10~15개가 빽빽하게 핀다. | 약용, 가축 사료용

결실 6~8월 | 꼬투리열매(협과)

자생 전국 각지, 들녘, 길가 빈터, 바닷가 모래땅의 양지

❗ 한방과 민간에서 풀 전체를 [목숙(苜蓿)]이라 하고 위장병, 열독, 흑달 등에 약재로 사용한다.

개자리
Medicago hispida

과명 콩과

개화 5월 　　**높이** 20~60cm

특징 두해살이풀 | 귀화식물(유럽 원산). 줄기는 땅 위에 누워 자라거나 비스듬히 자라며 밑에서부터 가지를 많이 벋는다. 잎겨드랑이에서 나온 긴 꽃줄기 끝에 머리모양의 짧은 송이꽃차례를 이루고 황색 꽃이 2~3개 정도 모여 핀다. | 식용, 약용

결실 7월 | 꼬투리열매(협과)

자생 중부 이남지방, 들녘, 길가 빈터, 밭둑, 바닷가 초원의 양지

❗ 땅 위에 사방으로 방석처럼 퍼진 모양이 개가 풀 위에 누웠다 일어난 자리와 비슷하여 생긴 이름이다. | 어린 순과 잎을 나물로 먹는다. | 한방과 민간에서 풀 전체를 잔개자리와 같은 약재로 사용한다.

괭이밥
Oxalis corniculata

▲ 독도 5월

과명 괭이밥과

개화 5~9월　　**높이** 10~30cm

특징 여러해살이풀 | 비스듬히 서며 가지가 많이 갈라진다. 잎은 어긋나게 붙고 긴 잎자루 끝에 3개의 작은 잎이 옆으로 퍼져 있다. 작은 잎은 거꿀심장모양이고 잎겨드랑이에서 긴 꽃대가 나오며 끝에 1~5개의 황색 꽃이 우산꽃차례를 이루고 핀다. | 식용, 약용

결실 7~10월 | 튀는열매(삭과)

자생 전국 각지, 산과 들, 길가 빈터, 각 섬지방 바닷가 양지

◀ 열매

❗ 토끼풀(클로버) 잎과 모양이 비슷하지만 훨씬 작다. 잎은 밤이면 오므려 서로 붙어 있다. 손톱에 봉선화 물 들일 때 괭이밥 잎을 같이 넣고 찧어서 붙이면 물이 더 잘 든다. | 어린 잎을 생으로 먹는다. | 한방과 민간에서 풀 전체를 해독, 피부병, 소화불량, 충독 등에 약재로 사용한다.

봄

산쪽풀
Mercurialis leiocarpa

과명 대극과

개화 3~5월　　**높이** 25~50cm

특징 여러해살이풀 | 처음에는 흰색이지만 차츰 자주색으로 된다. 줄기는 곧게 서고 네모지며 마디가 있다. 잎은 마주 붙고 잎자루가 있다. 줄기 끝의 잎겨드랑이에서 긴 이삭꽃차례를 이루고 암수딴그루 한성꽃이 연한 녹색으로 핀다. | 유독성식물 | 염료용

결실 9~10월 | 튀는열매(삭과)

자생 제주도 및 남부 다도해 섬지방 늘푸른나무 숲속 그늘

❗ 밭에 심어 기르는 쪽과 같이 남색으로 물들일 때 사용하여 '산쪽풀'이란 이름이 지어졌다.

등대풀
Euphorbia helioscopia

과명 대극과

개화 4~5월　　**높이** 30cm 안팎

특징 두해살이풀 | 식물체에 상처를 내면 흰 즙액이 나온다. 줄기는 둥근 기둥모양으로 대개 가지를 벋지 않으며 자주색을 띤 붉은색이고 윗부분은 황록색이며 고기질이다. 줄기 끝에서 5개의 우산살모양의 꽃줄기가 나오고 다시 1~2번 2~3개의 작은 우산모양 꽃줄기를 이루고 녹황색 꽃이 핀다. | 유독성식물 | 약용

결실 6~7월 | 튀는열매(삭과)

자생 중부 경기도 이남지방, 바닷가 양지 언덕

❗ 한방과 민간에서 풀 전체를 [택칠(澤漆)]이라 하고 통변, 이뇨, 발한, 풍열, 부종, 당뇨, 임질, 치통, 선혈, 풍습, 통경, 복중괴, 건성 등에 약재로 사용한다.

암대극
Euphorbia jolkini

과명 대극과

개화 5월　　　　**높이** 40~80cm

특징 여러해살이풀 | 줄기는 모여 나며 밑부분이 굵고 나무질이다. 줄기잎은 빽빽하고 어긋나게 붙으며 잎자루가 없다. 줄기 끝에 돌려 붙은 5개의 잎은 약간 넓고 짧다. 끝에서 여러 개의 꽃줄기가 우산살모양으로 나오고 끝에 달린 술잔모양 꽃싸개잎 안에서 암꽃과 수꽃이 황록색으로 핀다. | 유독성식물 | 관상용, 약용

결실 6~7월 | 튀는열매(삭과)

자생 다도해 섬지방, 제주도, 바닷가 바위틈 양지

❗ 한방과 민간에서 뿌리를 [경대극(京大戟)]이라 하고 이뇨, 발한, 진통, 풍습, 당뇨, 임질, 치통, 통경, 악성 종창, 백선, 뱀독, 복막염, 신장염 등에 약재로 사용한다.

민대극(풍도대극)
Euphorbia ebracteolata

과명 대극과

개화 4~5월　　　　**높이** 40~50cm

특징 여러해살이풀 | 뿌리줄기는 고기질이며 옆으로 벋는다. 줄기는 곧게 서고 윗부분에 흰 털이 드문드문 나 있다. 줄기와 잎이 어릴 때는 홍자색이 돈다. 줄기 끝에 돌려 붙은 5개의 잎은 더 짧고 넓다. 끝에서 4~5개의 우산살모양 꽃차례가 나오고 다시 2갈래로 갈라지며 끝에 달린 술잔모양 꽃싸개잎 안에 황록색의 암꽃과 수꽃이 핀다. | 유독성식물 | 약용

결실 5~6월 | 튀는열매(삭과)

자생 전국 각지, 산지 숲속 반그늘

❗ 한방과 민간에서 뿌리를 암대극과 같은 약재로 사용한다.

봄

개감수
Euphorbia sieboldiana

▲ 백두산 5월

과명 대극과

개화 4~5월　　**높이** 20~40cm

특징 여러해살이풀 | 원줄기는 털이 없고 녹색이지만 홍자색이 돌며 상처를 내면 흰 즙액이 나온다. 뿌리는 옆으로 벋는다. 잎은 어긋나게 붙고 잎자루가 없으며 끝이 둔하고 엄지잎줄이 뒷면으로 나온다. 끝에서 5개의 피침모양 잎이 돌려붙고 그 윗부분에서 5개의 가지가 갈라진다. 모인꽃싸개잎은 녹색이며 삼각모양으로 끝이 둔하거나 날카롭다. 술잔모양 꽃싸개잎 안에 연한 녹황색의 암꽃과 수꽃이 핀다. | 유독성식물 | 약용

결실 5~6월 | 튀는열매(삭과)

자생 전국 산지, 숲 가장자리 그늘

❗ 대극과 식물들은 모두 독성분이 있어 함부로 민간약으로 쓸 수 없으며 전문의에게 처방받아야 한다. | 한방에서 뿌리 말린 것을 [낭독(狼毒)]이라 하고 진통, 당뇨병, 신장염 등에 약재로 사용한다.

노랑제비꽃
Viola orientalis

▲ 향로봉 5월

◀ 열매

과명 제비꽃과

개화 4~6월 **높이** 5~20cm

특징 여러해살이풀 | 땅속줄기는 거의 곧게 서고 잎 외에는 털이 거의 없거나 잔털이 약간 있다. 뿌리잎은 심장모양이고 가장자리에 물결모양 톱니가 있다. 잎자루는 잎몸보다 3~5배 길고 적갈색이 돈다. 윗부분의 잎은 잎자루가 없고 마주 붙으며 그 밑의 1개는 잎자루가 있고 떨어져 있다. 받침잎은 넓은 달걀모양이고 가장자리는 밋밋하다. 길이 2~4cm의 꽃자루 끝에 황색 꽃이 1~2개 피고 중앙부에 꽃싸개잎이 달린다. | 관상용, 식용, 약용

결실 6~8월 | 튀는열매(삭과)

자생 내륙지방, 산 윗부분 떨기나무 숲속 반그늘

❗ 어린 잎은 나물로 먹는다. | 한방과 민간에서 풀 전체를 고미, 간장기능 향상, 유아발육 촉진, 해독, 최토, 진해, 정혈, 태독, 감기, 통경, 기침, 부인병 등에 약재로 사용한다.

봄

애기참반디
Sanicula tuberculata

과명 미나리과

개화 4~6월   **높이** 8~20cm

특징 여러해살이풀 | 뿌리줄기는 굵고 짧으며 수염뿌리는 가늘다. 줄기는 1개 또는 몇 개씩 모여 나고 곧게 서며 연약하고 윤나며 갈라지지 않는다. 줄기잎 겨드랑이에서 3개의 작은 꽃줄기가 나와 끝에 여러 개의 황색 작은 꽃이 모여 작은 우산꽃차례가 되고 다시 겹우산꽃차례를 이룬다. | 식용, 약용

결실 6~9월 | 갈래열매(분과)

자생 남·중·북부지방, 산지 숲속, 습기 있는 골짜기 반그늘

❗ 어린 잎은 나물로 먹는다. | 한방과 민간에서 풀 전체를 [변두채(變豆菜)]라 하고 지혈, 양정, 해열, 정혈, 대하, 경풍, 고혈압, 중풍, 폐렴, 신경통 등에 약재로 사용한다.

좀가지풀
Lysimachia japonica

과명 앵초과

개화 5~6월   **높이** 7~20cm

특징 여러해살이풀 | 식물체에 부드러운 짧은 털이 있다. 줄기는 처음에 비스듬히 서지만 나중에는 거의 누워 자라며 가지를 벋는다. 잎은 줄기에 마주 달리고 잎자루가 있다. 잎몸은 달걀모양이며 끝이 뾰족하거나 둔하고 밑은 급하게 좁아지며 가장자리는 밋밋하다. 황색 꽃이 잎겨드랑이에 1개씩 핀다. | 식용, 약용

결실 7~8월 | 튀는열매(삭과)

자생 중부 이남지방, 들녘, 길가, 빈터 양지

❗ 어린 잎은 나물로 먹는다. | 민간에서 잎을 구충제 등으로 사용한다.

만주송이풀
Pedicularis manshurica

▲ 설악산 5월

과명 현삼과

개화 5~6월　　**높이** 30cm 안팎

특징 여러해살이풀 | 원줄기의 모서리를 따라 줄지어 돋아난 잔털이 있다. 잎은 1회 깃모양겹잎이고 밑에서 무더기로 나며 가장자리에 얇은 비늘잎이 달린다. 중앙부의 가장 큰 깃조각은 깃처럼 깊게 갈라지며 가장자리에 톱니가 있다. 줄기잎은 뿌리잎과 비슷하지만 점차 작아져서 꽃싸개잎으로 되고 잎자루 가장자리에 긴 털이 있다. 줄기 윗부분의 잎겨드랑이에서 송이꽃차례를 이루고 황색 꽃이 빽빽하게 핀다.

결실 6~7월 | 튀는열매(삭과)

자생 중부 이북지방의 설악산, 금강산, 백두산 등 고산지대 초원 양지

❗ 북부지방에 걸쳐 자라고 러시아의 시베리아까지 분포하기 때문에 이름 지어졌다.

연복초
Adoxa moschatellina

▲ 광덕산 5월

과명 연복초과

개화 4~5월 　　**높이** 8~17cm

특징 여러해살이풀 | 뿌리줄기는 땅바닥을 기는 가지가 옆으로 뻗는다. 줄기는 외대로 밋밋하다. 뿌리잎은 1~2번 갈라진 3개의 쪽잎으로 된 겹잎이고 긴 잎자루가 있다. 줄기잎은 마주 붙고 3개의 쪽잎으로 된 겹잎이다. 줄기 끝에서 고른살모양의 머리모양을 이루고 녹색, 황록색의 작은 꽃 5~7개가 모여 핀다. | 관상용, 약용

결실 5~7월 | 굳은씨열매(핵과)

자생 남·중·북부지방, 깊은 산골짜기 숲 가장자리 반그늘

❗ 복수초와 함께 뿌리가 엉겨 붙어 자라기 때문에 복수초를 캘 때 같이 따라 나와 이름 지어졌다. | 민간에서 뿌리를 달여 곪은 상처를 씻는다.

금마타리
Patrinia saniculaefolia

▲ 대암산 6월

과명 마타리과

개화 5~6월 　　**높이** 30cm 안팎

특징 여러해살이풀 | 마주 붙은 잎 사이에 털이 빽빽한 줄이 있고 꽃이 필 때까지 뿌리잎이 살아 있다. 줄기잎은 잎자루가 짧고 마주 붙으며 모두 깊게 손바닥모양이나 깃모양으로 갈라진다. 표면 잎몸 밑동에 털이 빽빽하게 있으며 뒷면은 털이 거의 없다. 줄기 끝에서 고른살모양의 고른꽃차례를 이루고 황색의 작은 꽃이 여러 개 모여 핀다. | 관상용, 식용, 약용

결실 9~10월 | 여원열매(수과)

자생 남·중·북부지방, 산지 능선을 따라 바위틈 양지

❗ 어린 잎은 나물로 먹는다. | 한방에서 뿌리를 [패장(敗醬)]이라 하고 염증약, 해열제로 사용하며 쥐오줌풀 대용약으로 쓰기도 한다. 정혈, 소염, 안질, 화상, 부종, 대하증, 개선 등에 약재로 사용한다. 민간에서는 적리, 폐결핵, 골수염, 황달에도 약재로 쓴다.

떡쑥

Gnaphalium affine

▲ 여주 5월

과명 국화과

개화 5~7월 **높이** 10~40cm

특징 두해살이풀 | 전체가 흰 털로 덮여 있어 흰빛이 돈다. 줄기잎은 어긋나게 붙고 주걱모양, 거꿀피침모양이며 끝이 둥글거나 뾰족하고 밑부분이 좁아져서 원줄기로 흐르며 가장자리가 밋밋하다. 원줄기 끝의 고른꽃차례에 황갈색 꽃이 피고 꽃싸개잎은 둥근 종모양이다. | 식용, 약용

결실 8~9월 | 여윈열매(수과)

자생 전국 각지, 들녘, 마을 근처 밭둑, 논둑 등의 양지

❗ 어린 싹과 쌀을 같이 넣어 떡을 해 먹기 때문에 이름 지어졌다. | 어린 잎과 줄기는 나물로 먹는다. | 한방에서 식물체를 [불이초(佛爾草)]라 하고 기관지염, 고혈압, 하리 등에 약재로 사용하며 건위제, 지혈제, 거담제 등으로 쓴다.

물솜방망이
Senecio pseudosonchus

과명 국화과

개화 5~6월　　**높이** 55~65cm

특징 여러해살이풀 | 줄기는 곧게 서고 가지는 없으며 처음에는 거미줄 같은 털이 있다. 뿌리잎은 꽃이 필 때까지 남아 있고 사방으로 퍼지며 좁은 주걱모양, 피침모양이고 밑부분이 좁아져서 잎자루의 날개로 되며 양면에 거미줄 같은 털이 있고 가장자리는 밋밋하거나 불규칙한 톱니가 있다. 줄기 밑부분 잎은 뿌리잎과 같고 중앙부의 잎은 줄모양이다. 꽃은 황색이고 7~30개가 고른모양으로 달린다. | 식용

결실 6~7월 | 여윈열매(수과)

자생 전국 각지, 산골짜기 냇가, 논둑, 들녘, 길가 빈터 양지

! 어린 순과 잎은 나물이나 떡으로 먹는다.

솜방망이
Senecio integrifolius var. *spathulatus*

과명 국화과

개화 5~6월　　**높이** 20~60cm

특징 여러해살이풀 | 원줄기는 꽃줄기 같고 자줏빛이 돌며 거미줄 같은 흰 털이 빽빽하게 난다. 뿌리잎은 로제트모양으로 퍼지며 거꿀달걀꼴의 긴 타원모양이고 밑부분이 좁아져 잎자루처럼 되며 가장자리는 밋밋하다. 잔톱니가 있고 양면이 많은 솜털로 덮여 있다. 줄기 끝에 지름 3~4cm 정도의 황색 꽃이 머리모양꽃차례로 핀다. | 관상용, 식용, 약용

결실 6~7월 | 여윈열매(수과)

자생 전국 각지, 산과 들, 메마른 양지 초원, 길가, 무덤의 잔디밭

! 어린 잎은 나물로 먹는다. | 민간에서 풀 전체를 폐결핵, 황달 치료에 쓰며, 한방에서는 땀내기 약이나 전염성 질병 치료약으로 쓴다.

개쑥갓
Senecio vulgaris

과명 국화과
개화 4~10월 **높이** 20~40cm
특징 두해살이풀 | 귀화식물(1910년대에 들어온 유럽 원산). 풀 전체에 털이 없고 줄기는 곧게 서며 속이 비어 있고 가지를 많이 벋는다. 잎에는 잎자루가 있고 잎몸은 주걱모양이며 불규칙하게 깃모양으로 갈라졌고 가장자리에 톱니가 있다. 줄기와 가지 끝에서 머리모양꽃차례로 황색 꽃이 피며 꽃차례는 통모양 꽃으로만 이루어졌다.
결실 4~10월 | 여윈열매(수과)
자생 전국 각지, 길가 빈터, 마을 근처 밭이나 과수원 등지의 양지

개보리뺑이
Lapsana apogonoides

과명 국화과
개화 3~5월 **높이** 4~20cm
특징 두해살이풀 | 줄기는 연약하고 밑부분은 약간 누우며 윗부분은 곧게 선다. 뿌리잎은 땅 위에서 사방으로 퍼지고 꽃이 필 때까지 남아 있다. 잎자루가 길고 긴 타원모양이며 끝이 둔하고 양면에 털이 많거나 없으며 가장자리는 민들레 잎처럼 결각모양이다. 줄기잎은 1~3개가 서로 떨어져 붙는다. 처음에는 엉성한 고른꽃차례모양이지만 가지가 길게 자라면서 밑으로 처지고 끝에 황색 꽃이 머리모양꽃차례로 여러 개씩 달린다. | 식용
결실 4~6월 | 여윈열매(수과)
자생 남부지방, 제주도의 들녘, 논밭 근처, 마을 근처의 빈터 양지

❗ 어린 잎은 나물로 먹는다.

서양금혼초 (민들레아재비, 개민들레)
Hypochoeris radicata

과명 국화과

개화 5~9월   **높이** 30~50cm

특징 여러해살이풀 | 귀화식물(유럽 원산). 뿌리잎은 여러 개가 모여 나며 줄기는 윗부분에서 가지를 벋는다. 줄기 군데군데에 2~10mm의 비늘잎이 생기며 비늘잎은 나중에 검은색으로 변한다. 지름 3cm 안팎의 노란 민들레꽃과 비슷한 꽃이 줄기 끝에 핀다. | 가축 사료용

결실 6~10월 | 여윈열매(수과)

자생 중부 이남지방 산과 들

! '개민들레'로 부르기도 하는데, 민들레와 모양이 닮았지만 쓰이는 용도는 다른 데서 온 이름이다.

좀민들레 (한라민들레)
Taraxacum hallaisanensis

과명 국화과

개화 4~6월   **높이** 15cm 안팎

특징 여러해살이풀 | 잎은 긴 타원모양, 좁은 거꿀피침모양이다. 끝이 둔하거나 날카로우며 밑부분이 좁아져서 잎자루처럼 되고 가장자리는 무 잎 모양으로 갈라진다. 갈래조각은 4~6쌍이다. 모인꽃싸개잎은 붉은빛이 도는 녹색이며 끝이 뾰족하고 머리모양꽃차례에 황색 꽃이 핀다. | 관상용, 식용, 약용

결실 5~7월 | 여윈열매(수과)

자생 제주도 산과 들, 양지 초원, 바닷가

! 어린 잎은 나물로 먹는다. | 한방과 민간에서 식물체를 강장, 건위, 창종, 정종, 자상, 부종 등에 약재로 사용한다.

봄

민들레
Taraxacum mongolicum

▲ 동강 5월

과명 국화과

개화 4~5월 **높이** 20~30cm

특징 여러해살이풀 | 잎이 무더기로 나며 옆으로 퍼진다. 잎은 거꿀피침꼴의 줄 모양이며 무 잎 모양으로 깊게 갈라진다. 갈래조각은 6~8쌍이며 털이 약간 있고 가장자리에 톱니가 있다. 잎보다 약간 짧은 꽃자루가 나와 끝에 1개의 황색 꽃이 달린다. 흰 털로 덮이지만 점차 없어지며 꽃 밑에만 털이 빽빽하게 남는다. | 관상용, 식용, 약용

결실 5~6월 | 여윈열매(수과)

자생 전국 각지, 산과 들, 길가 빈터 등지의 양지 초원

❗ 어린 잎은 나물로 먹는다. | 한방과 민간에서 뿌리를 [포공영(蒲公英)]이라 하고 건위제, 강장제, 해열제, 이뇨제 등으로 사용한다.

서양민들레
Taraxacum officinale

▲ 서울 5월

과명 국화과

개화 3~10월 　　**높이** 5~30cm

특징 여러해살이풀 | 귀화식물(1900년대에 들어온 유럽 원산). 뿌리는 굵고 잎은 뿌리잎 뿐이며 모여 난다. 잎몸은 깃모양으로 깊게 갈라지거나 얕게 갈라지고 갈라진 조각들은 흔히 끝이 밑으로 향한다. 끝의 갈라진 조각은 크고 둥글며 밑부분으로 내려오면서 점차 작아진다. 남녘에서는 겨울철에도 꽃이 계속 핀다. | 식용, 약용

결실 4~11월 | 여윈열매(수과)

자생 전국 각지

❗ 민들레와 달리 모인꽃싸개잎 조각이 밑부분에서 밖으로 젖혀지고 꽃이 연중 계속 핀다. | 어린 잎은 나물로 먹는다. | 한방에서 뿌리를 [포공영(蒲公英)]이라 하고 민들레와 같은 용도의 약재로 사용한다.

산민들레
Taraxacum ohwianum

과명 국화과

개화 5~6월 　　**높이** 20~30cm

특징 여러해살이풀 | 잎몸은 거꿀피침모양이고 끝이 날카롭거나 둔하며 밑부분이 좁아져서 잎자루로 흐르기도 한다. 양면에 털이 있고 가장자리는 밑을 향해 4~5쌍으로 갈라진다. 꽃자루는 꽃이 핀 다음 훨씬 길어지고 황색의 머리모양꽃차례 밑에 털이 빽빽하다. | 식용, 약용

결실 6~7월 | 여윈열매(수과)

자생 남·중·북부지방, 깊은 산골짜기, 고산지대 산기슭 양지

❗ 산에만 자라기 때문에 이름 지어졌다. | 어린 잎은 식용한다. | 한방과 민간에서 식물체를 좀민들레와 같은 용도의 약재로 사용한다.

좀씀바귀
Ixeris stolonifera

과명 국화과

개화 5~6월 　　**높이** 10cm 안팎

특징 여러해살이풀 | 뿌리줄기가 갈라져 옆으로 벋는다. 잎은 어긋나게 붙고 달걀꼴의 둥근모양, 넓은 달걀모양, 넓은 타원모양이며 양끝이 둥글고 가장자리가 밋밋하거나 톱니가 약간 있다. 잎자루는 길이 1~5cm이다. 꽃자루는 2~3개로 갈라지고 잎은 없으며 머리모양 황색 꽃이 1~3개 핀다. | 관상용, 식용, 약용

결실 6~7월 | 여윈열매(수과)

자생 전국 각지, 산과 들, 길가 빈터, 산기슭 언덕 양지

❗ 어린 잎은 나물로 먹는다. | 한방과 민간에서 식물체와 뿌리를 진정, 최면, 건위, 식욕 촉진, 창종 등에 약재로 사용한다.

씀바귀
Ixeris dentata

과명 국화과

개화 5~7월   **높이** 25~50cm

특징 여러해살이풀 | 뿌리는 곧게 벋는다. 줄기는 곧게 서며 가늘고 연약하며 털이 없고 가지를 벋지 않거나 위에서 약간 가지를 벋는다. 뿌리잎은 모여 나며 꽃이 피고 열매를 맺을 때까지 남아 있다. 잎몸은 거꿀버들잎모양이며 가장자리가 밋밋하고 잎 끝부분은 뾰족하며 밑은 쐐기모양으로 점점 좁아지면서 잎자루로 되어 잎자루가 길어 보인다. 줄기잎은 어긋나게 붙고 2~3개뿐이다. 머리모양꽃차례를 이루고 줄기 끝, 가지 끝에서 거의 고른꽃차례모양으로 황색 꽃이 성글게 붙는다. | 관상용, 식용, 약용

결실 6~8월 | 여윈열매(수과)

자생 전국 각지, 들녘, 개울가, 길가, 논둑, 바닷가 초원 등 양지

❗ 어린 잎과 뿌리를 나물로 먹는다. | 한방과 민간에서 풀 전체를 [황고채(黃苦菜)]라 하고 좀씀바귀와 같은 용도의 약재로 사용한다.

흰씀바귀
Ixeris dentata for. *albiflora*

과명 국화과

개화 5~7월   **높이** 25~50cm

특징 여러해살이풀 | 꽃이 흰색으로 피는 것이 특징이다. 나머지는 모두 씀바귀와 같다. | 관상용, 식용, 약용

결실 6~8월 | 여윈열매(수과)

자생 전국 각지, 들녘, 개울가, 길가, 논둑, 바닷가 초원 등 양지

❗ 어린 잎과 뿌리를 나물로 먹는다. | 한방과 민간에서 풀 전체를 좀씀바귀와 같은 용도의 약재로 사용한다.

봄

냇씀바귀
Ixeris tamagawaensis

과명 국화과

개화 4~10월　　**높이** 15~30cm

특징 여러해살이풀 | 잎과 줄기는 뿌리목에서 무더기로 나고 분록색이며 털이 없고 뿌리는 굵다. 줄기잎은 1~3개이고 어긋나게 붙으며 좁은 피침모양, 줄모양이다. 밑부분이 원줄기를 반 정도 감싼 연한 황색 꽃이 머리모양꽃차례를 이루고 줄기 끝에 고른꽃차례모양으로 달린다. | 식용, 약용

결실 5~11월 | 여윈열매(수과)

자생 중부 이남지방, 들녘, 마을 근처, 냇가 모래땅의 양지

❗ 어린 잎과 뿌리를 나물로 먹는다. | 한방과 민간에서 좀씀바귀와 같은 용도의 약재로 사용한다.

방가지똥
Sonchus oleraceus

과명 국화과

개화 5~9월　　**높이** 30~100cm

특징 두해살이풀 | 귀화식물(유럽 원산). 원줄기는 속이 비어 있고 잎 가장자리에 불규칙한 이빨모양의 톱니가 있다. 톱니 끝이 바늘처럼 뾰족하고 잎자루에 날개가 있으며 중앙부의 잎은 귀모양으로 원줄기를 감싼다. 가지 끝에서 거의 우산꽃차례모양을 이루며 황색 꽃이 달린다. | 식용, 약용

결실 6~10월 | 여윈열매(수과)

자생 전국 각지, 들녘, 강변, 길가 빈터, 밭둑, 섬지방 바닷가 초원 양지

❗ 어린 잎은 나물로 먹는다. | 한방과 민간에서 식물체를 [고채(苦菜)]라 하고 이뇨제, 지혈제 등으로 사용한다.

큰방가지똥
Sonchus asper

과명 국화과

개화 5~10월　　**높이** 40~120cm

특징 한해 또는 두해살이풀 | 귀화식물 (유럽 원산). 원줄기는 굵고 속이 비어 있으며 줄이 있고 남색이 도는 녹색으로 상처를 내면 흰 즙액이 나온다. 줄기잎은 어긋나게 붙고 깃모양으로 갈라지거나 날카롭고 불규칙한 톱니가 있으며 밑부분이 둥글고 원줄기를 감싼다. 원줄기 끝과 가지 끝에 여러 개의 머리모양 황색 꽃이 달린다. | 식용, 약용

결실 6~11월 | 여윈열매(수과)

자생 전국 각지, 들녘, 밭, 길가 빈터, 바닷가 양지

❗ 연한 잎은 나물로 먹는다. | 한방과 민간에서 방가지똥과 같은 용도의 약재로 사용한다.

뽀리뱅이(보리뱅이)
Youngia japonica

과명 국화과

개화 5~6월　　**높이** 15~100cm

특징 두해살이풀 | 식물체에 퍼진 털이 있다. 뿌리잎은 로제트모양으로 비스듬히 퍼지고 거꿀피침모양으로 연약하며 털이 있다. 원줄기는 밑에서부터 갈라지고 줄기잎은 0~4개이고 올라갈수록 작아진다. 황색 꽃이 머리모양꽃차례를 이루고 줄기 끝에서 고른꽃차례, 고깔꽃차례 모양으로 달린다. | 식용

결실 6~7월 | 여윈열매(수과)

자생 전국 각지, 산과 들 낮은 곳, 숲 가장자리, 들녘, 길가 초원 반그늘

❗ 어린 잎은 나물로 먹는다.

봄

고들빼기
Youngia sonchifolia

▲ 남양주 5월

과명 국화과

개화 5~8월　　**높이** 12~80cm

특징 한해 또는 두해살이풀 | 뿌리는 약간 굵고 곧게 벋는다. 줄기는 곧게 서고 털이 없으며 대개 자줏빛이 돌고 윗부분에서 가지를 벋거나 간혹 가지를 벋지 않는다. 줄기의 길이는 일정하지 않다. 뿌리잎은 모여 나고 꽃이 필 때까지 남아 있다. 잎몸 가장자리는 빗살처럼 갈라지고 잎 표면이 어두운 회청색이다. 줄기잎은 어긋나게 붙으며 타원모양, 달걀모양, 버들잎모양이며 잎부분이 넓어지면서 둥근 잎귀를 이루고 줄기를 감싸며 끝부분은 뾰족하다. 황색 꽃이 머리모양꽃차례를 이루고 줄기, 가지 끝에서 여러 개 모여 고른꽃차례모양으로 달린다. | 식용

결실 6~9월 | 여윈열매(수과)

자생 전국 각지, 들녘, 마을 근처 밭둑, 길가, 양지바른 초원

❗ 부드러운 잎과 뿌리를 식용하며 김치로 담가 먹기도 한다.

띠
Imperata cylindrica var. *koenigii*

과명 벼과

개화 5월 **높이** 30~80cm

특징 여러해살이풀 | 뿌리줄기가 길게 땅속을 기면서 옆으로 벋고 마디가 있으며 마디에 털이 있다. 줄기는 곧게 서고 가늘며 딱딱하고 2~3개 마디가 있다. 잎보다 꽃이삭이 먼저 나오며 곧게 서고 둥근 기둥모양의 고깔꽃차례를 이룬다. 작은 이삭이 빽빽하게 붙어 짙은 자주색 꽃밥만 드러내고 핀다. | 식용, 약용

결실 6~7월 | 겨깍지열매(영과)

자생 전국 각지, 산과 들, 길가, 밭둑, 냇가 언덕, 바닷가 초원 등 메마른 양지

❗ 꽃 피기 전 꽃이삭을 생으로 먹는다. | 한방과 민간에서 땅속줄기를 [백모근(白茅根)]이라 하고 보익, 소염, 부종, 고혈압, 구토, 주독, 신장염, 피부병 등에 약재로 사용한다.

개피
Beckmannia syzigachne

과명 벼과

개화 5월 **높이** 30~90cm

특징 한해 또는 두해살이풀 | 식물체는 약간 크며 연약하다. 줄기는 무더기로 모여 나며 곧게 서고 2~4개의 마디가 있으며 밋밋하다. 줄기집에는 털이 없고 잎혀는 얇은 반투명질이며 달걀모양, 세모난 모양이다. 줄기 끝에 둥근기둥모양의 고깔꽃차례를 이루고 작은 이삭이 한쪽으로 치우쳐서 2줄로 빽빽하게 붙어 피며 꽃잎은 없고 꽃술만 황녹색으로 나타난다. | 식용, 약용, 가축 사료용

결실 6~7월 | 겨깍지열매(영과)

자생 전국 각지, 들녘, 논둑, 도랑 근처, 물가 양지

❗ 열매를 식용한다. | 민간에서 씨를 자양제, 건위제 등으로 사용한다.

봄

잔디
Zoysia japonica

과명 벼과

개화 3~5월 **높이** 15~20cm

특징 여러해살이풀 | 식물체는 질기고 딱딱하며 뿌리줄기는 길게 땅 위를 기면서 벋는다. 수염뿌리는 가늘고 약하며 줄기는 뿌리줄기의 각 마디에서 나오며 곧게 서고 밑에는 마른 줄기집이 있다. 줄기집에는 털이 없고 입구에 부드러운 긴 털이 있으며 잎혀는 너무 작아서 잘 나타나지 않는다. 줄기 끝에서 송이꽃차례를 이루고 작은 이삭이 줄지어 붙어 피며 꽃잎은 없고 황색의 꽃밥만 나타난다. | 관상용

결실 6~7월 | 겨깍지열매(영과)

자생 전국 각지, 낮은 지대 메마른 양지

메귀리
Avena fatua

과명 벼과

개화 5~6월 **높이** 60~100cm

특징 두해살이풀 | 귀화식물(유럽 원산). 뿌리는 수염뿌리고 딱딱하며 질기다. 줄기는 무더기로 모여 나며 곧게 서고 윤기가 나며 밋밋하고 2~4개의 마디가 있다. 줄기집은 윤기 나고 밑에 솜털이 있으며 잎은 녹색이고 잎집에 털은 없다. 잎혀는 끝이 둔하고 가장자리가 불규칙하게 갈라진다. 줄기 끝에 성글게 벌어지는 고깔꽃차례를 이루고 작은 이삭이 빽빽하게 모여 피며, 꽃잎은 없고 연한 녹색의 꽃밥이 약간 나타난다. | 가축 사료용

결실 6~8월 | 겨깍지열매(영과)

자생 전국 각지, 들녘, 길가, 언덕, 밭둑 등의 양지

향모
Hierochloe odorata

과명 벼과

개화 4~5월 　　**높이** 50~60cm

특징 여러해살이풀 | 식물체에서 향기가 난다. 줄기집은 마디 사이보다 길며 대개 짧은 털이 있다. 줄기 끝에서 고깔꽃차례를 이루고 작은 이삭이 빽빽하게 붙어 피며 연한 황색의 꽃밥만 나타난다. | 약용

결실 6~7월 | 겨깍지열매(영과)

자생 남·중·북부지방, 낮은 지대 들녘, 길가, 언덕의 양지

❗ 풀 전체에서 향기가 나기 때문에 '향모'라 부른다. | 민간에서 만성 위염, 식욕 부진, 열성 질병 등에 약으로 사용하며 방향성 건위제, 폐결핵의 지혈약 등으로 쓴다.

뚝새풀(둑새풀)
Alopecurus aequalis var. *amurensis*

과명 벼과

개화 5~6월 　　**높이** 30cm 안팎

특징 한해 또는 두해살이풀 | 수염뿌리는 가늘고 연하다. 줄기는 무더기로 모여나고 연약하며 밋밋하고 털은 없다. 줄기집은 윤기 나며 마디 사이보다 짧다. 잎혀는 얇은 반투명질이며 연한 색이고 가장자리는 밋밋하며 반달모양, 달걀모양이다. 잎몸은 납작하고 연한 녹색이다. 둥근기둥모양의 고깔꽃차례를 이루며 꽃잎은 없고 흰색의 꽃밥만 드러나며 전체가 연한 녹색이다. | 가축 사료용

결실 6~7월 | 겨깍지열매(영과)

자생 전국 각지, 들녘, 양지바른 논바닥이나 길가 도랑 부근

봄

털빕새귀리
Bromus tectorum

과명 벼과

개화 5~7월   **높이** 30~100cm

특징 한해살이풀 | 귀화식물(유럽, 북아메리카 원산). 목초자원으로 재배하던 것이 지금은 야생상으로 퍼져 자란다. 식물체에 연한 털이 있다. 줄기집은 둥근 통 모양이며 밑으로 향한 털이 많이 난다. 잎혀는 짧으며 잎몸 양면에 털이 있다. 고깔꽃차례를 이루고 끝이 밑으로 처지며 각 마디에 2~7개의 가지가 달리고 가지에 2~7개의 녹색 작은 이삭이 달린다. 꽃잎은 없고 연한 녹색의 꽃밥만 나타난다. | 가축 사료용

결실 6~8월 | 겨깍지열매(영과)

자생 전국 각지, 들녘, 길가 빈터, 밭둑 등의 양지

괭이사초
Carex neurocarpa

과명 사초과

개화 4~6월   **높이** 30~60cm

특징 여러해살이풀 | 식물체는 포기를 이루며 전면에 자주색 잔점이 있다. 뿌리줄기는 짧은 수염뿌리가 많이 내린다. 줄기는 세모졌고 밋밋하며 밑에 흑갈색 줄기집으로 덮여 있다. 잎은 줄기 밑부분에 모여 나고 길이는 줄기와 같거나 약간 길며 딱딱하고 회록색이다. 가장자리는 거칠며 줄기집은 길고 표면은 얇은 반투명질이다. 꽃차례는 둥근기둥모양이고 15~25개의 쪽이삭이 빽빽하게 붙어 있으며 황갈색의 꽃밥이 드러나고 꽃잎은 없다. | 가축 사료용

결실 6~7월 | 여윈열매(수과)

자생 전국 각지, 낮은 산기슭, 습기 있는 초원과 들녘, 길가, 둑의 양지

통보리사초
Carex kobmugi

▲ 안면도 6월

과명 사초과

개화 4~5월　　**높이** 10~20cm

특징 여러해살이풀 | 뿌리줄기는 나무질이며 길게 벋고 딱딱하다. 갈색의 섬유질로 덮이고 실모양으로 가늘게 갈라진 윗부분은 거칠다. 밑도 실모양으로 가늘게 갈라진 갈색의 비늘모양 줄기집으로 덮여 있다. 암수딴포기이며 때로는 암수한포기도 있다. 수꽃차례는 이삭꽃차례 모양으로 암꽃차례보다 약간 작고 많은 쪽이삭이다. 수꽃의 꽃비늘은 황색을 띠고 암꽃은 연한 황록색으로 여러 개의 줄이 있다. | 공업용, 가축 사료용

결실 5~6월 | 여윈열매(수과)

자생 전국 각지, 바닷가 모래땅 양지

❗ 식물체를 제지 원료로 사용한다.

참삿갓사초
Carex jaluensis

과명 사초과

개화 5~6월 **높이** 40~70cm

특징 여러해살이풀 | 식물체는 성글게 모여 나고 뿌리줄기는 짧게 벋는다. 줄기는 가늘고 세모졌으며 윗부분이 거칠다. 줄기 밑에 있는 잎몸이 없는 줄기집은 연한 갈색이며 가장자리가 반투명질이고 실그물모양으로 갈라졌다. 잎은 줄모양이며 줄기보다 짧고 납작하며 가장자리는 뒤로 말아지고 질은 딱딱하며 밑의 줄기집은 녹색이다. 꽃차례는 5~7개의 쪽이삭으로 되고 수꽃은 회록색이다. | 가축 사료용

결실 6~7월 | 여윈열매(수과)

자생 남·중·북부지방, 산골짜기 습기 있는 초원 양지

대사초
Carex siderosticta

과명 사초과

개화 4~5월 **높이** 10~40cm

특징 여러해살이풀 | 줄기는 몇 대씩 모여 나오고 세모졌으며 가늘다. 밑부분에 있는 잎몸이 없는 줄기집은 적갈색을 띠고 묵은 줄기잎은 실모양으로 갈라졌다. 잎이 나오는 줄기는 매우 짧고 5~6개의 잎이 모여 난다. 꽃차례는 성글게 나오는 4~8개의 쪽이삭으로 거의 줄기 밑부분까지 붙고 녹색을 띤다. | 관상용, 가축 사료용

결실 5~6월 | 여윈열매(수과)

자생 전국 각지, 산지 숲 가장자리, 산기슭 언덕 등 그늘

❗ 풀잎이 대나무와 비슷한 데서 온 이름이다.

도깨비사초
Carex dickinsii

과명 사초과

개화 5월　　　　**높이** 20~50cm

특징 여러해살이풀 | 줄기는 세모졌고 잎은 줄기에 어긋나게 붙으며 윗부분의 잎은 줄기보다 더 높게 자란다. 잎은 넓은 줄모양이고 납작하며 질은 딱딱하고 줄기집은 색이 연하다. 잎몸과 줄기집의 잎줄 사이에 가로줄이 나타난다. 꽃차례는 2~4개의 쪽이삭으로 되고 꽃잎은 없으며 연한 녹색이다. | 가축 사료용

결실 6월 | 여윈열매(수과)

자생 전국 각지, 들녘, 습기 있는 도랑가, 언덕의 양지

❗ 열매의 모양이 아이들 장난감 도깨비방망이 같다 하여 '뿔사초', '도깨비사초'라 한다.

좀보리사초
Carex pumila

과명 사초과

개화 5~6월　　　　**높이** 10~25cm

특징 여러해살이풀 | 줄기는 가늘며 둔하게 세모졌고 밋밋하며 가죽질로 마디 사이는 짧다. 줄기 밑부분에 있는 잎몸이 없는 줄기집은 갈색이고 실그물모양으로 갈라졌다. 잎은 여러 개가 모여 나며 줄모양으로 줄기보다 훨씬 길며 납작하거나 약간 마주 접힌다. 꽃차례는 3~9개의 쪽이삭으로 되고 꽃싸개잎은 잎모양으로 꽃차례보다 훨씬 길고 짧은 줄기집이 있다. 수꽃은 황갈색이다. | 가축 사료용

결실 6~7월 | 여윈열매(수과)

자생 전국 각지, 바닷가 모래땅 양지

❗ 모양은 통보리사초 모양이지만 식물체나 꽃이삭이 통보리사초보다 작다.

창포
Acorus calamus var. *angustatus*

과명 천남성과

개화 5~8월　　**높이** 50~100cm

특징 여러해살이풀 | 뿌리줄기는 굵고 옆으로 벋으며 많은 마디가 있고 고기질의 흰 수염뿌리가 밑으로 내린다. 잎은 뿌리줄기목에서 모여 나고 긴 칼모양이며 위 끝은 점차 뾰족해지고 밑부분은 약간 좁아지면서 안쪽으로 마주 접히고 밋밋하며 가운데에 도드라진 잎줄이 있다. 잎 사이에서 나온 세모진 꽃줄기에 이삭모양의 고기질꽃차례를 이루고 많은 연한 황록색 꽃이 핀다. | 관상용, 약용, 공업용

결실 8~10월 | 물열매(장과)

자생 전국 각지, 들녘, 강변, 늪지, 연못가, 도랑가 등 습지의 양지

❗ 봄, 가을에 뿌리를 채집한 것을 한방에서 [창포근(菖蒲根)]이라 하고 고미건위, 치풍, 구충, 진정, 안태, 치림, 익정, 치통, 종창, 개선, 산후하혈, 안질 등에 약재로 사용한다. | 식물체에 향기가 있어 화장품의 향료로 사용한다.

노랑무늬창포
Acorus calamus

과명 천남성과

개화 5~6월　　**높이** 50~100cm

특징 여러해살이풀 | 인도, 북아시아 원산의 원예품종으로 잎에 노란색의 무늬가 있는 것이 특징이다. | 관상용, 약용, 공업용

결실 8~10월 | 물열매(장과)

자생 전국 각지, 들녘, 강변, 늪지, 연못가, 길가, 도랑가 등 습지의 양지

❗ 한방에서 뿌리줄기를 창포와 같은 약재로 사용한다. | 식물체에 향기가 있어 화장품의 향료로 사용한다.

꿩의밥
Luzula capitata

과명 골풀과

개화 4~5월　　**높이** 10~30cm

특징 여러해살이풀 | 뿌리잎은 많이 모여 나고 줄기잎은 2개이다. 잎몸은 납작한 줄모양이고 끝은 딱딱하며 둔하고 가장자리에는 흰색의 긴 털이 있다. 줄기집은 둥근 통모양이며 윗부분에는 흰색의 긴 털이 있다. 줄기 끝에서 많은 꽃들이 빽빽하게 모여 1~3개의 둥근모양 큰 머리꽃차례를 이루고 흑갈색 꽃이 피며 황색의 꽃밥이 드러난다. | 식용, 가축 사료용

결실 6~7월 | 튀는열매(삭과)

자생 전국 각지, 메마른 산기슭, 잔디밭 근처나 길가 양지

! 꿩이 이 풀의 씨를 잘 먹는다 하여 이름 지어졌다. | 씨를 식용한다.

윤판나물
Disporum sessile

과명 백합과

개화 4~6월　　**높이** 30~60cm

특징 여러해살이풀 | 뿌리줄기는 짧고 간혹 옆으로 벋으면서 자라며 원줄기는 윗부분에서 크게 갈라진다. 잎은 어긋나게 붙고 긴 타원모양으로 끝이 뾰족하며 밑부분이 둥글다. 잎자루는 없고 3~5개의 잎줄이 있다. 가지 끝에 2~3개의 황색 꽃이 밑으로 처져서 핀다. | 관상용, 식용, 약용

결실 5~7월 | 물열매(장과)

자생 울릉도와 중부 이남지방의 산지 숲속 반그늘

! 어린 잎과 줄기를 나물로 먹는다. | 한방과 민간에서 식물체를 자양, 강장, 명안, 냉습, 누창 등에 약재로 사용한다.

큰애기나리
Disporum viridescens

과명 백합과

개화 5~6월　　**높이** 30~70cm

특징 여러해살이풀 | 잎은 어긋나게 붙고 긴 타원모양으로 끝이 급하게 날카롭다. 3~5개의 잎줄이 발달하며 가장자리와 뒷면 잎줄 위에 반달모양의 작은 도드라기가 있다. 가지 끝에서 연한 녹색이 감도는 흰 꽃 1~3개가 핀다. | 식용, 약용

결실 6~7월 | 물열매(장과)

자생 전국 각지, 산기슭 숲 가장자리 양지

! 어린 잎과 줄기는 나물로 먹는다. | 한방과 민간에서 식물체를 윤판나물과 같은 약재로 사용한다.

통둥굴레
Polygonatum inflatum

과명 백합과

개화 5~6월　　**높이** 30~80cm

특징 여러해살이풀 | 줄기는 곧게 서지만 끝부분에서 약간 휘어지고 윗부분에 모서리가 있다. 꽃싸개잎은 연한 녹색이고 반투명질이다. 꽃자루는 2~5개로 갈라졌고 꽃싸개잎과 길이가 같다. 끝에 연한 녹색의 통모양 꽃이 밑으로 처져서 피고 끝이 6개로 갈라진다. | 식용, 약용

결실 7~8월 | 물열매(장과)

자생 남·중·북부지방 산지 숲속 그늘

! 어린 잎과 줄기를 나물로 먹으며 뿌리줄기를 쪄 먹기도 하고, 달여서 차 대용으로 마신다. | 봄, 가을에 뿌리줄기를 캐서 햇볕에 말린 것을 한방에서 보양, 해열, 강심, 병후쇠약, 전신쇠약, 부인과 질병 등에 약재로 사용하며 민간에서 뿌리줄기를 해열, 기관지염, 폐렴에 약으로 사용한다.

용둥굴레
Polygonatum involucratum

과명 백합과

개화 5~6월　　**높이** 20~60cm

특징 여러해살이풀 | 굵은 뿌리줄기가 벋고 윗부분에 모서리가 있으며 밑으로 처진다. 잎은 어긋나게 붙고 2줄로 배열되며 달걀꼴의 타원모양이다. 양끝이 좁고 짧은 잎자루가 있기도 하며 가장자리는 밋밋하고 표면은 녹색, 뒷면은 분백색이다. 잎겨드랑이에서 가는 꽃자루가 나와 끝에 백록색 종모양 꽃이 2개씩 쌍으로 밑으로 처져 달린다. 꽃자루 끝을 꽃싸개잎이 덮는다. | 식용, 약용

결실 7~8월 | 물열매(장과)

자생 남·중·북부지방 산지 숲속 그늘

❗ 어린 잎과 줄기, 뿌리줄기를 통둥굴레와 같은 용도로 먹는다. | 한방과 민간에서 뿌리줄기를 통둥굴레와 같은 용도의 약재로 사용한다.

방울비짜루
Asparagus oligoclonos

과명 백합과

개화 5~6월　　**높이** 50~100cm

특징 여러해살이풀 | 줄기와 가지에는 모서리가 있거나 세로줄이 있고 마르면 작은 도드라기가 있어 깔깔하다. 암수딴그루 식물이며 잎모양 가지의 겨드랑이에 대개 2~4개, 드물게 1개의 황록색 꽃이 밑으로 처져서 매달려 핀다. 꽃자루 가운데 윗부분에 마디가 있고 꽃은 통모양이다. | 관상용, 식용, 약용

결실 8~9월 | 물열매(장과)

자생 남·중·북부지방 산과 들, 메마른 양지 초원

❗ 풀 전체가 빗자루 모양이며 방울 같은 열매가 열려 이름 지어졌다. | 어린 순은 나물로 먹는다. | 한방에서 덩이뿌리를 자양, 강장, 이뇨, 거담, 보신, 심장병 등에 약재로 사용한다.

봄

천문동
Asparagus cochinchinensis

▲ 새싹

▲ 덩이뿌리줄기

과명 백합과

개화 5~6월　　**높이** 1~2m

특징 여러해살이풀 | 뿌리줄기는 많은 실북모양의 뿌리가 사방으로 퍼진다. 원줄기는 덩굴모양으로 가지가 가늘고 평활하다. 잎처럼 생긴 가지는 1~3개씩 나고 줄모양으로 끝이 뾰족하며 윤채가 있다. 잎겨드랑이에서 1~3개씩 연한 황색 꽃이 달리며 짧은 작은 꽃자루가 있다. | 식용, 약용

결실 8~9월 | 물열매(장과)

자생 중부 이남지방, 바닷가 근처 산기슭, 초원 또는 바위틈 양지

◀ 약재

❗ 어린 순과 덩이뿌리를 식용한다. | 한방에서 덩이뿌리 겉껍질을 벗기고 솥에 쪄서 바람에 말린 것을 [천문동(天門冬)]이라 하고 이뇨, 해열, 자양, 강장, 거담, 진해, 보로, 양정, 진정, 신장 보호, 기침 등에 약재로 사용한다.

비짜루
Asparagus schoberioides

과명 백합과

개화 5~6월　　**높이** 50~100cm

특징 여러해살이풀 | 원줄기는 둥글고 모서리가 있으며 가지가 많이 갈라진다. 잔가지의 잎은 작은 반투명질이고 큰 가지와 원줄기의 잎은 밑을 향한 가시모양이 된다. 잎처럼 생긴 가지는 3~7개씩 한 군데에 붙고 좁은 줄모양이다. 암수딴그루이고 잎겨드랑이에서 2~6개의 연한 녹색 꽃이 모여 달린다. | 식용, 약용

결실 8~9월 | 물열매(장과)

자생 전국 각지, 낮은 지대의 산기슭 숲 속, 바닷가 부근 반그늘

❗ 어린 순은 나물로 먹는다. | 한방에서 덩이뿌리를 천문동과 같은 용도의 약재로 사용한다.

밀나물
Smilax riparia var. *ussuriensis*

과명 백합과

개화 5~7월　　**높이** 100cm 안팎

특징 여러해살이 덩굴풀 | 가지가 많이 갈라지고 모서리가 있으며 잎은 어긋나게 붙는다. 잎몸은 달걀꼴의 긴 타원모양이고 5~7개의 잎줄이 있다. 잎은 끝이 뾰족하며 밑부분은 심장모양으로 가장자리는 밋밋하고 표면은 털이 없으나 뒷면 잎줄 위에 작은 도드라기가 있기도 한다. 잎자루 밑부분에 받침잎이 변한 덩굴손이 있다. 잎겨드랑이에서 나온 꽃자루에 우산꽃차례로 15~30개의 황록색 꽃이 핀다. | 식용

결실 8~9월 | 물열매(장과)

자생 전국 각지, 산과 들, 숲 가장자리 산기슭 등의 반그늘

❗ 어린 순은 나물로 먹는다.

부전패모(중국패모)
Fritillaria verticillata var. *thunbergii*

과명 백합과

개화 5~6월　　**높이** 30~80cm

특징 여러해살이풀 | 비늘줄기는 대개 2개의 크고 흰 비늘쪽이 모여 공모양으로 되고 지름 1cm 정도이며 밑에는 몇 개의 작고 둥근 비늘줄기가 붙어 있다. 줄기잎은 줄기의 윗부분에서 3~5개가 여러 층으로 돌려 붙으며 잎자루는 없다. 잎 뒷면은 흰빛이 돌며 줄기 끝에서 1~2개의 황색 바탕에 자주색 그물무늬가 희미하게 있는 종모양 꽃이 밑으로 처지며 핀다. | 관상용, 약용

결실 7~8월 | 튀는열매(삭과)

자생 북부지방 부전고원의 초원 양지

❗ 여름, 가을에 비늘줄기를 캐서 햇볕에 말린 것을 한방에서 [평패모(平貝母)]라 하고 거담, 해열, 진정, 유방염 등에 약재로 사용한다.

중의무릇
Gogea lutea

과명 백합과

개화 4~5월　　**높이** 15~20cm

특징 여러해살이풀 | 비늘줄기는 달걀모양이고 겉껍질은 회갈색이며 작은 비늘줄기 무리는 없다. 뿌리잎은 1개이며 넓은 줄모양이고 끝이 점차 뾰족해진다. 꽃줄기는 외대로 나와 곧게 서고 연한 질이다. 줄기 끝에서 3~13개의 황색 꽃이 우산꽃차례로 성글게 핀다. 꽃차례 밑에 2개의 버들잎모양 꽃싸개잎이 마주 붙으며 길이가 다르다. | 관상용, 식용, 약용

결실 5~6월 | 튀는열매(삭과)

자생 남·중·북부지방, 산과 들, 숲 가장자리 반그늘

❗ 비늘줄기를 식용한다. | 한방과 민간에서 비늘줄기를 자양, 강장, 강심, 진정, 진통 등에 약재로 사용한다.

노랑붓꽃
Iris koreana

과명 붓꽃과

개화 5~6월   **높이** 5~15cm

특징 여러해살이풀 | 식물체의 밑부분에는 묵은 잎이 남아 붙어 있다. 줄기는 모여 나고 곧게 선다. 잎은 녹색이며 뿌리목에서 3~4개가 2줄로 어긋나게 모여 난다. 잎은 칼꼴의 줄모양으로 끝이 뾰족하고 도드라진 잎줄이 있으며 밑부분은 줄기집을 이룬다. 줄기 끝에 2개의 꽃싸개잎 사이에서 황색 꽃이 2개씩 피며 지름 2~3cm이다. | 관상용, 약용

결실 7~8월 | 튀는열매(삭과)

자생 남·중·북부지방의 낮은 산지 숲 가장자리 반그늘

❗ 한방과 민간에서 뿌리줄기를 편도선염, 안태, 주독 등에 약재로 사용한다.

노랑무늬붓꽃
Iris koreana var. *albiflora*

과명 붓꽃과

개화 5~6월   **높이** 5~15cm

특징 여러해살이풀 | 노랑붓꽃의 변종으로 흰색의 겉꽃덮이 안쪽에 노랑색의 무늬가 있는 것이 특징이다. 나머지는 노랑붓꽃과 같다. | 관상용, 약용

결실 7~8월 | 튀는열매(삭과)

자생 중부지방 깊은 산골짜기, 강원도 오대산·소백산·함백산·태백산 등 높은 산의 양지 초원

❗ 한방과 민간에서 뿌리줄기를 노랑붓꽃과 같은 용도의 약재로 사용한다.

금붓꽃
Iris minutiaurae

▲ 금산 4월

과명 붓꽃과

개화 4~5월　　**높이** 10~15cm

특징 여러해살이풀 | 식물체의 밑부분에 황갈색의 묵은 잎이 줄기집모양으로 남아 붙어 있다. 뿌리줄기는 가늘고 옆으로 벋으며 질은 딱딱하고 반투명질의 줄기집이 있으며 가는 수염뿌리가 내린다. 줄기 끝에 있는 1개의 꽃싸개잎 사이에서 1개의 황색 꽃이 피며 지름 2~2.5cm이다. 꽃싸개잎은 버들잎모양이며 끝이 뾰족하고 반투명질이다. | 관상용, 약용

결실 6~7월 | 튀는열매(삭과)

자생 중부 이남지방, 산지 낮은 지대 숲 속이나 숲 가장자리 반그늘

! '노랑붓꽃'은 1개의 꽃대 끝에 2개의 꽃이 피며 금붓꽃보다 노란색이 연하고, '금붓꽃'은 1개의 꽃대 끝에 1개의 꽃이 핀다. | 한방과 민간에서 뿌리줄기를 노랑붓꽃과 같은 용도의 약재로 사용한다.

광릉요강꽃(광릉치마난초)
Cypripedium japonicum

▲ 광릉 5월

과명 난초과

개화 4~5월　　**높이** 20~40cm

특징 여러해살이풀 | 줄기는 1대씩 곧게 서고 거친 털이 빽빽하게 있으며 밑부분에 3~4개의 줄기집모양 비늘잎쪽이 있다. 윗부분에는 잎자루가 없는 2개의 잎이 어긋나게 붙어 있으나 아주 가까이 붙어 마주 붙은 것처럼 보인다. 잎몸은 부채처럼 넓게 퍼진 네모꼴이며 밑은 쐐기모양이고 끝은 둥글지만 때로는 약간 뾰족하며 잎줄은 부채살모양이다. 잎 가운데서 성근 털이 있는 꽃줄기가 나와 끝에 지름 8cm 정도의 연한 녹색이 도는 적색 꽃 1개가 피며 주머니모양 꽃 밑에 1개의 큰 꽃싸개잎이 있다. | 관상용

결실 7~8월 | 튀는열매(삭과)

자생 중부지방, 경기도 광릉 숲속 그늘

❗ 풀잎이 여인의 치마폭 같다 하여 '치마난초'라고 부르고, 광릉 부근에서만 자라서 '광릉요강꽃'이라 부른다.

봄

금난초
Cephalanthera falcata

과명 난초과

개화 3~5월　　**높이** 40~70cm

특징 여러해살이풀 | 수염뿌리는 가늘다. 줄기는 1~2대가 곧게 서고 아랫부분에 몇 개의 줄기집모양 잎이 있다. 잎은 줄기에 6~8개가 어긋나게 붙고 잎몸은 넓은 버들잎모양으로 밑부분은 점점 좁아져서 줄기를 약간 감싸며 끝은 점점 뾰족해진다. 양면에 털은 없으며 뒷면에 몇 개의 도드라진 잎줄이 있다. 이삭꽃차례를 이루고 7~12개의 황색 꽃이 핀다. 꽃싸개잎은 세모난모양이고 반투명질이며 밑에 있는 1~2개의 잎은 꽃차례보다 길다.

결실 6~7월 | 튀는열매(삭과)

자생 중부 이남지방, 울릉도, 제주도 등지의 깊은 산 숲속 그늘

금새우난
Calanthe striata

과명 난초과

개화 4~5월　　**높이** 40cm 안팎

특징 여러해살이풀 | 뿌리줄기는 짧고 많은 수염뿌리가 내린다. 뿌리잎은 2~3개이고 두해살이며 잎몸은 긴 타원모양, 거꿀달걀꼴의 긴 타원모양으로 밑부분은 점차 좁아져서 줄기집으로 이어지고 끝이 짧게 뾰족하다. 잎 사이에서 1대의 꽃줄기가 나와 끝에 송이꽃차례를 이루고 10여 개의 황색 꽃이 성글게 달린다. | 관상용

결실 5~6월 | 튀는열매(삭과)

자생 중부 이남지방, 산지 숲속, 숲 가장자리 반그늘

감자난
Oreorchis patens

▲ 광덕산 5월　　　　▼ 덩이뿌리

과명 난초과

개화 5~7월　　**높이** 30~50cm

특징 여러해살이풀 | 땅속 거짓비늘줄기는 달걀꼴의 둥근모양이며 길이 1.5~2cm이고 몇 개가 서로 이어져 있으며 비스듬히 누워 자라고 밑에 몇 개의 수염뿌리가 나온다. 잎은 거짓비늘줄기에서 1~2개가 나오며 짧은 잎자루가 있다. 잎몸은 피침모양, 긴 타원모양이고 양끝이 뾰족하다. 줄기는 1대씩 나와 곧게 서고 밑부분에는 2~3개의 줄기집모양 비늘쪽잎이 있다. 줄기 끝에 송이꽃차례를 이루고 10~25개의 황갈색 꽃이 성글게 핀다. | 관상용

결실 7~9월 | 튀는열매(삭과)

자생 남·중·북부지방, 울릉도 산기슭 넓은잎나무 아래 그늘

◀ 열매

❗ 땅속에 감자모양의 거짓비늘줄기가 들어 있어 이름 지어졌다.

보춘화
Cymbidium goeringii

과명 난초과

개화 3~4월　　**높이** 10~25cm

특징 늘푸른 여러해살이풀 | 굵은 뿌리가 사방으로 길게 벋고 잎은 뿌리목에 모여 난다. 뿌리는 흰색이며 고기질이고 수염뿌리가 많이 내린다. 줄기는 잎 사이에서 나오며 고기질로 곧게 서고 몇 개의 얇은 반투명질의 비늘쪽잎으로 싸여 있다. 줄기 끝부분에 1~2개의 황색이 감도는 녹색 꽃이 핀다. | 관상용, 약용

결실 5~6월 | 튀는열매(삭과)

자생 중부 이남지방, 울릉도 등지의 해안지방 메마른 산기슭 숲속 그늘

❗ 한방과 민간에서 뿌리줄기를 [보춘화(報春花)]라 하고 지혈, 이뇨, 피부병, 충독 등에 약재로 사용한다.

솔잎란
Psilotum nudum

과명 솔잎란과

개화 6~7월(홀씨 형성)　　**높이** 10~30cm

특징 늘푸른 여러해살이풀 | 뿌리줄기는 짧고 균근이 발달하며 겉에는 갈색의 헛뿌리로 덮이고 원뿌리는 없다. 전체의 모양이 빗자루같고 연한 녹색이다. 윗부분에 달린 포자엽은 2개이고 꽃은 없으며 대신 포자가 형성되고 잎겨드랑이에서 홀씨주머니가 1개씩 달린다. | 관상용

결실 9~10월 | 홀씨주머니(포자낭)

자생 제주도 삼방산, 바닷가 습기 있는 바위틈, 고목 껍질

◀ ⓒ 서재철

❗ 줄기의 모양이 솔잎과 비슷한 데서 '솔잎란', '송엽란'이라 부른다.

쇠뜨기
Equisetum arvense

▲ 단양 5월   ▼ 홀씨줄기

과명 속새과

개화 3~5월(홀씨 형성) **높이** 30~40cm

특징 여러해살이풀 | 홀씨줄기는 이른 봄에 나와 끝에 뱀대가리 같은 홀씨주머니이삭을 이루고 마디에 비늘 같은 잎이 돌려난다. 영양줄기는 뒤늦게 나오는데 속은 비고 마디에는 가지와 비늘 같은 잎이 돌려 난다. 잎의 수는 원줄기 모서리 수와 같다. 홀씨주머니이삭은 긴 타원꼴의 육각모양이며 홀씨잎이 거북이 등처럼 되고 안쪽에 7개 안팎의 홀씨주머니가 달린다. 홀씨에는 4개씩 탄사가 있어 습도에 따라 신축운동을 하여 홀씨를 산포한다. | 식용, 약용

결실 4~6월 | 홀씨주머니(포자낭)

자생 전국 각지, 산과 들, 길가, 햇볕이 잘 드는 언덕 초원

! 홀씨줄기를 식용한다. | 한방과 민간에서 영양줄기를 이뇨제 등으로 사용한다.

능수쇠뜨기
Equisetum sylvaticum

과명 속새과

개화 5~7월(홀씨 형성) **높이** 10~30cm

특징 여러해살이풀 | 원줄기의 마디 사이에 있는 모서리와 가지의 밑부분에 있는 마디 사이의 모서리에 가지모양 작은 도드라기가 2줄로 배열된다. 갈라진조각은 3~4개씩 서로 합쳐져서 갈라지고 적갈색의 반투명질이다. 줄기 끝부분에 홀씨줄기가 형성되고 처음에 갈색이 도는 줄기로 나오지만 곧 녹색의 가지가 생겨나와 자란다.

결실 7~8월 | 홀씨주머니(포자낭)

자생 북부지방, 고산지대의 습지 또는 골짜기의 물가 햇볕이 드는 곳

❗ 영양줄기가 마디에서 돌려서 밑으로 처진 것이 능수버들과 닮은 데서 온 이름이다.

속새
Equisetum hyemale

과명 속새과

개화 5~6월(홀씨 형성) **높이** 30~60cm

특징 늘푸른 여러해살이풀 | 땅바닥 가까운 곳에서 여러 개로 갈라져 나오기 때문에 여러 줄기가 모여 나오는 것처럼 보인다. 잎집 밑부분과 톱니는 갈색, 검은 빛이 돌며 반투명질이고 홀씨주머니이삭은 원줄기 끝에 곧게 달리며 황록색이다. | 관상용, 약용

결실 6~8월 | 홀씨주머니(포자낭)

자생 제주도, 울릉도, 중부지방, 강원도 이북의 깊은 산골짜기 습기 있는 그늘

❗ 한방과 민간에서 풀 전체를 [목적(木賊)]이라 하고 장출혈, 치질 등에 지혈제로 사용한다.

고사리삼
Botrychium ternatum

과명 고사리삼과
개화 5~6월(홀씨 형성) **높이** 20cm 안팎
특징 여러해살이풀 | 전체에 털이 없으며 잎은 두껍고 윤기가 난다. 고기질의 굵은 뿌리는 사방으로 퍼지고 1개의 잎이 나와 2개로 갈라져 영양잎과 홀씨잎이 된다. 영양잎은 잎자루가 길며 3개로 갈라지고 다시 2~3조각으로 깊게 갈라지며 가장자리에 톱니가 있다. 홀씨잎은 영양잎보다 훨씬 길고 윗부분이 나뭇가지처럼 잘게 갈라지며 가지마다 좁쌀 같은 홀씨주머니가 달린다. | 약용
결실 9~11월 | 홀씨주머니(포자낭)
자생 전국 각지, 산과 들, 햇볕이 잘 드는 숲속 비옥한 땅의 반그늘

❗ 한방과 민간에서 풀 전체를 해독 등에 약재로 사용한다.

나도고사리삼
Ophioglossum vulgatum

과명 고사리삼과
개화 5~6월(홀씨 형성) **높이** 15~30cm
특징 여러해살이풀 | 1개의 잎이 나와 자라고 털은 없다. 뿌리줄기는 짧고 곧으며 밑에서 약간 굵은 뿌리가 퍼지며 위에서 매년 잎이 1개씩 나온다. 영양잎은 대는 없고 밑부분이 좁아져서 포자주머니이삭의 줄기를 반 정도 감싼다. 잎은 넓은 달걀모양, 콩팥모양으로 끝이 둔하고 그물모양 잎줄이 발달하며 가장자리는 밋밋하거나 물결모양이다. 포자주머니이삭은 잎보다 높이 자라고 줄모양으로서 줄칼같이 생기며 길이 2~4cm이다. | 관상용
결실 8~9월 | 홀씨주머니(포자낭)
자생 전국 각지, 낮은 지대 산기슭, 습기 있고 양지바른 초원

봄

음양고비
Osmunda claytoniana

▲ 백두산 6월　　　　▼ 홀씨줄기

과명　고비과

개화　5~6월(홀씨 형성)　**높이**　50~60cm

특징　여러해살이풀 | 굵고 짧은 뿌리줄기 끝에서 5~6개의 잎이 모여 나며 어릴 때는 연한 자갈색 털로 덮여 있지만 곧 떨어진다. 잎은 홀씨주머니가 달리는 잎과 홀씨주머니가 달리지 않는 잎이 있고 흰빛이 도는 녹색이며 깃모양으로 갈라진 겹잎이다. 꿩고비와 비슷하지만 갈라진 가장자리에 털이 없고 깃모양으로 갈라진 조각은 좁은 것이 다르다. | 식용, 약용

결실　8~9월 | 홀씨주머니(포자낭)

자생　중부지방, 경기도, 강원도, 설악산 이북지방의 높은 산 약간 습기 있는 양지 초원

❗ 어린 잎과 줄기는 나물로 먹는다. | 민간에서 풀 전체를 임질, 각기병 등에 약으로 사용한다.

고비
Osmunda japonica

▲ 백두산 6월   ▼ 홀씨줄기

과명 고비과

개화 5~6월(홀씨 형성) **높이** 60~100cm

특징 여러해살이풀 | 주먹 같은 땅속 뿌리줄기에서 여러 대가 모여 나와 자라며 영양잎과 홀씨잎의 구별이 뚜렷하다. 어린잎은 스프링처럼 풀리면서 자라고 적갈색의 흰 솜털로 덮여 있다. 잎자루는 엄지잎줄과 더불어 윤채가 있고 처음에는 적갈색 털로 덮여 있지만 곧 없어진다. 잎은 두 번 갈라진 깃모양겹잎이고 깃조각은 첫 번째 것이 길이 20~30cm로 가장 길다. 홀씨잎은 영양잎보다 일찍 나와서 쓰러지고 작은 깃조각은 좁아져서 줄모양으로 되며 홀씨주머니가 빽빽하게 달린다. | 식용, 약용

결실 7~8월 | 홀씨주머니(포자낭)

자생 전국 각지, 깊은 산골짜기 숲속, 냇가 근처의 그늘

❗ 어린 줄기와 잎은 나물로 먹는다. | 민간에서 풀 전체를 임질, 각기병, 수종 등에 약으로 사용한다.

고사리
Pteridium aquilinum var. *latiusculum*

▲ 축령산 5월

과명 고사리과

개화 5~7월(홀씨 형성) **높이** 1m 안팎

특징 여러해살이풀 | 굵은 땅속줄기는 옆으로 벋고 군데군데에서 잎이 나온다. 잎자루는 연한 녹갈색이며 땅에 묻힌 부분은 흑갈색으로 털이 있다. 잎은 달걀꼴의 세모난모양이고 길이와 너비는 각각 50cm 이상이며 3회 깃모양으로 갈라진다. 갈라진조각은 긴 타원모양이며 끝이 둔하고 가장자리는 밋밋하며 약간 뒤로 말린다. 홀씨잎의 마지막 갈라진조각은 가장자리가 뒤로 말리며 갈색의 홀씨주머니무리가 달린다. | 식용, 약용

결실 8~9월 | 홀씨주머니(포자낭)

자생 전국 각지, 산과 들, 햇볕이 잘 쬐는 숲 가장자리 등 메마른 양지

❗ 어린 줄기와 잎을 나물로 먹는다. | 한방과 민간에서 뿌리를 [궐채근(蕨菜根)]이라 하고 이뇨, 통변, 통경, 부종 등에 약재로 사용한다.

큰봉의꼬리
Pteris cretica

과명 고사리과

개화 5~7월(홀씨 형성) **높이** 60cm 안팎

특징 늘푸른 여러해살이풀 | 뿌리줄기는 옆으로 짧게 자란다. 잎은 모여 나고 갈색 비늘조각이 있으며 홀씨잎과 영양잎 두 가지가 있다. 영양잎은 길이 60cm 정도이고 잎자루가 잎새보다 길며 세로로 홈이 있다. 가장자리 전체가 흰 연골질로 된다. | 관상용, 약용

결실 7~8월 | 홀씨주머니(포자낭)

자생 남부지방, 다도해 섬지방, 제주도 산기슭 숲 가장자리 양지

❗ 한방과 민간에서 풀 전체를 지혈, 통변, 살충, 혈림, 종통, 개선, 하리, 임질, 하혈 등에 약재로 사용한다.

부싯깃고사리
Cheilanthes argentea

과명 고사리과

개화 4~5월(홀씨 형성) **높이** 10~20cm

특징 여러해살이풀 | 뿌리줄기는 짧고 피침모양의 흑갈색 비늘조각으로 덮이며 끝에서 잎이 모여 난다. 잎자루가 잎새보다 훨씬 길고 자갈색이며 윤채가 있고 부러지기 쉬우며 밑부분에 좁은 비늘조각이 붙는다. 잎새는 길이와 너비가 각각 3~7cm이며 첫째 깃조각을 제외한 깃조각은 중축에 넓게 붙으면서 흘러서 좁은 날개로 된다. 홀씨주머니가 달리는 잎은 가장자리가 뒤로 말리며 포막처럼 되고 안에 홀씨주머니가 달린다. | 관상용

결실 7~8월 | 홀씨주머니(포자낭)

자생 전국 각지, 산과 들, 햇볕이 잘 드는 바위 표면, 돌담 틈

공작고사리
Adiantum pedatum

과명 고사리과

개화 5~7월(홀씨 형성) **높이** 50~70cm

특징 여러해살이풀 | 잎자루는 길이 30~50cm이고 윤기 나는 자갈색으로 밑부분에 비늘조각이 달린다. 잎새는 2개씩 한쪽으로 갈라져서 8~12개의 깃조각으로 되며 전체가 부채모양으로 퍼진다. 홀씨주머니는 작은 잎의 윗부분 가장자리를 따라 달리고 가장자리가 젖혀져서 포막처럼 된다. | 관상용

결실 7~8월 | 홀씨주머니(포자낭)

자생 제주도, 울릉도, 강원도 등 중부 이북지방의 산지 약간 트인 숲속 그늘

❗ 부채처럼 퍼진 모습이 공작새가 꼬리를 편 모습과 닮았다 하여 이름 지어졌다.

넉줄고사리
Davallia mariesii

과명 넉줄고사리과

개화 5~7월(홀씨 형성) **높이** 30~50cm

특징 여러해살이풀 | 뿌리줄기는 갈색, 회갈색 비늘조각으로 덮이고 길게 벋는다. 잎은 드문드문 달리고 길이 5~15cm의 잎자루에는 떨어지기 쉬운 비늘조각이 드문드문 있다. 잎새는 세모꼴의 달걀모양, 깃모양으로 4번 깊게 갈라지고 첫째 깃조각이 가장 크며 세모꼴의 달걀모양 각 깃조각에 대가 있다. | 관상용

결실 8~9월 | 홀씨주머니(포자낭)

자생 황해도 이남지방, 울릉도, 제주도 산지 숲속 그늘 바위 표면이나 고목의 껍질

도깨비고비(도깨비쇠고비)
Cyrtomium falcatum

과명 면마과

개화 5~7월(홀씨 형성) **높이** 50~100cm

특징 여러해살이풀 | 뿌리줄기는 짧고 굵으며 끝에서 잎이 무더기로 난다. 잎자루 길이는 15~40cm이며 아랫부분에 비늘조각이 빽빽하게 달린다. 잎새는 길이 20~60cm, 너비 10~25cm이고 3~11쌍의 깃조각으로 되어 있다. 홀씨주머니무리는 잎 뒷면 전체에 달린다. | 관상용, 약용

결실 7~9월 | 홀씨주머니(포자낭)

자생 중부지방, 경기도 이남지역, 대개는 남부지방 바닷가 또는 섬지방, 제주도 산지 바위틈 등의 반그늘

❗ 한방과 민간에서 뿌리줄기와 잎을 지혈, 보신, 강장, 진통, 거풍, 해열, 풍혈, 동통, 살충, 자궁출혈 등에 약으로 사용한다.

보태면마(포태면마, 북관중)
Dryopteris coreanomontana

과명 면마과

개화 5~7월(홀씨 형성) **높이** 80~100cm

특징 여러해살이풀 | 관중과 비슷하지만 갈라진 조각 사이가 넓고 톱니가 약간 깊으며 비늘조각은 깃모양 날개축 뒷면에 약간 남을 뿐이다. 뿌리줄기는 굵고 짧으며 잎은 무더기로 나고 잎자루는 23cm 정도이다. 비늘조각은 큰 것은 얇고 작은 것은 짧으며 줄모양이다. 잎새는 피침모양이고 80cm 정도이며 깃모양 갈래 잎 축에 달린 털 같은 비늘조각은 곧 떨어진다. 깃조각은 아래 조각이 크다. | 식용

결실 6~8월 | 홀씨주머니(포자낭)

자생 북부지방, 함경북도 고산지대 잎갈나무 숲속 그늘

❗ 어린 순은 나물로 먹는다.

관중
Dryopteris crassirhizoma

과명 면마과

개화 5~7월(홀씨 형성) **높이** 100~150cm

특징 여러해살이풀 | 굵고 곧은 뿌리줄기에서 잎이 돌려 난다. 잎자루는 잎새보다 짧고 중축과 더불어 비늘조각이 빽빽하다. 비늘조각은 윤채가 나고 황갈색, 흑갈색이며 밑부분의 것은 2cm 정도이다. 잎새는 거꿀피침모양이며 2회 깃꼴로 깊게 갈라지고 밑으로 갈수록 작아지며 곱슬털 같은 비늘조각이 있다. | 관상용, 식용, 약용

결실 8~9월 | 홀씨주머니(포자낭)

자생 전국 각지, 깊은 산골짜기 약간 습기 있는 숲속 그늘

❗ 어린 잎과 잎자루를 식용한다. | 민간에서 뿌리줄기를 해열, 두풍, 금창, 삼충, 자궁출혈 등에 약으로 사용한다.

거미고사리
Camptosorus sibiricus

과명 꼬리고사리과

개화 5~7월(홀씨 형성) **높이** 10~25cm

특징 늘푸른 여러해살이풀 | 작은 뿌리줄기에서 잎이 모여 난다. 잎새는 줄모양, 좁은 피침모양이고 밑부분이 날카롭거나 둥근꼴의 쐐기모양이며 윗부분은 뾰족하게 가늘어진다. 끝에서 길이 5~15cm, 너비 5~10mm의 새싹이 돋는다.

결실 7~8월 | 홀씨주머니(포자낭)

자생 전국 각지, 산지 바위 표면이나 늙은 고목 껍질의 반그늘

❗ 잎 끝에서 새로 생겨나는 새싹이 땅바닥에 닿는 모양이 거미가 줄을 치는 모습과 비슷한 데서 온 이름이다.

파초일엽
Asplenium antiqum

◀ 홀씨주머니

과명 꼬리고사리과

개화 5~7월(홀씨 형성) **높이** 40~120cm

특징 늘푸른 여러해살이풀 | 희귀식물. 잎은 단엽이고 짧은 뿌리줄기에서 돌려나며 잎자루는 짧고 밑부분에 비늘조각이 빽빽하게 달린다. 잎새는 좁은 거꿀피침모양이며 양면은 밝은 녹색이고 양끝이 좁다. 어릴 때는 뒷면에 비늘조각이 드문드문 달린다. 가장자리는 밋밋하며 엄지잎줄이 뒤로 튀어나오고 밑부분은 자줏빛이 도는 갈색이다. | 관상용

결실 7~8월 | 홀씨주머니(포자낭)

자생 제주도 섭섬

! 잎이 크고 긴 것이 파초잎과 닮은 데서 온 이름이다.

콩짜개덩굴
Lemmaphyllum microphyllum

◀ 홀씨주머니줄기

과명 고란초과

개화 3~4월(홀씨 형성) **높이** 2~4cm

특징 늘푸른 여러해살이풀 | 잎이 드문드문 달리고 잎은 영양잎과 홀씨잎 2종류가 함께 달린다. 홀씨주머니가 달린 잎은 주걱모양으로 길이 2~4cm이고 끝이 둥글며 밑부분은 좁아져서 길이 1~3cm의 잎자루로 된다. 엄지잎줄은 도드라지며 양쪽에 홀씨주머니무리가 달린다. | 관상용

결실 6~7월 | 홀씨주머니(포자낭)

자생 제주도, 남부지방 바닷가, 다도해 섬지방 상록수림의 그늘진 바위 표면이나 고목 껍질

! 영양잎이 콩을 반쪽으로 쪼개 놓은 것과 비슷한 모양이어서 생긴 이름이다.

봄

석위
Pyrrosia lingua

과명 고란초과

개화 3~5월(홀씨 형성)　**높이** 20~30cm

특징 늘푸른 여러해살이풀 | 뿌리줄기는 옆으로 길게 벋으며 다갈색 비늘조각으로 덮인다. 비늘조각은 좁은 피침모양이며 밑부분은 흑갈색이지만 끝과 가장자리로 갈수록 연해져 회갈색이 되고 가장자리에 털 같은 도드라기가 있다. 잎자루는 억세며 홈이 파지고 별모양 털이 있으며 뿌리줄기에서 나와 비늘조각으로 덮인 짧은 가지와 이어진다. | 관상용, 약용

결실 6~7월 | 홀씨주머니(포자낭)

자생 제주도, 남부 해안지방 상록수림의 그늘 바위 표면, 고목 껍질

❗ 한방과 민간에서 뿌리를 이뇨, 보익, 지혈, 임질 등에 약재로 사용한다.

일엽초
Lepisorus thunbergianus

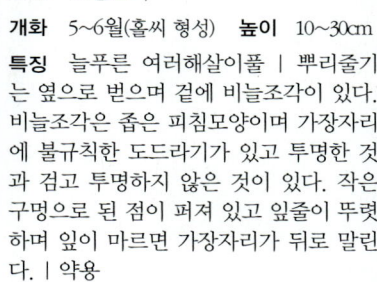

과명 고란초과

개화 5~6월(홀씨 형성)　**높이** 10~30cm

특징 늘푸른 여러해살이풀 | 뿌리줄기는 옆으로 벋으며 겉에 비늘조각이 있다. 비늘조각은 좁은 피침모양이며 가장자리에 불규칙한 도드라기가 있고 투명한 것과 검고 투명하지 않은 것이 있다. 작은 구멍으로 된 점이 퍼져 있고 잎줄이 뚜렷하며 잎이 마르면 가장자리가 뒤로 말린다. | 약용

결실 7~8월 | 홀씨주머니(포자낭)

자생 남부지방, 다도해 섬지방, 제주도, 울릉도의 늘푸른나무 그늘진 숲속 바위 표면, 고목 껍질

❗ 잎 한 개가 나와 자라기 때문에 이름 지어졌다. | 한방과 민간에서 풀 전체를 그늘에 말려서 지혈, 보익 등에 약재로 사용한다.

세뿔석위
Pyrrosia tricuspis

과명 고란초과

개화 3~5월(홀씨 형성)　**높이** 20~30cm

특징 늘푸른 여러해살이풀 | 잎새는 서로 가깝게 달리고 가장자리는 3~5개로 갈라진 창모양이다. 가운데 갈라진조각이 가장 길고 두꺼우며 뒷면과 잎자루는 적갈색이고 별모양 털로 덮여 있다. 엄지 잎줄은 뒷면으로 튀어 나온다. | 관상용, 약용

결실 6~8월 | 홀씨주머니무리(포자낭군)

자생 중부 이남지방, 섬지방, 제주도 바닷가 늘푸른나무 숲속 그늘 바위 표면, 고목 껍질

❗ 풀잎이 3개로 갈라진 모양이 창과 흡사해 이름 지어졌다. | 한방과 민간에서 풀 전체를 일엽초와 같은 약재로 사용한다.

우단일엽
Pyrrosia linearifolia

과명 고란초과

개화 5~6월(홀씨 형성)　**높이** 6~10cm

특징 늘푸른 여러해살이풀 | 잎새는 길이 6~10cm이며 잎자루가 없고 주걱모양 비슷하며 밑으로 갈수록 점점 좁아지고 가장자리가 밋밋하다. 표면은 녹색이고 털이 약간 있으나 뒷면은 엄지잎줄의 밑부분을 제외한 전체에 황갈색, 회갈색 별모양 털이 우단같이 빽빽하게 있다. | 관상용, 약용

결실 6~7월 | 홀씨주머니무리(포자낭군)

자생 전국 각지, 산지 숲속 그늘지고 약간 습기 있는 바위 표면과 나무줄기

❗ 잎 뒷면에 우단처럼 부드러운 별모양 털이 많이 나서 이름 지어졌다. | 민간에서 풀 전체를 일엽초와 같은 약재로 사용한다.

고란초
Crypsinus hastatus

▲ 충무 3월

과명 고란초과

개화 3~5월(홀씨 형성)   **높이** 20~30cm

특징 늘푸른 여러해살이풀 | 뿌리줄기는 비교적 길게 벋으며 갈색 비늘조각으로 덮인다. 비늘조각은 좁은 피침모양이고 가장자리에 불규칙한 톱니가 있다. 잎은 한 장으로 되어 있고 긴 타원꼴 피침모양, 피침모양이며 끝이 뾰족한 것이 많지만 잘 자란 것은 2~3개로 갈라지기도 하며 잎이 3개로 갈라질 때는 가운데 부분 것이 길이 5~15cm로 가장 크다. 잎 표면은 녹색이고 뒷면은 사이가 들어가기 때문에 물결모양으로 된다. 잎자루 길이는 5~25cm로 딱딱하다. | 약용

결실 5~6월 | 홀씨주머니(포자낭)

자생 강원도 이남지방, 대개는 해안지대 및 바닷물과 민물이 만나는 강하구 또는 내륙의 강변 등 그늘진 바위 표면

❗ 한방과 민간에서 풀 전체를 일엽초와 같은 약재로 사용한다.

▲ 고란초

노랑할미꽃
● 15p

노랑미치광이풀
● 163p

개족도리
Asarum maculatum

▲ 한라산 5월

과명 쥐방울덩굴과

개화 5~6월　　**높이** 10cm 안팎

특징 여러해살이풀 | 땅 위로 나오는 줄기는 없고 족도리와 비슷하지만 잎이 족도리보다 두껍고 잎 표면에 얼룩무늬가 있는 것이 다르다. 잎은 1~2개가 나오며 털이 없고 심장꼴의 콩팥모양 또는 세모진 달걀모양이다. 밑은 심장모양이고 표면은 짙은 녹색이며 흰 무늬가 있고 가장자리는 밋밋하다. 잎자루는 2.5~13cm이다. 꽃은 흑자색으로 길이 16~20mm, 지름 10mm이고 끝이 3개로 갈라진다. | 유독성식물 | 관상용, 약용

결실 6~7월 | 물열매(장과)

자생 제주도, 남부지방 완도 등지의 산지 숲속 그늘

❗ 한방과 민간에서 뿌리를 [세신(細辛)]이라 하고 진해, 진통, 이뇨, 진정, 발한, 거담, 감기, 두통 등에 약재로 사용한다.

족도리
Asarum sieboldii

▲ 광덕산 5월

과명 쥐방울덩굴과

개화 4~5월　　**높이** 10cm 안팎

특징 여러해살이풀 | 뿌리줄기는 마디가 많고 고기질이며 매운맛이 난다. 원줄기 끝에서 2개의 잎이 나와 마주 달린 것처럼 보인다. 잎 뒷면은 잎줄 위에 잔털이 있고 가장자리는 밋밋하다. 잎자루는 길며 자줏빛이 돈다. 꽃은 잎이 나올 때 잎 사이에서 1개씩 나오며 지름은 길이 10~15mm이고 검은 홍자색이다. 꽃받침은 반달모양이며 안쪽에 줄이 있고 윗부분이 3개로 갈라져서 퍼진다. 꽃잎조각은 세모꼴 비슷한 달걀모양이다. | 유독성식물 | 약용

결실 6~7월 | 물열매(장과)

자생 전국 산지 숲속 그늘

◀ 약재

❗ 꽃이 족도리와 닮은 데서 온 이름이다. | 한방과 민간에서 뿌리를 개족도리와 같은 용도로 사용한다.

봄

노루귀
Hepatica asiatica

▲ 천마산 4월

과명 미나리아재비과

개화 4~5월　　**높이** 8~20cm

특징 여러해살이풀 | 긴 털이 빽빽하게 나 있다. 뿌리줄기는 길며 수염뿌리가 많이 난다. 뿌리잎은 3~6개이며 잎몸은 세모난 모양이고 밑은 깊은 심장모양이며 가운데까지 3갈래로 갈라지고 끝이 급하게 뾰족하거나 둥글게 뾰족하다. 표면에 흰 얼룩점이 있거나 없고 뿌리목에서 나온 긴 꽃줄기 끝에 잎보다 먼저 흰색, 연한 붉은색, 자주색 꽃이 위를 향해 핀다. | 유독성식물 | 관상용, 약용

결실 6~7월 | 여윈열매(수과)

자생 전국 각지의 산기슭 그늘

❗ 줄기와 꽃싸개잎에 하얀 긴 털이 많이 난 모습이 노루의 귀 같다 하여 붙은 이름이다. | 뿌리에는 사포닌이 함유되어 있으며 한방과 민간에서 뿌리를 진통, 충독, 창종, 폐결핵, 각혈, 폐출혈, 열성질병, 간질병, 기침, 류머티즘, 피부병 등에 약재로 사용한다.

깽깽이풀
Jefferonia dubia

▲ 서울 5월

▼ 새싹

▼ 잎, 열매, 씨

과명 매자나무과

개화 4~5월　　**높이** 20~25cm

특징 여러해살이풀 | 줄기는 없고 꽃줄기만 나오며 뿌리목에는 퇴화된 비늘잎이 있다. 뿌리줄기는 가늘고 길며 옆으로 벋고 수염뿌리가 많이 달린다. 잎몸은 콩팥모양이며 밑은 깊은 심장모양이다. 끝이 얕게 오목하며 가장자리는 얕은 물결모양이고 잎 표면 잎줄은 밑에서 손바닥모양으로 갈라진다. 잎이 나오기 전부터 뿌리목에서 나온 꽃대 끝에 연한 홍자색 꽃이 1개씩 핀다. | 관상용, 약용

결실 6~7월 | 튀는열매(삭과)

자생 남·중·북부지방, 낮은 지대 산골짜기, 숲속의 양지

❗ 뿌리줄기에는 알칼로이드와 사포닌이 함유되어 있다. 한방과 민간에서 뿌리줄기를 진정, 건위, 염증, 신경불안, 출혈, 소화불량, 위염 등에 약재로 쓰며 민간에서 지혈, 이뇨, 류머티즘, 설사, 당뇨병, 하리, 임질 등에 약재로 사용한다.

좀현호색
Corydalis decumbens

과명 양귀비과

개화 5월 **높이** 10~30cm

특징 여러해살이풀 | 땅속 덩이줄기는 가늘고 길며 겉면에 가는 실뿌리가 난다. 줄기는 대개 외대로 곧게 서고 밑에 비늘조각은 없다. 뿌리잎은 작고 2~3번 3갈래 겹잎이며 갈라진 쪽잎은 다시 2~3번 깊게 갈라진다. 마지막 갈래쪽잎은 거꿀달걀모양이며 연한 녹색을 띤다. 줄기잎은 2개이며 2번 갈라진 겹잎이고 잎자루가 있다. 줄기 끝에 송이꽃차례를 이루고 홍자색 꽃이 핀다. | 유독성식물 | 약용

결실 6월 | 튀는열매(삭과)

자생 제주도 산기슭, 들녘의 양지

❗ 한방에서 덩이줄기를 진경, 조경, 진통, 타박상 등에 약재로 사용한다.

왜현호색(산현호색)
Corydalis ambigua

과명 양귀비과

개화 4~5월 **높이** 10~25cm

특징 여러해살이풀 | 땅속 덩이줄기는 둥근 공모양이며 껍질을 벗기면 흰색 또는 황색이다. 줄기는 외대 또는 쌍으로 곧게 서거나 비스듬히 서고 밑부분의 비늘조각 겨드랑이에서 1~2개의 가지를 벋는다. 줄기 끝에 송이꽃차례를 이루고 남자색의 여러 개 꽃이 모여 핀다. | 유독성식물 | 약용

결실 5~6월 | 튀는열매(삭과)

자생 중부 이북지방, 충청북도, 강원도 이북의 산지 숲속 그늘

❗ 식물체가 작아서 '왜현호색', 산에 많이 자라서 '산현호색'이라 한다. | 한방에서 덩이줄기를 좀현호색과 같은 약재로 사용한다.

갈퀴현호색
Corydalis grandicalyx

과명 양귀비과

개화 3~5월　　**높이** 20cm 안팎

특징 여러해살이풀 | 땅속에 덩이줄기가 있고 줄기는 비스듬히 서며 덩이줄기 속살은 흰색이다. 비늘조각은 길이 1~2cm이며 밑에서 줄기가 몇 개로 갈라진다. 줄기 끝에 송이꽃차례를 이루고 짙은 청색 꽃이 핀다. 꽃받침 끝이 갈퀴모양으로 갈라져 꽃통부를 감싼다. | 유독성식물 | 약용

결실 5~6월 | 튀는열매(삭과)

자생 중부지방, 강원도 백두대간 숲속 그늘

❗ 꽃받침의 끝이 갈퀴모양으로 가늘게 갈라져서 꽃의 통부를 감싸기 때문에 이름 지어졌다. | 한방에서 좀현호색과 같은 용도의 약재로 사용한다.

점현호색
Corydalis maculata

과명 양귀비과

개화 3~4월　　**높이** 8~25cm

특징 여러해살이풀 | 땅속 덩이줄기는 1개로 줄기는 비스듬히 선다. 잎자루는 길이 1~9cm이며 잎몸은 길이 3~13cm로 2번 3갈래로 갈라진다. 갈래잎조각의 크기는 불규칙하고 표면이 녹색이며 흰 점이 잎 전체에 흩어져 있다. 짙은 청색 꽃이 송이꽃차례를 이루고 핀다. | 유독성식물 | 약용

결실 5~6월 | 튀는열매(삭과)

자생 중부지방, 경기도, 강원도 산골짜기 숲속 그늘

❗ 한방에서 덩이줄기를 좀현호색과 같은 용도의 약재로 사용한다.

봄

현호색
Corydalis turtschaninovii

▲ 남양주 5월

과명 양귀비과

개화 4~5월　　**높이** 10~25cm

특징 여러해살이풀 | 땅속 덩이줄기는 1개로 둥근모양이고 지름 1~3cm이며 껍질을 벗기면 밝은 황색을 띤다. 줄기는 외대로 곧게 서고 연약하며 밑부분에 2~3개의 비늘조각이 있다. 잎은 줄기에 어긋나게 붙고 긴 잎자루가 있다. 잎몸은 2번 3갈래난 겹잎이고 타원꼴의 달걀모양이며 윗 가장자리는 둔한 톱니모양이다. 5~50개의 작은 연한 홍자색 꽃들이 송이꽃차례를 이루고 빽빽하게 핀다. | 유독성식물 | 약용

결실 5~6월 | 튀는열매(삭과)

자생 남·중·북부지방, 산과 들, 밭, 논둑 길가, 숲 가장자리 등 양지

▲ 덩이줄기

❗ 덩이줄기에는 프로토핀($C_{20}H_{19}O_5N$), 불보카프닌($C_{19}H_{19}O_4N$), 코리다린($C_{22}H_{27}O_4N$) 등의 알칼로이드가 함유되어 있다. 한방에서 덩이줄기를 [현호색(玄胡索)]이라 부르고 타박상, 두통, 월경통 등에 약재로 사용한다.

댓잎현호색
Corydalis turtschaninovii var. *linearis*

과명	양귀비과
개화	4~5월 **높이** 10~25cm

특징 여러해살이풀 | 현호색의 변종으로 잎의 갈래조각이 긴 타원꼴의 줄모양으로 갈라진다. | 유독성식물 | 약용

결실 5~6월 | 튀는열매(삭과)

자생 남·중·북부지방, 산지 숲속, 길가 등

❗ 잎 모양이 대나무잎 같다 하여 이름 지어졌다. | 현호색과 같은 용도의 약재로 쓴다.

빗살현호색
Corydalis turtschaninovii var. *pectinata*

과명	양귀비과
개화	4~5월 **높이** 10~25cm

특징 여러해살이풀 | 현호색에 비해 잎의 갈래조각이 거꿀달걀꼴의 긴 타원모양이며 가장자리 윗부분은 빗살모양으로 갈라진다. | 유독성식물 | 약용

결실 5~6월 | 튀는열매(삭과)

자생 남·중·북부지방 산지 숲속

❗ 현호색과 같은 용도의 약재로 쓴다.

애기현호색
Corydalis turtschaninovii var. *fumariaefolia*

과명	양귀비과
개화	4~5월 **높이** 10~25cm

특징 여러해살이풀 | 원변종에 비해 잎몸이 빗살처럼 가늘게 갈라진 것이 특징이다. | 유독성식물 | 약용

결실 5~6월 | 튀는열매(삭과)

자생 중부지방 산지

❗ 식물체가 아주 작아 이름 지어졌다. | 현호색과 같은 용도의 약재로 쓴다.

봄

세잎현호색
Corydalis ternata var. *tenata*

과명 양귀비과

개화 4월　　　**높이** 15cm 안팎

특징 여러해살이풀 | 들현호색의 변종으로 원변종에 비해 잎몸이 가늘게 여러 번 갈라지며 마지막 갈래조각은 피침모양인 것이 특징이다. | 유독성식물 | 약용

결실 5월 | 튀는열매(삭과)

자생 중부 이북지방 깊은 산골짜기 숲속 그늘

❗ 잎이 가늘게 갈라진 것 때문에 '세잎현호색(細葉玄胡索)'이라 한다. | 현호색과 같은 용도의 약재로 쓴다.

자주괴불주머니
Corydalis incisa

과명 양귀비과

개화 5월　　　**높이** 20~50cm

특징 두해살이풀 | 땅속의 덩이줄기는 작으며 고기질이고 긴 타원모양이다. 줄기는 무더기로 나며 곧게 서고 연약하며 모서리가 있다. 뿌리잎은 무더기로 나며 둥근꼴의 삼각모양이고 2번 3갈래난 겹잎이다. 긴 잎자루가 있고 줄기잎은 어긋나게 붙으며 2~3번 깃모양으로 갈라진다. 마지막 갈래조각은 달걀모양, 쐐기모양이며 가장자리는 물결모양이다. 줄기 끝에서 송이꽃차례를 이루고 홍자색 꽃이 핀다. | 유독성식물 | 약용

결실 6월 | 튀는열매(삭과)

자생 중부 이남지방, 남부지방, 제주도의 길가 빈터, 논밭 근처 등의 양지

❗ 한방에서 풀 전체를 진경, 조경, 진통, 타박상 등에 약재로 사용한다.

갯무
Raphanus sativus for. *raphanistroides*

▲ 제주도 5월

과명 십자화과

개화 4~5월　　**높이** 30~50cm

특징 한해살이풀 | 줄기는 곧게 서며 성글게 가지를 벋는다. 뿌리는 고기질이고 흰색이며 크다. 식물체에는 털이 없거나 짧은 털이 약간 있다. 뿌리잎은 뿌리목에서 무더기로 나며 무잎 모양이고 15~20쌍으로 갈라진다. 갈래조각은 밑부분의 것일수록 작고 맨 끝의 것이 가장 크다. 긴 잎자루가 있어 잎은 땅 위에 수평으로 퍼지며 줄기잎은 작고 갈라지거나 갈라지지 않는다. 줄기 끝에서 송이꽃차례를 이루고 흰색, 홍자색 꽃이 핀다. | 식용, 약용

결실 6~7월 | 긴뿔열매(장각과)

자생 제주도, 울릉도, 남부 해안지방, 섬지방 등 바닷가의 모래땅 양지

❗ 우리가 먹는 무와 거의 비슷하며 바닷가에서 자라기 때문에 이름 지어졌다. | 연한 잎과 뿌리는 무와 같이 나물이나 김치로 먹는다. | 한방에서 씨를 해수, 소화 불량, 개선, 폐렴, 기관지염 등에 약재로 사용한다.

살갈퀴
Vicia angustifolia var. *segetilis*

과명 콩과

개화 5~7월   **높이** 60~150cm

특징 두해살이 덩굴풀 | 줄기는 비스듬히 위로 서거나 덩굴지며 다른 물체를 감고 오르며 가지를 벋고 네모진다. 짧고 부드러운 털이 드물게 덮여 있거나 거의 없다. 잎은 어긋나게 붙고 짧은 잎자루가 있으며 3~8쌍의 쪽잎으로 된 짝수깃모양겹잎이다. 잎줄기의 끝에 있는 덩굴손은 길고 가늘며 2~3갈래로 갈라진다. 줄기 윗부분의 잎겨드랑이에서 1~2개씩 홍자색 꽃이 핀다. | 식용, 가축 사료용

결실 7~9월 | 꼬투리열매(협과)

자생 전국 각지, 산과 들, 길가 초원, 들녘 밭둑 등의 양지

! 어린 순은 나물로 먹는다.

가는갈퀴
Vicia angustifolia var. *minor*

과명 콩과

개화 4~5월   **높이** 60cm 안팎

특징 두해살이 덩굴풀 | 줄기는 곧게 서거나 덩굴지고 주변의 물체에 기어오르며 세로로 도드라진 줄과 잔털이 있다. 살갈퀴와 비슷하지만 쪽잎이 좁은 긴 타원모양인 것이 다르다. 원줄기는 밑에서 가지가 많이 갈라지고 네모졌으며 약간 옆으로 눕는다. 잎은 어긋나게 붙으며 잎자루가 짧고 3~7쌍의 쪽잎으로 된 1회 깃모양겹잎이다. 잎겨드랑이에서 잎보다 짧은 송이꽃차례를 이루고 홍자색 꽃이 빽빽하게 핀다. | 식용

결실 6~7월 | 꼬투리열매(협과)

자생 중부 이남지방, 낮은 산지 또는 들녘, 초원의 양지

! 어린 순은 나물로 먹는다.

얼치기완두
Vicia tetrasperma

과명 콩과

개화 5~6월　　　**높이** 30~60㎝

특징 두해살이 덩굴풀 | 덩굴성이며 줄기는 곧게 서거나 덩굴지며 가늘고 가지를 많이 벋는다. 모서리가 있고 잎은 어긋나게 붙으며 잎자루가 짧거나 없고 3~6쌍의 쪽잎으로 된 짝수깃모양겹잎이다. 잎줄기 끝에 있는 덩굴손은 매우 가늘고 길며 갈라지지 않는다. 잎겨드랑이에서 나온 꽃줄기 끝에 송이꽃차례를 이루고 연한 홍자색 꽃이 핀다. | 식용, 가축 사료용

결실 6~7월 | 꼬투리열매(협과)

자생 중부 이남지방, 산기슭, 들녘, 길가, 언덕 등의 양지

❗ 새완두와 살갈퀴의 중간형이기 때문에 '얼치기완두'라 부른다. | 어린 순은 나물로 먹는다.

새완두
Vicia hirsuta

과명 콩과

개화 5~6월　　　**높이** 50㎝ 안팎

특징 두해살이 덩굴풀 | 뿌리는 가늘고 길며 식물체에 잔털이 약간 있다. 줄기는 덩굴지며 밑에서부터 가지를 벋고 네모지다. 잎은 어긋나게 붙고 잎자루는 짧거나 없다. 3~6쌍의 쪽잎으로 된 짝수깃모양겹잎이다. 잎줄기 끝에 있는 덩굴손은 가늘고 길며 3갈래로 갈라진다. 쪽잎은 띠모양의 긴 타원모양이고 위의 끝은 잘라진모양, 또는 오목하다. 잎겨드랑이에서 나온, 잎보다 짧은 꽃줄기에 송이꽃차례를 이루며 자백색 꽃이 핀다. | 식용, 가축 사료용

결실 6~7월 | 꼬투리열매(협과)

자생 남부지방, 제주도, 울릉도 산기슭 이하의 양지 풀숲

❗ 씨를 볶아서 차 대용으로 먹는다.

봄

털갈퀴덩굴(벳지)
Vicia villosa

▲ 안면도 5월　　　　　　　　　　　▼ 열매

과명 콩과

개화 5~6월　　**높이** 1~2m

특징 한해 또는 두해살이 덩굴풀 | 귀화식물(유럽 원산). 덩굴성이고 식물체에 흰 털이 빽빽하다. 원줄기는 덩굴지며 다른 물체에 감기어 오르고 가지를 벋으며 질은 연하다. 잎은 어긋나게 붙고 잎자루가 있으며 6~10쌍의 쪽잎으로 된 짝수깃모양겹잎이다. 잎줄기 끝에 있는 덩굴손은 가늘고 길며 가지를 벋는다. 쪽잎은 어긋나게 붙고 띠모양의 버들잎모양이다. 윗부분은 둔하거나 뾰족하며 가운데 끝은 가시모양을 이룬다. 받침잎은 2개이며 반화살모양이다. 잎겨드랑이에서 나온 꽃줄기에 송이꽃차례를 이루고 보라색 꽃이 15~30개 모여 핀다. | 가축 사료용

결실 7~8월 | 꼬투리열매(협과)

자생 중·남부지방, 특히 서해안지방의 바닷가 양지

❗ 식물체에는 수분 86.07%, 단백질 2.40%, 기름 0.38%, 섬유소 3.44%, 무질소추출물 6.12%, 재성분 1.59%가 함유되어 있다. 목축 사료로 적합한 식물이며, 녹비자원으로 재배도 하였고 지금은 야생상으로 퍼져 나가 자란다.

갯완두
Lathyrus japonicus

▲ 학암포 5월

과명 콩과

개화 5~6월 　**높이** 20~60cm

특징 여러해살이 덩굴풀 | 뿌리줄기는 옆으로 길게 벋고 줄기는 밑에서 누워 자라며 위에서는 덩굴손으로 다른 물체에 의지하여 서고 모서리는 있으며 털이 있거나 없다. 잎은 어긋나게 붙고 짝수깃모양겹잎이며 잎자루는 짧다. 잎줄기는 납작하지만 날개는 이루지 않는다. 잎줄기 끝에 있는 덩굴손은 길며 2~3갈래로 가지를 벋거나 벋지 않는다. 받침잎은 화살모양이며 밑부분에 뾰족한 귀가 있고 잎겨드랑이에서 나온, 잎보다 짧은 꽃줄기에 송이꽃차례를 이루고 3~5개의 적자색 나비모양 꽃이 모여 핀다. | 식용, 약용

결실 7~8월 | 꼬투리열매(협과)

자생 전국 각지, 바닷가 모래땅 양지

❗ 모든 것이 완두콩과 닮았으며 다만 바닷가에서 자라기 때문에 이름 지어졌다. | 씨를 식용한다. | 한방에서 [대두황권(大豆黃卷)]이라 하고 줄기, 잎, 어린 싹을 정혈, 부종 등에 약재로 사용한다.

털쥐손이
Geranium eriostemon

과명 쥐손이풀과

개화 5~6월 　　**높이** 30~50cm

특징 여러해살이풀 | 전체에 밑을 향한 털이 빽빽하게 나고 원줄기는 세로로 홈이 있으며 윗부분에 샘털이 있다. 뿌리잎은 잎자루가 길며 밑부분의 잎과 더불어 5각꼴의 둥근모양으로 반 또는 그 이상 갈라지고 표면에 누운 털과 뒷면에 퍼진 털이 있다. 받침잎은 넓은 피침모양이고 서로 떨어져 잎겨드랑이 또는 가지 끝에서 2~3개의 꽃줄기가 나오고 끝에 3~10개씩 홍자색 꽃이 우산꽃차례모양을 이루고 핀다. | 약용

결실 7~8월 | 튀는열매(삭과)

자생 중부 이북지방, 고원지 초원

◀ 열매

❗ 털이 많고 잎 모양이 쥐의 앞발가락을 편 모양 같아서 이름 지어졌다. | 한방에서 풀 전체를 산전산후통, 대하증, 위궤양, 식중독, 장염, 백적리, 방광염, 월경불순, 변비, 위장염 등에 약재로 사용한다.

꽃쥐손이
Geranium eriostemon var. *megalanthum*

과명 쥐손이풀과

개화 5~6월 　　**높이** 30~50cm

특징 여러해살이풀 | 원변종에 비하여 꽃이 훨씬 큰 것이 특징이다. | 약용

결실 7~8월 | 튀는열매(삭과)

자생 북부지방 고원지

❗ 털쥐손이와 같은 용도의 약재로 사용한다.

애기풀
Polygala japonica

과명 원지과

개화 4~5월   **높이** 20cm 안팎

특징 여러해살이풀 또는 초본성 반떨기나무(반관목) | 줄기는 뿌리에서 여러 대가 나와 곧게 또는 비스듬히 선다. 잎은 어긋나게 붙으며 짧은 잎자루가 있고 잎몸은 타원모양, 긴 타원모양, 달걀모양이고 양쪽 끝이 뾰족하거나 약간 둔한 모양이다. 잎겨드랑이에서 송이꽃차례를 이루고 연한 홍색 꽃이 핀다. | 약용

결실 9월 | 튀는열매(삭과)

자생 북부지방 고산지대를 제외한 전국 각지, 산과 들, 양지바른 초원

❗ 식물체에는 사포닌과 플라보노이드가 함유되어 있고 뿌리에는 사포닌과 적은 양의 알칼로이드, 테트라아세틸폴리갈리트가 함유되어 있다. 뿌리를 원지 대용약으로 사용하기도 한다.

둥근털제비꽃
Viola collina

과명 제비꽃과

개화 4~5월   **높이** 5~15cm

특징 여러해살이풀 | 뿌리줄기는 옆으로 벋으며 마디 사이는 짧다. 잎은 여러 개가 모여 난다. 잎자루 길이는 3~10cm지만 열매가 익을 때에는 더 길어진다. 밑부분에 좁은 날개가 있다. 잎 가장자리는 낮은 톱니모양이고 받침잎은 버들잎모양이다. 연약한 꽃줄기 끝에 연한 자주색 꽃이 1개씩 핀다. | 식용, 약용

결실 7월 | 튀는열매(삭과)

자생 제주도를 제외한 산지 숲 가장자리나 길가 주변 반그늘

❗ 어린 잎은 나물로 먹는다. | 한방과 민간에서 풀 전체를 고미, 간장기능 촉진, 유아발육 촉진, 해독, 통경, 거풍, 최토, 진해, 정혈, 태독, 감기, 기침, 부인병 등에 약재로 사용한다.

알록제비꽃
Viola variegata

과명 제비꽃과

개화 4~5월   **높이** 5~12cm

특징 여러해살이풀 | 뿌리줄기는 짧고 가늘며 잎은 여러 개가 모여 난다. 잎자루의 윗부분은 날개모양으로 넓어지고 밋밋하거나 간혹 짧은 털이 있다. 잎몸은 둥근심장모양이고 끝부분이 둔하거나 둥글고 잎 가장자리는 낮은 톱니모양이다. 표면은 어두운 녹색이고 잎줄이 흘러간 곳을 따라 흰 얼룩무늬가 있으며 뒷면이 대개 자주색이다. 받침잎은 버들잎모양이고 절반 이상이 잎자루에 붙어 있다. 잎 사이에서 나온 여러 개의 꽃줄기 끝에 자주색 꽃이 1개씩 핀다. | 관상용, 식용, 약용

결실 6월 | 튀는열매(삭과)

자생 전국 각지 산지 숲속 그늘

❗ 어린 잎은 식용한다. | 한방과 민간에서 풀 전체를 둥근털제비꽃과 같은 약재로 사용한다.

청알록제비꽃
Viola variegata var. *ircutiana*

과명 제비꽃과

개화 4~5월   **높이** 5~12cm

특징 여러해살이풀 | 원변종에 비하여 잎은 달걀모양, 혹은 세모난 달걀모양이며 잎 뒷면이 녹색인 것이 특징이다. | 관상용, 식용, 약용

결실 6월 | 튀는열매(삭과)

자생 중부지방 산지 숲 가장자리 길가

❗ 어린 잎은 식용한다. | 한방과 민간에서 풀 전체를 둥근털제비꽃과 같은 약재로 사용한다.

왜제비꽃
Viola japonica

과명 제비꽃과

개화 4~5월   **높이** 5~10cm

특징 여러해살이풀 | 뿌리줄기는 짧고 잎은 뿌리줄기에 여러 개가 무더기로 난다. 잎자루 윗부분에 좁은 날개가 있고 털은 없거나 짧은 털이 드문드문 있다. 잎 사이에서 나온 몇 개의 꽃줄기 끝에 자주색, 연한 자주색 꽃이 1개씩 핀다. | 식용, 약용

결실 6~7월 | 튀는열매(삭과)

자생 중부 이남지방, 산과 들, 숲 가장자리 반그늘

❗ 식물체가 전반적으로 작은 데서 온 이름이다. | 어린 잎은 나물로 먹는다. | 한방과 민간에서 둥근털제비꽃과 같은 용도의 약재로 사용한다.

흰털제비꽃
Viola hirtipes

과명 제비꽃과

개화 4월   **높이** 10~15cm

특징 여러해살이풀 | 줄기는 짧고 곧으며 잎은 뿌리줄기에서 모여 난다. 잎자루는 길이 5~11cm로 윗부분에 좁은 날개가 있으며 길고 갈라진 흰 털이 있다. 잎 표면에는 털이 없으나 때로 뒷면 잎줄 위와 표면에 털이 있다. 받침잎은 줄꼴의 버들잎모양이며 절반 정도 잎자루에 붙어 있다. 잎 사이에서 나온 꽃줄기 끝에 홍자색 꽃이 1개씩 핀다. | 식용, 약용

결실 6월 | 튀는열매(삭과)

자생 전국 각지 산지 숲 가장자리

❗ 꽃자루에 흰 털이 많기 때문에 이름 지어졌다. | 어린 잎은 나물로 먹는다. | 한방과 민간에서 둥근털제비꽃과 같은 용도의 약재로 사용한다.

봄

서울제비꽃
Viola seoulensis

▲ 서울 4월

▲ 씨

◀ 잎, 열매

과명 제비꽃과

개화 4~5월 　　**높이** 5~10cm

특징 여러해살이풀 | 뿌리줄기는 둥근 기둥모양이고 고기질이며 땅위줄기는 없다. 잎은 뿌리줄기에서 여러 개가 무더기로 나며 잎자루가 있고 가운데 윗부분에 좁은 날개가 있다. 잎 가장자리에 낮고 둔한 톱니가 있으며 잎이 처음에는 말린다. 받침잎은 띠모양이다. 잎 사이에서 나온 몇 개의 꽃줄기 끝에 연한 자주색, 보라색 꽃이 1개씩 핀다. | 관상용, 식용, 약용

결실 7~8월 | 튀는열매(삭과)

자생 중부지방, 서울의 북한산 자락 바위틈 양지

❗ 서울 시내에서만 자라기 때문에 이름 지어졌다. | 어린 잎은 나물로 먹는다. | 한방과 민간에서 둥근털제비꽃과 같은 용도로 사용한다.

호제비꽃
Viola yedoensis

▲ 용인 4월

과명 제비꽃과

개화 4~5월 **높이** 10~15cm

특징 여러해살이풀 | 뿌리줄기는 짧고 잎은 짧은 뿌리줄기 끝에 모여 난다. 잎자루는 처음에는 길이 2~5cm지만 점점 더 길어지고 털이 있다. 잎몸은 세모난 피침모양이지만 열매가 익을 때에는 길이 8cm, 너비 3cm로 커지며 밑부분이 잘라진모양, 넓은 쐐기모양, 거의 심장모양이고 끝부분이 둔하며 잎 가장자리에는 둔한 톱니가 있다. 잎 사이에서 나온 몇 개의 꽃줄기 끝에 자주색 꽃이 1개씩 핀다. | 식용, 약용

결실 6~7월 | 튀는열매(삭과)

자생 전국 각지, 낮은 지대 산과 들녘, 길가 빈터나 밭 근처 점토 등의 양지

❗ 어린 잎은 나물로 먹는다. | 한방과 민간에서 둥근털제비꽃과 같은 약재로 사용한다.

제비꽃
Viola mandshurica

▲ 서울 4월

◀ 씨

과명 제비꽃과

개화 4~5월　　**높이** 10~20cm

특징 여러해살이풀 | 원줄기는 없고 뿌리에서 긴 잎자루가 있는 잎이 난다. 잎은 피침모양이며 끝이 둔하고 밑부분이 잘린모양, 약간 심장모양으로 가장자리에 얕고 둔한 톱니가 있다. 꽃이 핀 다음에 자라는 잎은 달걀꼴의 삼각모양이고 윗부분에 뚜렷하지 않은 물결모양의 톱니가 있으며 잎자루 윗부분에 날개가 있다. 잎 사이에서 나온 몇 개의 꽃줄기 끝에 자주색 또는 흰 바탕에 자주색 줄이 있는 꽃이 1개씩 핀다. | 관상용, 식용, 약용

결실 6~7월 | 튀는열매(삭과)

자생 전국 각지, 낮은 산과 들녘, 길가, 양지바른 언덕

❗ 어린 잎은 나물로 먹는다. | 한방과 민간에서 풀 전체를 [자화지정(紫花地丁)]이라 하고 둥근털제비꽃과 같은 용도의 약재로 사용한다.

뫼제비꽃
Viola selkirkii

▲ 천마산 5월

과명　제비꽃과

개화　4~5월　　**높이**　6~8cm

특징　여러해살이풀 | 열매가 익을 때는 높이 15cm에 이른다. 뿌리줄기는 짧고 가늘다. 꽃이 핀 후 땅속에서 가늘고 긴 기는줄기가 생기며 땅위줄기는 없다. 잎은 뿌리줄기에서 몇 개가 모여 나며 좁은 날개가 있다. 잎몸은 달걀꼴의 심장모양이고 밑부분은 깊은 심장모양이며 끝부분은 급하게 뾰족하다. 잎 가장자리에는 둔한 톱니가 있고 잎은 녹색이며 반투명질로 잎 사이에서 나온 꽃줄기 끝에서 연한 자주색 꽃이 1개씩 핀다. | 식용, 약용

결실　6~8월 | 튀는열매(삭과)

자생　전국 각지 깊은 산골짜기 숲속 그늘

❗ 어린 잎은 나물로 먹는다. | 한방과 민간에서 풀 전체를 둥근털제비꽃과 같은 용도의 약재로 사용한다.

갑산제비꽃
Viola kapsanensis

과명 제비꽃과

개화 5~6월 **높이** 5~10cm

특징 여러해살이풀 | 식물체 높이는 5~10cm지만 꽃이 핀 후에는 더 크게 자란다. 땅속줄기는 둥근모양이며 잎은 뿌리줄기에서 몇 개가 나온다. 잎몸은 달걀모양, 심장꼴의 달걀모양이다. 밑부분은 심장모양이고 끝부분은 날카롭게 뾰족하다. 잎 가장자리는 둔한 톱니모양으로 잎 표면은 밋밋하지만 작은 가시털이 약간 있다. 받침잎은 좁은 줄모양으로 잎 사이에서 나온 몇 개의 꽃줄기 끝에서 연한 자주색 꽃이 1개씩 핀다. | 식용, 약용

결실 6~7월 | 튀는열매(삭과)

자생 중부 이북지방, 특히 북부지방 양강도의 갑산, 간백령, 삼지연 등의 잎갈나무 숲 가장자리 반그늘

❗ 이 꽃이 처음 발견된 곳이 양강도의 갑산지역이라 이름 지어졌다. | 어린 잎은 나물로 먹는다. | 한방과 민간에서 둥근털제비꽃과 같은 용도의 약재로 사용한다.

흰갑산제비꽃
Viola kapsanensis var. *albiflora*

과명 제비꽃과

개화 5~6월 **높이** 5~10cm

특징 여러해살이풀 | 원변종에 비해 흰 꽃이 피는 것이 특징이다. 우리나라 특산변종이다. | 식용, 약용

결실 6~7월 | 튀는열매(삭과)

자생 북부지방 갑산과 간백령, 삼지연

❗ 어린 잎은 나물로 먹는다. | 한방과 민간에서 둥근털제비꽃과 같은 용도의 약재로 사용한다.

졸방제비꽃
Viola acuminata

과명 제비꽃과

개화 5~6월　　**높이** 10~40cm

특징 여러해살이풀 | 땅 위로 줄기가 여러 개 나와 곧게 서며 식물체에 흰 털이 드문드문 나 있다. 잎은 줄기에 어긋나게 붙으며 밑부분의 잎자루는 길고 윗부분의 잎자루는 짧다. 받침잎은 긴 타원모양이며 가장자리는 깊게 갈라지고 밑부분은 잎자루에 붙어 있다. 잎몸은 세모꼴의 심장모양이며 밑부분은 심장모양으로 끝은 점점 뾰족해진다. 잎 가장자리는 둔한 톱니모양으로 잎 표면에 가는 털이 있으며 줄기 윗부분의 잎겨드랑이에서 나온 긴 꽃줄기 끝에서 연한 자주색 또는 흰색 꽃이 1개씩 핀다. | 식용, 약용

결실 7~8월 | 튀는열매(삭과)

자생 전국 각지, 산기슭이나 들녘, 길가의 언덕, 초원 양지

❗ 어린 잎은 나물로 먹는다. | 한방과 민간에서 둥근털제비꽃과 같은 용도의 약재로 사용한다.

민졸방제비꽃
Viola acuminata for. *glaberrima*

과명 제비꽃과

개화 5~6월　　**높이** 10~40cm

특징 여러해살이풀 | 원변형에 비하여 꽃잎 안쪽을 제외한 식물 전체에 털이 없는 것이 특징이다. | 식용, 약용

결실 7~8월 | 튀는열매(삭과)

자생 전국 각지 산과 들

❗ 어린 잎은 나물로 먹는다. | 한방과 민간에서 둥근털제비꽃과 같은 용도의 약재로 사용한다.

왜졸방제비꽃
Viola sacchalinensis

▲ 삼지연 6월

과명 제비꽃과

개화 5~6월　　**높이** 5~25cm

특징 여러해살이풀 | 열매가 익을 때는 10~25cm까지 자란다. 뿌리줄기는 짧고 갈색의 비늘쪽이 붙어 있다. 줄기는 몇 개가 모여 나고 비스듬히 서며 뿌리잎에는 긴 잎자루가 있다. 잎몸은 둥근 심장모양, 콩팥꼴의 심장모양이며 밑부분은 심장모양이고 끝부분은 뾰족하거나 둔하다. 잎 가장자리는 둔한 톱니모양이고 줄기잎은 어긋나게 붙으며 줄기잎의 겨드랑이에서 나온, 잎보다 긴 꽃줄기 끝에서 연한 자주색 꽃이 1개씩 핀다. | 식용, 약용

결실 6~7월 | 튀는열매(삭과)

자생 북부지방, 고산지대 바늘잎나무 숲 가장자리 반그늘

❗ 어린 잎은 나물로 먹는다. | 한방과 민간에서 둥근털제비꽃과 같은 용도의 약재로 사용한다.

낚시제비꽃
Viola grypoceras

과명 제비꽃과

개화 4~5월　　**높이** 10~30cm

특징 여러해살이풀 | 뿌리줄기는 마디가 밀접하고 원줄기는 여러 대가 비스듬히 서거나 옆으로 눕는다. 꽃이 필 때는 길이가 20cm이며 열매를 맺을 때는 30cm까지 자란다. 뿌리잎은 심장모양, 일그러진 심장모양이고 가장자리에 얕은 톱니가 있으며 잎자루는 털이 없다. 받침잎은 피침모양이고 빗살모양으로 길게 갈라지며 줄기잎은 비슷하지만 잎자루가 짧다. 줄기 끝에서 나오는 꽃줄기 끝에 연한 자주색 꽃이 1개씩 핀다. | 식용, 약용

결실 6~7월 | 튀는열매(삭과)

자생 중부지방, 경기도, 강원도 이남지방, 울릉도, 제주도의 산과 들, 길가, 초원 양지

❗ 어린 잎과 줄기는 나물로 먹는다. | 한방과 민간에서 둥근털제비꽃과 같은 용도의 약재로 사용한다.

애기낚시제비꽃(왜낚시제비꽃)
Viola grypoceras var. *exilis*

과명 제비꽃과

개화 4~5월　　**높이** 10~30cm

특징 여러해살이풀 | 원변종에 비하여 잎이 매우 작은 것이 특징이다. | 식용, 약용

결실 6~7월 | 튀는열매(삭과)

자생 중부 이남지방, 제주도

❗ 어린 잎과 줄기는 나물로 먹는다. | 한방과 민간에서 둥근털제비꽃과 같은 용도의 약재로 사용한다.

봄

종지나물(미국제비꽃)
Viola papilionacea

▲ 서울 4월

과명 제비꽃과

개화 4~5월   **높이** 15~20cm

특징 여러해살이풀 | 귀화식물(북아메리카 원산). 뿌리줄기는 굵고 옆으로 벋으며 마디가 있고 뿌리줄기에서 커다란 잎이 무더기로 난다. 잎몸은 가장자리에 톱니가 있다. 흰 바탕에 가운데 부분이 연한 자주색이고 짙은 자주색 줄이 많은 꽃이 꽃줄기 끝에 1개씩 달리며 가운데는 황록색이다. | 관상용, 식용

결실 8~9월 | 튀는열매(삭과)

자생 중부지방, 경기도 이남지방의 길가 둑, 빈터 양지

❗ 원래는 남부지방에서 나물로 먹기 위해 심은 것이 지금은 전국적으로 퍼져 나가 야생상으로 자란다. | 연한 잎은 나물로 먹는다.

붉은참반디

Sanicula rubriflora

과명 미나리과

개화 5~6월　　**높이** 20~50cm

특징 여러해살이풀 | 뿌리줄기는 짧고 굵으며 검은색이다. 잔뿌리가 많지만 점차 없어진다. 줄기는 곧게 서고 털은 없으며 윗부분에서만 가지를 벋는다. 뿌리잎은 여러 개로 긴 잎자루가 있으며 윤기가 나고 얇다. 줄기 윗부분에 마주 붙은 잎겨드랑이에서 나온 꽃줄기 끝에 머리모양꽃차례, 겹우산꽃차례로 흑자색 꽃이 핀다. | 식용, 약용

결실 8~9월 | 갈래열매(분과)

자생 남·중·북부지방, 깊은 산골짜기 숲속 개울가 등지의 그늘

❗ 어린 잎은 나물로 먹는다. | 한방과 민간에서 풀 전체를 지혈, 정혈, 양정, 해열, 대하, 경풍, 고혈압, 중풍, 폐렴, 신경통 등에 약재로 사용한다.

뚜껑별꽃

Anagallis arvensis

과명 앵초과

개화 4~5월　　**높이** 10~30cm

특징 한해 또는 두해살이풀 | 식물체는 털이 없고 약간 흰빛이 도는 녹색이다. 줄기는 밑동에서 여러 갈래로 갈라져 땅 위로 퍼지고 가늘며 네모졌고 위 끝은 비스듬히 선다. 잎겨드랑이에서 길이 2~3cm의 가늘고 긴 꽃꼭지가 나고 끝에 청자색 꽃이 1개씩 위를 향해 핀다. | 관상용, 식용

결실 6~7월 | 튀는열매(삭과)

자생 제주도 남쪽 바닷가 언덕, 길가 둑 양지

❗ 열매가 익으면 뚜껑이 가로로 솥뚜껑모양으로 열리면서 속에서 많은 씨가 나오기 때문에 '뚜껑별꽃'이라 부른다. | 어린 잎은 나물로 먹는다.

봄

대성쓴풀
Anagallidium dichotomum

과명 용담과

개화 4~5월　　**높이** 10~25cm

특징 여러해살이풀 | 희귀식물. 밑에서 가지가 많이 갈라져서 비스듬히 퍼지며 줄기에 4개의 모서리와 좁은 날개가 있다. 잎은 마주 붙고 5개의 잎줄이 있으며 밑에 달린 잎은 주걱모양으로 잎자루가 길다. 잎겨드랑이와 가지 끝에 고른살꽃차례를 이루고 흰색에 자주색 연한 줄이 있는 꽃이 핀다.

결실 8~9월 | 튀는열매(삭과)

자생 중부지방, 백두대간 깊은 골짜기와 DMZ, 대성산의 숲속 그늘

❗ 맨처음 강원도의 대성산에서 발견되어 이름 지어졌다.

고산구슬봉이
Gentiana wootshuliana

과명 용담과

개화 5~6월　　**높이** 5~11cm

특징 두해살이풀 | 흰그늘용담과 약간 닮았지만 꽃이 연한 자주색 또는 흰색이고 꽃부리 안쪽에 짙은 자주색 무늬가 있으며 잎과 줄기에 잔도드라기가 없고 씨가 달걀꼴의 타원모양인 것이 다르다. | 약용

결실 7~8월 | 튀는열매(삭과)

자생 제주도 한라산 고원지 해발 1,400m 부근, 백두산 고원지

❗ 한방과 민간에서 구슬봉이와 같은 약재로 사용한다.

구슬봉이(구슬봉이)
Gentiana squarrosa

▲ 영월 동강 6월

과명 용담과

개화 5~6월 **높이** 2~10cm

특징 두해살이풀 | 원줄기는 밑에서 갈라져 무더기로 나며 작은 도드라기가 있다. 밑부분에 돌려난 몇 개의 잎은 네모꼴의 달걀모양이고 가장자리가 두꺼워져 투명질로 되며 끝이 침처럼 뾰족하고 가장자리는 밋밋하다. 줄기잎은 달걀모양으로 밑부분이 합쳐져서 짧은 잎집으로 된다. 가지 끝에서 연한 자주색의 작은 꽃이 낮에만 핀다. | 약용

결실 7~8월 | 튀는열매(삭과)

자생 전국 각지, 낮은 지대 산기슭, 길가 및 들녘의 풀숲 양지

❗ 한방과 민간에서 뿌리를 설사, 창종, 개선, 간질, 도한, 경풍, 회충, 심장병, 습진 등에 약재로 사용한다.

봄구슬붕이(봄구슬붕이)
Gentiana thunbergii

▲ 북한산 5월

과명 용담과

개화 4~5월 　　**높이** 5~15cm

특징 두해살이풀 | 원줄기는 밑에서 갈라져 무더기로 난다. 뿌리잎은 돌려난 모양으로 붙고 달걀모양, 좁은 달걀모양, 네모꼴의 달걀모양이며 끝이 뾰족하지만 침모양으로 되지는 않는다. 줄기잎은 달걀꼴의 피침모양이고 밑부분이 합쳐져서 짧은 잎집으로 된다. 가지 끝에서 길이 2.5~3.5cm의 푸른 자주색, 연한 자주색 꽃이 핀다. | 관상용, 약용

결실 7~8월 | 튀는열매(삭과)

자생 남·중·북부지방, 산지 바늘잎나무 숲 가장자리 또는 들녘 길가 양지

❗ 한방과 민간에서 뿌리를 구슬붕이와 같은 약재로 사용한다.

당개지치
Brachybotrys paridiformis

▲ 함백산 5월

과명 지치과

개화 5~6월　　**높이** 30~40cm

특징 여러해살이풀 | 원줄기는 가지가 없으며 뿌리줄기가 옆으로 길게 벋고 군데군데에서 새싹이 나온다. 잎은 어긋나게 붙고 밑부분의 것은 반투명질의 잎집 모양으로 위로 올라가면서 긴 잎자루 끝에서 잎몸이 자라기 시작한다. 잎자루 밑부분이 넓어져서 원줄기를 감싸고 표면과 가장자리에 긴 흰 털이 있으며 끝에서 마디 사이가 짧아져서 5~7개의 잎이 돌려붙은 것처럼 보인다. 맨 위에 달리는 송이꽃차례에 누운 털이 있고 긴 꽃자루 끝에 자주색 꽃이 핀다. | 관상용, 식용

결실 7월 | 여윈열매(수과)

자생 중부 이북지방, 산지 잎이 지는 나무 숲속이나 양지바른 산기슭 초원

❗ 어린 잎은 나물로 먹는다.

봄

꽃바지
Bothriospermum tenellum

과명 지치과

개화 4~9월　　**높이** 5~30cm

특징 한해 또는 두해살이풀 | 식물체는 짧고 딱딱하며 거친 털이 있다. 줄기는 가늘며 밑부분이 땅 위로 약간 누워 벋는다. 잎은 어긋나게 붙고 짧은 잎자루가 있으며 잎몸은 긴 타원모양, 타원모양이고 끝이 둔하거나 둥글고 밑부분이 점차 좁아져 쐐기모양으로 되며 가장자리는 밋밋하다. 잎 표면에 잔주름이 있고 가지 윗부분에 송이꽃차례를 이루고 연한 하늘색 꽃이 꽃대 양쪽에 달린다. | 식용

결실 6~10월 | 튀는열매(삭과)

자생 전국 각지, 밭이나 길가 빈터, 초원 양지

❗ 어린 잎은 나물로 먹는다.

반디지치
Lithospermum zollingeri

과명 지치과

개화 5~6월　　**높이** 15~25cm

특징 여러해살이풀 | 식물체에 거친 털이 있다. 줄기는 가늘고 곧게 서며 딱딱한 질이고 꽃이 핀 다음에 밑동에서 땅바닥을 기어 벋는 가지가 길게 나오고 마디의 군데군데에서 뿌리가 내린다. 잎은 어긋나게 붙고 윗부분 잎은 뚜렷한 엄지잎줄이 있으며 줄기 끝의 잎겨드랑이에서 벽자색 꽃이 1개씩 핀다. | 관상용, 약용, 염료용

결실 7~8월 | 굳은껍질열매(견과)

자생 중부 이남지방, 대개는 해안지방의 언덕, 바닷가 모래땅 양지

❗ 뿌리를 자주색 염료재로 사용한다. | 봄, 가을에 뿌리를 채취하여 건위, 이뇨, 강장, 해독, 황달, 습진, 화상, 동상 등에 약재로 사용한다.

참꽃마리
Trigonotis radicans var. *sericea*

과명 지치과

개화 5~7월 **높이** 10~15cm

특징 여러해살이풀 | 식물체에 누운 털이 드문드문 있다. 줄기는 여러 대가 무더기로 나며 곧게 서지만 점차 길게 자라서 땅 위에 눕는다. 잎은 어긋나게 붙고 뿌리잎의 잎자루는 길며 줄기잎의 잎자루는 짧다. 잎몸은 달걀모양이며 끝이 뾰족하고 밑부분은 둥글거나 얕은 심장모양으로 가장자리는 밋밋하다. 꽃싸개잎겨드랑이에서 전체가 송이모양으로 되는 말린꽃차례를 이루고 5~15개의 연한 남색의 작은 꽃이 드문드문 핀다. | 식용

결실 7~8월 | 굳은껍질열매(견과)

자생 전국 산지 약간 습기 있는 숲속 그늘

❗ 어린 순은 나물로 먹는다.

꽃마리
Trigonotis peduncularis

과명 지치과

개화 4~7월 **높이** 10~30cm

특징 두해살이풀 | 식물체에 누운 털이 있다. 줄기는 가늘며 곧게 서고 밑부분에서 가지를 많이 벋으며 잎은 어긋나게 붙고 뿌리잎과 줄기 밑의 잎은 잎자루가 있으나 줄기 윗부분의 잎은 거의 잎자루가 없다. 가지 끝에서 송이모양의 말린꽃차례를 이루고 연한 하늘색의 작은 꽃이 빽빽하게 모여 핀다. | 식용

결실 6~8월 | 굳은껍질열매(견과)

자생 전국 각지, 들녘, 길가 빈터나 밭 근처 둑의 양지

❗ 꽃차례가 달팽이처럼 말아져서 풀리며 작은 꽃이 피는 데서 온 이름이다. | 어린 잎은 나물로 먹는다.

좀꽃마리
Trigonotis coreana

과명 지치과

개화 5월　　　　　**높이** 10~20cm

특징 여러해살이풀 | 원줄기는 무더기로 나며 누운 털이 있다. 뿌리잎은 잎자루가 길고 달걀모양이며 끝이 뾰족하거나 둔하고 표면에 누운 털이 많으며 뒷면은 누운 털이 약간 있고 짧은 잎자루가 있다. 줄기잎은 피침모양, 달걀모양, 긴 타원모양으로 끝이 뾰족하며 밑은 날카롭거나 약간 잘린모양으로 잎자루가 있다. 줄기 끝에서 송이모양의 말린꽃차례를 이루고 연한 하늘색 작은 꽃이 핀다. | 식용

결실 6~7월 | 굳은껍질열매(견과)

자생 전국 각지, 산과 들, 숲 가장자리 등의 반그늘

❗ 어린 잎은 나물로 먹는다.

금창초
Ajuga decumbens

과명 꿀풀과

개화 4~7월　　　　　**높이** 10~30cm

특징 여러해살이풀 | 원줄기는 옆으로 벋고 전체에 여러 세포로 된 털이 있다. 뿌리잎은 방사상으로 퍼지고 넓은 거꿀피침모양으로 끝이 둔하며 짙은 녹색이지만 대개 자줏빛이 돌며 밑으로 점차 좁아지며 가장자리에 둔한 물결모양의 톱니가 있다. 잎겨드랑이에서 송이모양꽃차례를 이루고 짙은 자주색, 홍색의 작은 꽃이 핀다. | 약용

결실 5~8월 | 여윈열매(수과)

자생 남부지방, 제주도 등지의 들녘, 길가, 언덕 등 메마른 양지

❗ 민간에서 풀 전체를 고혈압, 감기, 부인병에 약으로 쓰고 잎의 즙액은 뱀독, 벌독을 제거하는 데 바르며 화상, 종창 등에도 바른다.

조개나물
Ajuga multiflora

과명 꿀풀과

개화 5~6월　　**높이** 8~30cm

특징 여러해살이풀 | 원줄기는 긴 털이 빽빽하게 난다. 잎은 마주 붙고 타원모양, 달걀모양이며 양면에 긴 솜털이 있으나 점차 없어지고 가장자리에 물결모양의 톱니가 있다. 잎겨드랑이에서 송이꽃차례를 이루고 5~10개의 짙은 자주색 꽃이 핀다. | 관상용

결실 6~7월 | 갈래열매(분과)

자생 전국 각지, 낮은 지대 밭둑이나 묘지 근처 양지

붉은조개나물
Ajuga multiflora for. *rosea*

과명 꿀풀과

개화 5~6월　　**높이** 8~30cm

특징 여러해살이풀 | 원변형에 비하여 꽃이 붉은색으로 피는 것이 특징이다. | 관상용

결실 6~7월 | 갈래열매(분과)

자생 중부 이남지역, 낮은 산 양지

골무꽃
Scutellaria indica

과명 꿀풀과

개화 5~6월　　**높이** 20~40cm

특징 여러해살이풀 | 식물체에 퍼진 털이 많으며 원줄기는 둔하게 네모지고 비스듬히 자라다가 곧게 선다. 잎은 마주 붙고 둥근 심장모양으로 끝이 둔하다. 자주색 꽃이 한쪽으로 치우쳐서 2줄로 달리고 꽃받침 위쪽에 둥근 반달모양의 부속체가 있으며 겉에 털이 있다. | 식용, 약용

결실 8~9월 | 여윈열매(수과)

자생 전국 각지, 산기슭 반그늘

❗ 어린 잎은 나물로 먹는다. | 풀 전체에는 플라보노이드, 스쿠텔라로시드, 스쿠텔라레인이 함유되어 있어 한방과 민간에서 풀 전체를 지혈, 진경, 혈압강하, 해열, 폐렴, 태독, 해수, 위장염 등에 약재로 사용한다.

광릉골무꽃
Scutellaria insignis

과명 꿀풀과

개화 5~6월　　**높이** 40~70cm

특징 여러해살이풀 | 뿌리줄기는 가늘고 길며 줄기는 네모졌고 곧게 선다. 잎은 마주 붙고 잎자루는 짧거나 없다. 잎몸은 달걀꼴의 타원모양이며 밑부분이 둥글고 끝이 뾰족하며 가장자리에 톱니가 드문드문 있다. 줄기 끝에서 송이꽃차례를 이루고 입술모양의 연한 하늘색 꽃이 몇 개 모여 핀다. | 식용, 약용

결실 7~8월 | 갈래열매(분과)

자생 중부지방, 경기도 광릉 산지 숲속 그늘

❗ 광릉지역에서만 자라기 때문에 이름 지어졌다. | 어린 잎은 나물로 먹는다. | 풀 전체를 골무꽃과 같은 용도의 약재로 사용한다.

벌깨덩굴
Meehania urticifolia

과명 꿀풀과

개화 5월 **높이** 15~30cm

특징 여러해살이풀 | 땅 위로 기며 벋는 줄기와 꽃대의 밑부분에 가는 털이 있으며 줄기는 붉은 자주색을 띤다. 땅 위로 기며 벋는 줄기는 길이 50cm 안팎이고 네모졌으며 흰색의 긴 털이 있다. 각 마디에서 뿌리가 생겨나 다음 해에 이 마디에서 새싹과 꽃대가 나와 곧게 선다. 꽃대에는 잎이 마주 붙고 잎자루가 있다. 잎몸은 심장꼴의 달걀모양, 심장모양, 세모꼴의 심장모양이며 끝이 뾰족하고 밑부분이 심장모양으로 가장자리에 둔한 톱니가 있다. 꽃줄기 윗부분에서 이삭꽃차례를 이루고 자주색의 큰 입술모양 꽃이 한쪽을 향해 2개씩 마디마다 핀다. | 식용, 약용

결실 6~7월 | 여윈열매(수과)

자생 전국 각지, 산기슭 넓은잎나무 숲 속 그늘

❗ 잎의 모양과 향기가 깻잎(들깻잎)과 비슷하여 들에 자라는 깻잎이라는 뜻으로 '벌깨덩굴'이라 이름 지었다. | 연한 줄기와 잎을 나물로 먹는다. | 민간에서 잎, 줄기를 강장, 대하증 등에 약재로 사용한다.

붉은벌깨덩굴
Meehania urticifolia for. *rubra*

과명 꿀풀과

개화 5월 **높이** 15~30cm

특징 여러해살이풀 | 원변형에 비해 꽃이 연한 붉은색으로 피는 것이 특징이다. | 식용, 약용

결실 6~7월 | 여윈열매(수과)

자생 전국 각지의 산기슭

❗ 연한 줄기와 잎을 나물로 먹는다. | 민간에서 벌깨덩굴과 같은 용도의 약재로 사용한다.

봄

꿀풀
Prunella vulgaris var. *lilacina*

▲ 양평 5월

과명 꿀풀과

개화 5~7월   **높이** 20~30cm

특징 여러해살이풀 | 뿌리줄기가 있고 줄기는 네모지며 대개 가지를 벋지 않는다. 밑부분은 비스듬히 위로 서고 꽃이 진 다음에는 땅 위를 기며 벋거나 기는 가지가 나오고 흰 털이 드문드문 있다. 잎은 마주 붙고 잎자루에 흰 털이 있다. 잎몸은 긴 타원모양, 피침모양으로 끝이 둔하거나 뾰족하고 밑은 쐐기모양으로 가장자리는 밋밋하거나 약간 있다. 길이 1~3cm의 잎자루가 있지만 윗부분에서는 없어진다. 줄기 끝에서 이삭꽃차례를 이루고 자주색의 입술모양 꽃이 많이 모여 핀다. | 관상용, 약용

결실 6~8월 | 갈래열매(분과)

자생 전국 각지, 산과 들, 길가, 언덕, 초원 양지

❗ 풀 전체를 한방에서 [하고초(夏枯草)]라 하고 강장, 이뇨, 해열, 고혈압, 자궁염, 안질, 갑상선종, 임질, 나력, 두창 등에 약재로 사용한다.

흰꿀풀
Prunella vulgaris for. *albiflora*

과명	꿀풀과
개화	5~7월
높이	20~30cm
특징	여러해살이풀	원변형에 비해 꽃이 흰색으로 피는 것이 특징이다.	관상용, 약용
결실	6~8월	갈래열매(분과)
자생	중부 이북지방 산과 들

❗ 꿀풀과 같은 용도의 약재로 사용한다.

분홍꿀풀(붉은꿀풀)
Prunella vulgaris for. *lilacina*

과명 꿀풀과
개화 5~7월 **높이** 20~30cm
특징 여러해살이풀 | 원변형에 비하여 꽃이 분홍색으로 피는 것이 특징이다. | 관상용, 약용
결실 6~8월 | 갈래열매(분과)
자생 남·중·북부지방 산과 들

❗ 꿀풀과 같은 용도의 약재로 사용한다.

두메꿀풀
Prunella vulgaris var. *aleutica*

과명 꿀풀과
개화 5~7월 **높이** 20~30cm
특징 여러해살이풀 | 원줄기가 밑에서부터 곧게 서고 기는 가지가 없으며 짧은 새순이 원줄기 밑에 달리는 것이 특징이다. | 관상용, 약용
결실 6~8월 | 갈래열매(분과)
자생 북부지방 고산지대, 백두산 등지의 고원지

❗ 꿀풀과 같은 용도의 약재로 사용한다.

긴병꽃풀
Glechoma hederacea var. *longituba*

▲ 양평 5월

과명 꿀풀과

개화 4~5월　　**높이** 5~30cm

특징 여러해살이풀 | 식물체는 자주색을 띤다. 줄기는 땅 위를 길게 기면서 벋거나 비스듬히 위로 선다. 줄기는 네모졌고 모서리에 짧은 퍼진 털이 있으며 마디에는 긴 털이 드문드문 있다. 잎은 마주 붙고 잎몸은 콩팥꼴의 둥근모양으로 잎 뒷면 잎줄에 짧은 털이 있다. 줄기 끝의 잎겨드랑이에서 연한 자주색의 입술모양 꽃이 2~3개씩 모여 핀다. | 관상용, 식용, 약용

결실 7~8월 | 갈래열매(분과)

자생 전국 각지, 낮은 지대, 강변, 또는 길가, 언덕, 초원 양지

❗ 어린 줄기와 잎은 나물로 먹는다. | 한방에서 식물체를 [마제초(馬蹄草)]라 하고 소염, 진통, 거담, 해열, 간암, 신석증, 방광 결석, 황달, 기관지 천식, 만성기관지염, 방광염, 어린이 간 질병 등에 약재로 사용한다.

미치광이풀
Scopolia japonica

과명 가지과

개화 4~5월   **높이** 30~60cm

특징 여러해살이풀 | 식물체는 연약하며 털은 없다. 줄기는 곧게 서고 윗부분에서 가지를 벋으며 잎은 어긋나게 붙고 잎자루가 있다. 잎겨드랑이에서 1개, 드물게 2~4개의 붉은 자주색 꽃이 밑으로 처져서 핀다. | 유독성식물 | 약용

결실 6~7월 | 튀는열매(삭과)

자생 남·중·북부지방, 깊은 산골짜기 습기 있는 숲속 그늘

❗ 옛날 한 아낙네가 봄 산에서 이 풀을 보고 맛 있을 것같아 채취해서 식구들에게 먹였는데 이 나물을 먹고 난 식구들이 미친사람처럼 온 동네를 날뛰고 다녔다고 하여 '미치광이풀'이라 부른다. | 한방에서 [낭탕근(莨菪根)]이라 하고 진정, 이뇨, 치통, 백일해, 천식, 신경통, 탈항, 구토, 치질, 장 경련, 담낭염, 담석증 등에 약재로 사용한다. 맹독성식물이므로 민간에서 함부로 약으로 쓰지 못한다.

노랑미치광이풀
Scopolia japonica var. *lutescens*

과명 가지과

개화 4~5월   **높이** 30~60cm

특징 여러해살이풀 | 원변종에 비해 꽃이 황색으로 피고 꽃받침잎 1개가 큰 것이 특징이다. | 약용

결실 6~7월 | 튀는열매(삭과)

자생 중부지방 깊은 산골짜기

❗ 한방에서 미치광이풀과 같은 용도의 약재로 사용한다.

주름잎
Mazus pumilus

과명 현삼과

개화 5~8월　　**높이** 5~20cm

특징 여러해살이풀 | 엄지뿌리는 길게 자라며 곧게 밑으로 벋고 수염뿌리가 많이 달린다. 줄기는 곧게 자라거나 비스듬히 누워 자라며 땅에 닿는 부분의 마디에서 막뿌리가 생긴다. 뿌리잎은 대개 마주 붙고 잎자루가 없거나 짧다. 줄기잎은 마주 또는 어긋나게 붙고 잎자루는 없거나 짧고 뿌리잎과 비슷하다. 줄기나 가지 끝에서 연한 자주색 바탕에 가장자리가 흰색인 꽃이 송이꽃차례로 핀다. | 식용

결실 7~10월 | 튀는열매(삭과)

자생 전국 각지, 들녘, 밭, 길가 빈터 양지

❗ 풀잎이 주름지기 때문에 이름 지어졌다. | 어린 잎은 나물로 먹는다.

누운주름잎
Mazus miquelii

과명 현삼과

개화 5~8월　　**높이** 5~10cm

특징 여러해살이풀 | 밑에서 잎이 모여 자라고 꽃줄기가 자라며 꽃이 진 다음 밑에서 땅바닥을 기는 가지가 사방으로 벋어 번식한다. 잎은 거꿀달걀모양, 타원모양, 넓은 달걀모양으로 끝이 둔하고 가장자리에 물결모양의 톱니가 있다. 잎자루 윗부분에 날개가 있고 벋어가는 줄기의 잎은 잎자루가 길다. 줄기 끝에서 송이꽃차례를 이루며 자주색, 드물게 흰색 꽃이 핀다. | 식용

결실 6~9월 | 튀는열매(삭과)

자생 중부 이남지방, 들녘, 길가 둑이나 밭둑 등의 양지

❗ 어린 잎은 나물로 먹는다.

큰개불알풀
Veronica persica

▲ 고창 4월

◀ 열매

과명 현삼과

개화 4~7월   **높이** 10~30cm

특징 두해살이풀 | 귀화식물(아시아 서부 및 유럽 원산). 줄기는 밑부분이 땅 위를 기거나 비스듬히 선다. 가지를 많이 벋고 연한 털이 있다. 밑부분의 잎은 마주 붙고 윗부분의 잎은 어긋나게 붙으며 짧은 잎자루가 있다. 잎몸은 세모난모양, 넓은 달걀모양, 넓은 달걀꼴의 세모난모양 또는 세모꼴이고 가장자리는 톱니모양이며 털이 있다. 잎겨드랑이에서 하늘색 바탕에 짙은 남색 줄이 있는 꽃이 1개씩 핀다. | 식용

결실 6~8월 | 튀는열매(삭과)

자생 중부 이남지방, 낮은 지대, 들녘, 길가, 초원 양지

❗ 열매의 모양이 수캐의 불알과 닮은 데서 온 이름이다. | 어린 순은 나물로 먹는다.

봄

개불알풀
Veronica didyma var. *lilacina*

▲ 열매와 꽃

과명 현삼과

개화 4~6월   **높이** 5~15cm

특징 두해살이풀 | 귀화식물(유럽 원산). 부드러운 짧은 털이 있고 밑에서부터 가지가 갈라져 옆으로 자라거나 비스듬히 선다. 잎은 밑에서는 마주 붙고 윗부분에서는 어긋나게 붙으며 달걀꼴의 둥근모양이고 밑부분이 둥글고 길이와 너비가 같으며 2~3쌍의 톱니가 있다. 윗부분 잎은 잎자루가 없으며 줄기 윗부분의 잎겨드랑이에서 연한 하늘색 꽃이 핀다. | 식용

결실 5~7월 | 튀는열매(삭과)

자생 경상북도와 전라남도 이남지방의 길가 언덕 양지

❗ 어린 순은 나물로 먹는다.

초종용
Orobanche coerulescens

▲ 태안 안면도 5월

과명 열당과

개화 5~6월　　**높이** 10~30cm

특징 여러해살이 기생식물 | 바닷가의 사철쑥에 기생하여 살아가는 기생식물이다. 땅속줄기는 굵고 튼튼하며 연한 자주색이 돈다. 줄기는 외대로 곧게 서고 약간 굵으며 황갈색으로 흰색의 연한 털이 있다. 잎은 비늘모양 잎이고 줄기에 드문드문 붙으며 잎몸은 버들잎모양, 좁은 달걀모양이고 끝이 가늘며 얇은 반투명질로 가늘고 긴 흰 털이 드문드문 있다. 줄기 끝에서 이삭꽃차례를 이루고 연한 자주색 꽃이 빽빽하게 핀다. | 약용

결실 6~7월 | 튀는열매(삭과)

자생 전국 각지, 바닷가 모래땅의 사철쑥 뿌리

❗ 풀 전체를 약이름 [초종용(草蓰蓉)]이라 하고 한방에서 강장, 강정, 이뇨, 수렴, 진통, 전간, 위장병 등에 약재로 사용한다.

섬초롱꽃
Campanula takesimana

과명 도라지과

개화 5~7월   **높이** 30~100cm

특징 여러해살이풀 | 대체로 털이 적으며 모서리가 있고 흔히 자줏빛이 돈다. 뿌리잎은 잎자루가 있고 달걀꼴의 심장모양이며 끝이 뾰족하고 밑부분이 갑자기 좁아져서 잎자루의 날개로 되고 대개 밑이 심장모양이며 가장자리에 톱니가 있다. 줄기잎은 위로 올라가면서 긴 타원모양으로 되고 잎자루에 날개가 있어 밑부분이 원줄기를 감싸며 윗부분의 것은 잎자루가 없다. 흰 바탕에 짙은 색의 얼룩점이 있는 꽃이 밑을 향해 송이모양으로 달린다. | 관상용, 식용, 약용

결실 7~8월 | 튀는열매(삭과)

자생 울릉도 바닷가, 산기슭 초원 양지

❗ 울릉도에만 자라기 때문에 '섬초롱꽃'이라 이름 지어졌다. | 연한 잎은 나물로 먹는다. | 한방과 민간에서 뿌리를 [산소채(山小菜)]라 하고 보폐, 천식, 경풍, 한열, 편도선염, 인후염 등에 약재로 사용한다.

흰섬초롱꽃
Campanula takesimana for. *alba*

과명 도라지과

개화 5~7월   **높이** 30~100cm

특징 여러해살이풀 | 섬초롱꽃과 같이 자라고 꽃에 자주색 무늬가 없고 흰색인 것이 특징이다. | 관상용, 식용, 약용

결실 7~8월 | 튀는열매(삭과)

자생 울릉도

❗ 연한 잎은 나물로 먹는다. | 한방과 민간에서 뿌리를 섬초롱꽃과 같은 용도의 약재로 사용한다.

지칭개
Hemistepta lyrata

과명 국화과

개화 5~7월   **높이** 60~90cm

특징 두해살이풀 | 줄기는 곧게 서고 세로로 깊은 홈줄이 있으며 거미줄 모양의 흰 털이 있다. 줄기잎은 어긋나게 붙고 깃모양으로 깊게 갈라지며 갈래조각은 7~8쌍이다. 잎 뒷면은 흰 솜털로 빽빽하게 덮여 있어 회백색을 띤다. 줄기 끝에서 자주색 머리모양꽃이 고깔꽃차례를 이루고 핀다. | 식용, 약용

결실 6~8월 | 여윈열매(수과)

자생 전국 각지, 산과 들, 논밭이나 길가 빈터의 양지

❗ 어린 잎과 줄기를 나물로 먹는다. | 한방에서 꽃이 필 때의 풀 전체를 말려서 지혈, 진정, 건위, 보익, 강심, 이뇨 등에 약재로 사용한다.

뻐꾹채
Rhapontica uniflora

과명 국화과

개화 5~7월   **높이** 30~70cm

특징 여러해살이풀 | 원줄기는 흰 털로 덮여 있으며 가지는 없다. 뿌리는 굵고 원줄기는 꽃줄기모양으로 세로로 줄이 있다. 뿌리잎은 무더기로 나며 오랫동안 남아 있고 긴 잎자루가 있다. 잎몸은 거꿀피침꼴의 타원모양이고 표면에 거미줄모양 흰 털이 빽빽하게 덮인다. 줄기잎은 어긋나게 붙고 윗부분 잎은 거의 잎자루가 없다. 지름 6~9cm의 머리모양꽃이 줄기 끝에 홍자색으로 1개씩 핀다. | 식용

결실 6~8월 | 여윈열매(수과)

자생 남·중·북부지방, 산과 들, 메마른 초원 양지

❗ 뻐꾸기가 날아올 때면 꽃이 핀다 하여 '뻐꾹채'라 부른다. | 어린 잎은 나물로 먹는다.

치커리(꽃상추)
Cichorium endiva

과명 국화과

개화 5~9월　　**높이** 60~130cm

특징 두해살이풀 | 귀화식물(인도 원산). 뿌리는 실타래모양이고 깊이 들어가며 가지가 갈라진다. 뿌리잎은 무더기로 나고 비스듬히 서며 가장자리에 결각과 톱니가 있다. 잎 표면에 주름이 있고 줄기잎은 어긋나게 붙으며 밑부분이 원줄기를 감싸고 뿌리잎과 비슷하지만 작다. 줄기 끝에 머리모양꽃차례로 지름 3~4cm의 짙은 하늘색 꽃이 핀다. | 관상용, 식용

결실 7~10월 | 여윈열매(수과)

자생 중부지방

❗ 연한 잎은 나물로 먹으며 뿌리는 차 대용으로 먹는다.

선씀바귀
Ixeris chinensis var. *strigosa*

과명 국화과

개화 5~6월　　**높이** 20~50cm

특징 여러해살이풀 | 줄기는 1~5개가 함께 나오며 곧게 서지만 밑부분이 약간 누우며 윗부분에서 가지를 뻗고 분록색이다. 뿌리잎은 모여 나며 버들잎모양이고 잎 뒷면은 분록색으로 털이 없다. 꽃줄기 끝에 머리모양꽃차례를 이루고 긴 꽃차례 꼭지들이 고른꽃차례모양을 이루며 연한 자주색, 흰색의 꽃이 핀다. | 식용, 약용

결실 6~7월 | 여윈열매(수과)

자생 전국 각지, 낮은 지대 산골짜기, 길가, 초원 양지

❗ 어린 잎과 뿌리를 나물로 먹는다. | 한방과 민간에서 식물체와 뿌리를 진정, 최면, 건위, 식욕 촉진 등에 약재로 사용한다.

앉은부채
Symplocarpus renifolius

▲ 축령산 4월

과명 천남성과

개화 3~5월　　**높이** 30~40cm

특징 여러해살이풀 | 식물체에서 독특한 냄새가 난다. 뿌리줄기는 짧고 굵으며 끈모양의 굵은 뿌리가 많이 내린다. 잎은 뿌리목에서 여러 개가 무더기로 나고 긴 잎자루가 있으며 달걀꼴의 타원모양이다. 뿌리목에서 나온 꽃줄기 끝에 횃불모양 꽃싸개잎에 싸인 꽃이 넓은 타원모양의 고기질 꽃차례를 이룬다. 연한 자주색, 황색 꽃이 빽빽하게 달리며 거북 등 같은 모양이다. | 유독성식물 | 관상용, 약용

결실 6~7월 | 물열매(장과)

자생 남·중·북부지방, 깊은 산골짜기 숲속 습기 있는 그늘

❗ 풀잎의 모양이 부채 같고 땅바닥에 퍼져 자라기 때문에 이름 지어졌다. | 한방과 민간에서 뿌리줄기를 거담, 진경, 이뇨, 진정, 해수 등에 약재로 사용한다.

봄

맥문동
Liriope platyphylla

▲ 서울 6월 ▼ 열매

▼ 굵은뿌리

과명 백합과

개화 5~6월 **높이** 30~50cm

특징 여러해살이풀 | 뿌리줄기는 짧고 굵으며 나무질이다. 수염뿌리 끝이 땅콩 모양으로 굵어지는 것도 있으며 이 굵은 뿌리를 약재로 쓴다. 잎은 여러 개가 무더기로 나며 납작하다. 잎몸은 줄모양으로 밑부분이 점차 좁아지고 끝은 뾰족하며 밑으로 휘어진다. 잎 겉면은 윤기가 나며 11~15개의 잎줄이 있다. 잎 사이에서 꽃줄기가 나와 곧게 서고 줄기 끝에서 많은 꽃이 이삭꽃차례를 이루고 자주색으로 핀다. | 관상용, 약용

결실 9~10월 | 물열매(장과)

자생 전국 각지 산기슭 숲속 그늘

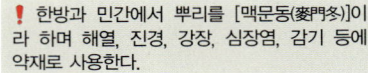

❗ 한방과 민간에서 뿌리를 [맥문동(麥門冬)]이라 하며 해열, 진경, 강장, 심장염, 감기 등에 약재로 사용한다.

처녀치마
Heloniopsis orientalis

▲ 소백산 5월

과명 백합과

개화 4~5월　　**높이** 10~30cm

특징 여러해살이풀 | 뿌리줄기는 짧고 곧게 벋는다. 잎은 모두 뿌리잎이고 방석처럼 사방으로 돌려 나와 퍼지고 좁고 긴 타원모양, 거꿀버들잎모양이며 밑부분이 점차 좁아지고 끝은 뾰족하다. 줄기 끝에서 짧은 송이꽃차례를 이루고 3~10개의 연한 자주색, 짙은 자주색 꽃이 고개를 숙이고 핀다. | 관상용

결실 7~8월 | 튀는열매(삭과)

자생 남·중·북부지방, 산지 숲속 약간 습기 있는 반그늘

❗ 풀잎이 땅 위에 둥글게 사방으로 퍼진 것이 처녀들의 치마를 펼쳐 놓은 것 같다 하여 이름 지어졌다.

얼레지
Erythronium japonicum

과명 백합과

개화 4~5월 **높이** 25cm 안팎

특징 여러해살이풀 | 비늘줄기는 땅속 깊이 25~30cm 정도 들어가고 한쪽으로 약간 굽은 피침모양에 가까우며 길이 6cm 정도이다. 한쪽에는 고기질로 된 부속체가 있고 이른 봄에 길이 25cm 정도의 줄기가 외대로 나와 곧게 선다. 밑부분 뿌리목에서 1쌍의 잎이 마주 나며 잎자루가 있다. 잎몸은 좁은 달걀모양, 긴 타원모양으로 밑부분은 쐐기모양이고 끝은 뾰족하며 잎 가장자리는 밋밋하다. 잎 표면은 연한 녹색이며 짙은 자주색의 얼룩무늬가 있고 질은 연하며 두껍다. 꽃대 끝에 자주색 꽃 1개가 밑으로 숙이고 핀다. | 식용, 약용

결실 6~7월 | 튀는열매(삭과)

자생 전국 각지, 깊은 산골짜기, 고원지의 숲속 비옥한 땅 그늘

❗ 연한 잎은 나물로 먹는다. 비늘줄기에는 40~50%의 녹말이 함유되어 있어 가루를 내어 음식을 만들기도 한다. | 한방과 민간에서 비늘줄기를 강심, 해열, 해독, 이뇨 등에 약재로 사용한다.

흰얼레지
Erythronium japonicum for. *album*

과명 백합과

개화 4~5월 **높이** 25cm 안팎

특징 여러해살이풀 | 얼레지와 함께 아주 드물게 자란다. 원변형에 비해 흰 꽃이 피는 것이 특징이다. | 약용

결실 6~7월 | 튀는열매(삭과)

자생 전국 각지의 산지

❗ 한방과 민간에서 비늘줄기를 얼레지와 같은 용도의 약재로 사용한다.

패모
Fritillaria ussuriensis

비늘줄기

과명 백합과

개화 5월 　　　　**높이** 40~80cm

특징 여러해살이풀 | 비늘줄기는 대개 2개의 크고 흰 비늘쪽이 서로 모여 공모양을 이루며 지름 1~1.5cm이고 밑에는 작고 둥근 비늘줄기가 많이 달린다. 줄기잎은 줄기 윗부분에 붙고 줄기 끝에 붙은 잎의 끝부분은 덩굴손으로 되어 다른 물체를 감기도 한다. 줄기 끝부분의 잎겨드랑이에서 1~2개의 자주색 종모양 꽃이 밑으로 처져서 핀다. | 관상용, 약용

결실 6~7월 | 튀는열매(삭과)

자생 북부지방 압록강, 두만강 연안 산기슭, 산골짜기 숲 가장자리 초원 반그늘

❗ 한방에서 비늘줄기를 [평패(平貝)]라 하고 거담, 진정, 부스럼 등에 약재로 사용한다.

각시붓꽃
Iris rossii

과명 붓꽃과

개화 4~5월 　　　　**높이** 5~15cm

특징 여러해살이풀 | 뿌리줄기는 짧고 비스듬히 위로 벋으며, 약간 딱딱하고 실모양으로 갈라진 적갈색의 줄기집으로 덮여 있으며 긴 수염뿌리가 내린다. 뿌리목에서 나오는 잎은 2~3개가 2줄로 어긋나게 겹쳐서 나고 넓은 줄모양이다. 끝은 뾰족하며 꽃줄기 끝에서 지름 3~4cm의 자주색 꽃이 1개씩 핀다. | 관상용, 약용

결실 6월 | 튀는열매(삭과)

자생 전국 각지, 산기슭 숲 가장자리 반그늘

❗ 한방과 민간에서 뿌리줄기를 편도선염, 인후염, 주독, 백일해, 해수 등에 약재로 사용한다.

난쟁이붓꽃
Iris uniflora var. *caricina*

과명 붓꽃과

개화 5~6월   **높이** 5~8cm

특징 여러해살이풀 | 뿌리목에서 나는 잎은 대개 4~6개가 2줄로 어긋나게 나오고 줄모양으로 끝이 뾰족하며 녹색을 띤다. 가운데 줄은 뚜렷하지 않고 밑부분은 줄기집모양을 이룬다. 줄기의 밑부분에는 실모양으로 갈라진 반투명질의 묵은 잎이 줄기집으로 남아 붙어 있다. 반투명질의 버들잎모양으로 꽃줄기 끝에 지름 3~4cm의 자주색 꽃이 1개씩 핀다. | 관상용

결실 7~8월 | 튀는열매(삭과)

자생 중부 이북지방, 강원도 이북지방의 높은 산 초원 양지

❗ 식물체가 땅바닥에 붙어 자라는 데서 온 이름이다.

타래붓꽃
Iris lactea var. *chinensis*

과명 붓꽃과

개화 5~6월   **높이** 40~50cm

특징 여러해살이풀 | 잎은 칼모양이며 비틀리고 녹색이며 밑부분에 자줏빛이 돈다. 잎보다 짧은 꽃줄기에 연한 자주색 꽃이 달리며 향기가 있다. 겉꽃덮이는 3개로 윗부분이 밖으로 퍼지며 안쪽의 3개는 곧게 서고 주걱모양이다. | 관상용, 약용

결실 7~8월 | 튀는열매(삭과)

자생 전국 각지, 메마른 산기슭 또는 메마른 언덕 초원 양지

❗ 풀잎이 타래모양으로 비틀리기 때문에 이름 지어졌다. | 한방과 민간에서 씨를 [마란자(馬蘭子)]라 부르며 뿌리와 줄기를 인후염, 주독, 편도선염, 백일해 등에 약재로 사용한다.

솔붓꽃
Iris ruthenica

▲ 양양 5월

과명 붓꽃과

개화 4~5월　　**높이** 10~15cm

특징 여러해살이풀 | 뿌리줄기는 옆으로 벋으면서 새순이 나오고 묵은 잎의 섬유로 싸여 있다. 잎은 비스듬히 서며 칼모양, 줄모양이지만 꽃이 핀 다음에는 길이 30cm 정도로 더 자란다. 꽃은 연한 보라색이고 꽃줄기는 아주 짧다. 끝에 1~2개의 꽃이 달리고 잎집 같은 꽃싸개잎은 가장자리에 붉은빛이 돈다. | 관상용, 약용

결실 6~7월 | 튀는열매(삭과)

자생 남·중·북부지방, 산기슭 메마른 바늘잎나무 또는 넓은잎나무 숲 가장자리 반그늘

◀ 뿌리로 만든 솔

❗ 뿌리를 캐서 밥솥을 닦는 솔을 만드는 재료로 쓴 데서 온 이름이다. | 한방과 민간에서 뿌리줄기를 편도선염, 안태, 인후염, 주독, 위중열, 백일해, 해수, 절상 등에 약재로 사용한다.

봄

붓꽃
Iris sanguinea

▲ 백두고원 6월

과명 붓꽃과

개화 5~6월　　**높이** 30~60cm

특징 여러해살이풀 | 뿌리줄기는 옆으로 벋으면서 새싹이 나오며 잔뿌리가 많이 내린다. 꽃줄기 끝에 2~3개씩 자주색 꽃이 달리고 잎 같은 꽃싸개잎이 있으며 끝의 꽃싸개잎은 좁은 피침모양으로 녹색이고 뾰족하다. | 관상용, 약용

결실 8~9월 | 튀는열매(삭과)

자생 남·중·북부지방, 낮은 들녘, 초원 양지

◀ 열매

❗ 꽃이 피기 전 꽃봉오리의 모양이 붓의 끝과 흡사한 데서 온 이름이다. | 한방과 민간에서 뿌리줄기를 솔붓꽃과 같은 용도의 약재로 사용한다.

흰붓꽃
Iris sanguinea for. *albiflora*

과명 붓꽃과

개화 5~6월   **높이** 30~60cm

특징 여러해살이풀 | 원변형에 비해 꽃이 순백색으로 피는 것이 특징이다. 붓꽃과 함께 자란다. | 관상용, 약용

결실 8~9월 | 튀는열매(삭과)

자생 남부지방, 경상남도 양산의 영축산 산기슭과 DMZ 일대

❗ 한방과 민간에서 뿌리줄기를 솔붓꽃과 같은 용도의 약재로 사용한다.

연미붓꽃
Iris tectorum

과명 붓꽃과

개화 5월   **높이** 30~50cm

특징 여러해살이풀 | 귀화식물(중국 원산). 뿌리줄기는 짧고 굵으며 가지를 벋고 연한 황색을 띠며 굵은 수염뿌리가 내린다. 줄기는 곧게 서고 가지를 벋거나 벋지 않으며 밑부분에서 잎이 2줄로 어긋나게 겹쳐서 난다. 잎 끝은 점차 좁아져 뾰족한 긴 칼모양이고 얇으며 약간 도드라진 많은 세로줄이 있고 가운데 줄은 뚜렷하지 않다. 꽃가지 끝에서 지름 10cm 정도의 자주색 꽃이 1~3개씩 핀다. | 관상용, 약용

결실 6~8월 | 튀는열매(삭과)

자생 전국 각지

❗ 한방과 민간에서 솔붓꽃과 같은 용도의 약재로 사용한다.

자란
Bletilla striata

▲ 서울 6월

과명 난초과

개화 5~6월　　**높이** 50cm 안팎

특징 여러해살이풀 | 덩이줄기는 달걀꼴의 둥근모양이고 고기질이며 속은 흰색이다. 잎은 밑부분에서 5~6개가 서로 감싸면서 원줄기 모양으로 되고 긴 타원모양이며 끝이 뾰족하고 밑부분이 좁아져서 잎집으로 되며 세로로 많은 주름이 있다. 잎 사이에서 꽃줄기가 나와 끝에 6~7개의 홍자색 꽃이 송이모양으로 달린다. 꽃싸개잎은 길이 2~3cm이고 꽃이 피기 전에 1개씩 떨어진다. | 관상용, 약용

결실 10월 | 튀는열매(삭과)

자생 남부지방, 전라남도 목포·진도, 해남지방의 바닷가 바위틈 양지

❗ 한방과 민간에서 덩이줄기를 [백급(白芨)]이라 하며 수렴, 지혈, 배농, 종처 등에 약재로 사용한다.

나리난초
Liparis makinoana

과명 난초과

개화 5~7월 **높이** 15~35cm

특징 여러해살이풀 | 거짓비늘줄기는 둥근 달걀모양이고 마른 줄기집으로 싸여 있다. 줄기는 비늘줄기 밑의 한쪽에서 1대씩 나와 곧게 서고 밑부분에서 2개의 잎이 마주 붙는다. 잎몸은 긴 타원모양이며 밑부분은 좁아지고 줄기를 감싸는 긴 줄기집을 이루며 끝은 둔하거나 약간 뾰족하다. 줄기집 밑에는 줄기집모양의 작은 비늘쪽잎이 몇 개 있다. 줄기 끝에서 송이꽃차례를 이루고 10개 안팎의 자갈색 꽃이 성글게 핀다.

결실 6~8월 | 튀는열매(삭과)

자생 전국 각지, 산지 햇볕이 잘 드는 숲속 반그늘

몽골할미꽃
● 15p

봄

홀아비꽃대
Chloranthus japonicus

▲ 금대봉 5월

과명 홀아비꽃대과

개화 4~5월　　**높이** 20~30cm

특징 여러해살이풀 | 밑부분의 마디에 비늘 같은 잎이 달려 있다. 뿌리줄기는 마디가 많으며 흔히 덩이모양이고 회갈색의 뿌리가 돋아난다. 잎은 4개가 서로 연속하여 마주 달리므로 돌려붙은 것같이 보이고 달걀모양 또는 긴 타원모양이다. 끝이 뾰족하며 가장자리에 예리한 톱니가 있고 밑부분이 날카로우며 잎자루가 있다. 꽃은 흰색으로 이삭꽃차례를 이루며 밑부분에 대가 있고 꽃잎은 없다. | 약용

결실 6~7월 | 굳은씨열매(핵과)

자생 전국 산지, 산기슭 숲 가장자리 초원의 반그늘

❗ 민간에서 뿌리줄기와 잎, 꽃을 통경, 이뇨 등에 약재로 사용한다.

개미자리
Sagina japonica

과명 석죽과

개화 3~6월   **높이** 10~20cm

특징 한해살이풀 | 줄기는 가늘고 옆으로 또는 곧게 서며 밑부분에서 가지를 벋는다. 잎은 좁은 줄모양, 바늘모양으로 가장자리는 밋밋하고 끝이 뾰족하며 밑부분은 줄기를 감싼다. 잎겨드랑이 또는 줄기 끝에 흰 꽃이 1개씩 피거나 여러 개 모여 고른살꽃차례를 이루고 핀다.

결실 4~7월 | 튀는열매(삭과)

자생 전국 각지, 집안 뜨락이나 길가 메마른 빈터, 산기슭 바위 부근 양지

❗ 이 풀이 자라는 곳에는 흔히 작은 개미들이 많이 줄지어 다니기 때문에 이름 지어졌다.

큰개미자리
Sagina maxima

과명 석죽과

개화 5~8월   **높이** 5~25cm

특징 한해 또는 여러해살이풀 | 대개 잎이 무더기로 나며 방석모양이고 잎겨드랑이에서 꽃가지가 나온다. 잎은 줄모양이고 마주 붙으며 개미자리 잎보다 두껍고 넓은 것이 많다. 꽃자루 끝에 1개씩 흰 꽃이 핀다.

결실 6~9월 | 튀는열매(삭과)

자생 중부 이남지방, 제주도, 울릉도, 독도 등지의 바닷가 언덕, 내륙지방의 들녘, 산간지방의 양지바른 길가

❗ 개미자리와 비슷하지만 식물체와 꽃이 약간 크기 때문에 이름 지어졌다.

봄

벼룩이자리
Arenaria serpyllifolia

과명 석죽과

개화 4~5월 　　**높이** 10~25cm

특징 한해 또는 두해살이풀 | 식물체에 짧은 샘털이 있고 줄기는 여러 개이며 곧게 서고 밑부분은 흔히 비켜서 옆으로 자란다. 잎자루는 없고 잎몸은 작으며 대개 달걀모양으로 줄기에 마주 붙으며 날카롭고 가장자리는 밋밋하다. 잎겨드랑이와 줄기 끝에 흰 꽃이 1개씩 피거나 여러 개가 고른살꽃차례를 이루고 핀다. | 식용, 약용

결실 5~6월 | 튀는열매(삭과)

자생 전국 각지, 길가, 논바닥이나 밭둑, 약간 습기 있는 양지

❗ 풀잎이 너무 작아 벼룩 같아서 흔히 '벼룩나물'로도 부른다. | 어린 순은 나물로 먹는다. | 민간에서 풀 전체를 청열해독제 등으로 사용한다.

덩굴개별꽃
Pseudostellaria davidii

과명 석죽과

개화 5~6월 　　**높이** 10~25cm

특징 여러해살이풀 | 땅속의 덩이뿌리는 짧은 실타래모양이고 1개뿐이다. 줄기는 누워서 길게 벋으며 덩굴지고 줄기 윗부분의 잎은 작고 밑부분의 잎은 크다. 줄기 가운데 부분의 잎은 밑부분의 것보다 크고 달걀모양으로 끝이 뾰족하며 잎자루는 매우 짧다. 줄기 끝의 잎겨드랑이에 흰 꽃이 1개씩 핀다. | 식용, 약용

결실 6~7월 | 튀는열매(삭과)

자생 남·중·북부지방 산지 숲속 그늘

❗ 어린 줄기와 잎은 나물로 먹는다. | 민간에서 풀 전체를 치질 등에 약재로 사용한다.

개별꽃
Pseudostellaria heterophylla

▲ 오대산 5월

과명 석죽과

개화 4~5월   **높이** 10~12cm

특징 여러해살이풀 | 실타래모양의 덩이뿌리가 1~2개씩 달리며 원줄기는 1~2개씩 나오고 줄기에는 줄로 돋은 털이 있다. 잎은 마주 붙고 윗부분의 잎은 거꿀피침모양으로 끝이 날카로우며 밑부분이 좁아져서 잎자루처럼 된다. 꽃자루 한쪽에 털이 줄지어 돋고 1개의 흰 꽃이 위를 향해 달린다. | 식용, 약용

결실 5~6월 | 튀는열매(삭과)

자생 전국 각지, 산과 들, 숲속 또는 길가 나무 그늘

❗ 예전에는 들을 개(開)로 표기했기 때문에 '들별꽃' 이라는 뜻이다. | 연한 잎은 나물로 먹는다. | 민간에서 풀 전체를 치질, 위장병 등에 약재로 사용한다.

봄

참개별꽃
Pseudostellaria coreana

과명 석죽과

개화 5월　　　**높이** 15~25cm

특징 여러해살이풀 | 땅속에 실타래모양의 뿌리가 있고 줄기는 무더기로 난다. 잎은 마주 달리지만 원줄기 끝에서는 마디 사이가 짧아져서 돌려 붙은 것처럼 보인다. 밑부분의 잎은 줄모양, 좁은 거꿀피침모양이며 윗부분의 잎은 거꿀피침모양으로 원줄기와 더불어 털이 없다. 원줄기 끝에서 자라는 작은 꽃꼭지에 흰 꽃이 1개씩 핀다. | 식용, 약용

결실 6월 | 튀는열매(삭과)

자생 중부 이남지방, 깊은 산골짜기 숲 속 그늘

❗ 어린 잎과 줄기를 나물로 먹는다. | 한방과 민간에서 풀 전체를 [태자삼(太子參)]이라 하고 위장병, 치질 등에 약재로 사용한다.

큰개별꽃
Anemone raddeana palibiniana

과명 석죽과

개화 4~6월　　　**높이** 10~20cm

특징 여러해살이풀 | 원줄기에 털이 2줄로 돋으며 뿌리는 1~4개로 약간 굵다. 잎은 마주 붙고 거꿀피침모양이며 밑부분에 털이 있다. 윗부분에 붙은 2쌍의 잎은 특별히 크고 십자모양으로 붙으며 넓은 달걀모양으로 끝이 뾰족하고 밑부분이 급히 좁아져서 잎자루같이 되고 털이 없다. 지면 가까운 잎겨드랑이에 폐쇄화와 원줄기 끝에 1개의 흰 꽃이 위를 향해 핀다. | 식용, 약용

결실 5~7월 | 튀는열매(삭과)

자생 전국 각지, 산기슭 숲 가장자리 풀숲 그늘

❗ 어린 잎과 줄기를 나물로 먹는다. | 한방과 민간에서 개별꽃과 같은 약재로 사용한다.

긴개별꽃
Pseudostellaria japonica

과명 석죽과

개화 5월 　　**높이** 15~30cm

특징 여러해살이풀 | 밑부분에 덩이뿌리와 잔뿌리가 있고 줄기에서 털이 2줄로 돋아난다. 윗부분에 달려 있는 4~5쌍의 잎은 달걀모양, 긴 달걀모양이고 끝이 뾰족하며 둥글고 잎자루는 없다. 윗부분의 줄기 끝에서 1~2개씩 흰 꽃이 핀다. | 식용, 약용

결실 6~7월 | 튀는열매(삭과)

자생 중부지방, 대관령 근처 산기슭 숲 속 그늘

❗ 개별꽃에 비해 키가 크다. | 어린 잎과 줄기를 나물로 먹는다. | 한방과 민간에서 개별꽃과 같은 용도의 약재로 사용한다.

털점나도나물
Cerastium pauciflorum

과명 석죽과

개화 5~6월 　　**높이** 20~50cm

특징 여러해살이풀 | 줄기 윗부분에 샘털과 더불어 털이 많고 밑에서 어린 싹이 나오며 무더기로 난다. 잎은 마주 붙고 넓은 피침모양이며 끝이 둔하고 양면에 털이 있다. 고른살꽃차례는 줄기 끝에 달리며 샘털이 있고 작은 꽃자루 끝에 흰 꽃이 모여 핀다. | 식용

결실 6~7월 | 튀는열매(삭과)

자생 북부지방, 산지 바늘잎나무 숲 또는 바늘잎나무와 넓은잎나무가 섞여 자라는 깊은 산속 가장자리 길가 양지

◀ 어린 잎

❗ 어린 잎과 줄기를 나물로 먹는다.

봄

쇠별꽃
Stellaria aquatica

▲ 서울 5월

과명 석죽과

개화 4~8월 **높이** 20~50cm

특징 두해 또는 여러해살이풀 | 줄기는 밑부분이 누워 자라고 털은 없으며 줄기 윗부분은 곧게 서며 털이 있다. 잎몸은 넓은 달걀모양으로 끝이 뾰족하고 밑부분은 둥글거나 얕게 갈라진 심장모양이다. 윗부분 잎은 잎자루가 없으나 밑부분 잎은 잎자루가 있다. 줄기 윗부분에서 2개의 가지를 뻗은 고른살꽃차례로 꽃이 피거나 잎겨드랑이에서 1개씩 흰 꽃이 핀다. | 식용, 약용

결실 5~9월 | 튀는열매(삭과)

자생 전국 각지, 들녘, 습한 도랑가 양지

❗ 어린 줄기와 잎은 나물로 먹는다. | 한방과 민간에서 풀 전체를 정혈, 최유, 피임, 창종 등에 약재로 사용한다.

별꽃
Stellaria media

과명 석죽과

개화 3~6월　　**높이** 10~20cm

특징 한해 또는 두해살이풀 | 뿌리줄기는 가늘며 옆으로 벋는다. 줄기는 비교적 연하고 둥글며 밑부분이 땅바닥에 누워서 가지를 벋고 연한 털이 한 줄로 덮여 있다. 잎은 마주 붙으며 윗부분의 잎은 잎자루가 없으나 밑부분의 것은 뚜렷한 잎자루가 있고 홈줄이 있다. 줄기 끝에서 2개의 가지를 벋으며 고른살꽃차례를 이루고 흰 꽃이 핀다. | 식용, 약용

결실 5~7월 | 튀는열매(삭과)

자생 전국 각지, 산과 들, 낮은 지대의 밭이나 길가 빈터 양지

❗ 어린 잎과 줄기는 나물로 먹는다. | 민간에서 풀 전체 말린 것을 피임약 등으로 사용한다.

벼룩나물
Stellaria alsine var. *undulata*

과명 석죽과

개화 4~6월　　**높이** 5~30cm

특징 한해 또는 두해살이풀 | 뿌리줄기는 가늘고 옆으로 벋는다. 식물체에는 털이 없다. 줄기는 보통 네모지고 밑부분에서 누워서 비스듬히 자라며 잎은 마주 붙고 잎자루는 없다. 잎몸은 긴 타원모양, 달걀꼴의 피침모양으로 끝이 둔하고 뚜렷한 1개의 가운데 잎줄이 있다. 줄기 끝이나 잎겨드랑이에서 2개의 가지를 벋은 고른살꽃차례를 이루고 흰 꽃이 핀다. | 식용

결실 5~7월 | 튀는열매(삭과)

자생 전국 각지, 들녘, 논둑이나 밭둑, 길가 빈터 등지의 양지

❗ 어린 잎과 줄기는 나물로 먹는다.

봄

새끼노루귀
Hepatica insularis

과명 미나리아재비과

개화 3~5월 **높이** 10cm 미만

특징 여러해살이풀 | 뿌리줄기는 비스듬히 벋고 마디가 많으며 검은색의 잔뿌리가 사방으로 퍼진다. 잎은 모두 뿌리에서 돋아나며 표면은 짙은 녹색에 흰 얼룩점이 있고 양면에 털이 있다. 잎자루는 털이 있고 잎몸은 심장모양으로 가장자리가 3개로 갈라진다. 뿌리목에서 나온 긴 꽃줄기 위에 흰 꽃, 연한 붉은색 꽃이 위를 향해 핀다. | 유독성식물 | 관상용, 약용

결실 5~7월 | 여윈열매(수과)

자생 남부지방, 거제도, 보길도, 제주도의 숲속 그늘

❗ 한방과 민간에서 진통, 충독, 피부병 등에 약재로 사용한다.

섬노루귀
Hepatica maxima

과명 미나리아재비과

개화 4~5월 **높이** 9~25cm

특징 여러해살이풀 | 줄기에 흰색의 긴 털이 빽빽하게 나 있고 뿌리줄기는 가늘며 길고 마디와 수염뿌리가 많다. 잎은 홑잎이고 뿌리잎만 있으며 긴 잎자루에는 긴 털이 빽빽하게 있다. 뿌리목에서 나온 긴 꽃줄기 위에 흰색, 연한 붉은색 꽃 1개가 위를 향해 핀다. | 유독성식물 | 관상용, 약용

결실 7~8월 | 여윈열매(수과)

자생 울릉도 숲속 그늘

❗ 울릉도에서 자라기 때문에 '섬노루귀'라 한다. | 뿌리에는 사포닌이 함유되어 있어 한방과 민간에서 진통, 장 치료, 충독, 기침, 류머티즘, 피부병 등에 약재로 사용한다.

꿩의바람꽃
Anemone raddeana

과명 미나리아재비과

개화 4~6월　　**높이** 15~20cm

특징 여러해살이풀 | 뿌리줄기는 고기질이고 굵으며 실타래모양으로 옆으로 벋는다. 뿌리잎은 꽃이 쓰러진 다음 자라며 잎자루가 있다. 2회 3출엽으로 모인꽃싸개잎은 3개이고 짧은 잎자루가 있다. 작은 잎은 긴 타원모양이며 끝이 둔하고 윗부분에 불규칙한 둔한 톱니가 있으며 3개로 깊게 갈라진다. 꽃줄기 끝에 흰색, 연한 자주색 꽃이 1개씩 핀다. | 유독성식물 | 관상용, 약용

결실 6~7월 | 여윈열매(수과)

자생 남·중·북부지방, 산골짜기 숲 가장자리의 반그늘

❗ 민간에서 열매 맺을 무렵의 뿌리줄기를 관절염, 신경통, 요통, 감기 등에 약재로 쓴다.

들바람꽃
Anemone amurensis

과명 미나리아재비과

개화 4~5월　　**높이** 12~25cm

특징 여러해살이풀 | 땅속 뿌리줄기는 둥근 기둥모양이고 길게 옆으로 벋는다. 뿌리잎은 1~2개로 드물게는 없으며 잎자루에는 처음에 털이 약간 있다. 잎몸은 세모모양이며 1~2번 갈라진 세갈래겹잎이고 한 번 갈라진 쪽잎에는 꼭지가 있으며 가운데 갈래쪽잎은 다시 3개로 밑부분까지 갈라진다. 꽃줄기 위에서 흰 꽃이 1개씩 핀다. | 유독성식물 | 약용

결실 5~6월 | 여윈열매(수과)

자생 중부 이북지방, 산기슭 또는 약간 습기 있는 골짜기 그늘

❗ 민간에서 뿌리줄기를 꿩의바람꽃과 같은 용도의 약재로 사용한다.

봄

세바람꽃
Anemone stolonifera

과명 미나리아재비과

개화 5~6월　　**높이** 15~20cm

특징 여러해살이풀 | 뿌리줄기는 굵고 짧으며 옆으로 벋고 식물체는 곧게 서며 뿌리잎이 있다. 뿌리잎은 1~2개로 긴 잎자루가 있다. 잎몸은 콩팥모양이고 3갈래로 밑부분까지 갈라지며 가운데 갈래쪽 잎은 마름꼴의 거꿀달걀모양, 밑부분은 쐐기모양으로 짧은 꼭지가 있고 3갈래로 깊게 갈라지며 두 번 갈라진 작은 갈래조각은 2~3갈래로 다시 갈라진다. 잎몸 표면에 부드러운 털이 드물게 있고 뒷면에는 빽빽하게 있으며 꽃줄기 위에 2~3개의 흰 꽃이 핀다. | 유독성식물

결실 7~8월 | 여윈열매(수과)

자생 북부지방과 제주도 한라산 고원지 초원, 숲 가장자리의 양지

회리바람꽃
Anemone reflexa

과명 미나리아재비과

개화 5~6월　　**높이** 20~30cm

특징 여러해살이풀 | 뿌리줄기는 굵고 고기질이며 옆으로 벋고 끝에서 1개의 꽃줄기가 나와 자란다. 모인꽃싸개잎은 3개로 돌려 붙고 꽃싸개잎은 3개로 완전히 갈라진다. 갈래조각은 깃모양으로 갈라지며 가장자리에 결각모양의 톱니가 있고 중앙부의 양면에 약간 흰 긴 털이 있다. 양끝이 좁고 피침모양으로 양쪽 갈래조각이 다시 2개로 갈라지는 것도 있다. 긴 꽃줄기 위에 흰 꽃이 1개씩 피며 흰 꽃받침은 피자마자 곧 떨어진다. | 유독성식물

결실 6~7월 | 여윈열매(수과)

자생 중부 이북지방 숲속 그늘

바이칼바람꽃
Anemone baicalensis

과명 미나리아재비과

개화 5~6월　　**높이** 10~30cm

특징 여러해살이풀 | 식물체는 곧게 서고 긴 털이 있다. 뿌리줄기는 가늘고 길며 옆으로 벋고 암갈색이다. 잎은 뿌리잎만 있고 뿌리잎은 1개이다. 잎자루에 긴 털이 있고 잎몸은 둥근모양으로 세갈래 겹잎이다. 가운데 갈래쪽은 달걀모양이고 밑부분은 쐐기모양이며 윗부분은 3갈래로 얕게 갈라졌다. 줄기 윗부분에 1~2개의 꽃줄기가 나와 끝에 흰 꽃이 핀다. | 유독성식물

결실 6~7월 | 여윈열매(수과)

자생 북부지방, 고산지대 바늘잎나무숲 가장자리 초원 양지

❗ 러시아의 바이칼호수 부근에서 처음 발견되어 이름 지어졌다.

홀아비바람꽃
Anemone koraiensis

과명 미나리아재비과

개화 5~6월　　**높이** 12~25cm

특징 여러해살이풀 | 뿌리가 굵고 위쪽 끝에 몇 개의 비늘조각이 있다. 꽃줄기는 1개가 나와 끝에 1개의 흰 꽃이 달린다. 모인꽃싸개잎은 잎 같으며 3개로 갈라지고 꽃자루에 긴 털이 있다. | 유독성식물 | 약용

결실 6~7월 | 여윈열매(수과)

자생 중부 이북지방, 깊은 산골짜기 숲 속 그늘

❗ 꽃대 끝에 외롭게 한 송이 꽃을 피우기 때문에 생긴 이름이다. | 민간에서 풀 전체를 강장, 류머티즘, 신경통, 관절염 등에 약재로 사용한다.

쌍동이바람꽃
Anemone rossii

과명 미나리아재비과

개화 5~6월　　　**높이** 10~25cm

특징 여러해살이풀 | 식물체는 곧게 서고 겉면에 털이 있으며 뿌리줄기는 둥근 기둥모양으로 윗부분에 연한 갈색의 얇은 비늘잎이 있다. 잎은 뿌리잎만 있고 뿌리잎은 1개이나 드물게 2~3개이다. 잎은 손바닥모양겹잎으로 긴 잎자루가 있고 잎자루에 털이 드물게 있다. 잎몸은 둥근모양이며 3갈래로 밑부분까지 갈라진다. 줄기 위에서 2개의 꽃꼭지가 나와 끝에 1개씩 흰 꽃이 핀다. | 유독성식물

결실 6~7월 | 여윈열매(수과)

자생 중부 이북지방, 산기슭 나무 아래, 산마루 숲 가장자리 반그늘

매화마름
Ranunculus kazusensis

과명 미나리아재비과

개화 4~5월　　　**길이** 30~50cm

특징 두해살이 수생식물 | 물속에서 자란다. 줄기 속이 비어 있고 마디에서 뿌리가 내린다. 잎은 어긋나게 붙고 짧은 잎집 위에 잔털이 있는 짧은 잎자루가 있으며 3~4회 갈라져서 실모양의 갈래조각으로 된다. 잎자루와 마주 붙은 꽃꼭지 끝에서 흰색에 안쪽 부분이 황색인 꽃이 1개씩 핀다. | 유독성식물

결실 6~7월 | 여윈열매(수과)

자생 전국 각지에 자랐으나 지금은 서해안 쪽의 중부, 남부, 일부 지역 물이 있는 논바닥 양지에서 자란다.

❗ 마름처럼 물에 자라고 매화꽃 같은 꽃이 핀다 하여 이름 지어졌다.

개구리발톱
Semiaquilegia adoxoides

과명 미나리아재비과

개화 4~5월　　**높이** 20~30cm

특징 여러해살이풀 | 식물체는 곧게 서며 연약하고 1~5개의 가지를 벋으며 흰색의 연한 털이 있다. 잎은 뿌리잎과 줄기잎이 있다. 줄기잎은 뿌리잎과 비슷하지만 작다. 줄기 끝, 잎겨드랑이에서 나온 1개 또는 몇 개의 꽃줄기 끝에 흰색, 연한 분홍색 꽃이 1개씩 핀다. | 유독성식물 | 관상용, 약용

결실 7~8월 | 쪽꼬투리열매(골돌)

자생 제주도, 전라남도, 경상남도, 낮은 지대 산지 또는 들녘, 숲 가장자리 반그늘

❗ 열매가 개구리가 발가락을 편 모양이라 이름 지어졌다. | 한방에서 뿌리를 약재로 사용한다.

노루삼
Actaea asiatica

과명 미나리아재비과

개화 5~6월　　**높이** 40~70cm

특징 여러해살이풀 | 식물체는 곧게 서고 둥근 기둥모양이다. 윗부분에 털이 있으며 뿌리줄기는 옆으로 벋고 흑갈색이다. 줄기 밑에는 비늘잎이 있고 줄기잎은 2~3개로 어긋나게 붙고 줄기 밑부분의 잎은 3번 갈라진 세갈래겹잎이거나 깃모양겹잎이다. 긴 잎자루가 있고 가운데 갈래쪽은 넓은 달걀꼴의 쐐기모양이다. 윗부분은 다시 3갈래로 1/3 정도 갈라진다. 꽃꼭지 끝에 여러 개의 작은 흰 꽃이 송이꽃차례를 이루고 핀다. | 유독성식물

결실 9월 | 물열매(장과)

자생 남·중·북부지방, 산기슭 숲속 그늘

봄

나도바람꽃
Isopyrum raddeanum

과명 미나리아재비과

개화 5~6월 　　**높이** 20~30cm

특징 여러해살이풀 | 짧은 뿌리줄기 밑부분에서 많은 잔뿌리가 돋는다. 꽃줄기 밑부분에 반투명질의 칼집모양 잎이 있고 중앙부에 1개의 잎이 달린다. 잎은 잎자루가 길고 3출엽이며 작은 잎은 잎꼭지가 있다. 꽃은 흰 꽃이며 꽃싸개잎은 줄기에 달린 잎의 작은 잎과 비슷하다. 작은 꽃자루는 길이 3cm로 원줄기 끝에 우산모양으로 달린다. | 유독성식물 | 약용

결실 6~7월 | 쪽꼬투리열매(골돌)

자생 남·중·북부지방 산지 숲속 그늘

❗ 한방에서 뿌리를 진경, 진정, 이뇨, 강심, 살충, 진통, 중풍, 실음, 냉풍, 황달, 종기, 충독 등에 약재로 사용한다.

만주바람꽃
Isopyrum mandshuricum

과명 미나리아재비과

개화 4~5월 　　**높이** 20cm 안팎

특징 여러해살이풀 | 보리알모양의 덩이뿌리가 달린 땅속줄기가 옆으로 길게 벋으며 그 끝에서 잎과 줄기가 자란다. 뿌리잎은 밑부분이 흰 반투명질이고 원줄기 밑부분에도 흰 반투명질의 비늘조각이 있다. 줄기잎은 2~3개이며 짧은 잎자루 끝에서 3개로 갈라진다. 줄기 윗부분에서 꽃꼭지가 1~2개씩 나와 끝에 흰 꽃이 핀다. | 유독성식물 | 약용

결실 6~7월 | 쪽꼬투리열매(골돌)

자생 중부 이북지방, 경기도, 강원도 이북의 산기슭 숲속 그늘

❗ 한방에서 나도바람꽃과 같은 용도의 약재로 사용한다.

너도바람꽃
Eranthis stellata

과명 미나리아재비과

개화 3~4월 　　**높이** 12~20cm

특징 여러해살이풀 | 둥근 덩이줄기가 있고 그 위쪽 끝에서 잎과 꽃줄기가 자란다. 뿌리잎은 잎자루가 길고 3개로 깊게 갈라진다. 옆갈래조각은 다시 2개씩 깊게 갈라지고 깃모양이다. 모인꽃싸개잎은 대가 없고 돌려 붙으며 깃모양으로 갈라진다. 긴 꽃줄기 끝에 1개의 흰 꽃이 달린다. | 유독성식물

결실 5~6월 | 쪽꼬투리열매(골돌)

자생 남·중·북부지방, 산기슭 또는 냇가 등지의 습기 있는 그늘

변산바람꽃
Eranthis pinnatifida

과명 미나리아재비과

개화 3~4월 　　**높이** 12~20cm

특징 여러해살이풀 | 너도바람꽃과 약간 비슷하지만 꽃싸개잎이 깃모양으로 갈라지지 않고 줄모양인 것이 다르다. | 유독성식물

결실 5~6월 | 쪽꼬투리열매(골돌)

자생 제주도, 남·중부지방, 산기슭과 바닷가 가까운 습기 있는 숲 그늘

❗ 변산반도에서 처음 발견되어 이름 지어진 식물이며 지금은 변산 이외의 지역에도 많이 자란다.

봄

모데미풀
Megaleranthis saniculifolia

▲ 소백산 5월

과명 미나리아재비과

개화 5~6월 　　**높이** 20~40cm

특징 여러해살이풀 | 줄기는 무더기로 나며 뿌리잎은 긴 잎자루 끝에서 3개로 완전히 갈라진다. 갈래조각은 잎자루가 짧고 다시 2~3개로 깊게 갈라진 다음 결각 모양의 톱니가 생기거나 다시 2~3개로 갈라지며 양면에 털은 없고 끝이 뾰족하다. 꽃싸개잎은 잎 같으며 줄기잎은 없고 중앙부에서 1개의 꽃자루가 나와 끝에 1개의 흰 꽃이 달린다. | <u>유독성식물</u> | 약용

결실 7~8월 | 쪽꼬투리열매(골돌)

자생 남·중·북부지방, 깊은 산골짜기 북사면의 숲속 그늘

◀ 열매

❗ 원래는 남원의 운봉면 산지에서 처음 발견되어 '운봉금매화'라 불렀다. | 한방과 민간에서 뿌리를 진경, 진정, 이뇨, 강심, 진통, 중풍, 실음, 냉풍, 황달, 종기, 충독 등에 약재로 사용한다.

백작약
Paeonia japonica

과명 미나리아재비과

개화 5~6월　　**높이** 40~80cm

특징 여러해살이풀 | 원줄기 밑부분이 비늘 같은 잎으로 싸여 있고 뿌리는 고기질이며 굵다. 잎은 3~4개가 어긋나게 붙고 잎자루가 길며 3개씩 2회 갈라지고 작은 잎은 거꿀달걀모양으로 양끝이 좁고 가장자리는 밋밋하다. 원줄기 끝에 흰 꽃이 1개씩 달린다. 꽃받침잎은 3개이고 달걀모양으로 크기가 서로 다르다. | 유독성식물 | 관상용, 약용

결실 9월 | 쪽꼬투리열매(골돌)

자생 전국 각지, 깊은 산골짜기 숲속 반그늘

> ❗ 한방에서 뿌리를 [작약(芍藥)]이라 하고 진경, 해열, 지혈, 진통, 이뇨, 부인병, 두통, 창종, 대하증, 객혈, 금창, 하리, 혈림 등에 약재로 사용한다.

참작약(참함박꽃, 집함박꽃, 가백작)
Paeonia japonica var. *trichocarpa*

과명 미나리아재비과

개화 5~6월　　**높이** 40~80cm

특징 여러해살이풀 | 원변종에 비하여 씨방과 쪽꼬투리의 겉면에 연한 털이 빽빽하게 있는 것이 특징이다. | 유독성식물 | 관상용, 약용

결실 9월 | 쪽꼬투리열매(골돌)

자생 북부지방 두만강 부근의 숲속

▲ 꽃 ◀ 열매 ⓒ 강은희

> ❗ 한방에서 뿌리를 백작약과 같은 용도의 약재로 사용한다.

콩다닥냉이
Lepidium virginicum

과명 십자화과

개화 5~7월   **높이** 30~50cm

특징 두해살이풀 | 귀화식물(북아메리카 원산). 줄기는 털이 없고 윗부분에서 가지가 많이 갈라진다. 뿌리잎은 무더기로 나며 수평으로 퍼지고 잎자루가 길다. 줄기에 달린 잎은 거꿀피침모양으로 톱니가 있고 밑부분이 좁아져서 잎자루로 흐른다. 가지끝과 원줄기 끝에 송이모양꽃차례를 이루고 작은 흰 꽃이 모여 핀다. | 식용

결실 6~8월 | 짧은뿔열매(단각과)

자생 전국 각지, 들녘, 길가 빈터 등 양지

◀ 열매

❗ 어린 잎과 뿌리를 나물로 먹는다.

다닥냉이
Lepidium apetalum

과명 십자화과

개화 5~6월   **높이** 30~60cm

특징 두해살이풀 | 귀화식물(북아메리카 원산). 줄기는 곧게 서고 윗부분에서 많은 가지를 벋으며 식물체에 곤봉모양의 짧은 털이 있다. 줄기잎은 긴 타원모양이다. 밑부분이 귀모양으로 되어 줄기를 감싸며 가장자리는 밋밋하다. 줄기 끝에서 송이꽃차례를 이루고 작은 흰 꽃들이 모여 핀다. | 식용, 약용

결실 6~8월 | 짧은뿔열매(단각과)

자생 전국 각지, 들녘, 길가 빈터, 둑, 초원 양지

❗ 어린 잎과 뿌리를 나물로 먹는다. | 한방에서 말린 씨를 [정력자(葶藶子)]라 하고 이뇨, 두통, 회충, 폐농창, 해수, 백독 등에 약재로 사용한다.

말냉이
Thlaspi arvens

과명 십자화과

개화 4~5월 **높이** 20~60cm

특징 두해살이풀 | 식물체에 털이 없다. 줄기는 모서리가 나 있으며 가지를 벋거나 벋지 않는다. 줄기 윗부분의 잎은 좁은 피침모양, 밑부분이 화살촉모양으로 되어 줄기를 약간 감싸며 끝이 둔하고 가장자리가 톱니모양이다. 줄기 끝에 송이꽃차례를 이루고 흰 꽃이 모여 핀다. | 식용, 약용

결실 6~7월 | 짧은뿔열매(단각과)

자생 전국 각지, 낮은 지대 밭이나 과수원, 들녘, 길가, 둑, 초원 양지

❗ 어린 잎과 줄기는 나물로 먹는다. | 한방에서 열매의 씨를 말려 [알람채(遏藍菜)]라 하고 약재로 쓴다. 씨에는 시니그린이라는 배당체가 함유되어 있다. 이뇨, 중풍, 늑막염, 현기증, 신경통 등에 약재로 사용한다.

싸리냉이
Cardamine impatiens

과명 십자화과

개화 5~6월 **높이** 50~80cm

특징 두해살이풀 | 줄기는 외대로 곧게 서며 모서리가 있고 윗부분에서 가지를 벋으며 연한 털이 있다. 뿌리잎과 줄기잎이 있고 뿌리잎은 잎자루가 있다. 줄기잎은 어긋나게 붙으며 잎은 깃모양으로 갈라진 겹잎이며 5~9쌍이다. 줄기잎은 밑부분이 귀모양으로 되어 줄기를 감싸고 잎자루는 없거나 짧다. 잎자루의 밑부분에 받침잎모양 조각잎이 있어 줄기를 감싸며 줄기나 가지 끝에서 송이꽃차례를 이루고 작은 흰 꽃이 모여 핀다. | 식용

결실 7~8월 | 긴뿔열매(장각과)

자생 중부지방, 강원도 이남지역의 산기슭 또는 길가 반그늘

❗ 어린 잎과 줄기를 나물로 먹는다.

황새냉이
Cardamine flexuosa

과명 십자화과

개화 4~6월　　**높이** 10~30cm

특징 한해 또는 두해살이풀 | 줄기는 곧게 서며 밑부분에서 많은 가지를 벋고 흑자색 또는 녹색을 띠며 짧은 털이 있다. 잎은 깃모양겹잎이고 3~7개의 갈래조각으로 이루어졌다. 끝부분의 갈래조각은 약간 크며 가장자리에 불규칙한 물결모양의 거치가 있고 잎에는 털이 있다. 줄기 윗부분의 갈래조각에는 잎자루가 없다. 줄기 끝에 10~20개의 작은 흰 꽃이 송이꽃차례로 핀다. | 식용, 약용

결실 6~8월 | 긴뿔열매(장각과)

자생 전국 각지, 들녘, 논밭 근처나 물가 습지 등 양지

❗ 어린 잎과 줄기는 나물로 먹는다. | 씨를 한방 약재로 사용한다.

좁쌀냉이
Cardamine flexuosa var. *fallax*

과명 십자화과

개화 4~5월　　**높이** 20cm 안팎

특징 두해살이풀 | 척박한 땅에서 자란 황새냉이처럼 홀쭉해 보이지만 보다 곧게 서고 털이 많다. 줄기는 가늘고 곧게 서며 식물체에 털이 많이 나 있다. 잎은 깃모양겹잎이며 5~7개의 갈래조각으로 이루어지고 갈래조각은 작다. 줄기 끝에서 송이꽃차례를 이루고 작은 흰 꽃이 모여 핀다. | 식용

결실 6~7월 | 긴뿔열매(장각과)

자생 남·중·북부지방, 낮은 지대, 메마른 산기슭이나 들녘의 길가, 초원 양지

❗ 다른 냉이들보다 꽃과 잎이 아주 작다. | 어린 잎과 뿌리는 나물로 먹는다.

꽃황새냉이
Cardamine amaraeformis

과명 십자화과

개화 5~7월　　**높이** 20~70cm

특징 두해살이풀 | 뿌리줄기 윗부분에는 누워서 벋는 기는줄기가 있다. 줄기는 곧게 서고 뿌리잎은 무더기로 나며 깃모양으로 갈라진다. 줄기잎은 깃모양으로 갈라지고 갈래조각은 버들잎모양, 마름꼴의 둥근모양이며 가장자리는 밋밋하고 불규칙한 이빨모양이다. 잎자루 밑부분에 마디가 있고 잎이 질 때 그 부분이 떨어지며 줄기 끝에서 송이꽃차례를 이루고 흰색, 홍자색 꽃이 모여 핀다. | 식용

결실 7~8월 | 긴뿔열매(장각과)

자생 남·중·북부지방, 낮은 지대, 산골짜기 냇가 습기 있는 반그늘

! 어린 잎은 나물로 먹는다.

는쟁이냉이
Cardamine komarovii

과명 십자화과

개화 5~7월　　**높이** 30cm 안팎

특징 여러해살이풀 | 줄기는 외대로 곧게 서고 윗부분에서 가지를 벋으며 어릴 때만 약간 털이 있다. 뿌리잎은 무더기로 나며 가늘고 긴 잎자루가 있다. 줄기잎은 심장모양이고 밑부분은 귀모양, 심장모양으로 줄기를 둘러싸고 끝은 뾰족하며 가장자리는 불규칙한 큰 톱니가 있다. 짧은 잎자루에는 날개가 있다. 줄기 끝이나 가지겨드랑이에 10여 개의 흰 꽃이 송이꽃차례로 핀다. | 식용

결실 6~8월 | 긴뿔열매(장각과)

자생 남·중·북부지방, 깊은 산골짜기 약간 그늘진 냇가 등 습기 있는 반그늘

! 어린 잎과 줄기는 나물로 먹는다.

벌깨냉이
Cardamine violifolia

과명 십자화과

개화 4~5월 　　**높이** 15~30cm

특징 여러해살이풀 | 뿌리줄기는 땅바닥을 기는 듯이 옆으로 벋으며 굵어진 위 끝에서 몇 개의 뿌리잎이 나오며 가운데 부분에 작은 덩이줄기가 있다. 뿌리잎에는 긴 잎자루가 있는 홑잎과 겹잎이 있고 맨 끝의 갈래조각은 둥근 콩팥모양이다. 가장자리는 둔한 톱니모양으로 잎 뒷면은 짙은 자주색이 돈다. 줄기 끝에 흰 꽃이 송이꽃차례를 이루며 몇 개씩 핀다. | 식용

결실 5~6월 | 긴뿔열매(장각과)

자생 제주도의 한라산 북사면 중턱의 약간 습기 있는 그늘

❗ 잎이 벌깨덩굴 잎과 비슷하여 생긴 이름이다. | 어린 잎은 나물로 먹는다.

미나리냉이
Cardamine leucantha

과명 십자화과

개화 5~6월 　　**높이** 30~50cm

특징 여러해살이풀 | 기는 줄기가 있다. 땅속의 기는 줄기는 흰색이고 가늘고 길다. 줄기는 외대로 서고 윗부분에서 가지를 벋는다. 줄기잎 갈래조각은 5개, 드물게 7개이고 넓은 피침모양이며 밑부분이 둥글고 끝은 약간 둔하며 가장자리는 밋밋하거나 거친 톱니모양이다. 잎자루는 끝부분의 쪽잎에만 있고 줄기 끝에서 고깔꽃차례, 송이꽃차례를 이루고 많은 흰 꽃이 핀다. | 식용

결실 7~8월 | 긴뿔열매(장각과)

자생 전국 각지, 낮은 지대, 산골짜기 냇가, 습기 있는 숲 가장자리 반그늘

❗ 처음 잎이 나올 때 미나리 잎과 닮아 이름 지어졌다. | 어린 잎과 줄기는 나물로 먹는다.

논냉이
Cardamine lyrata

과명 십자화과

개화 4~5월   **높이** 30~50cm

특징 여러해살이풀 | 땅속 뿌리줄기 윗부분이나 줄기 밑에서 가늘고 긴 줄기가 나와 땅바닥을 긴다. 줄기잎은 홀수깃모양겹잎이며 5~9(3~11)개의 갈래조각으로 이루어졌다. 밑부분의 갈래조각들은 달걀모양이고 맨 끝부분 갈래조각보다 작으며 끝이 둔하고 잎자루는 거의 없다. 줄기 끝에 송이꽃차례를 이루고 10~20여 개의 흰 꽃이 핀다. | 식용

결실 6~7월 | 긴뿔열매(장각과)

자생 남·중·북부지방, 들녘, 논둑, 논바닥, 도랑 근처 등의 물이 있는 양지

❗ 물논에 많이 자라기 때문에 이름 지어졌다. | 어린 잎과 줄기, 뿌리는 나물로 먹는다.

왜갓냉이
Cardamine yezoensis

과명 십자화과

개화 5~6월   **높이** 30~50cm

특징 여러해살이풀 | 뿌리줄기는 길며 윗부분에서 땅바닥으로 기는 줄기가 나온다. 줄기는 크며 식물체 전체에 털이 없으나 어릴 때는 약간 털이 있다. 잎은 홀수깃모양겹잎이고 갈래조각은 5~11개로 마름꼴의 쐐기모양이며 가장자리는 크고 불규칙한 결각모양이다. 줄기 밑부분 잎과 뿌리잎은 잎자루가 길고 줄기 윗부분 잎은 잎자루가 짧다. 줄기 끝과 가지 끝에 송이꽃차례를 이루고 8~20여 개의 흰 꽃이 모여 핀다.

결실 6~7월 | 긴뿔열매(장각과)

자생 중부 이북지방, 백두산 고원지 등 높은 산 깊은 산골짜기 냇가 습기 있는 반그늘

봄

냉이
Capsella bursa-pastoris

▲ 서울 4월

과명 십자화과

개화 4~6월   **높이** 20~60cm

특징 한해 또는 두해살이풀 | 귀화식물 (지중해 연안 원산). 뿌리줄기는 흰색이며 굵고 많은 곁뿌리가 나온다. 식물체의 밑 부분에 짧은 털과 여러 갈래털, 별모양 털이 섞여 나 있다. 잎은 뿌리잎과 줄기 잎이 있고 뿌리잎은 무더기로 나며 무 잎 처럼 깃모양으로 깊게 갈라졌다. 줄기 끝 에 송이꽃차례를 이루고 작은 흰 꽃이 모 여 핀다. | 식용, 약용

결실 6~7월 | 짧은뿔열매(단각과)

자생 전국 각지, 낮은 지대 산과 들, 밭 둑, 들녘, 길가 언덕 양지

◀ 열매

! 어린 잎과 뿌리를 나물로 먹는다. | 한방에 서 잎과 줄기를 해열, 이뇨, 폐렴, 회충, 부종, 임질, 토혈, 치통, 천식, 두통 등에 약재로 사용 한다.

큰산장대
Arabis gemmifera

과명 십자화과

개화 5~6월 **높이** 10~30cm

특징 여러해살이풀 | 줄기는 서거나 옆으로 비스듬히 서며 땅에 닿은 부분에서 새싹이 나오고 밑부분에 퍼진 털이 있다. 뿌리잎은 무더기로 나며 잎자루가 있다. 잎몸은 달걀꼴의 타원모양, 깃모양으로 갈라진다. 맨 끝부분의 갈래조각은 달걀모양이며 크고 가장자리는 둔한 결각모양이다. 줄기잎은 어긋나게 붙고 작은 타원모양이다. 줄기 밑부분 잎은 잎자루가 있으며 줄기 끝에서 송이꽃차례를 이루고 흰 꽃들이 모여 핀다.

결실 7~8월 | 긴뿔열매(장각과)

자생 전국 각지, 깊고 높은 산 약간 습기 있는 반그늘

장대나물
Arabis glabra

과명 십자화과

개화 4~6월 **높이** 40~100cm

특징 두해살이풀 | 첫해는 원줄기가 없고 잎이 한군데서 많이 나오며 다음 해는 원줄기가 자라며 잎자루가 없는 잎이 어긋나게 붙는다. 줄기를 얼싸 안고 위로 올라갈수록 작아지며 가장자리는 밋밋하다. 줄기 끝에서 송이꽃차례를 이루고 연한 황색, 흰색의 꽃이 많이 모여 핀다. | 식용

결실 5~7월 | 긴뿔열매(장각과)

자생 전국 각지, 산기슭이나 길가 언덕 양지

❗ 장대처럼 높고 길게 자라는 데서 이름 지어졌다. | 어린 순은 나물로 먹는다.

봄

섬갯장대
Arabis stelleri var. *japonica*

▲ 독도 5월

과명 십자화과

개화 4~5월 **높이** 20~40cm

특징 두해살이풀 | 줄기는 곧게 또는 비스듬히 서며 2~3개로 갈라진 털이 있고 가지가 갈라지는 것도 있다. 뿌리잎은 질이 두꺼우며 거꿀피침모양, 긴 타원모양이고 가장자리에 톱니가 약간 있으며 밑부분이 좁아져서 넓은 잎자루가 되고 잎자루와 더불어 길이 3~7cm로 끝이 둥글다. 양면에 별모양 털이 빽빽하게 나며 줄기잎은 긴 타원모양, 달걀꼴의 타원모양이고 밑부분이 원줄기를 감싼다. 가장자리에 불규칙한 이빨모양의 톱니가 있고 원줄기 끝에 송이모양꽃차례를 이루고 흰 꽃이 모여 핀다. | 식용

결실 7~8월 | 긴뿔열매(장각과)

자생 울릉도와 독도의 바닷가 모래땅, 산기슭 초원 양지

❗ 어린 잎을 나물로 먹는다.

돌단풍
Aceriphyllum rossii

▲ 영월 동강 6월

과명 범의귀과

개화 5~6월 **높이** 20~40cm

특징 여러해살이풀 | 뿌리줄기는 약간 거칠고 굵으며 짙은 갈색의 비늘잎이 덮여 있다. 잎은 뿌리잎만 있으며 보통 2~5개이지만 더 많은 것도 있고 잎자루가 있다. 잎몸은 손바닥처럼 5~7(9)갈래로 깊게 갈라지며 둥근모양이다. 갈래조각은 달걀꼴의 버들잎모양이며 끝이 뾰족하고 밑은 심장모양이며 가장자리에 톱니가 있고 잎줄이 뚜렷하다. 잎 표면은 윤기가 나며 줄기 끝부분에 고른살꽃차례를 이루고 흰 꽃이 모여 핀다. | 관상용

결실 7~8월 | 튀는열매(삭과)

자생 중부 이북지방, 충청 이북지방의 산골짜기 반그늘진 냇가 바위틈

❗ 풀잎은 가을에 단풍이 들며 그 모양이 단풍잎과 비슷한 데서 이름 지어졌다.

바위취
Saxifraga stolonifera

▲ 서울 6월

과명 범의귀과

개화 5~6월　　**높이** 20~40cm

특징 여러해살이풀 | 뿌리줄기는 옆으로 기면서 벋는 가지가 있고 사방으로 벋어가면서 자란다. 뿌리잎은 무더기로 나며 긴 잎자루가 있고 붉은색을 띠며 퍼진 샘털이 있다. 잎몸은 콩팥모양으로 밑은 심장모양이며 가장자리는 얕게 갈라진다. 가장자리는 톱니모양이고 잎 표면은 짙은 녹색이며 누운 털이 있고 잎줄을 따라 흰색 무늬가 있다. 잎은 두껍고 7~9개의 손바닥모양 잎줄이 벋는다. 꽃줄기는 서고 붉은색을 띠며 꽃가지를 많이 벋고 샘털이 있다. 꽃줄기 끝에 흰 꽃이 고른살꽃차례로 핀다. | 관상용, 식용, 약용

결실 6~7월 | 튀는열매(삭과)

자생 전국의 산지 계곡

❗ 어린 잎은 나물로 먹는다. | 민간에서 풀 전체를 보익제 등으로 사용한다.

흰땃딸기
Fragaria nipponica

과명 장미과

개화 5~7월　　**높이** 10~30cm

특징 여러해살이풀 | 식물체에 많은 솜털이 있다. 뿌리줄기는 약간 굵고 짧으며 뿌리줄기에서 땅 위를 기는 가늘고 긴 자홍색 가지가 여러 개 나오며 마디에서 뿌리가 내린다. 잎은 3개의 쪽잎으로 된 세갈래겹잎이다. 뿌리잎은 무더기로 나고 긴 잎자루가 있으며 쪽잎은 넓은 달걀모양으로 끝이 둔하고 줄기잎은 없다. 꽃줄기 끝에서 고른살꽃차례를 이루고 흰 꽃이 핀다. | 식용

결실 6~8월 | 여윈열매(수과)

자생 제주도 한라산과 중부 이북지방 고원지 숲 가장자리 반그늘

❗ 익은 열매를 먹는다.

애기괭이밥
Oxalis acetosella

과명 괭이밥과

개화 5~6월　　**높이** 5~15cm

특징 여러해살이풀 | 뿌리줄기는 가늘고 길며 옆으로 벋고 윗부분에 비늘잎이 빽빽하게 있다. 비늘쪽잎은 넓은 달걀모양이며 연한 붉은색, 또는 갈색을 띠고 겉면과 가장자리에 속눈썹 같은 털이 있다. 쪽잎은 거꿀심장모양이고 표면은 털이 없으나 가장자리에 흰 긴 누운털이 있고 쪽잎꼭지는 없다. 뿌리목에서 나온 꽃줄기 끝에서 1개의 흰 꽃이 핀다. | 식용, 약용

결실 7~8월 | 튀는열매(삭과)

자생 전국 각지 깊은 산골짜기 숲속 그늘

❗ 괭이밥 중에 식물체가 가장 작다. | 어린 잎은 식용한다. | 한방과 민간에서 풀 전체를 해독, 피부병 등에 약재로 사용한다.

남산제비꽃
Viola chaerophylloides

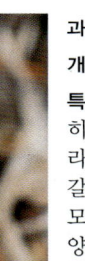

과명 제비꽃과

개화 4~5월   **높이** 4~20cm

특징 여러해살이풀 | 잎이 3개로 완전히 갈라지고 옆갈래조각은 다시 2개씩 갈라져서 5개로 갈라진 것처럼 보인다. 각 갈래조각은 다시 2~3개로 갈라지거나 깃모양으로 깊게 갈라진다. 받침잎은 줄모양으로 밑부분이 잎자루에 붙는다. 흰 바탕에 자주색 줄이 있는 꽃이 핀다. | 관상용, 식용, 약용

결실 8월 | 튀는열매(삭과)

자생 전국 각지, 산기슭 부식질이 많은 나무 그늘

❗ 어린 잎은 나물로 먹는다. | 한방과 민간에서 풀 전체를 최토, 진해, 정혈, 간장기능 촉진, 고미, 유아발육 촉진, 통경, 거풍, 해독, 태독, 감기, 기침, 부인병 등에 약재로 사용한다.

단풍잎제비꽃
Viola takashii

과명 제비꽃과

개화 4월   **높이** 5~15cm

특징 여러해살이풀 | 남산제비꽃과 태백제비꽃의 잡종성을 가지고 있다. 잎은 태백제비꽃의 가장자리에 깊은 톱니가 있는 것에서부터 밑부분이 깃모양으로 깊게 갈라진 모양, 남산제비꽃의 갈래조각이 훨씬 넓어진 모양 등 변이가 심하다. 꽃자루 끝에 1개의 흰 꽃이 달리고 중앙 밑부분에 실 같은 꽃싸개잎 2개가 있다. | 식용, 약용

결실 8월 | 튀는열매(삭과)

자생 중부지방, 경기도 이남지방, 울릉도 산지 숲속 그늘

❗ 어린 잎은 나물로 먹는다. | 한방과 민간에서 남산제비꽃과 같은 용도의 약재로 사용한다.

화엄제비꽃
Viola ibukiana

과명 제비꽃과

개화 4월 **높이** 10cm 안팎

특징 여러해살이풀 | 남산제비꽃과 자주잎제비꽃과의 자연 잡종이다. 잎은 달걀모양이고 작으며 표면이 푸른빛이 도는 녹색이며 대개 흰 무늬가 있다. 윤채가 있고 약간 단풍잎제비꽃 잎과 비슷하다. 잎 사이에서 나온 여러 개의 꽃줄기 끝에 연한 홍자색 꽃이 1개씩 핀다. | 식용, 약용

결실 6월 | 튀는열매(삭과)

자생 남부지방, 구례 화엄사 근처 숲속 그늘

❗ 어린 잎은 나물로 먹는다. | 한방과 민간에서 남산제비꽃과 같은 용도의 약재로 사용한다.

잔털제비꽃
Viola keiskei

과명 제비꽃과

개화 4~5월 **높이** 10~12cm

특징 여러해살이풀 | 원줄기는 없고 전체에 털이 있으며 뿌리에서 잎이 돋는다. 잎은 달걀의 둥근모양이고 끝이 둥글거나 둔하며 밑은 심장모양이고 가장자리에 물결모양의 톱니가 있으며 긴 잎자루가 있다. 잎 사이에서 긴 꽃자루가 나와 끝에 옆으로 향한 흰 꽃이 달린다. | 식용, 약용

결실 6~7월 | 튀는열매(삭과)

자생 중부지방, 경기도와 강원도 이남 지방의 산지 숲 가장자리 반그늘

❗ 어린 잎은 나물로 먹는다. | 한방과 민간에서 남산제비꽃과 같은 용도의 약재로 사용한다.

금강제비꽃
Viola diamantica

과명 제비꽃과

개화 4~5월   **높이** 20~30cm

특징 여러해살이풀 | 땅속줄기는 굵고 옆으로 길게 뻗는다. 잎몸은 심장모양이고 긴 잎자루가 있으며 끝이 점점 뾰족해진다. 표면은 녹색이며 털이 있고 뒷면은 연한 색깔이다. 전체에 털이 있으며 잎줄 위에는 많다. 잎자루 윗부분에 자주색 얼룩점이 있다. 꽃줄기 끝에 흰 꽃이 1개 핀다. | 식용, 약용

결실 8월 | 튀는열매(삭과)

자생 중부 이북지방, 일부 남부지방 산지, 태백산 이북지방 산기슭 숲속 그늘

❗ 금강산에서 처음 발견되어 이름 지어졌다. | 어린 잎은 나물로 먹는다. | 한방과 민간에서 남산제비꽃과 같은 용도의 약재로 사용한다.

태백제비꽃
Viola albida

과명 제비꽃과

개화 4~5월   **높이** 6~14cm

특징 여러해살이풀 | 뿌리줄기는 짧고 잎은 뿌리에서 여러 개가 무더기로 나며 잎자루는 더 자라서 6~12cm 정도로 길어지고 좁은 날개가 있다. 잎몸은 세모난 달걀모양으로 꽃이 지고 나서 훨씬 더 크게 자란다. 끝이 뾰족하며 잎 가장자리는 둔한 톱니모양이다. 잎 사이에서 나온 몇 개의 꽃줄기 끝에 흰 꽃이 핀다. | 식용, 약용

결실 6~7월 | 튀는열매(삭과)

자생 전국 각지, 잎이 지는 나무 숲속 그늘이나 산기슭

❗ 태백산에서 처음 발견되어 이름 지어졌다. | 어린 잎은 나물로 먹는다. | 한방과 민간에서 남산제비꽃과 같은 용도의 약재로 사용한다.

흰젖제비꽃
Viola lactiflora

과명 제비꽃과

개화 4~5월　　**높이** 15cm 안팎

특징 여러해살이풀 | 왜제비꽃과 흰제비꽃의 중간형이다. 왜제비꽃에 비해 꽃이 흰색이고 꽃잎의 옆꽃잎 안쪽에 털이 있으며 꽃뿔이 짧고, 흰제비꽃에 비해 잎이 넓으며 잎자루에 날개가 없다. 뿌리는 흰색이며 땅위줄기는 없다. 잎자루에 날개가 없다. 잎보다 긴 꽃줄기 끝에서 흰 꽃이 1개씩 핀다. | 관상용, 식용, 약용

결실 6~7월 | 튀는열매(삭과)

자생 중부 이남지방, 산과 들, 산기슭 숲 가장자리나 길가 초원 양지

❗ 어린 잎은 나물로 먹는다. | 한방과 민간에서 남산제비꽃과 같은 용도의 약재로 사용한다.

흰제비꽃
Viola patrinii

과명 제비꽃과

개화 4~5월　　**높이** 4~20cm

특징 여러해살이풀 | 뿌리가 흑갈색이며 뿌리줄기는 짧다. 원줄기는 없고 털이 없거나 잎줄과 잎자루 밑부분에 짧게 퍼진 털이 있다. 잎은 약간 곧게 서고 긴 타원꼴의 넓은 피침모양으로 끝이 둔하거나 뾰족하다. 밑부분은 수평에 가깝고 희미한 톱니가 있으며 잎자루에 날개가 있다. 잎 사이에서 나온 여러 개의 꽃줄기 끝에서 흰 꽃이 1개씩 핀다. | 관상용, 식용, 약용

결실 6~7월 | 튀는열매(삭과)

자생 전국 각지, 산과 들, 양지바른 길가 초원이나 밭둑

❗ 어린 잎은 나물로 먹는다. | 한방과 민간에서 남산제비꽃과 같은 용도의 약재로 사용한다.

얇은제비꽃
Viola blandaeformis

과명 제비꽃과

개화 4~5월　　**높이** 10cm 안팎

특징 여러해살이풀 | 식물 전체에 털이 없고 뿌리줄기 위 끝에 검은 섬유가 있다. 마디 사이에서 땅 위를 기는 가지가 벋는다. 잎은 질이 얇고 둥근 콩팥모양이며 밑부분이 깊은 심장모양으로 가장자리에 희미한 톱니가 있다. 잎자루는 길이 2~5cm이다. 잎 사이에서 길이 4~6cm의 꽃자루가 나와 끝에 흰 꽃이 1개씩 핀다. | 식용, 약용

결실 6~7월 | 튀는열매(삭과)

자생 중부지방, 강원도 이남지역 깊은 산골짜기 바늘잎나무 밑 약간 습기 있는 그늘

> ❗ 어린 잎은 나물로 먹는다. | 한방과 민간에서 남산제비꽃과 같은 용도의 약재로 사용한다.

콩제비꽃
Viola verecunda

과명 제비꽃과

개화 4~5월　　**높이** 5~20(30)cm

특징 여러해살이풀 | 원줄기는 비스듬히 자라고 털이 없다. 뿌리잎은 콩팥모양이고 끝이 둥글며 밑은 심장모양이고 가장자리에 둔한 톱니가 있으며 잎자루는 길다. 줄기잎은 어긋나게 붙고 잎자루는 짧으며 콩팥모양으로 끝이 날카롭고 밑은 심장모양으로 가장자리에 둔한 톱니가 있다. 줄기의 잎겨드랑이에서 나온 꽃줄기 끝에 흰 꽃이 1개씩 핀다. | 식용, 약용

결실 6~7월 | 튀는열매(삭과)

자생 전국 각지, 낮은 지대 약간 습기 있는 밭둑이나 길가 언덕 양지

> ❗ 어린 잎과 줄기는 나물로 먹는다. | 한방과 민간에서 남산제비꽃과 같은 용도의 약재로 사용한다.

개사상자
Torilis scabra

과명 미나리과

개화 5~6월　　**높이** 60cm 안팎

특징 여러해살이풀 | 식물체에 누운 털이 있다. 뿌리는 굵고 길며 비스듬히 벋으며 가는 곁뿌리가 드문드문 난다. 줄기는 세로로 난 줄과 홈이 있고 가시모양 털이 있으며 윗부분에서 가지를 벋는다. 줄기끝 또는 잎겨드랑이에서 나온 2~3개의 꽃줄기 끝에 흰 꽃 여러 개가 겹우산꽃차례로 핀다. | 식용, 약용

결실 6~7월 | 갈래열매(분과)

자생 남부지방, 제주도, 산지 숲 그늘이나 골짜기의 냇가

❗ 어린 순은 나물로 먹는다. | 한방에서 열매를 [사상자(蛇床子)]라 하고 부인음종, 음위, 관절염, 간질, 대하증, 부인병, 치통, 염증 등에 약재로 사용한다.

긴사상자
Osmorhiza aristata

과명 미나리과

개화 5~6월　　**높이** 40~60cm

특징 여러해살이풀 | 뿌리는 굵고 비스듬히 벋으며 긴 수염뿌리가 있고 강한 향기가 난다. 줄기는 둥글고 윗부분에서 가지를 벋으며 세로로 난 줄과 홈이 있고 밑에만 털이 빽빽하다. 갈래쪽은 2~4쌍씩 마주 붙고 가장자리에 일그러진 톱니가 있으며 짧은 잎자루가 있다. 맨 마지막 갈래쪽은 버들잎모양이며 끝이 점차 뾰족해진다. 줄기 끝과 잎겨드랑이에서 나온 꽃줄기 끝에 흰 꽃이 겹우산꽃차례로 핀다. | 약용

결실 7~8월 | 갈래열매(분과)

자생 전국 각지, 산지 숲 그늘이나 골짜기의 습기 있는 그늘

❗ 한방에서 뿌리를 충독 등에 약재로 사용한다.

봄

매화노루발
Chimaphila japonica

◀ ⓒ 홍찬표

과명 노루발풀과

개화 5~6월 **높이** 5~10cm

특징 여러해살이풀 | 잎은 층으로 돌려 붙은 것 같으며 두껍고 딱딱하다. 넓은 피침모양이고 짙은 녹색이며 끝이 뾰족하고 밑부분이 둥글며 가장자리에 끝이 뾰족하고 낮은 톱니가 약간 있다. 줄기 끝에서 가는 꽃줄기가 1개 또는 몇 개가 나오고 끝에 흰 꽃이 1개씩 핀다. | 약용

결실 8~9월 | 튀는열매(삭과)

자생 전국 각지, 산지, 비교적 메마른 바늘잎나무 숲속 그늘

❗ 꽃이 매화꽃을 닮아 이름 지어졌다. | 한방과 민간에서 풀 전체를 이뇨, 수렴, 충독, 감기 등에 약재로 사용한다.

구상난풀
Monotropa hypopithys

과명 노루발풀과

개화 5~6월 **높이** 10~25cm

특징 여러해살이 기생식물 | 엽록소가 없으며 썩어가는 물질에서 양분을 얻어 먹고 자라는 식물이다. 식물체는 연한 황갈색을 띠지만 마르면 검은색 또는 검은갈색을 띤다. 잎은 줄기에 어긋나게 붙고 비늘모양이며 줄기 끝에서 3~8개의 황갈색 꽃이 모여 송이꽃차례를 이루고 핀다. | 약용

결실 8월 | 튀는열매(삭과)

자생 중부 이남지방 산지 바늘잎나무 숲, 북부지방 고산지대 혼합림 숲 그늘

❗ 원래 한라산 구상나무 밑에 자란다 하여 붙여진 이름이지만 낮은 곳의 소나무 숲에도 자란다. | 한방과 민간에서 풀 전체를 매화노루발과 같은 약재로 사용한다.

수정난풀
Monotropastrum globosum

과명 노루발풀과

개화 5~7월　　**높이** 10~20cm

특징 여러해살이 기생식물 | 식물체에 엽록소가 없어 순백색이지만 때로 연한 하늘색이다. 뿌리는 서로 엉키어 덩이모양을 이룬다. 잎은 비늘잎모양이며 어긋나게 붙고 반투명질이며 줄기 밑동에 붙은 잎은 작고 고기비늘모양으로 빽빽하나 윗부분에서는 드문드문 붙는다. 줄기 맨 위쪽에 달린 1~3개의 비늘잎은 약간 수평으로 벌어져 꽃받침으로 되며 줄기 끝에서 흰 꽃이 1개씩 핀다. | 약용

결실 8월 | 물열매(장과)

자생 전국 각지, 산지 참나무류 숲이나 대나무 숲 등 부식토양 그늘

❗ 매화노루발과 같은 용도의 약재로 사용한다.

봄맞이꽃
Androsace umbellata

과명 앵초과

개화 4~5월　　**높이** 5~10cm

특징 한해 또는 두해살이풀 | 모든 잎이 뿌리에서 무더기로 나와 땅 위로 퍼지고 잎자루가 있다. 잎몸은 반달모양, 일그러진 둥근모양이며 세모꼴의 둔한 톱니가 있고 전체가 색깔이 연하거나 적갈색이 돌며 여러 세포로 된 퍼진 털이 있다. 여러 개의 가는 꽃줄기가 뿌리목에서 나와 곧게 서고 4~10개의 흰 꽃이 우산꽃차례를 이루고 핀다. | 관상용, 식용

결실 5~6월 | 튀는열매(삭과)

자생 남·중·북부지방, 낮은 지대 산과 들, 밭둑이나 길가 언덕 양지

❗ 어린 잎은 나물로 먹는다.

애기봄맞이
Androsace filiformis

과명 앵초과

개화 4~5월 **높이** 10~15cm

특징 한해살이풀 | 식물체에는 털이 없고 밋밋하다. 잎은 뿌리목에서 여러 개가 무더기로 나며 잎자루가 있다. 잎몸은 넓은 달걀모양, 달걀꼴의 타원모양, 타원모양으로 끝부분이 둔하거나 뾰족하고 밑부분은 쐐기모양이며 가장자리에 잔톱니가 있다. 뿌리목에서 나온 몇 개의 꽃줄기 끝에서 작은 흰 꽃 여러 개가 모여 우산꽃차례를 이루고 핀다. | 관상용

결실 5~6월 | 튀는열매(삭과)

자생 남·중·북부지방, 들녘, 논둑이나 습기 있는 길가 빈터의 양지

흰그늘용담
Gentiana pseudo-aquatica

과명 용담과

개화 5~7월 **높이** 5~7cm

특징 두해살이풀 | 줄기는 가늘고 약하며 털은 없다. 줄기잎은 마주 붙고 잎줄은 1개이며 가장자리는 거칠고 흰색이며 밖으로 약간 말린다. 뿌리잎은 줄기잎보다 크며 방사상으로 펼쳐져 있고 잎몸은 둥근 달걀모양, 둥근모양이다. 줄기잎은 드문드문 붙고 주걱모양으로 끝에 가시모양의 작은 거치가 있다. 가지 끝에서 흰 꽃이 1개씩 핀다. | 약용

결실 7~9월 | 튀는열매(삭과)

자생 제주도 한라산 고원지 초원 양지

❗ 한방과 민간에서 뿌리를 건위, 설사, 창종, 개선, 간질, 도한, 경풍, 회충, 심장병, 습진 등에 약재로 사용한다.

민백미꽃
Cynanchum ascyrifolium

과명 박주가리과

개화 5~7월　　**높이** 30~60cm

특징 여러해살이풀 | 굵은 수염뿌리가 있고 줄기에 상처를 내면 흰 즙액이 나온다. 잎은 마주 붙고 타원모양, 거꿀달걀꼴의 타원모양이며 양 끝이 날카롭거나 밑이 둥글고 양면에 잔털이 있다. 뒷면 잎줄 위에 굽은 털이 있으며 가장자리는 밋밋하고 잎자루가 있다. 줄기 끝과 잎겨드랑이에서 우산꽃차례를 이루고 흰 꽃이 핀다. | 관상용, 약용

결실 8~9월 | 주머니열매(포과)

자생 전국 각지, 산기슭 숲 가장자리 또는 골짜기나 산마루의 반그늘

❗ 한방에서 뿌리를 해열, 기침 등에 약재로 사용한다.

지치(자초)
Lithospermum erythrorhizon

과명 지치과

개화 5~6월　　**높이** 30~70cm

특징 여러해살이풀 | 식물체에는 거친 털이 빽빽하게 있다. 뿌리는 굵고 땅속으로 곧게 벋으며 짙은 자주색을 띤다. 줄기는 윗부분에서 가지를 벋고 겉면에 거친 털이 있다. 잎은 어긋나게 붙고 평행으로 흘러간 몇 개의 잎줄이 있다. 가지 끝에서 송이모양의 이삭꽃차례를 이루고 흰 꽃이 드문드문 핀다. | 식용, 약용, 염료용

결실 7~8월 | 굳은껍질열매(견과)

자생 전국 각지, 산기슭 메마르고 양지바른 길가 초원

❗ 자주색 염료로 사용한다. | 뿌리는 술을 담가 먹는다. | 한방에서 봄, 가을에 뿌리를 채취하여 이뇨, 건위, 강장, 해독, 황달, 습진, 피부병, 화상 등에 약재로 사용한다.

광대수염
Lamium album var. *barbatum*

과명 꿀풀과

개화 5월   **높이** 30~60cm

특징 여러해살이풀 | 뿌리줄기는 길게 옆으로 벋는다. 줄기는 네모지고 무더기로 나거나 몇 개씩 나며 연약하고 밑부분은 약간 비스듬히 자라며 곧게 서고 특히 마디에 가는 털이 있다. 잎 양면에 흰 짧은 가는 털이 있고 줄기 윗부분의 잎겨드랑이에서 돌림꽃차례를 이루고 흰 꽃, 또는 연한 붉은색이 도는 흰 꽃이 마디 1개에 4~14개씩 돌려붙어 핀다. | 식용, 약용

결실 7월 | 갈래열매(분과)

자생 전국 각지, 산골짜기 약간 그늘진 숲 가장자리나 개울가 언덕 등 반그늘

❗ 어린 잎은 나물로 먹는다. | 한방에서 풀 전체를 강장, 대하증 등에 약재로 사용한다.

왕질경이
Plantago major var. *japonica*

과명 질경이과

개화 5~7월   **높이** 50cm 안팎

특징 여러해살이풀 | 잎은 달걀꼴의 타원모양으로 약간 두껍고 여러 개의 잎줄이 있으며 끝은 약간 뾰족하다. 꽃대에 이삭꽃차례를 이루고 흰 꽃이 빽빽하게 모여 핀다. | 식용, 약용

결실 8~9월 | 튀는열매(삭과)

자생 전국 각지의 바닷가 언덕 양지

❗ 연한 잎은 나물로 먹는다. | 한방에서 씨를 [차전자(車前子)]라 하고 이뇨, 해열, 명안, 지혈 등에 약재로 사용하며, 식물체와 같이 이뇨, 염증, 거담, 강심, 익정, 눈병, 방광염, 장염, 피오줌, 설사, 적리, 백일해, 기관지염, 임질, 심장병, 태독, 난산, 지사, 금창, 종독, 각기 등에 약재로 사용한다. 민간에서는 식물체를 위장병과 동맥경화증에도 쓴다.

털질경이
Plantago depressa

과명 질경이과

개화 5~7월 **높이** 30cm 안팎

특징 여러해살이풀 | 개질경이와 비슷하지만 꽃이 작은 것이 특징이다. 잎 양면에는 거센 털이 빽빽하게 붙어 있고 잎 사이에서 곧게 서는 꽃대 끝에 기둥모양의 이삭꽃차례를 이루고 작고 흰 꽃이 빽빽하게 모여 핀다. | 식용, 약용

결실 8~9월 | 튀는열매(삭과)

자생 중부 이북지방, 바닷가, 길가 빈터 메마른 양지

❗ 풀잎 양면에 흰 털이 많기 때문에 이름 지어졌다. | 어린 잎은 나물로 먹는다. | 한방에서 왕질경이와 같은 약재로 사용한다.

솜나물
Leibnitzia anandria

과명 국화과

개화 5~9월 **높이** 10~20cm

특징 여러해살이풀 | 봄에 꽃이 피고 가을에 다시 한 번 꽃이 피며 열매는 가을 개체에서 열린다. 뿌리줄기는 짧고 곧게 벋으며 줄기는 꽃대모양이다. 가을에 나오는 꽃대는 높이 30cm 안팎이다. 줄기 끝에 머리모양꽃 1개가 달리며 흰 꽃, 연한 홍색 꽃이 핀다. | 관상용, 식용

결실 9~10월 | 여윈열매(수과)

자생 전국 산기슭 메마른 바늘잎나무 밑이나 떨기나무 부근, 산마루 초원 반그늘

❗ 풀잎에는 흰 솜 같은 섬유질이 많아 흰빛이 나며 햇볕에 말려서 손으로 부비면 흰 솜 같은 섬유질만 남는다. 옛날에 이것을 솜 대신 부싯깃으로 사용했기 때문에 '솜나물' 또는 '부싯깃나물'이라 한다. | 어린 잎은 봄에 나물로 먹는다.

봄

풀솜나물
Gnaphalium japonicum

과명 국화과

개화 5~7월 　　**높이** 8~25cm

특징 여러해살이풀 | 뿌리줄기는 길게 옆으로 벋는다. 줄기는 곧게 서고 가지를 벋지 않으며 흔히 여러 대가 모여 포기를 이룬다. 땅 위로 누워 벋는 줄기가 있다. 잎 표면은 연한 솜털과 뒷면은 거미줄 같은 흰 털이 빽빽하게 덮여 회백색을 띤다. 머리모양꽃차례는 줄기 끝에 모여 붙고 갈색이 도는 흰 꽃이 핀다. | 식용, 약용

결실 7~8월 | 여윈열매(수과)

자생 중부 이남지방, 낮은 지대 숲 가장자리 또는 들녘, 바닷가 메마른 초원 양지

❗ 어린 잎은 나물로 먹는다. | 한방에서 식물체를 지혈, 건위, 거담, 기관지염, 고혈압 등에 약재로 사용한다.

개머위
Petasites saxatilis

과명 국화과

개화 5~7월 　　**높이** 20~60cm

특징 여러해살이풀 | 뿌리잎은 콩팥꼴의 심장모양이며 가장자리에 이빨모양의 톱니가 있다. 줄기 끝에 머리모양꽃차례를 이루고 흰 꽃이 모여 핀다. | 관상용, 약용

결실 6~9월 | 여윈열매(수과)

자생 중부 이북지방, 대개는 북부지방 고산지대 습기 있는 초원 양지

❗ 나물로 먹지 않는 머위라 하여 '개머위'라 이름 지어졌다. | 한방과 민간에서 꽃봉오리와 잎을 보신, 건정신, 건위, 보비, 식욕촉진, 진정, 안면, 이뇨, 풍습 등에 약재로 사용한다.

머위
Petasites japonicus

▲ 남한산성 4월

과명 국화과

개화 4~7월 **높이** 30~60cm

특징 여러해살이풀 | 뿌리줄기는 굵고 길며 갈라지거나 땅속으로 길게 벋고 그 끝에서 다른 개체가 돋아나기도 한다. 뿌리잎은 몇 개가 한데 모여 나며 긴 잎자루가 있고 콩팥꼴의 둥근모양이다. 줄기잎은 비늘잎모양이고 끝이 약간 뾰족하며 밑부분은 그대로 줄기에 붙는다. 줄기 끝에 머리모양꽃차례를 이루고 많은 황백색 꽃이 모여 핀다. | 관상용, 식용, 약용

결실 5~7월 | 여윈열매(수과)

자생 북부지방의 고산지대를 제외한 전국 각지, 마을 근처 습기 있는 언덕이나 길가, 빈터 등 양지

❗ 어린 잎과 잎자루를 나물로 먹는다. | 한방과 민간에서 꽃봉오리를 [관동화(款冬花)]라 하고 개머위와 같은 약재로 사용한다.

흰민들레
Taxaracum coreanum

과명 국화과

개화 4~6월　　**높이** 10~30cm

특징 여러해살이풀 | 식물체에 상처를 내면 흰 즙액이 나온다. 줄기는 꽃대모양으로 짧은 흰 털이 있고 속은 비어 있다. 잎은 뿌리잎만 있고 모여 나며 깃모양으로 완전히 또는 깊게 갈라진다. 잎 밑부분은 쐐기모양으로 약간 뾰족하다. 뿌리잎이 나는 밑동 가운데에서 긴 꽃자루가 나오고 그 끝에 많은 흰 꽃이 머리모양꽃차례로 모여 핀다. | 관상용, 식용, 약용

결실 5~7월 | 여윈열매(수과)

자생 전국 각지, 들녘, 길가 언덕, 바닷가 초원 양지

❗ 어린 잎은 나물로 먹는다. | 한방에서 [포공영(蒲公英)]이라 하고 건위제, 강장제, 이뇨제, 해열제, 완하제 등으로 사용한다.

흰노랑민들레
Taraxacum coreanum var. *flavescens*

과명 국화과

개화 4~6월　　**높이** 10~30cm

특징 여러해살이풀 | 머리모양꽃차례의 바깥쪽에는 흰색 꽃이 있고 안쪽에는 황색 꽃이 같이 있는 것이 특징이다. 민들레, 흰민들레와 함께 자란다. | 관상용, 식용, 약용

결실 5~7월 | 여윈열매(수과)

자생 전국 각지

❗ 한방에서 흰민들레와 같은 용도의 약재로 사용한다.

반하
Pinellia ternata

과명 천남성과

개화 5~6월　　**높이** 20~40cm

특징 여러해살이풀 | 잎은 1~2개씩 나오며 3개의 쪽잎으로 된 겹잎이다. 잎자루는 길며 밑부분 안쪽에 살눈이 있고 간혹 3개의 쪽잎이 합쳐지는 부분에도 작은 살눈이 있다. 덩이줄기에서 나온 긴 꽃줄기 끝에 연한 황백색의 작은 꽃이 고기질꽃차례로 빽빽하게 핀다. | 유독성식물 | 관상용, 약용

결실 7~8월 | 물열매(장과)

자생 전국 각지, 낮은 지대 산기슭, 밭이나 들녘의 밭둑, 길가 빈터 등의 양지

❗ 한방에서 덩이줄기를 [반하(半夏)]라 하고 진해, 진정, 구토, 인후염 등에 약재로 사용한다. 민간에서 생강과 섞어 임신오조 때 구토를 멎게 하는 약으로 사용하기도 한다.

큰반하
Pinellia tripartita

과명 천남성과

개화 5~6월　　**높이** 40~60cm

특징 여러해살이풀 | 식물체는 큰 편이고 땅속에 덩이줄기가 있다. 덩이줄기는 편평한 둥근모양으로 위쪽에서 실뿌리가 내린다. 잎은 1~4개이며 잎자루가 길고 잎몸은 3개로 깊게 갈라지며 밑은 심장모양이다. 갈라진조각은 넓은 타원모양이고 양면에 짧은 털이 있다. 꽃줄기 끝에 많은 황백색 작은 꽃이 고기질꽃차례로 달린다. 겉은 횃불모양꽃싸개잎이 녹색으로 꽃을 감싼다. | 유독성식물 | 관상용, 약용

결실 7~8월 | 물열매(장과)

자생 남부지방, 해안 낮은 지대의 밭둑, 숲 가장자리 등 양지

❗ 한방에서 반하와 같은 약재로 사용한다.

봄

섬천남성
Arisaema negishii

과명 천남성과

개화 5~6월　　**높이** 60cm 안팎

특징 여러해살이풀 | 땅속의 덩이줄기 윗부분에서 수염뿌리가 사방으로 퍼져 난다. 잎은 2개이고 갈라진 조각은 9~15개로 피침모양이고 끝이 뾰족하며 긴 꽃줄기 끝에 고기질꽃차례가 달리고 작은 황백색 꽃이 모여 핀다. 자갈색의 횃불모양꽃싸개잎은 길이 15cm 안팎으로 꽃을 감싸며 끝에 긴 부속체가 달린다. | 유독성식물 | 관상용, 약용

결실 8~9월 | 물열매(장과)

자생 남부 다도해 섬지방, 거문도의 산지 숲속 그늘

❗ 한방에서 덩이줄기를 [천남성(天南星)]이라 하고 진통, 거담, 해수, 진경, 신경통, 파상풍 등에 약재로 사용한다.

두루미천남성
Arisaema heterophllum

과명 천남성과

개화 5~6월　　**높이** 60cm 안팎

특징 여러해살이풀 | 땅속의 덩이줄기는 편평한 둥근모양이며 둘레에 몇 개의 작은 덩이줄기가 붙어 있고 윗부분에서 수염뿌리가 내린다. 긴 꽃줄기 끝에 고기질꽃차례를 이루고 황백색 작은 꽃이 많이 모여 빽빽하게 핀다. 꽃차례 겉에는 횃불모양꽃싸개잎이 둘러싼다. | 유독성식물 | 관상용, 약용

결실 8~9월 | 물열매(장과)

자생 전국 각지, 낮은 지대의 숲속이나 길가 초원 그늘

❗ 식물체의 모양이 두루미가 노니는 모습과 닮아 이름 지어졌다. | 한방에서 덩이줄기를 진경, 거담, 진통, 신경통 등에 약재로 사용한다.

넓은잎천남성
Arisaema robustum

과명   천남성과

개화   5~6월   **높이**   25~35cm

특징   여러해살이풀 | 땅속 덩이줄기는 둥글고 편평하며 둘레에 2~3개의 작은 덩이줄기가 있고 끝부분에 1개의 잎이 달린다. 잎에는 잎자루가 있고 5개의 쪽잎으로 된 새발모양겹잎이다. 쪽잎은 달걀모양이며 가장자리는 물결모양이다. 암수딴포기식물이며 잎겨드랑이에서 나온, 잎보다 짧은 꽃줄기 끝에 황백색 꽃이 고기질꽃차례로 피며 횃불모양꽃싸개잎이 감싼다. | 유독성식물 | 관상용, 약용

결실   8~9월 | 물열매(장과)

자생   남·중·북부지방, 산골짜기 숲속 그늘

❗ 덩이뿌리를 섬천남성처럼 약용한다.

자주천남성(자주넓은잎천남성)
Arisaema robustum var. *purpureum*

과명   천남성과

개화   5~6월   **높이**   25~35cm

특징   여러해살이풀 | 우리나라 특산변종이다. 원변종에 비하여 횃불모양꽃싸개잎의 통부분은 녹색이지만 가장자리는 자주색이고 세로로 난 흰 줄이 있는 것이 특징이다. | 유독성식물 | 관상용, 약용

결실   8~9월 | 물열매(장과)

자생   남부 해안지방, 제주도의 산지 숲속 그늘

❗ 한방에서 덩이뿌리를 섬천남성과 같은 약재로 사용한다.

천남성
Arisaema amurense var. *serratum*

과명 천남성과

개화 5~7월 **높이** 30~50cm

특징 여러해살이풀 | 덩이줄기는 편평한 둥근모양으로 둘레에 작은 덩이줄기 2~3개가 달리고 윗부분에서 수염뿌리가 사방으로 퍼진다. 줄기는 곧게 서고 녹색이며 흔히 흰 무늬점 또는 자주색 반점이 있다. 덩이줄기 윗부분에 붙은 비늘잎은 얇은 반투명질이고 2개이다. 잎은 잎자루가 있고 7~15개의 쪽잎으로 된 새발모양 겹잎이다. 줄기집은 통모양이고 짙은 자주색 반점이 있다. 잎겨드랑이에서 나온 긴 꽃줄기 끝에 황백색 꽃이 고기질꽃차례로 피며 녹색의 횃불모양꽃싸개잎이 꽃차례를 감싼다. | 유독성식물 | 관상용, 약용

결실 8~9월 | 물열매(장과)

자생 전국의 숲속, 들녘 초원 그늘

! 한방에서 덩이줄기를 섬천남성과 같은 용도의 약재로 사용한다.

남산천남성
Arisaema amurense var. *violaceum*

과명 천남성과

개화 5~7월 **높이** 30~50cm

특징 여러해살이풀 | 원변종에 비해 횃불모양꽃싸개잎이 자줏빛이 도는 보라색이고 세로로 흰 줄이 있는 것이 특징이다. | 유독성식물 | 관상용, 약용

결실 8~9월 | 물열매(장과)

자생 전국 각지, 산지 숲속 그늘이나 들녘 초원

! 한방에서 덩이줄기를 섬천남성과 같은 용도의 약재로 사용한다.

큰천남성
Arisaema ringens

▲ 거제도 4월   ▼ 열매

▲ 덩이줄기 뿌리

햇불모양꽃싸개잎 ▶

과명 천남성과

개화 4~5월   **높이** 30~50cm

특징 여러해살이풀 | 덩이줄기는 둥글고 편평하며 둘레에 1~2개의 작은 덩이줄기가 있고 수염뿌리가 사방으로 퍼진다. 줄기는 짧고 굵으며 윗부분에 2개의 잎이 달린다. 잎은 잎자루가 있는 3개의 쪽잎으로 된 겹잎으로 잎자루 밑에 통모양의 줄기집이 있다. 쪽잎은 넓은 달걀모양이고 위는 급하게 좁아져 꼬리모양을 이루며 밑은 약간 넓게 좁아지고 질은 연하며 윤기가 난다. 쪽잎의 꼭지는 없고 암수딴포기식물이다. 뿌리목에서 나온 꽃줄기에서 황백색 꽃이 고기질꽃차례로 피며 햇불모양꽃싸개잎이 꽃차례를 감싼다. | 유독성식물 | 관상용, 약용

결실 6~7월 | 물열매(장과)

자생 남부지방, 섬지방의 산기슭 및 바닷가 언덕의 반그늘

❗ 덩이줄기를 섬천남성처럼 약용한다.

봄

점박이천남성
Arisaema angustatum var. *peninsulae*

과명 천남성과

개화 5~6월 **높이** 20~80cm

특징 여러해살이풀 | 덩이줄기는 둥글고 윗부분에서 수염뿌리가 사방으로 퍼지며 여러 개의 작은 덩이줄기가 있다. 2개의 잎은 긴 잎자루가 있고 7~11(5~14)개의 쪽잎으로 된 새발모양겹잎이다. 잎겨드랑이에서 나온 긴 꽃줄기 끝에 황록색 꽃이 고기질꽃차례로 핀다. 꽃차례는 녹색의 횃불모양꽃싸개잎이 감싸고 있다. | 유독성식물 | 관상용, 약용

결실 8~9월 | 물열매(장과)

자생 남·중·북부지방 숲속 그늘

❗ 줄기에 자줏빛이 도는 갈색의 얼룩무늬가 있어 이름 지어졌다. | 한방에서 덩이줄기를 섬천남성과 같은 약재로 사용한다.

우산천남성
Arisaema takesimense

과명 천남성과

개화 5~6월 **높이** 20~80cm

특징 여러해살이풀 | 우리나라 특산변종이다. 점박이천남성과 비슷하지만 고기질꽃차례의 부속체가 곤봉모양이고 잎의 엄지잎줄 근처에 흰 무늬점이 생기는 것이 특징이다. | 유독성식물 | 관상용, 약용

결실 8~9월 | 물열매(장과)

자생 남해 섬지방, 울릉도

❗ 한방에서 덩이줄기를 섬천남성과 같은 약재로 사용한다.

맥문아재비
Ophiopogon jaburan

과명 백합과

개화 5~7월　　**높이** 30~50cm

특징 여러해살이풀 | 잎은 무더기로 모여 나며 잎몸은 줄모양이고 밑은 점차 좁아지며 끝이 둔하다. 잎 사이에서 꽃줄기가 나와 곧게 서고 끝에서 송이꽃차례를 이루고 흰 꽃 또는 흰 바탕에 연한 자줏빛이 도는 꽃 6~9개가 약간 빽빽하게 모여 피며 밑으로 처진다. | 관상용

결실 8~10월 | 물열매(장과)

자생 남해와 다도해 섬지방의 바닷가 낮은 산지의 초원 양지

◀ 열매

❗ 맥문동과 같은 무리는 아니지만 잎모양이 비슷하여 '맥문아재비' 라 부른다.

큰연령초
Trillium tschonoskii

과명 백합과

개화 5~6월　　**높이** 30cm 안팎

특징 여러해살이풀 | 뿌리줄기는 짧고 굵으며 곧게 밑으로 벋는다. 줄기는 1~3개이며 곧게 서고 줄기의 밑부분에는 갈색의 비늘쪽잎이 있다. 줄기 끝에는 3개의 잎이 돌려 붙으며 잎자루는 없다. 잎몸은 달걀꼴의 둥근모양이고 끝이 뾰족하며 3~5개의 굵은 잎줄과 그물모양의 잔잎줄이 있다. 줄기 끝에서 꽃줄기가 나와 곧게 서고 끝에서 1개의 흰 큰 꽃이 핀다. | 관상용, 약용

결실 7~8월 | 물열매(장과)

자생 중부 이북지방, 울릉도의 산지 숲속 그늘

❗ 한방에서 뿌리를 [연령초(延齡草)]라 하고 위장약, 최토제 등으로 사용한다.

봄

연령초
Trillium kamtschaticum

▲ 소백산 5월

◀ 열매

과명 백합과

개화 5~6월   **높이** 20~40cm

특징 여러해살이풀 | 뿌리줄기는 굵고 짧으며 땅속 깊이 들어가고 원줄기 끝에서 잎자루가 없는 잎 3개가 돌려붙는다. 잎은 넓은 달걀모양이고 마름모꼴과 비슷하며 길이와 너비가 각각 7~17cm이다. 가장자리는 밋밋하며 끝이 뾰족하고 3~5개의 잎줄이 있다. 돌려 붙은 잎 가운데에서 1개의 꽃줄기가 나오고 끝에 1개의 흰 꽃이 달린다. | 관상용, 약용

결실 6~7월 | 물열매(장과)

자생 중·북부지방의 산지 숲속 그늘

! 한방에서 큰연령초와 같은 약재로 사용한다.

은방울꽃
Convallaria keiskei

▲ 함백산 5월

과명 백합과

개화 5~6월　　**높이** 20~35cm

특징 여러해살이풀 | 땅속 줄기가 옆으로 길게 벋고 군데군데에서 땅 위로 새싹이 나오며 밑에 수염뿌리가 나온다. 잎몸은 긴 타원모양, 달걀꼴의 타원모양이며 밑부분이 좁아지면서 줄기집과 이어지고 끝이 뾰족하다. 끝에서 송이꽃차례를 이루고 5~10개의 향기 나는 흰 꽃이 한쪽 방향으로 치우쳐 달리면서 꽃줄기 끝이 휘어진다. | 관상용, 약용

결실 9~10월 | 물열매(장과)

자생 전국 각지, 산능선, 산마루 햇볕이 약간 드는 반그늘

❗ 꽃모양이 어린아이 손목에 차고 다니는 은방울과 비슷하여 이름 지어졌다. 향기가 강해 꽃에서 향료를 추출한다. | 한방에서 뿌리를 [영란(鈴蘭)]이라 하고 식물체는 그늘에서 말려 강심제, 이뇨제 등으로 사용한다.

두루미꽃
Maianthemum bifolium

과명 백합과

개화 5~6월   **높이** 8~15cm

특징 여러해살이풀 | 뿌리줄기는 옆으로 길게 벋고 줄기는 곧게 선다. 잎은 2개가 어긋나게 붙으며 긴 잎자루가 있다. 잎몸은 세모난 심장꼴의 달걀모양으로 밑부분이 심장모양이며 끝이 뾰족하다. 줄기 끝에서 길이 2~3cm의 송이꽃차례가 생기고 20여 개의 흰 꽃이 핀다. | 관상용

결실 6~7월 | 물열매(장과)

자생 전국 각지, 비교적 높은 산 산기슭 숲속 그늘

❗ 꽃이 피면 두루미가 땅에 서서 날개를 편 것 같다 하여 이름 지어졌다.

큰두루미꽃
Maianthemum dilatatum

과명 백합과

개화 5~6월   **높이** 10~25cm

특징 여러해살이풀 | 잎은 2개가 어긋나게 붙고 긴 잎자루가 있다. 잎몸은 달걀꼴의 심장모양으로 밑은 넓은 심장모양이고 끝이 뾰족하며 잎에는 털이 없다. 가장자리세포는 렌즈모양으로 희미한 톱니같이 된다. 줄기 끝에서 송이꽃차례가 생기고 흰 꽃이 성글게 핀다. | 관상용

결실 6~7월 | 물열매(장과)

자생 울릉도 및 북부지방, 고산지대 침엽수림, 활엽수림 숲속 그늘

풀솜대
Smilacina japonica

과명 백합과

개화 5~7월   **높이** 20~50cm

특징 여러해살이풀 | 뿌리줄기는 옆으로 뻗고 원줄기는 비스듬히 서며 위로 올라갈수록 털이 많아진다. 잎은 어긋나게 붙고 5~7개가 2줄로 배열되며 긴 타원모양으로 끝이 갑자기 좁아져서 둔하게 되고 밑부분은 둥글다. 위로 올라가면서 잎자루는 없어지고 양면에 털이 있다. 원줄기 밑부분에 3개 정도의 반투명질 부분이 원줄기를 완전히 둘러싼다. 원줄기 끝에 흰 꽃이 겹송이꽃차례로 피고 꽃차례에 털이 많다. | 관상용, 식용

결실 6~8월 | 물열매(장과)

자생 전국 각지, 산지 숲속 그늘

❗ 어린 잎과 줄기를 나물로 먹는다.

왕솜대
Smilacina japonica var. *mandshurica*

과명 백합과

개화 5~7월   **높이** 50cm 이상

특징 여러해살이풀 | 원변종에 비하여 식물체 높이가 50cm 이상이고 줄기에 잎이 크며 10개 정도가 어긋나게 붙고 잎몸은 좁고 긴 타원모양인 것이 특징이다. | 관상용, 식용

결실 6~8월 | 물열매(장과)

자생 전국의 산지 숲속 그늘

❗ 어린 잎과 줄기를 나물로 먹는다.

애기나리
Dispirum smilacinum

◀ 열매

과명 백합과

개화 4~5월　　**높이** 15~40cm

특징 여러해살이풀 | 뿌리줄기는 옆으로 벋고 가지가 없거나 1~2개로 갈라진다. 원줄기 밑부분은 잎집 같은 3~4개의 잎이 둘러싼다. 잎은 어긋나게 붙으며 달걀꼴의 긴 타원모양이고 끝이 뾰족하며 밑부분은 둥글다. 줄기 또는 가지 끝에서 대개 1개의 흰 꽃이 밑으로 처지며 핀다. | 식용, 약용

결실 7~8월 | 물열매(장과)

자생 전국 각지, 산기슭 숲속 그늘

❗ 어린 순은 나물로 먹는다. | 한방과 민간에서 식물체를 자양, 강장, 명안 등에 약재로 사용한다.

각시둥글레
Polygonatum humile

과명 백합과

개화 5~6월　　**높이** 15~30cm

특징 여러해살이풀 | 뿌리줄기는 길게 벋고 흰색이다. 마디 사이는 길고 줄기는 곧게 서며 모서리가 있다. 잎은 어긋나게 2줄로 붙고 잎자루는 없다. 잎몸은 긴 타원모양으로 밑과 끝이 둔하다. 잎줄과 가장자리에 도드라기가 있고 줄기의 가운데 부분 잎겨드랑이에서 대개 1개, 드물게 2개씩 흰 꽃, 백록색 꽃이 밑으로 처져서 핀다. | 관상용, 식용, 약용

결실 7~9월 | 물열매(장과)

자생 전국 각지, 산과 들, 산기슭 숲 가장자리 또는 초원

❗ 어린 순은 나물로 먹는다. | 한방과 민간에서 뿌리줄기를 [황정(黃精)]이라 하고 강심, 자양, 강장, 당뇨, 명안 등에 약재로 사용한다.

둥굴레
Polygonatum odoratum var. *pluriflorum*

▲ 계룡산 5월

과명 백합과

개화 5~7월　　**높이** 30~60cm

특징 여러해살이풀 | 뿌리줄기는 길게 옆으로 벋고 고기질이며 끈적끈적한 점질이고 마디 사이는 길다. 줄기는 비스듬히 서고 도드라진 세로줄이 있어 자르면 6줄의 모서리가 있다. 잎겨드랑이에 1~2개씩 흰 꽃, 끝이 약간 녹색을 띤 흰 꽃이 밑으로 처져서 핀다. | 관상용, 식용, 약용

결실 8~9월 | 물열매(장과)

자생 전국 각지, 산기슭 숲 가장자리 또는 산마루 초원의 반그늘

❗ 어린 순은 나물로 먹으며 뿌리줄기는 쪄 먹는다. | 한방에서 뿌리줄기를 [편황정(片黃精)]이라 하고 보양, 해열, 병후쇠약, 전신쇠약, 부인과질병 등에 약재로 사용한다. 민간에서 뿌리줄기를 달여 차 대용으로 마시거나 기관지염, 폐렴, 기침, 폐결핵에 사용한다. 뿌리줄기 즙이나 잎의 추출물은 타박상, 생손앓이, 만성건성 습진 등에 쓴다.

산둥굴레
Polygonatum odoratum var. *thunbergii*

과명 백합과
개화 5~7월 **높이** 30~60cm
특징 여러해살이풀 | 잎 뒷면에 유리조각 같은 도드라기가 있고 꽃이 2~2.5cm인 것이 특징이다. | 관상용, 식용, 약용
결실 8~9월 | 물열매(장과)
자생 전국 각지, 산기슭 숲 가장자리, 산마루 초원의 반그늘

❗ 둥굴레와 같은 용도로 식용, 약용한다.

큰둥굴레
Polygonatum odoratum var. *maximowiczii*

과명 백합과
개화 5~7월 **높이** 30~60cm
특징 여러해살이풀 | 잎 뒷면 잎줄 위에 작은 도드라기가 많고 꽃이 1~4개씩 달리는 것이 특징이다. | 관상용, 식용, 약용
결실 8~9월 | 물열매(장과)
자생 전국 각지, 산기슭 숲 가장자리, 산마루 초원의 반그늘

❗ 둥굴레와 같은 용도로 식용, 약용한다.

무늬둥굴레
Polygonatum odoratum var. *pluriflorum* for. *variegatum*

과명 백합과
개화 5~7월 **높이** 30~60cm
특징 여러해살이풀 | 둥굴레와 달리 잎에 황백색 무늬가 있는 것이 특징이다. | 관상용, 식용, 약용
결실 8~9월 | 물열매(장과)
자생 전국 각지, 산기슭 숲 가장자리, 산마루 초원의 반그늘

❗ 둥굴레와 같은 용도로 식용, 약용한다.

진황정
Polygonatum falcatum

과명 백합과

개화 5~6월　　**높이** 50~80cm

특징 여러해살이풀 | 뿌리줄기는 둥근 기둥모양으로 길게 벋으며 마디 사이가 짧고 흰색이며 고기질이다. 줄기가 나와 곧게 서거나 한쪽으로 약간 휘어진다. 잎은 2줄로 어긋나게 붙으며 짧은 잎자루가 있거나 없다. 잎겨드랑이에서 꽃자루가 나와 다시 3~5개로 갈라지고 끝에 녹백색 꽃이 1개씩 밑으로 처져서 핀다. | 관상용, 식용, 약용

결실 7~9월 | 물열매(장과)

자생 중부 이남지방, 울릉도, 제주도의 산기슭 숲 가장자리 반그늘

❗ 황정 중에 가장 약효가 잘 나는 풀이라 '진(眞)황정'이라 이름 지어졌다. | 둥굴레와 같은 용도로 식용, 약용한다.

실꽃풀
Chionographis japonica

과명 백합과

개화 5~7월　　**높이** 30cm 안팎

특징 여러해살이풀 | 땅속줄기가 짧다. 잎은 뿌리잎과 줄기잎이 있으며 밑부분에서는 무더기로 나고 뿌리잎은 거꿀피침모양, 긴 타원모양으로 끝이 둔하다. 가장자리는 약간 물결모양이며 털이 없고 잎자루 길이는 불규칙하며 줄기잎은 좁은 피침모양이다. 줄기 끝에 이삭꽃차례가 생기며 흰 꽃이 빽빽하게 핀다. | 관상용

결실 7~8월 | 튀는열매(삭과)

자생 제주도 한라산 숲속 그늘

산마늘
Allium victorialis var. *platyphyllum*

▲ 대관령 5월

과명 백합과

개화 5~7월   **높이** 40~70cm

특징 여러해살이풀 | 비늘줄기는 피침모양이고 약간 휘어졌으며 겉껍질에는 연한 갈색의 실그물 같은 섬유질이 덮여 있다. 비늘줄기목에서 2~3개의 잎이 나오며 타원모양, 좁은 타원모양이다. 밑부분은 잎자루모양으로 가늘어지면서 꽃줄기를 감싸고 끝이 뾰족하다. 잎은 연한 고기질이고 뒷면 가운데 잎줄이 도드라졌다. 잎 가운데서 나온 꽃줄기 끝에 우산모양꽃차례를 이루며 흰 꽃, 황백색 꽃이 모여 핀다. | 관상용, 식용, 약용

결실 6~7월 | 튀는열매(삭과)

자생 중부 이북지방과 울릉도의 깊은 산골짜기 숲속 그늘

❗ 원래는 이 나물을 먹으면 건강하고 목숨이 길어진다 하여 '명이(命利)'라 불렀다. | 어린 잎은 식용한다. | 한방과 민간에서 고혈압, 당뇨병, 식욕부진 등에 마늘과 같은 약재로 사용한다.

산달래
Allium grayi

▲ 경기도 포천 5월

▼ 달래

과명 백합과

개화 5~6월 **높이** 40~60cm

특징 여러해살이풀 | 식물체에서 특이한 향기가 난다. 비늘줄기는 둥글거나 넓은 달걀모양이며 겉껍질은 얇은 반투명질이고 흰색이다. 잎은 2~3개가 꽃줄기 밑에서 어긋나게 붙고 긴 줄기집이 있다. 잎몸은 가늘고 길며 잘라놓은 단면은 3개의 모서리가 있다. 밑은 줄기집과 이어지며 끝은 점차 뾰족하다. 잎 표면에 얕은 홈이 있고 밋밋하며 질은 연하다. 꽃줄기 끝에 우산모양꽃차례를 이루고 흰 바탕에 붉은 빛이 도는 꽃이 모여 핀다. | 관상용, 식용

결실 6~7월 | 튀는열매(삭과)

자생 전국 각지, 산과 들, 밭둑이나 산기슭, 초원 양지

❗ 연한 잎은 식용한다.

나도개감채
Lloydia triflora

과명 백합과

개화 5~6월　　**높이** 10~25cm

특징 여러해살이풀 | 비늘줄기는 넓은 타원모양이며 얇은 반투명질의 겉껍질로 덮여 있다. 뿌리목에서 1개의 뿌리잎이 나오고 세모진 줄모양이다. 줄기 끝에서 송이꽃차례를 이루고 흰 바탕에 녹색 줄이 있는 종모양 꽃 3~5개가 핀다. | 식용, 약용

결실 7~8월 | 튀는열매(삭과)

자생 중부 이북의 깊은 산골짜기 또는 높은 산의 초원 양지

❗ 어린 잎은 식용한다. | 한방과 민간에서 식물체를 강장, 강근, 강심 등에 약재로 사용한다.

산자고
Tulipa edulis

과명 백합과

개화 3~5월　　**높이** 25~30cm

특징 여러해살이풀 | 비늘줄기는 둥근 모양이고 겉은 자갈색의 얇은 비늘모양 줄기집과 연한 갈색 섬유로 덮여 있다. 잎은 2개가 뿌리목에서 나오며 긴 잎집이 있다. 잎몸은 줄모양이고 잎은 흰빛이 도는 녹색으로 두꺼우나 질은 약하며 1개나 드물게 2개의 꽃줄기가 나와 그 끝에 1개의 흰 꽃이 핀다. | 식용, 약용

결실 5~6월 | 튀는열매(삭과)

자생 전국 각지, 양지바른 산기슭 초원이나 길가 언덕

❗ 비늘줄기를 식용한다. | 한방과 민간에서 겉껍질을 벗겨서 말린 비늘줄기를 해독, 강장, 강심, 진통, 산후어혈병, 결핵, 창독 등에 약재로 사용한다.

은난초
Cephalanthera erecta

과명 난초과

개화 5월 **높이** 40~60cm

특징 여러해살이풀 | 가늘고 딱딱한 수염뿌리가 많이 모여 난다. 줄기는 곧게 서고 밑부분에 2~3개의 줄기집 모양의 잎이 있다. 잎은 줄기에서 3~6개가 어긋나게 붙고 잎자루는 없다. 잎몸은 긴 타원모양이고 밑이 좁아져서 줄기를 감싸며 끝이 뾰족하고 몇 개의 도드라진 잎줄이 있다. 줄기 끝에서 이삭꽃차례를 이루고 3~4개의 흰 꽃이 성글게 핀다. | 관상용

결실 6~7월 | 튀는열매(삭과)

자생 중부 이남지방, 울릉도, 제주도 산지 낮은 곳 숲속 그늘

은대난초
Cephalanthera longibracteata

과명 난초과

개화 5~6월 **높이** 30~50cm

특징 여러해살이풀 | 밑에는 2~3개의 줄기집 모양의 잎이 있다. 잎은 3~8개가 줄기에 어긋나게 붙고 잎자루는 없다. 잎몸은 긴 타원모양이고 밑이 좁아져서 줄기를 감싸고 윗부분은 점차 뾰족하게 길어지거나 뾰족하다. 5~9개의 도드라진 잎줄과 뒷면 가장자리에 흰 털이 있고 줄기 끝에서 짧은 꽃차례를 이루고 5~10개의 흰 꽃이 성글게 핀다. | 관상용

결실 6~7월 | 튀는열매(삭과)

자생 남·중·북부지방, 산지 낮은 지대 숲속 그늘

! 풀잎이 대나무잎 같아 이름 지어졌다.

새우난초
Calanthe discolor

▲ 서울 5월

과명 난초과

개화 4~5월　　**높이** 30~50cm

특징 여러해살이풀 | 뿌리줄기는 옆으로 벋고 염주알모양이며 마디가 많고 잔뿌리가 돋는다. 잎은 두해살이며 첫해에는 2~3개가 묶음으로 자라지만 다음 해에는 옆으로 늘어진다. 잎은 거꿀피침꼴의 긴 타원모양으로 양끝이 좁고 주름이 진다. 잎 사이에서 꽃줄기가 나와 송이꽃차례를 이루고 흰색, 연한 자주색, 적자색 등 여러 가지 색깔 꽃 10여 개가 성글게 핀다. | 관상용

결실 5~6월 | 튀는열매(삭과)

자생 남부지방, 제주도의 한라산 숲속 그늘

흰지느러미엉겅퀴
● 28p

흰씀바귀
● 83p

노랑무늬붓꽃
● 101p

흰갑산제비꽃
● 144p

고산구슬봉이
● 150p

흰꿀풀
● 161p

흰섬초롱꽃
● 168p

흰얼레지
● 174p

흰붓꽃
● 179p

여름
Summer

푸른 하늘과 흰 구름을 머리에 이고
꽃이삭을 초원 위로 내밀며
불어오는 바람결에 하얀 박새 꽃 물결이 출렁이면
넓은 고원지 초원의 여름은 시원하기 그지없다.

여름

범꼬리
Bistorta manshuriensis

▲ 설악산 대청봉 7월

과명 여뀌과

개화 6~8월　　**높이** 30~100cm

특징 여러해살이풀 | 전체에 털이 없거나 잎 뒷면에 흰 털이 있다. 뿌리잎은 잎자루가 길고 넓은 달걀모양으로 점차 좁아져서 끝이 뾰족해진다. 밑부분은 심장모양이고 가장자리는 밋밋하며 뒷면은 흰빛이 돈다. 줄기잎은 뿌리잎과 비슷하며 올라갈수록 작아지고 잎자루가 없으며 피침모양으로 끝이 날카롭고 밑은 심장모양이지만 잎자루로 흘러서 날개처럼 되는 것도 있다. 줄기 끝에 1개의 이삭꽃차례를 이루고 연한 홍색, 흰색의 꽃이 빽빽하게 모여 핀다. | 약용

결실 8~9월 | 여윈열매(수과)

자생 전국 각지, 산기슭, 높은 산마루나 산골짜기 약간 습기 있는 초원 양지

❗ 민간에서 뿌리를 수렴, 지사, 지혈 등에 약으로 사용한다.

씨범꼬리
Bistorta vivipara

과명 여뀌과

개화 7~8월 **높이** 10~30cm

특징 여러해살이풀 | 뿌리줄기는 굵고 짧다. 뿌리잎은 잎자루가 길며 피침모양 또는 긴 타원꼴의 피침모양이다. 끝이 뾰족하거나 둔하고 밑부분은 둥글며 가장자리는 밋밋하고 잎줄은 옆으로 평행하며 뒷면은 흔히 분백색이 돈다. 줄기 끝에 1개의 이삭꽃차례를 이루고 연한 홍색 꽃이 핀다. | 약용, 염료용

결실 8~9월 | 여윈열매(수과)

자생 북부지방, 백두산의 고원 양지

❗ 민간에서 뿌리를 범꼬리와 같은 용도로 약용한다. | 탄닌이 함유되어 있어 청색 물감원료로 사용한다.

애기씨범꼬리
Bistorta vivipara var. *angustifolia*

과명 여뀌과

개화 7~8월 **높이** 10~30cm

특징 여러해살이풀 | 원변종에 비해 뿌리잎과 줄기잎이 모두 좁은 피침모양이고 뒷면은 회청색이며 털이 없는 것이 특징이다. | 약용, 염료용

결실 8~9월 | 여윈열매(수과)

자생 북부지방, 백두산의 고원 양지

❗ 민간에서 뿌리를 범꼬리와 같은 용도로 약용한다.

여름

흰범꼬리
Bistorta incana

과명 여뀌과

개화 6~8월　　**높이** 30~80cm

특징 여러해살이풀 | 잎 뒷면이 흰색이고 털이 많은 것이 특징이다. 줄기잎은 잎자루가 짧거나 거의 없고 심장꼴의 피침모양이며 끝이 뾰족하고 밑부분이 심장모양이다. 표면은 털이 없고 뒷면은 흰 털이 빽빽하게 있어 은백색으로 된다. 원줄기를 둘러싸고 있는 잎집 같은 받침잎은 줄기잎보다 2~4cm 길다. 줄기 끝에 1개의 둥근 기둥모양의 이삭꽃차례를 이루고 분홍색 꽃이 빽빽하게 핀다. | 약용

결실 8~9월 | 여원열매(수과)

자생 전국 각지, 깊은 산골짜기 약간 습기 있는 초원 양지

❗ 민간에서 뿌리를 범꼬리와 같은 용도로 약용한다.

호범꼬리
Bistorta ochotensis

과명 여뀌과

개화 6~8월　　**높이** 40~70cm

특징 여러해살이풀 | 뿌리는 굵으며 뿌리잎은 잎자루가 길고 딱딱하다. 줄기잎은 잎자루가 짧고 달걀꼴의 피침모양이며 밑부분은 심장모양으로 끝이 뾰족하고 가장자리가 밋밋하며 잎집 같은 받침잎은 얇고 끝이 거의 수평하다. 줄기 끝에 1개의 둥근 기둥모양의 이삭꽃차례를 이루고 분홍색의 꽃이 빽빽하게 모여 핀다. | 약용

결실 7~8월 | 여원열매(수과)

자생 북부지방, 백두산 등의 고원지 양지

❗ 민간에서 뿌리를 범꼬리와 같은 용도로 약용한다.

닭의덩굴
Fallopia dumetora

과명 여뀌과

개화 6~9월　　**높이** 0.5~2m

특징 한해살이 덩굴풀 | 귀화식물(유럽, 서부아시아 원산). 줄기에 세로줄과 잔털 같은 도드라기가 있다. 잎은 어긋나게 붙고 화살촉 밑 같으며 달걀모양으로 잎귀의 끝이 둔하거나 뾰족하다. 양면 잎줄 위와 가장자리에 작은 도드라기가 있고 털이 없으며 잎자루는 길다. 가지 끝에서 송이모양꽃차례를 이루거나 잎겨드랑이에 2~5개씩 붉은 빛이 도는 꽃이 핀다. | 가축 사료용

결실 8~10월 | 여윈열매(수과)

자생 제주도를 제외한 전국 각지 산과 들, 길가 빈터

이삭여뀌
Persicaria filiforme

과명 여뀌과

개화 8~9월　　**높이** 50~80cm

특징 여러해살이풀 | 마디가 굵으며 전체에 긴 털이 있다. 잎은 어긋나게 붙고 긴 타원모양으로 끝이 뾰족하다. 밑부분이 좁으며 짧은 잎자루가 있고 가장자리가 밋밋하며 양면에 털이 있고 표면에는 대개 검은 얼룩점이 있다. 받침잎은 둥근 통모양으로 가장자리에 수염 같은 털이 있다. 줄기 끝에 이삭모양꽃차례를 이루고 붉은 꽃, 흰 꽃이 드문드문 많이 핀다. | 식용

결실 9~10월 | 여윈열매(수과)

자생 전국 각지, 산골짜기 냇가나 숲 가장자리 등 그늘

❗ 어린 잎을 식용한다.

며느리밑씻개
Persicaria senticosa

▲ 경기도 8월

과명 여뀌과

개화 7~8월 **높이** 1~2m

특징 여러해살이풀 | 가지가 많이 갈라지고 줄기는 네모지며 잎자루와 더불어 붉은 빛이 돌고 갈고리 같은 가시가 있어 다른 물체에 잘 붙는다. 잎은 어긋나게 붙고 세모지며 끝이 날카롭고 밑은 심장 모양으로 양면에 털이 있으며 받침잎은 잎 같으나 작고 녹색이다. 가지 끝이나 잎겨드랑이에서 짧은 이삭꽃차례를 이루고 연한 홍색 바탕에 끝이 붉은 꽃이 모여 핀다. | 식용, 약용, 가축 사료용

결실 8~9월 | 여윈열매(수과)

자생 전국 각지, 산과 들, 길가, 언덕이나 빈터, 숲 가장자리 등 양지

❗ 식물 전체에 가시가 많기 때문에 옛날 시아버지가 며느리를 벌 줄 때 이 풀로 밑씻개를 하라고 한 데서 이름 지어졌다. | 어린 잎을 식용한다. | 한방과 민간에서 풀 전체를 피부병, 옴 등에 약재로 사용한다.

물여뀌
Persicaria amphibia

과명 여뀌과

개화 8~9월 **높이** 50㎝ 안팎

특징 여러해살이풀 | 원줄기는 진흙 속으로 벋고 마디에서 뿌리가 내리며 땅 위에서 자라는 것은 곧게 서고 많은 잎이 달리지만 물속에서 자라는 것은 잎겨드랑이에서 짧은 꽃자루가 나오고 모두 털이 없다. 잎은 긴 타원모양이고 끝이 둔하거나 둥글며 밑은 얕은 심장모양이다. 잎자루는 물속의 것은 길고 땅 위의 것은 짧으며 잎집 같은 받침잎은 반투명질로 중앙까지 잎자루 밑부분이 붙어 있다. 잎겨드랑이에 이삭모양꽃차례를 이루고 연한 홍색 꽃이 빽빽하게 핀다.

결실 9~10월 | 여윈열매(수과)

자생 남·중·북부지방, 늪지나 물 웅덩이 등 습지 양지

쪽
Persicaria tinctoria

과명 여뀌과

개화 7~9월 **높이** 50~80㎝

특징 한해살이풀 | 귀화식물(중국 원산). 줄기는 홍자색이 돈다. 잎은 어긋나게 붙고 잎자루가 짧으며 긴 타원꼴의 피침모양이며 양끝이 좁고 마르면 검은 빛이 도는 남색으로 변한다. 잎집 같은 받침잎은 반투명질로 가장자리에 털이 있다. 가지 끝이나 잎겨드랑이에 이삭모양꽃차례를 이루고 홍색 꽃이 빽빽하게 핀다. | 관상용, 약용, 염료용

결실 8~10월 | 여윈열매(수과)

자생 염료자원으로 들여와 전국 각지 농가에서 밭에 재배한다.

❗ 잎과 줄기를 남색 염료재로 사용한다. | 한방과 민간에서 잎과 씨를 해독, 해열, 충독 등에 약재로 사용한다.

여름

꽃여뀌
Persicaria conspicua

과명 여뀌과

개화 7~8월　　**높이** 50~80cm

특징 여러해살이풀 | 뿌리줄기는 옆으로 벋으며 줄기는 곧게 서고 밑에서 가지를 벋으며 딱딱하다. 잎은 어긋나게 붙으며 잎자루는 받침잎집 밑에 달리고 받침잎집은 둥근 통모양으로 반투명질이며 줄이 있고 위가 가로로 잘린모양이다. 잎몸은 피침모양이고 양끝이 뾰족하며 곁잎줄은 15~25쌍이고 잎의 질은 딱딱하고 두꺼운 편이다. 가지 끝과 잎겨드랑이에 여러 개의 이삭모양꽃차례를 이루고 연한 홍색 꽃이 성글게 핀다. | 가축 사료용

결실 9월 | 여원열매(수과)

자생 중부 이남지방, 들녘 도랑 주변이나 습기 있는 초원 양지

장대여뀌
Persicaria yokusaiana for. *laxiflora*

과명 여뀌과

개화 6~9월　　**높이** 30~60cm

특징 한해살이풀 | 밑에서부터 가지가 많이 갈라지며 비스듬히 서고 간혹 땅에 닿은 밑의 마디에서 뿌리가 내린다. 잎몸은 달걀모양, 달걀꼴의 피침모양이고 양끝이 길게 좁아지며 양면에 털이 드문드문 있고 잎자루는 짧으며 잎집 같은 받침잎은 이어진 털이 있다. 가지 끝에 여러 개의 이삭모양꽃차례를 이루고 연한 홍색 꽃이 성글게 핀다.

결실 8~10월 | 여원열매(수과)

자생 전국 각지, 낮은 지대 산골짜기 개울가 숲속이나 길가 풀숲의 그늘

❗ 줄기가 가늘고 길게 서는 것 때문에 이름 지어졌다.

술패랭이꽃
Dianthus superbus var. *longicalycinus*

과명 석죽과

개화 7~9월　　**높이** 30~100cm

특징 여러해살이풀 | 식물체는 털이 없고 가지를 벋으며 여러 대가 한 포기에서 나오고 전체가 분백색이다. 잎은 마주 붙고 좁은 피침모양이며 양끝이 좁고 가장자리는 밋밋하며 밑부분이 서로 합쳐져서 마디를 둘러싼다. 가지 끝과 원줄기 끝에서 연한 홍색 꽃이 성글게 핀다. | 관상용, 약용

결실 8~10월 | 튀는열매(삭과)

자생 전국 각지, 산과 들, 약간 습기 있는 산기슭 초원이나 길가 언덕 등의 양지

❗ 한방에서 풀 전체를 [석죽(石竹)]이라 하고 이뇨, 소염, 안질, 석림, 회충, 치질, 난산, 인후염 등에 약재로 사용한다.

흰술패랭이꽃
Dianthus superbus for. *albiflorus*

과명 석죽과

개화 7~9월　　**높이** 30~100cm

특징 여러해살이풀 | 원변형에 비하여 꽃이 순백색으로 피는 것이 특징이다. | 관상용, 약용

결실 8~10월 | 튀는열매(삭과)

자생 중부지방 산지

❗ 술패랭이꽃과 같은 용도로 약용한다.

여름

제비동자꽃
Lychnis wilfordii

과명 석죽과

개화 7~8월 **높이** 50~80cm

특징 여러해살이풀 | 식물체에는 털이 없고 뿌리는 가늘며 길다. 줄기는 외대로 곧게 서고 약간 가지를 벋기도 한다. 잎은 타원꼴의 피침모양이고 끝이 뾰족하며 밑은 점차 좁아져서 줄기를 약간 감싼다. 가장자리는 짧은 털이 있고 끝에서 2개의 가지를 벋은 고른살꽃차례를 이루고 밝은 붉은색 꽃이 핀다. | 관상용

결실 8~9월 | 튀는열매(삭과)

자생 중부 이북지방, 깊은 산골짜기나 고산지대 고원지 등의 습기 있는 초원

❗ 꽃잎이 제비의 꼬리처럼 깊게 갈라져 이름 지어졌다.

털동자꽃
Lychnis fulgens

과명 석죽과

개화 6~8월 **높이** 25~80cm

특징 여러해살이풀 | 잎과 더불어 긴 흰 털이 드문드문 있다. 잎은 마주 붙고 잎자루는 없으며 긴 달걀모양으로 끝이 뾰족하고 밑부분이 둥글다. 줄기 끝에서 고른살꽃차례를 이루고 선명한 붉은색 꽃이 핀다. | 관상용

결실 7~9월 | 튀는열매(삭과)

자생 북부지방, 백두산의 수목한계선 이하 숲 가장자리 초원 양지

❗ 꽃싸개잎에 긴 흰 털이 많이 나 있어 '털동자꽃'이라 한다.

동자꽃
Lychnis cognata

과명 석죽과

개화 6~8월　　　　**높이** 40~100cm

특징 여러해살이풀 | 줄기에 긴 털이 있다. 잎은 마주 붙고 잎자루가 없으며 긴 타원모양, 달걀꼴의 타원모양으로 양끝이 좁고 가장자리가 밋밋하며 양면과 가장자리에 털이 있고 황록색이다. 꽃줄기 끝에 고른살꽃차례를 이루고 황적색, 연한 붉은색 꽃이 핀다. | 관상용

결실 7~9월 | 튀는열매(삭과)

자생 남·중·북부지방, 깊은 산골짜기 숲 가장자리나 산마루 초원 반그늘

◀ 열매

❗ 둥근 꽃의 모양이 어린아이의 얼굴을 닮았다 하여 이름 지어졌다.

흰동자꽃
Lychnis cognata for. *albiflora*

과명 석죽과

개화 6~8월　　　　**높이** 40~100cm

특징 여러해살이풀 | 원변형에 비하여 동자꽃과 비슷하지만 흰 꽃이 피는 것이 특징이다. | 관상용

결실 7~9월 | 튀는열매(삭과)

자생 중부지방 산지

◀ ⓒ 김해동

여름

장구채
Melandryum firmum

과명 석죽과

개화 6~9월 **높이** 30~80cm

특징 두해살이풀 | 줄기는 곧게 서고 털이 없으며 녹색 또는 자줏빛이 도는 녹색이지만 마디부분은 흑자색이다. 잎은 마주 붙고 긴 타원모양, 넓은 피침모양이고 양끝이 좁으며 가장자리에 털이 있다. 줄기 끝에서 고른살꽃차례를 이루고 흰색, 연한 붉은색 꽃이 핀다. | 약용

결실 7~10월 | 튀는열매(삭과)

자생 전국 각지, 산지 낮은 곳의 길가, 초원이나 밭둑 양지

❗ 열매 또는 꽃받침통이 장구채와 비슷하다 하여 이름 지어졌다. | 한방과 민간에서 풀 전체를 [왕불류행(王不留行)]이라 하고 통경, 정혈, 진통, 지혈, 이질 등에 약재로 사용한다.

끈끈이대나물
Silene armeria

과명 석죽과

개화 6~8월 **높이** 50cm 안팎

특징 두해살이풀 | 귀화식물(유럽 원산). 전체에 분백색이 돌며 털은 없고 윗부분의 마디 밑에서 끈적끈적한 점액질을 분비한다. 잎은 마주 달리고 잎자루가 없으며 달걀모양, 넓은 피침모양으로 끝이 뾰족하고 밑은 둥글며 원줄기 끝부분에서 홍색 또는 흰색 꽃이 모여 집산꽃차례를 이루고 핀다. | 관상용, 약용

결실 7~9월 | 튀는열매(삭과)

자생 중부지방 산과 들 양지

❗ 꽃줄기 밑에서 끈끈한 점액질이 나온다 하여 이름 지어졌다. | 민간에서 풀 전체를 정혈, 최유 등에 약으로 사용한다.

순채

Brasenia schreberi

▲ 전남 나주 7월

과명 수련과

개화 5~8월　　**높이** 30cm 안팎

특징 여러해살이 수생식물 | 땅속 뿌리 줄기는 진흙 속에서 옆으로 벋고 각 마디에서 수염뿌리가 나오며 줄기와 잎자루는 연못의 물 깊이에 따라 조절된다. 잎은 어긋나게 붙고 긴 잎자루가 있으며 잎몸은 타원꼴의 방패모양이고 가장자리는 밋밋하며 표면은 윤기가 나며 뒷면은 자주색을 띤다. 어릴 때는 잎 뒷면과 잎자루가 투명한 점액질로 씌워져 있다. 잎겨드랑이에서 나온 긴 꽃대 끝에 검붉은 자주색 꽃이 1개씩 핀다. | 관상용, 식용, 약용

결실 9~10월 | 튀는열매(삭과)

자생 남부지방, 제주도의 들녘 연못 등의 양지

❗ 새순에 덮인 투명한 점액질로 묵나물을 만들어 먹고 부드러운 잎과 줄기는 나물로 먹는다. | 한방에서 잎과 줄기를 지혈, 건위, 진통, 보정, 주독, 곽란 등에 약재로 사용한다.

여름

연꽃
Nelumbo nucifera

▲ 함평 8월　　　▼ 연밥

과명 수련과

개화 7~9월　　**높이** 150~200cm

특징 여러해살이 수생식물 | 귀화식물 (열대지방 원산). 뿌리줄기는 길며 황백색이고 물속의 진흙에서 옆으로 벋고 마디가 있다. 마디에서 수염뿌리가 내리고 마디 사이는 굵으며 속에 많은 구멍이 있다. 잎자루와 꽃대에 짧은 가시모양의 도드라기가 있고 뿌리줄기 마디에서 긴 잎자루가 나오며 끝에 1개의 잎이 붙고 잎몸은 물 위에 뜬다. 잎몸은 둥근 방패모양이고 잎 가운데 부분이 오목하며 가장자리는 밋밋하고 잎 표면에 납질의 흰히 가루가 덮여 있다. 잎겨드랑이에서 나온 긴 꽃대 끝에 붉은색, 연한 붉은색, 흰색 꽃이 1개씩 핀다. | 관상용, 식용, 약용

결실 8~10월 | 튀는열매(삭과)

자생 고산지대 추운 곳을 제외한 전국 각지 들녘 호숫가 또는 연못 양지

❗ 뿌리줄기에는 녹말, 단백질, 비타민C가 많이 함유되어 있다. | 한방에서 씨, 뿌리줄기, 잎을 [연실(蓮實)]이라 하고 지혈, 지갈, 진통, 보익, 해열, 건위, 대하증, 신장염, 주독, 해수, 신경쇠약 등에 약재로 사용한다.

양귀비
Papaver somniferum

▲ 연길 7월

과명 양귀비과

개화 6~7월 **높이** 50~150cm

특징 한해살이풀 | 귀화식물(유럽 원산). 전체에 털이 없다. 잎은 어긋나게 붙고 긴 달걀모양으로 밑부분이 원줄기를 반 정도 얼싸안는다. 잎 끝은 뾰족하며 가장자리에 불규칙한 결각모양의 톱니가 있고 전체가 회청색이다. 줄기 끝에 흰색, 붉은색, 자주색 꽃이 1개씩 핀다. | 유독성식물 | 약용

결실 7~8월 | 튀는열매(삭과)

자생 북부지방을 중심으로 약용으로 재배하였지만 지금은 정부의 허가 없이 재배할 수 없다.

◀ ⓒ 강은희

❗ 한방과 민간에서 열매를 [앵속각(罌粟角)]이라 하고 진통, 진해, 호흡진정, 최면, 위장병, 최토, 하리, 뇌염, 다발성경화증 등에 약재로 사용한다.

여름

둥근잎꿩의비름
Sedum rotundifolium

과명 돌나물과

개화 7~8월　　**높이** 15~25cm

특징 여러해살이풀 | 땅속에 몇 개의 굵은 뿌리가 있고 줄기는 옆으로 누우며 붉은 빛이 돈다. 잎은 마주 붙고 달걀꼴의 둥근모양, 타원모양이고 잎자루는 없으며 가장자리에 불규칙한 둔한 톱니가 있다. 원줄기 끝에 짙은 자홍색 꽃이 둥글게 모여 핀다. | 관상용, 식용, 약용

결실 9~10월 | 쪽꼬투리열매(골돌)

자생 중부지방, 경북 청송군의 주왕산 산기슭 바위틈

❗ 어린 줄기와 잎을 식용한다. | 민간에서 풀 전체를 강장, 선혈 등에 약재로 사용한다.

숙은노루오줌
Astibe chinensis var. *koreana*

과명 범의귀과

개화 6~7월　　**높이** 20~60cm

특징 여러해살이풀 | 줄기에 갈색 털이 있다. 뿌리잎은 잎자루가 길고 2~3회 3출겹잎이며 작은 잎은 넓은 타원모양이고 가장자리에 톱니가 있다. 줄기 끝부분에서 넓은 고깔꽃차례를 이루고 연한 붉은색, 흰색의 작은 꽃이 빽빽하게 모여 피며 꽃차례가 약간 옆으로 숙여진다. | 관상용, 식용, 약용

결실 8~9월 | 튀는열매(삭과)

자생 중부 이북지방. 산기슭 숲 가장자리 또는 산마루 초원 양지

❗ 연한 잎과 줄기를 나물로 먹는다. | 뿌리줄기, 줄기, 잎에는 아스타빈 배당체($C_{21}H_{22}O_{11}$)와 베르게닌($C_{14}H_{16}O_9$) 성분이 함유되어 있어 한방 약재로 사용한다.

붉은터리풀
Filipendula purpurea

과명 장미과

개화 7~8월 **높이** 50~80cm

특징 여러해살이풀 | 줄기는 곧게 서고 잎은 어긋나게 붙으며 1회 깃모양겹잎으로 맨 끝조각이 가장 크고 단풍잎처럼 5개로 갈라진다. 갈래조각은 달걀꼴의 피침모양이고 끝이 뾰족하며 가장자리에 결각모양의 톱니가 있다. 옆갈래쪽잎은 작고 4~5쌍이지만 줄기잎은 1~4쌍이고 받침잎에 톱니가 있다. 줄기 끝에서 고른모양꽃차례를 이루고 붉은색 꽃이 모여 핀다. | 관상용

결실 9~10월 | 여윈열매(수과)

자생 북부지방 고산지대 숲 가장자리의 양지

매듭풀
Kummerowia striata

과명 콩과

개화 8~9월 **높이** 10~30cm

특징 한해살이풀 | 줄기는 밑에서 가지가 많이 갈라지며 밑을 향한 짧은 털이 있다. 잎은 잎자루가 짧고 3개의 쪽잎으로 이루어지며 쪽잎은 긴 거꿀달걀모양으로 끝이 둥글거나 오목하다. 잎겨드랑이에서 연한 홍색 꽃이 1~2개씩 피며 작지만 나비모양 꽃이다. | 가축 사료용

결실 9~10월 | 꼬투리열매(협과)

자생 전국 각지, 낮은 지대 산과 들녘, 길가, 언덕 양지

여름

큰도둑놈의갈고리
Desmodium oldhami

과명 콩과

개화 8~9월　　**높이** 1~1.5m

특징 여러해살이풀 | 식물체에 굵은 털과 잔털이 있다. 잎은 어긋나게 붙으며 잎자루가 길고 홀수 1회 깃모양겹잎으로 작은 잎은 5~7개이며 달걀모양, 긴 타원모양이고 끝이 뾰족하며 밑부분이 둥글고 잎자루는 짧다. 잎겨드랑이에서 나온 긴 꽃줄기에 송이꽃차례를 이루고 연한 홍색 꽃이 모여 핀다. | 약용

결실 10월 | 꼬투리열매(협과)

자생 전국 각지 산골짜기 냇가 그늘

❗ 한방과 민간에서 식물체를 해소, 해열, 거풍, 토혈, 개선, 임질, 황달 등에 약재로 사용한다.

도둑놈의갈고리
Desmodium oxyphyllum

과명 콩과

개화 7~8월　　**높이** 60~90cm

특징 여러해살이풀 | 뿌리는 딱딱한 나무질이고 윗부분에서 갈라지며 모서리가 있고 자흑색이 돈다. 잎은 어긋나게 붙고 잎자루가 길며 3출겹잎이고 작은 잎은 긴 달걀모양이며 끝이 뾰족하고 잎자루는 짧다. 긴 꽃줄기에서 가지를 벋은 송이꽃차례를 이루고 연한 홍색 꽃이 많이 모여 핀다. | 약용

결실 10월 | 꼬투리열매(협과)

자생 전국 각지, 낮은 지대 산골짜기 숲 속 그늘

❗ 열매에 갈고리 같은 털이 있어 사람에게 잘 달라붙기 때문에 이름 지어졌다. | 한방과 민간에서 식물체를 큰도둑놈의갈고리와 같은 용도로 사용한다.

개도둑놈의갈고리
Desmodium podocarpum

과명 콩과

개화 8~9월　　**높이** 60~90cm

특징 여러해살이풀 | 뿌리가 딱딱한 나무질이고 전체에 털이 많다. 잎은 어긋나게 붙고 3출겹잎이며 잎자루가 길고 작은 잎은 거꿀달걀모양, 달걀꼴의 둥근모양으로 끝이 둥글거나 뾰족하며 밑이 둥글다. 잎자루와 더불어 양면에 털이 있고 받침잎은 줄모양이다. 긴 꽃줄기에 가지를 벋은 송이꽃차례를 이루고 연한 홍색 꽃이 많이 모여 핀다. | 약용

결실 10월 | 꼬투리열매(협과)

자생 중부 이남지방, 산지, 길가, 초원 양지

❗ 한방과 민간에서 식물체를 큰도둑놈의갈고리와 같은 용도로 사용한다.

노랑갈퀴
Vicia venosissima

과명 콩과

개화 6월　　**높이** 80cm 안팎

특징 여러해살이풀 | 굵은 뿌리가 깊이 들어가고 전체에 털이 없다. 잎은 어긋나게 붙고 2~4쌍의 작은 잎으로 구성된 1회 깃모양겹잎으로 끝에 덩굴손의 흔적이 있다. 작은 잎은 긴 달걀모양이며 끝이 뾰족하고 밑은 둥글며 가장자리는 밋밋하고 받침잎 끝이 뾰족해진다. 잎겨드랑이에서 잎과 길이가 같은 꽃줄기가 나와 송이꽃차례를 이루고 등황색 꽃이 여러 개 모여 밑으로 처지며 핀다. | 가축 사료용

결실 7월 | 꼬투리열매(협과)

자생 중부 이북지방, 깊은 산골짜기 냇가나 산기슭의 반그늘

여름

달구지풀
Trifolium lupinaster

과명 콩과

개화 6~9월 **높이** 10~30cm

특징 여러해살이풀 | 줄기는 네모지고 잎은 어긋나게 붙으며 손바닥모양겹잎이다. 4~5(3~7)개의 쪽잎은 긴 타원모양이며 밑은 쐐기모양으로 가장자리에 잔톱니가 있고 잎줄이 뚜렷하며 받침잎은 얇은 반투명질로 잎꼭지에 붙어 줄기를 감싼다. 윗부분의 잎겨드랑이에서 나온 꽃줄기 끝에 머리모양꽃차례를 이루고 연한 붉은색, 홍자색, 드물게 흰색 꽃이 5~20개 정도 빽빽하게 모여 핀다. | 식용

결실 7~9월 | 꼬투리열매(협과)

자생 북부지방, 고산지대 초원이나 백두산의 고원지, 산기슭 초원 양지

! 어린 잎을 나물로 먹는다.

붉은토끼풀
Trifolium pratense

과명 콩과

개화 6~8월 **높이** 30~60cm

특징 여러해살이풀 | 귀화식물(유럽 원산). 줄기는 곧게 서거나 비스듬히 누우며 가지를 벋고 털이 있다. 잎은 어긋나게 붙고 3개의 쪽잎으로 구성된 손바닥모양겹잎이며 긴 달걀모양이고 가장자리는 잔톱니모양이다. 잎 표면에 흰 무늬점이 있고 받침잎은 잎자루에 붙으며 밑은 줄기를 감싼다. 잎겨드랑이에서 머리모양꽃차례를 이루고 홍자색 꽃 30~70개가 빽빽하게 모여 핀다. | 약용

결실 7~9월 | 꼬투리열매(협과)

자생 전국 각지의 산지, 특히 목장 주변의 초원 양지

! 민간에서 풀 전체를 거담, 이뇨, 화상 등에 약으로 사용한다.

쥐손이풀
Geranium sibiricum

과명 쥐손이풀과

개화 6~8월 **높이** 30~80cm

특징 여러해살이풀 | 1개의 엄지뿌리가 있고 비스듬히 옆으로 벋으며 잎자루와 더불어 밑을 향한 털이 있다. 잎겨드랑이에서 긴 꽃줄기가 나와 끝에 연한 홍색, 홍자색, 흰색에 가까운 꽃이 1개 또는 2개씩 핀다. | 약용

결실 7~9월 | 튀는열매(삭과)

자생 남·중·북부지방, 산과 들, 길가 둑이나 빈터 등의 양지

❗ 풀잎의 모양이 쥐가 앞발가락을 편 모양 같아서 붙여진 이름이다. | 한방에서 풀 전체를 [현초(玄草)]라 하고 통경, 피부병, 방광염, 심장병 등에 약재로 사용한다.

세잎쥐손이
Geranium wilfordii

과명 쥐손이풀과

개화 8월 **높이** 40~80cm

특징 여러해살이풀 | 식물체에 밑으로 향한 털이 있다. 줄기는 가지를 벋고 밑에서는 약간 누워 자란다. 뿌리잎과 밑의 줄기잎은 5각모양으로 5갈래로 얕게 갈라지며 밑은 얕은 콩팥모양이다. 위의 줄기잎은 3개로 갈라지고 옆의 갈래쪽은 2갈래로 갈라진다. 받침잎은 송곳모양이고 가늘며 누운 털이 있다. 잎겨드랑이에서 긴 꽃줄기가 나오고 끝에 연한 홍색 꽃이 2개씩 핀다. | 약용

결실 9월 | 튀는열매(삭과)

자생 남·중·북부지방, 울릉도의 산기슭 초원 양지

❗ 한방에서 풀 전체를 쥐손이풀과 같은 용도의 약재로 사용한다.

여름

좀쥐손이
Geranium tripartitum

과명 쥐손이풀과

개화 8~9월　　　**높이** 30~50cm

특징 여러해살이풀 | 줄기는 누워 자라거나 위로 비스듬히 서며 밑으로 향한 누운 털이 있다. 뿌리잎은 긴 잎자루가 있고 5각모양 5갈래로 깊이 갈라지고 줄기잎은 어긋나게 붙으며 완전히 3갈래로 갈라진다. 받침잎은 좁고 길며 서로 떨어져 있고 작다. 잎겨드랑이에서 긴 꽃줄기가 나오고 끝에 연한 홍색, 흰색 꽃이 2개씩 핀다. | 약용

결실 9~10월 | 튀는열매(삭과)

자생 제주도 한라산 숲 가장자리 양지

❗ 한방에서 풀 전체를 쥐손이풀과 같은 용도의 약재로 사용한다.

선이질풀
Geranium krameri

과명 쥐손이풀과

개화 7~8월　　　**높이** 60~80cm

특징 여러해살이풀 | 줄기는 곧게 서거나 밑부분이 옆으로 기며 잎자루와 더불어 밑을 향한 누운 털이 있다. 밑의 잎은 잎자루가 길지만 위로 올라갈수록 짧아지고 심장모양이며 5개로 깊게 갈라진다. 양면에 짧은 누운 털이 있고 특히 뒷면 잎줄 위에 많다. 갈래조각은 마름모꼴이고 3개로 갈라지며 가장자리에 결각과 톱니가 있고 받침잎은 잎모양이다. 잎겨드랑이나 가지 끝에서 나오는 긴 꽃줄기 끝에 2개의 연한 홍색 꽃이 핀다. | 약용

결실 8~9월 | 튀는열매(삭과)

자생 남·중·북부지방 산기슭 초원 양지

❗ 한방에서 풀 전체를 쥐손이풀과 같은 용도의 약재로 사용한다.

참이질풀
Geranium koraiense

과명 쥐손이풀과

개화 8월   **높이** 60cm 안팎

특징 여러해살이풀 | 줄기에 밑을 향한 털이 있다. 뿌리잎은 잎자루가 길며 7개로 갈라진다. 표면과 뒷면 잎줄 위에 털이 있고 갈래조각은 거꿀달걀모양으로 결각모양 톱니가 있다. 줄기잎은 마주 붙고 밑의 것은 5개로 갈라지며 잎자루가 있으나 위로 가면서 없어지고 끝이 뾰족하며 큰 톱니가 있다. 잎겨드랑이에서 긴 꽃줄기가 나오고 끝에 연한 자주색, 연한 홍색 꽃이 2개씩 핀다. | 약용

결실 9월 | 튀는열매(삭과)

자생 중부 이북지방, 산기슭이나 산마루의 초원 양지

❗ 한방에서 풀 전체를 쥐손이풀과 같은 용도의 약재로 사용한다.

분홍쥐손이
Geranium maximowiczii

과명 쥐손이풀과

개화 7~8월   **높이** 40~100cm

특징 여러해살이풀 | 전체에 흰 털이 약간 빽빽하게 있다. 잎은 마주 붙고 밑의 것은 잎자루가 길며 3~5개로 깊게 갈라진다. 갈래조각은 타원모양, 달걀모양이고 깊게 갈라진 톱니가 있으며 표면과 뒷면 잎줄 위에 잔털이 있다. 잎겨드랑이에서 나오는 긴 꽃줄기 끝에 연한 홍색 꽃이 핀다. | 약용

결실 8~9월 | 튀는열매(삭과)

자생 북부지방 고산지대의 양지

❗ 한방에서 풀 전체를 쥐손이풀과 같은 용도의 약재로 사용한다.

여름

둥근이질풀
Geranium koreanum

과명 쥐손이풀과

개화 6~7월　　**높이** 25~100cm

특징 여러해살이풀 | 줄기는 여러 대가 한 포기에서 나오며 가지가 없는 것도 있고 원줄기는 네모지며 털이 없다. 잎은 마주 붙고 3~5개로 갈라지며 갈래조각은 피침모양, 거꿀피침모양으로 큰 톱니가 있다. 받침잎은 뾰족하며 가장자리는 반투명질이다. 잎겨드랑이에서 긴 꽃줄기가 나와 끝에 2개씩 연한 홍색 꽃이 핀다. | 약용

결실 7~8월 | 튀는열매(삭과)

자생 남·중·북부지방, 비교적 높은 산의 산마루 등 초원 양지

❗ 한방에서 풀 전체를 쥐손이풀과 같은 용도의 약재로 사용한다.

삼쥐손이
Geranium soboliferum

과명 쥐손이풀과

개화 8~9월　　**높이** 60~80cm

특징 여러해살이풀 | 잎자루와 더불어 밑을 향한 누운 털이 있다. 뿌리잎은 잎자루가 길며 줄기잎과 더불어 5각꼴의 둥근모양이고 밑부분까지 5~7개로 갈라지며 뒷면 잎줄 위와 표면에 짧은 누운 털이 있다. 갈래조각은 다시 갈라지며 끝이 뾰족하고 받침잎은 2개가 붙어서 세모꼴의 긴 달걀모양으로 된다. 잎겨드랑이나 가지 끝에서 꽃줄기가 나와 끝에 홍자색 꽃이 2개씩 핀다. | 약용

결실 9~10월 | 튀는열매(삭과)

자생 중부지방, 강원도 이북지방의 산기슭, 초원 양지

❗ 한방에서 풀 전체를 쥐손이풀과 같은 용도의 약재로 사용한다.

백선
Dictamnus dasycarpus

▲ 소백산 7월

과명 운향과

개화 5~7월 　　**높이** 90cm 안팎

특징 여러해살이풀 | 원줄기는 곧게 선다. 잎은 어긋나게 붙고 2~4쌍의 작은 잎으로 구성된 홀수깃모양겹잎으로 중축에 좁은 날개가 있다. 작은 잎은 양끝이 좁고 가장자리에 잔톱니가 있으며 투명한 기름점이 있다. 줄기 끝에서 송이꽃차례를 이루고 연한 분홍색, 흰색 등의 꽃이 많이 모여 핀다. | 관상용, 약용

결실 8~9월 | 튀는열매(삭과)

자생 남·중·북부지방, 낮은 지대 숲 가장자리 등 초원의 반그늘

❗ 한방에서 뿌리껍질을 [백선피(白鮮皮)]라 하고 통경, 해열, 통유, 이뇨, 두통, 풍질, 황달, 중풍 등에 약재로 사용한다. 뿌리에는 딕탐닌($C_{12}H_9O_2N$)과 스킴미아닌($C_{14}H_{13}O_4N$) 등의 알칼로이드와 오바쿠논($C_{26}H_{30}O_7$), 딕탐노락톤($C_{26}H_{30}O_8$)과 같은 일종의 정유와 사포닌, 쿠마린 등이 함유되어 있다.

여름

피뿌리풀
Stellera chamaejasme

▲ 제주도 7월

과명 팥꽃나무과

개화 6~7월 　　**높이** 30~40cm

특징 여러해살이풀 | 뿌리는 굵고 나무질이며 단순하거나 갈라진다. 줄기는 뿌리목에서 여러 대가 모여 나오며 녹색이고 거의 둥글며 윤기가 난다. 잎은 줄기 밑에서부터 빽빽하게 어긋나게 붙고 잎자루는 없거나 짧다. 잎몸은 피침모양, 좁은 긴 타원모양이고 끝이 뾰족하며 밑은 쐐기모양이다. 줄기 끝에서 20~25개의 분홍색 꽃이 머리모양꽃차례를 이루고 핀다. | 관상용, 약용

결실 10월 | 여윈열매(수과)

자생 제주도 한라산, 중부지방 황해도 이북의 산기슭 초원 양지

❗ 뿌리의 색깔이 핏빛이 나기 때문에 이름 지어졌으며, 줄기 껍질을 화폐 용지, 세밀지도 용지, 등사 용지, 섬유재, 배에 쓰이는 로프 재료 등으로 쓴다. | 민간에서 뿌리를 피부병 등에 약으로 사용하며 살충제로 쓰기도 한다.

분홍바늘꽃
Epilobium angustifolium

▲ 대관령 7월

과명 바늘꽃과

개화 7~8월　　**높이** 50~150cm

특징 여러해살이풀 | 땅속줄기가 옆으로 길게 벋으면서 군락을 이루고 가지는 갈라지지 않는다. 잎은 어긋나게 붙고 피침모양으로 끝이 뾰족하며 밑부분이 좁아져서 원줄기에 직접 달린다. 가장자리에 잔톱니가 있으나 잎이 약간 뒤로 말리기 때문에 톱니가 안 보이며 뒷면 잎줄 위에 굽은 털이 있고 분백색이다. 줄기 끝에서 긴 송이꽃차례를 이루고 홍자색 꽃이 밑에서부터 핀다. | 관상용, 약용

결실 8~9월 | 튀는열매(삭과)

자생 중부 이북지방, 강원도 이북지방의 높은 산부터 백두산까지 고원지 초원의 양지

◀ 열매

❗ 열매가 긴 바늘모양이라 이름 지어졌다. | 한방과 민간에서 뿌리줄기를 수렴, 구풍, 건위, 설사, 적리, 위염, 결장염, 변비 등에 약재로 사용하며 식물체는 전간, 경련, 염증, 피부병 등에 약재로 쓴다.

큰바늘꽃
Epilobium hirsutum

과명 바늘꽃과

개화 8월   **높이** 1m 안팎

특징 여러해살이풀 | 뿌리줄기는 옆으로 길게 벋고 굵은 땅속 가지가 발달하며 원줄기는 곧게 서고 가지가 많이 갈라져서 전체가 둥글게 된다. 길게 퍼진 털과 샘털이 빽빽하다. 줄기잎은 좁은 타원모양이며 끝이 날카롭고 밑부분이 좁아지면서 약간 원줄기를 감싼다. 양면에 긴 털이 있고 가장자리에 뾰족한 톱니가 있다. 줄기 윗부분 잎겨드랑이에서 연한 홍색 꽃이 1개씩 핀다. | 유독성식물 | 약용

결실 9~10월 | 튀는열매(삭과)

자생 울릉도 바닷가 근처, 중부지방, 강원도 이북지방의 산지 초원 양지

❗ 한방과 민간에서 풀 전체를 해열, 거담, 지혈, 방광염, 요도염, 고혈압 등에 약재로 사용한다.

버들바늘꽃
Epilobium palustre var. *lavandulaefolium*

과명 바늘꽃과

개화 7~8월   **높이** 10~60cm

특징 여러해살이풀 | 뿌리줄기 윗부분에서 실 같은 땅을 기는 가지가 발달하여 땅속 또는 땅 위로 벋는다. 비늘 같은 잎이 마주 붙으며 끝에서 타원모양의 겨울눈이 생겨 땅속에서 겨울을 난다. 원줄기는 곧게 서고 윗부분에 굽은 털이 있다. 줄기잎은 좁은 피침모양이다. 줄기 윗부분의 잎겨드랑이에서 연한 홍색 꽃이 1개씩 핀다. | 유독성식물 | 약용

결실 8~9월 | 튀는열매(삭과)

자생 북부지방, 백두산 고원지 약간 습기 있는 초원 양지

❗ 잎 모양이 버들잎 같아서 이름 지어졌다. | 풀 전체를 큰바늘꽃과 같이 약용한다.

돌바늘꽃
Epilobium cephalostigma

과명 바늘꽃과

개화 7~8월　　**높이** 15~60cm

특징 여러해살이풀 | 뿌리줄기는 짧고 대가 없는 새싹이 나오며 원줄기 밑부분에 있는 모서리와 윗부분에 굽은 털이 있다. 잎은 마주 붙고 특히 짧은 잎자루가 있으며 긴 타원모양이고 잔톱니가 있으며 위로 올라갈수록 작아진다. 윗부분 잎겨드랑이에 연한 홍색, 흰색 꽃이 1개씩 핀다. | 유독성식물 | 약용

결실 9월 | 튀는열매(삭과)

자생 전국 각지, 깊은 산골짜기 약간 습기 있는 양지의 돌틈

❗ 돌이 있는 곳에 잘 자란다 하여 이름 지어졌다. | 한방과 민간에서 풀 전체를 큰바늘꽃과 같은 용도의 약재로 사용한다.

넓은잎바늘꽃
Epilobium cephalostigma var. *nudicarpum*

과명 바늘꽃과

개화 7~8월　　**높이** 15~60cm

특징 여러해살이풀 | 원변종에 비하여 어릴 때 잎 가장자리 이외에는 털이 없는 것이 특징이다. | 유독성식물 | 약용

결실 9월 | 튀는열매(삭과)

자생 전국 각지, 산지 습기 있는 양지 초원

❗ 한방과 민간에서 풀 전체를 큰바늘꽃과 같은 용도의 약재로 사용한다.

여름

바늘꽃
Epilobium pyrricholophum

▲ 함백산 8월

과명 바늘꽃과

개화 8월 **높이** 30~90cm

특징 여러해살이풀 | 옆으로 벋는 땅속줄기에서 원줄기가 나와 곧게 선다. 밑부분에 굽은 잔털이 있으며 윗부분에 샘털이 있다. 잎은 마주 붙고 약간 원줄기를 감싸며 달걀꼴의 피침모양으로 불규칙한 톱니가 있다. 중앙부의 잎은 가을에 붉은색으로 단풍이 든다. 윗부분의 잎겨드랑이에서 연한 홍자색 꽃이 1개씩 핀다. | 약용

결실 9~10월 | 튀는열매(삭과)

자생 전국 각지, 산지 냇가 또는 산마루 등 떨기나무가 있는 초원 양지

❗ 독 성분은 없으며 한방과 민간에서 풀 전체를 큰바늘꽃과 같은 용도의 약재로 사용한다.

바디나물
Angelica decursiva

과명	미나리과
개화	8~9월
높이	80~150cm

특징 여러해살이풀 | 줄기는 세로로 주름줄이 발달하며 뿌리줄기는 짧고 굵다. 뿌리목에서 나온 뿌리잎과 밑의 잎은 잎자루가 길고 세모꼴의 넓은 달걀모양이며 깃모양으로 갈라지고 잎자루 밑부분과 마디에 퍼진 털이 있다. 갈래쪽은 3~5개이고 다시 3~5개로 깊게 또는 완전히 갈라지며 잎몸은 흘러서 날개모양으로 된다. 결각모양 톱니와 예리한 톱니가 있고 잎자루 밑부분이 잎집으로 되어 원줄기를 감싼다. 잎집들은 대개 자줏빛이 돌며 긴 꽃자루 끝에서 20~30개의 짙은 자주색 꽃이 겹우산꽃차례로 핀다. | 관상용, 식용, 약용

결실 9~10월 | 갈래열매(분과)

자생 남·중·북부지방, 깊은 산골짜기 냇가나 습기 있는 초원 양지

❗ 어린 순을 식용한다. | 한방과 민간에서 뿌리를 [일전호(日前胡)]라 하고 지혈, 이뇨, 건위, 통경, 진통, 진정, 진해, 감기, 빈혈, 부인병, 두통, 치통 등에 약재로 사용한다.

흰꽃바디나물
Angelica decursiva for. *albiflora*

과명	미나리과
개화	8~9월
높이	80~150cm

특징 여러해살이풀 | 원변형에 비하여 꽃이 흰색으로 피는 것이 특징이다. 우리나라 특산종이다. | 관상용, 식용, 약용

결실 9~10월 | 갈래열매(분과)

자생 중부 이남지방의 산지 초원

❗ 바디나물과 같은 용도로 식용, 약용한다.

여름

참당귀
Angelica gigas

▲ 강원도 홍천 8월

과명 미나리과

개화 8~9월 **높이** 1~2m

특징 여러해살이풀 | 뿌리는 고기질이고 크며 갈라지고 흰 즙액이 나오며 특이한 향기가 난다. 줄기는 곧게 서고 겉면은 짙은 자주색이며 세로로 난 가늘고 뾰족한 주름줄이 있으며 위에서 약간 가지를 벋는다. 뿌리잎과 줄기 밑의 잎에는 긴 잎자루가 있고 잎몸은 2~3번 갈라진 세갈래겹잎이며 잎자루의 밑이 약간 부풀어 줄기집을 이루고 줄기를 감싸며 자주색이다. 꽃차례 밑에 붙은 줄기잎의 잎자루는 모두 부풀어 타원모양이고 줄기집을 이루며 자주색이고 잎줄이 뚜렷하며 잎몸은 퇴화되어 없다. 줄기 끝이나 잎겨드랑이에서 나온 꽃줄기 끝에 자주색 꽃이 여러 개 모여 겹우산꽃차례로 핀다. | 관상용, 식용, 약용

결실 9~10월 | 갈래열매(분과)

자생 남·중·북부지방, 깊은 산골짜기 숲 가장자리 및 산마루 초원의 양지

❗ 어린 순은 나물로 먹는다. | 한방과 민간에서 뿌리를 [당귀(當歸)]라 하고 강장, 이뇨, 정혈, 치질, 수태, 빈혈 등에 약재로 사용한다.

분홍노루발
Pyrola incarnata

▲ 백두산 7월

과명 노루발풀과

개화 6~7월　　**높이** 10~25cm

특징 늘푸른 여러해살이풀 | 뿌리줄기는 옆으로 벋으며 간혹 여러 대가 한군데서 무더기로 나오고 뿌리에서 3~5개의 잎이 나온다. 잎은 타원모양, 달걀꼴의 타원모양으로 양끝이 둥글고 표면은 윤채가 나며 황록색이지만 마르면 다갈색으로 되고 얕은 톱니가 있으며 잎자루가 있다. 꽃줄기는 곧게 서고 모서리가 있으며 1~3개의 비늘잎이 드문드문 있고 끝에 5~15개의 분홍색 꽃이 송이꽃차례를 이루며 핀다. | 약용

결실 8월 | 튀는열매(삭과)

자생 북부지방, 백두산 수목한계선 이하의 숲속 그늘

❗ 한방과 민간에서 풀 전체를 이뇨, 수렴, 충독, 감기 등에 약재로 사용한다.

여름

좀설앵초
Primula sachalinensis

▲ 삼지연 6월

과명 앵초과

개화 6~7월　　**높이** 10~17㎝

특징 여러해살이풀 | 모든 잎이 뿌리에서 나오며 잎은 끝이 둔하거나 뾰족하고 밑부분이 점차 좁아져 날개처럼 된다. 잎자루가 없고 가장자리가 약간 뒤로 말리며 밋밋하거나 희미한 톱니가 있다. 뒷면은 황색 가루로 덮여 있다. 꽃줄기는 뿌리목에서 1~2개가 곧게 나오며 속이 비어 있고 끝에서 4~15개의 푸른 빛이 도는 홍자색 꽃이 모여 우산꽃차례를 이루고 핀다. | 관상용, 식용, 약용

결실 8~9월 | 튀는열매(삭과)

자생 북부지방, 백두산 고원지 초원 양지

❗ 이른 봄 눈과 얼음이 있는 데서 꽃이 피기 때문에 '설앵초'라 부르며 그보다 식물체가 더 작기 때문에 '좀설앵초'라 한다. | 어린 잎은 나물로 먹는다. | 민간에서 풀 전체를 거담제 등으로 사용한다.

백미꽃
Cynanchum atratum

과명	박주가리과
개화 5~7월	**높이** 50cm 안팎

특징 여러해살이풀 | 식물체에는 부드러운 털이 빽빽하고 특히 꽃이삭, 줄기 끝, 잎 뒷면에 많다. 뿌리는 긴 줄모양의 수염뿌리이며 굵고 짙은 갈색이다. 줄기는 곧게 서며 가지는 벋지 않고 밑은 나무질이다. 식물체에 상처를 내면 흰 젖 같은 즙액이 나온다. 잎은 마주 붙고 잎자루가 있으며 잎몸은 타원모양으로 끝이 좁아져 짧게 뾰족하다. 밑은 둥글며 가장자리는 물결모양이고 잎 표면에 흰 털이 빽빽하게 있으며 줄기 윗부분 잎겨드랑이에서 우산꽃차례를 이루고 짙은 흑자색 꽃이 여러 개 모여 핀다. | 관상용, 약용

결실 9월 | 주머니열매(포과)

자생 전국의 메마른 산기슭 초원 양지

❗ 한방에서 뿌리 및 풀 전체를 익정, 지혈, 이뇨, 부인병, 중풍, 부종 등에 약재로 사용하며 민간에서 뿌리 말린 것을 해열제, 이뇨제로 쓰기도 한다.

푸른백미꽃
Cynanchum atratum for. *viridesoens*

과명	박주가리과
개화 5~7월	**높이** 50cm 안팎

특징 여러해살이풀 | 원변형에 비하여 꽃이 녹색으로 피는 것이 특징이다. | 관상용, 약용

결실 9월 | 주머니열매(포과)

자생 전국의 메마른 산기슭 초원 양지

❗ 한방과 민간에서 뿌리와 풀 전체를 백미꽃과 같은 용도의 약재로 사용한다.

여름

선백미꽃
Cynanchum inamoenum

과명 박주가리과

개화 7~8월   **높이** 30~60cm

특징 여러해살이풀 | 줄기는 곧게 서고 줄기, 잎자루, 잎줄, 잎 가장자리에 짧고 부드러운 털이 있다. 잎은 마주 붙고 타원모양, 좁은 타원모양이며 끝이 뾰족하고 밑은 둥글거나 둔하며 가장자리가 밋밋하고 잎자루가 있다. 잎겨드랑이에서 3~5개의 연한 황색, 흑자색 꽃이 꽃대 없이 우산꽃차례를 이루고 핀다. | 약용

결실 9월 | 주머니열매(포과)

자생 경상남도와 전라북도 이북지방, 대개는 금강산 등지의 산기슭 나무 아래 그늘

❗ 한방과 민간에서 뿌리와 풀 전체를 백미꽃과 같은 용도의 약재로 사용한다.

애기메꽃
Calystegia hederacea

과명 메꽃과

개화 6~8월   **길이** 1~2m

특징 여러해살이 덩굴풀 | 메꽃과 비슷하지만 꽃의 길이가 4cm 미만이며 지름도 작다. 잎은 어긋나게 붙고 피침꼴의 세모진 모양이며 밑부분이 양쪽으로 뾰족해지면서 2개로 다시 갈라진다. 잎겨드랑이에서 긴 꽃대가 나와 끝에 연한 붉은색의 깔때기모양 꽃이 1개 핀다. | 식용, 약용

결실 열매를 맺지 않으며 뿌리로 번식한다.

자생 전국 각지, 들녘, 길가 언덕이나 호수의 둑, 초원 양지

❗ 어린 순을 나물로 먹는다. | 한방에서 꽃과 뿌리를 [선화(旋花)]라 하고 이뇨, 중풍, 천식, 감기 등에 약재로 사용한다.

메꽃
Calystegia japonica

과명 메꽃과

개화 6~8월　　**길이** 2~3m

특징 여러해살이 덩굴풀 | 흰색 땅속줄기가 사방으로 길게 벋으며 군데군데에서 싹이 나와 엉킨다. 잎은 어긋나게 붙고 잎자루가 길며 긴 타원꼴의 피침모양이고 밑부분이 귀모양으로 뾰족하고 옆으로 나온 도드라기와 더불어 2~7cm이다. 잎 겨드랑이에서 긴 꽃대가 나오고 끝에 연한 홍색의 깔때기모양 큰 꽃이 1개 핀다. | 식용, 약용

결실 튀는열매지만 열매가 잘 열리지 않는다.

자생 전국 각지, 들녘, 길가 초원, 약간 습기 있는 호수 둑이나 강변

! 애기메꽃과 같은 용도로 식용, 약용한다.

흰메꽃
Calystegia japonica for. *album*

과명 메꽃과

개화 6~8월　　**길이** 2~3m

특징 여러해살이 덩굴풀 | 원변형에 비하여 꽃이 순백색으로 피는 것이 특징이다. | 식용, 약용

결실 튀는열매지만 열매가 잘 열리지 않는다.

자생 중부지방 DMZ 초원

! 애기메꽃과 같은 용도로 식용, 약용한다.

여름

개곽향
Teucrium japonicum

▲ 단양 7월

과명 꿀풀과

개화 7~8월　　**높이** 30~70cm

특징 여러해살이풀 | 털이 적고 옆으로 벋는 땅을 기는 줄기가 있고 굽은 가는 털이 있다. 잎은 마주 붙고 잎자루가 있으며 잎몸은 긴 타원꼴의 피침모양이고 끝이 뾰족하며 밑은 둥글고 가장자리에 잔톱니가 있다. 잎 뒷면 잎줄에 짧은 털이 드문드문 있다. 줄기 윗부분의 잎겨드랑이에서 송이꽃차례를 이루고 연한 홍색의 작은 입술모양 꽃이 빽빽하게 모여 핀다. | 식용, 약용

결실 8~9월 | 여윈열매(수과)

자생 전국 각지, 낮은 산 밭둑이나 냇가 등 약간 습기 있는 초원 양지

❗ 어린 잎은 나물로 먹는다. | 한방에서 풀 전체를 [곽향(藿香)]이라 하고 해수, 폐렴, 경풍, 활혈, 후통 등에 약재로 사용한다.

익모초
Leonurus sibiricus

▲ 부여 8월

과명 꿀풀과

개화 7~9월   **높이** 1~2m

특징 두해살이풀 | 식물체에 흰 짧은 누운 털이 있고 줄기는 곧게 서며 네모졌고 가지를 벋는다. 뿌리잎은 달걀꼴의 둥근 모양이고 가장자리에 결각모양 톱니와 잎자루가 있다. 잎겨드랑이에서 돌림꽃차례를 이루고 연한 홍자색의 입술모양 꽃이 몇 개씩 모여 핀다. | 관상용, 약용

결실 8~10월 | 튀는열매(삭과)

자생 전국 각지, 들녘, 마을 부근 언덕이나 길가 밭둑 등 초원 양지

❗ 여인 특히 산모에게 특효약이라 하여 '익모초(益母草)'라 부른다. | 민간에서 여름 더위 먹은 데 줄기와 잎을 즙을 내어 먹기도 한다. 한방에서 씨를 [충위자(茺蔚子)]라 하여 이뇨, 안질, 현기증 등에 약재로 사용하며 풀 전체를 [익모초(益母草)]라 하고 지혈, 산전산후의 부인병, 월경불순, 하혈, 출혈 등에 약재로 사용한다.

여름

송장풀
Leonurus macranthus

과명 꿀풀과

개화 8월 　　**높이** 60~120cm

특징 여러해살이풀 | 줄기는 둔하게 네모지고 털이 있다. 잎은 마주 붙고 좁은 달걀모양으로 양끝이 날카롭고 가장자리에 둔한 톱니가 있다. 잎자루가 있고 윗부분 잎은 점차 작아지며 좁은 달걀모양이고 밋밋하며 짧은 잎자루가 있다. 윗부분 잎겨드랑이에서 돌림꽃차례를 이루며 연한 홍색의 입술모양꽃이 모여 핀다. | 관상용, 약용

결실 9~10월 | 튀는열매(삭과)

자생 전국 각지, 산기슭 길가, 초원 양지

❗ 한방과 민간에서 풀 전체를 이뇨, 해열, 마비, 수종 등에 약재로 쓴다. 익모초와 같은 무리지만 약효는 익모초만 못하다.

석잠풀
Stachys riederi var. *japonica*

과명 꿀풀과

개화 6~9월 　　**높이** 30~60cm

특징 여러해살이풀 | 흰 땅속줄기가 옆으로 길게 벋고 둔하게 네모지며 마디의 흰 털 이외에는 털이 없다. 잎은 마주 붙고 피침모양으로 끝이 뾰족하며 밑부분은 잘린모양, 둥근모양으로 가장자리에 톱니가 있으며 점차 작아지고 잎자루가 있다. 줄기와 가지 끝에서 돌림꽃차례를 이루고 연한 홍색의 입술모양꽃이 6~8개씩 핀다. | 관상용, 식용, 약용

결실 7~10월 | 튀는열매(삭과)

자생 전국 각지, 들녘, 습기 있는 도랑가, 초원 양지

❗ 어린 순과 잎은 나물로 먹는다. | 한방에서 풀 전체를 해열, 진통, 하혈 등에 약재로 쓴다.

층층이꽃
Clinopodium chinense var. *parviflorum*

과명 꿀풀과

개화 7~8월   **높이** 15~40cm

특징 여러해살이풀 | 전체에 짧은 털이 있고 원줄기는 네모지며 밑부분이 약간 옆으로 자라다가 곧게 선다. 잎은 마주 붙고 달걀모양으로 끝이 둔하며 밑은 둥글고 가장자리에 톱니와 잎자루가 있다. 잎겨드랑이에 돌림꽃차례를 이루고 연한 홍색의 작은 입술모양꽃이 층층으로 핀다. | 식용, 약용

결실 8~9월 | 갈래열매(분과)

자생 전국 각지, 산과 들, 산기슭 초원 또는 길가 초원 양지

❗ 꽃이 마디마다 층층으로 피어서 이름 부른다. | 어린 잎은 나물로 먹는다. | 한방과 민간에서 잎을 위장염, 중풍 등에 약재로 쓴다.

탑꽃
Clinopodium gracile var. *multicaule*

과명 꿀풀과

개화 6~8월   **높이** 15~30cm

특징 여러해살이풀 | 줄기는 무더기로 비스듬히 서서 가지가 갈라지고 꼬불꼬불한 털이 있다. 밑의 잎과 중앙부의 잎은 달걀모양으로 끝이 뾰족하고 밑이 둥글며 털이 퍼져 있고 가장자리에 톱니가 있다. 잎겨드랑이에서 돌림꽃차례를 이루고 연한 홍색의 입술모양꽃이 모여 핀다. | 식용, 약용

결실 7~9월 | 갈래열매(분과)

자생 남부지방, 산기슭 숲속 근처의 반그늘

❗ 어린 잎은 나물로 먹는다. | 한방과 민간에서 잎을 층층이꽃과 같은 용도로 사용한다.

두메층층이
Clinopodium micranthum

과명 꿀풀과

개화 6~8월　　**높이** 20~50cm

특징 여러해살이풀 | 줄기 밑부분이 옆으로 누웠다가 곧게 서며 무더기로 나고 털이 있다. 잎은 좁은 달걀모양으로 끝이 뾰족하며 밑은 넓게 뾰족하고 양면에 털이 퍼져 있으며 가장자리에 톱니가 있고 잎자루가 있다. 줄기 끝에서 돌림꽃차례를 이루고 연한 홍색을 띠는 흰 꽃이 핀다. | 식용, 약용

결실 8~9월 | 갈래열매(분과)

자생 전국 각지, 높은 산마루 근처의 초원 양지

❗ '두메'는 높은 곳을 가리키는 말이며 대개 높은 산 초원에서 볼 수 있다. | 층층이꽃과 같은 용도로 식용, 약용한다.

속단
Phlomis umbrosa

과명 꿀풀과

개화 7~8월　　**높이** 80~100cm

특징 여러해살이풀 | 전체에 잔털이 있고 뿌리에 굵은 덩이뿌리 5개 정도가 달린다. 잎은 마주 붙고 잎자루가 길며 심장꼴의 달걀모양으로 끝이 뾰족하고 밑은 둥글다. 위로 올라가면서 잎이 작아지고 뒷면에 잔털과 가장자리에 둔하고 규칙적인 톱니가 있다. 윗부분 잎겨드랑이에서 고깔꽃차례를 이루고 연한 홍색의 입술모양꽃이 핀다. | 약용

결실 10월 | 여윈열매(수과)

자생 전국 각지, 산기슭 숲 가장자리 등 초원 양지

❗ 한방에서 풀 전체를 [속단(續斷)]이라 하며 강장, 진통, 간장과 콩팥기능 강화, 임질, 대하증, 자궁염, 요통 등에 약재로 사용한다.

산속단
Phlomis koraiensis

▲ 백두산 7월

과명 꿀풀과

개화 7~8월　　**높이** 60cm 안팎

특징 여러해살이풀 | 전체에 짧은 털이 빽빽하게 있고 실북모양으로 굵어진 뿌리가 사방으로 퍼진다. 뿌리잎은 줄기잎보다 작고 넓은 달걀모양으로 끝이 날카롭고 밑은 심장모양이며 양면에 털이 있다. 가장자리에 둔하고 규칙적인 톱니가 있으며 잎자루가 있다. 줄기 끝이나 잎겨드랑이에서 고깔꽃차례를 이루고 홍색의 입술모양꽃이 빽빽하게 핀다. | 약용

결실 8~9월 | 여윈열매(수과)

자생 북부지방, 백두산 고원지 초원 양지

❗ 깊은 산속에만 자란다 하여 이름 지어졌다. | 한방에서 풀 전체를 속단과 같은 용도로 사용한다.

수염며느리밥풀
Melampyrum roseum var. *japonicum*

과명 현삼과

개화 8~9월 **높이** 30~50cm

특징 한해살이 반기생식물 | 가지가 길게 벋고 햇볕이 쬐는 곳에서는 적자색이 돈다. 잎은 마주 붙고 긴 달걀모양이며 끝이 뾰족하고 밑은 둥글며 가장자리는 밋밋하고 짧은 잎자루가 있다. 줄기 끝 꽃싸개잎 사이에서 홍색 꽃이 이삭꽃차례를 이루고 한쪽을 향하여 핀다. | 관상용, 약용

결실 9~10월 | 튀는열매(삭과)

자생 남부지방, 제주도, 섬지방 등 메마른 숲 가장자리 양지

❗ 꽃싸개잎(포)에 수염 같은 긴 흰 털이 많이 있어 이름 지어졌다. | 민간에서 풀 전체를 진정약, 혈압강하제로 사용한다.

흰수염며느리밥풀
Melampyrum roseum for. *leucanthum*

과명 현삼과

개화 8~9월 **높이** 30~50cm

특징 한해살이 반기생식물 | 원변형에 비하여 흰 꽃이 피는 것이 특징이다. | 관상용, 약용

결실 9~10월 | 튀는열매(삭과)

자생 남부지방, 제주도, 섬지방 등 메마른 숲 가장자리 반그늘

❗ 민간에서 풀 전체를 수염며느리밥풀과 같은 용도로 약용한다.

애기며느리밥풀
Melampyrum setaceum

과명 현삼과

개화 8~9월　　**높이** 30~60cm

특징 한해살이 반기생식물 | 원줄기는 둥글지만 약간 둔한 모서리가 지며 잔털이 퍼져 나고 가지가 갈라진다. 잎은 마주 붙고 중앙부의 잎은 넓은 줄모양으로 잎자루가 짧고 끝이 길게 뾰족해지며 가장자리가 밋밋하다. 가지 끝에서 이삭꽃차례를 이루고 홍색의 입술모양꽃이 드문드문 핀다.

결실 9~10월 | 튀는열매(삭과)

자생 전국 각지, 메마른 산기슭 소나무 아래 그늘

오리나무더부살이
Boschniakia rossica

과명 열당과

개화 7~8월　　**높이** 15~30cm

특징 한해살이 기생식물 | 황갈색 고기질 식물이며 윗부분에 비늘 같은 잎이 빽빽하여 뱀 가죽 같다. 줄기 끝에서 짧은 이삭꽃차례를 이루며 자갈색의 꽃이 모여 핀다. | 약용

결실 8~9월 | 튀는열매(삭과)

자생 북부지방, 백두산 고원지 숲속 그늘의 두메오리나무 뿌리

❗ 오리나무, 두메오리나무 뿌리에 붙어 양분을 얻어 먹고 자라기 때문에 이름 지어졌다. | 꽃이 필 때 식물체를 뿌리와 함께 채취하여 그늘에 말린 것을 한방에서 [육종용(肉蓗蓉)]이라 하고 강장, 강정, 어지럼증, 변비, 중풍, 방광염 등에 약재로 사용한다. 식물체와 뿌리에는 보쉬니아킨($C_{10}H_{11}ON$), 보쉬니아락톤과 그 유도체들이 함유되어 있다.

여름

넓은잎쥐오줌풀
Valeriana dageletiana

과명 마타리과

개화 6~7월　　**높이** 40~90cm

특징 여러해살이풀 | 줄기에 세로줄이 있고 뿌리잎은 5개의 작은 잎이 깃모양으로 달리며 잎자루는 전체 길이의 1/2 이상이다. 작은 잎은 긴 타원모양이고 털은 없으며 가장자리에 불규칙하고 큰 톱니가 있다. 줄기잎은 마주 붙고 홀수 깃모양겹잎으로 뿌리잎과 같으나 훨씬 작은 것이 특징이다. 잎자루는 길며 밑부분이 넓어져서 원줄기를 감싸고 마디에 흰 털이 있다. 줄기 끝에서 고른꽃차례를 이루고 연한 홍색의 작은 꽃이 모여 핀다. | 관상용, 약용

결실 9~10월 | 여윈열매(수과)

자생 울릉도, 북부지방, 산지 숲속 약간 습기 있는 그늘

❗ 한방과 민간에서 풀 전체와 뿌리를 마타리 대용약으로 쓰며 산후 모든 병, 화상 등에 약재로 쓰고 뿌리는 건위제 등으로 사용한다.

좀쥐오줌풀
Valeriana coreana

과명 마타리과

개화 7월　　**높이** 30cm 안팎

특징 여러해살이풀 | 쥐오줌풀에 비해 식물체가 작아 줄기 높이는 30cm 안팎이다. 우리나라 특산종이다. | 관상용, 식용, 약용

결실 9~10월 | 여윈열매(수과)

자생 남부지방, 거제도, 제주도의 산지 초원 양지

❗ 어린잎과 줄기를 나물로 먹는다. | 한방과 민간에서 풀 전체와 뿌리를 넓은잎쥐오줌풀과 같은 용도의 약재로 사용한다.

설령쥐오줌풀
Valeriana amurensis

과명 마타리과

개화 7월   **높이** 55cm 안팎

특징 여러해살이풀 | 식물체에 털이 많고 잎은 마주 붙으며 깃모양으로 완전히 갈라진다. 갈래조각은 달걀모양, 피침모양, 거꿀피침모양으로 끝이 뾰족하고 결각모양의 톱니가 있으며 양면에 긴 흰 털이 퍼져 나고 잎자루에 부드러운 털과 더불어 샘털이 있다. 줄기 끝에서 고른꽃차례를 이루고 연한 홍색의 작은 꽃이 모여 핀다. | 관상용, 약용

결실 8~9월 | 여윈열매(수과)

자생 북부지방, 함경북도 백두산, 설령 등의 고원지 초원 양지

❗ 함경북도 설령에 많이 자라기 때문에 이름 지어졌다. | 한방과 민간에서 풀 전체와 뿌리를 넓은잎쥐오줌풀과 같은 용도의 약재로 사용한다.

간도쥐오줌풀
Valeriana pulchra

과명 마타리과

개화 6~7월   **높이** 40~80cm

특징 여러해살이풀 | 전체에 털이 많고 샘털은 없으며 꽃차례에도 털이 적고 열매의 앞면에 털이 빽빽하게 나는 것이 특징이다. | 약용

결실 8~9월 | 여윈열매(수과)

자생 북부지방, 함경북도 설령, 관모봉과 북쪽의 간도지방

❗ 한방과 민간에서 풀 전체와 뿌리를 넓은잎쥐오줌풀과 같은 용도로 사용한다.

여름

주홍서나물
Crassocephalum crepidioides

과명 국화과

개화 7~9월 **높이** 30~70cm

특징 한해살이풀 | 귀화식물(아프리카 원산). 줄기는 연약하고 성글게 털이 있으며 줄기 밑의 잎은 불규칙하게 깃모양으로 갈라지고 달걀모양, 긴 타원모양으로 가장자리에 서로 크기가 다른 톱니가 있다. 줄기 끝에서 머리모양꽃차례를 이루고 고개를 숙인 주홍색 꽃이 줄기 끝과 잎겨드랑이에 모여 송이모양꽃차례를 이룬다. | 가축 사료용

결실 8~9월 | 여윈열매(수과)

자생 남부지방, 제주도의 들녘이나 바닷가 등지의 초원 양지

붉은톱풀
Achillea sibirica subsp. *rhodoptarmica*

과명 국화과

개화 7~8월 **높이** 50~80cm

특징 여러해살이풀 | 뿌리잎과 밑의 잎은 꽃이 필 때 없어지고 중앙부의 잎은 잎자루가 없으며 넓은 줄모양으로 끝이 둔하다. 뒷면에 명주실 같은 털이 약간 있고 가장자리에 규칙적인 톱니와 밑부분에 결각모양의 톱니가 있다. 여러 개의 꽃가지 끝에 연한 붉은색 꽃이 머리모양꽃차례로 핀다. | 식용, 약용

결실 8~10월 | 여윈열매(수과)

자생 북부지방, 함경북도 등의 숲 가장자리 또는 강변 등의 초원 양지

❗ 어린 잎은 나물로 먹는다. | 한방에서 식물체를 지혈, 류머티즘, 통풍, 장출혈 등에 약재로 사용하고 민간에서는 즙을 내어 뱀 물린 데 해독약으로 쓰기도 한다.

중대가리풀
Centipeda minima

과명 국화과

개화 7~8월 **높이** 10cm 안팎

특징 한해살이풀 | 줄기는 옆으로 벋으면서 뿌리가 내리고 가지가 갈라진다. 잎은 주걱모양 비슷하며 끝이 둔하다. 윗부분에 톱니가 있고 뒷면에 샘점이 있다. 녹색 또는 갈색 꽃이 잎겨드랑이에 머리모양꽃차례를 이루고 1개씩 핀다. | 식용, 약용

결실 8~9월 | 여윈열매(수과)

자생 전국 각지, 길가 빈터나 집 근처 밭 습기 있는 양지

❗ 꽃차례가 작은 공모양으로 둥글게 달리기 때문에 이름 지어졌다. | 어린 잎과 줄기를 나물로 먹는다. | 한방에서 식물체를 해독, 명안, 해열, 당뇨병, 치질, 천식 등에 약재로 사용한다.

참쑥
Artemisia lavandulaefolia

과명 국화과

개화 8~9월 **높이** 30~70cm

특징 여러해살이풀 | 땅속줄기가 옆으로 벋고 잎은 어긋나게 붙으며 헛받침잎이 있다. 표면에 명주실 같은 털과 흰 점이 있고 뒷면은 흰 솜털로 덮여 있으며 2회 깃모양으로 갈라지고 마지막 갈래조각은 줄모양이며 잎자루가 있다. 줄기 끝에서 머리모양꽃차례를 이루며 고깔모양으로 붙고 자주색 꽃이 위를 향해 핀다. | 식용, 약용

결실 9~10월 | 여윈열매(수과)

자생 전국 각지, 산과 들, 길가나 개울가 등지의 양지

❗ 어린 순은 나물로 먹는다. | 한방과 민간에서 식물체를 구충, 자양강장, 당뇨병, 고혈압, 중풍, 치질, 신경통 등에 약재로 사용한다.

여름

쑥
Artemisia princeps var. *orientalis*

▲ 서울 7월

과명 국화과

개화 7~9월　　**높이** 60~120cm

특징 여러해살이풀 | 원줄기에 세로줄이 있고 전체가 거미줄 같은 털로 덮여 있으며 뿌리줄기는 옆으로 벋고 군데군데에서 싹이 나와 무리를 이룬다. 줄기잎은 헛받침잎이 있고 타원모양이며 깃모양으로 깊게 갈라진다. 2~4쌍의 갈래조각은 긴 타원꼴의 피침모양으로 끝이 둔하며 뒷면에 흰 털이 빽빽하다. 가장자리는 밋밋하거나 결각모양으로 위로 가면서 작아지고 3개로 갈라진다. 머리모양꽃차례의 흑자색, 황백색 꽃이 줄기 끝부분에서 고깔꽃차례를 이루고 한쪽으로 치우쳐 달린다. | 식용, 약용

결실 9~10월 | 여윈열매(수과)

자생 전국 각지, 산과 들, 낮은 지대의 양지바른 언덕

❗ 참쑥과 같은 용도로 식용, 약용한다.

바위구절초

Chrysanthemum zawadskii var. *alpinum*

▲ 백두산 8월

과명 국화과

개화 7~9월　　**높이** 20~30cm

특징 여러해살이풀 | 땅속줄기가 벋으면서 퍼진다. 산구절초와 비슷하지만 키가 작고 원줄기와 잎이 흰 털로 덮여 있다. 꽃싸개잎조각 뒷면과 안쪽 가장자리에 흰 털이 있고 꽃자루가 짧으며 꽃이 큰 것이 다르다. 줄기 끝에 머리모양꽃차례를 이루고 연한 홍색 또는 흰색 꽃이 피고 꽃은 지름 2~4cm이다. | 관상용, 약용

결실 9~10월 | 여윈열매(수과)

자생 북부지방, 백두산의 고원지 초원 양지

❗ 한방과 민간에서 식물체를 식욕 촉진, 강장, 보온, 건위, 보익, 신경통, 중풍, 부인병 등에 약재로 사용한다.

여름

감둥사초
Carex atrata

▲ 백두산 7월

과명 사초과

개화 7월 　　　**높이** 20~50cm

특징 여러해살이풀 | 식물체는 성글게 포기져서 나며 뿌리줄기는 짧고 줄기는 세모지며 거칠다. 줄기 밑에 있는 잎몸이 없는 줄기집은 윤기 나는 흑갈색이고 새 가슴뼈모양을 이루며 끝이 뾰족하다. 잎은 줄모양이며 줄기보다 짧고 납작하며 가장자리는 거칠다. 꽃줄기 끝에 4~7개의 쪽이삭으로 된 꽃차례가 서로 가까이 붙어 있으며 적갈색의 꽃이 옆으로 숙이고 핀다. | 가축 사료용

결실 8월 | 여윈열매(수과)

자생 북부지방, 평안북도, 함경도의 고산지대 초원 양지

애기앉은부채
Symplocarpus nipponicus

▲ 점봉산 7월

과명 천남성과

개화 6~7월 **높이** 10~20cm

특징 여러해살이풀 | 앉은부채와 비슷하지만 잎이 훨씬 좁고 잎이 자란 다음에 꽃이 피는 것이 다르다. 잎이 무더기로 난다. 잎은 모두 뿌리잎이며 잎자루가 길고 달걀꼴의 타원모양으로 끝이 둔하며 밑은 심장모양이고 가장자리는 밋밋하다. 여름에 잎이 모두 말라 없어진 후에 곧게 선 꽃줄기 끝에서 많은 꽃이 모여 핀다. 연한 자주색 꽃은 꼭지가 있는 둥근 타원모양의 고기질화서를 이루며 횃불모양의 꽃싸개잎 안에 싸여 있다. | 유독성식물 | 약용

결실 9~10월 | 물열매(장과)

자생 중부 이북지방, 강원도 이북지방의 고산지대 골짜기의 개울가 주변 습기 있는 그늘

❗ 한방과 민간에서 뿌리줄기를 잎과 함께 이뇨, 해수, 거담, 진정, 구토, 파상풍, 창종 등에 약재로 사용한다.

여름

삼수여로
Veratrum bohnhofii var. *latifolium*

과명 백합과

개화 7~8월　　**높이** 60~70cm

특징 여러해살이풀 | 뿌리줄기는 그물 같은 섬유로 싸여 있다. 잎은 좁고 길며 밑의 잎은 잎자루가 없고 양면에 털이 없다. 꽃줄기 끝에 이삭꽃차례를 이루고 자주색의 작은 꽃이 빽빽하게 달리며 꽃차례 축에는 흰 솜털이 있고 곁꽃가지는 6~7개로 수꽃만 달린다. | 유독성식물 | 약용

결실 8~9월 | 튀는열매(삭과)

자생 북부지방, 약간 습기 있는 고원지 초원 양지

❗ 북한지방의 삼수지역에 많이 자라기 때문에 이름 지어졌다. | 한방에서 뿌리와 줄기를 강심, 감기, 고혈압, 중풍 등에 약재로 사용한다.

여로
Veratrum maackii var. *japonicum*

과명 백합과

개화 7~8월　　**높이** 50~100cm

특징 여러해살이풀 | 뿌리줄기는 짧고, 원줄기 밑부분과 잎집이 썩으면서 남은 섬유로 싸여 있다. 원줄기는 꽃차례와 더불어 도드라기 같은 털이 있고 잎은 줄기 밑부분에서 어긋나게 붙으며 잎집이 원줄기를 완전히 둘러싼다. 밑의 잎은 좁은 피침모양으로 끝이 뾰족하며 밑은 점차 좁아지고 올라갈수록 줄모양이 된다. 짙은 자갈색 꽃이 줄기 끝에서 고깔꽃차례로 핀다. | 유독성식물 | 약용

결실 9~10월 | 튀는열매(삭과)

자생 남·중·북부지방, 높은 산마루 근처 초원 양지

❗ 삼수여로와 같은 용도의 약재로 사용한다.

원추리
Hemerocallis fulva

과명 백합과

개화 7~8월　　**높이** 1m 안팎

특징 여러해살이풀 | 뿌리는 실북모양으로 굵어지는 덩이뿌리가 있고 식물체는 곧게 서며 뿌리잎은 마주 붙고 2줄로 얼싸안는다. 잎몸은 줄모양이고 끝이 뾰족하며 끝부분이 활처럼 휘어져서 밑으로 처진다. 잎 사이에서 긴 꽃줄기가 나와 곧게 서고 끝에서 송이꽃차례가 나오며 꽃차례는 1~2번 갈라지고 6~8개의 등황색 꽃이 저녁 때 피었다가 이튿날 오후에 진다. | 관상용, 식용, 약용

결실 8~9월 | 튀는열매(삭과)

자생 전국 각지의 산지와 낮은 언덕

❗ 어린 순은 나물로 먹는다. | 한방과 민간에서 뿌리를 이뇨, 황달 등에 약재로 사용한다.

왕원추리
Hemerocallis fulva var. *kwanso*

과명 백합과

개화 8월　　**높이** 40~60cm

특징 여러해살이풀 | 귀화식물(중국 원산). 뿌리에는 실북모양의 덩이뿌리가 있고 잎은 서로 마주 달리며 얼싸안고 끝이 활모양으로 뒤로 젖혀지며 밑으로 휘어진다. 꽃잎이 겹으로 많이 달린 등황색 큰 꽃이 꽃줄기 끝에서 피며 저녁에 피었다가 이튿날 오후에 진다. | 관상용, 식용, 약용

결실 열매는 맺지 못하고 뿌리로 번식한다.

자생 전국 각지

❗ 원추리보다 꽃이 훨씬 더 크고 겹꽃이다. | 한방과 민간에서 뿌리를 원추리와 같은 용도의 약재로 사용한다.

여름

하늘말나리
Lilium tsingtauense

과명 백합과

개화 7~8월　　**높이** 1m 안팎

특징 여러해살이풀 | 비늘줄기는 둥근 꼴의 달걀모양이고 비늘조각에 마디가 없지만 있기도 하다. 돌려붙는 큰 잎은 6~12개씩 붙고 피침모양, 거꿀달걀꼴의 타원모양으로 급하게 뾰족해진 끝과 점차 좁아진 밑부분이 직접 원줄기에 달린다. 어긋나게 붙은 작은 잎은 위로 올라가면서 더 작아진다. 줄기 끝에서 몇 개의 등황색 꽃이 위를 향해 핀다. | 관상용, 식용, 약용

결실 8~9월 | 튀는열매(삭과)

자생 남·중·북부지방, 산기슭 양지바른 초원이나 산마루 초원

❗ 꽃과 줄기가 크고 하늘을 향해서 꽃이 피기 때문에 이름 지어졌다. | 어린 순과 비늘줄기는 나물로 먹는다. | 한방과 민간에서 비늘줄기를 [백합(百合)]이라 하고 강심, 강장, 진정, 해수, 해독, 거담, 기관지염, 신경쇠약 등에 약재로 사용한다.

노랑하늘말나리
Lilium tsingtauense for. *flavum*

과명 백합과

개화 7~8월　　**높이** 1m 안팎

특징 여러해살이풀 | 원변형에 비하여 꽃이 밝은 황색으로 피는 것이 특징이다. | 관상용, 식용, 약용

결실 8~9월 | 튀는열매(삭과)

자생 중부 이남지방, 산지 초원 양지

❗ 하늘말나리와 같은 용도로 식용, 약용한다.

말나리
Lilium distichum

과명 백합과

개화 7~8월　　**높이** 80cm 안팎

특징 여러해살이풀 | 비늘줄기는 둥글며 잎은 돌려붙는 잎과 어긋나게 붙는 잎이 있다. 4~9개의 돌려붙은 잎은 거꿀달걀꼴의 타원모양이고 양끝이 좁으며 밑부분이 점차 좁아져서 원줄기에 붙는다. 어긋나는 잎은 작고 거꿀피침모양이다. 줄기 끝부분에서 4~5개의 등황색 꽃이 옆을 향해 달리고 송이모양으로 피며 향기가 있다. | 관상용, 식용, 약용

결실 9~10월 | 튀는열매(삭과)

자생 남·중·북부지방, 숲 가장자리나 산기슭 초원 양지

❗ 비늘줄기와 어린 싹을 식용한다. | 한방과 민간에서 비늘줄기를 자양, 강장 등에 약재로 사용한다.

하늘나리
Lilium concolor var. *partheneion*

과명 백합과

개화 6~7월　　**높이** 30~80cm

특징 여러해살이풀 | 비늘줄기는 작고 달걀모양이다. 잎은 어긋나게 촘촘히 붙으며 잎자루가 없고 줄모양, 넓은 줄모양으로 가장자리에 작은 도드라기가 있다. 줄기 끝과 잎겨드랑이에서 1~5개의 붉은색 꽃이 각각 1개씩 위를 향해 핀다. | 관상용, 식용, 약용

결실 8~9월 | 튀는열매(삭과)

자생 남·중·북부지방, 산지 초원 양지

❗ 꽃이 하늘을 향해서 활짝 피기 때문에 이름 지어졌다. | 말나리와 같은 용도로 식용, 약용한다.

여름

날개하늘나리
Lilium davuricum

▲ 삼지연 8월

과명 백합과

개화 7~8월　　**높이** 90cm 안팎

특징 여러해살이풀 | 비늘줄기는 둥근 양파모양이고 흰색이며 쉽게 떨어진다. 비늘쪽은 고기질로 길고 둥근모양이며 중간 윗부분에 마디가 있다. 줄기는 곧게 서며 굵고 세로로 난 뚜렷한 줄이 있으며 줄 위에 젖꼭지모양의 도드라기가 있다. 줄기 끝에서 2~3개의 황적색 꽃이 위를 향해 핀다. | 관상용, 식용, 약용

결실 8~9월 | 튀는열매(삭과)

자생 중부 이북지방, 백두대간을 따라 강원도 이북지방 고산지대까지 산지의 초원 양지

❗ 줄기 모서리에 있는 줄이 도드라져서 작은 날개처럼 되기 때문에 이름 지어졌다. | 말나리와 같은 용도로 식용, 약용한다.

솔나리
Lilium cernuum

과명 백합과

개화 7~8월　　**높이** 70cm 안팎

특징 여러해살이풀 | 비늘쪽은 많지 않고 달걀모양이며 끝이 급하게 뾰족하다. 줄기는 곧게 서며 녹색으로 가늘고 딱딱하다. 잎은 줄기 중간 부분에 빽빽하게 어긋나서 붙고 위를 향해 비스듬히 서며 잎자루는 없다. 잎은 솔잎모양이고 1개의 잎줄이 있으며 줄기 끝에서 송이꽃차례를 이루고 1~6개의 짙은 홍자색 꽃이 밑을 향해 핀다. | 관상용, 식용, 약용

결실 9~10월 | 튀는열매(삭과)

자생 중부 이북지방, 산기슭 숲 가장자리나 숲속 반그늘

❗ 풀잎이 솔잎과 닮아 이름 지어졌다. | 말나리와 같은 용도로 식용, 약용한다.

흰솔나리
Lilium cernuum for. *candidum*

과명 백합과

개화 7~8월　　**높이** 70cm 안팎

특징 여러해살이풀 | 원변형에 비하여 흰 꽃이 피고 꽃잎 안쪽에 흑자색의 얼룩점이 있는 것이 특징이다. | 관상용, 식용, 약용

결실 9~10월 | 튀는열매(삭과)

자생 중부지방, 깊은 산지와 금강산

◀ ⓒ 홍찬표

❗ 말나리와 같은 용도로 식용, 약용한다.

여름

큰솔나리
Lilium tenuifolium

▲ 함경북도 두만강변 7월

과명 백합과

개화 6~7월 **높이** 60cm 안팎

특징 여러해살이풀 | 비늘줄기는 긴 타원모양이고 잎은 어긋나게 붙으며 빽빽하게 달리고 좁은 줄모양이다. 줄기 끝에서 1개 또는 2~8개의 짙은 붉은색, 붉은색 꽃이 송이꽃차례를 이루고 밑으로 숙이며 핀다. | 식용, 약용

결실 8~9월 | 튀는열매(삭과)

자생 평안북도와 함경북도의 두만강 연안 초원 양지

❗ 솔나리 가운데 식물체와 꽃이 가장 크다. | 어린 순과 비늘줄기는 나물로 먹는다. | 한방과 민간에서 비늘줄기를 말나리와 같은 용도의 약재로 사용한다.

땅나리
Lilium callosum

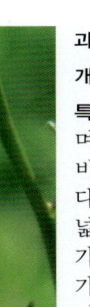

과명 백합과

개화 7월　　　　**높이** 30~100cm

특징 여러해살이풀 | 줄기에 털이 없으며 비늘줄기는 작고 비늘조각은 적으며 비늘줄기 위의 원줄기에서 뿌리가 나온다. 잎은 어긋나게 붙고 빽빽하게 달리며 넓은 줄모양으로 양끝이 좁고 가장자리가 밋밋하며 간혹 반달모양의 도드라기가 있다. 줄기 끝에서 2~9개의 황적색 꽃이 송이꽃차례를 이루고 밑으로 고개를 숙이고 핀다. | 관상용, 식용, 약용

결실 8~9월 | 튀는열매(삭과)

자생 전국 각지, 산과 들, 산기슭 메마른 초원 양지

❗ 말나리와 같은 용도로 식용, 약용한다.

중나리
Lilium leichtlinii var. *tigrinum*

과명 백합과

개화 7~8월　　　　**높이** 1m 안팎

특징 여러해살이풀 | 비늘줄기 위에서 뿌리가 돋고 비늘줄기는 둥글다. 잎은 빽빽하게 붙고 줄모양, 넓은 줄모양으로 털이 없거나 흰 털이 약간 있고 가장자리는 밋밋하지만 원줄기와 더불어 작은 도드라기가 있다. 줄기 윗부분에서 송이꽃차례를 이루고 황적색 꽃이 밑으로 숙여 핀다. | 관상용, 식용, 약용

결실 9~10월 | 튀는열매(삭과)

자생 중부 이북지방, 산지, 초원이나 떨기나무 숲 근처 양지

❗ 비늘줄기와 새싹을 식용한다. | 한방과 민간에서 비늘줄기를 강심, 강장, 해독, 신경쇠약, 기관지염, 폐렴 등에 약재로 사용한다.

여름

참나리
Lilium lancifolium

▲ 대관령 8월

▲ 살눈

▲ 열매

과명 백합과

개화 7~8월 　　**높이** 1~2m

특징 여러해살이풀 | 줄기는 흑자색이 돌며 흑자색 얼룩점이 있고 어릴 때는 흰털로 덮인다. 잎은 어긋나게 붙고 빽빽하게 달리며 피침모양이다. 짙은 갈색의 살눈이 잎겨드랑이에 달린다. 꽃잎 안쪽에 황적색 바탕에 흑자색 무늬점이 있는 꽃 3~15개가 줄기 끝에서 송이꽃차례를 이루고 핀다. | 관상용, 식용, 약용

결실 9~10월 | 튀는열매(삭과, 번식은 살눈으로 한다.)

자생 전국 각지, 산과 들, 산기슭 초원, 섬지방 바닷가 초원 양지

❗ 우리나라 나리꽃 중 가장 쓸모가 많고 우리와 친근한 꽃이다. 때문에 '참나리'라 한 것 같다. | 비늘줄기와 새싹을 식용한다. | 한방에서 비늘줄기를 [백합(百合)]이라고 하여 강심, 강장, 해독, 신경쇠약, 기관지염, 폐렴 등에 약재로 사용한다.

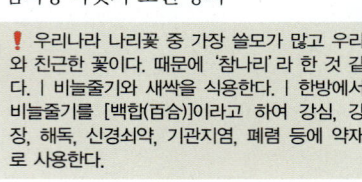

백양꽃

Lycoris sanguinea var. *koreana*

▲ 거제도 8월

▲ 비늘줄기

◀ 씨

과명 수선화과

개화 8~9월　　**높이** 30cm 안팎

특징 여러해살이풀 | 비늘줄기는 달걀 모양이고 겉껍질은 흑갈색, 또는 적갈색이다. 잎은 엄지잎줄은 흰빛이 돌며 밑부분은 점차 좁아지고 끝은 약간 둔하다. 잎이 없는 비늘줄기에서 꽃줄기가 나와 곧게 선다. 꽃줄기는 편평하고 둥근 기둥모양이며 희미한 모서리줄 2개가 있고 밑부분은 적색이지만 위는 녹색이다. 꽃줄기 끝에서 4~6개의 붉은 벽돌색 꽃이 우산꽃차례모양으로 핀다. | 유독성식물 | 약용

결실 9~10월 | 튀는열매(삭과)

자생 전남 백양산, 경남 거제도 노자산, 산기슭 숲속 그늘

❗ 맨처음 백양산에서 발견되어 이름 지어졌다. | 한방에서 비늘줄기를 거담, 해열, 백일해 등에 약재로 사용한다.

범부채
Belamcanda chinensis

▲ 서울 8월

과명 붓꽃과

개화 7~8월   **높이** 50~100cm

특징 여러해살이풀 | 뿌리줄기는 옆으로 뻗고 잎은 어긋나게 붙으며 잎몸은 좌우로 편평하다. 잎은 2줄로 부채살모양으로 배열되며 녹색 바탕에 약간 흰빛이 돌고 끝이 뾰족하며 밑부분이 서로 얼싸안는다. 1~2번 가지를 벋은 꽃가지 끝에서 황적색 바탕의 안쪽에 짙은 붉은색 얼룩점이 있는 꽃이 몇 개씩 붙어 고른살꽃차례를 이루고 오전에 피었다가 오후에 시든다. | 관상용, 약용

결실 9~10월 | 튀는열매(삭과)

자생 전국 각지, 산기슭 메마른 초원 양지

◀ 열매, 씨

❗ 한방과 민간에서 뿌리줄기를 [사간(射干)]이라 하고 이뇨, 해열, 해독, 인후염 등에 약재로 사용한다.

구름병아리난초
Gymnadenia cucullata

과명 난초과

개화 7~8월　　**높이** 10~20cm

특징 여러해살이풀 | 둥근 덩이뿌리가 있고 큰 잎은 대개 2개가 밑부분에서 연속하여 달린다. 잎은 타원모양, 피침모양으로 그 위에 몇 개의 꽃싸개잎이 달린다. 꽃대 끝에 이삭꽃차례를 이루고 연한 홍색 꽃이 한쪽을 향해 모여 핀다.

결실 8~9월 | 튀는열매(삭과)

자생 남·중·북부지방, 고산지대 바늘잎나무 숲속 그늘

❗ 높은 산에 자라기 때문에 이름에 '구름' 자가 붙어 '구름병아리난초'이다.

지네발란
Sarcanthus scolopendrifolius

과명 난초과

개화 6~7월　　**길이** 30~50cm

특징 늘푸른 여러해살이풀 | 원줄기는 딱딱하고 드문드문 가지가 갈라진다. 잎은 어긋나게 붙고 좁은 피침모양으로 딱딱하며 끝이 둔하고 표면에 홈이 있다. 줄기집 밑부분을 뚫고 꽃줄기가 나오며 끝에서 1개의 연한 홍색 꽃이 핀다. | 관상용

결실 7~8월 | 튀는열매(삭과)

자생 남부지방, 목포와 제주도 남쪽 산기슭 바위 표면이나 늙은 고목 껍질

❗ 줄기에 잎이 달린 모양이 지네가 바위 표면을 기어가는 듯하다 하여 이름 지어졌다.

여름

풍선난초
Calypso bulbosa

▲ 삼지연 6월

과명 난초과

개화 6월 　　　**높이** 6~20cm

특징 여러해살이풀 | 뿌리줄기는 고기질이고 타원모양이며 끝에서 잎과 줄기가 각각 1개씩 나온다. 잎은 달걀꼴의 타원모양이고 끝이 뾰족하거나 둔하며 밑부분이 둥글다. 세로로 주름살이 지고 가장자리가 물결모양이며 뒷면은 자줏빛이 돌고 잎자루가 있다. 원줄기 끝에 연한 홍색 꽃이 1개 달리고 밑부분에 2개의 칼집모양 잎이 있다. 꽃싸개잎은 넓은 줄모양으로 끝이 뾰족하다.

결실 6~7월 | 튀는열매(삭과)

자생 북부지방, 고산지대와 백두산 삼지연, 갑산 등지의 바늘잎나무 숲속 그늘의 이끼 위

❗ 입술모양의 꽃잎이 밑으로 처지면서 거꿀달걀모양으로 주머니처럼 부풀기 때문에 이름 지어졌다.

흰분홍투구꽃
● 525p

자주가는오이풀
○ 627p

선토끼풀
○ 631p

여름

약모밀
Houttuynia cordata

▲ 울릉도 6월　　　　　　　▼ 약재

과명　삼백초과

개화　6~7월　　**높이**　20~50cm

특징　여러해살이풀 | 뿌리줄기는 둥근 기둥모양이고 가늘며 흰색이고 곁뿌리가 있다. 줄기는 곧게 서고 흑자색이며 받침잎은 줄꼴의 긴 타원모양이고 끝이 둔하다. 잎은 줄기에 어긋나게 붙고 잎몸은 넓은 달걀꼴의 심장모양으로 가장자리는 밋밋하며 밑은 대개 심장모양이고 끝은 짧게 뾰족하다. 식물체에서 생선 비린내 같은 냄새가 난다. 줄기 끝에서 이삭모양 꽃차례를 이루고 황색의 작은 꽃이 많이 모여 피며 4개의 꽃잎모양 꽃싸개잎은 흰색이다. | 관상용, 식용, 약용

결실　9월 | 튀는열매(삭과)

자생　울릉도, 중부 이남지방, 제주도 등지의 산과 들 습기 있는 그늘

❗ 잎을 차 대용으로 마신다. | 한방과 민간에서 풀 전체를 [어성초(魚腥草)]라 하고 강심, 해열, 이뇨, 방광염, 자궁염, 유종, 중이염, 개선, 중풍, 피부병, 간염, 고혈압, 동맥경화, 요도염 등에 약재로 사용한다.

삼
Cannabis sativa

▲ 두만강 6월

▼ 잎과 꽃

과명 삼과

개화 7~8월　　**높이** 1~3m

특징 한해살이풀 | 귀화식물(인도, 중앙아시아 원산). 줄기는 곧게 서고 둔하게 네모지며 기둥모양이고 세로로 홈이 있으며 잔털로 덮이고 회록색이다. 껍질층에는 여러 개의 섬유세포들이 모여서 섬유묶음을 이루며 잎은 줄기의 밑에서는 마주 붙고 위에서는 어긋나게 붙으며 잎자루는 길다. 잎몸은 손바닥모양겹잎이고 5~9개의 쪽잎으로 되어 있으며 받침잎은 버들잎모양이다. 줄기나 가지 끝에 꼬리모양꽃차례를 이루고 연한 녹색 꽃이 모여 핀다. | 약용

결실 9~10월 | 여윈열매(수과)

자생 전국의 들녘 양지

❗ 섬유자원으로 재배한다. | 한방과 민간에서 씨를 [대마인(大麻仁)]이라 하고 통유, 이뇨, 진정, 고미, 건위, 구토, 난산, 회충, 변비, 설사, 개선, 타박상, 대하증, 당뇨 등에 약재로 사용한다.

여름

환삼덩굴
Humulus japonicus

과명 삼과

개화 7~8월 **길이** 3~4m

특징 한해살이풀 | 줄기는 곁가지를 많이 벋으며 길게 자라고 주변의 물체를 감고 기어 오른다. 줄기 겉면에는 6개의 모서리가 있고 밑으로 향한 갈고리모양의 침이 있어 다른 물체에 단단하게 감긴다. 잎은 줄기에 마주 달리고 긴 잎자루가 있으며 잎몸은 5~7갈래로 깊이 갈라져 손바닥모양을 이룬다. 잎겨드랑이에서 꼬리모양꽃차례를 이루고 연한 황록색 꽃이 모여 피며 암수딴그루이다. | 약용

결실 8~9월 | 여윈열매(수과)

자생 전국 각지, 낮은 지대 마을 근처 언덕이나 길가, 숲 가장자리 반그늘

❗ 한방과 민간에서 열매를 고미건위제로 쓰며 풀 전체를 진정, 파상풍 등에 약재로 사용한다.

가는잎쐐기풀
Urtica angustifolia

과명 쐐기풀과

개화 7~8월 **높이** 50~150cm

특징 여러해살이풀 | 줄기 표면에 세로로 된 두드러진 줄이 있고 투명한 쏘는 털이 있다. 잎은 마주 붙고 점차 뾰족해지고 가장자리에 거친 톱니가 있다. 잎에 3갈래의 굵은 잎줄이 있다. 줄기와 가지 끝에 좁고 긴 꼬리모양꽃차례를 이루고 녹색 꽃이 모여 핀다. | 식용, 약용

결실 8~9월 | 여윈열매(수과)

자생 전국 각지, 산기슭 길가 떨기나무 주변의 반그늘

❗ 쐐기풀들은 줄기와 잎자루 등에 가시처럼 생긴 투명한 털이 있어 피부에 닿으면 피부가 부푼다. 때문에 '쐐기풀'이라 한다. | 어린 잎과 줄기를 나물로 먹는다. | 민간에서 풀 전체를 당뇨병, 하혈 등에 약재로 사용한다.

쐐기풀
Urtica thunbergiana

과명 쐐기풀과

개화 7~9월   **높이** 40~120cm

특징 여러해살이풀 | 한군데에서 대개 여러 대가 나와 곧게 서고 잎과 더불어 가시모양의 쏘는 털이 있다. 원줄기는 녹색이며 세로로 모서리가 있다. 잎 가장자리에 결각모양의 톱니가 있고 표면에 황색 털이 드문드문 있다. 잎자루에 위를 향한 짧은 털이 있고 원줄기 끝의 잎겨드랑이에서 꼬리모양꽃차례를 이루고 연한 녹색 꽃이 모여 핀다. | 식용, 약용

결실 9~10월 | 여윈열매(수과)

자생 전국 각지, 낮은 산골짜기 숲 가장자리 그늘

❗ 어린 잎과 줄기는 나물로 먹는다. | 민간에서 풀 전체를 가는잎쐐기풀과 같은 용도로 사용한다.

왜모시풀
Boehmeria longispica

과명 쐐기풀과

개화 7~9월   **높이** 80~100cm

특징 여러해살이풀 | 줄기 윗부분에 짧은 털이 빽빽하다. 잎은 마주 붙으며 달걀모양으로 끝이 꼬리모양이고 약간 길다. 밑은 둥글고 양면에 짧은 털이 있으며 끝으로 가면서 잎 가장자리의 톱니가 점점 커진다. 줄기 윗부분의 잎겨드랑이에서 꼬리모양꽃차례를 이루고 밑에는 수꽃차례, 윗부분에는 암꽃차례가 달리며 연한 녹색 꽃이 모여 달린다. | 식용, 약용

결실 9~10월 | 여윈열매(수과)

자생 중부 이남지방, 낮은 지대의 산골짜기 숲속 그늘

❗ 어린 잎과 줄기를 나물로 먹는다. | 한방과 민간에서 풀 전체를 이뇨, 통경, 단독, 하혈, 충독, 당뇨병 등에 약재로 사용한다.

물통이
Pilea peploides

과명 쐐기풀과

개화 7~8월　　**높이** 5~10cm

특징 한해살이풀 | 식물체가 연약하고 털은 없으며 줄기는 외대이고 곧게 서며 가지를 약간 벋고 받침잎은 없다. 잎은 마주 붙고 줄기 끝에서는 돌려 붙으며 긴 잎자루가 있고 잎몸은 달걀모양이다. 밑은 쐐기모양으로 끝이 둔하거나 둥글며 가장자리는 얕은 물결모양이고 밋밋하거나 톱니가 있으며 잎에는 3갈래의 잎줄이 있다. 잎겨드랑이에서 고른살꽃차례를 이루고 연한 녹색 꽃이 핀다. | 식용

결실 8~9월 | 여윈열매(수과)

자생 전국 각지, 산골짜기 습기 있는 그늘

❗ 어린 잎과 줄기를 나물로 먹는다.

모시물통이
Pilea mongolica

과명 쐐기풀과

개화 7~8월　　**높이** 20~60cm

특징 한해살이풀 | 식물체가 연약하며 줄기는 곧게 서고 간혹 줄기 밑이 땅 위로 기면서 뿌리를 내리기도 하며 둥글다. 받침잎은 작으며 곧 떨어진다. 잎은 마주 붙고 잎자루가 있으며 잎몸은 마름꼴의 타원모양이고 밑은 넓은 쐐기모양이며 끝이 꼬리모양으로 뾰족하다. 가장자리에 톱니가 있고 표면에 갈래잎줄이 뚜렷하다. 잎겨드랑이에서 고른살모양꽃차례를 이루고 녹색 꽃이 핀다. | 식용

결실 8~9월 | 여윈열매(수과)

자생 전국 각지, 습기 있고 그늘진 산골짜기 또는 마을 근처 길가

❗ 어린 잎과 줄기를 나물로 먹는다.

모시풀
Boehmeria nivea

▲ 한산 6월　　▼ 꽃이삭　　▼ 열매

과명　쐐기풀과

개화　6~8월　　**높이**　1~2m

특징　여러해살이풀 | 줄기 밑부분은 나무질이고 윗부분은 풀질이며 회백색 또는 회갈색이 나고 거친 털이 많다. 잎은 어긋나게 붙으며 잎자루가 있다. 잎몸은 넓은 달걀모양이고 밑은 심장모양으로 끝이 뾰족하며 가장자리에는 불규칙한 톱니가 있으며 잎 뒷면에 누운 흰 솜털이 빽빽하게 나 있다. 잎겨드랑이에서 고깔꽃차례모양을 이루고 황백색 꽃이 핀다. | 식용, 약용

결실　9~10월 | 여윈열매(수과)

자생　남부지방, 제주도, 울릉도 등지의 낮은 지대 양지바른 길가, 언덕

❗ 이 식물로 모시를 짜기 때문에 '모시풀'이라 부른다. | 연한 잎은 식용한다. | 한방과 민간에서 뿌리를 [저마근(苧麻根)]이라 하고 이뇨, 충독, 당뇨병 등에 약재로 사용한다.

여름

거북꼬리
Boehmeria tricuspis

과명 쐐기풀과

개화 7~8월   **높이** 1m 안팎

특징 여러해살이풀 | 줄기는 곧게 서고 여러 대가 한군데서 같이 모여 나며 줄기는 둔하게 네모지고 잎자루와 더불어 붉은빛이 돈다. 잎은 마주 붙고 잎몸은 넓은 달걀모양이며 잎에는 3개의 잎줄이 뚜렷하다. 잎은 가죽질이고 줄기의 잎겨드랑이에서 이삭꽃차례를 이루고 녹색 꽃이 핀다. | 식용, 약용

결실 8~9월 | 여윈열매(수과)

자생 전국 각지, 산지 계곡 숲 가장자리 길가 초원 양지

❗ 쪽잎이 길게 뾰족 나온 모양이 거북이의 꼬리 같다 하여 붙여진 이름이다. | 모시풀과 같은 용도로 식용, 약용한다.

개모시풀
Boehmeria platanifolia

과명 쐐기풀과

개화 7~8월   **높이** 1m 안팎

특징 여러해살이풀 | 줄기는 곧게 서고 둔한 모서리가 있으며 짧은 털이 빽빽하게 난다. 잎은 마주 붙고 끝이 날카롭게 뾰족하다. 잎 가장자리는 거친 톱니 또는 겹톱니가 있고 잎 끝으로 갈수록 커지고 뾰족해서 안쪽으로 구부러진다. 잎겨드랑이에서 이삭모양꽃차례를 이루고 연한 녹색 꽃이 모여 핀다. | 식용, 약용

결실 8~9월 | 여윈열매(수과)

자생 전국 각지, 들녘, 냇가, 언덕이나 약간 습기 있는 초원 양지

❗ 들에 자라기 때문에 '개모시풀'이며 모시풀만큼 많이 쓰이지는 않는다. | 모시풀과 같은 용도로 식용, 약용한다.

왕모시풀
Boehmeria pannosa

과명 쐐기풀과

개화 7~10월 **높이** 1m 안팎

특징 여러해살이풀 | 줄기는 모여 나며 윗부분에 짧은 털이 빽빽하다. 잎은 마주 붙고 넓은 달걀모양이며 끝이 뾰족하다. 가장자리에 일정한 톱니가 있고 잎 표면에도 짧은 털이 있으며 뒷면에 부드러운 털이 빽빽하게 나 있다. 받침잎은 긴 타원모양, 피침모양이고 줄기잎 겨드랑이에서 이삭모양꽃차례를 이루고 연한 녹색 꽃이 수꽃차례는 밑부분에, 암꽃차례는 윗부분에 달린다. | 식용, 약용

결실 9~11월 | 여윈열매(수과)

자생 남부지방, 다도해 섬지방, 제주도의 바닷가 초원 양지

❗ 모시풀과 같은 용도로 식용, 약용한다.

개대황
Rumex longifolius

과명 여뀌과

개화 6~7월 **높이** 40~120cm

특징 여러해살이풀 | 줄기는 곧게 서며 윗부분에서 가지를 벋고 세로로 홈이 있다. 뿌리잎과 밑의 줄기잎에 긴 잎자루가 있고 잎몸은 긴 타원꼴의 달걀모양, 밑은 얕은 심장모양, 잘린모양, 둥근모양이며 가장자리는 물결모양이다. 윗부분 줄기잎은 뿌리잎보다 작고 잎자루도 짧다. 잎몸은 좁은 버들잎모양이고 줄기 끝에 좁고 긴 고깔모양꽃차례를 이루고 황록색 꽃이 돌려 붙어 핀다. | 식용, 약용

결실 7~8월 | 여윈열매(수과)

자생 전국 각지, 산과 들, 대개는 중부 이북지방 길가 초원 양지

❗ 어린 잎은 나물로 먹는다. | 한방과 민간에서 뿌리줄기를 통경, 피부병 등에 약재로 쓴다.

여름

소리쟁이
Rumex crispus

과명 여뀌과

개화 6~7월 **높이** 60~120cm

특징 여러해살이풀 | 줄기는 곧게 서고 굵고 얕은 홈이 있으며 뿌리잎과 줄기 밑의 잎은 잎자루가 길다. 잎몸은 긴 타원꼴의 버들잎모양이고 밑은 쐐기모양이며 윗부분은 길게 뾰족하고 가장자리는 물결모양이다. 윗부분의 줄기잎은 작고 밑은 쐐기모양으로 잎자루도 짧다. 연한 녹색 꽃이 좁고 긴 고깔모양꽃차례를 이루고 줄기 끝에서 모여 핀다. | 식용, 약용

결실 7~8월 | 여윈열매(수과)

자생 전국 각지, 들녘 길가 둑이나 도랑가의 습기 있는 양지

❗ 어린 잎과 줄기는 식용한다. | 한방과 민간에서 뿌리를 해열, 건위, 살충, 설사, 황달, 변비, 피부병 등에 약재로 사용한다.

묵밭소리쟁이
Rumex conglomeratus

과명 여뀌과

개화 6~7월 **높이** 50~100cm

특징 여러해살이풀 | 귀화식물(유럽 원산). 줄기는 곧게 서고 많은 가지를 벋으며 세로로 홈이 있다. 뿌리잎과 밑의 줄기잎에는 긴 잎자루가 있고 잎몸은 긴 타원모양이다. 윗부분 줄기잎은 버들잎모양이고 밑의 것보다 좁고 작다. 줄기 윗부분 잎겨드랑이와 가지 끝에서 고깔모양꽃차례를 이루고 붉은색이 감도는 녹색 꽃이 많이 핀다. | 식용, 약용

결실 7~8월 | 여윈열매(수과)

자생 중부 이남지방, 들녘이나 산기슭 낮은 지대 밭이나 도랑가 습지 등의 양지

❗ 소리쟁이와 같은 용도로 식용, 약용한다.

금소리쟁이
Rumex maritimus

과명 여뀌과

개화 6~8월   **높이** 40~90cm

특징 한해 또는 두해살이풀 | 줄기는 곧게 서고 밑에서 많은 가지를 벋으며 뚜렷한 모서리와 세로홈이 있다. 받침잎은 반투명질로 쉽게 떨어진다. 윗부분의 잎은 모두 작다. 줄기 윗부분 잎겨드랑이와 가지 끝에 고깔모양꽃차례를 이루고 연한 녹색 꽃이 층층으로 돌려 붙어 핀다. | 식용, 약용

결실 7~9월 | 여윈열매(수과)

자생 전국 각지, 바닷가나 들녘의 도랑가, 강가, 연못가 등 습지 양지

❗ 식물체가 여름에는 노란빛이 나서 초원에서 눈에 잘 띄기 때문에 이름 지어졌다. | 어린 잎과 줄기는 식용한다. | 한방과 민간에서 뿌리를 소리쟁이와 같은 용도로 약용한다.

나도수영
Oxyria digyna

과명 여뀌과

개화 6~7월   **높이** 10~40cm

특징 여러해살이풀 | 신맛이 나고 세로로 홈이 있다. 뿌리잎에는 긴 잎자루가 있고 잎몸은 둥근 콩팥모양으로 가장자리는 물결모양이며 줄기잎은 없거나 꽃차례 밑에 1~2개가 있다. 줄기 끝에서 성긴 고깔꽃차례를 이루고 녹색 또는 약간 붉은 빛이 도는 꽃이 꽃줄기에 돌려 붙어 핀다. | 식용, 약용

결실 7~8월 | 여윈열매(수과)

자생 북부지방, 백두산 등의 고원지, 골짜기 물가 양지

❗ 식물체, 줄기 등에서 신맛이 나기 때문에 수영과 같은 무리는 아니지만 '나도수영'이라 부른다. | 고산지대에선 어린 잎을 여름나물로 먹는다. | 민간에서 괴혈병에 약으로 쓰기도 한다.

여름

나도닭의덩굴
Fallopia convolvulus

과명 여뀌과

개화 6~10월　　**높이** 40~100cm

특징 한해살이 덩굴풀 | 귀화식물(유럽, 서부 아시아 원산). 줄기는 가늘고 덩굴지며 가지를 벋고 세로로 줄이 있다. 잎은 어긋나게 붙고 잎자루가 있다. 받침잎집은 둥근 통모양이고 갈색을 띤다. 연한 녹색 꽃이 가지 끝에 성긴 이삭모양꽃차례를 이루거나 잎겨드랑이에 2~4개씩 핀다. | 가축 사료용

결실 7~11월 | 여윈열매(수과)

자생 전국 각지, 마을 근처 길가의 울타리나 냇가의 반그늘

❗ 닭의덩굴과 같은 무리지만 귀화식물이며 닭의덩굴과 똑같이 닮아 이름 지어졌다.

큰옥매듭풀
Polygonum bellardi var. *effusum*

과명 여뀌과

개화 7~8월　　**높이** 20~60cm

특징 한해살이풀 | 줄기는 밑에서 많은 가지를 벋고 누워서 비스듬히 자라며 세로로 홈줄이 있다. 받침잎은 투명한 질이고 밑은 녹색이지만 윗부분은 회백색을 띠고 3~10개의 줄이 있다. 잎은 어긋나게 붙으며 짧은 잎자루가 있다. 잎몸은 긴 달걀모양으로 끝은 둥글고 밑은 쐐기모양이며 뒷면에 곁잎줄이 약하게 있다. 줄기 밑에서부터 잎겨드랑이에 회백색 꽃이 여러 개씩 핀다. | 식용, 약용

결실 8~9월 | 여윈열매(수과)

자생 전국 각지, 들녘 길가나 개울가, 바닷가 등지의 초원 양지

❗ 어린 잎과 줄기를 식용한다. | 민간에서 풀 전체를 황달, 창종 등에 약재로 사용한다.

양명아주
Chenopodium ambrosioides

과명 명아주과

개화 7~8월　　　**높이** 60~100cm

특징 한해살이풀 | 귀화식물(남미 원산). 식물체는 샘털이 있어 독특한 냄새가 난다. 줄기는 곧게 서고 가지를 벋으며 세로로 줄이 있다. 잎은 어긋나게 붙고 잎자루가 있다. 잎몸은 긴 타원모양이고 밑은 점차 좁아지며 끝이 뾰족하고 가장자리는 물결모양이며 뒷면에도 샘점이 있다. 가지 끝이나 잎겨드랑이에 둥지모양꽃차례, 이삭꽃차례, 고깔꽃차례를 이루고 녹황색 꽃이 많이 모여 핀다. | 약용

결실 8~9월 | 주머니모양열매(포과)

자생 전국 각지, 바닷가나 길가 빈터

❗ 한방과 민간에서 꽃이 필 때 채집하여 햇볕에 말려 건위, 강장, 통경, 회충, 조충, 요충, 촌충 등에 약재로 사용한다.

청명아주
Chenopodium bryoniaefolium

과명 명아주과

개화 7~8월　　　**높이** 30~100cm

특징 한해살이풀 | 줄기는 외대로 곧게 서고 가지를 약간 벋으며 흰색, 붉은색의 줄무늬가 있다. 잎은 어긋나게 붙고 잎자루가 있으며 잎몸은 세모난 창모양이다. 밑은 넓은 쐐기모양이고 양쪽에 창귀 같은 큰 갈래쪽이 있으며 끝이 뾰족하고 가장자리는 밋밋하거나 물결모양이다. 잎 뒷면에 납질의 흰 가루가 덮여 있다. 가지 끝에 황록색 꽃이 둥지모양꽃차례, 이삭꽃차례로 모여 핀다. | 식용, 약용

결실 8~9월 | 주머니모양열매(포과)

자생 전국 각지, 산과 들, 대개는 경작지 부근의 초원 양지

❗ 어린 잎은 식용한다. | 민간에서 잎과 줄기를 충독, 종기, 개선 등에 약재로 사용한다.

여름

버들명아주
Chenopodium virgatum

과명 명아주과

개화 6~8월 **높이** 20~65cm

특징 한해살이풀 | 줄기는 외대로 곧게 서고 가지를 벋으며 흰색과 녹색의 세로줄이 교차하여 있거나 때로는 적자색을 띤다. 잎은 어긋나게 붙고 잎자루가 있으며 잎몸은 달걀모양, 세모난 달걀모양이고 밑은 넓은 쐐기모양이다. 끝이 둥글고 가장자리는 밋밋하며 투명한 황갈색, 적갈색을 띠고 잎 표면은 윤기가 난다. 잎 뒷면은 납질의 흰 가루로 덮여 있거나 붉은색을 띤다. 황록색 꽃이 8~10개씩 가지 끝에 모여 고깔꽃차례로 핀다.

결실 8~9월 | 주머니모양열매(포과)

자생 전국 각지, 들녘 도랑이나 강가 모래땅, 바닷가 소금기 있는 모래땅의 양지

취명아주
Chenopodium glaucum

과명 명아주과

개화 6~9월 **높이** 10~35cm

특징 한해살이풀 | 식물체는 윤기가 나고 고기질이다. 줄기 밑부분은 붉은빛이 나거나 황록색의 세로줄이 있다. 잎은 어긋나게 붙고 잎자루가 있으며 잎몸은 타원모양이고 밑은 차츰 좁아진다. 잎 표면은 윤기가 나고 뒷면은 적자색이며 납질의 흰 가루로 덮여 있고 가운데잎줄은 황록색이다. 잎겨드랑이와 가지 끝에 짧은 이삭꽃차례를 이루고 황록색 꽃이 모여 핀다. | 식용, 약용

결실 8~10월 | 주머니모양열매(포과)

자생 전국 각지, 집 근처 밭이나 바닷가의 소금기 있는 언덕 양지

❗ 어린 잎과 줄기를 식용한다. | 민간에서 잎과 줄기를 충독, 종기 등에 약재로 사용한다.

명아주
Chenopodium album var. *centrorubrum*

과명 명아주과

개화 7~9월   **높이** 50~150cm

특징 한해살이풀 | 줄기는 곧게 서고 가지를 벋으며 세로로 모가 지거나 녹색 줄무늬가 있다. 잎은 어긋나게 붙고 긴 잎자루가 있으며 잎몸은 마름꼴의 삼각모양, 긴 달걀꼴의 삼각모양이다. 밑은 넓은 쐐기모양이며 끝이 둔하거나 뾰족하고 가장자리는 톱니가 있다. 잎은 두꺼우며 겉은 윤기 나고 뒷면은 납질의 흰 가루로 덮여 있다. 황록색 꽃 8~15개가 가지 끝, 잎겨드랑이에 이삭꽃차례 또는 고깔모양꽃차례를 이루고 핀다. | 식용, 약용

결실 9~10월 | 주머니모양열매(포과)

자생 전국 각지, 마을 근처 텃밭이나 길가 빈터, 강가 등지의 초원 양지

◀ 꽃

❗ 어린 잎과 줄기는 식용한다. | 민간에서 잎과 줄기를 취명아주와 같은 약재로 사용한다.

흰명아주
Chenopodium album var. *album*

과명 명아주과

개화 7~9월   **높이** 50~150cm

특징 한해살이풀 | 명아주에 비하여 어린 잎이 붉은색으로 되지 않고 흰색인 것이 특징이다. | 식용, 약용, 가축 사료용

결실 9~10월 | 주머니모양열매(포과)

자생 전국 각지, 마을 근처 텃밭이나 길가 빈터, 강가 등지의 초원 양지

❗ 부드러운 잎은 나물로 먹는다. | 민간에서 잎과 줄기를 취명아주와 같은 약재로 사용한다.

여름

좀명아주
Chenopodium serotinum

과명 명아주과

개화 7~8월　　**높이** 30~60cm

특징 한해살이풀 | 줄기 윗부분 잎 뒷면은 납질의 흰 가루로 덮여 있다. 잎은 어긋나게 붙으며 세모진 긴 타원모양으로 끝이 뾰족하고 밑은 날카롭다. 가장자리에는 깊은 물결모양의 톱니가 있다. 많은 녹색 꽃이 이삭모양꽃차례로 모여 고깔모양꽃차례를 이루어 핀다. | 식용, 약용

결실 9~10월 | 주머니모양열매(포과)

자생 전국 각지, 낮은 지대 들녘, 밭 또는 경작지 부근 길가 빈터 양지

❗ 취명아주와 같은 용도로 식용, 약용한다.

갯능쟁이
Atriplex subcordata

과명 명아주과

개화 7~9월　　**높이** 40~60cm

특징 한해살이풀 | 잎은 어긋나게 붙고 짧은 잎자루가 있다. 잎몸은 달걀꼴의 삼각모양, 좁은 달걀모양이고 밑은 쐐기모양으로 끝은 뾰족하며 가장자리는 톱니모양이다. 연한 녹색의 작은 꽃들이 잎겨드랑이에서 둥지모양꽃차례를 이루거나 끝에서 이삭꽃차례를 이루고 모여 핀다. | 식용, 약용

결실 8~10월 | 주머니모양열매(포과)

자생 전국 각지, 바닷가 부근의 모래땅이나 소금기 있는 양지

❗ 바닷가에 자라기 때문에 '갯능쟁이'라 부른다. | 취명아주와 같은 용도로 식용, 약용한다.

가는갯능쟁이
Atriplex gmelinii

과명 명아주과

개화 7~8월　　**높이** 30~50cm

특징 한해살이풀 | 줄기는 옆으로 비스듬히 자라며 가지를 벋고 거의 곧게 선다. 잎은 어긋나게 붙고 잎자루가 있으며 잎몸은 버들잎모양, 줄모양이며 밑은 좁은 쐐기모양으로 끝이 예리하게 뾰족하다. 가장자리는 밋밋하지만 거친 것도 있다. 녹색 꽃이 잎겨드랑이에 둥지모양꽃차례나 이삭꽃차례를 이루고 핀다. | 식용, 약용

결실 9~11월 | 주머니모양열매(포과)

자생 전국 각지, 바닷가 모래땅 또는 소금기 있는 양지

❗ 취명아주와 같은 용도로 식용, 약용한다.

댑싸리
Kochia scoparia

과명 명아주과

개화 7~9월　　**높이** 1m 안팎

특징 한해살이풀 | 식물체는 녹색이지만 가을에는 연한 붉은색 또는 붉은색으로 변한다. 줄기는 곧게 서고 가지를 벋으며 가지는 곧게 위로 선다. 연한 녹색 꽃이 잎겨드랑이에 여러 개씩 모이거나 가지 끝에 이삭꽃차례를 이루고 핀다. | 관상용, 식용, 약용

결실 8~10월 | 주머니모양열매(포과)

자생 전국 각지, 집 근처 밭이나 길가 빈터 양지

❗ 이 풀은 가을에 잘라서 마당을 청소하는 빗자루를 만들기 때문에 이름 지어졌다. | 어린 잎과 줄기는 나물로 먹는다. | 한방과 민간에서 여름에 풀 전체를 말려 이뇨, 명목, 강장, 동통, 적리, 목통, 과실중독, 변비 등에 약재로 사용한다.

호모초
Corispermum stauntonii

과명 명아주과

개화 7~8월   **높이** 20~50cm

특징 한해살이풀 | 줄기는 곧게 서고 밑에서 가지를 벋으며 가지는 수평으로 늘어진다. 줄기에는 줄무늬가 있고 잎은 어긋나게 붙으며 잎자루는 없다. 잎몸은 줄모양, 줄꼴의 버들잎모양이고 끝이 점차 뾰족해지며 가장자리는 밋밋하다. 잎은 가운데잎줄이 있고 황록색 꽃이 줄기 끝이나 가지 끝에서 이삭꽃차례를 이루고 모여 핀다. | 식용, 약용

결실 9~10월 | 주머니모양열매(포과)

자생 중부 이북지방, 바닷가 주변, 강가의 모래땅 양지

❗ 어린 잎과 줄기를 나물로 먹는다. | 민간에서 잎과 줄기를 백전풍, 충독, 개선 등에 약재로 사용한다.

털비름
Amaranthus retroflexus

과명 비름과

개화 7~8월   **높이** 30~200cm

특징 한해살이풀 | 귀화식물(남미 원산). 줄기는 곧게 서고 가지를 벋으며 겉면에 자줏빛의 줄무늬가 있거나 둔한 모서리가 있다. 잎은 어긋나게 붙고 긴 잎자루가 있으며 잎몸은 달걀꼴의 긴 타원모양이고 밑은 쐐기모양으로 끝이 뾰족하고 가장자리는 밋밋하다. 잎 표면에 홈줄이 있고 뒷면 가운데잎줄 위에 자주색 털이 있다. 연한 녹색 꽃이 줄기 끝이나 잎겨드랑이에 이삭모양꽃차례 또는 고깔모양꽃차례를 이루고 핀다. | 식용, 약용

결실 9~10월 | 주머니모양열매(포과)

자생 전국의 들녘이나 길가 빈터 양지

❗ 연한 잎과 줄기를 식용한다. | 한방과 민간에서 풀 전체와 꽃을 안질 등에 약재로 사용한다.

비름
Amaranthus mangostanus

과명 비름과

개화 7~9월 　　**높이** 80~100cm

특징 한해살이풀 | 줄기는 외대로 곧게 서고 가지를 벋으며 잎은 어긋나게 붙고 잎자루가 있다. 잎몸은 세모꼴의 넓은 달걀모양이고 밑은 넓은 쐐기모양으로 끝이 둔하다. 가장자리는 밋밋하고 잎은 녹색이지만 약간 붉은색, 자주색을 띠거나 자주색 반점이 있는 것도 있다. 연한 녹색 꽃이 줄기 끝이나 잎겨드랑이에 이삭모양꽃차례로 핀다. | 식용, 약용

결실 9~10월 | 주머니모양열매(포과)

자생 전국 각지, 집 주변 텃밭이나 길가의 빈터 양지

❗ 어린 잎과 줄기를 나물로 먹는다. | 민간에서 풀 전체를 이뇨, 안질 등에 약재로 사용한다.

청비름
Amaranthus viridis

과명 비름과

개화 7~8월 　　**높이** 40~90cm

특징 한해살이풀 | 귀화식물(남미 원산). 식물체는 연한 녹색, 혹은 녹자색이고 털이 없다. 줄기는 곧게 서고 윗부분에서 약간 가지를 벋으며 세로로 줄무늬가 있다. 잎은 어긋나게 붙고 긴 잎자루가 있으며 잎몸은 달걀꼴의 타원모양이고 밑은 쐐기모양이며 끝이 오목하거나 둔하고 1개의 톱니가 있는 것도 있으며 가장자리는 밋밋하거나 물결모양이다. 잎겨드랑이에서 고깔모양의 이삭모양꽃차례를 이루고 녹색 꽃이 핀다. | 식용, 약용

결실 8~11월 | 주머니모양열매(포과)

자생 전국 각지, 들녘, 경작지 밭 근처나 길가의 빈터 양지

❗ 비름과 같은 용도로 식용, 약용한다.

여름

개비름
Amaranthus lividus

과명 비름과
개화 6~8월   **높이** 10cm 안팎
특징 한해살이풀 | 귀화식물(유럽 원산). 식물체는 연한 녹색 또는 녹자색이며 줄기는 누워 자라거나 비스듬히 서고 밑에서 가지를 벋으며 세로로 줄무늬가 있다. 잎은 어긋나게 붙고 잎자루가 있다. 잎몸은 달걀모양이고 밑은 쐐기모양으로 끝이 약간 오목하며 가운데에 톱니가 있는 것도 있고 가장자리는 물결모양이다. 녹색 꽃이 잎겨드랑이나 줄기 끝에 이삭모양꽃차례를 이루고 핀다. | 식용, 약용
결실 8~9월 | 주머니모양열매(포과)
자생 전국 각지, 경작지나 길가 빈터 양지

❗ 부드러운 잎과 줄기를 나물로 먹는다. | 민간에서 꽃을 안질 등에 약재로 사용한다.

눈비름
Amaranthus deflexus

과명 비름과
개화 7~8월   **높이** 10~30cm
특징 한해살이풀 | 줄기는 밑에서 많은 가지를 벋고 비스듬히 옆으로 퍼지며 털이 약간 있다. 잎은 어긋나게 붙고 달걀모양, 좁은 달걀꼴의 삼각모양이다. 녹색 작은 꽃이 원줄기 끝에 이삭모양꽃차례로 달리며 밑에서 약간 갈라진다. | 식용
결실 9~10월 | 주머니모양열매(포과)
자생 전국 각지, 집 근처 텃밭이나 길가 빈터 등 양지

❗ 줄기가 밑에서 땅바닥에 누워 자라기 때문에 '누운 비름(눈비름)'이라 한다. | 연한 잎과 줄기를 나물로 먹는다.

쇠무릎
Achyranthes japonica

▲ 독도 9월

▲ 줄기

과명 비름과

개화 8~9월 **높이** 50~100cm

특징 여러해살이풀 | 뿌리는 굵지 않고 수염모양이다. 줄기는 곧게 서고 둔하게 네모지며 마디는 굵고 볼록하게 튀어나왔다. 줄기나 가지 끝에서 이삭모양꽃차례를 이루고 녹색의 작은 꽃이 성글게 핀다. | 약용

결실 9~10월 | 주머니모양열매(포과)

자생 전국 각지, 산과 들, 낮은 지대 밭 근처나 들녘 길가 빈터, 냇가 등의 초원 양지

❗ 줄기의 모양이 소의 무릎처럼 튀어나와 이름 지어졌다. | 한방과 민간에서 풀 전체와 뿌리를 [우슬(牛膝)]이라 하고 정혈, 보익, 이뇨, 통경, 관절염, 통풍, 신경통, 어혈 등에 약재로 사용한다. 뿌리에는 트리페노이드, 사포닌, 알칼로이드 등이 함유되어 있다.

여름

석류풀
Mollugo pentaphylla

과명 석류풀과

개화 7~10월　　**높이** 10~30cm

특징 한해살이풀 | 식물체는 가늘고 털이 없으며 줄기는 밑에부터 가지를 벋고 비스듬히 서거나 퍼지면서 서고 줄기에 모서리줄이 있다. 작은 받침잎이 있고 잎은 3~5개 또는 여러 개씩 돌려 붙으며 잎자루는 없다. 잎몸은 버들잎모양으로 밑과 끝이 뾰족하고 가장자리는 밋밋하며 윤기가 난다. 잎겨드랑이에서 황갈색의 작은 꽃이 둥지모양꽃차례로 핀다. | 식용, 가축 사료용

결실 8~11월 | 튀는열매(삭과)

자생 전국 각지, 들녘, 집 부근 밭이나 길가 빈터 등 양지

❗ 연한 잎과 줄기는 나물로 먹는다.

쇠비름
Portulaca oleracea

과명 쇠비름과

개화 6~9월　　**높이** 10~30cm

특징 여러해살이풀 | 식물체에 털이 없고 윤기가 나며 고기질로서 즙이 많이 난다. 줄기는 누워서 자라거나 비스듬히 서고 가지를 많이 벋으며 둥글고 연한 녹색이지만 햇볕을 받는 쪽은 적갈색이다. 가지 끝에서 황색 꽃이 3~5개씩 핀다. | 식용, 약용

결실 7~10월 | 뚜껑열매(개과)

자생 전국 각지, 산과 들, 낮은 지대 경작지 길가의 빈터 등 양지

❗ 약 이름 '마치현'은 잎모양이 말의 앞이빨과 같은 데서 온 이름이다. | 연한 잎과 줄기를 나물로 먹는다. | 한방에서 풀 전체를 [마치현(馬齒莧)]이라 하며 해독, 이뇨, 촌충, 이질, 편도선염 등에 약재로 사용한다.

개연꽃
Nuphar japonicum

▲ 양산 7월

과명 수련과

개화 6~9월　　**높이** 50~100cm

특징 여러해살이 수생식물 | 땅속 뿌리줄기는 굵으며 옆으로 벋고 흑갈색이며 잎이 붙어 있던 자리가 있다. 약간 특이한 냄새를 풍기며 불쾌한 맛이 난다. 잎은 뿌리목에서 난다. 물속에 있는 잎은 가늘고 길며 얇은 종이 같고 가장자리는 물결모양이다. 물 위에 뜨는 잎은 긴 타원모양이고 끝이 둥글며 밑은 화살촉모양으로 가장자리는 밋밋하고 가죽질이다. 뿌리목에서 나온 긴 꽃대 끝에 1개의 황색 꽃이 핀다. 높이는 물 깊이에 따라 조정된다. | 관상용, 약용

결실 7~10월 | 튀는열매(삭과)

자생 중부 이남지방, 들녘 양지의 연못 또는 늪지 등 얕은 물

! 한방에서 뿌리줄기와 잎을 강장, 지혈, 정혈, 산전 후 상처, 부인병 등에 약재로 사용한다.

여름

왜개연꽃
Nuphar pumilum

과명 수련과

개화 6~9월 **높이** 1m 안팎

특징 여러해살이 수생식물 | 뿌리줄기는 굵으며 흙속에서 옆으로 벋고 흑갈색이다. 잎자루나 꽃줄기는 물의 깊이에 따라 조절된다. 물속에 있는 잎은 가늘고 길며 가장자리는 물결모양이다. 물 위에 뜨는 잎은 작은 달걀모양으로 가장자리는 물결모양이다. 꽃은 지름 3~4cm이고 황색이며 꽃잎모양의 꽃받침잎은 5개이다. | 관상용

결실 7~10월 | 튀는열매(삭과)

자생 중부지방, 황해도 이남지방의 들녘 등 양지 얕은 연못

남개연꽃
Nuphar pumilum var. *ozeense*

과명 수련과

개화 6~9월 **높이** 1m 안팎

특징 여러해살이 수생식물 | 왜개연꽃의 변종이며 왜개연꽃은 암술머리 부위가 황색인 반면 남개연꽃은 밝은 홍색인 것이 특징이다. 꽃이 핀 후 약 40일 정도 지나면 열매가 물 위에서 익고 다시 물속으로 들어간다. 열매는 녹색으로 익으면 물컹물컹해지면서 씨가 터져 나온다. | 관상용

결실 7~10월 | 튀는열매(삭과)

자생 중부지방, 황해도 이남지방의 들녘 등 양지 얕은 연못

구름미나리아재비
Ranunculus borealis

과명 미나리아재비과

개화 6~7월   **높이** 15~50cm

특징 여러해살이풀 | 식물체는 곧게 서고 거칠며 퍼진 털이 빽빽하게 나 있다. 뿌리잎은 몇 개가 모여 나며 긴 잎자루가 있다. 줄기잎은 윗부분에 붙고 잎자루가 없거나 짧고 3갈래로 전부 갈라지며 갈래조각은 줄모양이다. 줄기 끝이나 가지 끝에 고른살꽃차례를 이루고 황색 꽃이 1~3개씩 핀다. | 유독성식물 | 약용

결실 7~8월 | 여윈열매(수과)

자생 제주도 한라산, 북부지방의 고원지 산기슭 양지

! 높은 산에 자라기 때문에 '구름'자가 붙었다. | 한방과 민간에서 풀 전체를 황달, 류머티즘, 간병 등에 약재로 사용한다.

젓가락나물
Ranunculus chinensis

과명 미나리아재비과

개화 6~7월   **높이** 40~80cm

특징 두해살이풀 | 식물체는 곧게 서고 가지를 벋으며 퍼진 털이 빽빽하게 있다. 잎은 어긋나게 붙고 줄기잎과 뿌리잎이 있다. 뿌리잎과 줄기 밑의 잎에는 긴 잎자루가 있고 잎자루에는 퍼진 황색 털이 빽빽하게 있다. 줄기 윗부분 잎은 작다. 줄기 끝이나 가지 끝에 고른살꽃차례를 이루고 황색 꽃이 핀다. | 유독성식물 | 약용

결실 7~8월 | 여윈열매(수과)

자생 전국 각지, 들녘 햇볕이 잘 드는 도랑가 습지

! 줄기와 가지가 곧고 길게 벋는 것이 젓가락 모양 같다고 이름 지어졌다. | 민간에서 풀 전체를 신장병, 감기, 변비 등에 약재로 사용한다.

여름

왜젓가락나물
Ranunculus quelpaertensis

과명 미나리아재비과

개화 8월　　**높이** 15~80cm

특징 한해, 두해 또는 여러해살이풀 | 식물체는 곧게 서거나 비스듬히 서며 가지를 벋고 거친 털이 있거나 없다. 잎은 어긋나게 붙고 뿌리잎과 줄기잎이 있으며 뿌리잎에는 긴 잎자루가 있다. 줄기 끝과 가지 끝에서 고른살꽃차례를 이루고 황색 꽃이 핀다. | 유독성식물 | 약용

결실 9월 | 여윈열매(수과)

자생 중부 이남지방, 울릉도, 제주도 들녘의 길가나 도랑가 습기 있는 양지

❗ 민간에서 풀 전체를 젓가락나물과 같은 약으로 사용한다.

개구리미나리
Ranunculus tachiroei

과명 미나리아재비과

개화 6~7월　　**높이** 50~100cm

특징 여러해살이풀 | 식물체는 곧게 서고 가지를 벋는다. 밑부분에 거칠고 퍼진 털이 있으며 윗부분에 거친 누운 털이 있다. 잎은 어긋나게 붙고 뿌리잎과 밑의 줄기잎은 긴 잎자루가 있고 퍼진 털이 거칠게 있으며 잎몸은 2번 세갈래난 겹잎이고 한 번 갈라진 가운데 갈래쪽잎은 넓은 타원모양으로 꼭지가 있다. 줄기 끝이나 잎겨드랑이에서 나온 꽃가지 끝에 고른살꽃차례를 이루고 황색, 드물게 흰색 꽃이 핀다. | 유독성식물 | 약용

결실 7~8월 | 여윈열매(수과)

자생 전국 각지, 낮은 지대 산기슭 골짜기나 들녘의 습기 있는 초원 양지

❗ 젓가락나물과 같은 용도로 약용한다.

좀꿩의다리
Thalictrum minus var. *hypoleucum*

▲ 연천 7월

과명 미나리아재비과

개화 7~8월 　　**높이** 40~120cm

특징 여러해살이풀 | 식물체는 곧게 서고 윗부분에서 가지를 벋으며 겉면에 세로로 모서리줄이 있다. 잎은 어긋나게 붙고 밑부분에는 긴 잎자루가 있다. 잎몸은 2~4번 갈라진 세갈래겹잎이거나 깃모양겹잎이다. 쪽잎은 크고 가운데 갈래쪽잎은 쐐기꼴의 거꿀달걀모양이고 밑은 쐐기모양이거나 둥근편이며 윗부분은 다시 2~3개로 갈라지고 끝이 뾰족하다. 잎에는 엄지잎줄이 볼록하게 나와 있다. 줄기 끝과 잎겨드랑이에 고깔모양꽃차례를 이루고 황록색, 황백색 꽃이 많이 모여 핀다. | 식용

결실 9~10월 | 여윈열매(수과)

자생 전국 각지, 숲 가장자리나 주변의 초원 반그늘

❗ 어린 순은 나물로 먹는다.

여름

매발톱꽃
Aquilegia buergeriana var. *oxysepala*

과명 미나리아재비과

개화 6~7월　　**높이** 60~120cm

특징 여러해살이풀 | 식물체는 곧게 서고 연한 털이 있으며 윗부분에서 대개 가지를 벋고 뿌리줄기는 둥근 기둥모양으로 흑갈색이다. 뿌리잎과 줄기잎이 있고 뿌리잎은 몇 개가 모여 나며 긴 잎자루가 있고 잎몸은 2~3번 갈라진 세갈래겹잎이다. 가운데 갈래쪽잎은 잎꼭지가 있고 쐐기꼴의 거꿀달걀모양이며 다시 3갈래로 얕게 또는 깊게 갈라진다. 줄기 끝이나 잎겨드랑이에서 나온 꽃줄기 끝에 2~5개의 자갈색 꽃이 밑으로 처져서 핀다. | 유독성식물 | 관상용

결실 7~8월 | 쪽꼬투리열매(골돌)

자생 전국 각지, 높은 산 산마루 초원 양지, 산기슭 숲 가장자리 초원

❗ 꽃의 뒤에 붙은 꿀주머니가 매가 발가락을 오므린 모양과 같다 하여 붙여진 이름이다.

노랑매발톱꽃
Aquilegia buergeriana for. *pallidiflora*

과명 미나리아재비과

개화 6~7월　　**높이** 60~120cm

특징 여러해살이풀 | 원변형에 비하여 꽃받침잎과 꽃잎이 연한 황색인 것이 특징이다. | 유독성식물 | 관상용

결실 7~8월 | 쪽꼬투리열매(골돌)

자생 중부 이북지방, 고산지대 초원

노랑투구꽃
Aconitum barbatum

과명 미나리아재비과

개화 7~8월　　**높이** 70~90cm

특징 여러해살이풀 | 식물체는 곧게 서고 밑부분에 짧고 연한 퍼진 털이 있으며 윗부분에는 구부러진 짧은 털이 있다. 뿌리줄기는 곧게 벋고 둥근 기둥모양이며 뿌리잎은 2~4개이다. 뿌리잎과 줄기 밑의 잎에는 긴 잎자루가 있고 줄기 윗부분 잎은 짧은 잎자루가 있거나 없다. 줄기 끝과 잎겨드랑이에 황색 꽃이 송이꽃차례를 이루고 핀다. | 유독성식물 | 약용

결실 10월 | 쪽꼬투리열매(골돌)

자생 중부 이북지방, 고산지대 초원 양지

❗ 한방에서 뿌리를 진통, 진경, 이뇨, 진정, 강심, 중풍, 냉풍, 황달 등에 약재로 사용한다.

백부자
Aconitum koreanum

과명 미나리아재비과

개화 7~8월　　**높이** 40~130cm

특징 여러해살이풀 | 식물체는 곧게 서고 구부러진 짧은 연한 털이 있으며 가지는 벋지 않으나 드물게 가지를 벋는다. 땅속 덩이뿌리는 마늘쪽 모양이며 2~3개가 들어 있고 줄기 밑의 잎은 긴 잎자루가 있으며 꽃 피는 시기에 말라 없어진다. 줄기 끝과 잎겨드랑이에서 나온 꽃줄기 끝에 송이꽃차례를 이루고 연한 황색 꽃이 핀다. | 유독성식물 | 약용

결실 9~10월 | 쪽꼬투리열매(골돌)

자생 울릉도를 제외한 전국 각지 깊은 산골짜기 숲 가장자리 등의 반그늘

❗ 한방에서 뿌리를 [백부자(白附子)]라 하고 강심, 진통, 진경, 관절염, 중풍, 풍질, 신경통 등에 약재로 사용한다.

여름

금매화
Trollius hondoensis

▲ 삼지연 7월

과명 미나리아재비과

개화 7~8월 **높이** 40~100cm

특징 여러해살이풀 | 줄기는 곧게 서고 가지를 벋으며 잎은 홑잎이다. 뿌리잎은 2~3개로 긴 잎자루가 있다. 잎몸은 둥근 심장모양이고 3갈래로 밑까지 갈라지며 가운데 갈래조각은 다시 3갈래로 완전히 갈라지며 긴 거꿀달걀모양으로 밑은 쐐기모양이며 끝이 뾰족하고 가장자리에 불규칙한 톱니가 있다. 줄기잎은 어긋나게 붙고 크기가 작다. 줄기 끝과 잎겨드랑이에서 나온 꽃줄기 끝에 황색 꽃이 1개씩 핀다. | 유독성식물 | 관상용

결실 9~10월 | 쪽꼬투리열매(골돌)

자생 북부지방, 양강도, 함경북도의 백두산 고원지 숲속 양지

❗ 꽃이 매화꽃을 닮았으나 색깔은 황금색이기 때문에 이름 지어졌다.

애기금매화
Trollius japonicus

▲ 삼지연 7월

과명 미나리아재비과

개화 7~8월　　**높이** 20~60cm

특징 여러해살이풀 | 식물체는 곧게 서고 털이 없다. 뿌리잎과 줄기 밑의 잎은 긴 잎자루가 있다. 잎몸은 둥근모양이며 3갈래로 깊이 갈라지고 밑은 심장모양이며 끝은 뾰족하다. 가운데 갈래조각은 다시 3개로 깊이 갈라지며 갈래쪽은 세모진 거꿀달걀모양으로 밑은 넓은 쐐기모양이며 가장자리는 날카로운 톱니모양이다. 줄기 윗부분 잎은 어긋나게 붙고 잎자루가 없으며 뿌리잎보다 작다. 줄기 끝과 잎겨드랑이에서 나온 꽃줄기 끝에 고른살꽃차례를 이루고 황색 꽃이 핀다. | 유독성식물 | 관상용

결실 9~10월 | 쪽꼬투리열매(골돌)

자생 북부지방, 양강도, 함경북도의 백두산 고원지 초원 양지

여름

꿩의다리아재비
Caulophyllum robustum

과명 매자나무과

개화 6~7월　　**높이** 40~80cm

특징 여러해살이풀 | 식물체에는 납질의 흰 가루가 있어 분백색을 띠며 뿌리줄기는 굵고 길며 옆으로 벋고 줄기의 밑부분에는 비늘잎이 있고 윗부분에는 1~2개의 도드라기가 있다. 줄기잎은 잎자루가 있고 2~3번 갈라진 세갈래겹잎이며 줄기 끝에서 고깔모양꽃차례를 이루고 여러 개의 황색 꽃이 핀다. | 약용

결실 9~10월 | 물열매(장과)

자생 중부지방, 경기도 이북지방의 깊은 산골짜기 숲속 그늘

❗ 꿩의다리와 같은 무리는 아니지만 풀잎 모양이 닮아 이름 지어졌다. | 한방에서 뿌리줄기를 진경, 천식, 급성대장염, 신경쇠약 등에 약재로 사용한다.

새모래덩굴
Menispermum dauricum

과명 방기과

개화 6월　　**길이** 1~3m

특징 여러해살이풀 | 줄기는 덩굴지며 잎은 줄기에 어긋나게 붙고 홑잎이다. 잎자루가 길며 잎몸은 방패모양으로 붙고 둥근 심장모양, 밑은 얕은 심장모양이고 위는 뾰족하며 가장자리는 5~9개로 얕게 갈라진다. 잎몸은 얇은 반투명질이고 뒷면에 납질의 흰 가루가 있어 분백색을 띤다. 잎겨드랑이에서 나온 꽃대 끝에 송이꽃차례를 이루고 황록색의 작은 꽃들이 모여 핀다. | 유독성식물 | 약용

결실 9월 | 굳은씨열매(핵과)

자생 전국 각지, 낮은 지대 골짜기, 언덕이나 돌담 근처, 빈터 등의 양지

❗ 한방에서 뿌리를 해열, 신경통, 관절염, 고혈압 등에 약재로 사용한다.

두메양귀비
Papaver radicatum var. *pseudoradicatum*

▲ 백두산 7월

과명 양귀비과

개화 6~8월   **높이** 5~10cm

특징 두해살이풀 | 뿌리줄기는 길며 가지를 많이 벋고 땅속으로 약 30cm 안팎까지 곧게 들어간다. 식물체에는 털이 빽빽하게 나 있고 잎은 뿌리목에서 무더기로 나며 긴 잎자루가 있다. 뿌리목에서 나온 꽃대 끝에 큰 황색 꽃이 1개씩 핀다. | 유독성식물 | 관상용, 약용

결실 8~9월 | 튀는열매(삭과)

자생 북부지방, 백두산 고원지 양지

! 민간에서 열매를 진통, 진해, 최면, 위장병 등에 약재로 사용한다.

흰두메양귀비
Papaver radicatum var. *pseudoradicatum* for. *albiflorum*

과명 양귀비과

개화 6~8월   **높이** 5~10cm

특징 두해살이풀 | 꽃이 순백색으로 피는 것이 특징이다. | 관상용, 약용

결실 8~9월 | 튀는열매(삭과)

자생 북부지방, 백두산 고원지 양지

! 민간에서 열매를 두메양귀비와 같은 약재로 사용한다.

여름

금영화
Eschscholzia californica

과명 양귀비과

개화 6~8월 　　**높이** 30~50cm

특징 여러해살이풀(우리나라에서는 한해살이풀) | 귀화식물(북아메리카 원산). 식물체 전체가 회청색이 돌며 잎은 어긋나게 붙고 잎자루가 길며 깃모양으로 갈라진다. 갈래조각은 다시 가늘게 갈라지며 마지막 갈래쪽은 좁게 된다. 원줄기 끝에 황색 꽃이 1개씩 달리고 꽃받침잎은 2개이며 넓은 타원모양으로 꽃이 필 때 떨어진다. | 관상용

결실 9월 | 튀는열매(삭과)

자생 전국 각지, 들녘 양지

▲ 꽃 ◀ 잎 ⓒ 강은희

노랑장대
Sisymbrium luteum

과명 십자화과

개화 6월 　　**높이** 70~120cm

특징 여러해살이풀 | 줄기는 외대로 곧게 서거나 가지를 벋고 식물체에는 굳센 털이 드물게 있다. 잎은 줄기에 어긋나게 붙고 줄기 밑의 잎은 긴 잎자루가 있으며 긴 타원모양, 넓은 타원모양이고 깃모양으로 갈라졌으며 끝의 갈래조각은 크다. 줄기 윗부분 잎은 달걀모양, 가장자리는 물결모양이고 줄기 끝에 송이꽃차례를 이루고 황색 꽃이 모여 핀다. | 식용

결실 7~8월 | 긴뿔열매(장각과)

자생 제주도, 남·중·북부지방, 산기슭 습지 근처 초원 양지나 바닷가

❗ 노란 꽃이 피며 장대나물처럼 키가 크게 자라기 때문에 이름 지어졌다. | 연한 잎과 줄기를 나물로 먹는다.

속속이풀
Rorippa islandica

과명 십자화과

개화 5~7월   **높이** 30~60cm

특징 두해살이풀 | 줄기는 곧게 서거나 비스듬히 서고 윗부분에서 가지를 많이 벋는다. 뿌리잎과 줄기 밑의 잎은 긴 잎자루가 있고 깃모양으로 깊게 갈라진다. 줄기 윗부분 잎은 어긋나게 붙고 깃모양으로 얕게 갈라지고 가장자리는 물결모양, 결각모양이다. 가지 끝에서 송이꽃차례를 이루고 작은 황색 꽃이 모여 핀다. | 식용, 약용

결실 7~8월 | 뿔열매(각과)

자생 전국 각지, 들녘 낮은 지대, 냇가 둑이나 길가 빈터 등의 양지

❗ 어린 잎은 나물로 먹는다. | 한방에서 씨를 [정력(葶藶)]이라 하고 소화, 건위, 해수, 개선, 폐렴, 기관지염 등에 약재로 사용한다.

구슬갓냉이
Rorippa globosa

과명 십자화과

개화 5~6월   **높이** 40~70cm

특징 여러해살이풀 | 줄기는 곧게 서고 가지를 벋으며 밑부분은 나무질이다. 잎은 어긋나게 붙으며 긴 잎자루가 있다. 줄기 밑의 잎은 깃모양으로 깊게 갈라지고 갈래조각은 긴 버들잎모양이다. 윗부분 잎은 갈라지지 않고 긴 타원모양으로 잎자루가 없다. 밑은 좁아져 귀모양을 이루고 끝이 뾰족하며 가장자리는 톱니가 있고 줄기 끝부분 잎은 거의 줄모양이다. 황색의 작은 꽃들이 가지 끝에서 송이꽃차례를 이루고 핀다. | 식용, 약용

결실 6~7월 | 짧은뿔열매(단각과)

자생 중부지방, 강원도 산간의 냇가나 습지 근처 또는 강변 등의 양지

❗ 속속이풀과 같은 용도로 식용, 약용한다.

가지돌꽃
Rhodiola ramosa

과명 돌나물과

개화 7~8월   **높이** 5~10cm

특징 여러해살이풀 | 뿌리줄기는 가늘고 길며 가지를 많이 벋고 끝에 붉은 갈색을 띤 비늘잎이 기와지붕 이은 모양으로 덮여 있다. 줄기는 곧게 서고 고기질의 많은 잎이 빽빽하게 붙어 있다. 잎은 버들잎모양으로 가장자리가 날카로운 톱니모양이다. 황색의 꽃이 줄기 끝에서 고른살꽃차례로 핀다. 우리나라 특산종이다. | 관상용, 약용

결실 9월 | 쪽꼬투리열매(골돌)

자생 북부지방, 백두산 등의 고원지 또는 산기슭의 양지

◀ 열매

❗ 민간에서 풀 전체를 강장, 화상, 충독 등에 약으로 사용한다.

돌꽃
Rhodiola elongata

과명 돌나물과

개화 7~8월   **높이** 30cm 안팎

특징 여러해살이풀 | 뿌리줄기는 굵고 크며 삼각꼴의 비늘잎이 많이 덮여 있다. 줄기는 몇 개가 모여 나며 곧게 선다. 잎은 어긋나게 붙고 잎자루는 없으며 잎몸은 넓은 버들잎모양이고 끝이 약간 뾰족하며 밑은 넓은 쐐기모양으로 가장자리는 둔한 톱니모양이다. 줄기 끝에서 고른살꽃차례를 이루고 연한 녹색이 도는 황색 꽃이 모여 핀다. | 관상용, 약용

결실 9~10월 | 쪽꼬투리열매(골돌)

자생 백두산 등의 고원지 바위틈 양지

◀ 열매

❗ 가지돌꽃과 같은 용도로 약용한다.

바위돌꽃
Rhodiola rosea

▲ 백두산 7월

과명 돌나물과

개화 7~8월   **높이** 7~30cm

특징 여러해살이풀 | 식물체는 분백색이 돈다. 밑은 갈색의 비늘잎 같은 잎으로 덮여 있고 줄기는 여러 개가 무더기로 모여 난다. 잎은 어긋나게 붙고 고기질이며 거꿀달걀모양, 타원모양이고 끝이 둔하며 윗 가장자리에 둔한 톱니가 있다. 줄기 끝에 고른살꽃차례를 이루고 연한 황색 꽃이 빽빽하게 모여 달린다. | 관상용, 약용

결실 9~10월 | 쪽꼬투리열매(골돌)

자생 북부지방, 백두산 고원지 바위틈 등의 양지

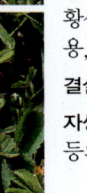

◀ 열매

! 돌꽃 종류들은 고원지에서 흙보다 바위틈 등 돌이 있는 곳에 자라기 때문에 이름 지어진 듯하다. | 가지돌꽃과 같은 용도로 약용한다.

여름

좁은잎돌꽃
Rhodiola angusta

과명 돌나물과

개화 7~8월　　**높이** 5cm 안팎

특징 여러해살이풀 | 뿌리줄기는 둥근 기둥모양이고 가지를 벋지 않으며 끝에 많은 비늘잎이 덮여 있다. 줄기는 곧게 서며 많은 잎이 빽빽하게 붙고 잎은 어긋나게 붙거나 돌려 붙으며 잎자루는 없다. 잎몸은 좁은 줄꼴의 긴 타원모양이고 굵은 고기질이며 가장자리는 밋밋하다. 줄기 끝에서 둥근 머리모양의 고른살꽃차례를 이루고 황색 꽃이 모여 핀다. | 관상용, 약용

결실 8~9월 | 쪽꼬투리열매(골돌)

자생 북부지방, 백두산 고원지 양지

❗ 가지돌꽃과 같은 용도로 약용한다.

섬기린초
Sedum takesimense

과명 돌나물과

개화 7월　　**높이** 50cm 안팎

특징 여러해살이풀 | 뿌리목의 줄기가 겨울동안 살아 있다가 다시 새싹이 나와서 자라며 줄기는 옆으로 비스듬히 선다. 잎은 어긋나게 붙고 피침꼴이며 끝이 둔하고 밑은 좁으며 뾰족하고 양쪽 가장자리에 6~7쌍의 둔한 톱니가 있다. 줄기 끝에 고른살꽃차례를 이루고 20~30개의 황색 꽃이 모여 핀다. | 관상용, 약용

결실 8~9월 | 쪽꼬투리열매(골돌)

자생 울릉도, 독도의 바닷가, 산기슭 양지 초원이나 바위틈

❗ 울릉도에서 자라기 때문에 이름 지어졌다. | 민간에서 풀 전체를 강장 등에 약으로 사용한다.

애기기린초
Sedum middendorffianum

과명 돌나물과

개화 6~8월 **높이** 10~20cm

특징 여러해살이풀 | 뿌리줄기는 나무질 같고 가지를 길게 벋는다. 줄기는 여러 대가 나오고 밑에서 가지를 벋으며 곧게 서거나 또는 비스듬히 선다. 잎은 주걱모양, 좁은 줄모양이고 밑은 쐐기모양으로 끝은 둔하며 윗부분 가장자리는 둔한 결각모양이다. 줄기 끝에 고른살꽃차례를 이루고 많은 황색 꽃이 모여 핀다. | 관상용, 약용

결실 8~9월 | 쪽꼬투리열매(골돌)

자생 DMZ의 높은 산 바위틈 양지와 압록강변의 바위틈

❗ 민간에서 풀 전체를 강장, 선혈, 단종창 등에 약재로 사용한다.

가는기린초
Sedum aizoon

과명 돌나물과

개화 6~8월 **높이** 20~50cm

특징 여러해살이풀 | 뿌리줄기는 짧고 거칠다. 줄기는 여러 대가 모여 나고 가지를 벋지 않으며 곧게 선다. 잎은 어긋나게 붙고 털이 없으며 윤기가 돌고 짧은 잎자루가 있다. 잎몸은 달걀꼴의 줄모양이고 끝은 약간 뾰족하며 밑은 쐐기모양으로 가장자리는 불규칙한 톱니모양이다. 잎은 딱딱하고 가죽질이며 줄기 끝에 고른살꽃차례를 이루고 황색 꽃이 모여 핀다. | 관상용, 식용, 약용

결실 8~9월 | 쪽꼬투리열매(골돌)

자생 전국 각지, 산기슭 메마른 돌밭이나 모래땅 등의 양지

❗ 어린 잎과 줄기를 식용한다. | 민간에서 풀 전체를 강장, 대하증 등에 약으로 사용한다.

여름

기린초
Sedum kamtschaticum

과명 돌나물과

개화 6~7월   **높이** 30~50cm

특징 여러해살이풀 | 가는기린초와 비슷하지만 원줄기가 한군데서 많이 나오며 잎이 짧고 넓은 것이 다르다. 뿌리줄기는 딱딱해져 나무로 되고 거칠며 가지를 벋는다. 줄기는 비스듬히 서며 대개 가지를 벋지 않는다. 잎은 어긋나게 붙거나 마주 붙고 고기질이며 잎몸은 거꿀달걀모양이고 밑은 쐐기모양, 끝은 둔한모양이며 가장자리 윗부분은 둔한 결각모양이다. 황색 꽃이 줄기 끝에서 고른살꽃차례로 핀다. | 관상용, 식용, 약용

결실 8~9월 | 쪽꼬투리열매(골돌)

자생 남·중·북부지방, 낮은 지대 비탈진 돌벽이나 돌틈, 모래땅 양지

❗ 가는기린초와 같은 용도로 식용, 약용한다.

금대기린초
Sedum kamtschaticum var. (lati) *ovatifolium*

과명 돌나물과

개화 6~7월   **높이** 30~50cm

특징 여러해살이풀 | 넓은잎기린초의 변종 또는 잡종일 가능성이 높다. | 관상용, 식용, 약용

결실 8~9월 | 쪽꼬투리열매(골돌)

자생 중부지방, 강원도 태백 일원 높은 곳

❗ 가는기린초와 같은 용도로 식용, 약용한다.

바위채송화
Sedum polystichoides

과명 돌나물과

개화 8~9월　　**높이** 5~10cm

특징 여러해살이풀 | 줄기는 나무질이지만 가늘고 약하며 비스듬히 서고 어린 가지가 많이 생긴다. 어린 가지에는 잎이 빽빽하고 어긋나게 붙으며 잎자루는 없다. 잎몸은 줄모양, 좁은 거꿀버들잎모양이고 끝이 급하게 뾰족하며 고기질로 가장자리는 밋밋하다. 황색 꽃이 줄기 끝에서 2~4개의 가지를 벋은 고른살꽃차례를 이루고 핀다. | 관상용

결실 9~10월 | 쪽꼬투리열매(골돌)

자생 전국의 산지 숲속 그늘 바위 표면

❗ 바위 겉에 붙어서 자라며 풀잎이 채송화를 닮아 이름 지어졌다.

말똥비름
Sedum bulbiferum

과명 돌나물과

개화 6~8월　　**높이** 7~20cm

특징 두해살이풀 | 비늘줄기가 있고 줄기는 처음에는 외대로 곧게 서지만 연약하며 옆으로 비스듬히 벋고 어린 가지가 많이 생긴다. 어린 가지에는 잎이 빽빽하게 붙고 잎은 대개 어긋나게 붙거나 마주 붙으며 짧은 잎자루가 있다. 잎몸은 주걱모양, 주걱꼴의 버들잎모양이고 끝이 둔하며 밑은 좁아지고 잎겨드랑이에 구슬눈이 생긴다. 줄기 끝에서 몇 개로 가지를 벋은 고른살꽃차례를 이루고 황색 꽃이 핀다. | 관상용

결실 열매를 맺지 못하고 6~7월에 구슬눈이 땅에 떨어져 새싹이 나온다.

자생 제주도, 남·중·북부지방, 낮은 지대 들녘 논밭 근처나 길가 빈터의 양지

여름

나도승마
Kirengeshoma coreana

과명 범의귀과

개화 8~9월 **높이** 30~100cm

특징 여러해살이풀 | 뿌리줄기는 짧고 굵으며 줄기는 곧게 선다. 잎은 홑잎이며 마주 붙고 줄기 밑에 달린 잎은 긴 잎자루가 있으나 위에서는 없다. 잎몸은 둥근 심장모양이고 끝이 뾰족하며 밑은 심장모양이다. 가장자리는 손바닥모양으로 얕게 갈라진 톱니모양이며 잎 양면에 누운 털이 있다. 줄기 끝이나 잎겨드랑이에서 고깔모양의 고른살꽃차례를 이루고 황색의 종모양 꽃이 핀다. | 관상용

결실 9~10월 | 튀는열매(삭과)

자생 남부지방, 백운산 중턱, 산기슭 숲 속 그늘

◀ ⓒ 김용복

좀낭아초
Chamaerhodos erecta

과명 장미과

개화 6~7월 **높이** 25~40cm

특징 여러해살이풀 | 식물체에 샘털과 벌어진 솜털이 있다. 뿌리는 약간 가늘며 약하고 나무질이며 수염뿌리도 가늘다. 줄기는 곧게 서고 붉은색이 돌며 윗부분에서 가지를 벋는다. 뿌리잎은 무더기로 나며 잎자루가 있다. 잎몸은 세갈래 깃모양으로 갈라지고 갈래조각은 줄모양이며 끝이 둔하다. 잎 양면에 누운 털이 있으며 줄기 잎자루는 짧다. 줄기 끝에서 고른살꽃차례를 이루고 분홍색, 황색, 흰색 꽃이 핀다.

결실 8~9월 | 여윈열매(수과)

자생 북부지방, 고산지대, 메마른 산기슭이나 모래땅

좀딸기
Potentilla centigrana

▲ DMZ 7월

과명 장미과

개화 6~7월　　**길이** 30~50cm

특징 여러해살이풀 | 뿌리는 가늘고 길며 줄기는 가늘고 누워서 가지를 벋는다. 식물체는 딱딱하고 줄기의 마디에서 뿌리가 나오며 잎은 3개의 쪽잎으로 된 세갈래겹잎이고 밑의 줄기잎에는 잎자루가 있다. 받침잎은 크고 달걀모양으로 가장자리는 밋밋하거나 톱니가 있고 쪽잎은 넓은 달걀모양이며 끝이 둔하거나 둥글고 밑은 쐐기모양이며 가장자리는 톱니모양이다. 잎겨드랑이에서 황색 꽃이 1개씩 핀다.

결실 8~9월 | 여윈열매(수과)

자생 남·중·북부지방, 산지 습기 있는 숲 가장자리 반그늘

! 모양은 딸기모양이지만 열매가 너무 작아 이름 지어진 것 같다.

여름

은양지꽃
Potentilla nivea

▲ 삼지연 6월

과명 장미과

개화 6~8월 **높이** 10~20cm

특징 여러해살이풀 | 뿌리줄기는 굵으며 옆으로 벋고 적갈색을 띤다. 줄기는 밑에서 가지를 벋고 가지는 곧게 서거나 비스듬히 서고 처음에는 흰 솜털이 있으나 점차 없어진다. 쪽잎은 넓은 달걀모양, 타원모양이고 끝이 둔하며 밑은 쐐기모양이고 가장자리에는 톱니가 있다. 잎 표면은 녹색이고 뒷면에는 흰 솜털이 빽빽하게 있어 회백색이 나고 줄기잎은 작다. 꽃줄기 끝에서 고른살꽃차례를 이루고 황색 꽃이 핀다. | 관상용, 식용

결실 8~9월 | 여원열매(수과)

자생 북부지방, 백두산의 고원지 수목한계선 윗부분의 양지

❗ 줄기와 잎자루, 잎 뒷면이 흰 솜털로 덮여 있어 '은양지꽃'이라 한다. | 어린 잎은 나물로 먹는다.

돌양지꽃
Potentilla dickinsii

과명 장미과

개화 6~8월 　　**높이** 10~20cm

특징 여러해살이풀 | 식물체에 누운 털이 있다. 줄기는 밑에서 가지를 벋고 곧게 선다. 잎은 3개의 쪽잎으로 된 세갈래겹잎이고 뿌리잎에는 긴 잎자루가 있다. 받침잎은 끝이 뾰족하고 버들잎모양이다. 쪽잎은 거꿀달걀모양이며 끝이 둔하거나 둥글고 밑은 쐐기모양이다. 가장자리는 삼각꼴의 거치모양으로 잎 뒷면에 회백색 털이 있다. 황색 꽃이 잎겨드랑이에서 고른살꽃차례로 핀다. | 관상용, 식용

결실 7~9월 | 여윈열매(수과)

자생 전국 각지, 산기슭 바위틈이나 바위 표면 양지

❗ 어린 잎은 나물로 먹는다.

섬양지꽃
Potentilla dickinsii var. *glabrata*

과명 장미과

개화 6~8월 　　**높이** 10~20cm

특징 여러해살이풀 | 원변종에 비하여 쪽잎 가장자리가 넓고 뾰족한 톱니모양이다. 잎 표면은 녹색, 뒷면은 연한 녹색이고 잎줄 위에만 털이 약간 있는 것이 특징이다. | 관상용, 식용

결실 7~9월 | 여윈열매(수과)

자생 울릉도

❗ 어린 잎은 나물로 먹는다.

여름

참양지꽃
Potentilla dickinsii var. *breviseta*

과명 장미과

개화 6~8월   **높이** 10~20cm

특징 여러해살이풀 | 원변종에 비하여 열매에 짧은 털이 있고 식물체가 작은 것이 특징이다. | 관상용, 식용

결실 7~9월 | 여윈열매(수과)

자생 제주도, 남·중·북부지방의 산지

❗ 어린 잎은 나물로 먹는다.

좀양지꽃
Potentilla matsumurae

과명 장미과

개화 7~8월   **높이** 10~25cm

특징 여러해살이풀 | 식물체는 가지를 벋지 않거나 밑에서 가지를 약간 벋고 뿌리줄기는 굵다. 줄기는 곧게 서거나 비스듬히 서고 묵은 잎자루가 많다. 잎은 3개의 쪽잎으로 된 세갈래겹잎이다. 줄기의 받침잎은 녹색이고 달걀모양이며 뿌리목에서 땅 위로 기는 가지가 사방으로 퍼지고 자줏빛이 돈다. 잎은 5~7개의 작은 잎으로 되었고 꽃이 피고 난 후 더 길게 자라며 잎겨드랑이에서 고른살꽃차례를 이루고 황색 꽃이 핀다. | 식용

결실 8~9월 | 여윈열매(수과)

자생 제주도 한라산 고원지 초원의 양지바르고 약간 습기 있는 곳

❗ 어린 잎은 나물로 먹는다.

물양지꽃
Potentilla cryptotaeniae

▲ 경기도 가평 8월

과명 장미과

개화 7~8월　　**높이** 50~100cm

특징 여러해살이풀 | 뿌리줄기는 거칠고 수염뿌리가 많으며 줄기는 곧게 서고 가지를 벋지 않으나 윗부분에서 드물게 가지를 벋는다. 잎은 3개의 쪽잎으로 된 세갈래겹잎이고 잎자루의 밑은 줄기를 절반 정도 감싸며 받침잎은 버들잎모양이고 잎자루 밑에 마주 붙어 날개모양을 이룬다. 끝이 점차 뾰족해지며 밑은 쐐기모양으로 가장자리에 뾰족한 톱니가 있다. 줄기 끝에서 고른살꽃차례를 이루고 황색 꽃이 모여 핀다. | 식용

결실 8~9월 | 여윈열매(수과)

자생 남·중·북부지방, 산골짜기 냇가, 습기 있는 초원 양지

❗ 물이 있는 곳에만 자라기 때문에 이름 지어졌다. | 어린 순은 나물로 먹는다.

딱지꽃
Potentilla chinensis

▲ 정선 7월

과명 장미과

개화 6~7월   **높이** 30~60cm

특징 여러해살이풀 | 뿌리는 굵고 거칠며 실북모양이고 나무질이다. 줄기는 곧게 서고 밑이나 윗부분에서 가지를 벋으며 회백색 솜털이 빽빽하게 있다. 잎은 15~29개의 쪽잎으로 된 홀수깃모양겹잎이고 가장자리가 뒤로 젖혀지고 뒷면에 흰 솜털이 빽빽하다. 줄기잎은 작다. 줄기 끝에서 고른살꽃차례를 이루고 황색 꽃이 핀다. | 관상용, 약용

결실 7~9월 | 여윈열매(수과)

자생 전국 각지, 산과 들, 길가 양지 초원, 바닷가 메마른 모래땅 초원

❗ 봄, 가을에 뿌리를 채집하여 햇볕에 말린 것을 한방에서 [위릉채(萎陵菜)]라 하고 지혈, 보익, 해열 등에 약재로 사용하며 식물체는 지혈, 진통, 위장병, 기관지염 등에 약재로 사용한다. 뿌리에는 플라보노이드와 사포닌, 비타민C, 타닌, 정유 등이 함유되어 있다.

털딱지꽃
Potentilla chinensis var. *concolor*

과명 장미과

개화 6~7월   **높이** 30~60cm

특징 여러해살이풀 | 원변종에 비하여 식물체에 털이 많은 것이 특징이다. | 관상용, 약용

결실 7~9월 | 여윈열매(수과)

자생 중부 이북지방, 산과 들, 초원 양지

! 딱지꽃과 같은 용도로 약용한다.

원산딱지꽃
Potentilla nipponica

과명 장미과

개화 6~7월   **높이** 30~60cm

특징 여러해살이풀 | 딱지꽃과 비슷하지만 쪽잎이 7~13개인 것이 다르다. | 관상용, 약용

결실 7~9월 | 여윈열매(수과)

자생 북부지방, 강계 지방과 원산 등의 강가나 바닷가 메마른 양지

! 딱지꽃과 같은 용도로 약용한다.

여름

물싸리풀
Potentilla bifurca var. *glabrata*

▲ 신무성 6월

과명 장미과

개화 6~8월   **높이** 20~30cm

특징 여러해살이풀 | 식물체에 털이 없거나 간혹 누운 털이 있고 뿌리줄기는 나무질이며 가지를 벋듯이 옆으로 벋는다. 줄기는 곧게 서거나 비스듬히 서고 잎은 3~5개의 쪽잎으로 된 깃모양겹잎이며 뿌리잎과 줄기잎에 잎자루가 있다. 잎 뒷면에 윤기 있는 누운 털이 있고 줄기잎은 뿌리잎과 같으나 작다. 황색 꽃이 잎겨드랑이에 고른살꽃차례로 핀다. | 관상용

결실 7~9월 | 여윈열매(수과)

자생 북부지방, 고원지 숲 가장자리 양지 초원과 길가의 빈터

❗ '물싸리'라는 나무와 장미과의 같은 무리지만 풀이기 때문에 이름 지어졌다.

뱀무
Geum japonicum

열매

과명 장미과

개화 6~8월　　**높이** 20~60cm

특징 여러해살이풀 | 식물체에 부드러운 짧은 털이 있다. 잎은 세갈래 깃모양겹잎으로 뿌리잎에는 긴 잎자루가 있다. 끝 쪽잎은 크며 넓은 달걀모양이고 밑은 심장모양으로 끝이 둔하고 가장자리는 둔한 톱니모양이다. 받침잎은 크고 가장자리는 톱니모양으로 줄기 끝에서 고른꽃차례를 이루고 황색 꽃이 핀다. | 관상용, 식용, 약용

결실 7~9월 | 여윈열매(수과)

자생 중부 이남지방, 울릉도, 산과 들, 습기 있는 양지 초원이나 숲 가장자리

❗ 어린 잎과 줄기를 식용한다. | 한방과 민간에서 풀 전체를 강심, 위궤양, 해수, 토혈, 고혈압 등에 약재로 사용한다.

큰뱀무
Geum aleppicum

과명 장미과

개화 6~8월　　**높이** 50~100cm

특징 여러해살이풀 | 식물체에는 긴 거센 털과 샘털이 있다. 뿌리줄기는 굵고 짧으며 줄기는 곧게 서고 거칠며 윗부분에서 가지를 벋는다. 잎은 세갈래 깃모양겹잎이고 뿌리잎에는 긴 잎자루가 있다. 끝 쪽잎은 크고 갈라지지 않거나 3~5갈래로 깊게 갈라진다. 줄기잎은 잎자루가 짧다. 줄기 끝에 고른꽃차례를 이루고 황색 꽃이 핀다. | 관상용, 식용, 약용

결실 7~9월 | 여윈열매(수과)

자생 전국 각지, 산과 들, 숲 가장자리 또는 길가 빈터 양지

❗ 어린 잎과 줄기를 식용한다. | 한방과 민간에서 풀 전체를 뱀무와 같은 약재로 사용한다.

여름

짚신나물
Agrimonia pilosa

과명 장미과

개화 6~8월   **높이** 30~100cm

특징 여러해살이풀 | 줄기는 곧게 서고 가늘며 약하다. 윗부분에서 가지를 벋고 식물체는 흰 긴 털과 샘털로 덮여 있다. 받침잎은 일그러진 달걀모양이고 가장자리는 깊게 갈라진 큰 톱니모양이다. 줄기 끝, 가지 끝에 송이꽃차례를 이루고 황색 꽃이 핀다. | 식용, 약용

결실 8~10월 | 여윈열매(수과)

자생 전국 각지, 산과 들, 산마루나 길가 초원 양지

❗ 풀잎의 주름이 짚신모양 같아 이름 지어졌다. | 어린 잎은 나물로 먹는다. | 한방에서 풀 전체를 [용아초(龍芽草)]라 부르며 강장, 강심, 위궤양, 자궁 출혈, 치혈, 고혈압 등에 약재로 사용한다.

산짚신나물
Agrimonia coreana

과명 장미과

개화 7~8월   **높이** 1m 안팎

특징 여러해살이풀 | 잎은 어긋나게 붙고 홀수깃모양겹잎으로 쪽잎은 큰 것과 작은 것이 있어 불규칙하다. 큰 것은 타원모양이고 끝이 뾰족하며 가장자리에 이빨모양의 톱니가 있다. 원줄기 끝과 가지 끝에서 송이모양꽃차례를 이루고 황색 꽃이 핀다. | 식용, 약용

결실 9~10월 | 여윈열매(수과)

자생 남·중·북부지방, 산과 들, 길가 양지 초원이나 들녘의 길가 둑

❗ 짚신나물과 같은 용도로 식용, 약용한다. 씨에는 기름 15.2~20.8%가 함유되어 있고 기름산의 주성분은 리놀산(52.3%), 리놀렌산(23.7%), 올레인산(18.8%), 팔미틴산(3.3%) 등이다.

차풀
Cassia nomame

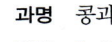

▲ 열매, 씨

과명 콩과

개화 7~9월 　　**높이** 30~60cm

특징 한해살이풀 | 줄기는 곧게 서며 가지를 벋거나 벋지 않고 딱딱하며 안으로 굽은 털이 빽빽하다. 잎은 8~35쌍의 쪽잎으로 된 짝수깃모양겹잎이며 잎자루는 짧고 윗면에 꼭지 없는 1개의 샘점이 있다. 쪽잎은 잎 꼭지가 없고 버들잎모양이며 윗부분은 약간 뾰족하고 밑은 둥글며 가장자리는 밋밋하다. 받침잎은 좁은 버들잎모양으로 길게 뾰족하고 뚜렷한 줄이 있다. 잎겨드랑이에서 나온 짧은 꽃대에 황색 꽃이 1~2개씩 핀다. | 식용, 약용

결실 8~10월 | 꼬투리열매(협과)

자생 전국 각지, 산과 들, 산기슭 양지 초원이나 길가 등

! 줄기와 잎을 말려서 차 대용으로 먹는다. | 한방에서 풀 전체를 건위, 해열, 지사, 이뇨, 신장병 등에 약재로 사용한다.

여름

석결명
Cassia occidentalis

▲ 서산 8월　　　　　　　▼ 씨

과명　콩과

개화　6~8월　　**높이**　50~150cm

특징　한해살이풀 | 귀화식물(멕시코 원산). 줄기는 곧게 서고 가지를 벋으며 잎은 3~5쌍의 쪽잎으로 된 짝수깃모양겹잎이다. 잎자루에 밑에 꼭지가 있는 1개의 샘점이 있다. 잎자루와 줄기잎에는 털이 드물게 있고 쪽잎은 버들잎꼴의 타원모양이다. 받침잎은 달걀꼴의 버들잎모양이고 일찍 떨어진다. 줄기 윗부분 잎겨드랑이와 가지 끝에서 나온 꽃줄기 끝에 황색 꽃이 몇 개씩 핀다. | 식용, 약용

결실　10월 | 꼬투리열매(협과)

자생　전국 각지

❗ 씨를 차 대용으로 끓여 마신다. | 한방에서 씨를 [결명자(決明子)]라 하고 건위, 강장, 시력 강화, 야맹증, 중독, 사독 등에 약재로 사용하며 민간에서 잎을 뱀 물린 데, 벌레 쏘인 데 약으로 사용한다.

긴강남차
Cassia tora

▲ 양평 8월　　　　　　　▼ 씨

과명　콩과

개화　6~8월　　**높이**　1m 안팎

특징　한해살이풀 | 귀화식물(북아메리카 원산). 줄기는 곧게 서며 대개 가지를 벋지 않고 윗부분에 연한 털이 있다. 잎은 3(2~4)쌍의 쪽잎으로 된 짝수깃모양겹잎이고 잎자루는 길며 밑에 붙은 2개의 쪽잎 사이 잎줄기 위에 줄모양의 샘점이 1개 있다. 쪽잎은 거꿀달걀모양이며 위는 둥글고 끝은 뾰족하며 밑은 둥글거나 쐐기모양으로 8~10쌍의 뚜렷한 곁잎줄이 있다. 받침잎은 버들잎모양이며 일찍 떨어진다. 잎겨드랑이에서 나온 짧은 꽃줄기 끝에 황색 꽃이 2개씩 핀다. | 식용, 약용

결실　9~10월 | 꼬투리열매(협과)

자생　전국 각지

❗ 씨를 차 대용으로 끓여 마신다. | 한방에서 씨를 [초결명(草決明)]이라 하고 결명자와 같은 약재로 사용한다.

고삼

Sophora flavescens

▲ 남한산성 8월

과명 콩과

개화 6~8월　　**높이** 50~100cm

특징 여러해살이풀 | 줄기 밑부분이 나무질이고 윗부분에서 가지를 벋으며 곧게 서고 둥글다. 처음에 털이 있으나 자라면서 없어진다. 잎은 어긋나게 붙고 15~19(13~23)개의 쪽잎으로 된 홀수깃모양겹잎이다. 잎자루가 있으며 쪽잎은 긴타원꼴의 달걀모양이고 끝이 둔하며 밑은 쐐기모양이고 가장자리는 밋밋하며 뒤로 약간 말린다. 받침잎은 실모양이고 뾰족하며 일찍 떨어진다. 햇가지 끝에 송이꽃차례를 이루고 연한 황록색 꽃이 한쪽을 향해 빽빽하게 핀다. | 약용

결실 9~10월 | 꼬투리열매(협과)

자생 전국 각지, 산기슭 초원 양지

❗ 한방에서 뿌리를 [고삼(苦參)]이라 하고 이뇨, 건위, 진통, 피부병 등에 약재로 사용한다.

개싸리
Lespedeza tomentosa

과명 콩과

개화 8~9월　　**높이** 80~100cm

특징 여러해살이풀 또는 반떨기나무 | 줄기는 여러 대가 모여 나와 가지를 벋지 않거나 윗부분에서 약간 벋고 곧게 서며 모서리가 있고 황갈색 솜털이 빽빽하게 덮인다. 잎은 어긋나게 붙고 3개의 쪽잎으로 된 겹잎이며 잎자루에 갈색 솜털이 있고 받침잎은 2개이며 띠모양으로 끝이 뾰족하다. 윗부분의 잎겨드랑이나 가지 끝에서 송이꽃차례를 이루고 연한 황색, 황백색 꽃이 핀다. | 약용

결실 9~10월 | 꼬투리열매(협과)

자생 전국 각지, 산과 들, 대개는 들녘의 강변이나 빈터의 초원 양지

❗ 민간에서 풀 전체를 신장염, 안질 등에 약으로 사용한다.

자귀풀
Aeschynomene indica

과명 콩과

개화 7~9월　　**높이** 50~80cm

특징 한해살이풀 | 줄기는 가지를 벋고 곧게 서며 둥글고 밋밋하며 윗부분은 속이 비어 있다. 잎은 어긋나게 붙고 20~30쌍의 작은 쪽잎으로 된 짝수깃모양겹잎이다. 잎자루가 있으며 쪽잎은 긴 타원모양이며 윗부분은 둥글거나 오목하고 밑은 일그러진 둥근모양이다. 잎겨드랑이에서 나온 꽃줄기에 연한 황색 꽃이 송이꽃차례로 2~3개씩 모여 핀다. | 식용

결실 9~10월 | 꼬투리열매(협과)

자생 전국 각지, 들녘 논둑이나 강가, 도랑가 습지의 양지

❗ 잎 모양이 자귀나무의 잎과 닮았다 하여 이름 지어졌다. | 씨를 볶아서 차 대용으로 끓여 먹는다.

여름

넓은묏황기
Hedysarum hedysaroides

▲ 백두산 7월　　　　▼ 열매

과명 콩과

개화 7~8월　　**높이** 25~80cm

특징 여러해살이풀 | 뿌리는 굵고 길며 줄기는 모여 나와 곧게 서고 윗부분에서 가지를 벋으며 세로로 줄이 있다. 잎은 어긋나게 붙고 11~25개의 쪽잎으로 된 홀수깃모양겹잎이고 쪽잎은 넓은 버들잎모양이며 끝이 둔하거나 둥글다. 밑은 둥근 모양으로 뒷면에 누운 털이 있으며 곁잎줄이 뚜렷하다. 받침잎은 좁은 버들잎모양이고 반투명질이며 갈색이고 일찍 떨어진다. 잎겨드랑이에서 긴 꽃줄기가 나와 10~20개의 연한 황색 꽃이 송이꽃차례로 빽빽하게 모여 핀다. | 약용

결실 8~9월 | 꼬투리열매(협과)

자생 북부지방, 백두산 등지의 고원지 초원 양지

❗ 민간에서 뿌리를 강장, 치질 등에 약으로 사용한다.

활량나물
Lathyrus davidii

과명 콩과

개화 6~8월   **높이** 80~120cm

특징 여러해살이풀 | 약간 비스듬히 서며 잎자루는 짧고 잎줄기 끝에 있는 덩굴손은 길며 가지를 벋거나 벋지 않는다. 쪽잎은 3~5쌍으로 마주 붙고 타원모양이며 끝이 둔하고 맨 끝이 가시모양이다. 가장자리는 밋밋하며 그물모양 잎줄이 있고 받침잎은 반화살모양이다. 잎겨드랑이에서 나온 꽃줄기에 2~4개의 황색에서 황갈색으로 변하는 꽃이 송이꽃차례로 핀다. | 식용, 가축 사료용

결실 7~9월 | 꼬투리열매(협과)

자생 전국 각지, 산과 들, 대개는 토심이 깊은 초원의 양지

❗ 어린 순은 나물로 먹는다.

여우팥
Dunbaria villosa

과명 콩과

개화 7~8월   **길이** 80~150cm

특징 여러해살이풀 | 식물체에는 녹색의 샘점이 있다. 줄기는 덩굴지며 가늘고 연약하며 털이 빽빽하게 덮여 있다. 잎은 어긋나게 붙고 잎자루가 있으며 3개의 쪽잎으로 된 겹잎이다. 가운데 쪽잎은 마름모양이고 끝이 뾰족하며 밑은 둥근모양이다. 옆 쪽잎은 작고 일그러진 모양이며 받침잎은 2개이고 좁은 달걀꼴의 삼각모양으로 겉면에 몇 개의 줄이 있고 일찍 떨어진다. 잎겨드랑이에서 나온 꽃줄기 끝에 짧은 송이꽃차례를 이루고 황색 꽃 2~7개가 모여 핀다. | 가축 사료용

결실 9월 | 꼬투리열매(협과)

자생 남부지방, 제주도 산과 들, 초원 양지

여름

여우콩
Rhynchosia volubilis

과명 콩과

개화 8~9월　　**길이** 1m 안팎

특징 여러해살이 덩굴풀 | 줄기는 가늘고 길며 덩굴져 다른 물체를 감고 오르기도 하고 갈색 털로 덮여 있다. 잎겨드랑이에서 나온 꽃줄기 끝에 송이꽃차례를 이루고 황색 꽃이 10~20개씩 모여 핀다. | 식용, 약용

결실 9~10월 | 꼬투리열매(협과)

자생 남부지방, 제주도의 산과 들, 바닷가 초원 양지

◀ 씨

❗ 씨를 식용하며 된장을 만들어 먹기도 한다. | 한방과 민간에서 식물체와 씨를 [녹곽(鹿藿)]이라 하고 거담, 천식, 기관지염 등에 약재로 사용한다.

큰여우콩
Rhynchosia acuminatifolia

과명 콩과

개화 7~8월　　**길이** 1~2m

특징 여러해살이 덩굴풀 | 줄기는 가늘고 길게 덩굴지며 주변의 다른 물체를 감고 오른다. 잎은 어긋나게 붙고 긴 잎자루가 있으며 3개의 쪽잎으로 된 겹잎이다. 가운데 쪽잎은 좁은 달걀모양이고 끝은 점차 뾰족해지며 밑은 둥글고 가운데 아랫부분이 가장 넓다. 옆 쪽잎은 일그러진 모양으로 약간 작다. 받침잎은 버들잎 모양이고 끝이 뾰족하며 잎겨드랑이에서 나온 꽃줄기에 송이꽃차례를 이루고 황색 꽃이 여러 개 모여 핀다. | 식용, 약용

결실 9~10월 | 꼬투리열매(협과)

자생 남부지방, 산과 들, 바닷가 등지의 초원 양지

❗ 여우콩과 같은 용도로 식용, 약용한다.

새팥
Phaseolus nipponensis

◀ 씨

과명 콩과

개화 8~9월　　**길이** 1~2m

특징 한해살이 덩굴풀 | 줄기는 가늘고 길게 덩굴지며 다른 물체를 감고 오른다. 줄기, 잎자루, 꽃에는 거친 털이 드물게 나 있다. 잎은 어긋나게 붙고 잎자루가 있으며 3개의 쪽잎으로 된 겹잎으로 가운데 쪽잎은 좁은 달걀모양이고 끝이 점차 길게 뾰족해지고 밑은 둥근편이다. 옆 쪽잎은 일그러진 모양이고 약간 작으며 받침잎은 뾰족한 버들잎모양으로 거친 털이 있다. 잎겨드랑이에서 나온 긴 꽃줄기 끝에 송이꽃차례를 이루고 황색 꽃이 2~5개 모여 핀다. | 식용, 가축 사료용

결실 9~10월 | 꼬투리열매(협과)

자생 전국 각지, 산과 들, 초원 양지

예팥
Phaseolus calcaratus

◀ 씨

과명 콩과

개화 8~9월　　**길이** 1~2m

특징 한해살이 덩굴풀 | 귀화식물(인도 원산). 팥과 줄기와 잎이 비슷하지만 줄기가 약간 덩굴지며 씨가 가늘고 약간 긴 것이 특징이다. | 식용

결실 9~10월 | 꼬투리열매(협과)

자생 경기도, 강원도 산간

벌노랑이
Lotus corniculatus var. *japonicus*

과명 콩과

개화 6~8월　　**높이** 15~30cm

특징 여러해살이풀 | 뿌리는 땅속 깊이 벋고 줄기는 밑부분이 옆으로 비스듬히 누우며 가지를 많이 벋는다. 잎은 어긋나게 붙으며 5개의 쪽잎으로 구성된 겹잎이다. 윗부분 쪽잎 3개는 잎줄기 끝에 모여 달리고 거꿀달걀모양이며 끝이 둥글고 밑은 쐐기모양이다. 아랫부분 쪽잎 2개는 잎줄기에 받침잎모양으로 붙고 달걀모양이며 끝은 뾰족하고 밑은 둥근모양이다. 잎겨드랑이에서 나온 긴 꽃줄기 끝에서 황색 꽃이 2~3개씩 우산꽃차례를 이루고 핀다. | 관상용

결실 7~9월 | 꼬투리열매(협과)

자생 전국 각지, 산과 들, 대개는 낮은 곳과 바닷가 모래땅의 양지

황기
Astragalus membranaceus

과명 콩과

개화 7~8월　　**높이** 50~100cm

특징 여러해살이풀 | 뿌리는 굵으며 가지를 벋고 길게 자란다. 줄기는 뿌리목에서 여러 대가 모여 나와 많은 가지를 벋으며 곧게 세로줄이 있다. 잎은 어긋나게 붙으며 홀수깃모양겹잎이다. 받침잎은 띠모양이다. 잎자루와 잎줄기, 잎 표면에 흰색의 긴 연한 털이 있다. 줄기 윗부분의 잎겨드랑이에서 긴 꽃줄기가 나오고 끝에 송이모양꽃차례를 이루고 황색 꽃이 10~20개 모여 핀다. | 약용

결실 8~9월 | 꼬투리열매(협과)

자생 전국 각지, 대개는 높은 산 산마루 근처의 초원 양지

❗ 한방과 민간에서 뿌리를 [황기(黃芪)]라 하고 보익, 강장, 해열, 완화 등에 약재로 사용한다.

정선황기
Astragalus koraiensis

▲ 함백산 7월

과명 콩과

개화 7~8월　　**높이** 30~50cm

특징 여러해살이풀 | 뿌리목에서 여러 대의 줄기가 나와 사방으로 퍼지며 땅 위로 비스듬히 벋고 줄기에는 긴 흰 털이 있다. 쪽잎은 15~21개이고 홀수깃모양겹잎이며 가장 큰 쪽잎은 끝이 바늘모양이다. 줄기잎은 어긋나게 붙으며 받침잎이 있다. 잎겨드랑이에서 나온 꽃줄기 끝에 송이모양꽃차례를 이루고 여러 개의 황색 꽃이 한곳에 모여 자운영 꽃처럼 달린다. | 약용

결실 8~9월 | 꼬투리열매(협과)

자생 강원도 정선지방, 높은산 산마루 근처 초원 양지

◀ 열매

❗ 정선지방에서만 자라기 때문에 이름 지어졌다. | 한방과 민간에서 뿌리를 황기와 같은 약재로 사용한다.

여름

전동싸리
Melilotus suaveolens

▲ 강화도 8월

과명 콩과

개화 7~8월　　**높이** 60~100cm

특징 두해살이풀 | 귀화식물(중국 원산). 식물체에서 향기가 나며 어릴 때는 짧은 털이 있지만 없어진다. 줄기는 곧게 서고 가지를 많이 벋는다. 잎겨드랑이에서 송이모양꽃차례를 이루고 황색 꽃이 30~40개 모여 빽빽하게 핀다. | 약용

결실 8~9월 | 꼬투리열매(협과)

자생 전국 산과 들, 바닷가 초원 양지

❗ 한방에서 풀 전체를 해열, 이뇨, 신장염, 안질 등에 약재로 사용한다.

흰전동싸리
Melilotus alba

과명 콩과

개화 7~8월　　**높이** 60~100cm

특징 두해살이풀 | 귀화식물(아시아 서부 원산). 전동싸리와 비슷하며 꽃이 흰색으로 피는 것이 다르다. | 약용

결실 8~9월 | 꼬투리열매(협과)

자생 중부 이북지방, 고산지대, 바닷가

❗ 전동싸리와 같은 약재로 사용한다.

두메대극

Euphorbia fauriei

과명 대극과

개화 6~7월   **높이** 10~30cm

특징 여러해살이풀 | 식물체에 상처를 내면 흰 즙액이 나오며 뿌리는 가는 실북모양이고 줄기는 3~5대가 모여 난다. 잎은 어긋나게 붙고 짧은 잎자루가 있으며 잎몸은 달걀모양, 타원모양, 긴 타원모양이고 밑은 둔하며 끝이 뾰족하고 가장자리에 잔 톱니가 있다. 줄기 끝에서 3~5개의 우산모양꽃차례가 나오고 끝의 술잔모양 꽃싸개잎 안에서 황록색 암수꽃이 함께 핀다. | 유독성식물 | 약용

결실 8~9월 | 튀는열매(삭과)

자생 제주도 한라산 고원지 양지

❗ 높은 곳에 자라는 대극이라는 뜻이다. | 한방에서 풀 전체를 통변, 이뇨, 부종, 임질, 치통, 당뇨병, 풍습, 건선 등에 약재로 사용한다.

낭독

Euphorbia pallasii var. *pilosa*

과명 대극과

개화 5~6월   **높이** 60cm 안팎

특징 여러해살이풀 | 식물체에 상처를 내면 흰 즙액이 나오며 덩이뿌리는 굵은 무 같고 고기질이며 잔뿌리가 있다. 줄기는 곧게 서고 잎은 줄기 밑에서 어긋나게 붙으며 윗부분에서는 4~5개가 돌려 붙고 잎자루는 없다. 줄기 끝에서 5개의 우산모양꽃차례가 나오고 각 꽃줄기는 다시 3~4개로 갈라지며 끝에서 술잔모양의 황색 꽃이 핀다. | 유독성식물 | 약용

결실 6~7월 | 튀는열매(삭과)

자생 중부 이북지방, 석회암지대 산기슭 양지바른 초원

❗ 한방에서 풀 전체를 두메대극과 같은 약재로 사용한다.

여름

큰땅빈대
Euphorbia maculata

과명 대극과

개화 8~9월　　**높이** 20~60cm

특징 한해살이풀 | 원줄기는 옆으로 비스듬히 서며 윗부분 한쪽에 짧은 털이 있다. 잎은 마주 붙고 달걀모양, 긴 타원모양이며 끝이 둔하고 3~5개의 줄이 있다. 긴 털이 드문드문 있으며 가장자리는 둔한 톱니모양이다. 가지 끝에서 몇 개의 술잔모양꽃차례가 달리고 1개의 수술로 된 수꽃과 1개의 암술로 된 암꽃이 술잔모양의 꽃싸개잎 속에서 녹색으로 핀다. | 유독성식물

결실 9~10월 | 튀는열매(삭과)

자생 중부 이남지방, 들녘 길가 밭둑이나 마을 근처 빈터 양지

땅빈대
Euphorbia humifusa

과명 대극과

개화 8~9월　　**높이** 10~30cm

특징 한해살이풀 | 땅바닥을 따라 벋고 식물체에 상처를 내면 흰 즙액이 나온다. 줄기는 누워 자라고 연한 붉은색이 돌며 밑에서 가지를 많이 벋는다. 가지는 가늘고 부드러운 털이 있거나 없다. 잎겨드랑이에서 1개의 술잔모양꽃차례를 이루고 연한 녹색 꽃이 핀다. | 유독성식물

결실 9~10월 | 튀는열매(삭과)

자생 전국 각지, 경작지 밭이나 모래땅 등 양지

❗ 풀잎의 모양이 빈대처럼 생기고 땅바닥을 기며 자라기 때문에 이름 지어졌다.

애기땅빈대
Euphorbia supina

과명 대극과

개화 6~8월   **높이** 10~30cm

특징 한해살이풀 | 식물체에 흰 털이 빽빽하게 덮여 있고 상처를 내면 흰 즙이 나온다. 줄기는 땅 위에 누워 자라며 가지를 많이 벋고 가지는 붉은색을 띤다. 잎은 마주 붙고 짧은 잎자루가 있다. 잎 표면 가운데에 붉은 자주색의 얼룩무늬가 있고 잎겨드랑이에서 몇 개의 술잔모양꽃차례를 이루고 적갈색 꽃이 핀다. | 유독성식물

결실 7~9월 | 튀는열매(삭과)

자생 남·중부지방, 밭이나 길가 빈터의 양지

❗ 땅빈대보다 식물체가 작기 때문에 이름 지어졌다.

대극
Euphorbia pekinensis

과명 대극과

개화 6월   **높이** 80cm 안팎

특징 여러해살이풀 | 식물체에 상처를 내면 흰 즙액이 나온다. 줄기는 여러 대가 나오며 가지를 벋지 않고 연한 자주색이며 굽은 흰 털이 있다. 잎 뒷면은 회록색이고 엄지잎줄은 흰색이다. 줄기 끝에 6~8개의 우산모양꽃차례가 나오고 다시 3갈래로 갈라지며 끝에 술잔모양꽃싸개잎 안에 녹황색 꽃이 핀다. | 유독성식물 | 약용

결실 8월 | 튀는열매(삭과)

자생 북부지방 고산지대를 제외한 전국 각지 산과 들, 초원 양지

❗ 가을에 뿌리를 캐서 말린 것을 한방과 민간에서 [경대극(京大戟)]이라 하고 진통, 당뇨병, 사독, 백선, 신장염 등에 약재로 쓴다.

노랑물봉선화
Impatiens noli-tangere

과명 봉선화과

개화 8~9월 **높이** 40~100cm

특징 한해살이풀 | 식물체에는 털이 없다. 뿌리는 갈색을 띠며 수염뿌리가 빽빽하게 난다. 줄기는 가지를 벋고 곧게 서며 연하고 마디부분은 약간 튀어나온다. 잎은 어긋나게 붙고 잎몸은 타원모양이고 끝이 둔하며 밑은 쐐기모양, 둥근모양이며 가장자리는 거칠고 둔한 톱니모양이다. 곁잎줄이 뚜렷하며 줄기 밑의 잎은 잎자루가 있으며 윗부분은 짧거나 없다. 잎겨드랑이에서 긴 꽃줄기가 나와 끝에 2~4개의 커다란 황색 꽃이 송이모양꽃차례를 이루고 밑으로 처지며 핀다. | 유독성식물 | 관상용, 약용

결실 9~10월 | 튀는열매(삭과)

자생 전국 각지, 산과 들, 산골짜기 냇가 등의 습기 있는 초원 양지

❗ 한방과 민간에서 씨를 해독, 타박상, 사독, 난산 등에 약재로 사용한다.

미색물봉선
Impatiens noli-tangere for. *pallida*

과명 봉선화과

개화 8~9월 **높이** 40~100cm

특징 원변형에 비해 꽃이 연한 미색으로 피는 것이 특징이다. | 유독성식물 | 관상용, 약용

결실 9~10월 | 튀는열매(삭과)

자생 울릉도의 산기슭 초원

❗ 한방과 민간에서 씨를 노랑물봉선화와 같은 약재로 사용한다.

거지덩굴
Cayratia japonica

과명 포도과

개화 7~8월   **길이** 3m 안팎

특징 여러해살이 덩굴풀 | 뿌리줄기는 길고 줄기는 가지를 많이 벋으며 잎에 다세포의 털이 있다. 원줄기는 녹자색이고 모서리가 있으며 마디에 긴 털이 있어 다른 물체로 벋어 올라가며 퍼져 나간다. 잎은 어긋나게 벋고 손바닥모양겹잎이며 쪽잎은 5개이고 달걀모양이며 가장자리에 톱니가 있다. 줄기 끝에 산방상의 고른살꽃차례를 이루고 연한 녹색 꽃이 모여 핀다. | 약용

결실 10월 | 물열매(장과)

자생 남부지방, 다도해 섬지방과 제주도의 들녘 길가 언덕 등의 양지

! 민간에서 뿌리를 진통, 이뇨 등에 약으로 사용한다.

고슴도치풀
Triumfetta japonica

과명 피나무과

개화 8~9월   **높이** 60~130cm

특징 한해살이풀 | 줄기는 곧게 서고 가지를 벋으며 둥근 기둥모양이고 껍질은 섬유질이다. 잎은 어긋나게 붙고 잎자루가 있으며 잎몸은 달걀모양으로 끝이 뾰족하고 밑은 심장모양이며 가장자리는 세모진 톱니모양이다. 잎겨드랑이에서 짧은 고른살꽃차례를 이루고 몇 개의 작은 황색 꽃이 핀다.

결실 11~12월 | 튀는열매(삭과)

자생 중부 이남지방, 경작지의 밭둑이나 빈터의 양지

◀ 열매

! 열매에 가시가 많아 이름 지어졌다.

여름

어저귀
Abutilon avicennae

과명 무궁화과

개화 8~9월　　**높이** 1.5~2m

특징 한해살이풀 | 줄기는 곧게 서며 둥근 기둥모양이고 짙은 녹색이며 윗부분에서 가지를 벋고 별모양 털이 빽빽하게 덮인다. 잎은 어긋나게 붙고 긴 잎자루가 있다. 잎 양면에도 별모양 털이 고르게 나 있다. 줄기 윗부분의 잎겨드랑이와 가지의 잎겨드랑이에서 황색 꽃이 1개씩 피거나 송이모양꽃차례를 이루고 핀다. | 약용

결실 10~11월 | 쪽열매(분과)

자생 전국 각지, 들녘 밭이나 길가 빈터의 양지

❗ 한방과 민간에서 뿌리와 씨를 청혈, 활혈, 신경통, 난산, 현기증, 화상 등에 약재로 사용한다.

수박풀
Hibiscus trionum

과명 무궁화과

개화 6~10월　　**높이** 5~75cm

특징 한해살이풀 | 귀화식물(유럽 원산). 줄기는 곧게 서고 가지를 약간 벋으며 잎은 어긋나게 붙고 긴 잎자루가 있다. 잎몸은 새발모양이며 3~7개로 깊게 갈라진다. 연한 황색 꽃이 잎겨드랑이에서 1개씩 달리고 꽃꼭지는 마주 달린 잎자루보다 길며 꽃은 지름 4~5cm이다. | 관상용

결실 8~10월 | 튀는열매(삭과)

자생 전국 각지, 들녘 경작지 근처 양지 초원

◀ 열매

❗ 잎과 꽃이 수박의 잎과 꽃을 닮아 이름 지어졌다.

닥풀
Hibiscus manihot

과명 무궁화과

개화 8~9월　　**높이** 1~2m

특징 한해살이풀 | 귀화식물(중국 원산). 뿌리는 긴 실북모양이고 연한 회갈색이다. 줄기는 곧게 서고 둥근 기둥모양으로 긴 털이 빽빽하게 있다. 받침잎은 줄모양이며 잎은 어긋나게 붙고 긴 잎자루가 있다. 잎몸은 손바닥모양이며 5~7개로 깊게 갈라지고 갈래조각은 넓은 버들잎모양이며 가장자리는 거친모양이다. 줄기 끝이나 윗부분의 잎겨드랑이에서 송이모양꽃차례를 이루고 연한 황색의 큰 꽃 1개가 옆을 향해 핀다. | 관상용, 약용

결실 10월 | 튀는열매(삭과)

자생 전국 각지의 해발 500m 이하

❗ 뿌리를 한지의 원료나 섬유의 접착제로 사용한다. | 한방과 민간에서 뿌리를 [황촉규근(黃蜀葵根)]이라 하고 완하, 거담, 화상, 기관지염, 안태 등에 약재로 사용한다.

단풍잎황촉규
Hibiscus coccineus

과명 무궁화과

개화 8~9월　　**높이** 1~2m

특징 한해살이풀 | 잎의 모양이 단풍잎 모양으로 갈라지며 갈래조각이 약간 넓은 것이 닥풀과 다르다. | 관상용, 약용

결실 10월 | 튀는열매(삭과)

자생 전국 각지

❗ 닥풀과 같은 용도로 사용한다.

여름

까치깨
Corchoropsis psilocarpa

과명 벽오동과

개화 6~8월　　**높이** 30~90㎝

특징 한해살이풀 | 줄기는 둥글고 곧게 서며 밑부분은 나무질이고 윗부분에는 별모양의 짧고 부드러운 털과 수평으로 벌어진 긴 털이 섞여 있다. 잎은 둥근 달걀모양으로 끝이 약간 날카롭게 뾰족하며 밑은 둥글거나 잘라진모양이며 가장자리는 둔한 톱니모양이다. 잎 양면에는 별모양 털과 짧고 부드러운 털이 있으며 잎자루에도 털이 있다. 잎겨드랑이에서 황색 꽃이 1개씩 핀다.

결실 9~10월 | 튀는열매(삭과)

자생 전국 각지, 들녘 경작지 근처나 길가 빈터 양지

수까치깨
Corchoropsis tomentosa

과명 벽오동과

개화 8~9월　　**높이** 25~60㎝

특징 한해살이풀 | 줄기는 둥글고 곧게 서며 밑부분은 나무질이고 가지를 벋으며 윗부분에 별모양 털과 짧고 부드러운 털이 있다. 잎은 어긋나게 붙고 달걀모양이며 끝이 날카롭게 뾰족하고 밑은 둥글거나 잘린모양이며 가장자리는 둔한 톱니모양이다. 잎 양면에는 별모양 털과 짧은 털이 있고 잎자루에도 별모양 털이 있다. 잎겨드랑이에서 황색 꽃이 1개씩 핀다.

결실 9~10월 | 튀는열매(삭과)

자생 중부 이남지방, 들녘 초원이나 집 근처 텃밭 등의 양지

물레나물
Hypericum ascyron

과명 물레나물과

개화 6~8월   **높이** 50~120cm

특징 여러해살이풀 | 줄기는 곧게 서고 4개의 모서리줄이 있으며 외대 또는 여러 대가 모여 나고 밑부분이 흔히 적자색을 띤다. 잎은 홑잎이며 마주 붙고 가죽질이며 잎자루는 없다. 잎몸은 버들잎모양, 긴 타원모양, 달걀꼴의 긴 타원모양이며 끝이 뾰족하고 밑은 잘린모양, 심장모양으로 줄기를 감싸며 가장자리는 밋밋하다. 잎 양면에는 맑은 기름샘이 많고 줄기 끝과 잎겨드랑이에서 고른살꽃차례를 이루고 3~15개의 황색 꽃이 핀다. | 관상용, 식용, 약용

결실 9~10월 | 튀는열매(삭과)

자생 전국 각지, 산과 들, 양지바른 산기슭 초원과 바닷가 초원

! 꽃잎이 약간 휘어진 모양이 물레바퀴를 닮았다 하여 이름 지어졌다. | 어린 잎은 나물로 먹고 잎은 차 대용으로 달여 먹는다. | 한방과 민간에서 풀 전체를 [대연교(大連翹)]라 하고 지혈, 연주창, 외상 등에 약재로 사용한다.

큰물레나물
Hypericum ascyron var. *longistylum*

과명 물레나물과

개화 6~8월   **높이** 50~120cm

특징 여러해살이풀 | 원변종에 비하여 꽃잎이 길이 3~4.5cm, 너비 1.5~1.7cm로 크고 암술대는 길이 1cm이며 윗부분에서 1/3 정도 갈라지고 암술대의 길이가 씨방 길이의 1.5~2배인 것이 특징이다. | 관상용, 식용, 약용

결실 9~10월 | 튀는열매(삭과)

자생 전국 각지, 산과 들, 양지바른 산기슭 초원과 바닷가 초원

! 물레나물과 같은 용도로 식용, 약용한다.

여름

애기고추나물
Hypericum japonicum

과명 물레나물과

개화 7~8월 **높이** 15~50cm

특징 여러해살이풀 | 줄기에는 4개의 모서리줄이 있고 잎은 마주 붙으며 달걀모양, 넓은 달걀모양이며 끝이 둔하고 밑은 원줄기를 반정도 감싸며 투명한 기름점이 있다. 꽃차례의 잎은 줄모양, 피침모양이다. 줄기 끝에 황색 꽃이 몇 개씩 핀다. | 식용, 약용

결실 9~10월 | 튀는열매(삭과)

자생 중부 이남지방, 낮은 지대 산기슭 습기 있는 초원 양지

! 어린 잎과 줄기를 식용한다. | 물레나물과 같은 용도의 약재로 사용한다.

좀고추나물
Hypericum laxum

과명 물레나물과

개화 7~8월 **높이** 5~30cm

특징 여러해살이풀 | 줄기는 4개의 모서리가 있고 많이 갈라지는 것도 있으며 잎은 마주 붙고 타원모양, 달걀모양으로 끝이 둥글다. 밑은 둥글거나 심장모양이고 원줄기를 반정도 감싸며 꽃에 붙은 꽃싸개잎은 달걀꼴의 타원모양이다. 줄기 끝에서 2개로 갈라지는 고른살꽃차례를 이루고 황색 꽃이 몇 개씩 핀다. | 식용, 약용

결실 9~10월 | 튀는열매(삭과)

자생 중부 이남지방, 들녘 습지 근처나 도랑가 등 양지

! 물레나물과 같은 용도로 사용한다.

고추나물
Hypericum erectum

과명 물레나물과

개화 7~8월 **높이** 20~60cm

특징 여러해살이풀 | 원줄기는 둥글며 곧게 서고 가지가 갈라진다. 잎은 마주 붙고 양쪽 잎이 서로 붙들듯이 원줄기를 감싸며 끝이 둔하고 피침모양이며 검은 기름점이 있고 가장자리가 밋밋하다. 줄기 윗부분 또는 가지 끝에서 고른살꽃차례를 이루고 20개 안팎의 황색 꽃이 모여 피며 꽃은 아침에 피었다가 저녁 때 시든다. | 관상용, 식용, 약용

결실 9~10월 | 튀는열매(삭과)

자생 전국 각지, 낮은 지대 산기슭 습기 있는 초원 양지

❗ 어린 잎과 줄기를 나물로 먹는다. | 한방과 민간에서 풀 전체를 [소연교(小連翹)]라 하고 지혈, 구충, 외상, 연주창 등에 약재로 사용한다. | 식물체에는 단백질 3.04%, 기름 0.91%, 당질 17.47%, 섬유소 7.22%, 재성분 1.05%가 함유되어 있고 또한 히페리신($C_{30}H_{16}O_9$), 탄닌 등의 성분이 함유되어 있다.

다북고추나물
Hypericum erectum var. *caespitosum*

과명 물레나물과

개화 7~8월 **높이** 20~60cm

특징 여러해살이풀 | 원변종에 비하여 줄기는 외대 또는 2~3개가 모여 나오고 잎이 약간 큰 것이 특징이다. | 관상용, 식용, 약용

결실 9~10월 | 튀는열매(삭과)

자생 전국 각지의 산지

❗ 어린 잎과 줄기를 나물로 먹는다. | 한방과 민간에서 풀 전체를 고추나물과 같은 약재로 쓴다.

여름

장백제비꽃
Viola biflora

과명 제비꽃과

개화 7~8월 **높이** 5~20cm

특징 여러해살이풀 | 뿌리줄기는 옆으로 기면서 서고 마디가 서로 가깝게 붙으며 뿌리줄기목에서 2~4개의 뿌리잎과 몇 개의 줄기가 나온다. 잎자루는 길고 줄기잎은 어긋나게 붙으며 잎자루가 있다. 잎몸은 넓은 콩팥모양이며 밑은 심장모양이고 끝이 둥글다. 줄기 윗부분 잎겨드랑이에서 나온 꽃줄기 끝에 황색 꽃 1개가 핀다. | 관상용, 식용, 약용

결실 8~9월 | 튀는열매(삭과)

자생 북부지방, 고산지대, 백두산의 고원지 초원 양지

❗ 어린 잎은 나물로 먹는다. | 한방과 민간에서 풀 전체를 유아 발육 촉진, 해독, 정혈, 고미, 태독, 부인병 등에 약재로 사용한다.

구름털제비꽃
Viola crassa

과명 제비꽃과

개화 7~8월 **높이** 5~15cm

특징 여러해살이풀 | 식물체는 짙은 녹색이지만 때로는 약간 적갈색을 띤다. 뿌리줄기는 짧고 마디가 몇 개 있으며 뿌리줄기목에서 2~4개의 뿌리잎과 몇 개의 줄기가 나온다. 잎은 두껍고 윤기 나며 받침잎은 달걀모양이고 줄기 윗부분의 잎겨드랑이에서 나온 꽃줄기 끝에서 밝은 황색 꽃이 1개씩 핀다. | 관상용, 식용, 약용

결실 8~9월 | 튀는열매(삭과)

자생 북부지방, 낭림산 이북지방의 고원지 바위틈, 메마른 초원 양지

❗ 구름은 높은 곳을 가리키는 말이다. 백두산 산마루 근처에서 자라는 고산식물이다. | 장백제비꽃과 같은 용도로 식용, 약용한다.

왕과
Thladiantha dubia

▲ 여주 8월

과명 박과

개화 6~8월　　**길이** 2.5m 안팎

특징 여러해살이풀 | 식물체에는 연한 긴 털이 빽빽하게 있다. 줄기는 가늘고 길며 덩굴지고 땅속의 덩이뿌리는 둥근 달걀모양이며 덩굴손은 가늘고 길다. 잎은 어긋나게 붙고 잎자루가 있으며 잎자루에 긴 털이 빽빽하게 있다. 잎겨드랑이에 1개씩 또는 송이모양꽃차례를 이루고 황색 꽃이 피며 암수 한그루이다. | 관상용, 약용

결실 8~9월 | 물열매(장과)

자생 중부 이남지방, 대개는 서해안 해안쪽 내륙지방 낮은 지대 양지

❗ 민간에서 덩이뿌리와 열매를 지혈, 거담, 통유, 하혈, 황달, 대하증, 당뇨병, 적백리, 요도염 등에 약으로 쓴다. 식물체에는 쿠마린, 켐페리트린($C_{27}H_{30}O_{14}$) 등이 함유되어 있고 덩이뿌리에는 많은 양의 녹말이 들어 있으며 씨에는 16%의 기름성분이 함유되어 있다.

여름

뚜껑덩굴
Actinostemma lobatum

▲ 남양주 9월

◀ 열매

과명 박과

개화 8~9월　　**길이** 2m 안팎

특징 한해살이 덩굴풀 | 줄기는 가늘고 길며 덩굴진다. 덩굴손의 끝은 2갈래로 갈라지고 잎은 어긋나게 붙으며 긴 잎자루가 있다. 잎몸은 달걀꼴의 긴 삼각모양이고 밑은 깊은 심장모양이다. 끝은 뾰족하며 가장자리에 성근 톱니가 있다. 잎겨드랑이에 송이모양의 고깔꽃차례를 이루고 황록색 작은 꽃이 모여 피며 암수한그루이다. | 유독성식물

결실 9~10월 | 물열매(장과)

자생 중부 이남지방, 들녘 물가 습지나 강변, 냇가 양지

❗ 가을에 열매가 익으면 열매 중간 부분이 떨어져 뚜껑모양으로 열리고 속에서 씨가 나온다. 이 때문에 이름 지어졌다.

애기달맞이꽃
Oenothera laciniata

▲ 제주도 8월

과명 바늘꽃과

개화 6~8월　　**높이** 20~60cm

특징 여러해살이풀 | 귀화식물(북아메리카 원산). 줄기는 뿌리목에서 가지를 벋고 땅 위에 깔려서 지면을 덮고 잎자루는 없거나 뿌리잎에만 짧게 있다. 잎몸은 넓은 타원꼴의 피침모양이고 가장자리에 물결모양의 거친 톱니가 있다. 줄기 윗부분 잎겨드랑이에서 황색 꽃이 피고 꽃은 밤에만 피었다가 낮에는 시들며 색깔이 황적색으로 된다.

결실 8~9월 | 튀는열매(삭과)

자생 중부 이남지방, 산과 들, 대개는 바닷가 메마른 양지

여름

달맞이꽃
Oenothera odorata

▲ 두만강 8월

과명 바늘꽃과

개화 7~9월　　**높이** 50~90cm

특징 두해살이풀 | 귀화식물(칠레 원산). 엄지뿌리는 나무질같이 발달하고 줄기는 뿌리목에서 1개 또는 여러 개씩 나오며 가지를 벋고 곧게 서며 털이 덮여 있다. 뿌리잎 잎자루는 길고 줄기잎은 어긋나게 붙으며 잎자루가 짧거나 없다. 가지 윗부분에서 긴 송이모양꽃차례를 이루고 잎겨드랑이에서 황색 꽃이 1개씩 핀다. 꽃은 줄기 밑에서 올라오며 밤에 핀다. | 약용

결실 9~10월 | 튀는열매(삭과)

자생 전국 각지, 산과 들, 길가 빈터나 고속도로변의 메마른 양지

◀ 뿌리잎

❗ 밤에만 꽃이 피기 때문에 '달맞이꽃', '월견초'라 한다. | 한방과 민간에서 씨의 기름을 [월견초유(月見草油)]라 하고 노화방지 등에 약재와 미용재로 쓴다. 풀 전체와 뿌리는 해열, 고혈압, 신장염 등에 약재로 사용한다.

큰달맞이꽃
Oenothera lamarckiana

▲ 양양 7월

과명 바늘꽃과

개화 7~9월　　**높이** 150cm 안팎

특징 두해살이풀 | 귀화식물(북아메리카 원산). 엄지뿌리는 굵고 곧게 벋고 식물체에는 거친 털이 있다. 줄기는 가지를 벋고 곧게 서며 거친 털이 있는 부분에 붉은 반점이 있다. 가지 윗부분에서 송이모양꽃차례를 이루고 잎겨드랑이에 황색 꽃이 1개씩 밤에만 핀다. 꽃이 달맞이꽃보다 약간 크다. | 약용

결실 9~10월 | 튀는열매(삭과)

자생 중부 이남지방, 강원도, 경기도의 해안과 목포 부근의 해안, 내륙 메마른 양지

❗ 달맞이꽃의 씨에는 기름이 23~25% 함유되어 있다. 기름산의 주성분은 r-리놀렌산(9.3%), 올레인산(7.5%), 팔미틴산(6.6%)이고 스테롤은 시토스테롤(90.9%), 캄페스테롤(7.0%) 등이 함유되어 있다. r-리놀렌산은 사람의 노화를 방지하는 작용을 하며 달맞이꽃 기름에 비타민E를 섞어서 건강제품을 만들기도 한다. | 달맞이꽃과 같은 용도로 약용한다.

여름

회향
Foeniculum vulgare

▲ 울릉도 8월   ▼ 약재

과명 미나리과

개화 7~8월   **높이** 2m 안팎

특징 여러해살이풀 | 귀화식물(유럽 남쪽 지중해 연안 원산). 식물체에는 털이 없고 강한 향기가 나며 겉면에 흰 가루가 덮여 있다. 줄기는 가늘고 곧게 서며 둥글고 윗부분에서 많은 가지를 벋는다. 잎은 어긋나게 붙고 잎자루가 있으며 세모꼴의 둥근모양이고 여러 번 깃모양으로 갈라지며 모든 갈래쪽들은 실모양이고 가장자리는 밋밋하다. 줄기 끝과 잎겨드랑이에서 나온 꽃줄기 끝에 황색 꽃이 많이 모여 겹우산꽃차례를 이루고 핀다. | 식용, 약용

결실 9~10월 | 갈래열매(분과)

자생 전국의 들녘 경작지 근처 양지

❗ 어린 잎과 줄기를 식용한다. | 한방에서 열매를 [회향(茴香)]이라 하고 진통, 식욕 촉진, 건위, 음위, 대하, 관절염 등에 약재로 사용한다.

시호
Bupleurum falcatum

과명 미나리과

개화 8~9월　　**높이** 40~70cm

특징 여러해살이풀 | 뿌리줄기는 둥근 기둥모양이고 수염뿌리가 많이 나오며 흑갈색이다. 줄기는 1개 또는 여러 개이고 곧게 서거나 윗부분이 'ㅈ'자 모양으로 구부러지며 가지를 벋는다. 잎은 뿌리잎과 줄기잎이 있고 잎자루는 없으며 뿌리잎은 버들잎모양, 좁고 긴 둥근모양이고 끝이 점차 뾰족해지며 밑은 점차 좁아져서 줄기집을 이루고 일찍 시든다. 줄기잎은 넓은 버들잎모양, 넓은 줄모양이고 늘어지며 가죽질이고 줄기집을 이루며 줄기를 반 정도 감싼다. 줄기 끝과 잎겨드랑이에서 나온 꽃줄기 끝에 우산모양을 한 겹우산꽃차례를 이루고 황색 꽃이 모여 핀다. | 약용

결실 9~10월 | 갈래열매(분과)

자생 전국 각지, 숲 가장자리 또는 산기슭 초원 양지

❗ 한방에서 뿌리를 [시호(柴胡)]라 하고 해열, 제암, 모세혈관 강화, 익기, 진통, 진해, 진정, 거담, 오한, 늑막염, 해수 등에 약재로 사용한다.

참시호
Bupleurum scorzoneraefolium

과명 미나리과

개화 8~9월　　**높이** 40~70cm

특징 여러해살이풀 | 잎이 길고 줄모양이며 끝이 뾰족한 것이 특징이다. | 약용

결실 9~10월 | 갈래열매(분과)

자생 중부 이북지방 산지

❗ 한방에서 뿌리를 시호와 같은 약재로 사용한다.

여름

등대시호
Bupleurum euphorbioides

과명 미나리과

개화 6~8월　　**높이** 40cm 안팎

특징 여러해살이풀 | 줄기는 곧게 서며 윗부분에서 가지를 벋는다. 잎줄은 5~7개이고 도드라지며 줄기 밑에 있는 잎은 넓은버들잎모양이고 잎자루의 밑이 넓어져 줄기를 감싼다. 맨 위의 잎은 잎자루가 없고 달걀모양이며 끝이 뾰족하고 밑은 줄기집을 이루며 줄기를 절반 정도 감싼다. 황색 꽃이 줄기 끝과 잎겨드랑이에서 나온 꽃줄기 끝에 여러 개가 모여 겹우산꽃차례를 이루고 핀다. | 약용

결실 8~9월 | 갈래열매(분과)

자생 중부 이북지방, 깊은 산골짜기와 백두산의 양지

❗ 한방에서 뿌리를 시호와 같은 약재로 쓴다.

개시호
Bupleurum longiradiatum

과명 미나리과

개화 7~8월　　**높이** 40~150cm

특징 여러해살이풀 | 줄기는 곧게 서고 1개 또는 2~3개가 나오며 밋밋하거나 세로로 난 작은 띠가 있고 속이 비어 있다. 줄기 윗부분에서 가지를 많이 벋고 'ㅈ'자 모양으로 구부러진다. 줄기 가운데 잎은 잎자루가 없고 숟가락꼴의 타원모양이고 밑은 잎귀모양으로 줄기를 감싸며 잎줄은 7~9개이다. 줄기 끝과 잎겨드랑이에서 나온 여러 개의 꽃줄기 끝에서 드문드문 겹우산꽃차례를 이루고 황색 꽃이 핀다. | 약용

결실 8~9월 | 갈래열매(분과)

자생 남·중·북부지방, 깊은 산골짜기 숲 가장자리나 산기슭 초원 양지

❗ 한방에서 뿌리를 시호와 같은 약재로 쓴다.

좁쌀풀
Lysimachia vulgaris var. *davurica*

과명 앵초과

개화 6~8월　　**높이** 40~80cm

특징 여러해살이풀 | 줄기 끝에서 약간 가지를 벋기도 하며 줄기 밑에는 털이 없으나 끝의 꽃이삭과 잎 뒷면의 밑에는 윤기 나는 샘털이 있다. 잎은 줄기 밑에서는 어긋나게 붙지만 중간 이상 윗부분에서는 마주 또는 3~4개가 돌려 붙고 잎몸은 긴 버들잎모양으로 끝이 뾰족하고 밑은 둔하며 가장자리는 밋밋하다. 줄기 위에서 고깔꽃차례를 이루고 황색 꽃이 많이 모여 핀다. | 관상용, 식용, 약용

결실 8~9월 | 튀는열매(삭과)

자생 전국 각지, 산지 초원이나 개울가 초원 양지

❗ 어린 잎은 나물로 먹는다. | 민간에서 잎을 구충제로 사용한다.

참좁쌀풀
Lysimachia coreana

과명 앵초과

개화 6~7월　　**높이** 10~30cm

특징 여러해살이풀 | 땅속줄기가 있고 줄기는 곧게 서며 세로로 모서리가 있고 윗부분에서 약간 가지를 벋는다. 잎은 줄기에 마주 붙거나 3개씩 돌려 붙고 짧은 잎자루가 있다. 잎몸은 긴 타원모양이고 끝이 뾰족하며 가장자리는 밋밋하고 털이 있다. 줄기 윗부분의 가지 끝이나 잎겨드랑이에서 고깔꽃차례를 이루고 황색 꽃이 모여 핀다. | 관상용, 식용, 약용

결실 9~10월 | 튀는열매(삭과)

자생 중부 이북지방, 깊은 산골짜기 숲 가장자리 초원 양지

❗ 좁쌀풀과 같은 용도로 식용, 약용한다.

닻꽃
Halenia corniculata

▲ 대암산 8월

◀ 열매

과명 용담과

개화 7~8월 **높이** 10~60cm

특징 한해 또는 두해살이풀 | 식물체에는 털이 없고 밋밋하며 녹색이고 줄기는 네모지며 곧게 서고 가지를 벋는다. 잎은 마주 붙고 짧은 잎자루가 있으며 잎몸은 버들잎모양으로 끝이 점차 좁아져 뾰족하며 밑은 잎자루같이 좁아지고 가장자리는 밋밋하다. 잎은 연한 질이고 3개의 뚜렷한 잎줄이 있으며 뒷면 잎줄 위와 가장자리에 잔 도드라기가 있다. 줄기 윗부분의 잎겨드랑이에서 연한 황록색의 닻 모양 꽃이 몇 개씩 핀다. | 관상용, 약용

결실 9~10월 | 튀는열매(삭과)

자생 전국 각지, 깊은 산골짜기, 산기슭 초원 양지

❗ 꽃의 모양이 고깃배에서 사용하는 닻모양과 비슷해서 이름 지어졌다. | 한방과 민간에서 풀 전체를 고미, 건위, 양모, 강심, 종기, 경풍 등에 약재로 사용한다.

노랑어리연꽃
Nymphoides peltata

▲ 우포늪 7월

과명 용담과

개화 6~8월   **길이** 100~150cm

특징 여러해살이 수생식물 | 땅속 뿌리줄기는 물속의 진흙 속에서 옆으로 길게 벋는다. 줄기는 줄모양이고 물의 깊이에 따라 길거나 짧게 조절되며 가지를 벋는다. 잎몸은 물 위에 뜨며 둥근 달걀모양이고 끝이 둥글며 밑은 심장모양으로 밑의 잎 양쪽에 귀모양으로 마주 붙어 방패같고 가장자리는 얕은 물결모양이며 질은 두껍다. 잎겨드랑이에서 높이 3~12cm의 꽃줄기가 여러 대 나오며 끝에서 황색 꽃이 1개씩 핀다. | 관상용, 식용, 약용

결실 8~10월 | 튀는열매(삭과)

자생 중부 이남지방, 들녘 늪지나 큰 냇가, 연못 등의 양지

> ❗ 잎모양이 연잎을 닮아 이름 지어졌으나 연꽃과는 관계가 없는 식물이다. | 어린 잎을 먹기도 한다. | 민간에서 잎을 고미, 건위, 사열 등에 약으로 사용한다.

큰조롱(은조롱)
Cynanchum wilfordii

과명 박주가리과

개화 7~8월 　　**길이** 1~3m

특징 여러해살이 덩굴풀 | 줄기를 상처 내면 흰 즙액이 나오며 줄기는 가늘고 덩굴진다. 다른 물체를 왼쪽으로 감으며 올라가고 껍질은 녹색으로 질기며 어릴 때는 잔털이 약간 있다. 잎은 마주 붙고 짧은 잎자루가 있으며 잎겨드랑이에서 짧은 꽃대가 나와 끝에 우산모양꽃차례를 이루고 연한 황록색 꽃이 모여 핀다. | 유독성식물 | 식용, 약용

결실 9~10월 | 주머니모양열매(포과)

자생 전국 각지, 산기슭 양지 초원이나 바닷가 초원

❗ 어린 순과 줄기를 나물로 먹는다. | 한방에서 뿌리를 [백하수오(白何首烏)]라 하고 지혈, 이뇨, 금창, 중풍 등에 약재로 사용한다.

산해박
Cynanchum paniculatum

과명 박주가리과

개화 8~9월　　**높이** 40~60cm

특징 여러해살이풀 | 줄기는 가늘고 딱딱한 질이며 곧게 서고 마디 사이가 길다. 잎은 마디에 어긋나게 붙고 약간 딱딱한 질이며 짧은 잎자루가 있다. 잎몸은 줄꼴의 가는 버들잎모양이고 끝이 뾰족하며 밑은 쐐기모양이다. 잎 표면에 도드라진 엄지잎줄이 있고 줄기 윗부분 잎겨드랑이와 줄기 끝에 몇 갈래로 갈라진 꽃대가 나오며 그 끝에 연한 황갈색 꽃이 고른살꽃차례로 드문드문 핀다. | 약용

결실 8~9월 | 주머니모양열매(포과)

자생 전국 각지, 낮은 지대 산기슭 양지 초원이나 들녘 초원

❗ 한방에서 뿌리를 해열, 지혈, 강장, 이뇨, 중풍 등에 약재로 사용한다.

참배암차즈기
Salvia chanroenica

과명 꿀풀과

개화 8월　　　**높이** 40~50cm

특징 여러해살이풀 | 줄기는 네모지며 가지를 벋지 않고 갈색 털이 빽빽하며 밑은 딱딱한 나무질이다. 잎은 홑잎이며 마주 붙고 긴 잎자루가 있으며 잎몸은 넓은 달걀꼴의 타원모양으로 밑은 심장모양이다. 끝은 둔하며 가장자리에 둔한 톱니가 있고 잎 표면에 주름이 있다. 줄기 끝에서 송이꽃차례를 이루고 연한 황색 꽃이 입술모양으로 핀다. | 약용

결실 9월 | 갈래열매(분과)

자생 중부지방, 강원도 이남지방의 깊은 산골짜기, 산기슭 숲 가장자리 반그늘

❗ 한방에서 뿌리를 강장, 통경, 지혈, 산전산후통, 자궁출혈, 월경불순, 폐경, 염증, 류머티즘 등에 약재로 사용한다.

해란초
Linaria japonica

과명 현삼과

개화 7~8월　　　**높이** 15~40cm

특징 여러해살이풀 | 식물체는 분백색을 띠며 줄기는 곧게 서고 가지를 벋는다. 줄기 밑부분 잎은 마주 붙거나 3~4개씩 돌려 붙고 윗부분 잎은 규칙없이 돌려 붙거나 어긋나게 붙으며 잎자루는 없다. 잎몸은 타원모양, 타원꼴의 달걀모양이고 끝이 둔하거나 뾰족하며 밑은 쐐기모양으로 가장자리는 밋밋하고 잎은 두꺼운 질이다. 줄기 끝에서 송이모양꽃차례를 이루고 연한 황색 꽃이 모여 핀다. | 관상용, 약용

결실 9~10월 | 튀는열매(삭과)

자생 전국 각지의 바닷가 모래땅 양지

❗ 민간에서 풀 전체를 이뇨제로 쓰며 한방에서 강심약을 만들 때 원료로 사용한다.

좁은잎해란초
Linaria vulgaris

과명 현삼과

개화 8월 　　　**높이** 20~40cm

특징 여러해살이풀 | 줄기는 외대로 곧게 서고 윗부분에서 가지를 벋으며 잎은 어긋나게 붙고 잎자루는 없다. 잎몸은 줄꼴의 버들잎모양이고 끝과 밑부분이 뾰족하며 가장자리는 밋밋하다. 잎겨드랑이에서 황색 꽃이 1개씩 피거나 가지 끝에 이삭모양의 송이모양꽃차례를 이루고 꽃이 빽빽하게 모여 핀다. | 관상용, 약용

결실 9~10월 | 튀는열매(삭과)

자생 중부 이북지방, 바닷가 모래땅, 들녘, 메마른 산기슭 양지

❗ 한방에서 식물체를 이뇨, 설사 등에 약재로 사용하고 만성피부병 등을 치료할 때 연고제로 사용한다. | 식물체에는 리나린($C_{29}H_{35}O_{15}$), 리나크린 등의 배당체가 함유되어 있다.

애기물꽈리아재비
Mimulus tenellus

과명 현삼과

개화 7~8월 　　　**높이** 4~25cm

특징 여러해살이풀 | 줄기는 가늘며 네모진 모양이고 모서리에 날개가 있으며 가지를 많이 벋고 누워서 땅 위를 기면서 벋어나간다. 잎은 마주 붙고 가늘며 긴 잎자루가 있다. 잎몸은 달걀모양이며 밑이 둥글거나 심장모양이고 끝이 뾰족하며 가장자리에 톱니가 있다. 잎줄은 깃모양 잎줄이며 잎겨드랑이에서 황색 꽃이 1개씩 핀다. | 식용

결실 9~10월 | 튀는열매(삭과)

자생 남·중·북부지방, 해발 700~1,200m의 산골짜기 도랑가 주변이나 습기 있는 초원

❗ 어린 잎은 나물로 먹는다.

통발
Utricularia japonica

▲ 서산 8월

과명 통발과

개화 8~9월 **꽃대높이** 20~30cm

특징 여러해살이 식충식물 | 높이는 물의 깊이에 따라 조절된다. 줄기는 물 위에 약간 잠겨서 뜨며 꽃대보다 굵고 실모양의 호흡가지를 벋는다. 호흡가지에는 잎이 없고 물속 잎은 줄기에 어긋나게 붙으며 깃모양으로 갈라진다. 톱니 끝에 작은 가시가 있으며 잎 양면에 벌레잡이주머니가 많이 달린다. 줄기에서 나온 꽃대 끝에서 송이모양꽃차례를 이루고 4~7개의 밝은 황색 꽃이 모여 핀다. | 관상용

결실 9~10월 | 튀는열매(삭과)

자생 전국 각지, 들녘, 산골짜기 물웅덩이, 도랑, 작은 연못 등의 양지

! 고기 잡는 바닷속의 통발처럼 포충대를 잎에 달고 물속에서 미생물을 잡아먹기 때문에 이름 지어졌다.

여름

솔나물
Galium verum var. *asiaticum*

과명 꼭두서니과

개화 6~8월　　**높이** 70~100cm

특징 여러해살이풀 | 줄기는 대개 몇 개씩 모여 나며 곧게 서고 네모지며 밋밋하거나 털이 있다. 잎은 홑잎이고 줄기의 각 마디에 6~10(12)개씩 돌려 붙고 잎자루는 없다. 표면이 윤기 나고 잎줄 위에 털 또는 가시모양 도드라기와 굳센 털이 있다. 줄기 끝이나 윗부분 잎겨드랑이에서 고깔모양꽃차례를 이루고 황색 꽃이 많이 모여 핀다. | 관상용, 식용, 약용

결실 9~10월 | 물열매(장과)

자생 전국 산과 들, 초원이나 밭둑 양지

❗ 잎이 솔잎처럼 가늘어 이름 지어졌다. | 어린 잎과 줄기는 나물로 먹는다. | 민간에서 풀 전체를 달여서 설사, 위통, 치질 등에 약으로 사용한다.

애기솔나물
Galium pusillum

과명 꼭두서니과

개화 6~8월　　**높이** 10~20cm

특징 여러해살이풀 | 식물체는 작고 연약하다. 줄기는 밑부분이 누워 자라고 윗부분은 곧게 서며 가는 털이 있고 가지를 많이 벋는다. 잎은 홑잎이며 줄기의 각 마디에 6~8개씩 돌려 붙고 잎자루는 없다. 줄기 윗부분 잎들은 작고 1개의 잎줄이 있으며 잎줄 위에 가는 털이 있다. 가지 끝에서 고깔꽃차례를 이루고 황색 꽃이 모여 핀다. | 관상용, 식용, 약용

결실 9~10월 | 물열매(장과)

자생 제주도의 한라산 고원지 습기 있는 초원 양지

❗ 솔나물보다 식물체가 작아 이름 지어졌다. | 솔나물과 같은 용도로 식용, 약용한다.

더덕
Codonopsis lanceolata

▲ 대관령 8월   ▼ 열매   ▼ 뿌리

과명 도라지과

개화 8~9월   **길이** 1.5~2m

특징 여러해살이 덩굴풀 | 뿌리는 긴 실북모양이고 고기질이며 가로로 주름이 있다. 줄기는 덩굴지며 어릴 때는 털이 약간 있다. 식물체에서 독특한 향기가 나고 상처를 내면 흰 즙액이 나온다. 잎은 홑잎이고 어긋나게 붙으나 짧은 가지 끝에서는 4개가 가까이 모여 붙어 돌려 붙은 것처럼 보이며 잎자루가 있다. 잎몸은 긴 타원모양이고 끝이 뾰족하며 밑은 좁은 쐐기모양이고 가장자리는 물결모양이다. 짧은 가지 끝이나 잎겨드랑이에서 종모양의 황록색 꽃이 1개씩 핀다. | 관상용, 식용, 약용

결실 9~10월 | 튀는열매(삭과)

자생 전국 각지의 산기슭 숲속 그늘

❗ 어린 순과 뿌리를 식용한다. | 한방에서 뿌리를 거담, 해열, 강장 등에 약재로 쓴다.

여름

만삼
Codonopsis pilosula

▲ 홍천 8월

과명 도라지과

개화 7~8월　　**길이** 1.5~2m

특징 여러해살이 덩굴풀 | 뿌리는 길고 고기질이며 땅속 깊이 곧게 들어가고 가지를 약간 벋으며 전체에서 독특한 향기가 난다. 줄기는 덩굴지고 여러 대가 나오며 녹색 또는 자주색으로 흰 털이 빽빽하고 상처를 내면 끈적끈적한 흰 즙액이 나온다. 잎은 홑잎이고 어긋나게 붙거나 마주 붙고 잎자루가 있다. 줄기 끝과 잎겨드랑이에서 종모양의 연한 녹색 꽃이 1~2개씩 핀다. | 관상용, 식용, 약용

결실 9~10월 | 튀는열매(삭과)

자생 중부 이북지방, 깊은 산골짜기 숲 속 그늘

◀ 열매

! 어린 잎은 나물로 먹으며 뿌리를 술로 담그거나 탕으로 만들어 먹는다. | 한방과 민간에서 뿌리를 보혈, 강장, 건위, 거담, 혈압강하, 빈혈증, 병후쇠약, 신장염 등에 약재로 사용한다.

잇꽃
Carthamus tinctorius

▲ 용인 8월

과명 국화과

개화 7~8월　　**높이** 50~100cm

특징 한해살이풀 | 귀화식물(이집트 원산). 줄기는 곧게 서며 위에서 가지를 벋고 털은 없으며 밋밋하거나 거미줄모양의 짧은 흰 털이 있다. 잎은 어긋나게 붙고 잎자루가 없으며 밑부분이 줄기를 감싼다. 잎몸은 타원모양, 넓은 버들잎모양이고 가장자리가 톱니모양이며 딱딱한 가시가 있다. 잎 표면은 윤기가 나며 위로 올라가면서 잎은 작아지고 맨 위의 잎은 버들잎모양이다. 줄기와 가지 끝에서 머리모양꽃차례가 붙고 황색 꽃이 1개씩 피며 시간이 지나면서 붉은색으로 변한다. | 관상용, 약용, 염료용

결실 8~9월 | 여윈열매(수과)

자생 약재로 쓰기 위해 재배한다.

❗ 꽃을 붉은색 염료재로 사용한다. | 한방에서 꽃을 [홍화(紅花)]라 하고 통경, 지혈, 어혈, 부인병 등에 약재로 사용한다.

여름

솜다리
Leontopodium coreanum

▲ 설악산 6월

과명 국화과

개화 6~8월　　**높이** 15~25cm

특징 여러해살이풀 | 식물체는 흰 솜털로 덮여 있고 줄기는 곧게 서며 모여 나오고 줄기가 길게 자라면서 털은 점차 없어진다. 뿌리잎은 모여 나며 오래 남아 있고 줄기잎은 어긋나게 붙는다. 잎몸은 버들잎모양이고 가장자리는 밋밋하다. 잎 끝이 뾰족하고 밑은 점차 좁아지면서 잎자루처럼 되어 줄기에 붙으며 잎 뒷면은 흰 솜털로 덮여 있어 하얗게 보인다. 줄기와 가지 끝에 황갈색 꽃이 3~10개씩 모여 머리모양꽃차례를 이루고 핀다. | 관상용, 식용

결실 8~9월 | 여윈열매(수과)

자생 제주도 한라산, 중부지방, 강원도 설악산, 금강산 일대의 바위틈 양지

◀ 새싹

❗ 어린 잎은 나물로 먹는다.

금떡쑥
Gnaphalium hypoleucum

과명 국화과

개화 8~10월　　**높이** 30~60cm

특징 여러해살이풀 | 뿌리줄기는 짧고 옆으로 벋으며 줄기는 곧게 서고 윗부분에서 가지를 벋는다. 줄기와 잎 양면에 흰 털이 빽빽하여 회백색을 띠며 잎은 줄기에 어긋나게 붙고 밑의 잎들은 꽃이 피기 전에 말라 없어진다. 줄기잎은 가는 띠모양이고 끝이 뾰족하며 밑은 점차 좁아지면서 줄기에 붙는다. 줄기 끝과 가지 끝에 머리모양꽃차례를 이루고 황색 꽃이 모여 핀다. | 식용, 약용

결실 9~11월 | 여윈열매(수과)

자생 전국의 들녘 논둑, 길가 양지

❗ 어린 잎과 줄기는 나물로 먹는다. | 한방에서 식물체를 [불이초(佛耳草)]라 하고 지혈, 건위, 거담, 기관지염, 고혈압, 하리 등에 약재로 쓴다.

가는금불초
Inula britannica var. *linariaefolia*

과명 국화과

개화 6~8월　　**높이** 30~70cm

특징 여러해살이풀 | 뿌리줄기는 곧게 벋고 줄기는 곧게 서며 윗부분에서 가지를 벋고 털이 있다. 잎은 어긋나게 붙고 가는 버들잎모양, 띠모양이며 가장자리는 밋밋하거나 작은 톱니 같은 거치가 있으며 끝이 뾰족하고 밑은 쐐기모양으로 잎자루는 없다. 위로 올라가면서 잎은 점점 작아지고 줄기 끝과 가지 끝에 머리모양꽃차례가 달리며 황색 꽃이 모여 핀다. | 관상용, 식용, 약용

결실 7~9월 | 여윈열매(수과)

자생 중부 이북지방, 산골짜기 냇가 초원이나 들녘 습지 근처 양지

❗ 어린 잎은 식용한다. | 한방에서 꽃을 건위, 이뇨, 거담 등에 약재로 사용한다.

여름

금불초
Inula britannica var. *chinensis*

▲ 영월 8월

과명 국화과

개화 7~9월   **높이** 20~60cm

특징 여러해살이풀 | 뿌리줄기는 짧고 비스듬히 벋으며 줄기는 곧게 서고 외대로 자라거나 간혹 윗부분에서 가지를 벋는다. 줄기에는 짧고 구부러진 흰 털이 있고 뿌리잎은 모여 난다. 줄기잎은 어긋나게 붙고 뿌리잎과 줄기 밑의 잎은 꽃이 피기 전에 말라 떨어진다. 줄기 가운데 잎은 크며 잎몸은 버들잎모양으로 가장자리는 밋밋하고 끝은 뾰족하며 밑은 약간 좁아져 줄기를 반쯤 감싼다. 줄기 끝에서 황색 꽃 여러 개가 모여 머리모양꽃차례로 핀다. | 관상용, 식용, 약용

결실 8~10월 | 여윈열매(수과)

자생 전국 각지, 산과 들 낮은 지대 냇가 초원 양지

❗ 어린 잎은 식용한다. | 한방에서 꽃을 가는금불초와 같은 약재로 사용한다.

가지금불초
Inula britannica var. *ramosa*

과명 국화과

개화 7~9월　　**높이** 20~60cm

특징 여러해살이풀 | 원변종과 달리 줄기는 가지를 많이 벋으며 모인꽃싸개잎 쪽에 털이 적고 잎 뒷면에 털이 많은 것이 특징이다. | 관상용, 식용, 약용

결실 8~10월 | 여윈열매(수과)

자생 중부 이북지방, 들녘 습지 부근의 양지

❗ 어린 잎은 식용한다. | 한방에서 꽃을 가는 금불초와 같은 약재로 사용한다.

버들금불초
Inula salicina var. *asiatica*

과명 국화과

개화 8월　　**높이** 50~80cm

특징 여러해살이풀 | 뿌리줄기는 굵고 옆으로 벋으며 잔뿌리가 많다. 줄기는 곧게 서며 가지를 벋지 않고 외대로 자란다. 뿌리잎과 줄기 밑의 잎은 일찍 말라 떨어진다. 줄기잎은 빽빽하게 붙고 버들잎모양이며 가장자리는 밋밋하지만 줄기 밑의 잎에는 작은 도드라기가 있다. 끝은 뾰족하며 밑은 좁아지다가 줄기에 붙는 부분이 넓어지면서 작은 잎귀를 이루고 줄기를 감싼다. 잎은 윤기 나고 가죽질이며 줄기 끝에서 1개의 황색 꽃이 머리모양꽃차례로 핀다. | 관상용, 식용, 약용

결실 9~10월 | 여윈열매(수과)

자생 전국 각지, 산과 들, 메마른 초원

❗ 가는금불초와 같은 용도로 식용, 약용한다.

목향
Inula helenium

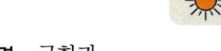

과명 국화과

개화 7~8월   **높이** 80~200cm

특징 여러해살이풀 | 귀화식물(유럽 원산). 뿌리줄기는 굵고 덩이모양이며 줄기는 곧게 서고 윗부분은 가지를 벋으며 뿌리잎은 모여 나고 줄기잎은 어긋나게 붙는다. 줄기 밑의 잎은 긴 잎자루가 있고 잎자루에 날개가 있다. 잎몸은 타원꼴이며 가장자리에 불규칙한 톱니가 있고 잎 뒷면에 부드러운 털이 빽빽하며 끝이 뾰족하고 밑은 쐐기모양으로 넓어지면서 줄기를 감싼다. 황색 꽃이 줄기 끝에서 머리모양꽃차례로 핀다. | 관상용, 약용

결실 8~9월 | 여윈열매(수과)

자생 주로 약초 농가에서 재배한다.

❗ 한방에서 뿌리를 [토목향(土木香)]이라 하고 소염, 기관지염, 피부병 등에 약재로 사용한다.

여우오줌
Carpesium macrocephalum

과명 국화과

개화 8~9월   **높이** 60~100cm

특징 여러해살이풀 | 뿌리줄기는 굵고 옆으로 벋으며 잔뿌리가 많고 줄기는 곧게 서며 끝에서 몇 개의 꽃가지를 벋는다. 줄기 밑은 굵으며 털이 없으나 윗부분에는 연한 솜털이 덮여 있고 줄기 아래 잎에는 긴 잎자루가 있다. 잎자루에서 날개를 이룬다. 줄기 윗부분 잎은 작다. 뒷면 잎줄에 털이 더 많이 있고 줄기 끝과 가지 끝에서 머리모양꽃차례를 이루고 황색 꽃이 모여 핀다. | 식용, 약용

결실 9~10월 | 여윈열매(수과)

자생 중부 이북지방, 고원지 초원이나 숲 가장자리의 반그늘

❗ 어린 잎은 나물로 먹는다. | 한방에서 식물체를 진통, 구충, 견독, 충독 등에 약재로 쓴다.

두메담배풀
Carpesium triste var. *manshuricum*

과명 국화과

개화 7~9월 **높이** 40~100cm

특징 여러해살이풀 | 뿌리줄기는 짧고 옆으로 벋으며 잔뿌리가 많다. 줄기는 곧게 서며 뿌리잎은 모여 나고 일찍 말라 떨어진다. 줄기잎은 어긋나게 붙고 잎몸이 잎자루까지 이어지면서 날개를 이루고 줄기 윗부분 잎들은 작아지며 버들잎 모양이다. 줄기 윗부분 긴 꽃차례 꼭지 끝에 머리모양꽃차례를 이루고 황색 꽃이 핀다. | 식용, 약용

결실 8~10월 | 여윈열매(수과)

자생 전국 각지, 산지 숲속 그늘

❗ 어린 잎은 나물로 먹는다. | 한방에서 열매를 조충증, 요충증, 거위증 등에 약재로 쓰고, 잎과 줄기 윗부분은 해열제 등으로 쓴다. 민간에서는 생잎 즙액을 곪은 상처 치료에 쓴다.

좀담배풀
Carpesium cernuum

과명 국화과

개화 8~9월 **높이** 50~100cm

특징 여러해살이풀 | 줄기는 곧게 서고 위에서 가지를 벋으며 연하고 부드러운 털로 덮인다. 뿌리잎은 모여 나고 잎자루가 길며 잎몸은 양끝이 좁고 타원모양으로 밑은 쐐기모양이며 잎몸은 잎자루로 이어져 날개를 이룬다. 줄기잎은 어긋나게 붙고 밑의 잎은 잎자루가 길며 잎몸은 타원모양으로 가장자리에 작은 톱니가 있다. 잎 표면은 솜털로 덮이고 뒷면은 흰 털로 덮이며 줄기나 가지 끝에 황색 꽃이 머리모양꽃차례로 핀다. | 식용, 약용

결실 9~10월 | 여윈열매(수과)

자생 전국 각지, 산과 들, 길가 빈터, 숲 가장자리 그늘

❗ 두메담배풀과 같은 용도로 식용, 약용한다.

여름

미국미역취
Solidago serotina

과명 국화과

개화 8~9월　　**높이** 50~150cm

특징 여러해살이풀 | 귀화식물(북아메리카 원산). 줄기는 딱딱하고 가지 끝에만 털이 있다. 잎몸은 피침모양이며 3개의 잎줄이 나타나고 양끝이 뾰족하며 윗부분에 뚜렷한 톱니가 있다. 줄기 끝에서 머리모양꽃차례들이 모여 커다란 고깔꽃차례를 이룬다. 옆으로 퍼지거나 밑으로 굽은 꽃가지에서 많은 황색 꽃이 핀다. | 관상용

결실 9~10월 | 여윈열매(수과)

자생 중부 이남지방, 들녘이나 인가 주변의 초원 양지

❗ 번식력이 매우 강해 한 번 자라기 시작하면 제거하기가 어렵다.

갯취
Ligularia taquetii

과명 국화과

개화 6~7월　　**높이** 1m 안팎

특징 여러해살이풀 | 줄기는 곧게 서고 가지를 벋지 않는다. 뿌리잎은 긴 타원모양으로 긴 잎자루가 있고 끝이 둔하며 가장자리는 밋밋하거나 작은 물결모양이고 밑은 심장모양이다. 줄기잎은 긴 타원모양이고 밑부분이 흘러서 잎자루의 날개로 되며 회청색이고 어긋나게 붙는다. 줄기 끝에 머리모양꽃차례가 여러 개 모여 길게 달리고 황색 꽃이 핀다. | 관상용, 식용, 약용

결실 8~9월 | 여윈열매(수과)

자생 거제도와 제주도의 바닷가 산지

❗ 어린 잎은 나물로 먹는다. | 한방과 민간에서 뿌리와 식물체를 진정, 보익 등에 약재로 쓰며 민간에서 염소의 피부병을 치료하는 데 쓴다.

화살곰취
Ligularia jamesii

▲ 백두산 7월

과명 국화과

개화 7~8월   **높이** 20~60cm

특징 여러해살이풀 | 줄기는 곧게 서고 가지는 벋지 않는다. 뿌리잎은 몇 개가 모여 나며 긴 잎자루가 있고 잎자루 밑부분이 넓어져서 줄기를 감싸며 줄기집을 이룬다. 잎몸은 끝이 뾰족한 화살촉모양이고 밑의 양쪽 귀는 길게 뾰족하며 깊게 두 갈래로 갈라지거나 갈라지지 않는 것도 있다. 가장자리에 결각모양의 톱니가 있거나 없고 줄기잎은 어긋나게 붙는다. 줄기 끝에서 1개의 머리모양꽃차례를 이루고 황색 꽃이 핀다. | 식용, 약용

결실 8~9월 | 여윈열매(수과)

자생 북부지방, 낭림산 이북의 고산지대와 백두산 고원지 등의 초원 양지

❗ 풀잎의 모양이 화살촉과 닮은 데서 온 이름이다. | 갯취와 같은 용도로 식용, 약용한다.

여름

긴잎곰취
Ligularia jaluessis

▲ 백두산 7월

과명 국화과

개화 7~9월   **높이** 50~200cm

특징 여러해살이풀 | 뿌리줄기목에는 묵은 잎자루들이 쌓여 있고 줄기는 곧게 서며 세로로 잔주름이 있고 갈색 털로 덮여 있다. 줄기 속은 비어 있고 뿌리잎에는 긴 잎자루가 있으며 잎몸은 세모꼴의 창모양으로 가장자리에 뾰족한 톱니가 있다. 잎 뒷면에 거미줄모양의 털이 많고 줄기잎은 1~2개이며 잎자루는 짧거나 없고 잎자루에 넓은 날개가 있다. 잎 가장자리에 톱니가 있다. 줄기 끝에 머리모양 꽃차례를 이룬 황색 꽃들이 모여 이삭꽃차례모양으로 핀다. | 식용, 약용

결실 8~10월 | 여윈열매(수과)

자생 북부지방의 고원지 습기 있는 초원

❗ 어린 잎은 나물로 먹는다. | 한방에서 뿌리와 식물체를 진통, 보익, 진정 등에 약재로 사용한다.

곰취
Ligularia fischerii

▲ 한라산 8월

과명 국화과

개화 7~9월 **높이** 50~200cm

특징 여러해살이풀 | 줄기는 곧게 서며 밑부분에 거미줄 같은 털이 덮이고 윗부분에는 거미줄모양 흰 털과 짧은 갈색 털이 있다. 뿌리잎은 잎몸이 콩팥모양이고 가장자리에 규칙적인 톱니가 있으며 밑은 심장모양이고 긴 잎자루가 있다. 줄기잎은 2~4개이고 어긋나게 붙으며 모양은 뿌리잎과 같으나 잎자루가 없고 줄기 위에 있는 잎들은 밑이 줄기집을 이루며 줄기를 감싼다. 줄기 끝에 머리모양꽃차례들이 모여 송이모양꽃차례로 여러 개의 황색 꽃이 핀다. | 관상용, 식용, 약용

결실 8~10월 | 여윈열매(수과)

자생 전국 각지, 깊은 산골짜기 약간 습기 있는 초원 양지

❗ 어린 잎은 나물로 먹는다. | 한방과 민간에서 뿌리를 진통, 보익, 진정 등에 약재로 쓴다.

여름

산솜방망이
Senecio flammeus

▲ 백두산 7월

과명 국화과

개화 7~8월　　**높이** 10cm 안팎

특징 여러해살이풀 | 뿌리줄기는 굵고 짧으며 수염뿌리 모양이고 줄기는 곧게 서며 세로로 주름이 있고 거미줄모양의 흰 털이 엉켜 있으며 뿌리잎은 일찍 시든다. 줄기잎은 어긋나게 붙고 줄기 밑에는 긴 잎자루가 있으며 잎자루에 날개가 있다. 잎몸은 달걀모양으로 끝이 둥글거나 뾰족하며 밑은 쐐기모양이고 좁아지면서 잎자루까지 이어진다. 잎 가장자리에 규칙적인 톱니가 있고 잎 양면에 거미줄 같은 털이 있으며 맨 끝의 잎은 줄기를 감싼다. 줄기 끝에 황적색 꽃이 머리모양꽃차례를 이루고 핀다. | 관상용, 식용

결실 8~9월 | 여윈열매(수과)

자생 제주도 한라산, 중·북부지방, 고산지대 메마른 초원 양지

❗ 어린 잎은 나물로 먹는다.

민솜방망이
Senecio flammeus var. *glabrifolius*

과명 국화과

개화 7~8월　　**높이** 30~60cm

특징 여러해살이풀 | 원변종과 달리 식물체에는 털이 거의 없어서 녹색이다. 3~13개의 머리모양꽃차례 꽃이 줄기 끝에 붙고 모인꽃싸개잎은 통모양으로 털이 많다. | 관상용, 식용

결실 8~9월 | 여윈열매(수과)

자생 중부 이북지방, 깊은 산 약간 습기 있는 곳

❗ 어린 잎은 나물로 먹는다.

바위솜나물
Senecio aurantiaca var. *leiocarpus*

과명 국화과

개화 6~7월　　**높이** 15~30cm

특징 여러해살이풀 | 뿌리줄기는 굵고 짧으며 비스듬히 벋는다. 줄기는 곧게 서며 꽃대모양이고 거미줄모양의 흰 털이 빽빽하게 덮인다. 잎몸은 좁은 날개를 이루고 잎자루까지 이어지며 표면에 솜털이 있고 뒷면은 거미줄모양 털이 있다. 줄기잎은 어긋나게 붙고 뿌리잎과 같은 모양이며 잎자루가 줄기를 반 정도 감싼다. 줄기 끝에서 머리모양꽃차례를 이루고 황색 꽃이 핀다. | 관상용, 식용

결실 7~9월 | 여윈열매(수과)

자생 중부 이북지방, 고산지대 바위틈이나 습기 있는 돌밭 양지

❗ 바위틈이나 돌밭에 자라기 때문에 이름 지어졌다. | 어린 잎은 나물로 먹는다.

여름

금방망이
Senecio nemorensis

▲ 백두산 7월

과명 국화과

개화 7~8월   **높이** 45~100cm

특징 여러해살이풀 | 뿌리줄기는 짧고 굵으며 줄기는 곧게 서고 윗부분에서 많은 가지를 벋으며 줄기는 흔히 자주색을 띤다. 잎은 어긋나게 붙고 잎몸은 버들잎 모양이지만 양끝이 뾰족한 긴 타원모양이고 가장자리에 일정한 톱니가 있다. 밑부분은 쐐기모양이고 끝은 뾰족하다. 줄기 끝에서 고른살꽃차례모양으로 많은 머리모양꽃차례를 이루고 황색 꽃이 핀다. | 식용

결실 8~9월 | 여윈열매(수과)

자생 제주도 한라산, 인천 앞바다의 굴업도, 백두산 고원지 초원 양지

❗ 황금색 꽃이 많이 달린 모양이 금색 방망이 같다 하여 이름이 지어진 듯하다. | 어린 잎은 나물로 먹는다.

삼잎방망이
Senecio cannabifolius

▲ 백두산 7월

과명 국화과

개화 7~8월   **높이** 1~2m

특징 여러해살이풀 | 뿌리줄기는 길게 옆으로 벋고 줄기는 곧게 서며 윗부분에서 가지를 많이 벋는다. 줄기에는 세로로 얕은 잔주름이 있고 자주색을 띠며 잎은 어긋나게 붙는다. 잎몸은 달걀모양이고 깃모양으로 깊게 갈라지며 갈래쪽은 잎 한쪽 면에 2~3개씩 있고 갈래쪽의 모양들은 비슷하며 가장자리에 톱니가 있다. 갈래조각은 버들잎모양이고 밑은 쐐기모양이며 잎자루에 날개가 있다. 황색 꽃이 줄기 윗부분의 줄기 끝과 가지 끝에서 많은 머리모양꽃차례로 모여 핀다. | 식용, 약용

결실 9~10월 | 여윈열매(수과)

자생 북부지방, 고원지 숲 가장자리 초원 양지

❗ 잎이 삼(삼베 짜는 식물)의 잎과 모양이 같은 데서 온 이름이다. | 어린 잎은 나물로 먹는다. | 식물체에 핀나티피린이라는 알칼로이드가 함유되어 있어 한방에서 약재로 사용한다.

여름

털진득찰
Siegesbeckia pubescens

▲ 서울 9월

과명 국화과

개화 8~9월 **높이** 60~120cm

특징 한해살이풀 | 줄기는 곧게 서고 긴 샘털이 빽빽하게 덮이며 세로로 모서리가 있고 가지는 적게 벋는다. 잎겨드랑이에서 나오는 가지는 줄기에 잎과 같이 마주 붙고 넓은 달걀모양이며 잎자루가 있다. 잎몸이 잎자루에 쐐기모양으로 이어지면서 붙고 끝이 뾰족하며 가장자리에 불규칙한 둔한 톱니가 있다. 잎 표면과 잎줄 위에 샘털이 많고 뒷면에도 많으며 꽃이 피는 가지에 붙은 잎은 버들잎모양이다. 줄기 끝부분의 잎겨드랑이에서 나온 작은 꽃가지에 머리모양꽃차례를 이루고 황색 꽃이 핀다. | 식용, 약용

결실 9~10월 | 여윈열매(수과)

자생 전국 각지, 산과 들, 대개는 경작지나 길가 빈터의 양지

❗ 어린 잎은 나물로 먹는다. | 한방에서 식물체를 [희첨(豨簽)]이라 하고 진통, 건위, 중풍, 고혈압, 관절염, 신경통 등에 약재로 사용한다.

진득찰
Siegesbeckia glabrescens

▲ 서울 9월

과명 국화과

개화 8~9월　　**높이** 40~100cm

특징 한해살이풀 | 줄기는 곧게 서고 가지를 많이 벋으며 자주색을 띠고 줄기에 누운 짧은 털이 있다. 가지는 잎겨드랑이에서 마주 나고 가지 끝에서 여러 개의 꽃가지를 벋는다. 잎 끝이 길게 뾰족하며 밑은 쐐기모양으로 잎몸 끝부분이 잎자루 날개를 이룬다. 잎은 윗부분으로 올라가면서 점차 작아지며 타원모양이다. 줄기 끝과 가지 끝에서 머리모양꽃차례를 이루고 황색 꽃이 핀다. | 식용, 약용

결실 9~10월 | 여윈열매(수과)

자생 전국 각지, 산과 들, 대개는 경작지 밭이나 길가의 초원 양지

❗ 열매에 구부러진 낚싯바늘 같은 털이 있어 사람이나 동물에 잘 달라붙기 때문에 이름 지어졌다. | 어린 잎은 식용한다. | 한방에서 식물체를 해독, 진통, 악창, 중풍, 신경통, 류머티즘 등에 약재로 사용한다.

여름

도깨비바늘
Bidens bipinnata

▲ 양평 9월

▲ 열매

과명 국화과

개화 8~9월　　**높이** 40~150cm

특징 한해살이풀 | 줄기는 곧게 서고 세로로 된 작은 홈과 4개의 모서리가 있으며 윗부분에서 가지를 벋는다. 가지는 잎겨드랑이에서 마주 붙으며 줄기에 흰 털이 있는 것도 있고 잎은 마주 붙으며 줄기 밑의 잎들은 일찍 말라 떨어진다. 마지막 갈래조각에는 1~2개의 거치가 있기도 하며 잎 양면 잎줄 위에 샘털이 있다. 줄기 끝에 머리모양꽃차례를 이루고 황색 꽃이 핀다. | 약용

결실 9~10월 | 여윈열매(수과)

자생 전국 각지, 들녘 경작지나 마을 길가 초원 양지

❗ 한방과 민간에서 식물체를 [귀침초(鬼針草)]라 하고 심장질환, 콩팥질환을 치료하는 데 쓰며 민간에서 충독 등에 약으로 사용한다.

털도깨비바늘
Bidens biternata

과명 국화과

개화 8~9월　　**높이** 30~150cm

특징 한해살이풀 | 줄기는 곧게 서고 잔주름이 있다. 윗부분에서 가지를 벋고 가지는 마주 붙거나 간혹 윗부분에서 어긋나게 붙는다. 잎은 마주 붙고 긴 잎자루가 있으며 잎몸은 넓은 달걀모양이고 깃모양으로 2번 갈라진다. 줄기나 가지 끝에서 나온 꽃차례 꼭지에 머리모양꽃차례를 이루고 황색 꽃이 핀다. | 약용

결실 9~10월 | 여윈열매(수과)

자생 전국 각지, 들녘 길가 빈터나 습기 있는 초원 양지

! 한방과 민간에서 식물체를 도깨비바늘과 같은 약재로 사용한다.

물쑥
Artemisia selengensis

과명 국화과

개화 8~9월　　**높이** 150cm 안팎

특징 여러해살이풀 | 줄기는 곧게 서고 흔히 붉은색을 띠며 세로로 주름이 있고 윗부분에서 가지를 벋는다. 잎은 어긋나게 붙고 잎자루가 있으며 잎몸은 넓은 타원모양이고 위로 올라가면서 작아지며 잎자루는 없다. 잎몸은 3~5개로 완전히 갈라지고 끝에서는 띠모양이다. 잎 표면과 뒷면에 거미줄 같은 흰 털이 있어 회백색이 난다. 줄기 끝에서 황녹색 꽃이 머리모양꽃차례로 핀다. | 식용, 약용

결실 9~10월 | 여윈열매(수과)

자생 남·중·북부지방, 강가 초원이나 개울가 주변의 초원 양지

! 어린 잎은 식용한다. | 한방과 민간에서 식물체를 해열, 중풍, 고혈압 등에 약재로 쓴다.

여름

단풍잎돼지풀
Ambrosia trifida

과명 국화과

개화 7~9월　　**높이** 2~3m

특징 한해살이풀 | 귀화식물(북아메리카 원산). 줄기는 굵고 곧게 서며 윗부분에서 가지를 벋고 잎은 마주 붙으며 잎자루가 있다. 잎몸은 단풍잎모양으로 3~5개로 갈라지고 잎 밑부분이 좁아져 잎자루로 흐르며 잎 양면에 거센 털이 있다. 갈래조각은 타원꼴의 피침모양이며 가장자리에 톱니가 있고 끝은 길게 뾰족하며 잎자루에 홈이 있고 흰 털과 밑부분이 넓어져 원줄기를 감싼다. 줄기 끝에 머리모양꽃차례들이 많이 모여 송이모양으로 달리고 황록색 꽃이 핀다.

결실 9~11월 | 여윈열매(수과)

자생 중부지방, 서울 시내와 근교, 경기도 북부지방의 들녘 길가 빈터

둥근잎돼지풀
Ambrosia trifida for. *integrifolia*

과명 국화과

개화 7~9월　　**높이** 2~3m

특징 한해살이풀 | 귀화식물(북아메리카 원산). 원변형에 비하여 잎이 갈라지지 않으며 긴 타원모양, 타원모양인 것이 특징이다.

결실 9~11월 | 여윈열매(수과)

자생 중부지방, 경기도 북부지방 일대의 밭둑이나 길가, 언덕 등

> ❗ 돼지풀속에 속하는 종류들은 모두 여름, 초가을에 많은 꽃가루를 날려 보내 감기와 눈병을 유발하며 번식력이 대단히 강한 악질적인 귀화종들이다.

돼지풀
Ambrosia artemisiifolia var. *elatior*

▲ 서울 8월

과명 국화과

개화 8~9월   **높이** 30~180cm

특징 한해살이풀 | 귀화식물(북아메리카 원산). 줄기는 대개 자갈색이 돌며 전체에 짧고 거센 털이 있으며 가지를 많이 벋는다. 잎은 마주 붙거나 어긋나게 붙고 깃모양으로 2~3번 갈라진다. 표면에 털이 있고 뒷면은 연한 회색으로 부드러운 털이 있다. 원줄기와 가지 끝에서 머리모양꽃차례들이 많이 모여 이삭모양꽃차례를 이루고 황록색 꽃이 핀다.

결실 9~10월 | 여윈열매(수과)

자생 전국 각지, 산과 들, 산기슭 초원과 길가 빈터 등 양지

여름

도꼬마리
Xanthium strumarium

과명 국화과

개화 8~9월 　　**높이** 1m 안팎

특징 한해살이풀 | 뿌리는 곧게 벋고 줄기는 곧게 서며 가지를 벋고 세로로 작은 홈들이 있다. 줄기나 가지 끝, 또는 잎겨드랑이에 머리모양꽃차례를 이루고 적갈색 꽃들이 피며 2~3개씩 모여 붙고 꽃잎은 없다. | 약용, 염료용

결실 9~10월 | 여윈열매(수과)

자생 전국 각지, 들녘 경작지 근처 둑이나 길가 언덕 등의 초원 양지

❗ 뿌리를 황색 염료재로 사용한다. | 한방과 민간에서 열매를 [창이자(蒼耳子)]라 하고 진통, 해독, 이뇨, 악종, 편도선염, 중풍, 관절염, 산후통 등에 약재로 사용하며 민간에서는 열매를 달여 그 즙으로 피부병을 치료하는 데 쓴다.

가시도꼬마리
Xanthium italicum

과명 국화과

개화 8~9월 　　**높이** 1m 안팎

특징 한해살이풀 | 원산지가 불분명한 귀화식물이며 모인꽃싸개잎 겉에 돋은 가시에 비늘 같은 털이 있는 것이 특징이다. | 약용, 염료용

결실 9~10월 | 여윈열매(수과)

자생 중부 이남지방

❗ 도꼬마리와 같은 용도로 사용한다.

쇠서나물
Picris hieracioides var. *glabrescens*

과명 국화과

개화 6~9월　　**높이** 60~90cm

특징 두해살이풀 | 줄기는 곧게 서며 위에서 가지를 벋고 자주색을 띤다. 뿌리잎은 모여 나며 거꿀버들잎모양이고 가장자리에 물결모양 잔톱니가 있다. 잎 표면에 흰 털과 뒷면에 닻모양 털이 있어 다른 물체에 달라 붙는다. 줄기잎은 어긋나게 붙으며 버들잎모양, 거꿀버들잎모양이고 끝이 뾰족하며 밑은 쐐기모양이다. 줄기와 가지 끝에 머리모양꽃차례를 이루고 황색, 연한 황색 꽃이 핀다. | 식용, 약용

결실 8~10월 | 여윈열매(수과)

자생 전국 각지, 산과 들, 산기슭 양지 바르고 메마른 곳

❗ 어린 잎은 나물로 먹는다. | 한방에서 식물체를 고미, 건위, 진정 등에 약재로 사용한다.

조밥나물
Hieracium umbellatum

과명 국화과

개화 7~10월　　**높이** 30~100cm

특징 여러해살이풀 | 줄기는 곧게 서며 위에서 가지를 벋거나 벋지 않는다. 잎은 어긋나게 붙고 줄기에 일정하게 붙으며 가는 버들잎모양으로 끝이 뾰족하고 밑은 좁아지며 잎자루는 없다. 가장자리에 작은 톱니가 있거나 없고 줄기 위로 올라가면서 잎은 점차 작아진다. 줄기 끝에서 머리모양꽃차례를 이루고 황색 꽃들이 고른살꽃차례모양으로 달린다. | 식용, 약용

결실 8~11월 | 여윈열매(수과)

자생 전국 각지, 산과 들, 산골짜기 약간 습기 있는 초원 양지

❗ 어린 잎은 나물로 먹는다. | 한방에서 식물체를 이뇨, 건위, 거담 등에 약재로 사용한다.

껄껄이풀
Hieracium coreanum

과명 국화과
개화 7~8월 **높이** 30~60cm
특징 여러해살이풀 | 뿌리줄기는 검은색이며 뿌리잎은 꽃이 필 때 없어지거나 남아 있으며 긴 타원모양이고 끝이 뾰족하거나 둔하며 밑은 잎자루로 흘러 잎자루 날개로 되고 양면에 털이 있으며 가장자리에 톱니가 있다. 줄기 가운데 잎은 긴 타원모양이고 끝이 뾰족하며 밑은 넓게 원줄기를 감싸고 위의 잎들은 피침모양, 줄모양이다. 원줄기 끝과 가지 끝에서 황색 꽃이 1~3개씩 달리고 머리모양꽃차례이다. | 식용, 약용
결실 8~9월 | 여윈열매(수과)
자생 북부지방, 백두산 고원지 초원

❗ 조밥나물과 같은 용도로 식용, 약용한다.

께묵
Hololeion maximowicii

과명 국화과
개화 8~10월 **높이** 50~100cm
특징 두해살이풀 | 줄기는 곧게 서며 윗부분에서 가지가 갈라지고 줄기에 분백색이 돈다. 줄기 밑의 잎은 잎자루가 길며 잎몸은 밑부분이 쐐기모양으로 좁아지며 잎자루로 흐른다. 잎몸은 띠꼴의 거꿀버들잎모양이고 가장자리는 밋밋하며 밑은 쐐기모양으로 넓어지면서 원줄기를 감싼다. 줄기 끝에서 머리모양꽃차례를 이루고 연한 황색, 흰색 꽃이 핀다. | 식용, 약용
결실 9~11월 | 여윈열매(수과)
자생 전국 각지, 산과 들, 약간 습기 있는 냇가 초원 양지

❗ 어린 잎은 식용한다. | 한방과 민간에서 식물체를 이뇨, 건위 등에 약재로 사용한다.

갯씀바귀
Ixeris repens

과명 국화과

개화 6~7월 **높이** 3~15cm

특징 여러해살이풀 | 뿌리줄기는 옆으로 길게 벋고 군데군데에서 새싹이 나오며 잎은 어긋나게 붙고 긴 잎자루가 모래땅 속에서 나온다. 잎몸은 손바닥모양으로 3~5개씩 깊게 또는 가운데까지 갈라지거나 3개로 완전히 갈라진다. 갈래조각은 넓은 타원모양이고 끝이 둥글며 2~3개로 얕게 갈라지거나 희미한 톱니가 있다. 잎겨드랑이에서 꽃자루가 나와 가지가 갈라지고 끝에 2~5개의 황색 꽃이 머리모양꽃차례를 이루고 핀다. | 식용, 약용

결실 7~8월 | 여윈열매(수과)

자생 전국 각지의 바닷가 모래땅 양지

❗ 어린 잎은 식용한다. | 한방과 민간에서 뿌리를 진정, 건위, 식욕 촉진 등에 약재로 쓴다.

산씀바귀
Lactuca raddeana

과명 국화과

개화 8~9월 **높이** 60~150cm

특징 두해살이풀 | 줄기는 곧게 서며 둥근 기둥모양으로 윗부분에서 가지를 벋는다. 잎은 어긋나게 붙고 타원모양, 마름모양이며 끝이 뾰족하고 밑은 쐐기모양으로 잎자루까지 이어져 날개를 이룬다. 밑의 잎은 완전히 갈라지고 갈래조각은 1~3쌍이며 줄기 윗부분 잎은 마름모양이고 작아진다. 줄기 끝에 황색 머리모양꽃차례들이 커다란 고깔꽃차례모양으로 꽃을 피운다. | 식용, 약용

결실 9~10월 | 여윈열매(수과)

자생 중부 이북지방, 산기슭 메마른 숲 가장자리나 냇가 근처

❗ 어린 잎은 나물로 먹는다. | 한방과 민간에서 식물체를 진정, 이뇨 등에 약재로 쓴다.

여름

부들
Typha orientalis

▲ 우포늪 7월

과명 부들과

개화 7월   **높이** 1~2m

특징 여러해살이풀 | 뿌리줄기는 길게 옆으로 벋고 흰색이며 마디에서 수염뿌리가 난다. 원줄기는 곧게 서고 굵으며 둥근 기둥모양이고 밋밋하며 딱딱한 질이다. 잎은 줄모양이고 꽃대보다 길거나 약간 짧고 밑부분이 원줄기를 완전히 둘러싼다. 줄기 윗부분에서 둥근 기둥모양의 이삭꽃차례를 이룬다. 암수한그루 식물로서 수꽃이삭은 위에 암꽃이삭은 밑에 같이 이어지며 황색 꽃이 많이 모여 핀다. | 관상용, 식용, 약용

결실 8~9월 | 여윈열매(수과)

자생 전국 각지, 들녘 늪지나 연못가, 도랑가 등의 물웅덩이 습지

❗ 어린 순은 나물로 먹는다. | 한방과 민간에서 꽃가루를 [포황(蒲黃)]이라 하고 지혈, 이뇨, 탈항, 치질, 대하증, 월경불순, 방광염 등에 약재로 사용한다.

애기부들
Typha angustata

과명 부들과

개화 6~7월   **높이** 150cm 안팎

특징 여러해살이풀 | 부들보다 훨씬 가늘다. 꽃차례 밑에 꽃싸개잎이 2~3개 있으나 곧 떨어지며 꽃차례는 둥근 기둥모양이다. 암꽃차례는 밑부분에 달리며 수꽃차례는 2~6cm 정도 떨어져서 위에 달리고 황색 꽃이 많이 모여 핀다. | 관상용, 식용, 약용

결실 8~9월 | 여원열매(수과)

자생 중부 이남지방, 들녘 강변이나 늪지 등 물가의 양지

❗ 부들보다 훨씬 가늘고 식물체가 작기 때문에 이름 지어졌다. | 부들과 같은 용도로 식용, 약용한다.

가래
Potamogeton distinctus

과명 가래과

개화 7~8월   **높이** 10~60cm

특징 여러해살이풀 | 줄기는 가지를 벋고 연약하며 녹색 또는 갈색이다. 잎은 어긋나게 붙지만 꽃차례 아래 잎은 마주 붙는다. 물속에 잠긴 잎은 잎자루가 있고 잎몸은 줄꼴의 버들잎모양이며 잎자루는 물의 깊이에 따라 조절된다. 물 위에 뜬 잎은 잎자루가 길고 잎몸은 넓은 버들잎모양으로 여러 개의 잎줄이 나타나고 가장자리는 밋밋하며 밑은 둥글고 끝은 뾰족하다. 받침잎은 얇은 반투명질이고 줄기를 감싸며 잎겨드랑이에서 꽃대 끝에 이삭꽃차례를 이루고 황록색 꽃이 핀다.

결실 8~9월 | 굳은씨열매(핵과)

자생 전국 각지, 경작지 논바닥이나 늪지, 물웅덩이 등 그늘

여름

애기가래
Potamogeton octandurus

과명 가래과

개화 6~9월　　**길이** 50~100cm

특징 여러해살이풀 | 줄기는 가늘고 둥글거나 편평한 실모양이다. 잎은 어긋나게 붙지만 꽃차례 아래잎은 마주 붙는다. 물속의 잎은 잎자루가 없고 잎몸은 실모양이며 잎줄은 1~3개이다. 물 위에 뜬 잎은 적거나 잎이 없고 짧은 잎자루가 있다. 잎몸은 달걀꼴의 좁고 긴 타원모양이고 잎줄은 5~9개이며 가장자리는 밋밋하고 끝이 뾰족하거나 둔하며 받침잎은 얇은 반투명질이다. 줄기 끝의 잎겨드랑이에서 나온 꽃대 끝에 이삭꽃차례를 이루고 황록색의 꽃이 핀다.

결실 7~10월 | 굳은씨열매(핵과)

자생 전국 각지, 들녘 도랑가나 연못가 등의 그늘

솔새
Themeda triandra var. *japonica*

과명 벼과

개화 8월　　**높이** 70~100cm

특징 여러해살이풀 | 수염뿌리는 딱딱하고 질기며 뿌리줄기는 짧고 줄기는 모여 나며 곧게 선다. 줄기집은 원줄기를 감싸고 딱딱한 도드라기모양 털이 있으며 등쪽에는 새가슴뼈모양 부위가 있다. 잎혀는 끝이 둥근모양이고 솜털이 있으며 잎몸은 납작한 줄모양으로 엄지잎줄이 뚜렷하다. 가장자리는 밖으로 젖혀지며 분백색이 돌고 밑에 딱딱한 도드라기모양 털이 있다. 줄기 끝에서 짧은 이삭꽃차례를 이루고 황록색 꽃이 핀다. | 가축 사료용

결실 9~10월 | 겨깍지열매(영과)

자생 전국 각지, 산과 들, 길가 메마른 초원 양지

쇠보리
Ischaemum crassipes

과명 벼과

개화 7월   **높이** 30~70cm

특징 여러해살이풀 | 줄기는 모여 나고 곧게 서며 밑부분이 누워 자라기도 하고 간혹 가지를 벋으며 줄기집은 안쪽으로 말린다. 잎혀는 짧고 잘라진모양으로 두 갈래로 갈라지고 반투명질이며 잎몸은 납작한 줄모양으로 끝이 뾰족하고 가장자리는 깔깔하다. 줄기 끝에서 2개씩 합쳐진 둥근 기둥모양의 송이꽃차례를 이루고 황록색 꽃이 핀다. | 가축 사료용

결실 9~10월 | 겨깍지열매(영과)

자생 전국 각지, 바닷가 모래땅 양지

염주
Coix lachryma-jobi

과명 벼과

개화 7~9월   **높이** 1~1.5m

특징 한해살이풀 | 귀화식물(열대아시아 원산). 줄기는 곧게 서며 밑에서 가지를 벋고 줄기집은 윤기가 나며 잎혀는 반투명질이다. 잎겨드랑이에서 작은 이삭이 모여 황색 꽃이 핀다. | 관상용, 식용, 약용

결실 9~10월 | 겨깍지열매(영과)

자생 전국 각지

❗ 열매가 사찰에서 쓰는 염주모양 같아 이름 지어졌다. | 열매로 떡이나 과자, 술을 만들어 먹기도 한다. | 한방과 민간에서 이뇨, 강장, 진해, 소염, 관절염, 폐결핵 등에 약재로 쓴다.

율무
Coix lachryma-jobi var. *mayuen*

과명 벼과
개화 7월   **높이** 1~1.5m
특징 한해살이풀 | 귀화식물(중국 원산). 줄기는 곧게 서고 여러 대로 갈라지며 잎은 어긋나게 붙고 피침모양이며 가장자리는 거칠고 밑이 잎집으로 된다. 잎겨드랑이에서 길고 짧은 몇 개의 꽃차례가 나오며 밑부분의 암꽃이삭은 딱딱한 잎집으로 싸여 있으며 끝에 황색의 수꽃이삭이 달린다. | 관상용, 식용, 약용
결실 8~9월 | 겨깍지열매(영과)
자생 전국 각지

❗ 열매를 한방에서 [의이인(薏苡仁)]이라 하고 염주와 같은 약재로 사용한다. | 율무 열매는 단백질 8~18%, 지질 2~7%, 녹말 52%, 재성분 0.5~2.3% 정도를 함유하고 있다.

새
Arundinella hirta var. *ciliata*

과명 벼과
개화 8~9월   **높이** 30~120cm
특징 여러해살이풀 | 뿌리줄기는 옆으로 번고 뿌리목 위에 여러 개의 비늘조각이 있다. 줄기는 외대로 곧게 서며 단단하고 솜털이 있으며 마디 위에 솜털이 빽빽하게 있다. 줄기집 가장자리에도 솜털이 빽빽하게 있고 잎혀는 짧으며 반투명질이다. 잎몸은 납작하거나 가장자리가 약간 안쪽으로 말리며 표면에 약간 털이 있다. 줄기 끝에서 고깔꽃차례를 이루고 작은 이삭이 빽빽하게 모여 황록색 꽃이 핀다. | 가축 사료용
결실 9~10월 | 겨깍지열매(영과)
자생 전국 각지, 산과 들, 초원이나 길가 양지

강아지풀
Setaria viridis

▲ 나주 8월

과명 벼과

개화 7~9월　　**높이** 20~70cm

특징 한해살이풀 | 뿌리는 수염모양이고 줄기는 곧게 서며 밑에서 가지를 벋고 가늘며 약하다. 줄기집에도 연한 털이 있으며 잎혀에도 솜털이 있다. 잎몸은 납작한 줄모양, 넓은 줄모양이고 끝이 뾰족하며 밑은 둥글고 줄기 끝에 곧게 서거나 한쪽으로 숙이는 둥근 기둥모양의 고깔꽃차례를 이루고 황록색 꽃이 빽빽하게 핀다. | 가축 사료용

결실 9~11월 | 껴깍지열매(영과)

자생 전국 각지, 들녘 경작지 둑이나 길가 빈터 양지

❗ 꽃이삭 모양이 강아지 털처럼 가시털이 난 데서 얻어진 이름이다.

여름

갯강아지풀
Setaria viridis var. *pachystachys*

과명 벼과

개화 7~9월   **높이** 20~70cm

특징 한해살이풀 | 원변종에 비하여 꽃차례의 딱딱한 가시털이 길고 굵으며 빽빽하게 나고 연한 녹황색, 드물게 자주색을 띠는 꽃이며 꽃밥은 황갈색을 띠는 것이 특징이다.

결실 9~11월 | 겨깍지열매(영과)

자생 전국 바닷가 모래땅

수강아지풀
Setaria viridis var. *gigantea*

과명 벼과

개화 7~9월   **높이** 20~70cm

특징 한해살이풀 | 조와 강아지풀의 잡종이다.

결실 9~11월 | 겨깍지열매(영과)

자생 전국 각지

자주강아지풀
Setaria viridis var. *purpurascens*

과명 벼과

개화 7~9월   **높이** 20~70cm

특징 한해살이풀 | 원변종에 비하여 꽃이삭의 딱딱한 가시털이 적자색을 띠는 것이 특징이다.

결실 9~11월 | 겨깍지열매(영과)

자생 전국 각지, 들녘 길가 초원이나 밭둑 등 양지

금강아지풀
Setaria glauca

과명 벼과

개화 8~9월　　**높이** 20~50cm

특징 한해살이풀 | 밑부분에서 줄기는 가지가 갈라지고 위 끝에 잔털이 있으며 잎 가장자리에 잔톱니가 있다. 잎집 윗가장자리에 긴 털이 있고 잎혀는 퇴화되며 줄로 돋은 털이 있다. 꽃이삭은 곧게 서며 둥근 기둥모양이고 황금색이 난다. | 가축 사료용

결실 9~10월 | 겨깍지열매(영과)

자생 전국 각지, 들녘, 낮은 산기슭 양지 초원이나 경작지 근처 길가 초원

미국개기장
Panicum dichotomiflorum

과명 벼과

개화 6~8월　　**높이** 40~100cm

특징 한해살이풀 | 귀화식물(북아메리카 원산). 줄기는 털이 없고 가지가 갈라지며 잎은 편평하고 약간 접히며 털이 없고 잎혀는 퇴화되어 털이 줄로 돋아난다. 잎집은 간혹 홍자색이 돋고 털이 없다. 고깔꽃차례는 고깔모양, 둥근모양으로 가지가 벌어지고 황록색 꽃이 핀다. | 가축 사료용

결실 7~9월 | 겨깍지열매(영과)

자생 중부 이남지방, 길가 빈터의 양지 초원이나 도랑가

여름

돌피
Echinochloa crus-galli

과명 벼과

개화 7~8월　　**높이** 80~100cm

특징 한해살이풀 | 줄기는 모여 나고 밑에서 가지가 갈라지며 잎은 납작하며 털은 없고 잎집은 밑부분의 것은 홍자색이 돌고 잎혀는 없다. 고깔꽃차례는 가지 위로 올라갈수록 짧아지고 밑의 것은 달걀 모양으로 적자색이 돌며 겉에 가시 같은 털이 있으며 녹색 꽃이 핀다. | 식용, 가축 사료용

결실 8~9월 | 겨깍지열매(영과)

자생 전국 각지, 들녘 경작지 논이나 근처 습지, 도랑가 양지

❗ 옛날에는 씨를 식용하기도 했다.

피
Echinochloa crus-galli var. *frumentacea*

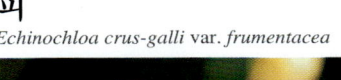

과명 벼과

개화 7~8월　　**높이** 80~100cm

특징 한해살이풀 | 원변종에 비하여 작은 이삭에는 까락이 없거나 매우 짧은 까락이 있고 겨깍지열매는 제2받침깍지보다 크며 받침깍지 밖으로 드러나는 것이 특징이다. | 식용, 가축 사료용

결실 8~9월 | 겨깍지열매(영과)

자생 중부 이북지방 고원지

❗ 재배종은 식용하며 인도, 아프리카 등지에서는 식량으로 한다.

나도겨풀
Leersia japonica

과명 벼과

개화 8~9월　　**높이** 30~50cm

특징 여러해살이풀 | 짧은 뿌리줄기에서 몇 개의 줄기가 옆으로 벋다가 윗부분이 물 위로 나와 서고 마디에 털이 빽빽하게 있다. 잎은 편평하고 털은 없으며 잎혀는 짧다. 꽃차례는 송이모양으로 몇 개의 가지가 갈라지며 가지는 1개씩 붙고 비스듬히 퍼지며 밑에서부터 작은 이삭이 달리며 황백색 꽃이 핀다. | 가축 사료용

결실 9~10월 | 겨깍지열매(영과)

자생 전국 각지, 들녘 호숫가나 냇가 등 습지 양지

❗ 겨풀과 같은 무리는 아니지만 겨풀과 비슷하게 닮은 데서 온 이름이다.

줄
Zizania latifolia

과명 벼과

개화 8~9월　　**높이** 80~200cm

특징 여러해살이풀 | 물속의 진흙에서 모여 나며 잎은 밑부분이 잎집으로 되며 잎집은 둥글고 부들모양이며 잎혀는 흰색이고 긴 세모진모양으로 끝이 뾰족하다. 꽃줄기는 큰 고깔꽃차례가 발달하며 가지는 약간 돌려 붙고 갈라지는 곳에 털이 있으며 연한 황록색 꽃이 핀다. | 관상용, 식용, 약용

결실 9~10월 | 겨깍지열매(영과)

자생 전국 각지, 들녘 강변, 호숫가, 냇가 등의 양지 물속

❗ 어린 줄기와 뿌리를 식용한다. | 한방과 민간에서 뿌리줄기와 줄기를 해열, 이뇨, 지사, 심장혈계통 질병 등에 약재로 사용한다.

여름

왕바랭이
Eleusine indica

과명 벼과

개화 8~9월 **높이** 30~80cm

특징 한해살이풀 | 수염뿌리는 가늘며 빽빽하게 나고 줄기는 모여 나며 곧게 서거나 밑부분이 휘어 구불어져 서고 딱딱한 질이다. 잎은 편평하고 밑부분 안쪽에 긴 털이 있으며 잎혀는 짧고 흰색으로 톱니가 있다. 원줄기 끝에서 이삭꽃차례가 우산모양으로 달리고 3~7개의 가지가 달리며 녹색 꽃이 빽빽하게 핀다. | 가축 사료용

결실 9~10월 | 겨깍지열매(영과)

자생 전국 각지, 들녘 길가나 빈터 양지

그령
Eragrostis ferruginea

과명 벼과

개화 8~9월 **높이** 30~80cm

특징 여러해살이풀 | 줄기는 무더기로 모여 나며 곧게 서거나 밑이 휘어져 비스듬히 서고 큰 포기를 이룬다. 잎 표면 밑부분과 잎집 윗부분에 털이 있다. 고깔꽃차례는 가지가 1개씩 달려서 퍼지고 털은 없으며 작은 꽃자루 윗부분에 황색 선이 있으며 황갈색 꽃이 핀다. | 가축 사료용

결실 9~10월 | 겨깍지열매(영과)

자생 전국 각지, 들녘 길가 초원 양지

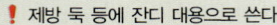
❗ 제방 둑 등에 잔디 대용으로 쓴다.

왕쌀새
Melica nutans

과명 벼과

개화 6~7월 **높이** 20~50cm

특징 여러해살이풀 | 땅속 뿌리줄기가 있고 수염뿌리는 가늘며 약하다. 줄기는 모여 나고 잎은 편형하며 표면에 털이 약간 있고 밑부분의 잎집은 적자색이 돌며 잎혀는 짧다. 송이꽃차례는 5~15개의 작은 이삭이 달리고 작은 이삭은 밑으로 처지며 타원모양으로 끝이 둔하고 적자색 또는 백록색이며 윤채가 나고 황록색 꽃이 핀다. | 가축 사료용

결실 7~8월 | 겨깍지열매(영과)

자생 전국 각지, 약간 습기 있는 산기슭 숲 가장자리 반그늘

오리새
Dactylis glomerata

과명 벼과

개화 6~7월 **높이** 40~100cm

특징 여러해살이풀 | 귀화식물(유럽과 서아시아 원산). 땅속 뿌리줄기는 짧고 줄기는 곧게 서거나 구부러지고 서며 딱딱한 질이다. 잎은 편평하고 분록색이며 잎혀는 세모지고 짧다. 고깔꽃차례는 곧게 서고 가지가 갈라지며 꽃차례축과 가지에 작은 돌기가 있고 작은 이삭은 분록색으로 녹백색 꽃이 핀다.

결실 7~9월 | 겨깍지열매(영과)

자생 중부 이남지방, 산과 들, 경작지 근처 등의 양지

산조아재비
Phleum alpinum

과명 벼과

개화 7월   **높이** 30~40cm

특징 여러해살이풀 | 땅속 뿌리줄기는 짧고 수염뿌리는 가늘며 질기고 몇 개의 새싹이 붙는다. 줄기는 포기를 이루고 잎은 편평하며 녹색이고 잎혀는 반달모양으로 짧다. 꽃차례는 고깔꽃차례이고 자줏빛이 도는 연한 녹색이며 작은 이삭이 빽빽하게 붙는다. | 가축 사료용

결실 8월 | 겨깍지열매(영과)

자생 북부지방, 백두산 고원지 초원 양지

큰조아재비
Phleum pratense

과명 벼과

개화 7~8월   **높이** 50~100cm

특징 여러해살이풀 | 귀화식물(유럽과 시베리아 원산). 식물체는 털이 없다. 땅속 뿌리줄기는 짧고 수염뿌리가 빽빽하게 있다. 줄기는 모여 나고 잎은 편평하며 잎혀는 반달모양으로 반투명질이다. 꽃차례는 둥근 기둥모양이며 연한 녹색으로 많은 작은 꽃이삭이 빽빽하게 붙고 회록색 꽃이 핀다.

결실 8~9월 | 겨깍지열매(영과)

자생 전국 각지, 산과 들

산조풀
Calamagrostis epigeios

과명 벼과

개화 6~7월 　　**높이** 60~150cm

특징 여러해살이풀 | 짧은 뿌리줄기로 번식되고 줄기는 곧게 서며 딱딱하고 털이 없다. 잎은 표면이 거칠고 가장자리에 잔톱니가 있다. 고깔꽃차례는 짧은 가지가 갈라져 작은 이삭이 빽빽하게 달리기 때문에 둥근 기둥모양에 가깝고 연한 녹황색 꽃이 모여 핀다. | 가축 사료용

결실 8~9월 | 겨깍지열매(영과)

자생 전국 각지, 산과 들, 산기슭, 들녘 습기 있는 초원 양지

! 꽃이삭 모양이 조 이삭과 비슷한 데서 온 이름이다.

물대
Arundo donax

과명 벼과

개화 7~8월 　　**높이** 2~4m

특징 여러해살이풀 | 귀화식물(지중해연안 원산). 식물체는 크며 뿌리줄기는 굵고 짧다. 가지를 벋고 잎은 백록색이며 잎혀는 끝이 잘린모양으로 가장자리에 털이 있다. 꽃이삭은 고깔꽃차례이고 곧게 서며 약간 적자색이 돌고 가지는 깔깔하다. 작은 이삭에는 3~5개의 연한 홍자색 꽃이 핀다. | 관상용

결실 열매 맺지 못하고 뿌리줄기로 번식한다.

자생 중부지방, 황해도 이남지방의 바닷가 모래땅

여름

달뿌리풀
Phragmites japonica

과명 벼과

개화 8~9월 **높이** 1~2m

특징 여러해살이풀 | 뿌리줄기는 땅 위로 벋고 마디에서 뿌리가 내리며 속은 비어 있고 마디에 털이 있다. 잎은 어긋나게 붙고 끝이 길게 뾰족하며 잎집 윗부분에 자줏빛이 돌고 잎혀에 줄로 돋아난 털이 있다. 고깔꽃차례는 자주색이고 꽃가지는 둘러 붙으며 작은 꽃이삭에는 3~4개의 황갈색 꽃이 핀다. | 약용, 가축 사료용

결실 9~10월 | 겨깍지열매(영과)

자생 전국 각지, 산골짜기 냇가 모래땅 양지

❗ 한방에서 뿌리줄기를 자양, 해독, 진통, 소염, 이뇨, 해열 등에 약재로 사용한다.

도루박이
Scipus radicans

과명 사초과

개화 7~8월 **높이** 1~1.5m

특징 여러해살이풀 | 뿌리줄기는 짧고 줄기에는 3개의 모서리가 있으나 꽃차례 밑의 모서리는 날카롭고 거칠다. 꽃차례는 고른살꽃차례로 꽃줄기 끝에 달리고 잔가지가 있으며 작은 꽃이삭은 1개씩 달리고 황록색 꽃이 핀다. | 관상용, 약용

결실 8~9월 | 여윈열매(수과)

자생 중부 이북지방, 들녘 물가의 습지 양지

❗ 줄기가 자라서 끝부분이 땅에 닿으면 뿌리와 새싹이 다시 나와 자라기 때문에 '도루박이'라 부른다. | 한방과 민간에서 뿌리와 줄기를 통경, 진통, 최유, 어혈, 구토 등에 약재로 사용한다.

솔방울고랭이
Scirpus karuizawensis

과명 사초과

개화 7~8월　　**높이** 80~150cm

특징 여러해살이풀 | 줄기는 둔하게 세모지거나 둥글며 딱딱하고 윤기 난다. 5~7개의 마디가 있고 꽃줄기에 달린 잎은 편평하거나 안으로 약간 접어들며 가장자리와 뒷면 및 엄지잎줄이 거칠다. 잎집은 헐겁게 둘러싸고 끝이 수평으로 퍼지며 갈라진 꽃차례는 2~3개이고 2회 갈라지며 옆에 달린 1개의 갈라진 꽃차례에 5~10개의 녹갈색 꽃이 핀다. | 관상용, 약용

결실 8~9월 | 여원열매(수과)

자생 남·중·북부지방, 들녘 물가 습지 양지

❗ 도루박이와 같은 용도로 약용한다.

방울고랭이
Scirpus wichurae

과명 사초과

개화 6~8월　　**높이** 100~150cm

특징 여러해살이풀 | 뿌리줄기는 짧고 꽃줄기에 달린 잎은 편평하다. 잎집은 헐겁게 둘러싼다. 갈래꽃차례는 1~4개이고 끝에 달린 것이 크며 여러 차례 갈라지고 옆에 달린 것은 작다. 꽃싸개잎은 2~3개로서 갈래꽃차례보다 길거나 짧고 가지는 흰색으로 작은 꽃차례에 갈색 꽃이 핀다. | 관상용, 약용

결실 8~11월 | 여원열매(수과)

자생 전국 각지, 들녘 개울가나 연못가, 늪지 등의 양지

❗ 도루박이와 같은 용도로 약용한다.

여름

매자기
Scirpus fluviatilis

과명 사초과

개화 7~10월　　**높이** 80~150cm

특징 여러해살이풀 | 굵은 뿌리줄기가 벋으며 지름 3~4cm의 덩이줄기가 달린다. 꽃줄기는 세모지고 2~4개의 마디가 있다. 잎은 꽃줄기에 달리고 꽃줄기보다 길며 잎집은 간혹 갈색이 돈다. 고른살꽃차례는 꽃줄기 끝에 붙으며 3~8개의 꽃가지가 갈라지고 1~4개의 작은 이삭에 황록색 꽃이 피며 꽃싸개잎은 2개이고 꽃차례보다 길다. | 관상용, 약용

결실 8~11월 | 여윈열매(수과)

자생 전국 각지, 들녘 연못가나 개울가, 늪지 양지

❗ 도루박이와 같은 용도로 약용한다.

송이고랭이
Scirpus triangulatus

과명 사초과

개화 6~8월　　**높이** 50~120cm

특징 여러해살이풀 | 꽃줄기는 날카로운 3개의 모서리모양이고 밑부분에만 1~2개의 잎집이 있다. 꽃차례는 옆에 달리고 대가 없는 작은 이삭 4~20개가 둥글게 모여 달린다. 꽃싸개잎은 1개이고 꽃줄기와 연속되며 날카로운 세모진모양으로 곧게 서거나 약간 비스듬히 선다. 작은 이삭은 긴 타원형이며 연한 녹색, 연한 갈색 꽃이 핀다. | 관상용, 약용

결실 7~9월 | 여윈열매(수과)

자생 남·중·북부지방, 들녘 물가 습지의 양지

❗ 도루박이와 같은 용도로 약용한다.

금방동사니
Cyperus microiria

과명 사초과

개화 8~9월   **높이** 20~30cm

특징 한해살이풀 | 꽃줄기는 1~3개씩 나와 서고 밑에 1~3개의 잎이 달린다. 꽃차례는 다시 갈라지며 밑에 3~4개의 꽃싸개잎이 있다. 1~2개의 꽃싸개잎은 꽃차례보다 길고 가지는 5~10개이며 가늘고 긴 것도 있다. 꽃차례는 성글게 작은 꽃이삭이 달리고 달걀모양으로 황갈색 꽃이 핀다.

결실 9~10월 | 여윈열매(수과)

자생 전국 각지, 경작지 근처나 논밭의 습기 있는 양지

❗ 꽃이삭이 황금색이라 이름 지어졌다.

방동사니
Cyperus amuricus

과명 사초과

개화 8~9월   **높이** 10~60cm

특징 한해살이풀 | 줄기는 곧게 서고 세모졌으며 잎은 뿌리목에서 나온다. 꽃줄기에서는 어긋나게 붙고 줄모양이며 연하고 끝이 처진다. 꽃줄기는 잎 사이에서 1개씩 나와 잎모양의 꽃싸개잎이 달리고 길이가 같지 않은 가지가 갈라져서 각각 많은 작은 꽃이삭이 달린다. 작은 이삭은 줄모양이고 편평하며 퍼지고 8~20개의 적갈색 꽃이 좌우로 나열되며 핀다.

결실 9~10월 | 여윈열매(수과)

자생 전국 각지, 들녘 경작지 부근 논둑 등 습기 있는 양지

석창포
Acorus gramineus

▲ 제주도 6월

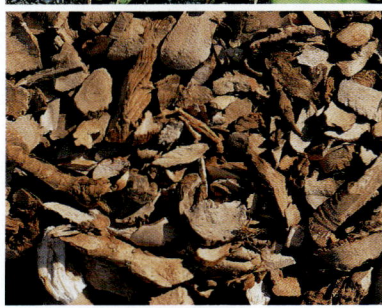

과명 천남성과

개화 6~7월 **높이** 20~50cm

특징 늘푸른 여러해살이풀 | 뿌리줄기는 옆으로 벋고 마디가 많으며 밑에서 수염뿌리가 돋아난다. 땅속에 들어간 뿌리줄기는 마디 사이가 길며 흰색이지만 땅 위에 나온 것은 마디 사이가 짧고 녹색이 돈다. 잎은 뿌리목에서 무더기로 나며 밋밋하고 전체가 칼 같은 줄모양이다. 꽃줄기는 잎과 비슷하고 세모진모양이며 이삭꽃차례는 꽃줄기 옆에서 나온 것처럼 보이고 연한 황색 꽃이 빽빽하게 달린다. | 유독성식물 | 관상용, 약용

결실 7~8월 | 물열매(장과)

자생 남부 다도해 섬지방, 제주도의 산골짜기 냇가 바위틈 반그늘

❗ 화장품 향료로 사용한다. | 한방에서 뿌리줄기를 고미, 건위, 진정, 안태, 산후하혈, 안질 등에 약재로 사용한다.

토란

Colocasia antiquorum var. *esculenta*

▲ 단양 8월   ▼ 꽃   ▼ 덩이뿌리

과명 천남성과

개화 8~9월   **높이** 80~120cm

특징 여러해살이풀 | 귀화식물(열대아시아 원산). 땅속에 덩이뿌리가 있고 타원모양이며 겉은 섬유로 덮이고 옆에 작은 덩이들이 달린다. 잎은 뿌리목에서 돋아 서고 달걀모양의 넓은 타원모양으로 밑이 코끼리 귀모양이고 회록색이며 가장자리는 물결모양으로 밋밋하고 밑 양쪽 끝이 귀모양으로 처진다. 잎자루가 비스듬히 서고 잎 가운데의 약간 위에 붙기 때문에 방패모양이며 연한 황색 꽃이 핀다. | 유독성식물 | 관상용, 식용, 약용

결실 우리나라에서는 열매를 맺지 못하고 덩이뿌리로 번식한다.

자생 전국 각지의 농가

❗ 덩이뿌리와 잎자루를 식용한다. | 민간에서 덩이뿌리를 강장, 지사, 화상, 동상, 태독 등에 약재로 사용한다.

산부채
Calla palustris

▲ 백두산 6월

◀ 열매

과명 천남성과

개화 6~7월 　　**높이** 15~30cm

특징 여러해살이풀 | 땅속줄기는 옆으로 길게 벋고 꽃줄기는 곧게 서며 땅속줄기 마디에 잔뿌리가 많이 나고 여러 개의 잎이 한군데서 나온다. 잎자루가 있고 둥근 기둥모양이지만 밑부분이 잎집으로 되어 줄기를 감싸며 그 위에 잎혀가 있다. 잎몸은 심장모양이고 가장자리는 밋밋하며 끝이 뾰족하다. 꽃차례 밑의 횃불모양꽃싸개잎은 넓은 타원모양이고 흰색이며 끝이 꼬리처럼 길고 뾰족하다. 연한 녹색 꽃이 고기질꽃차례로 빽빽하게 모여 핀다. | 유독성식물 | 관상용, 약용

결실 8월 | 물열매(장과)

자생 북부지방, 백두산 고원지 숲 가장자리 습지 반그늘

❗ 한방과 민간에서 뿌리줄기를 이뇨, 해수, 거담, 진경, 파상풍, 종창 등에 약재로 사용한다.

넓은잎개수염
Eriocaulon robustius

과명 곡정초과

개화 8~9월　　**높이** 4~25cm

특징 한해살이풀 | 뿌리는 흰 수염뿌리이고 줄기는 없거나 간혹 짧은 줄기가 있다. 잎은 밑에서 무더기로 나며 밑부분이 점차 좁아지고 9~17개의 잎줄이 있다. 꽃줄기는 많이 나오며 5개의 모서리가 있고 머리모양꽃은 많은 꽃으로 구성되고 연한 갈색이다. | 약용

결실 9~10월 | 튀는열매(삭과)

자생 전국 각지, 들녘 경작지 논이나 습지 부근 빈터 양지

❗ 한방에서 식물체를 치풍, 해독, 안질 등에 약재로 사용한다.

큰개수염
Eriocaulon hondoense

과명 곡정초과

개화 8~9월　　**높이** 15~22cm

특징 한해살이풀 | 원줄기는 없고 밑에서 잎이 무더기로 나며 잎은 밑부분이 점차 좁아지고 13개의 잎줄이 있다. 꽃줄기는 여러 개 나오고 5개의 모서리가 있다. 머리모양꽃은 넓은 거꿀고깔모양이고 겉은 모인꽃싸개잎조각이 8~9개이며 피침형이고 끝이 뾰족하며 3개의 잎줄이 있고 꽃보다 약간 또는 2배 정도 길다. 꽃쟁반에 털이 없고 황갈색의 꽃이 많이 핀다. | 약용

결실 9~10월 | 튀는열매(삭과)

자생 제주도, 들녘 논바닥이나 물가 습지의 양지

❗ 넓은잎개수염과 같은 용도로 약용한다.

여름

길골풀
Juncus tenuis

과명 골풀과

개화 6~7월　　**높이** 30~60cm

특징 여러해살이풀 | 줄기는 모여 나고 잎은 편평하며 원줄기보다 짧고 위로 약간 말리며 귀모양의 도드라기가 있고 타원형으로 짧고 회백색이다. 꽃차례는 원줄기 끝에 달리고 첫째 꽃싸개잎은 잎 같고 꽃차례보다 길며 연한 녹색 꽃이 1개씩 핀다. | 약용

결실 8~9월 | 튀는열매(삭과)

자생 전국 각지, 길가 초원이나 빈터 양지

❗ 길바닥에 흔히 자라기 때문에 이름 지어졌다. | 민간에서 식물체를 이뇨, 진통 등에 약재로 사용한다.

골풀
Juncus effusus var. *decipiens*

과명 골풀과

개화 7~8월　　**높이** 25~100cm

특징 여러해살이풀 | 원줄기는 둥근 기둥모양으로 뚜렷하지 않은 세로줄이 있다. 잎은 원줄기 밑부분에 달리고 비늘 같다. 꽃차례는 원줄기 끝부분의 옆에 붙고 첫째 꽃싸개잎은 원줄기와 연속해서 자라기 때문에 줄기의 끝부분처럼 보인다. 녹갈색 꽃은 1개씩 달린다. | 약용

결실 8~9월 | 튀는열매(삭과)

자생 전국 각지, 산과 들, 양지바른 습지

❗ 줄기를 말려서 공예품 등 세공재로 사용한다. | 한방에서 줄기의 속심을 [등심초(燈心草)]라 하고 이뇨, 진정, 진통, 지혈, 신석증, 호흡기질병, 불면증, 편도선염, 외상 등에 약재로 사용한다.

삿갓나물
Paris verticillata

과명 백합과

개화 6~7월   **높이** 20~40cm

특징 여러해살이풀 | 뿌리줄기는 옆으로 길게 벋고 끝에서 원줄기가 나오며 곧게 서고 끝에서 6~8개의 잎이 돌려 붙는다. 잎은 좁고 긴 타원모양, 넓은 피침모양이며 끝이 갑자기 뾰족해지고 밑부분이 점차 좁아져서 직접 원줄기에 붙고 3개의 잎줄이 있으며 털은 없다. 돌려 붙은 잎 가운데에서 1개의 꽃자루가 나와 끝에 1개의 녹색 꽃이 위를 향해 핀다. | 유독성식물 | 관상용, 약용

결실 7~8월 | 물열매(장과)

자생 중부 이북지방, 산기슭 숲속 그늘, 울릉도

❗ 농약의 원료로 사용한다. | 한방에서 뿌리줄기를 최토 등에 약재로 사용한다.

파란여로
Veratrum maackii var. *parviflorum*

과명 백합과

개화 7~8월   **높이** 50~100cm

특징 여러해살이풀 | 뿌리줄기는 짧고 굵으며 흑갈색의 털로 덮여 있고 잔뿌리가 많이 나며 원줄기 밑부분에 잎이 달린다. 밑부분 잎은 긴 타원형이고 끝이 뾰족하며 밑부분이 좁아지지만 윗부분의 잎은 줄모양으로 점차 작아진다. 꽃차례에는 털이 있고 밑에서 가지가 갈라지며 작은 꽃자루가 있고 줄기와 가지 끝에 녹색 꽃이 핀다. | 유독성식물 | 약용

결실 8~9월 | 튀는열매(삭과)

자생 전국 각지, 깊은 산골짜기 초원 양지

❗ 한방에서 뿌리줄기를 강심, 통유, 해열, 살충, 감기, 생선중독, 사독, 곽란, 중풍, 황달, 치통, 신경통 등에 약재로 사용한다.

여름

각시원추리
Hemerocallis dumortieri

▲ 인제 7월   ▼ 새싹

과명 백합과

개화 6~7월   **높이** 20~25cm

특징 여러해살이풀 | 끈 같은 굵은 뿌리가 여러 개 있고 식물체는 곧게 서며 잎은 밑에서 마주 붙고 서로 얼싸안으며 윗부분이 활처럼 뒤로 처진다. 꽃줄기는 잎과 길이가 비슷하거나 약간 길며 꽃차례는 짧고 2개로 갈라지며 몇 개의 황색 꽃이 송이모양으로 달리고 작은 꽃자루는 짧다. | 관상용, 식용, 약용

결실 8~9월 | 튀는열매(삭과)

자생 남·중·북부지방, 산기슭 초원 양지

❗ 어린 싹을 나물로 먹는다. | 한방과 민간에서 뿌리를 이뇨, 강장, 치림, 황달, 번열 등에 약재로 사용한다.

큰원추리
Hemerocallis middendorfii

▲ 백두산 7월

과명 백합과

개화 6~7월   **높이** 40~70cm

특징 여러해살이풀 | 뿌리는 적갈색이며 군데군데에 타원모양의 굵은 부분이 있고 잎은 마주 달리며 서로 얼싸안고 윗부분이 활처럼 굽어서 뒤로 젖혀진다. 꽃줄기는 곧게 서고 꽃차례는 짧으며 큰 꽃싸개잎 안에 2~4개의 등황색 꽃이 핀다. | 관상용, 식용, 약용

결실 8~9월 | 튀는열매(삭과)

자생 남·중·북부지방, 산지 초원 양지

❗ 각시원추리와 같은 용도로 식용, 약용한다.

여름

노랑원추리
Hemerocallis thunbergii

▲ 백령도 7월

과명 백합과

개화 6~7월   **높이** 100cm 안팎

특징 여러해살이풀 | 끈모양 굵은 뿌리가 뿌리줄기에서 사방으로 벋고 잎은 2줄로 붙으며 부채살처럼 퍼지지만 거의 곧게 서고 윗부분만 뒤로 젖혀진다. 잎 가운데서 꽃줄기가 나와 곧게 서며 가지가 많이 갈라진다. 가지 끝에 황록색 꽃이 피며 꽃싸개잎은 좁은 피침모양이다. | 관상용, 식용, 약용

결실 8~9월 | 튀는열매(삭과)

자생 남·중·북부지방, 산지 초원

❗ 각시원추리와 같은 용도로 식용, 약용한다.

섬말나리
Lilium hansonii

과명 백합과

개화 6~7월 **높이** 50~100cm

특징 여러해살이풀 | 땅속 비늘줄기는 달걀모양이고 약간 붉은빛이 돌며 간혹 무릎뼈가 있는 비늘쪽이 있다. 원줄기는 몇 층의 돌려 붙는 잎과 작고 어긋나게 붙은 잎이 달리며 돌려 붙는 잎은 6~10개씩 붙고 거꿀피침모양, 긴 타원모양이다. 어긋나는 잎은 모양은 같으나 점점 작아져 꽃싸개잎과 연결된다. 원줄기 끝과 가지 끝에 붉은빛이 도는 황색 꽃이 1개씩 달려 4~12개가 밑을 향해 핀다. | 관상용, 식용, 약용

결실 8~9월 | 튀는열매(삭과)

자생 울릉도의 나리분지 근처 숲속 반그늘

❗ 어린 순과 비늘줄기를 식용한다. | 한방과 민간에서 비늘줄기를 [백합(百合)]이라 하고 자양, 강장, 건위, 종독 등에 약재로 사용한다.

새섬말나리
Lilium hansonii for. *emaculatum*

과명 백합과

개화 6~7월 **높이** 50~100cm

특징 여러해살이풀 | 원변형에 비하여 꽃덮이조각 안쪽에 홍자색 무늬점이 없는 것이 특징이다. | 관상용, 식용, 약용

결실 8~9월 | 튀는열매(삭과)

자생 울릉도의 나리분지 근처 숲속 반그늘

❗ 섬말나리와 같은 용도로 식용, 약용한다.

여름

개상사화(붉노랑상사화)
Lycoris chinensis

과명 수선화과

개화 8월　　　　　**높이** 60cm 안팎

특징 여러해살이풀 | 땅속 비늘줄기는 넓은 달걀모양이고 겉껍질은 흑갈색이다. 잎은 봄철에 비늘줄기에서 무더기로 나오며 회청색이다. 꽃줄기는 곧게 서고 끝에 5~10개의 황색 꽃이 우산모양으로 달리고 꽃덮이조각 가장자리에 주름이 진다. | 유독성식물 | 관상용, 약용

결실 열매 맺지 못하며 비늘줄기로 번식한다.

자생 남부 섬지방, 제주도의 산과 들, 숲속 그늘

❗ 한방에서 비늘줄기를 거담, 해열, 급만성 기관지염, 폐결핵, 백일해 등에 약재로 사용한다.

노랑상사화
Lycoris aurea

과명 수선화과

개화 8월　　　　　**높이** 60cm 안팎

특징 여러해살이풀 | 비늘줄기는 달걀꼴의 둥근모양이고 겉껍질은 흑갈색이다. 잎은 4월에 나오고 줄모양이며 황녹색으로 윤기 나고 여름 꽃줄기가 나오기 전에 시들어 없어진다. 꽃줄기는 곧게 서고 그 끝에서 5~10개의 노랑색 꽃이 우산모양꽃차례를 이루고 옆을 향해 핀다. | 유독성식물 | 관상용, 약용

결실 열매 맺지 못하며 비늘줄기로 번식한다.

자생 중부지방, 경기도 이남의 해안지방, 산기슭 숲속 그늘

❗ 개상사화와 같은 용도로 약용한다.

단풍마
Dioscorea quinqueloba

과명 마과

개화 6~7월　　**길이** 1~2m

특징 여러해살이 덩굴풀 | 도드라기 같은 털이 있고 뿌리는 굵으며 옆으로 자라고 잎은 어긋나게 붙는다. 잎은 손바닥모양으로 5~9개로 갈라지며 밑은 심장모양이고 잎살 중에는 침 같은 결정이 있다. 잎겨드랑이에서 꽃이삭이 나와 작은 황색 꽃이 핀다. | 식용, 약용

결실 8~9월 | 튀는열매(삭과)

자생 전국 각지, 산과 들, 숲 가장자리 초원 양지

❗ 잎모양이 단풍잎과 닮은 데서 온 이름이다. | 덩이뿌리를 식용한다. | 한방과 민간에서 덩이뿌리를 자양, 강장, 건위, 동상, 화상 등에 약재로 사용한다.

국화마
Dioscorea septemloba

과명 마과

개화 7~8월　　**길이** 1~2m

특징 여러해살이 덩굴풀 | 굵은 뿌리가 옆으로 벋고 잎은 어긋나게 붙는다. 잎자루가 길고 마르면 흑갈색으로 되며 5~7개로 갈라지고 밑은 대개 심장모양이다. 가운데 갈래조각은 세모진 달걀모양, 좁은 달걀모양이고 길게 뾰족하거나 낮게 끝이 둥글고 가장자리는 물결모양이다. 꽃차례는 잎겨드랑이에서 나오고 황록색 꽃이 피며 수꽃차례는 갈라지고 암꽃차례는 갈라지지 않는다. | 식용, 약용

결실 9~10월 | 튀는열매(삭과)

자생 중부 이남지방, 산과 들, 숲 가장자리 양지

❗ 단풍마와 같은 용도로 식용, 약용한다.

천마
Gastrodia elata

과명 난초과

개화 6~7월 **높이** 60~100cm

특징 여러해살이풀 | 감자모양의 덩이줄기는 긴 타원모양이고 옆으로 뚜렷하지 않은 테두리가 있다. 황갈색의 칼집모양 잎은 반투명질이고 세모난 모양이며 줄기집모양으로 원줄기를 둘러싸며 몇 개의 가는 줄이 있다. 황갈색의 많은 꽃이 달리고 꽃싸개잎은 긴 타원모양으로 끝이 둔하며 얇고 잔줄이 있다. | 약용

결실 7~8월 | 튀는열매(삭과)

자생 전국 각지, 산기슭, 부식질이 많은 계곡, 숲속 그늘

❗ 한방에서 덩이줄기를 [적전(赤箭)]이라 하고 진정, 진통, 익정, 강장, 요슬통, 변비, 중풍, 풍습, 현기증, 신경쇠약, 두통 등에 약재로 사용한다.

▲ 덩이뿌리

닭의난초
Epipactis thunbergii

과명 난초과

개화 6~8월 **높이** 30~70cm

특징 여러해살이풀 | 뿌리줄기는 옆으로 벋고 마디에서 뿌리가 내리며 밑부분에 3~4개의 줄기집이 있고 자줏빛이 돈다. 잎은 6~12개이고 좁은 달걀모양, 넓은 피침모양이며 끝이 길게 뾰족해진다. 꽃싸개잎은 짧고 꽃받침잎은 긴 달걀모양으로 끝이 뾰족하고 녹갈색이 돌며 안에 황갈색 꽃이 핀다.

결실 7~9월 | 튀는열매(삭과)

자생 전국 각지, 약간 습기 있는 산기슭 초원 양지

옥잠난초
Liparis kumokiri

과명 난초과

개화 6~7월   **높이** 20~30cm

특징 여러해살이풀 | 거짓비늘줄기는 달걀꼴의 둥근모양이고 흔히 땅 위에 나와 있으며 마른 잎자루로 싸여 있다. 잎은 2개가 전년도의 줄기 옆에서 나오며 타원모양, 긴 타원모양이다. 꽃줄기에 모서리줄이 있고 모서리줄에 좁은 날개가 있으며 꽃싸개잎은 달걀모양의 세모꼴이고 꽃은 연한 녹색이지만 자줏빛이 돈다.

결실 8~9월 | 튀는열매(삭과)

자생 남·중·북부지방, 제주도의 산지 숲속 그늘

❗ 잎이 옥잠화 잎과 비슷한 데서 온 이름이다.

키다리난초
Liparis japonica

과명 난초과

개화 6~8월   **높이** 10~40cm

특징 여러해살이풀 | 거짓비늘줄기는 달걀꼴의 둥근모양이고 땅 위에 나와 있으며 마른 잎자루로 싸여 있다. 잎은 전년도의 거짓비늘줄기 옆에서 2개가 나와 밑부분이 3~4개의 줄기집모양의 잎집으로 싸이며 달걀꼴의 긴 타원모양이고 끝이 둔하며 밑부분이 잎집모양으로 되고 가장자리에 주름이 약간 있다. 꽃줄기는 곧게 서고 모서리와 좁은 날개가 있으며 녹색이다. 꽃싸개잎은 달걀꼴의 세모진 모양이고 끝에 연한 녹색, 자줏빛이 도는 녹색 꽃이 핀다.

결실 7~9월 | 튀는열매(삭과)

자생 전국 각지의 산지 숲속 그늘

여름

장군풀(왕대황)
Rheum coreanum

▲ 삼지연 남포태산 6월

과명 여뀌과

개화 6~7월   **높이** 2m 안팎

특징 여러해살이풀 | 원줄기는 속이 비어 있고 세로로 줄이 있다. 뿌리는 굵고 황색이며 갈라져서 옆으로 벋고 윗부분이 흑갈색 비늘조각으로 싸여 있다. 뿌리잎은 3개로 갈라지며 갈래조각은 뾰족하게 다시 갈라지고 잎 뒷면과 가장자리에 누운 털이 있으며 잎자루가 있다. 받침잎은 넓은 달걀모양으로 가장자리는 흑갈색이다. 줄기잎은 잎자루가 있고 밑에서 3개의 큰 잎줄이 나타난다. 원줄기 끝에서 큰 고깔꽃차례모양으로 붉은 자주색 꽃이 많이 모여 핀다. | 약용, 염료용

결실 8~9월 | 여윈열매(수과)

자생 북부지방의 고산지대, 포태산, 삼지연의 고원지 초원 양지

❗ 뿌리를 황색 염료재로 사용한다. | 한방과 민간에서 뿌리를 [대황(大黃)]이라 하고 건위, 통경, 어혈, 황달, 해수 등에 약재로 사용한다.

기생여뀌
Persicaria viscosa

과명 여뀌과

개화 6~9월　　**높이** 50~130cm

특징 한해살이풀 | 줄기에는 갈색의 긴 털과 대가 있는 샘털이 빽빽하게 있다. 잎은 달걀꼴의 피침모양으로 양끝이 좁고 양면에 선점이 있으며 잎집 같은 받침잎에 털이 있다. 이삭꽃차례는 가지 끝과 잎겨드랑이에서 나오며 홍자색의 작은 꽃이 빽빽하게 핀다. | 식용, 가축 사료용

결실 9~10월 | 여윈열매(수과)

자생 전국 각지, 들녘 개울가나 연못가 등 습지 양지

❗ 어린 잎은 식용한다.

큰개여뀌
Persicaria nodosa

과명 여뀌과

개화 6~9월　　**높이** 40~120cm

특징 한해살이풀 | 줄기는 굵은 가지가 갈라지고 흔히 붉은빛이 돌며 원줄기에 흑자색 얼룩무늬가 있다. 잎은 어긋나며 타원모양이고 끝이 길게 뾰족해지며 밑은 날카롭다. 잎자루는 짧고 잎줄과 가장자리에 털이 있으며 작은 샘점이 빽빽하고 간혹 잎 가운데에 흑색 무늬점이 있다. 잎집 같은 받침잎은 반투명질이고 털은 없다. 홍자색, 흰색 꽃이 이삭꽃차례로 가지 끝에 달린다. | 식용, 약용

결실 7~10월 | 여윈열매(수과)

자생 전국 각지, 들녘 경작지 근처나 길가 빈터 등 양지

❗ 어린 잎을 식용한다. | 민간에서 풀 전체를 피부병, 옴 등에 약재로 사용한다.

여름

패랭이꽃
Dianthus chinensis

▲ 대관령 7월

◀ 약재

과명 석죽과

개화 6~8월   **높이** 30~50cm

특징 여러해살이풀 | 줄기는 여러 대가 모여 나와 곧게 서고 전체에 분백색이 돈다. 잎은 마주 붙고 줄모양, 피침모양이며 끝이 뾰족하다. 밑부분은 서로 합쳐져서 짧게 통모양으로 되고 가장자리가 밋밋하다. 줄기 윗부분에서 약간의 가지가 갈라지고 그 끝에서 홍자색, 흰색 꽃이 1개씩 핀다. | 관상용, 약용

결실 7~9월 | 튀는열매(삭과)

자생 전국 각지, 산기슭 초원이나 들녘 냇가 초원 양지

❗ 한방에서 풀 전체를 [석죽(石竹)]이라 하고 이뇨, 소염, 안질, 석림, 수종, 회충, 늑막염, 치질, 난산, 자상, 인후염 등에 약재로 사용한다.

수염패랭이꽃
Dianthus barbatus

과명 석죽과

개화 6~8월 　　**높이** 40~60cm

특징 여러해살이풀 | 귀화식물(유럽 원산). 원줄기는 네모지고 잎은 마주 붙으며 밑부분이 서로 합쳐져서 원줄기를 감싸고 넓은 피침모양, 긴 타원모양의 피침모양이며 밑부분의 가장자리에 털이 있다. 고른살꽃차례는 원줄기 끝에 달리고 빽빽하게 붙어 있어 고른꽃차례처럼 보이며 붉은 자주색이지만 관상용으로 재배하는 것은 꽃색이 여러 가지이다. | 관상용

결실 7~9월 | 튀는열매(삭과)

자생 북부지방, 산과 들 초원 양지

❗ 꽃싸개잎 밑에 수염처럼 긴 작은 잎이 나 있어 이름 지어졌다.

갯패랭이꽃
Dianthus japonicus

과명 석죽과

개화 7~8월 　　**높이** 20~50cm

특징 여러해살이풀 | 줄기는 둥근 기둥 모양이고 뿌리에서 나온 잎은 방석모양으로 퍼지며 거꿀피침모양으로 짧은 잎자루가 있고 가장자리에 털 같은 도드라기가 있다. 줄기잎은 긴 타원꼴의 피침모양이고 끝이 둔하거나 뾰족하며 밑부분이 서로 합쳐져 통처럼 되고 가장자리에 털이 있다. 원줄기 끝이나 잎겨드랑이에서 나온 가지 끝에 홍자색 꽃이 모여 달리고 꽃싸개잎은 3쌍으로 긴 타원모양이며 끝에 꼬리가 달린다. | 관상용, 약용

결실 8~9월 | 튀는열매(삭과)

자생 남부지방, 동해 바닷가 근처 바위틈

❗ 패랭이꽃과 같은 용도로 약용한다.

난장이패랭이꽃
Dianthus morii

과명 석죽과

개화 7~8월   **높이** 10cm 안팎

특징 여러해살이풀 | 줄기는 무더기로 나며 곧게 서고 잎은 끝이 뾰족하다. 원줄기 끝에 연한 홍자색 꽃이 1개씩 달린다. 꽃 밑에 있는 잎 같은 꽃싸개잎은 2~4개로 끝이 뾰족한 줄모양이고 꽃받침보다 약간 길다. | 약용

결실 8~9월 | 튀는열매(삭과)

자생 북부지방, 백두산의 고원지 초원 양지

❗ 다른 패랭이꽃들보다 키가 매우 작다. | 한방에서 풀 전체를 패랭이꽃과 같은 약재로 사용한다.

구름패랭이꽃
Dianthus superbus var. *speciosus*

과명 석죽과

개화 6~8월   **높이** 30~100cm

특징 여러해살이풀 | 밑부분이 비스듬히 자라면서 가지를 벋고 윗부분은 곧게 서며 여러 대가 한 포기에서 나오고 전체에 분백색이 돈다. 잎은 마주 붙으며 줄모양, 좁은 피침모양이고 양끝이 좁으며 가장자리는 밋밋하고 밑부분이 서로 합쳐져서 마디를 둘러싼다. 가지 끝과 원줄기 끝에 연한 홍색 꽃이 피고 꽃싸개잎은 2~3쌍으로 타원모양이며 녹색 또는 연한 흰색이다. | 관상용, 약용

결실 7~9월 | 튀는열매(삭과)

자생 북부지방, 백두산 등의 고원지 초원 양지

❗ 패랭이꽃과 같은 용도로 약용한다.

가시연꽃
Euryale ferox

▲ 우포늪 8월

과명 수련과

개화 7~8월 **높이** 물 깊이에 따라 조절

특징 한해살이 수생식물 | 식물체 전체에 가시가 있고 뿌리줄기는 짧으며 수염뿌리가 많이 나온다. 씨가 발아되어 나오는 잎은 작으며 화살촉 같지만 타원모양을 거쳐 점차 큰 잎이 나오며 자라면 둥글게 되고 약간 파지며 표면에 주름이 진다. 윤채가 있고 뒷면이 흑자색이며 잎줄이 튀어나오고 양면 줄 위에 가시가 돋아난다. 가시가 돋아난 긴 꽃자루가 자라서 끝에 자주색 꽃이 1개 피고 낮에만 벌어지며 밤에는 닫힌다. | 관상용, 약용

결실 9~10월 | 튀는열매(삭과)

자생 중부 이남지방, 들녘 늪지나 연못 등 양지의 물속

❗ 한방에서 씨를 [검인(芡仁)], [검실(芡實)]이라 하고 강장, 건위, 진통, 보정, 지혈, 주독, 곽란 등에 약재로 사용한다.

병조희풀
Clematis heracleifolia

과명 미나리아재비과

개화 7~8월   **높이** 40~120cm

특징 여러해살이풀 또는 반떨기나무 | 줄기 밑부분은 나무질로 되지만 윗부분은 겨울에 죽는다. 잎은 마주 붙고 3개의 작은 잎으로 되며 작은 잎은 넓은 달걀모양으로 끝이 날카롭고 밑은 잘린모양이다. 이빨모양의 톱니가 드문드문 있으나 대개 3개의 얕은 결각이 생긴다. 꽃은 통모양이고 짙은 하늘색이며 꽃받침조각은 4개로 겉에 털이 있고 뒤로 말린다. | 관상용, 약용

결실 9~10월 | 여윈열매(수과)

자생 남·중·북부지방, 산기슭이나 산골짜기 냇가 양지

❗ 꽃모양이 호리병 같아 이름 지어졌다. | 한방에서 뿌리를 요슬통, 천식 등에 약재로 쓴다.

자주조희풀
Clematis heracleifolia var. *davidiana*

과명 미나리아재비과

개화 8~9월   **높이** 40~150cm

특징 여러해살이풀 | 병조희풀과 약간 비슷하지만 식물체가 크고 가늘며 길다. 잎은 넓은 달걀모양이고 밑이 날카롭다. 꽃은 남청색이며 가지 윗부분의 잎겨드랑이에서 모여 달리기 때문에 거의 머리모양으로 보인다. 꽃받침조각은 4개이며 밑부분이 합쳐져서 통모양으로 되고 윗부분은 넓게 수평으로 퍼져 아름답다. 뒤로 말리지 않으며 가장자리에 주름이 진다. | 관상용, 약용

결실 9~10월 | 여윈열매(수과)

자생 전국 각지, 산기슭 초원이나 냇가 양지

❗ 잎이 모란(목단)잎과 닮아 '목단풀'이라고도 부른다. | 병조희풀과 같은 용도로 약용한다.

자주꿩의다리
Thalictrum uchiyamai

과명 미나리아재비과

개화 6~7월 **높이** 60~90cm

특징 여러해살이풀 | 뿌리줄기는 긴 실타래모양이고 여러 개이며 뿌리잎은 2~3회 3출엽이고 마지막 갈래조각은 심장꼴의 둥근모양, 심장꼴의 달걀모양이지만 달걀모양, 둥근모양인 것도 있고 가장자리에 큰 톱니가 있거나 3개로 갈라지고 뒷면이 회청색이다. 줄기 끝의 고깔꽃차례에 흰빛이 도는 자주색 꽃이 달리며 꽃싸개잎은 작고 작은 꽃자루는 가늘며 꽃받침잎은 4~5개로 자주색이다. | 식용

결실 8~9월 | 여윈열매(수과)

자생 제주도, 남·중·북부지방, 산기슭 숲 주변

! 어린 순은 나물로 먹는다.

금꿩의다리
Thalictrum rochebrunianum

과명 미나리아재비과

개화 6~8월 **높이** 120~240cm

특징 여러해살이풀 | 줄기에 세로 줄이 있고 밑부분의 잎은 잎자루가 짧으며 3~4회 3출엽이고 받침잎은 밋밋하다. 작은 잎은 넓은 거꿀달걀모양이고 밑이 얕은 심장모양이며 끝에 3개의 둔한 톱니가 있다. 꽃줄기는 약간 밑으로 굽고 연한 자주색 꽃이 달리며 꽃받침은 4개이고 연한 자주색이다. | 관상용, 식용

결실 8~9월 | 여윈열매(수과)

자생 중부 이북지방, 산기슭이나 길가 초원 양지

! 꽃이 피면 유난히 황금색의 커다란 꽃밥이 돋보이기 때문에 이름 지어졌다. | 어린 순은 나물로 먹는다.

여름

연잎꿩의다리
Thalictrum coreanum

과명 미나리아재비과

개화 6월   **높이** 30~60cm

특징 여러해살이풀 | 식물체는 털이 없고 뿌리줄기는 굵으며 옆으로 벋고 잎은 잎자루가 길고 1~2회 3출엽이다. 작은 잎자루가 있고 작은 잎자루가 밑에서부터 1/4 정도 올라가서 달리기 때문에 방패모양이고 연잎을 축소한 모양 같으며 밑에 둥근 이빨모양의 톱니가 있고 뒷면이 분백색이다. 원줄기 끝에 작은 고깔꽃차례로 연한 자주색 꽃이 달리고 작은 꽃자루는 가늘며 꽃받침잎은 4~5개로 일찍 떨어지고 연한 자백색이다. | 관상용

결실 8월 | 여원열매(수과)

자생 중부지방, 설악산 등 높은 산 산기슭 바위틈이나 숲 가장자리 반그늘

작은산꿩의다리
Thalictrum raphanorhizon

과명 미나리아재비과

개화 6~7월   **높이** 12~20cm

특징 여러해살이풀 | 뿌리는 갈라지지 않고 무처럼 곧게 벋는다. 식물체는 영양 부족에 걸린 산꿩의다리와 비슷하며 여윈열매에 4개의 모서리가 있다. 잎은 2번 3갈래로 갈라진 2회 3출엽이고 맨 마지막 갈래조각은 일그러진 달걀모양이며 밑은 심장모양이고 위에는 둔한 이빨모양 톱니가 있어 둥근모양의 산꿩의다리와 비슷하다. 줄기 끝에 연한 자주색 꽃이 모여 핀다. | 식용

결실 8~9월 | 여원열매(수과)

자생 중부지방, 제주도 한라산 산마루 부근 양지의 바위틈

❗ 어린 잎은 나물로 먹는다.

하늘매발톱

Aquilegia flabellata var. *pumila*

▲ 삼지연 7월

과명 미나리아재비과

개화 7~8월   **높이** 10~40cm

특징 여러해살이풀 | 식물체에 털이 없다. 뿌리잎은 무더기로 나며 잎자루가 길고 2회 3출엽이며 작은 잎은 거꿀세모진 모양이고 2~3개로 얕게 갈라지며 다시 2~3개로 갈라진다. 갈래조각은 끝이 둥글거나 끝이 파지고 잎 뒷면 기부에 털이 있다. 줄기잎은 2개이고 위의 것은 작고 1~2회 3출엽이다. 원줄기 끝에서 밝은 하늘색 꽃이 1~3개씩 달리고 꽃받침잎은 넓은 달걀모양이다. | 유독성식물 | 관상용

결실 9~10월 | 쪽꼬투리열매(골돌)

자생 북부지방, 낭림산 이북지방의 고원지 초원 양지

❗ 꽃의 색깔이 하늘의 색과 같다 하여 이름 지어졌다.

여름

큰제비고깔
Delphinium maackianum

▲ 중앙산 8월

과명 미나리아재비과

개화 7~9월　　**높이** 100~120cm

특징 여러해살이풀 | 줄기 밑부분과 꽃차례에 털이 있으나 대부분 털이 없고 잎은 어긋나게 붙으며 잎자루가 길고 단풍잎모양으로 3~7개로 갈라진다. 갈래조각 가장자리에 불규칙한 톱니가 있다. 중앙부의 잎자루는 짧고 잎몸은 길이보다 넓이가 더 넓다. 줄기 끝에 짙은 자주색 꽃이 사방을 향해 핀다. | 유독성식물 | 관상용, 약용

결실 9~10월 | 쪽꼬투리열매(골돌)

자생 중·북부지방의 고산지대, 산골짜기 냇가 초원 양지

❗ 꽃이 활짝 피면 꽃 안쪽에 제비 한 마리가 앉아 있는 듯하게 보여 이름 지어진 듯하다. | 한방과 민간에서 풀 전체를 구풍, 위병, 경련, 마비, 냉풍 등에 약재로 사용한다.

제비고깔
Delphinium grandiflorum var. *chinense*

과명 미나리아재비과

개화 7~8월 **높이** 30~60cm

특징 여러해살이풀 | 식물체에 털이 많으며 잎은 어긋나게 붙고 밑부분 것은 잎자루가 길며 윗부분 것은 잎자루가 없다. 잎몸은 3개로 갈라지고 줄모양으로 되고 가운데 갈래조각은 2개로 갈라진 다음 다시 2개로 갈라진다. 꽃은 짙은 하늘색이고 꽃싸개잎과 작은 꽃싸개잎은 녹색으로 줄모양이며 작은 꽃자루는 밑부분 것은 길고 윗부분 것은 짧으며 꼬부라진 흰 털이 있다. | 유독성식물 | 관상용, 약용

결실 9~10월 | 쪽꼬투리열매(골돌)

자생 북부지방의 고산지대 초원 양지

◀ ⓒ 우종영

! 큰제비고깔과 같은 용도로 약용한다.

진범
Aconitum pseudolaeve var. *erectum*

과명 미나리아재비과

개화 8월 **높이** 60~90cm

특징 여러해살이풀 | 줄기는 곧게 또는 비스듬히 자라며 흔히 자줏빛이 돈다. 밑에 모서리가 지기도 하며 윗부분은 짧은 털이 빽빽하다. 뿌리잎은 잎자루가 길고 둥근모양이며 5~7개로 갈라지고 각 갈래조각에 끝이 뾰족한 톱니가 있고 줄기잎은 위로 갈수록 작아진다. 송이꽃차례는 원줄기 끝이나 윗부분 잎겨드랑이에서 나오고 연한 자주색 꽃이 작은 꽃줄기에 모여 핀다. | 유독성식물 | 약용

결실 10월 | 쪽꼬투리열매(골돌)

자생 남·중·북부지방, 산기슭 숲 가장자리 등 반그늘

! 한방에서 뿌리를 [백부자(白附子)]라 하고 진통, 중풍, 황달, 종기 등에 약재로 사용한다.

여름

가는줄돌쩌귀
Aconitum volubile

과명 미나리아재비과

개화 8~9월　　**높이** 45~150cm

특징 여러해살이풀 | 잎은 어긋나게 붙고 잎자루가 길며 3개로 완전히 갈라지고 양쪽 옆갈래조각이 다시 거의 완전히 2개로 갈라져서 전체가 5개로 갈라진 것 같이 보인다. 각 갈래조각은 다시 깃모양으로 갈라진다. 마지막 갈래조각 뒷면 잎줄 위에 긴 털이 많으며 표면은 짧고 굽은 털이 퍼져 난다. 청자색 꽃이 송이모양으로 달리고 작은 꽃줄기에 긴 털이 수평으로 퍼져 있으며 중앙부에 실모양의 작은 꽃싸개잎이 있다. | 유독성식물 | 관상용

결실 10월 | 쪽꼬투리열매(골돌)

자생 중·북부지방, 비교적 고산지대 숲 근처의 초원 양지

참줄바꽃
Aconitum villosum

과명 미나리아재비과

개화 8~9월　　**길이** 70~120cm

특징 여러해살이 덩굴풀 | 줄기 밑부분이 비스듬히 서고 윗부분은 구불구불한 덩굴이며 밑을 향한 긴 털과 꼬부라진 짧은 털이 약간 있지만 밑의 것은 점차 떨어진다. 중앙부의 잎은 잎자루가 길며 3개로 완전히 갈라지고 옆갈래조각은 다시 2개로 깊게 갈라진 다음 다시 깃모양으로 갈라진다. 가운데 갈래조각은 3개이거나 깃모양으로 갈라지고 표면에 꼬부라진 짧은 털이 퍼지며 가장자리가 약간 뒤로 말린다. 자주색 꽃이 송이꽃차례에 달린다. | 유독성식물 | 관상용

결실 9~10월 | 쪽꼬투리열매(골돌)

자생 중부 이북지방, 산지 숲속 그늘

놋젓가락나물
Aconitum ciliare

과명 미나리아재비과

개화 8~9월   **길이** 120~200cm

특징 여러해살이 덩굴풀 | 줄기는 다른 물체를 감고 오르면서 벋고 잎은 어긋나게 붙으며 잎자루가 길고 3~5개로 완전히 갈라진다. 갈래조각은 마름모꼴 비슷하고 다시 갈라진 피침모양의 마지막 갈래조각은 끝이 뾰족하다. 가지 끝과 원줄기 끝의 송이모양꽃차례에 자주색 꽃이 몇 개씩 달리고 꽃차례축과 작은 꽃자루에 잔털이 있다. | 유독성식물 | 약용

결실 10월 | 쪽꼬투리열매(골돌)

자생 중부 이북지방, 산지 숲 주변이나 산마루의 초원 양지

! 한방에서 덩이뿌리를 [초오(草烏)]라 하고 강심, 이뇨, 진경, 수렴, 진통, 정종, 관절염, 신경통, 풍습, 충독, 종기 등에 약재로 사용한다.

이삭바꽃
Aconitum kusnezofii

과명 미나리아재비과

개화 8월   **높이** 10~30cm

특징 여러해살이풀 | 5각형 잎은 3~5개로 갈라진다. 원줄기 끝에 하늘색 꽃이 송이모양꽃차례로 달린다. 꽃받침은 5개이고 뒤쪽 것은 투구 같으며 앞이 부리처럼 뾰족하게 나오고 양쪽 것은 둥근 거꿀달걀모양이고 밑의 것은 타원모양으로 2개의 꽃잎이 뒤쪽의 꽃받침 속에 들어 있다. | 유독성식물 | 약용

결실 9~10월 | 쪽꼬투리열매(골돌)

자생 중부 이북지방, 산지 작은 떨기나무 숲 주변의 반그늘

! 풀 전체에 플라보노이드와 알칼로이드가 함유되어 있고 뿌리에는 알칼로이드와 사포닌이 함유되어 있다. 한방에서 덩이뿌리를 놋젓가락나물과 같은 약재로 사용한다.

여름

각시투구꽃
Aconitum monanthum

과명 미나리아재비과

개화 7~8월　　**높이** 15~40cm

특징 여러해살이풀 | 줄기는 곧게 서고 가늘며 털이 없고 대개 가지를 벋지 않으나 간혹 윗부분에서 1~2개의 가지를 벋는 것도 있다. 잎은 어긋나게 붙고 밑부분의 것은 잎자루가 길지만 위로 올라가면서 짧아지며 잎몸은 3~8개로 완전히 갈라진다. 갈래조각은 깃모양으로 잘게 갈라지며 작은 갈래조각은 좁은 피침모양이고 끝이 뾰족하다. 원줄기 끝에 1~3개의 짙은 자주색 꽃이 달리고 작은 꽃자루는 털이 없다. | 유독성식물 | 약용

결실 9월 | 쪽꼬투리열매(골돌)

자생 북부지방, 높은 산 수목한계선 그늘

❗ 이삭바꽃과 같은 용도로 약용한다.

가는돌쩌귀
Aconitum macrorhynchum

과명 미나리아재비과

개화 8월　　**높이** 60~180cm

특징 여러해살이풀 | 줄기는 위에서 가지가 갈라지고 잎은 어긋나게 붙으며 3로 완전히 갈라지고 옆갈래조각은 다시 2개로 깊게 갈라져 5개로 갈라진 것처럼 보인다. 갈래조각은 다시 깃모양으로 갈라지고 마지막 갈래조각은 줄모양이며 끝이 뾰족하고 표면과 잎자루 가장자리에 꼬부라진 털이 있다. 송이꽃차례에 청자색 꽃이 달리며 작은 꽃자루에 황갈색의 털이 빽빽하다. | 유독성식물 | 약용

결실 9~10월 | 쪽꼬투리열매(골돌)

자생 북부지방, 고산지대, 간백령, 백두산 등 숲 근처 초원 양지

❗ 한방에서 뿌리를 강심, 진통, 이뇨, 관절염, 흥분, 중풍, 신경통 등에 약재로 사용한다.

지리바꽃
Aconitum chiisanense

과명 미나리아재비과

개화 7~9월　　**높이** 50~100cm

특징 여러해살이풀 | 줄기는 곧게 서거나 윗부분이 구부러지며 둥근 기둥모양이다. 잎몸은 둥근꼴의 5각모양이고 3갈래로 밑부분까지 완전히 갈라진다. 1번 갈라진 가운데 갈래조각은 달걀모양이고 깃모양으로 다시 갈라진다. 잎몸의 마지막 갈래조각은 꼬리모양이다. 줄기 끝과 잎겨드랑이에서 고른살꽃차례를 이루고 짙은 자주색 꽃이 핀다. | 유독성식물 | 약용

결실 9~10월 | 쪽꼬투리열매(골돌)

자생 남부지방, 지리산 고원지, 중부 이북지방, 고산지대 산기슭 초원 양지

❗ 덩이뿌리에는 테르펜계 알칼로이드가 함유되어 있으며 한방에서 뿌리를 가는돌쩌귀와 같은 용도로 약용한다.

흰왕바꽃
Aconitum fischeri for. *leucanthum*

과명 미나리아재비과

개화 7~9월　　**높이** 80cm 안팎

특징 여러해살이풀 | 원변형에 비하여 흰 꽃이 피는 것이 특징이다. | 유독성식물 | 약용

결실 9~10월 | 쪽꼬투리열매(골돌)

자생 북부지방, 차일봉, 부전고원, 운선령 등의 고원지 초원

❗ 한방에서 뿌리를 가는돌쩌귀와 같은 약재로 사용한다.

여름

진돌쩌귀
Aconitum seoulense

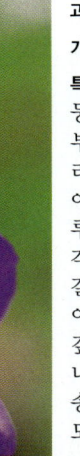

과명 미나리아재비과

개화 8~9월　　**높이** 90~120cm

특징 여러해살이풀 | 줄기는 곧게 서고 둥근 기둥모양이며 모서리 줄이 있고 윗부분에 퍼진 부드러운 털이 있다. 덩이뿌리는 거꿀고깔모양이고 큰 것과 작은 것이 있으며 잎은 어긋나게 붙고 짧은 잎자루가 있다. 잎몸은 손바닥모양의 둥근 5각모양이고 3갈래로 깊게 갈라지며 1번 갈라진 가운데 갈래조각은 거꿀달걀모양이고 윗부분이 다시 3갈래로 얕게 또는 깊게 갈라지며 갈라조각 가장자리에 톱니가 있다. 줄기 끝이나 잎 겨드랑이에서 송이모양꽃차례를 이루고 자주색 꽃이 모여 핀다. | 유독성식물 | 약용

결실 9~10월 | 쪽꼬투리열매(골돌)

자생 중부 이북지방, 서울 북한산, 황해도, 함경남도 등 산 위쪽 숲속 반그늘

❗ 덩이뿌리의 모양이 옛날 집의 문에 달린 돌쩌귀와 같다 하여 이름 지어졌다. | 한방에서 덩이뿌리를 [초오(草烏)]라 하고 이뇨, 강심, 진통, 하혈, 풍습, 충독, 정종, 황달, 자궁출혈, 신경통, 류머티즘 등에 약재로 사용한다.

흰그늘돌쩌귀
Aconitum uchiyamai for. *albiflorum*

과명 미나리아재비과

개화 8~9월　　**높이** 90~120cm

특징 여러해살이풀 | 원변형에 비하여 흰 꽃이 피는 것이 특징이다. | 약용

결실 9~10월 | 쪽꼬투리열매(골돌)

자생 중부지방, DMZ 근처의 숲속 반그늘

❗ 한방에서 덩이뿌리를 진돌쩌귀와 같은 약재로 사용한다.

큰장대
Hesperis trichosepala

과명 십자화과

개화 6~8월   **높이** 10~50cm

특징 한해 또는 두해살이풀 | 뿌리에서 나온 잎은 꽃이 필 때 없어진다. 잎은 어긋나게 붙고 긴 타원모양이며 양끝이 좁고 밑으로 좁아져 짧은 잎자루로 된다. 양면에 큰 털이 드문드문 있고 가장자리에는 큰 톱니가 드문드문 있다. 원줄기 끝에 송이모양꽃차례를 이루고 연한 붉은 자주색 꽃이 달리며 꽃차례 축에 꽃받침과 더불어 비늘 같은 흰 털이 드문드문 있다. | 식용

결실 7~8월 | 긴뿔열매(장각과)

자생 북부지방, 낭림산과 두만강 상류의 무산지역 강변 양지 초원이나 모래땅

! 어린 잎은 나물로 먹는다.

장대냉이
Berteroella maximowiczii

과명 십자화과

개화 6~7월   **높이** 20~50cm

특징 한해 또는 두해살이풀 | 식물체에 별모양 털이 있고 곧게 서며 가지가 많이 갈라진다. 잎은 어긋나게 붙고 잎자루는 없으며 거꿀달걀꼴의 긴 타원모양이다. 끝이 뾰족하거나 둔하고 밑이 날카로우며 양끝이 좁고 위로 올라갈수록 좁아지며 작아지고 가장자리는 밋밋하다. 가지 끝이나 원줄기 끝의 송이모양꽃차례에 자주색 십자화가 많이 핀다. | 식용

결실 8~9월 | 긴뿔열매(장각과)

자생 전국의 산과 들, 냇가 초원 양지

! 어린 잎은 나물로 먹는다.

노루오줌

Astibe chinensis var. *davidii*

▲ 소백산 7월

과명 범의귀과

개화 7~8월   **높이** 30~70cm

특징 여러해살이풀 | 식물체에 긴 갈색 털이 있고 뿌리줄기는 옆으로 짧게 벋으며 잎은 3개씩 2~3회 갈라진다. 잎자루가 길고 맨 위 작은 잎은 긴 달걀모양, 달걀꼴의 긴 타원모양이다. 끝이 짧게 뾰족하며 밑부분이 둔하거나 심장모양에 가깝고 가장자리에 겹톱니 또는 결각모양의 톱니가 있으며 작은 잎조각은 얇다. 고깔꽃차례는 원줄기 끝에 달리고 홍자색의 많은 꽃이 피며 짧은 털이 있다. | 관상용, 식용, 약용

결실 9~10월 | 튀는열매(삭과)

자생 전국 각지, 산기슭 양지바른 언덕 초원

❗ 어린 잎과 줄기는 나물로 먹는다. | 민간에서 풀 전체를 충독 등에 약으로 쓴다. 뿌리줄기와 식물체에는 아스타빈배당체($C_{21}H_{22}O_{11}$)와 베르게닌($C_{14}H_{16}O_9$) 성분이 함유되어 있다.

지리터리풀
Filipendula formosa

과명 장미과

개화 7~8월   **높이** 80cm 안팎

특징 여러해살이풀 | 뿌리줄기는 짧고 굵으며 흑갈색이다. 뿌리잎은 잎자루가 길며 맨 위의 작은 잎은 가운데까지 갈라지고 밑부분이 넓으며 둥글다. 갈래조각은 넓은 달걀모양이고 끝이 꼬리처럼 길며 가장자리의 톱니는 작고 자줏빛이 돌며 끝이 날카롭다. 잎자루 옆에 달린 작은 깃모양갈래쪽은 6~11쌍이고 결각모양 톱니가 있다. 받침잎은 달걀모양이고 줄기에 붙은 잎은 훨씬 작다. 원줄기 끝에 고른꽃차례모양으로 짙은 홍자색 꽃이 많이 모여 핀다. | 관상용

결실 9~10월 | 여윈열매(수과)

자생 남부지방, 지리산 고원지 초원 양지

긴오이풀
Sanguisorba rectispica

과명 장미과

개화 8~9월   **높이** 70~100cm

특징 여러해살이풀 | 뿌리잎은 잎자루가 길며 위로 가면서 점차 짧아진다. 잎은 홀수 1회 깃모양겹잎이고 작은 잎은 2~4쌍이며 좁은 긴 타원모양으로 뒷면은 분백색이고 양끝이 둔하거나 좁으며 가장자리에 톱니가 있다. 가지 끝에 이삭모양꽃차례로 홍자색 꽃이 위에서부터 피기 시작한다. | 관상용, 식용, 약용

결실 9~10월 | 여윈열매(수과)

자생 중부 이북지방, 산지의 약간 습기 있는 초원 양지

! 어린 잎은 나물로 먹는다. | 한방에서 뿌리를 지혈, 수렴, 토혈, 월경과다, 하리, 산후복통, 습진, 동상, 충독, 대하증 등에 약재로 사용한다.

여름

가는등갈퀴
Vicia tenuifolia

과명 콩과

개화 6~8월　　**길이** 150cm 안팎

특징 여러해살이 덩굴풀 | 줄기에 모서리가 있고 잎은 어긋나게 붙으며 긴 잎자루가 있고 2~13쌍의 작은 잎으로 구성된 1회 깃모양겹잎이며 맨 위의 작은 잎은 덩굴손으로 된다. 작은 잎은 줄모양, 좁은 피침모양이고 받침잎은 피침모양으로 끝이 뾰족하다. 송이모양꽃차례는 윗부분의 잎겨드랑이에서 나오고 남갈색 꽃이 한쪽으로 치우쳐서 달리며 긴 꽃줄기와 작은 꽃줄기가 있다. | 가축 사료용

결실 7~9월 | 꼬투리열매(협과)

자생 전국 각지, 산과 들, 초원 양지

갈퀴나물
Vicia amoena

과명 콩과

개화 6~9월　　**길이** 80~180cm

특징 여러해살이 덩굴풀 | 덩굴손으로 다른 물체를 감으면서 벋는다. 줄기는 모서리가 있어 네모진다. 잎은 어긋나게 붙고 짝수깃모양겹잎이며 10~16개의 작은 잎과 더불어 끝이 2~3개로 갈라진 덩굴손으로 된다. 작은 잎은 끝이 둔하며 끝에 도드라기가 있다. 받침잎은 약간 크며 가장자리에 이빨모양 톱니가 있다. 홍자색 꽃이 송이모양으로 한쪽으로 치우쳐서 많이 핀다. | 식용, 가축 사료용

결실 7~10월 | 꼬투리열매(협과)

자생 전국 각지, 산기슭 양지바른 초원이나 길가 초원

❗ 어린 줄기와 잎을 나물로 먹는다.

등갈퀴나물
Vicia cracca

과명 콩과

개화 6~7월   **길이** 80~150cm

특징 여러해살이 덩굴풀 | 뿌리는 길게 벋고 번식하며 원줄기에 모서리와 잔털이 있다. 잎은 어긋나게 붙고 8~12쌍의 작은 잎으로 구성된 짝수 깃모양겹잎이다. 끝은 여러 갈래로 갈라진 덩굴손으로 된다. 작은 잎은 피침모양, 줄모양이고 양 끝이 좁으며 옆잎줄과 엄지잎줄의 각도는 30° 정도이고 받침잎은 2개로 갈라지며 피침모양이다. 송이모양꽃차례는 잎겨드랑이에서 나오고 꽃자루와 더불어 남자색 꽃이 한쪽으로 치우쳐서 모여 달린다.

결실 8~9월 | 꼬투리열매(협과)

자생 전국 각지, 산과 들, 초원 양지

큰등갈퀴
Vicia pseudoorobus

과명 콩과

개화 7~9월   **길이** 80~150cm

특징 여러해살이 덩굴풀 | 줄기에는 털이 약간 있거나 없고 잎은 2~5쌍의 작은 잎으로 구성된 깃모양겹잎이다. 끝에 달린 덩굴손은 갈라지지 않거나 갈라지며 작은 잎은 달걀모양이고 끝이 뾰족하거나 둔하고 마르면 황갈색이 돌며 뒷면의 잎줄이 튀어나온다. 받침잎은 녹색이고 뾰족하게 갈라진다. 꽃차례는 잎겨드랑이에서 나오며 꽃자루가 길고 중앙 이상에서 한쪽으로 치우쳐서 자주색 꽃이 송이모양으로 핀다.

결실 8~10월 | 꼬투리열매(협과)

자생 전국 각지, 산과 들, 초원 양지

여름

네잎갈퀴나물
Vicia nipponica

과명 콩과

개화 6~8월   **높이** 30~80cm

특징 여러해살이풀 | 뿌리는 굵고 원줄기는 곧게 서며 모서리가 있고 덩굴손은 발달하지 않는다. 잎은 어긋나게 붙으며 1~3쌍의 작은 잎으로 구성된 짝수 깃모양겹잎이다. 타원모양, 긴 타원모양이고 뒷면의 잔잎줄이 뚜렷하게 나타나며 양 끝이 좁고 받침잎은 세모꼴 비슷하며 톱니가 있다. 긴 꽃자루가 있고 많은 홍자색 꽃이 한쪽으로 치우쳐 송이꽃차례로 달린다.

결실 8~10월 | 꼬투리열매(협과)

자생 전국 각지, 산기슭이나 바닷가 초원 양지

광릉갈퀴
Vicia venosa var. *cuspidata*

과명 콩과

개화 6~7월   **높이** 80~100cm

특징 여러해살이풀 | 줄기는 곧게 서고 네모진 원줄기의 윗부분에서 가지가 갈라지며 짧은 털이 있다. 덩굴손은 짧은 도드라기 같은 흔적만 있다. 잎은 어긋나게 붙고 3~7쌍의 작은 잎으로 구성된 짝수 깃모양겹잎이며 작은 잎은 피침모양이고 끝이 점차 가늘어지며 밑이 둔하다. 받침잎은 세모꼴 비슷하며 날카로운 톱니가 있다. 송이모양꽃차례는 잎겨드랑이에서 나오고 긴 꽃자루 끝에 홍자색 꽃이 한쪽으로 치우쳐서 핀다.

결실 7~8월 | 꼬투리열매(협과)

자생 남·중·북부지방, 산지 숲 근처 반그늘

나비나물
Vicia unijuga

과명 콩과

개화 7~8월　　**높이** 30~100cm

특징 여러해살이풀 | 뿌리가 굵고 딱딱하며 줄기는 여러 대가 한군데서 나와 곧게 또는 비스듬히 선다. 전체에 털이 없으며 원줄기는 모서리가 있어 네모진다. 잎은 어긋나게 붙고 1쌍의 작은 잎으로 구성되며 작은 잎은 넓은 피침모양이고 가장자리는 밋밋하며 끝이 길게 뾰족해지고 밑은 둔하며 받침잎은 2개로 갈라지거나 톱니가 있다. 송이모양꽃차례는 잎겨드랑이에서 나와 많은 홍자색 꽃이 한쪽으로 치우쳐서 달린다.

결실 8~9월 | 꼬투리열매(협과)

자생 전국 각지, 산마루 근처나 산기슭의 초원 양지

큰나비나물
Vicia unijuga var. *ouensanensis*

과명 콩과

개화 7~8월　　**높이** 30~100cm

특징 여러해살이풀 | 원변종에 비하여 달걀모양, 버들잎모양의 쪽잎이 크고 꽃줄기는 쪽잎보다 긴 것이 특징이다. 우리나라 특산종이다.

결실 8~9월 | 꼬투리열매(협과)

자생 제주도, 중·북부지방, 산지 초원

긴잎나비나물
Vicia unijuga var. *angustifolia*

과명 콩과

개화 7~8월　　　**높이** 30~100cm

특징 여러해살이풀 | 원변종에 비하여 쪽잎이 띠모양으로 좁고 길다.

결실 8~9월 | 꼬투리열매(협과)

자생 중부 이북지방, 산지 초원

애기나비나물
Vicia unijuga var. *kausanensis*

과명 콩과

개화 7~8월　　　**높이** 30~100cm

특징 여러해살이풀 | 원변종에 비하여 식물체가 작으며 달걀모양, 버들잎모양의 쪽잎도 작은 것이 특징이다. 우리나라 특산종이다.

결실 8~9월 | 꼬투리열매(협과)

자생 제주도 한라산, 중부지방, 산지 초원

흰나비나물
Vicia unijuga var. *albiflora*

과명 콩과

개화 7~8월　　　**높이** 30~100cm

특징 여러해살이풀 | 원변종에 비하여 흰 꽃이 피는 것이 특징이다.

결실 8~9월 | 꼬투리열매(협과)

자생 중부지방, 금강산 등

선연리초
Lathyrus komarovii

▲ 대관령 7월

과명 콩과

개화 6~7월　　**높이** 30~60cm

특징 여러해살이풀 | 줄기는 양쪽에 좁은 날개가 있고 털이 약간 있다. 잎은 어긋나게 붙고 1~4쌍의 쪽잎으로 구성된 1회 깃모양겹잎이며 맨 위의 쪽잎이 작은 도드라기처럼 퇴화되고 덩굴손이 없다. 쪽잎은 피침모양이고 잎자루는 없으며 중앙부의 큰 쪽잎은 약간 크다. 받침잎은 피침모양이고 밑이 화살촉 밑 같다. 송이모양꽃차례는 윗부분 잎겨드랑이에서 나오고 긴 꽃자루 밑에 몇 개의 홍자색 꽃이 한쪽으로 치우쳐서 달린다. | 식용, 약용, 가축 사료용

결실 8~9월 | 꼬투리열매(협과)

자생 중부 이북지방, 강원도 대관령 이북지방의 산기슭 초원 양지

❗ 어린 순을 나물로 먹는다. | 민간에서 풀 전체를 부종, 정혈 등에 약재로 사용한다.

여름

돌동부
Vigna vexillata var. *tsusimensis*

▲ 진도 9월

과명 콩과

개화 8~9월   **길이** 3m 안팎

특징 여러해살이 덩굴풀 | 뿌리는 도라지 모양으로 굵으며 줄기와 잎자루에 밑을 향한 갈색의 퍼진 털이 있다. 잎은 어긋나게 붙고 3개의 쪽잎으로 구성된다. 쪽잎은 크기가 비슷하고 양면에 털이 있으며 맨 위의 쪽잎은 좁은 달걀모양이고 끝이 뾰족하다. 작은잎 꼭지는 짧고 받침잎은 넓은 피침모양이며 잎줄이 뚜렷하고 끝이 뾰족하다. 작은 받침잎은 줄모양이다. 꽃차례는 잎겨드랑이에서 나와 끝에 2~4개의 연한 홍자색 꽃이 거의 우산모양으로 달린다. | 식용

결실 9~10월 | 꼬투리열매(협과)

자생 전남 진도, 제주도, 길가 빈터나 초원

❗ 뿌리와 씨를 식용한다.

해녀콩
Canavalia lineata

▲ 제주도 토끼섬 8월

◀ 씨

과명 콩과

개화 7~8월　　**길이** 60~150cm

특징 여러해살이 덩굴풀 | 줄기에는 밑으로 향한 털이 있으나 곧 없어지며 잎은 잎자루가 길고 3출엽으로 질이 두껍고 녹색이다. 맨 가운데 잎은 거꿀달걀꼴의 둥근모양, 거의 둥근모양이고 표면에 누운 털이 드문드문 있다. 받침잎은 달걀모양이고 끝이 뾰족하며 밑부분이 줄모양으로 된다. 마디가 굵어져서 줄모양 같은 질로 된 송이꽃차례는 잎겨드랑이에서 나오고 꽃자루가 길며 각 마디에 연한 홍자색 꽃이 2~3개씩 달린다. | 관상용

결실 9~10월 | 꼬투리열매(협과)

자생 제주도의 토끼섬과 근처 바닷가의 모래땅 양지

여름

칡
Pueraria thunbergiana

▲ 단양 8월

과명 콩과

개화 8월 　　**길이** 10m 안팎

특징 여러해살이 덩굴풀 | 줄기는 길게 자라지만 밑동만 살아남고 겨울에 말라 죽으며 줄기에 갈색, 흰색의 퍼진 털과 구부러진 털이 많다. 잎은 3출엽이고 쪽잎은 달걀모양이며 털이 있고 가장자리가 밋밋하거나 얕게 3개로 갈라진다. 받침잎은 피침모양이며 가운데 부근에 붙고 떨어진다. 송이모양꽃차례는 곧게 서며 짧은 털이 있고 짧은 꽃자루가 있는 홍자색, 흰색 꽃이 핀다. | 식용, 약용

결실 9~10월 | 꼬투리열매(협과)

자생 북부지방 고산지대를 제외한 전국 각지의 산과 들 양지

❗ 뿌리는 즙을 내어 먹는다. | 한방과 민간에서 뿌리를 [갈근(葛根)]이라 하고 해열, 발한, 진통, 지혈, 해독, 진정, 숙취, 중풍, 당뇨, 감기, 편도선염, 두통 등에 약재로 사용한다.

돌콩
Glycine soja

▲ 한강변 8월   ▼ 열매와 씨

과명 콩과

개화 7~8월   **길이** 2m 안팎

특징 한해살이 덩굴풀 | 줄기에 밑으로 향한 갈색 털이 있고 잎은 어긋나게 붙으며 긴 잎자루가 있고 3개의 쪽잎과 짧은 털이 있다. 쪽잎은 타원꼴의 피침모양이고 끝이 둔하며 밑은 둥글고 가장자리는 밋밋하다. 받침잎은 넓은 피침모양이며 잎줄이 있고 작은 받침잎은 피침모양으로 끝이 뾰족하며 3개의 잎줄이 있다. 송이모양꽃차례는 잎겨드랑이에서 나와 끝에 연한 자주색 꽃이 핀다. | 식용, 약용

결실 9~10월 | 꼬투리열매(협과)

자생 전국 각지, 산기슭 초원이나 들녘 길가 빈터 양지

❗ 씨를 식용한다. | 민간에서 씨를 거담약 등으로 사용한다. 풀 전체에는 단백질 17.4%, 기름 2.8%, 섬유소 26.8%, 무질소 추출물 36.62%, 재성분 3.36% 정도가 함유되어 있다.

여름

새콩
Amphicarpaea edgeworthii var. *trisperma*

▲ 양평 9월

과명 콩과

개화 8~9월　　**길이** 1~2m

특징 한해살이 덩굴풀 | 식물체에 밑으로 향한 퍼진 털이 있다. 잎은 어긋나게 붙고 잎자루가 길며 쪽잎은 3개이고 달걀모양이다. 가운데 잎은 가장 크고 끝이 둔하거나 뾰족하며 퍼진 털이 있다. 받침잎은 6개 정도의 잎줄이 있고 떨어지지 않으며 좁은 달걀모양이다. 송이모양꽃차례는 잎겨드랑이에서 발달하고 잎보다 짧으며 퍼진 털이 있고 연한 자주색 꽃이 6개 정도 달린다. | 가축 사료용

결실 9~10월 | 꼬투리열매(협과)

자생 전국 각지, 산과 들, 길가 빈터나 경작지 부근 양지

❗ 줄기 밑부분에 생기는 폐쇄화가 땅속으로 들어가 끝에 납작하고 둥근 씨가 생기며 이것으로 번식한다.

두메자운
Oxytropis anertii

▲ 백두산 7월   ▼ 열매

과명 콩과

개화 6~7월   **높이** 12cm 안팎

특징 여러해살이풀 | 뿌리는 굵고 위 끝에서 여러 대가 모여 나오며 전체에 명주실 같은 털이 있다. 잎은 뿌리에서 무더기로 나고 원줄기와 높이가 비슷하며 10~20쌍의 쪽잎으로 구성된 홀수 1회 깃모양겹잎이며 긴 잎자루가 있다. 쪽잎은 피침모양이고 끝이 뾰족하며 밑은 둥글고 양면에 긴 털이 있으며 가장자리가 뒤로 말린다. 홍자색 꽃이 긴 꽃자루 끝에 1~5개씩 송이모양으로 달린다.

결실 8~9월 | 꼬투리열매(협과)

자생 북부지방, 낭림산 이북의 양강도, 백두산 고원지 양지

! 풀잎 모양이 자운영과 닮았고, 백두산 산마루 등 높은 데서 자란다는 뜻으로 '두메' 자가 붙어 '두메자운'이라 부른다.

자주개자리
Medicago sativa

▲ 포항 8월

과명 콩과

개화 7~8월   **높이** 30~90cm

특징 여러해살이풀 | 귀화식물(지중해 연안). 줄기는 곧게 서고 털은 없으며 속이 비어 있다. 잎은 어긋나게 붙고 쪽잎은 3개이며 긴 타원모양, 거꿀피침모양으로 끝이 잘린모양 또는 오목하게 들어간다. 엄지잎줄의 끝이 뾰족하며 밑은 뾰족하고 윗 가장자리에 잔톱니가 있다. 받침잎은 피침모양이고 가장자리는 밋밋하다. 송이모양꽃차례는 잎겨드랑이에서 나와 긴 꽃자루 끝에 연한 자주색 꽃이 모여 핀다. | 약용

결실 8~9월 | 꼬투리열매(협과)

자생 전국의 길가 양지

! 한방과 민간에서 풀 전체를 해열, 위장병, 열독, 흑달 등에 약재로 사용한다.

활나물
Crotalaria sessiliflora

▲ 영종도 9월

과명 콩과

개화 7~9월　　**높이** 20~70cm

특징 한해살이풀 | 잎 표면을 제외한 식물체 전체에 긴 갈색 털이 많이 있다. 잎은 어긋나게 붙고 잎자루가 없으며 넓은 줄모양, 피침모양으로 끝이 뾰족하거나 둔하다. 받침잎은 줄모양이고 꽃은 청자색이며 원줄기와 가지 끝에 이삭모양으로 달리고 꽃싸개잎은 줄모양이다. | 식용, 약용

결실 9~10월 | 꼬투리열매(협과)

자생 전국 각지, 산과 들, 낮은 지대 산마루, 길가, 바닷가 초원 양지

❗ 어린 잎은 나물로 먹는다. | 한방과 민간에서 식물체를 [야백합(野百合)]이라 하고 이뇨, 강심, 진통, 통경, 뇌암, 식도암, 자궁경부암, 직장암, 백혈병, 적리, 종창 등에 약재로 사용한다.

여름

섬쥐손이
Geranium shikokianum var. *quelpaertense*

과명 쥐손이풀과

개화 7~8월　　**높이** 20~30cm

특징 여러해살이풀 | 식물체 전체에 밑을 향한 퍼진 털이 빽빽하게 있다. 잎은 마주 붙고 잎자루가 길며 3~5개로 깊게 갈라진다. 갈래조각에는 결각모양 또는 이빨모양의 톱니가 있고 받침잎은 합쳐지며 마른 반투명질로 갈색이 돈다. 꽃자루 끝에 작은 꽃자루가 있는 붉은 자주색 꽃이 2개씩 달려 핀다. | 약용

결실 8~9월 | 튀는열매(삭과)

자생 제주도의 한라산 고원지 초원 양지

❗ 한방과 민간에서 풀 전체를 통경, 적리, 역리, 변비, 위장병, 대하증, 피부병, 창종, 위궤양, 방광염, 각기병, 심장병, 감기, 폐렴, 결막염 등에 약재로 사용한다.

사국이질풀
Geranium shikokianum

과명 쥐손이풀과

개화 7~8월　　**높이** 20~30cm

특징 여러해살이풀 | 원변종으로서 식물체가 보다 크고 밑으로 향한 거친 털이 있으며 꽃이 약간 더 큰 것이 특징이다. | 약용

결실 8~9월 | 튀는열매(삭과)

자생 제주도의 한라산 고원지 초원 양지

❗ 한방과 민간에서 풀 전체를 섬쥐손이풀과 같은 약재로 사용한다.

개아마
Linum stelleroides

과명 아마과

개화 6월 **높이** 40~60cm

특징 한해살이풀 | 식물체에 털이 없고 원줄기는 둥글며 곧게 선다. 잎은 어긋나게 붙고 줄모양으로 3개의 잎줄이 있으며 가장자리가 밋밋하고 밑이 점차 좁아져서 원줄기에 붙는다. 가지 윗부분의 잎겨드랑이에서 나온 가지 끝에 연한 자주색 꽃이 송이모양꽃차례로 달린다. | 약용

결실 9~10월 | 튀는열매(삭과)

자생 남·중·북부지방, 산과 들, 메마른 초원 양지

❗ 아마기름 및 섬유 원료, 페인트 원료로 사용한다. | 민간에서 씨로 짠 기름을 화상, 임질 등에 약으로 사용한다.

아마
Linum usitatissimum

과명 아마과

개화 6~7월 **높이** 30~100cm

특징 한해살이풀 | 귀화식물(중앙아시아 원산). 뿌리는 곧게 벋고 줄기는 곧게 서며 둥글고 윗부분에서 가지를 벋는다. 잎은 어긋나게 붙고 넓은 줄모양이며 분록색으로 끝이 뾰족하고 밑이 좁아져서 원줄기에 붙는다. 꽃은 청자색 또는 흰색이고 작은 꽃자루가 있다. 꽃받침잎은 달걀꼴의 긴 타원모양으로 가장자리는 밋밋하며 끝이 뾰족하고 3개의 잎줄이 있다. | 약용

결실 8~9월 | 튀는열매(삭과)

자생 전국 각지

❗ 씨눈에서 얻어낸 기름을 민간에서 변비, 동맥경화 등에 약으로 사용한다.

털부처꽃
Lythrum salicaria

과명 부처꽃과

개화 7~8월　　**높이** 50~100cm

특징 여러해살이풀 | 뿌리줄기는 옆으로 길게 벋고 원줄기는 네모지며 잔털이 있다. 잎은 마주 붙고 넓은 피침모양, 피침모양이며 끝이 둔하거나 뾰족하다. 밑은 둥글거나 심장모양이며 원줄기를 약간 감싸고 가장자리는 밋밋하다. 홍자색 꽃이 각 잎겨드랑이에 1~3개씩 많이 달리지만 끝에서는 이삭모양꽃차례와 비슷하다. | 관상용, 약용

결실 9~10월 | 튀는열매(삭과)

자생 남·중·북부지방, 들녘 호숫가나 냇가, 강가 등의 습지 양지

❗ 한방에서 풀 전체를 [천굴채(千屈菜)]라 하고 이뇨, 수렴, 지사, 방광염, 종독, 각기, 수종, 적리 등에 약재로 사용한다.

부처꽃
Lythrum anceps

과명 부처꽃과

개화 7~8월　　**높이** 1~1.5m

특징 여러해살이풀 | 줄기는 곧게 서고 가지가 많이 갈라진다. 잎은 마주 붙고 피침모양이며 가장자리가 밋밋하고 원줄기와 더불어 털이 없으며 잎자루도 없다. 잎겨드랑이에 홍자색 꽃 3~5개가 고른살모양으로 달리며 마디에 돌려 붙은 것처럼 보인다. 꽃싸개잎은 옆으로 퍼진다. | 관상용, 약용

결실 9~10월 | 튀는열매(삭과)

자생 전국 각지, 냇가나 들녘의 늪지 등 습기 있는 양지

❗ 한방에서 풀 전체를 털부처꽃과 같은 약재로 사용한다.

네귀쓴풀
Swertia tetrapetala

과명 용담과

개화 7~8월　　**높이** 10~30cm

특징 한해살이풀 | 식물체에는 털이 없고 줄기는 네모진다. 잎은 마주 붙고 밑의 것은 넓은 거꿀피침모양이며 밑이 좁아져서 잎자루처럼 되지만 꽃이 필 때는 없어진다. 중앙부의 것은 피침모양이고 수평으로 퍼지며 잎자루는 없고 끝이 뾰족하다. 꽃은 자주색으로 원줄기 끝에 모여 달려 전체가 고깔모양으로 되며 작은 꽃자루가 있다. | 약용

결실 10~11월 | 튀는열매(삭과)

자생 전국 각지의 고원지 초원 양지

❗ 한방에서 풀 전체를 구충, 고미, 건위, 식욕촉진, 발모, 강심, 산기, 태독, 소화불량, 심장병, 습진, 설사 등에 약재로 사용한다.

큰잎쓴풀
Swertia wilfordii

과명 용담과

개화 8~9월　　**높이** 30cm 안팎

특징 두해살이풀 | 줄기는 네모지고 잎은 마주 붙으며 잎자루는 없고 긴 달걀모양으로 가장자리가 밋밋하고 밑부분이 원줄기를 약간 둘러싼다. 꽃은 자주색이고 원줄기 끝에 모여 달려 전체가 고깔꽃차례를 이루고 작은 꽃자루는 길다. | 관상용, 약용

결실 10월 | 튀는열매(삭과)

자생 북부지방, 포태산, 개마고원, 무산 등지의 고원지 양지

❗ 한방에서 풀 전체를 네귀쓴풀과 같은 약재로 사용한다.

여름

비로용담
Gentiana jamesii

▲ 삼지연 7월

과명 용담과

개화 7~8월 **높이** 5~12cm

특징 여러해살이풀 | 줄기는 네모지고 대개 적자색이 돌며 밑부분에서 실 같은 땅바닥을 기어 벋는 가지가 옆으로 벋으면서 작은 잎이 달린다. 줄기에 붙은 잎은 마주 붙고 5~10쌍이다. 가운데 잎은 넓은 피침모양, 긴 타원모양이고 잎자루는 없으며 끝이 둔하고 가장자리가 흰색이다. 꽃은 짙은 벽자색이고 꽃자루가 없으며 꽃받침통이 있다.

결실 9~10월 | 튀는열매(삭과)

자생 중부지방, 강원도 이북의 DMZ 근처와 금강산 초원 양지, 백두산 고원지

❗ 맨 처음 금강산의 비로봉에서 발견되어 이름 지어졌다.

큰용담
Gentiana triflora var. *japonica*

과명 용담과

개화 8~9월　　**높이** 60~70cm

특징 여러해살이풀 | 식물체에 털이 없고 줄기는 곧게 서며 둥근 기둥모양이다. 뿌리잎은 없고 비늘잎모양의 잎이 있으며 줄기잎은 긴 타원꼴의 버들잎모양으로 끝이 뾰족하고 밑은 2개의 잎이 마주 붙어 잎집을 이룬다. 잎 뒷면은 약간 흰빛을 띤 녹색이고 3개의 잎줄이 있다. 줄기 끝과 윗부분 잎겨드랑이에서 하늘색 꽃이 몇 개씩 모여 핀다. | 관상용, 약용

결실 10~11월 | 튀는열매(삭과)

자생 남·중·북부지방, 산골짜기 약간 습기 있는 초원 양지

❗ 한방에서 뿌리를 [초용담(草龍膽)]이라 하고 건위, 설사, 간질, 도한, 경풍, 회충, 심장병, 습진 등에 약재로 사용한다.

큰구슬봉이
Gentiana zollingeri

과명 용담과

개화 6월　　**높이** 6~10cm

특징 두해살이풀 | 줄기에 모서리와 작은 도드라기가 있고 뿌리잎은 줄기잎보다 작으며 줄기잎은 마주 붙고 달걀모양, 넓은 달걀모양으로 밑부분이 합쳐져서 짧은 잎집으로 된다. 가장자리가 두껍고 흰색이며 작은 도드라기가 있고 뒷면은 흔히 적자색이 돈다. 꽃은 자주색, 흰색이고 원줄기 또는 가지 끝에 몇 개씩 모여 달리며 꽃자루가 짧거나 없다.

결실 7~8월 | 튀는열매(삭과)

자생 전국 각지, 높은 산 산마루 메마른 초원 양지

여름

칼잎용담
Gentiana uchiyamai

과명 용담과

개화 8~9월 　　**높이** 1m 안팎

특징 여러해살이풀 | 식물체에 털이 없고 줄기는 곧게 서며 뿌리잎은 없고 줄기 밑동에 비늘잎이 있다. 줄기잎은 위로 올라갈수록 커지고 3개의 잎줄이 있으며 가장자리는 밋밋하다. 원줄기 끝과 윗부분 잎겨드랑이에서 자주색 꽃이 피고 작은 꽃자루는 없으며 꽃싸개잎은 2개이고 좁은 피침모양이다. | 관상용, 약용

결실 10~11월 | 튀는열매(삭과)

자생 중부지방, 높은 산 산기슭 초원 양지

❗ 풀잎의 모양이 칼모양 같다 하여 이름 지어졌다. | 한방에서 뿌리를 큰용담과 같은 약재로 사용한다.

개정향풀
Apocynum lancifolium

과명 협죽도과

개화 6월 　　**높이** 40~80cm

특징 여러해살이풀 | 식물체에 털이 없고 분백색이 돌며 뿌리줄기는 나무질이다. 잎은 원줄기에서는 어긋나게 붙고 가지에서는 마주 붙으며 타원모양으로 끝이 둥글며 잎줄의 연장선인 도드라기가 있다. 밑은 둔하거나 둥글고 가장자리가 밋밋하며 잎자루는 짧다. 꽃은 홍자색이고 위로 벋은 고깔꽃차례에 달리며 작은 꽃자루에는 꽃받침과 더불어 잔털이 있다. | 관상용, 약용

결실 8~9월 | 쪽꼬투리열매(골돌)

자생 중부 이북지방, 들녘 강변 약간 습기 있는 초원 양지, 바닷가

❗ 민간에서 뿌리를 강심, 이뇨 등에 약재로 사용한다.

박주가리
Metaplexis japonica

▲ 서울 8월

과명 박주가리과

개화 7~8월   **길이** 3m 안팎

특징 여러해살이 덩굴풀 | 줄기에 상처를 내면 흰 즙액이 나오며 땅속 뿌리줄기가 길게 벋어 번식한다. 잎은 마주 붙고 달걀꼴의 심장모양이며 끝이 뾰족하고 털은 없으며 두껍고 가장자리는 밋밋하다. 꽃은 연한 자주색이고 송이모양꽃차례는 잎겨드랑이에서 나오며 꽃자루가 있다. | 유독성식물 | 식용, 약용

결실 9~10월 | 주머니열매(포과)

자생 전국 각지, 들녘 길가 빈터나 냇가 언덕 등 메마른 양지

❗ 어린 순과 열매를 식용하며 어린 잎과 줄기는 나물로 먹는다. | 한방에서 씨를 강장, 익정, 백전풍, 백선 등에 약재로 사용한다.

꽃고비
Polemonium racemosum

과명 꽃고비과

개화 6~8월   **높이** 60~90cm

특징 여러해살이풀 | 줄기 윗부분에 샘털이 있고 밑부분에서 뿌리잎과 더불어 잎이 약간 모여 난다. 잎은 1회 깃모양겹잎이고 쪽잎은 6~12쌍이며 잎자루는 없고 달걀모양이며 끝이 뾰족하다. 밑부분은 둥글고 위로 올라갈수록 작아진다. 잎의 굴대 양쪽에 좁은 날개가 있고 밑으로 갈수록 넓어져 반투명질로 되며 가장자리에 긴 털이 약간 있다. 자주색 또는 흰 꽃이 피며 꽃차례에는 꽃받침과 더불어 퍼진 샘털이 빽빽하게 있다. | 관상용

결실 9월 | 튀는열매(삭과)

자생 북부지방, 평안북도, 양강도, 함경북도 등의 고산지대 산기슭 양지

왜지치
Myosotis sylvatica

과명 지치과

개화 6~8월   **높이** 20~40cm

특징 여러해살이풀 | 줄기에는 퍼진 털이 있고 뿌리잎은 주걱모양이며 밑부분이 길게 잎자루처럼 되고 끝이 둥글다. 줄기잎은 거꿀피침모양이고 잎자루는 없다. 연한 하늘색 꽃이 피며 송이꽃차례는 대개 밑에서 2개로 갈라지며 꽃싸개잎이 없고 밑부분에 잎이 달린다. | 관상용

결실 7~9월 | 굳은껍질열매(견과)

자생 북부지방, 평안북도, 양강도 등의 백두산 고원지 초원 양지

마편초
Verbena officinalis

과명 마편초과

개화 7~8월　　**높이** 30~60cm

특징 여러해살이풀 | 원줄기는 네모지고 전체에 잔털이 있으며 곧게 선다. 잎은 마주 붙고 달걀모양이며 대개 3개로 갈라지고 갈래조각은 다시 깃모양으로 갈라진다. 표면에 잎줄을 따라 주름이 지며 뒷면은 잎줄이 튀어나온다. 꽃자루가 없는 자주색, 연한 자주색 작은 꽃이 이삭모양꽃차례로 원줄기 끝과 가지 끝에 피며 밑에서부터 피어 올라간다. | 약용

결실 9~10월 | 갈래열매(분과)

자생 남부지방, 바닷가 부근 초원 양지, 다도해 섬지방

! 한방에서 풀 전체를 [마편초(馬鞭草)]라 하고 통경, 해열, 해독, 이뇨, 학질, 태독, 이질, 수종, 족산, 종기, 부인병 등에 약재로 사용한다.

누린내풀
Caryopteris divaricata

과명 마편초과

개화 7~8월　　**높이** 100~150cm

특징 여러해살이풀 | 원줄기는 네모지고 가지가 많이 갈라진다. 잎은 마주 붙고 넓은 달걀모양이며 끝이 뾰족하고 밑은 얕은 심장모양으로 가장자리에 둔한 톱니가 있다. 하늘색이 도는 자주색 꽃이 고깔모양꽃차례로 피며 꽃차례에는 긴 꽃자루가 있고 작은 꽃자루와 더불어 샘털이 있다. | 관상용, 식용, 약용

결실 9월 | 굳은씨열매(핵과)

자생 북부지방 고산지대를 제외한 전국의 낮은 지대 냇가나 구릉지 초원 양지

! 풀 전체에서 심한 냄새가 나기 때문에 이름 지어졌다. | 어린 잎을 식용한다. | 민간에서 풀 전체를 건위, 발한 등에 약재로 사용한다.

여름

개차즈기
Amethystea caerulea

과명 꿀풀과

개화 8~9월　　**높이** 30~80cm

특징 한해살이풀 | 줄기는 흑자색이 돌며 마디에만 잔털이 있고 거의 없다. 잎은 마주 붙고 거의 밑부분까지 3~5개로 갈라지며 갈래조각은 피침모양으로 끝이 뾰족하며 가장자리에 톱니가 있고 잎자루가 있다. 꽃은 하늘색이고 가지와 원줄기 끝의 고른살꽃차례에 달리고 꽃받침이 5개로 갈라지며 꽃받침잎은 긴 세모꼴로 끝이 뾰족하다. | 식용, 약용

결실 10월 | 여원열매(수과)

자생 전국 각지, 산지, 마을 근처 경작지나 묵밭

❗ 어린 순을 나물로 먹는다. | 한방과 민간에서 잎을 나력, 고혈압, 감기, 두창, 개선 등에 약재로 사용한다.

참골무꽃
Scutellaria strigillosa

과명 꿀풀과

개화 7~8월　　**높이** 10~40cm

특징 여러해살이풀 | 뿌리줄기는 길게 옆으로 벋고 모서리에 위를 향한 털이 있다. 잎은 마주 붙고 타원모양, 긴 타원모양으로 끝이 둥글며 밑은 수평하거나 둥글다. 양면에 털이 약간 있거나 빽빽하게 나고 가장자리에 낮고 둔한 톱니가 있다. 윗부분 잎겨드랑이에 자주색 꽃이 1개씩 달린다. | 관상용, 식용, 약용

결실 8~9월 | 갈래열매(분과)

자생 전국 각지, 바닷가 모래땅이나 길가 초원 양지

❗ 어린 잎은 나물로 먹는다. | 한방과 민간에서 풀 전체를 지혈, 진경, 경풍, 해열, 청혈, 위장염, 태독, 해수 등에 약재로 사용한다.

황금
Scutellaria baicalensis

과명 꿀풀과

개화 7~8월　　**높이** 30~70cm

특징 여러해살이풀 | 식물체 전체에 털이 있고 원줄기는 네모지며 한군데에서 여러 대가 나오고 가지가 많이 갈라진다. 잎은 마주 붙고 양끝이 좁으며 피침모양이고 가장자리는 밋밋하다. 짧은 잎자루가 있으며 밑부분의 잎은 크지만 위로 올라갈수록 작아진다. 원줄기 끝과 가지 끝에 자주색 꽃이 달리며 꽃차례에 잎이 있고 각 잎겨드랑이에서 꽃이 1개씩 핀다. | 관상용, 약용

결실 9~10월 | 여윈열매(수과)

자생 중부 이북지방, 석회암지대 산기슭

! 한방에서 뿌리를 [황금(黃芩)]이라 하고 해열, 소염, 지혈, 혈압강하, 이질, 황달, 안태, 기침, 구토, 설사 등에 약재로 사용한다.

산골무꽃
Scutellaria pekinensis var. *transitra*

과명 꿀풀과

개화 7~8월　　**높이** 30~70cm

특징 여러해살이풀 | 원변종에 비하여 줄기, 잎, 꽃받침, 꽃차례축이 위로 향하며 구부러진 흰 털이 많이 있는 것이 특징이다. | 관상용, 약용

결실 9~10월 | 여윈열매(수과)

자생 전국 각지, 들녘이나 산기슭 그늘

! 한방에서 뿌리를 황금과 같은 약재로 사용한다.

여름

그늘골무꽃
Scutellaria faurici

과명 꿀풀과

개화 6~8월　　**높이** 4~25cm

특징 여러해살이풀 | 뿌리줄기는 옆으로 벋고 가지가 갈라지며 가늘다. 줄기는 곧게 서며 모양이 다양하고 자줏빛이 돌며 털이 있거나 없다. 잎은 긴 잎자루가 있고 넓은 달걀모양, 또는 약간 네모진 달걀모양으로 표면에 털이 있거나 없다. 뒷면은 잎줄에만 털이 있고 가장자리에 굵은 톱니가 있거나 부분적으로 밋밋하다. 연한 자주색 꽃이 한쪽으로 치우쳐서 원줄기 끝의 잎겨드랑이에 달린다. | 식용, 약용

결실 8~9월 | 갈래열매(분과)

자생 전국 각지, 산기슭 숲속 그늘

! 참골무꽃과 같은 용도로 식용, 약용한다.

구슬골무꽃
Scutellaria moniliorhiza

과명 꿀풀과

개화 7~8월　　**높이** 25cm 안팎

특징 여러해살이풀 | 뿌리줄기는 염주알같이 연결되고 약간 굵다. 원줄기는 털이 없고 약간 날카로운 모서리가 있다. 잎은 마주 붙고 달걀꼴의 피침모양이지만 가지에 붙은 잎은 피침모양으로 끝이 둔하고 밑은 둥글며 가장자리에 굵고 둔한 톱니가 있다. 홍자색 꽃이 윗부분의 잎겨드랑이에 1개씩 달린다. | 식용, 약용

결실 9~10월 | 갈래열매(분과)

자생 북부지방, 양강도 등 백두산 고원지 초원 양지

! 땅속 뿌리줄기가 염주알 모양으로 달리기 때문에 이름 지어졌다. | 참골무꽃과 같은 용도로 식용, 약용한다.

배초향
Agastache rugosa

과명 꿀풀과
개화 7~9월   **높이** 1~1.5m
특징 여러해살이풀 | 줄기는 윗부분에서 가지가 갈라지고 네모진다. 잎은 마주 붙고 달걀꼴의 심장모양으로 끝이 뾰족하며 밑은 둥글거나 심장모양이다. 뒷면에 털이 약간 있고 흰빛이 나는 것도 있으며 가장자리에 둔한 톱니가 있다. 잎자루는 짧으며 꽃은 자주색의 입술모양이고 가지 끝과 원줄기 끝의 돌려붙는 돌림꽃차례에 달린다. | 관상용, 식용, 약용
결실 9~10월 | 갈래열매(분과)
자생 전국 각지, 산과 들, 초원 양지

❗ 연한 줄기와 잎을 식용한다. | 한방과 민간에서 풀 전체를 건위, 소화, 해열, 감기, 두통, 종독, 곽란, 풍습 등에 약재로 사용한다.

용머리
Dracocephalum argunense

과명 꿀풀과
개화 6~8월   **높이** 30~50cm
특징 여러해살이풀 | 원줄기에 밑으로 굽은 흰 털이 있고 네모진다. 잎은 마주 붙고 잎자루가 없거나 짧고 잎은 줄모양으로 끝이 둔하며 표면에 윤채가 있다. 가장자리는 밋밋하고 뒤로 말리며 밑의 잎은 짧은 잎자루가 있고 달걀모양이며 가장자리에 톱니가 약간 있다. 잎겨드랑이에 몇 개의 잎이 모여 나며 원줄기 끝에 자주색 꽃이 달리고 꽃받침에 퍼진 털이 있다. | 관상용, 식용, 약용
결실 8~9월 | 여윈열매(수과)
자생 전국 각지, 산기슭 바늘잎나무 근처 메마른 양지

❗ 어린 잎은 식용한다. | 민간에서 풀 전체를 발한, 이뇨, 수종 등에 약재로 사용한다.

우단석잠풀
Stachys palustris var. *imaii*

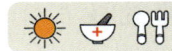

과명 꿀풀과

개화 6월   **높이** 30~60cm

특징 여러해살이풀 | 원줄기에 꼬부라진 털이 있고 가지가 약간 갈라지는 것도 있다. 잎은 잎자루가 없고 마주 붙으며 피침모양으로 주름이 많고 표면에 털이 약간 있다. 뒷면에 명주실 같은 털이 빽빽하며 가장자리에 거의 비슷한 톱니가 있다. 이삭꽃차례는 맨 위에 붙고 짧은 작은 꽃자루에 자주색 꽃이 2~3개씩 모여 달린다. | 식용, 약용

결실 8~9월 | 튀는열매(삭과)

자생 중부지방, 황해도 이북지방의 고원지 습지 근처 양지

❗ 어린 잎과 줄기를 식용한다. | 한방에서 풀 전체를 해열, 활혈, 진통, 경풍, 해수, 태독, 하혈, 종염, 맹장염, 후통 등에 약재로 사용한다.

둥근배암차즈기
Salvia japonica

과명 꿀풀과

개화 6~9월   **높이** 20~30cm

특징 여러해살이풀 | 줄기는 네모지고 가지가 약간 갈라지며 잎은 마주 붙고 간단하거나 또는 겹잎이다. 쪽잎은 3개이거나 1~2회 깃모양으로 갈라지고 넓은 달걀모양, 마름모양, 넓은 피침모양으로 표면에 털이 약간 있거나 없으며 가장자리에 톱니가 있다. 꽃차례는 원줄기 끝에 생기고 연한 자주색 꽃이 층층으로 달린다. | 약용

결실 7~10월 | 갈래열매(분과)

자생 남부지방, 경남과 전남 북부지방, 산기슭 바늘잎나무 근처 양지

❗ 한방에서 식물체를 [자삼(紫參)]이라 하고 강장, 통경, 지혈, 산전산후통, 낙태, 자궁출혈, 월경불순, 류머티즘 등에 약재로 사용한다.

배암차즈기
Salvia plebeia

과명 꿀풀과

개화 6~7월　　**높이** 30~70cm

특징 두해살이풀 | 원줄기는 네모지고 밑을 향한 잔털이 있다. 줄기잎은 달걀꼴의 긴 타원모양, 넓은 피침모양이고 끝이 둔하며 밑부분이 뾰족하다. 양면에 잔털이 드문드문 있고 잎 표면에 주름이 많이 나며 가장자리에 둔한 톱니가 있다. 송이모양꽃차례는 윗부분 잎겨드랑이와 줄기 끝에 달리고 연한 자주색 꽃이 많이 달리며 꽃차례 줄기에 짧은 털이 약간 빽빽하게 있다. | 약용

결실 7~8월 | 갈래열매(분과)

자생 전국 각지, 들녘 경작지 근처 둑이나 길가 빈터의 양지

! 둥근배암차즈기와 같은 용도로 약용한다.

들깨풀
Mosla punctulata

과명 꿀풀과

개화 8~9월　　**높이** 20~60cm

특징 한해살이풀 | 줄기는 둔하게 네모지고 흔히 자줏빛이 돌며 잎은 마주 붙고 달걀꼴의 피침모양, 긴 타원모양으로 끝이 뾰족하며 밑은 뾰족하거나 둥글다. 표면에 잔털이 있고 뒷면 잎줄 위에 짧은 털이 있으며 가장자리에 낮은 톱니가 있고 잎자루가 있다. 가지 끝에 이삭모양으로 연한 자주색 꽃이 달린다. | 약용

결실 9~10월 | 갈래열매(분과)

자생 전국 각지, 들녘 밭둑이나 길가 빈터 등의 양지

! 한방에서 식물체를 해열, 이뇨, 지혈, 소화, 진통, 건위, 뇌출혈, 십이지장충, 기침 등에 약재로 사용한다.

여름

오리방풀
Isodon excisus

과명 꿀풀과
개화 6~8월 **높이** 50~100cm
특징 여러해살이풀 | 줄기는 네모지고 모서리를 따라 밑을 향한 짧은 털이 있고 밑에서 여러 대가 같이 자란다. 잎은 마주 붙고 달걀꼴의 둥근모양으로 끝이 거북꼬리모양이다. 밑은 뾰족하며 날개가 있는 잎자루로 되고 가장자리에 톱니가 있으며 윗부분 잎은 거북꼬리같이 되지 않는다. 잎겨드랑이와 원줄기 끝에서 마주 달리는 고른살꽃차례에 연한 자주색 꽃이 핀다. | 약용
결실 8~9월 | 갈래열매(분과)
자생 전국 각지, 산기슭 주변의 초원

❗ 한방과 민간에서 풀 전체를 [연명초(延命草)] 라 하고 식욕 촉진, 건위, 강장, 구충, 소화불량 등에 약재로 사용한다.

흰오리방풀
Isodon excisus for. *albiflorus*

과명 꿀풀과
개화 6~8월 **높이** 50~100cm
특징 여러해살이풀 | 원변형에 비하여 꽃이 흰색으로 피고 꽃받침은 녹색인 것이 특징이다. | 약용
결실 8~9월 | 갈래열매(분과)
자생 중부 이북지방의 산지 초원

❗ 한방과 민간에서 풀 전체를 오리방풀과 같은 약재로 사용한다.

방아풀
Isodon japonicus

과명 꿀풀과

개화 8~9월　　　**높이** 60~100cm

특징 여러해살이풀 | 줄기는 네모지고 모서리에 밑을 향한 털이 있다. 잎자루에 날개가 있으며 잎줄 위에 잔털이 있고 가장자리에 톱니가 있다. 끝에서 마주 붙는 꽃이삭을 형성하며 자주색 꽃을 피우고 전체가 고깔꽃차례처럼 된다. | 약용

결실 9~10월 | 갈래열매(분과)

자생 전국 각지, 산기슭 넓은잎나무 숲 근처의 양지

❗ 한방과 민간에서 풀 전체를 오리방풀과 같은 약재로 사용한다. | 식물체에는 쓴맛 성분인 엔메인과 엔메인트라이아세테이트, 이소도카르틴, 노도신, 이소도트리친($C_{21}H_{30}O_7$), 트리코도닌, 포니치딘, 에피노도신, 소도포닌 등이 함유되어 있다.

산박하
Isodon inflexus

과명 꿀풀과

개화 6~8월　　　**높이** 40~100cm

특징 여러해살이풀 | 줄기는 가지가 많고 네모지며 모서리에 밑을 향한 짧은 흰 털이 있다. 잎은 마주 붙고 세모진 달걀 모양이며 끝이 뾰족하고 밑이 갑자기 좁아져서 잎자루로 흘러 날개처럼 된다. 양면 잎줄 위에 드문드문 털이 있고 가장자리에 둔한 톱니가 있다. 고른살꽃차례는 원줄기 윗부분에서 마주 붙고 큰 꽃차례를 이루며 자주색 꽃이 핀다. | 약용

결실 8~9월 | 갈래열매(분과)

자생 전국 각지, 높은 산기슭 숲 근처의 초원 양지

❗ 식물체에서 박하향이 나기 때문에 이름 부른다. | 오리방풀과 같은 용도로 약용한다.

여름

독말풀
Datura stramonium var. *chalybea*

과명 가지과
개화 8~9월　　**높이** 1~2m
특징 한해살이풀 | 귀화식물(열대아메리카 원산). 원줄기는 굵은 가지가 많이 갈라지고 자줏빛이 돈다. 잎은 어긋나게 붙고 잎자루가 있으며 달걀모양으로 끝이 날카롭고 밑은 둥글며 가장자리에 불규칙한 결각모양의 톱니가 있다. 줄기 끝의 잎겨드랑이에서 연한 자주색을 띤 큰 나팔모양 꽃이 1개씩 핀다. | 유독성식물 | 관상용, 약용
결실 9~10월 | 튀는열매(삭과)
자생 전국 각지, 길가 빈터 등 양지

◀ 열매

❗ 한방에서 잎과 씨를 진통, 진해, 천식, 마취, 탈항, 간질, 경풍 등에 약재로 사용한다. 독성이 강해 민간약으로 함부로 쓰지 못한다.

흰독말풀
Datura stramonium

과명 가지과
개화 8~9월　　**높이** 1~2m
특징 한해살이풀 | 독말풀과 비슷하며 흰 꽃이 피는 것이 특징이다. | 관상용, 약용
결실 9~10월 | 튀는열매(삭과)
자생 북부지방 들녘

❗ 한방에서 잎과 씨를 독말풀과 같은 약재로 사용한다.

토현삼
Scrophularia koraiensis

과명 현삼과

개화 7월　　**높이** 150cm 안팎

특징 여러해살이풀 | 줄기는 네모지고 털이 없다. 잎은 마주 붙고 짧은 잎자루가 있다. 달걀꼴의 피침모양이고 끝이 뾰족하며 밑은 둥글고 가장자리에 짧고 뾰족한 톱니가 있다. 줄기 끝에 달리는 고깔꽃차례를 이루고 흑자색 꽃이 달리며 작은 꽃자루에 샘털이 있다. | 관상용, 약용

결실 8~9월 | 튀는열매(삭과)

자생 남·중·북부지방, 토양이 비옥한 산기슭 초원 양지

❗ 한방에서 뿌리를 진통, 해독, 소염, 해열, 후두염, 편도선염, 동맥내막염, 치질염증 등에 약재로 사용한다.

섬현삼
Scrophularia takesimensis

과명 현삼과

개화 6~7월　　**높이** 1m 안팎

특징 여러해살이풀 | 줄기에 날개가 있고 잎은 마주 붙으며 줄기 중앙잎이 가장 크고 끝이 둔하다. 밑은 잘린모양 또는 얕은 심장모양으로 가장자리에 크고 뾰족한 톱니가 있다. 줄기 끝에 고깔꽃차례를 이루고 연한 자주색 꽃이 층층으로 많이 핀다. | 약용

결실 7~8월 | 튀는열매(삭과)

자생 울릉도의 바닷가 산기슭이나 양지 초원

❗ 울릉도에서만 자라기 때문에 '섬현삼'이라 한다. | 한방에서 뿌리를 토현삼과 같은 약재로 사용한다.

여름

선주름잎
Mazus stachydifolius

과명 현삼과

개화 6~8월　　**높이** 10~30cm

특징 한해살이풀 | 원줄기에 퍼진 털이 빽빽하며 가지는 갈라지지 않는다. 잎은 마주 붙고 거꿀달걀꼴의 긴 타원형, 피침형이고 끝이 둔하며 밑부분이 좁아져서 원줄기를 반 정도 감싼다. 잎줄 위에 줄 모양의 도드라기가 약간 있고 가장자리에 둔한 톱니가 드문드문 있으며 잔털이 약간 있다. 원줄기 끝의 송이모양꽃차례에 연한 자주색 꽃이 달리며 작은 꽃자루에 짧은 퍼진 털이 있다. | 식용

결실 7~9월 | 튀는열매(삭과)

자생 중부 이북지방, 들녘 경작지나 길가 빈터 등 양지

❗ 어린 잎은 나물로 먹는다.

밭둑외풀
Lindernia procumbens

과명 현삼과

개화 7~8월　　**높이** 8~25cm

특징 한해살이풀 | 식물체에 털이 없고 밑에서부터 가지가 갈라진다. 잎자루는 없고 잎은 마주 붙으며 긴 타원모양이고 끝이 둔하며 가장자리는 밋밋하고 3~5개의 평행한 잎줄이 있다. 잎겨드랑이에서 연한 홍자색 꽃이 1개씩 피며 작은 꽃자루는 길다. | 약용

결실 9~10월 | 튀는열매(삭과)

자생 전국 각지, 밭이나 들녘 논둑 또는 도랑가 등의 습지 양지

❗ 풀 전체에 알칼로이드와 플라보노이드가 함유되어 있으며 민간에서 풀 전체를 임질, 설사 등에 약으로 쓴다.

외풀
Lindernia crustacea

과명 현삼과

개화 7~8월　　**높이** 7~15cm

특징 한해살이풀 | 줄기에 잔털이 약간 있고 밑에서 가지가 갈라져 사방으로 퍼진다. 잎은 마주 붙고 짧은 잎자루가 있으며 달걀모양, 세모진 좁은 달걀모양, 긴 타원모양으로 끝이 둔하며 가장자리에 둔한 톱니가 있다. 자주색 꽃이 잎겨드랑이에 1개씩 달려서 고른꽃차례로 핀다. | 약용

결실 9~10월 | 튀는열매(삭과)

자생 중부 이남지방, 밭이나 들녘 논둑 및 도랑가 주변의 초원 양지

❗ 열매의 모양이 참외와 닮아 이름 지어졌다. | 민간에서 풀 전체를 밭뚝외풀과 같은 용도로 약용한다.

미국외풀
Lindernia attenuata

과명 현삼과

개화 7~8월　　**높이** 7~15cm

특징 한해살이풀 | 귀화식물(미국 원산). 가지가 길게 자라고 땅 위로 기면서 벋는 것이 특징이다. | 약용

결실 9~10월 | 튀는열매(삭과)

자생 중부 이남지방, 밭이나 들녘 논둑 및 도랑가 주변의 초원 양지

❗ 민간에서 풀 전체를 밭뚝외풀과 같은 용도로 약용한다.

여름

긴산꼬리풀
Pseudolysimachion longifolium

과명 현삼과

개화 7~8월   **높이** 1m 안팎

특징 여러해살이풀 | 줄기는 털이 없거나 짧은 털이 퍼져 있다. 잎은 3~4개씩 돌려 붙으며 밑의 것은 잎자루가 없으나 윗부분의 것은 약간 짧은 잎자루가 있다. 잎몸은 긴 타원모양이고 중앙부의 잎은 끝이 길게 뾰족해지며 밑부분은 둥글다. 표면에 짧은 털이 퍼져 있고 뒷면 잎줄 위에 털이 약간 있으며 가장자리에 안쪽으로 굽은 뾰족한 톱니가 있다. 송이모양꽃차례는 원줄기 끝에 달리고 하늘색 꽃이 모여 핀다. | 관상용, 약용

결실 8~9월 | 튀는열매(삭과)

자생 남·중·북부지방, 산기슭 초원

❗ 한방과 민간에서 풀 전체를 방광염, 중풍, 요통 등에 약재로 사용한다.

넓은잎꼬리풀
Pseudolysimachion kiusianum

과명 현삼과

개화 7~8월   **높이** 50~70cm

특징 여러해살이풀 | 줄기는 처음에는 부드러운 다세포의 털이 있다. 잎은 마주 붙으며 세모난 달걀모양, 좁은 세모난 모양으로 끝이 뾰족하고 밑은 수평하거나 얕은 심장모양이다. 양면에 퍼진 털이 흩어져 나지만 표면에는 짧은 도드라기로 남으며 가장자리에 뾰족한 톱니가 있고 잎자루가 있다. 송이모양꽃차례는 단순하고 부드러운 털이 있으며 하늘색 꽃이 핀다. | 약용

결실 8~9월 | 튀는열매(삭과)

자생 중부 이북지방, 고원지 초원 양지

❗ 한방과 민간에서 풀 전체를 긴산꼬리풀과 같은 약재로 사용한다.

꼬리풀
Pseudolysimachion linariifolium

과명 현삼과

개화 7~8월　　**높이** 40~70cm

특징 여러해살이풀 | 줄기는 가지가 약간 갈라지고 위를 향한 굽은 털이 있다. 잎은 마주 붙거나 또는 어긋나게 붙으며 거꿀피침모양, 피침꼴의 줄모양이고 끝이 뾰족하며 밑은 좁아져서 잎자루같이 된다. 특히 뒷면 잎줄 위에 굽은 털이 있으며 윗부분에 톱니가 약간 있다. 줄기 끝에 송이모양꽃차례를 이루고 청자색 꽃이 모여 핀다. | 관상용, 약용

결실 9~10월 | 튀는열매(삭과)

자생 전국 각지, 산과 들 초원 양지

❗ 꽃이삭이 꼬리모양 같아서 이름 지어졌다. | 한방과 민간에서 풀 전체를 긴산꼬리풀과 같은 약재로 사용한다.

섬꼬리풀
Pseudolysimachion insulare

과명 현삼과

개화 6~7월　　**높이** 30cm 안팎

특징 여러해살이풀 | 줄기는 위에서 가지가 갈라진다. 밑부분 잎은 꽃이 필 때 없어지며 줄기잎은 달걀모양이고 가장자리에 불규칙한 결각과 더불어 톱니가 있다. 잎자루는 홈이 파지고 잎은 마주 붙는다. 꽃차례는 윗부분의 잎겨드랑이와 줄기 끝에 달리고 송이모양꽃차례를 이루며 연한 하늘색 꽃이 핀다. | 약용

결실 8~9월 | 튀는열매(삭과)

자생 울릉도의 도동, 저동 근처의 숲 가장자리 반그늘

❗ 울릉도에만 자라기 때문에 이름 지어졌다. | 한방과 민간에서 풀 전체를 긴산꼬리풀과 같은 약재로 사용한다.

여름

산꼬리풀
Pseudolysimachion rotundum var. *subintegrum*

과명 현삼과

개화 8월　　　　**높이** 40~80cm

특징 여러해살이풀 | 줄기는 가지가 거의 벋지 않고 굽은 털이 퍼져 나며 잎은 마주 붙는다. 잎자루가 거의 없으며 좁은 달걀모양, 긴 타원모양으로 끝이 뾰족하다. 밑이 좁고 뒷면 잎줄 위에만 굽은 털이 약간 있으며 불규칙하고 뾰족한 톱니가 있다. 송이모양꽃차례는 가지 끝과 원줄기 끝에 달리며 벽자색 꽃이 모여 핀다. | 관상용, 약용

결실 9~10월 | 튀는열매(삭과)

자생 전국 각지, 산마루 근처 초원이나 산기슭 초원 양지

❗ 한방과 민간에서 풀 전체를 긴산꼬리풀과 같은 약재로 사용한다.

흰꼬리풀
Pseudolysimachion rotundum for. *album*

과명 현삼과

개화 8월　　　　**높이** 40~80cm

특징 여러해살이풀 | 원변형에 비하여 흰 꽃이 피는 것이 특징이다. | 관상용, 약용

결실 9~10월 | 튀는열매(삭과)

자생 전국 각지, 산마루 근처 초원이나 산기슭 초원 양지

❗ 한방과 민간에서 풀 전체를 긴산꼬리풀과 같은 약재로 사용한다.

두메투구꽃
Veronica stelleri var. *longistyla*

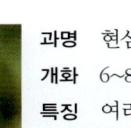

과명 현삼과

개화 6~8월　　**높이** 7~15cm

특징 여러해살이풀 | 식물체에 부드러운 흰 털이 있고 잎은 5~8쌍씩 마주 붙는다. 잎자루는 없고 넓은 달걀모양, 달걀모양으로 끝이 둔하며 밑이 둥글고 가장자리에 몇 쌍의 톱니가 있다. 송이모양꽃차례를 이루고 흰 바탕에 짙은 자주색 줄이 있는 연한 자주색 꽃이 몇 개씩 모여 핀다. | 약용

결실 8~9월 | 튀는열매(삭과)

자생 북부지방, 백두산 등 해발 2,200~2,700m의 고원지 초원 양지

! 한방과 민간에서 풀 전체를 통경, 정혈, 건위, 이뇨, 방광염, 중풍, 종기 등에 약재로 사용한다.

흰분홍투구꽃
Veronica stelleri for. *rufescens*

과명 현삼과

개화 6~8월　　**높이** 7~15cm

특징 여러해살이풀 | 원변형에 비하여 꽃의 색깔이 분홍빛이 도는 흰색인 것이 특징이다. | 관상용, 약용

결실 8~9월 | 튀는열매(삭과)

자생 북부지방의 고산지대 고원지

! 한방과 민간에서 풀 전체를 두메투구꽃과 같은 약재로 사용한다.

여름

냉초
Veronicastrum sibiricum

▲ 대관령 8월

과명 현삼과

개화 6~8월　　**높이** 50~150cm

특징 여러해살이풀 | 줄기는 무더기로 나며 잎은 3~8개씩 층층으로 돌려 붙는다. 잎자루가 없으며 긴 타원모양, 타원모양이고 끝이 뾰족하며 가장자리에 잔톱니가 있다. 송이모양꽃차례는 줄기 끝에 달리고 홍자색 꽃이 꽃차례 밑에서부터 피어 올라간다. | 관상용, 약용

결실 8~9월 | 튀는열매(삭과)

자생 남·중·북부지방, 산지 초원과 고원지 초원 양지

❗ 뿌리에는 사포닌과 베니톨, 잎에는 쿠마린과 알칼로이드가 함유되어 있다. 한방과 민간에서 뿌리를 [냉초(冷草)]라 하고 설사, 조충, 위장염, 황달, 자궁내막염, 통풍, 변비 등에 약재로 사용한다. 풀 전체는 해열, 감기에도 쓰며 잎은 진통, 염증 등에 약재로 사용한다.

지황
Rehmannia glutinosa

▲ 금산 7월

▲ 국내산　　　　　　　▼ 중국산

과명　현삼과

개화　6~7월　　**높이**　10~30cm

특징　여러해살이풀 | 귀화식물(중국 원산). 식물체에 짧은 털이 있고 뿌리는 굵으며 옆으로 벋고 황갈색이다. 뿌리잎은 무더기로 나고 긴 타원모양이며 끝이 둔하고 밑은 뾰족하며 표면에 주름이 있다. 뒷면은 잎줄이 튀어나와 그물모양으로 되고 가장자리에 둔한 톱니가 있다. 꽃줄기는 밑부분에서 잎이 어긋나게 붙고 윗부분에서는 잎모양의 꽃싸개잎이 어긋나게 붙는다. 꽃줄기 끝에 송이모양으로 연한 홍자색 꽃이 핀다. | 약용

결실　7~8월 | 튀는열매(삭과)

자생　약초농가에서 밭에 재배한다.

❗ 한방에서 뿌리를 채취하여 그대로 쓰는 것을 [생지황(生地黃)]이라 하고 지혈, 해열 등에 약재로 쓰며 뿌리를 햇볕에 말린 것은 [건지황(乾地黃)]이라 하여 보약, 변비, 당뇨 등에 쓴다. 뿌리를 솥에 쪄서 말린 [숙지황(熟地黃)]은 빈혈, 쇠약, 뇌빈혈 등에 쓴다.

여름

알며느리밥풀
Melampyrum roseum var. *ovalifolium*

과명 현삼과

개화 8~9월　　**높이** 30~70cm

특징 한해살이 반더부살이풀 | 줄기는 모서리를 따라 굽은 흰 털이 있고 가지가 퍼지며 위를 향한다. 중앙부의 잎은 달걀모양, 좁은 달걀모양이고 끝이 길게 뾰족해지거나 갑자기 뾰족해지며 밑은 둥글고 갑자기 좁아져서 밑으로 흐른다. 잎자루는 홈이 파지며 잎 표면과 더불어 짧은 털이 약간 퍼져 있다. 줄기와 가지 끝에 송이모양꽃차례를 이루고 홍자색 꽃이 모여 핀다. | 약용

결실 9~10월 | 튀는열매(삭과)

자생 중부 이남지방, 동쪽 해안을 따라 북부지방의 산기슭 반그늘

❗ 민간에서 풀 전체를 진정약, 혈압강하제로 사용한다.

새며느리밥풀
Melampyrum setaceum var. *nakaianum*

과명 현삼과

개화 8~9월　　**높이** 30~50cm

특징 한해살이 반더부살이풀 | 줄기에는 꼬불꼬불한 짧은 털이 있고 잎은 마주 붙으며 피침모양, 넓은 피침모양으로 끝이 길게 뾰족하다. 밑이 둥글거나 수평이고 양면 잎줄 위와 가장자리 및 잎자루에 짧은 털이 약간 퍼져 있다. 줄기 끝에 송이모양꽃차례를 이루고 홍자색 꽃이 달린다. | 약용

결실 9~10월 | 튀는열매(삭과)

자생 중부지방, 강원도 오대산 이북지방의 높은 산 숲속 그늘

❗ 민간에서 풀 전체를 알며느리밥풀과 같은 약으로 사용한다.

앉은좁쌀풀
Euphrasia pectinata var. *simplex*

과명 현삼과

개화 6~8월　　**높이** 20~30cm

특징 한해살이 반기생식물 | 줄기는 가지가 갈라지고 잔털이 있다. 잎은 마주 붙고 중앙부의 잎은 넓은 달걀모양, 달걀꼴의 둥근모양으로 끝이 둔하고 밑이 둥글며 뒷면 잎줄 위에 잔털이 약간 있다. 가장자리 윗부분의 톱니는 둔하며 밑부분의 톱니는 뾰족하고 꽃이 달린 부분의 잎보다 작다. 연한 자주색 꽃이 잎겨드랑이에 핀다. | 약용

결실 9~10월 | 튀는열매(삭과)

자생 남·중·북부지방, 높은 산 약간 습기 있는 숲 가장자리 반그늘 초원

❗ 민간에서 풀 전체를 혈압강하, 기침, 감기, 기관지 천식 등에 약으로 사용한다.

큰산좁쌀풀
Euphrasia hirtella var. *paupera*

과명 현삼과

개화 6~8월　　**높이** 20~30cm

특징 한해살이풀 | 줄기 전체에 털이 약간 많고 잎은 마주 붙으며 위로 올라갈수록 커지고 꽃싸개잎이 가장 크다. 중앙부의 잎은 달걀모양이고 양면에 흰 털이 있으며 가장자리에 약간 깊은 톱니가 있다. 톱니는 넓은 달걀모양으로 갑자기 뾰족해지며 꽃싸개잎에서는 침모양의 톱니로 된다. 윗부분의 잎겨드랑이에 흰 바탕에 자주색을 띤 꽃이 핀다. | 약용

결실 9~10월 | 튀는열매(삭과)

자생 북부지방, 양강도 백두산 고원지 숲 근처의 반그늘

❗ 민간에서 풀 전체를 앉은좁쌀풀과 같은 약으로 사용한다.

여름

이삭송이풀
Pedicularis spicata

과명 현삼과

개화 7~8월　　**높이** 15~60cm

특징 여러해살이풀 | 줄기는 1개 또는 여러 대가 나오며 모서리를 따라 털이 있다. 뿌리잎은 꽃이 필 때 없어지고 줄기잎은 4개씩 돌려 붙으며 피침모양이고 깃모양으로 깊게 갈라진다. 갈래조각은 달걀모양이고 가장자리에 톱니가 있으며 짧은 잎자루가 있다. 홍자색 꽃은 윗부분에 모여 달리고 꽃싸개잎은 잎과 비슷하며 꽃보다 길거나 비슷하다. | 관상용, 식용, 약용

결실 8~9월 | 튀는열매(삭과)

자생 북부지방, 백두산 등의 고원지 초원

❗ 어린 잎은 나물로 먹는다. | 민간에서 꽃이삭을 이뇨제, 해열제로 사용한다.

한라송이풀
Pedicularis hallaisanensis

과명 현삼과

개화 7~8월　　**높이** 5~15cm

특징 여러해살이풀 | 줄기에 털이 많은 것이 특징이다. | 식용, 약용

결실 8~9월 | 튀는열매(삭과)

자생 제주도 한라산 고원지

❗ 어린 잎은 나물로 먹는다. | 민간에서 꽃이삭을 이삭송이풀과 같은 약으로 사용한다.

구름송이풀
Pedicularis verticillata

▲ 백두산 7월

과명 현삼과

개화 7~8월　　**높이** 5~15cm

특징 여러해살이풀 | 꽃차례와 원줄기의 모서리에 부드러운 털이 있고 밑에서 가지가 갈라진다. 뿌리잎은 무더기로 나오며 잎자루가 있고 꽃이 필 때는 남아 있다. 줄기잎은 4(2~6)개씩 돌려 붙고 긴 타원모양, 달걀꼴의 긴 타원모양이며 깃모양으로 깊게 또는 완전히 갈라진다. 갈래조각은 5~7쌍이며 긴 타원모양으로 톱니가 있다. 줄기 맨 위에 송이모양꽃차례를 이루고 홍자색 꽃이 모여 핀다. | 식용, 약용

결실 8~9월 | 튀는열매(삭과)

자생 북부지방, 양강도, 간백령, 포태산, 설령, 백두산 등의 고원지 초원 양지

❗ 어린 잎은 나물로 먹는다. | 민간에서 꽃이삭을 이삭송이풀과 같은 약으로 사용한다.

송이풀
Pedicularis resupinata

▲ 태백산 8월

과명 현삼과

개화 8~9월　　**높이** 30~60cm

특징 여러해살이풀 | 줄기는 밑에서 여러 대가 나와 함께 서고 간혹 가지가 약간 갈라진다. 잎은 어긋나게 또는 마주 붙고 짧은 잎자루가 있다. 좁은 달걀모양으로 끝이 뾰족하며 밑부분이 갑자기 좁아지고 가장자리에 규칙적인 겹톱니가 있다. 원줄기 끝에 모여 달린 꽃싸개잎 같은 잎 사이에서 홍자색 꽃이 핀다. | 식용, 약용

결실 9~10월 | 튀는열매(삭과)

자생 전국 각지, 깊은 산골짜기 산마루 양지 초원이나 산기슭 초원

❗ 이삭송이풀과 같은 용도로 식용, 약용한다.

마주송이풀
Pedicularis resupinata var. *oppositifolia*

과명 현삼과

개화 8~9월　　**높이** 30~60cm

특징 여러해살이풀 | 원변종에 비하여 잎이 줄기에 마주 붙는 것이 특징이다. | 식용, 약용

결실 9~10월 | 튀는열매(삭과)

자생 전국 각지의 산지

! 이삭송이풀과 같은 용도로 식용, 약용한다.

수송이풀
Pedicularis resupinata var. *gigantea*

과명 현삼과

개화 8~9월　　**높이** 30~60cm

특징 여러해살이풀 | 원변종에 비하여 식물체가 크고 가지가 많이 갈라지는 것이 특징이다. 우리나라 특산종이다. | 식용, 약용

결실 9~10월 | 튀는열매(삭과)

자생 전국 각지의 산지

! 이삭송이풀과 같은 용도로 식용, 약용한다.

흰송이풀
Pedicularis resupinata for. *albiflora*

과명 현삼과

개화 8~9월　　**높이** 30~60cm

특징 여러해살이풀 | 원변형에 비하여 꽃이 흰색으로 피는 것이 특징이다. | 식용, 약용

결실 9~10월 | 튀는열매(삭과)

자생 전국 각지의 산지

! 이삭송이풀과 같은 용도로 식용, 약용한다.

여름

쥐꼬리망초
Justica procumbens

과명 쥐꼬리망초과

개화 7~9월   **높이** 30cm 안팎

특징 한해살이풀 | 원줄기는 네모지며 녹색이다. 잎은 마주 붙고 긴 타원꼴의 피침모양으로 끝은 뾰족하며 가장자리는 밋밋하고 잎자루는 짧다. 연한 자홍색 꽃이 원줄기와 가지 끝에 달리고 꽃차례는 녹색이다. 꽃싸개잎, 작은 꽃싸개잎, 꽃받침잎은 거의 비슷하고 좁은 피침모양으로 가장자리가 반투명질이다. | 약용

결실 9~10월 | 튀는열매(삭과)

자생 함경남도, 중부 이남지방, 산과 들, 길가 언덕이나 경작지 근처 초원 양지

❗ 민간에서 식물체를 해열, 진통, 요통, 류머티즘 등에 약재로 사용한다. 식물체에는 알칼로이드, 쓴맛 물질, 인독실배당체 등이 함유되어 있다.

파리풀
Phryma leptostachya var. *asiatica*

과명 파리풀과

개화 7~9월   **높이** 30~80cm

특징 여러해살이풀 | 줄기는 곧게 서고 네모지며 마디 윗부분이 두드러지게 굵다. 잎은 마주 붙고 긴 잎자루가 있으며 달걀모양, 세모꼴의 넓은 달걀모양으로 끝이 날카롭고 밑은 넓으며 양면 잎줄 위에 털이 많고 가장자리에 톱니가 있다. 원줄기 끝과 가지 끝에서 연한 자주색 꽃이 이삭모양꽃차례로 핀다. | 약용

결실 8~10월 | 여원열매(수과)

자생 전국 각지, 산과 들, 숲 가장자리 반그늘이나 길가 초원

❗ 이 풀잎과 줄기를 찧어서 밥에 섞어 놓으면 파리가 앉았다가 곧 죽어 이름 지어졌다. | 민간에서 뿌리를 피부병 등에 약으로 사용한다.

산토끼꽃
Dipsacus japonicus

▲ 오대산 8월

과명 산토끼꽃과

개화 8월　　　　**높이** 1m

특징 두해살이풀 | 줄기는 굵고 곧게 서며 윗부분에 모서리가 있고 밑부분에 굵은 가시털이 퍼져 난다. 잎은 마주 붙고 밑부분의 것은 깃모양으로 갈라지며 긴 잎자루가 있고 날개가 있다. 갈래조각은 긴 타원모양, 네모난 달걀모양으로 가장자리에 뾰족한 톱니가 있다. 밑부분의 깃조각이 작고 윗부분 잎은 작으며 갈라지지 않고 잎자루가 없다. 홍자색 꽃이 긴 꽃자루 끝의 머리모양꽃차례에 많이 모여 핀다. | 관상용

결실 9~10월 | 여윈열매(수과)

자생 중부지방, 백두대간의 허리를 따라 경북 조령산, 강원도 오대산의 산마루 근처 초원 양지

여름

솔체꽃
Scabiosa tschiliensis

▲ 대암산 8월

과명 산토끼꽃과

개화 8~9월   **높이** 50~90cm

특징 두해살이풀 | 줄기는 가지를 벋지 않거나 간혹 윗부분에서 가지를 벋고 털이 있다. 뿌리잎은 꽃이 필 때 없어지며 줄기잎은 마주 붙고 긴 타원모양, 달걀꼴의 타원모양으로 끝이 둔하거나 뾰족하다. 가장자리에 결각모양의 큰 톱니가 있으며 위로 올라가면서 깃모양으로 갈라진다. 중앙부의 잎이 크고 꽃싸개잎은 줄모양이며 잎자루에 날개가 있고 밑이 약간 넓어져 원줄기를 감싼다. 표면과 더불어 흰 털이 약간 빽빽하게 있다. 하늘색 꽃이 머리모양꽃차례로 핀다. | 관상용, 식용

결실 9~10월 | 여윈열매(수과)

자생 남·중·북부지방, 깊은 산골짜기 양지 초원이나 산마루 초원

❗ 어린 잎은 나물로 먹는다.

구름체꽃
Scabiosa tschiliensis for. *alpina*

과명	산토끼꽃과
개화	8~9월 **높이** 10~20cm

특징 두해살이풀 | 원변형에 비하여 꽃이 필 때까지 뿌리잎이 남아 있고 꽃받침의 가시침이 약간 긴 것이 특징이다. 식물체는 작지만 꽃은 크다. | 관상용, 식용

결실 9~10월 | 여윈열매(수과)

자생 제주도 한라산, 중·북부지방의 고원지

❗ 솔체꽃과 같은 용도로 식용한다.

민둥체꽃
Scabiosa tschiliensis for. *zuikoensis*

과명 산토끼꽃과

개화 8~9월   **높이** 50~90cm

특징 두해살이풀 | 원변형에 비하여 식물체에 털이 거의 없는 것이 특징이다. | 관상용, 식용

결실 9~10월 | 여윈열매(수과)

자생 중부지방, 황해도 산지 초원

❗ 솔체꽃과 같은 용도로 식용한다.

여름

도라지
Platycodon grandiflorum

▲ 구룡령 8월

▲ 수술　　　　　　　　　▼ 암술

▼ 뿌리 2년근

과명　도라지과

개화　7~8월　　**높이**　40~100cm

특징　여러해살이풀 | 뿌리가 굵으며 원줄기는 곧게 서고 상처를 내면 흰 즙액이 나온다. 잎은 긴 달걀모양, 넓은 피침모양으로 끝이 뾰족하고 밑은 넓으며 날카롭거나 둥글다. 잎 뒷면이 회청색이고 가장자리에 날카로운 톱니가 있다. 꽃은 하늘색이며 원줄기 끝에 1개 또는 여러 개가 위를 향해 핀다. 꽃부리는 끝이 5개로 파진 종모양이다. | 관상용, 식용, 약용

결실　9~10월 | 튀는열매(삭과)

자생　전국 각지, 산지 양지바른 초원

❗ 뿌리와 잎, 어린 줄기를 나물로 먹는다. | 한방과 민간에서 뿌리를 [길경(桔梗)]이라 하고 지혈, 거담, 보익, 편도선염, 복통, 늑막염, 해수, 천식 등에 약재로 사용한다.

백도라지
Platycodon grandiflorum for. *albiflorum*

과명 도라지과

개화 7~8월 **높이** 40~100cm

특징 여러해살이풀 | 원변형과 달리 흰 꽃이 피는 것이 특징이다. | 관상용, 식용, 약용

결실 9~10월 | 튀는열매(삭과)

자생 전국 각지의 산지

❗ 도라지와 같은 용도로 식용, 약용한다.

애기도라지
Wahlenbergia marginata

과명 도라지과

개화 6~8월 **높이** 20~40cm

특징 여러해살이풀 | 줄기에 모서리가 있고 밑에서 가지가 갈라지며 밑부분의 잎과 더불어 퍼진 털이 있다. 잎은 어긋나게 붙고 뿌리잎과 더불어 거꿀피침모양으로 밑부분이 좁다. 가장자리가 흰빛이 돌며 두껍고 물결모양이다. 꽃은 하늘색이고 가지 끝에 1개씩 피며 꽃받침은 5개로 갈라진다. | 식용, 약용

결실 8~9월 | 튀는열매(삭과)

자생 남부 다도해 섬지방, 제주도, 산지 초원 양지

❗ 꽃은 도라지꽃과 비슷하지만 아주 작기 때문에 이름 지어졌다. | 한방과 민간에서 뿌리를 도라지와 같은 약재로 사용한다.

여름

소경불알(알만삼)
Codonopsis ussuriensis

과명 도라지과

개화 7~9월 **길이** 2~3m

특징 여러해살이 덩굴풀 | 뿌리는 둥글며 감자모양이고 전체에 털이 있으며 덩이뿌리 끝이 가늘어지지 않는다. 잎은 어긋나게 붙지만 곁가지에서는 4개의 잎이 마주 붙는 것처럼 보이고 달걀꼴의 타원모양으로 양끝이 좁다. 짧은 잎자루와 잎 양면 특히 뒷면에 흰 털이 많고 표면은 녹색이며 뒷면은 분백색으로 가장자리는 밋밋하다. 자주색 종모양 꽃이 짧은 가지 끝에 달린다. | 관상용, 식용

결실 9~10월 | 튀는열매(삭과)

자생 중부 이북지방, 깊은 산골짜기 숲 가장자리나 냇가 작은 나무 옆 양지

! 땅속 덩이뿌리 모양 때문에 이름 지어졌다. | 뿌리를 식용한다.

자주꽃방망이
Campanula glomerata var. *dahurica*

과명 도라지과

개화 7~8월 **높이** 40~100cm

특징 여러해살이풀 | 뿌리잎은 잎자루가 길고 달걀꼴의 피침모양이다. 줄기잎은 어긋나게 붙고 밑부분의 것은 잎자루에 날개가 있고 윗부분의 것은 잎자루가 없으며 좁은 달걀모양으로 끝이 길게 뾰족하고 밑은 둥글거나 좁으며 가장자리에 톱니가 있다. 꽃은 자주색이며 원줄기 끝에 10개 정도 둥글게 모여 위를 향해 달리며 윗부분 잎겨드랑이에도 달리고 꽃자루는 없다. | 관상용, 식용, 약용

결실 9~10월 | 튀는열매(삭과)

자생 전국 각지, 높은 산기슭 양지 초원이나 골짜기 냇가 등의 초원

! 어린 잎은 나물로 먹는다. | 한방과 민간에서 뿌리를 천식, 경풍 등에 약재로 쓴다.

염아자
Phyteuma japonicum

과명 도라지과

개화 7~9월 **높이** 50~100cm

특징 여러해살이풀 | 줄기에 세로로 모서리줄이 있고 전체에 털이 약간 있으며 잎은 어긋나게 붙고 긴 달걀모양으로 양 끝이 좁다. 밑부분 잎은 짧은 잎자루가 있으나 위로 올라가면서 없어지며 표면에 털이 약간 있고 가장자리에 톱니가 있다. 자주색 꽃이 송이모양으로 달리고 꽃차례는 밑부분에서는 갈라지고 꽃싸개잎은 줄모양이다. | 식용, 약용

결실 9~10월 | 튀는열매(삭과)

자생 전국 각지, 산골짜기 숲 근처의 반그늘 초원

❗ 어린 잎은 나물로 먹는다. | 민간에서 뿌리를 보익, 한열, 천식 등에 약으로 사용한다.

톱잔대
Adenophora pereskiaefolia var. *curvidens*

과명 도라지과

개화 8~9월 **높이** 50~100cm

특징 여러해살이풀 | 줄기에 모서리줄과 긴 흰 털이 약간 빽빽하다. 잎은 5개씩 돌려 붙지만 윗부분에서는 어긋나게 붙으며 피침모양으로 끝이 길게 뾰족하며 예리한 톱니가 있다. 밑부분이 좁아지고 잎자루가 없으며 중앙부의 잎은 크고 표면에 비늘 같은 털이 빽빽하다. 꽃은 자주색으로 송이모양꽃차례에 달리고 작은 꽃자루와 꽃대축, 원줄기에 흰 털이 빽빽하게 있다. | 관상용, 식용, 약용

결실 9~10월 | 튀는열매(삭과)

자생 남·중·북부지방, 산지 초원 양지

❗ 어린 잎은 나물로 먹는다. | 한방과 민간에서 뿌리를 기관지염, 천식 등에 약재로 쓴다.

여름

넓은잔대
Adenophora divaricata var. *manshurica*

과명 도라지과

개화 8~9월   **높이** 60~90cm

특징 여러해살이풀 | 뿌리는 도라지 뿌리처럼 굵고 전체에 털이 있다. 잎은 3~4개가 돌려 붙고 잎자루는 없으며 긴 타원모양, 달걀꼴의 타원모양으로 양끝이 좁고 짧은 털이 있다. 뒷면은 흰빛이 돌고 가장자리에 날카로운 톱니가 있다. 원줄기 끝에 엉성한 고깔꽃차례를 이루고 하늘색 꽃이 핀다. | 관상용, 식용, 약용

결실 9~10월 | 튀는열매(삭과)

자생 전국 각지, 산지 초원 양지

❗ 톱잔대와 같은 용도로 식용, 약용한다.

흰꽃넓은잔대
Adenophora divaricata for. *albiflora*

과명 도라지과

개화 8~9월   **높이** 60~90cm

특징 여러해살이풀 | 원변종과는 달리 흰 꽃이 피는 것이 특징이다. | 관상용, 식용, 약용

결실 9~10월 | 튀는열매(삭과)

자생 북부지방 산지

❗ 톱잔대와 같은 용도로 식용, 약용한다.

두메잔대
Adenophora lamarckii

과명 도라지과

개화 8월　　　　**높이** 20~40cm

특징 여러해살이풀 | 줄기에 털이 없고 잎은 어긋나게 붙거나 드물게 3~4개가 돌려 붙으며 약간 조밀하게 달린다. 피침형, 달걀꼴의 피침모양으로 끝이 뾰족하고 밑부분이 좁아져서 원줄기에 달린다. 양면에 짧은 털이 있고 가장자리에 톱니가 있으며 뒤로 말린다. 벽자색 꽃이며 꽃받침통은 통부보다 약간 길고 피침모양으로 꽃의 갈래조각 끝이 뾰족하다. | 식용, 약용

결실 9월 | 튀는열매(삭과)

자생 북부지방, 고산지대, 양강도의 백두산 산기슭 숲속 그늘

❗ 톱잔대와 같은 용도로 식용, 약용한다.

나리잔대
Adenophora liliifolia

과명 도라지과

개화 7~8월　　　　**높이** 15~100cm

특징 여러해살이풀 | 뿌리잎은 꽃이 피기 전에 없어지고 잎자루 끝에 심장모양의 잎몸이 달린다. 줄기잎은 어긋나게 붙고 잎자루가 없으며 거꿀피침모양이다. 중앙부의 것은 끝이 갑자기 좁아지며 밑이 둥글거나 둔하고 표면은 잎줄이 오목하게 들어가고 털이 약간 있으며 가장자리에 불규칙한 톱니가 있다. 꽃자루는 중앙부의 잎겨드랑이에서 나오고 위로 올라갈수록 길어지다가 다시 짧아지며 하늘색 꽃이 핀다. | 식용, 약용

결실 9~10월 | 튀는열매(삭과)

자생 한라산과 백두산의 고원지 초원

❗ 톱잔대와 같은 용도로 식용, 약용한다.

둥근잔대
Adenophora coronopifolia

과명 도라지과

개화 8월　　　　**높이** 15cm 안팎

특징 여러해살이풀 | 뿌리는 굵고 뿌리목에서 여러 개의 원줄기가 나와 무더기로 곧게 서고 줄기에 모서리가 있으며 털은 거의 없다. 잎은 어긋나게 붙고 촘촘하게 붙으며 둥근 달걀모양이고 끝이 뾰족하며 가장자리에 4쌍 정도의 톱니가 있고 약간 뒤로 말린다. 윗부분의 잎은 작고 타원모양이다. 꽃은 하늘색으로 1개 또는 2~3개씩 송이모양으로 달리며 작은 꽃자루에 털은 없다. | 식용, 약용

결실 9~10월 | 튀는열매(삭과)

자생 제주도 한라산, 북부지방, 양강도 백두산 고원지 초원 양지

❗ 톱잔대와 같은 용도로 식용, 약용한다.

섬잔대
Adenophora taquetii

과명 도라지과

개화 7~8월　　　　**높이** 50~70cm

특징 여러해살이풀 | 줄기는 잎이 달린 자리에서 모서리줄이 생기고 곧게 서며 무더기로 날 때는 옆으로 굽었다가 끝부분만 곧게 선다. 잎은 어긋나게 붙고 긴 타원모양으로 가장자리에 톱니가 드문드문 있다. 하늘색 꽃이 피고 1개 또는 몇 개가 송이모양으로 달리며 꽃싸개잎은 작은 꽃싸개잎과 더불어 톱니가 있는 것도 있다. | 관상용, 식용, 약용

결실 9~10월 | 튀는열매(삭과)

자생 제주도 한라산 고원지 초원 양지

❗ 제주도에만 자라기 때문에 이름 지어졌다. | 톱잔대와 같은 용도로 식용, 약용한다.

도라지모시대
Adenophora grandiflora

과명 도라지과

개화 8월　　　**높이** 30~70cm

특징 여러해살이풀 | 밑부분의 잎은 잎자루 길이 1~2cm이지만 위로 올라가면서 짧아져서 없어지고 달걀모양의 피침모양으로 끝이 뾰족하며 가장자리에 불규칙한 톱니가 있고 털이 있다. 꽃은 하늘색으로 송이모양꽃차례에 밑을 향해 달린다. 꽃싸개잎은 피침모양으로 가장자리가 밋밋하거나 약간 톱니가 있다. 꽃받침잎은 피침모양으로 유난히 크며 가장자리가 밋밋하다. | 관상용, 식용, 약용

결실 9~10월 | 여윈열매(수과)

자생 중부 이북지방, 설악산 등의 높은 산 깊은 골짜기 반그늘

❗ 톱잔대와 같은 용도로 식용, 약용한다.

모시대(모싯대)
Adenophora remotiflora

과명 도라지과

개화 8~9월　　　**높이** 40~100cm

특징 여러해살이풀 | 뿌리는 굵으며 잎은 어긋나게 붙거나 넓은 피침모양이고 끝이 뾰족하다. 밑은 날카롭거나 둥글고 또는 심장모양으로 가장자리에 예리한 톱니가 있다. 꽃은 자주색으로 원줄기 끝에서 밑을 향해 달려 엉성한 고깔꽃차례로 된다. | 관상용, 식용, 약용

결실 9~10월 | 여윈열매(수과)

자생 북부지방 고산지대를 제외한 전국 각지의 산지 숲 근처 초원 반그늘

❗ 톱잔대와 같은 용도로 식용, 약용한다.

여름

금강초롱꽃
Hanabusaya asiatica

▲ 설악산 8월 ⓒ 남인석

과명 도라지과

개화 8~9월　　**높이** 30~90cm

특징 여러해살이풀 | 뿌리는 굵으며 갈라지고 뿌리잎은 어긋나게 붙지만 윗부분의 것은 마디 사이가 짧기 때문에 모여 난 것 같다. 잎은 달걀꼴의 긴 타원모양으로 털이 없으나 윗부분에는 털이 약간 있고 끝이 뾰족하며 밑은 약간 심장모양으로 가장자리에 안으로 굽은 불규칙한 톱니가 있다. 연한 자주색, 하늘색, 짙은 자주색 종모양 꽃이 밑을 향해 달리고 꽃받침은 5개로 갈라지며 털이 없다. | 관상용, 식용, 약용

결실 9~10월 | 튀는열매(삭과)

자생 중부 이북지방, 경기도 명지산 이북과 강원도 오대산 이북의 깊은 산 숲속 그늘

❗ 톱잔대와 같은 용도로 식용, 약용한다.

흰금강초롱
Hanabusaya asiatica for. *alba*

과명 도라지과

개화 8~9월　　**높이** 30~90cm

특징 여러해살이풀 | 원변형에 비하여 흰 꽃이 피는 것이 특징이다. 금강초롱꽃과 함께 자란다. | 관상용, 식용, 약용

결실 9~10월 | 튀는열매(삭과)

자생 오대산, 설악산 등의 산지

❗ 톱잔대와 같은 용도로 식용, 약용한다.

숫잔대
Lobelia sessilifolia

과명 숫잔대과

개화 7~8월　　**높이** 50~100cm

특징 여러해살이풀 | 뿌리줄기는 짧고 굵으며 잎은 어긋나게 붙고 약간 빽빽하게 달린다. 중앙부의 잎은 피침모양으로 잎자루가 없고 끝이 길게 좁아지다가 둔해지며 가장자리에 낮은 톱니가 있다. 꽃은 벽자색, 흰색이고 원줄기 끝에 1개의 송이모양꽃차례를 이루고 꽃이 핀다. | 관상용, 약용

결실 9~10월 | 튀는열매(삭과)

자생 전국 각지, 산기슭 습지의 양지

❗ 한방과 민간에서 식물체를 진경, 진정, 기관지 천식 등에 약재로 사용한다. 잎과 줄기에는 알칼로이드(로벨린성분), 사포닌, 플라보노이드, 우르솔산, 아스코르빈산 등이 함유되어 있다.

여름

우엉
Arctium lappa

▲ 남양주 8월

과명 국화과

개화 7~8월　　**높이** 60~150cm

특징 여러해살이풀 | 귀화식물(유럽 원산). 뿌리는 길이 30~60cm이고 곧게 깊이 들어간다. 잎은 심장모양으로 뒷면은 흰털이 빽빽하게 있어 흰빛이 돌며 가장자리에 이빨모양의 톱니가 있다. 자주색의 머리모양꽃은 원줄기와 가지 끝에 달리고 모인꽃싸개잎은 둥근모양이며 꽃싸개잎은 침모양으로 끝이 갈고리모양이다. | 관상용, 식용, 약용

결실 8~9월 | 여윈열매(수과)

자생 전국 각지 농가에서 재배한다.

❗ 어린 잎과 뿌리를 식용한다. | 한방과 민간에서 뿌리를 [우방근(牛蒡根)], 씨를 [악실(惡實)]이라 하고 뿌리는 이뇨, 강심, 소화, 구충, 위염, 당뇨병, 기침 등에 약재로 사용하고, 씨는 염증, 해독, 해열, 피부병, 인후종통 등에 약재로 사용한다.

도깨비엉겅퀴
Cirsium schantarense

▲ 대암산 8월

과명 국화과

개화 7~9월　　**높이** 50~150cm

특징 여러해살이풀 | 원줄기에 홈이 파진 모서리줄이 있고 윗부분에 거미줄 같은 털이 있다. 밑의 잎은 타원모양이며 밑으로 흘러 잎자루의 날개로 되거나 원줄기를 약간 감싸고 깃모양으로 깊게 갈라지며 가시가 있다. 중앙부의 잎은 긴 타원모양이고 밑부분이 귀모양으로 되어 원줄기를 둘러싸고 가장자리가 깊게 갈라지며 윗부분 잎은 점차 작아진다. 원줄기와 가지 끝에서 자주색 꽃이 밑으로 처져서 핀다. | 관상용, 식용, 약용

결실 9~10월 | 여윈열매(수과)

자생 중부 이북지방, 깊은 산골짜기 양지 초원이나 고원지 초원

! 어린 잎은 나물로 먹는다. | 한방과 민간에서 꽃이 피기 전 잎이 달린 줄기를 해열, 지혈, 염증 등에 약재로 사용한다.

바늘엉겅퀴
Cirsium rhinoceros

과명 국화과

개화 7~8월   **높이** 50cm 안팎

특징 여러해살이풀 | 줄기 윗부분이 2~3개로 갈라지며 모서리줄과 털이 있다. 뿌리잎은 꽃이 필 때까지 남아 있거나 없어지며 밑부분 잎은 거꿀피침모양으로 끝이 꼬리처럼 길어지며 밑부분이 좁고 규칙적인 깃모양으로 갈라진다. 갈래조각은 옆으로 또는 뒤로 젖혀지며 3개로 갈라지고 가장자리에 딱딱하고 날카로운 가시가 있다. 머리모양꽃차례는 가지 끝과 원줄기 끝에 1개씩 달리고 자주색이다. | 식용, 약용

결실 8~9월 | 여윈열매(수과)

자생 제주도 한라산 고원지 초원 양지

! 도깨비엉겅퀴와 같은 용도로 식용, 약용한다.

흰바늘엉겅퀴
Cirsium rhinoceros for. *albiflorum*

과명 국화과

개화 7~8월   **높이** 50cm 안팎

특징 여러해살이풀 | 원변형에 비하여 꽃이 흰색으로 피는 것이 특징이다. | 식용, 약용

결실 8~9월 | 여윈열매(수과)

자생 제주도 한라산

! 도깨비엉겅퀴와 같은 용도로 식용, 약용한다.

엉겅퀴
Cirsium japonicum var. *ussuriense*

▲ 금산 7월

과명 국화과

개화 6~8월　　**높이** 50~100cm

특징 여러해살이풀 | 식물체에 흰 털과 더불어 거미줄 같은 털이 있고 가지가 갈라지며 뿌리잎은 꽃이 필 때까지 남아 있다. 뿌리잎은 줄기잎보다 크며 좁은 타원모양으로 밑부분이 좁고 6~7쌍의 깃모양으로 갈라지며 양면에 털이 있고 가장자리에 결각모양의 톱니와 더불어 가시가 있다. 줄기잎은 원줄기를 감싸며 깃모양으로 갈라진 가장자리가 다시 갈라진다. 가지 끝과 원줄기 끝에 자주색 또는 적색 꽃이 위를 향해 머리모양꽃차례로 핀다. | 관상용, 식용, 약용

결실 7~9월 | 여윈열매(수과)

자생 전국 각지, 산과 들, 산기슭 초원이나 길가 언덕 양지

❗ 도깨비엉겅퀴와 같은 용도로 식용, 약용한다.

여름

좁은잎엉겅퀴
Cirsium japonicum var. *nakaianum*

과명 국화과

개화 6~8월   **높이** 50~100cm

특징 여러해살이풀 | 원변종에 비하여 잎이 좁고 키가 작으며 잎몸 가장자리의 가시는 약간 길고 딱딱한 것이 특징이다. | 관상용, 식용, 약용

결실 7~9월 | 여원열매(수과)

자생 제주도의 들녘 초원

❗ 도깨비엉겅퀴와 같은 용도로 식용, 약용한다.

가시엉겅퀴
Cirsium japonicum var. *spinosissimum*

과명 국화과

개화 6~8월   **높이** 20~25cm

특징 여러해살이풀 | 원변종에 비하여 식물체가 작으며 잎은 버들잎모양이고 잎 가장자리에 긴 가시가 있다. 머리모양 꽃차례는 줄기 끝에 1개 또는 2개가 달린다. | 관상용, 식용, 약용

결실 7~9월 | 여원열매(수과)

자생 제주도의 한라산 높은 곳

❗ 도깨비엉겅퀴와 같은 용도로 식용, 약용한다.

흰가시엉겅퀴
Cirsium japonicum for. *alba*

과명 국화과

개화 6~8월   **높이** 50~100cm

특징 여러해살이풀 | 원변종에 비하여 흰 꽃이 피는 것이 특징이다. | 관상용, 식용, 약용

결실 7~9월 | 여원열매(수과)

자생 제주도, 남부 섬지방의 바닷가

❗ 도깨비엉겅퀴와 같은 용도로 식용, 약용한다.

각시취
Saussurea pulchella

과명 국화과

개화 8~10월　　**높이** 30~150cm

특징 두해살이풀 | 줄기는 곧게 서고 세로로 모서리줄이 있거나 없고 잔털이 있다. 줄기잎은 긴 타원모양이고 깃모양으로 갈라지며 갈래조각은 6~10쌍으로 피침모양이며 양면에 털이 있고 뒷면에 선점이 있다. 원줄기 끝과 가지 끝에 자주색 꽃이 고른꽃차례로 달리며 모인꽃싸개잎은 종모양이다. | 관상용, 식용, 약용

결실 9~11월 | 여윈열매(수과)

자생 남·중·북부지방, 산지 초원 양지

❗ 어린 잎은 나물로 먹는다. | 한방에서 식물체를 거담제, 해열제를 만들기 위한 약재로 쓰고 지혈, 간염, 황달, 고혈압 등에 약재로 사용한다.

큰각시취
Saussurea japonica

과명 국화과

개화 8~10월　　**높이** 50~150cm

특징 두해살이풀 | 줄기에 세로로 모서리줄이 있고 털이 있다. 뿌리잎은 대개 꽃이 필 때까지 남아 있고 긴 잎자루가 있으며 잎몸은 긴 타원모양으로 양끝이 좁고 대개 깃모양으로 갈라진다. 옆갈래조각은 7~8쌍이고 다시 깃모양으로 얕게 갈라지며 줄과 잔털이 있고 줄기잎은 잎이 작아진다. 자주색 머리모양꽃은 많이 피고 모인꽃싸개잎 겉에 거미줄 같은 털이 있다. | 관상용, 식용, 약용

결실 9~10월 | 여윈열매(수과)

자생 남·중·북부지방, 높은 산기슭 초원 양지

❗ 각시취와 같은 용도로 식용, 약용한다.

북분취
Saussurea mongolica

과명 국화과

개화 7~8월　　**높이** 1m 안팎

특징 여러해살이풀 | 줄기는 털이 없고 가지가 갈라지며 뿌리잎은 꽃이 필 때쯤 말라 쓰러지고 밑부분의 잎과 더불어 긴 잎자루가 있다. 잎몸은 달걀모양으로 끝이 뾰족하며 밑은 심장모양이고 가장자리에 톱니가 있거나 중앙 이하가 결각모양으로 갈라진다. 갈래조각은 긴 타원모양으로 불규칙한 이빨모양의 톱니가 있고 위로 올라가면서 점점 작아진다. 머리모양꽃은 고른모양으로 달리고 연한 자주색 꽃이 달린다. | 식용, 약용

결실 8~9월 | 여윈열매(수과)

자생 북부지방 고산지대 초원

❗ 각시취와 같은 용도로 식용, 약용한다.

서덜취
Saussurea grandifolia

과명 국화과

개화 7~9월　　**높이** 30~50cm

특징 여러해살이풀 | 뿌리잎은 꽃이 필 때 없어지며 줄기 밑부분 잎은 위로 올라가면서 점차 작아지며 잎자루가 있다. 줄기잎은 달걀꼴의 세모진모양으로 끝이 뾰족하고 밑부분이 잘린모양이며 양면에 털이 있다. 뒷면은 약간 흰빛이 돌며 가장자리에 날카로운 톱니가 있다. 원줄기 끝에 자주색 꽃이 달리고 모인꽃싸개잎은 종모양이다. | 식용, 약용

결실 9~10월 | 여윈열매(수과)

자생 북부지방 고산지대의 떨기나무 숲 근처 양지

❗ 각시취와 같은 용도로 식용, 약용한다.

담배취
Saussurea conandrifolia

과명 국화과
개화 7~8월   **높이** 35~50cm
특징 여러해살이풀 | 줄기는 꽃줄기모양이고 줄기와 잎에 갈색 털과 거미줄 같은 털이 있다. 뿌리잎과 밑부분 잎은 꽃이 필 때 없어지고 잎자루의 날개가 줄기로 흐르며 넓은 달걀모양이고 끝이 뾰족하며 밑부분이 잘린모양이다. 뒷면은 은백색이며 가장자리에 이빨모양의 톱니가 있다. 홍자색 꽃이 2~6개 엉성하게 고른모양으로 달린다. | 관상용, 식용, 약용
결실 9~10월 | 여원열매(수과)
자생 중부 이북지방, 고산지대 산기슭 떨기나무 숲 근처의 초원 양지

❗ 어린 잎은 나물로 먹는다. | 한방과 민간에서 식물체를 수렴, 지혈, 해열, 고혈압, 기관지염, 황달, 간염 등에 약재로 사용한다.

솜분취
Saussurea eriophylla

과명 국화과
개화 7~9월   **높이** 15~70cm
특징 여러해살이풀 | 식물체에 털이 있고 홈이 파진 모서리줄이 있다. 뿌리잎은 꽃이 필 때까지 남아 있고 로제트모양으로 퍼지며 긴 타원모양으로 끝이 뾰족하다. 표면에 거미줄 같은 털이 있으며 뒷면에 흰 털이 빽빽하고 가장자리는 이빨모양의 톱니가 있으며 긴 잎자루가 있다. 줄기잎은 드문드문 어긋나게 붙고 넓은 심장모양으로 끝이 뾰족하다. 줄기 끝에 자주색 꽃이 핀다. | 관상용, 식용, 약용
결실 9~10월 | 여원열매(수과)
자생 중부지방, 강원도 이북지방의 산기슭 메마른 초원 양지

❗ 담배취와 같은 용도로 식용, 약용한다.

여름

두메분취
Saussurea alpicola

▲ 백두산 8월

과명 국화과

개화 8~9월　　**높이** 10~20cm

특징 여러해살이풀 | 줄기는 곧게 서며 솜털로 덮여 있다. 뿌리잎과 밑부분 잎은 꽃이 필 때까지 남아 있고 긴 타원꼴의 피침모양으로 끝이 뾰족하고 밑은 날카롭거나 둥글며 표면에 거미줄 같은 털이 약간 있다. 뒷면에 흰 솜털이 빽빽하게 나고 때로는 붉은 빛이 돌며 가장자리에 이빨모양의 톱니가 있다. 잎자루에도 거미줄 같은 털이 있으며 줄기잎은 2~6개가 어긋나게 붙고 점차 작아져 직접 원줄기에 달린다. 머리모양꽃은 자주색이며 줄기 끝에 1개씩 핀다. | 식용, 약용

결실 9~10월 | 여윈열매(수과)

자생 북부지방, 낭림산 이북의 양강도 백두산, 관모봉 등의 고원지 초원 양지

❗ 담배취와 같은 용도로 식용, 약용한다.

산비장이
Serratula coronata var. *insularis*

과명 국화과

개화 7~10월　　**높이** 30~140cm

특징 여러해살이풀 | 줄기에 세로로 모서리줄이 있고 뿌리줄기는 나무질이 발달한다. 뿌리잎은 꽃이 필 때 없어지거나 남아 있고 달걀꼴의 타원모양이며 끝이 뾰족하고 가장자리가 깃모양으로 완전히 갈라진다. 갈래조각은 6~7쌍으로 긴 타원모양이며 끝이 뾰족하고 밑부분이 좁아져서 엄지잎줄의 날개로 되며 흰 털이 약간 있고 가장자리에 불규칙한 톱니가 있다. 잎자루는 길고 줄기잎은 점차 작아진다. 가지 끝과 원줄기 끝에 홍자색 꽃이 1개씩 핀다. | 관상용, 식용

결실 9~11월 | 여윈열매(수과)

자생 남·중·북부지방, 산지 떨기나무 숲 근처 초원 양지

❗ 어린 잎은 나물로 먹는다.

한라산비장이
Serratula coronata var. *koreana*

과명 국화과

개화 7~10월　　**높이** 10~25cm

특징 여러해살이풀 | 원변종에 비하여 식물체가 작고 머리모양꽃차례는 1~2개가 달리며 잎도 작다. 우리나라 특산종이다. | 관상용, 식용

결실 9~11월 | 여윈열매(수과)

자생 제주도 한라산 고원지 초원

❗ 어린 잎은 나물로 먹는다.

여름

수레국화
Centaurea cyanus

과명 국화과

개화 6~9월   **높이** 30~90cm

특징 한해 또는 두해살이풀 | 유럽 동남부 원산의 원예식물. 줄기는 가지가 약간 갈라지며 흰 솜털로 덮여 있다. 잎은 어긋나게 붙으며 밑부분의 것은 거꿀피침 모양이고 깃모양으로 길게 중간까지 갈라진다. 윗부분의 것은 줄모양으로 가장자리가 밋밋하다. 머리모양의 남청색, 청색, 연한 홍색 꽃이 가지와 원줄기 끝에 1개씩 핀다. | 관상용, 염료용

결실 8~10월 | 여윈열매(수과)

자생 전국 각지

❗ 독일의 국화이다. | 푸른 색소를 얻기 위해 재배하는 청색 염료식물이다.

큰절굿대
Echinops latifolius

과명 국화과

개화 7~8월   **높이** 60~80cm

특징 여러해살이풀 | 뿌리잎은 꽃이 필 때 거의 없어지며 타원꼴의 거꿀달걀모양으로 끝이 뾰족하고 밑부분이 좁다. 뒷면은 거미줄 같은 흰 털로 덮여 있어 흰빛이 돌지만 잎줄에는 털이 없고 깃모양으로 갈라지며 갈래조각 끝에 가시가 있다. 중앙부의 잎은 긴 타원모양이고 갈래조각이 깊게 갈라지며 이빨모양의 톱니가 있고 톱니 끝이 가시로 된다. 머리모양꽃은 남자색이고 가지 끝과 원줄기 끝에 1개씩 달린다. | 관상용, 식용, 약용

결실 9~10월 | 여윈열매(수과)

자생 중부 이북지방, 높은 산 양지 초원이나 산기슭 메마른 초원

❗ 절굿대와 같은 용도로 식용, 약용한다.

절굿대
Echinops setifer

▲ 북한산 8월

과명 국화과

개화 7~8월　　**높이** 40~100cm

특징 여러해살이풀 | 줄기는 흰 털로 덮여 있어 전체가 솜으로 덮여 있는 것 같다. 잎은 어긋나게 붙고 엉겅퀴 잎모양이다. 뿌리잎 뒷면은 솜털로 덮여 있으며 흰색이지만 마르면 흑색으로 변한다. 가시가 달린 뾰족한 톱니가 있다. 줄기잎은 잎자루가 없고 긴 타원모양이며 밑부분이 좁아져 잎자루처럼 되며 5~6쌍으로 갈라진다. 원줄기 끝과 가지 끝에 남자색 꽃이 달린다. | 관상용, 식용, 약용

결실 9~10월 | 여윈열매(수과)

자생 전국 각지, 산마루 근처의 양지바른 메마른 초원

❗ 어린 잎을 식용한다. | 한방과 민간에서 꽃, 씨, 뿌리를 통유, 보혈, 수렴, 진해, 조경, 지혈, 병후신경쇠약, 저혈압, 대장염, 인후염, 간염, 고혈압, 기관지염 등에 약재로 사용한다.

여름

벌개미취
Aster koreansis

▲ 대관령 8월

과명 국화과

개화 6~10월   **높이** 50~60cm

특징 여러해살이풀 | 줄기는 곧게 서며 줄기에 파진 홈줄과 모서리줄이 있다. 줄기잎은 어긋나게 붙고 피침모양으로 끝이 뾰족하고 밑부분이 점차 좁아져서 잎자루처럼 되며 질이 딱딱하다. 가장자리에 잔톱니가 있고 위로 갈수록 작아져서 줄모양으로 된다. 꽃은 연한 자주색이며 가지 끝과 원줄기 끝에 머리모양꽃차례로 달린다. | 관상용, 식용, 약용

결실 9~10월 | 여윈열매(수과)

자생 중부 이남지방, 산과 들, 약간 습기 있는 초원 양지

❗ 어린 잎은 나물로 먹는다. | 한방에서 식물체를 보익, 이뇨, 해수 등에 약재로 사용한다.

버드쟁이나물
Aster pinnatifidus

과명 국화과

개화 7~8월   **높이** 30~150cm

특징 여러해살이풀 | 줄기에는 굽은 털이 있으며 가지가 많이 갈라진다. 줄기잎은 어긋나게 붙고 중앙부의 잎은 길며 잎자루는 없고 깃모양으로 가운데까지 갈라지며 결각모양의 톱니가 있다. 갈래조각은 줄모양으로 3~4쌍이며 끝이 둔하다가 뾰족하고 양면 가장자리에 짧은 털이 있으며 위에서는 좁은 피침모양이다. 머리모양꽃은 하늘색이고 고른모양으로 달리며 꽃자루가 길다. | 식용, 약용

결실 9~10월 | 여윈열매(수과)

자생 남·중·북부지방, 산과 들, 냇가 주변의 초원 양지

❗ 벌개미취와 같은 용도로 식용, 약용한다.

가새쑥부쟁이
Aster incisus

과명 국화과

개화 7~10월   **높이** 1~1.5m

특징 여러해살이풀 | 줄기잎은 어긋나게 붙고 긴 타원꼴의 피침모양으로 끝이 뾰족하며 밑부분이 점차 좁아져서 잎자루처럼 되고 가장자리가 길게 깃모양으로 갈라진다. 갈래조각은 안쪽으로 굽고 표면이 윤채가 있으며 위로 올라가면서 잎은 작아져서 좁은 피침모양으로 되며 양끝이 좁고 가장자리가 밋밋하다. 가지 끝과 원줄기 끝에서 자주색 꽃이 달린다. | 식용, 약용

결실 8~11월 | 여윈열매(수과)

자생 전국 각지, 산과 들, 냇가 양지의 습기 있는 초원

❗ 벌개미취와 같은 용도로 식용, 약용한다.

여름

쑥부쟁이
Aster yomena

과명 국화과

개화 7~10월   **높이** 30~100cm

특징 여러해살이풀 | 뿌리줄기는 옆으로 길게 벋고 처음에 새싹이 나올 때는 붉은빛이 돌지만 자라면서 녹색 바탕에 자줏빛이 돈다. 잎은 어긋나게 붙고 피침모양으로 굵은 톱니가 있으며 편평하고 잎에 3개의 잎줄이 약간 나타나며 자주색 꽃이 원줄기 끝과 가지 끝에 1개씩 달린다. 혀모양 꽃잎은 자주색이지만 중앙부의 통모양 꽃들은 황색이며 머리모양꽃차례에 핀다. | 식용, 약용

결실 9~11월 | 여윈열매(수과)

자생 전국 각지, 산과 들, 약간 습기 있는 초원 양지

❗ 벌개미취와 같은 용도로 식용, 약용한다.

민쑥부쟁이
Aster associatus

과명 국화과

개화 9월   **높이** 70cm 안팎

특징 여러해살이풀 | 쑥부쟁이와 비슷하지만 잎이 밋밋하고 수평으로 퍼지며 모인꽃싸개잎 조각이 약간 크고 윗부분에 대개 자줏빛이 도는 것이 다르다. 줄기에 모서리줄이 있고 짧은 털이 퍼져 나지만 윗부분에 더욱 많다. 잎은 어긋나게 붙고 거꿀피침모양으로 끝이 둔하게 그치다가 갑자기 가시 같은 도드라기로 되며 밋밋하고 약간 뒤로 말린다. 모인꽃싸개잎은 반달모양이고 연한 자주색 꽃이 모여 핀다. | 식용, 약용

결실 10월 | 여윈열매(수과)

자생 북부지방의 산지나 들녘 초원

❗ 벌개미취와 같은 용도로 식용, 약용한다.

구름국화
Erigeron thunbergii var. *glabrata*

▲ 삼지연 8월

과명 국화과

개화 7~8월   **높이** 10~35cm

특징 여러해살이풀 | 뿌리줄기는 짧고 굵으며 뿌리목에 마른 잎의 밑부분이 비늘조각처럼 남아 있다. 뿌리잎과 꽃이 없는 꽃줄기의 잎은 주걱모양이며 끝이 둔하다. 가장자리가 밋밋하고 약간 톱니가 있으며 뿌리잎보다 작고 꽃이 필 때도 남아 있다. 꽃줄기의 잎은 위로 올라갈수록 작아지며 주걱모양, 줄모양, 긴 타원꼴의 피침모양이다. 꽃은 자주색이고 원줄기 끝에 1개씩 달리며 꽃줄기에 털이 있다. | 관상용

결실 9월 | 여윈열매(수과)

자생 북부지방, 양강도 백두산의 고원지 양지

❗ '구름'자가 붙은 것은 높은 산 높은 곳에 자란다는 뜻이다.

여름

흰구름국화
Erigeron glabratus var. *albus*

과명 국화과

개화 7~8월　　**높이** 10~35cm

특징 여러해살이풀 | 원변종에 비하여 잎에는 털이 적고 흰 꽃이 피는 것이 특징이다. | 관상용

결실 9월 | 여윈열매(수과)

자생 북부지방, 백두산, 소백산 등 고원 양지

뻐꾹나리
Tricyrtis dilatata

과명 백합과

개화 7월　　**높이** 50~100cm

특징 여러해살이풀 | 한 포기에서 여러 대가 나와 곧게 서며 잎은 어긋나게 붙고 넓은 타원모양, 거꿀달걀모양의 타원모양으로 끝이 뾰족하며 밑부분은 둥글다. 원줄기를 거의 둘러싸며 가장자리가 밋밋하지만 양면과 더불어 굵고 짧은 털이 있다. 원줄기 끝과 가지 끝의 고른꽃차례에 연한 자주색 꽃이 달리며 꽃줄기에 짧은 털이 많고 꽃껍질은 6개로 겉에 털이 있다. | 관상용

결실 8~9월 | 튀는열매(삭과)

자생 남부지방, 산기슭 숲 가장자리 근처의 반그늘

비비추
Hosta longipes

과명 백합과

개화 7~8월　　**높이** 30~40cm

특징 여러해살이풀 | 잎은 모두 뿌리목에서 돋아나고 옆으로 비스듬히 퍼진다. 잎은 달걀꼴의 심장모양, 타원꼴의 달걀모양으로 끝이 뾰족하고 밑은 잘린모양 또는 얕은 심장모양이다. 윤채는 없고 가장자리가 밋밋하지만 약간 우글쭈글해지며 7~9개의 잎줄이 나타난다. 긴 꽃줄기 끝에 연한 자주색 꽃이 한쪽으로 치우쳐서 송이모양으로 달린다. | 관상용, 식용

결실 9~10월 | 튀는열매(삭과)

자생 중부 이남지방, 산지, 냇가 등 약간 습기 있는 초원 양지

! 어린 잎은 나물로 먹는다.

흰비비추
Hosta longipes for. *alba*

과명 백합과

개화 7~8월　　**높이** 30~40cm

특징 여러해살이풀 | 원변형에 비하여 흰 꽃이 피는 것이 특징이다. | 관상용, 식용

결실 9~10월 | 튀는열매(삭과)

자생 중부지방 산지

! 어린 잎은 나물로 먹는다.

여름

참비비추
Hosta clausa

과명 백합과

개화 8~9월　　**높이** 40~75cm

특징 여러해살이풀 | 모든 잎은 뿌리에서 모여 나와 비스듬히 퍼지고 잎은 긴 타원모양, 달걀꼴의 긴 타원모양으로 양 끝이 좁고 긴 잎자루가 있으며 잎자루에 날개가 있다. 긴 꽃자루 끝에 연한 자주색 꽃이 한쪽으로 치우쳐서 송이모양으로 달리며 꽃은 꽃잎이 활짝 벌어지지 않는다. | 관상용, 식용

결실 9~10월 | 튀는열매(삭과)

자생 중부 이북지방, 산골짜기 냇가 근처의 언덕 바위틈 등 반그늘

❗ 어린 잎을 식용한다.

일월비비추
Hosta capitata

과명 백합과

개화 8~9월　　**높이** 50~60cm

특징 여러해살이풀 | 잎은 넓은 달걀모양이고 밑은 심장모양 또는 잘린모양이며 가장자리는 물결모양으로 긴 잎자루 밑부분에 자주색 얼룩점이 있다. 잎 중앙부분에서 긴 꽃줄기가 나와 그 끝에 자주색 꽃이 달린다. 꽃싸개잎은 타원모양이고 자줏빛이 돌며 끝이 날카롭고 작은 꽃자루가 있으며 짧은 꽃차례에 옆을 향해 달린다. | 관상용, 식용

결실 9~10월 | 튀는열매(삭과)

자생 중부 이남지방, 깊은 산기슭 초원 양지

❗ 어린 잎을 나물로 먹는다.

산옥잠화

Hosta longissima

▲ 양구 DMZ 8월

과명 백합과

개화 7~8월   **높이** 20~60cm

특징 여러해살이풀 | 뿌리는 사방으로 퍼지고 잎은 모두 뿌리목에서 나오며 잎은 긴 타원모양, 달걀꼴의 피침모양이고 양면이 짙은 녹색으로 윤채가 있다. 긴 잎자루가 있고 가장자리가 밋밋하지만 간혹 우글쭈글해지고 옆 잎줄은 4~5쌍으로 밑부분이 점차 밑으로 흐르거나 갑자기 좁아져서 흘러 잎자루의 좁은 날개로 된다. 긴 꽃줄기 끝에 연한 자주색 꽃이 한쪽으로 치우쳐서 송이모양으로 달린다. | 관상용, 식용

결실 8~9월 | 튀는열매(삭과)

자생 남·중·북부지방, 산골짜기 냇가 근처의 초원 양지

❗ 어린 잎을 나물로 먹는다.

여름
두메부추
Allium senescens

▲ 한계령 9월

과명 백합과

개화 8~9월   **높이** 20~35cm

특징 여러해살이풀 | 비늘줄기는 달걀꼴의 타원모양이고 겉껍질이 얇은 반투명질이며 섬유질은 없다. 잎은 뿌리에서 많이 나오고 두꺼운 부추잎모양으로 긴 꽃줄기가 나온다. 꽃줄기를 자른 단면은 렌즈모양에 가깝고 양끝에 날개가 있다. 연한 홍자색 꽃이 우산모양으로 많이 달리고 꽃차례는 회청색이며 세로로 날개가 있다. | 관상용, 식용, 약용

결실 9~10월 | 튀는열매(삭과)

자생 울릉도, 중부 이북지방, 강원도 이북지방의 산기슭 초원 양지

❗ 높은 산에 자라는 야생부추라는 뜻이다. | 어린 잎을 식용한다. | 한방과 민간에서 뿌리줄기를 진통, 강심, 진정, 구충, 이뇨, 강장, 해독, 소화, 건위, 풍습, 충독, 건뇌 등에 약재로 사용한다.

참산부추
Allium sacculiferum

과명 백합과

개화 7~8월 　　**높이** 60cm 안팎

특징 여러해살이풀 | 비늘줄기는 달걀꼴의 타원모양이고 겉껍질 겉에 섬유가 남지 않고 2~3개의 잎이 뿌리에서 나온다. 잎은 밑부분이 꽃줄기를 둘러싸고 평평하지만 하반부 뒷면에 엄지잎줄이 튀어나온다. 긴 꽃줄기 끝에 우산모양꽃차례가 달리고 홍자색 꽃이 우산모양으로 달리며 작은 꽃자루가 있다. | 관상용, 식용, 약용

결실 10월 | 튀는열매(삭과)

자생 전국 각지, 산마루 근처 메마른 초원 양지

❗ 어린 잎을 식용한다. | 한방과 민간에서 뿌리줄기를 두메부추와 같은 약재로 사용한다.

흰꽃참산부추
Allium sacculiferum for. *albiflorum*

과명 백합과

개화 7~8월 　　**높이** 60cm 안팎

특징 여러해살이풀 | 원변형에 비하여 흰 꽃이 피는 것이 특징이다. | 관상용, 식용, 약용

결실 10월 | 튀는열매(삭과)

자생 중부지방, 높은 산 초원

❗ 참산부추와 같은 용도로 식용, 약용한다.

여름

무릇
Scilla scilloides

과명 백합과

개화 7~9월   **높이** 20~50cm

특징 여러해살이풀 | 원줄기는 없으며 비늘줄기는 달걀꼴의 둥근모양이고 겉껍질은 흑갈색이다. 잎은 봄과 가을 두 차례에 걸쳐 2개씩 나오며 약간 두껍고 표면이 개울처럼 파지며 끝은 뾰족하고 털은 없다. 긴 꽃줄기 끝에 송이모양꽃차례를 이루고 연한 홍자색 꽃이 많이 모여 핀다. | 식용, 약용

결실 9~10월 | 튀는열매(삭과)

자생 전국 각지, 산과 들, 양지바른 산기슭 초원이나 길가 언덕

❗ 어린 잎과 비늘줄기를 식용한다. | 한방과 민간에서 비늘줄기를 [야자고(野慈姑)]라 하고 강장, 강근, 강심, 이뇨, 거담 등에 약재로 사용한다.

흰무릇
Scilla scilloides for. *alba*

과명 백합과

개화 7~9월   **높이** 20~50cm

특징 여러해살이풀 | 원변형에 비하여 꽃이 흰색으로 피는 것이 특징이다. | 식용, 약용

결실 9~10월 | 튀는열매(삭과)

자생 남부지방, 제주도의 산과 들

❗ 어린 잎과 비늘줄기를 식용한다. | 한방과 민간에서 비늘줄기를 무릇과 같은 약재로 쓴다.

부채붓꽃

Iris setosa

▲ 백두산 7월

과명 붓꽃과

개화 6~7월　　**높이** 50~70cm

특징 여러해살이풀 | 뿌리줄기는 비스듬히 서고 섬유질로 덮여 있다. 잎은 끝이 뾰족하고 엄지잎줄이 뚜렷하지 않다. 꽃줄기는 길며 가지가 갈라지고 여러 개의 꽃싸개잎이 있다. 꽃싸개잎은 녹색이며 창모양이고 작은 꽃싸개잎은 넓은 피침모양으로 끝이 둔하다. 꽃은 자주색이고 통부는 짧으며 겉꽃껍질은 넓은 거꿀달걀모양으로 밑부분이 뾰족하다. | 관상용, 약용

결실 8~9월 | 튀는열매(삭과)

자생 북부지방, 고산지대, 백두산 등의 약간 습기 있는 초원 양지

❗ 잎이 처음 나올 때 부챗살 같은 모양으로 배열되어 이름 지어졌다. | 한방과 민간에서 뿌리줄기를 편도선염, 안태, 주독, 위중열 등에 약재로 사용한다.

여름

꽃창포
Iris ensata var. *spontanea*

▲ 대관령 7월

과명 붓꽃과

개화 6~7월　　**높이** 60~120cm

특징 여러해살이풀 | 식물체에는 털이 없고 때로는 가지가 갈라지며 뿌리줄기는 갈색의 섬유로 덮여 있고 갈라진다. 잎은 엄지잎줄이 뚜렷하다. 원줄기 또는 가지 끝에 적자색 꽃이 달리고 밑부분은 녹색의 잎집 같은 데서 꽃싸개잎 2개가 씨방을 둘러싼다. | 관상용, 약용

결실 8~9월 | 튀는열매(삭과)

자생 전국 각지, 산기슭 약간 습기 있는 초원 양지

❗ 부채붓꽃과 같은 용도로 약용한다.

대청부채
Iris dichotoma

▲ 대청도 8월

과명 붓꽃과

개화 8월　　　**높이** 50~90cm

특징 여러해살이풀 | 뿌리줄기는 굵고 짧으며 잎은 서로 얼싸안고 2줄로 배열되며 칼모양이고 서로 겹쳐져서 부채살처럼 배열된다. 엄지잎줄은 뚜렷하지 않고 푸른 흰빛이 돈다. 꽃은 분홍빛이 도는 보라색이고 저녁 때 피었다가 이튿날 아침에 시들며 윤채가 있고 자갈색의 얼룩점이 있다. 꽃줄기는 2개씩 2~3회 갈라져서 끝에 1개씩 꽃이 달린다. | 관상용, 약용

결실 9~10월 | 튀는열매(삭과)

자생 북부지방, 산지 초원 양지, 백두산 고원지, 서해 대청도의 바닷가

❗ 대청도 바닷가에 자라고 잎모양이 부챗살처럼 배열되어 이름 지어졌다. | 부채붓꽃과 같은 용도로 약용한다.

닭의장풀
Commelina communis

▲ 청양 9월

과명 닭의장풀과

개화 7~9월 **높이** 20~25cm

특징 한해살이풀 | 비스듬히 서고 잎은 어긋나게 붙으며 마디가 굵고 밑부분의 마디에서 뿌리가 내리며 달걀꼴의 피침 모양으로 밑부분이 얇은 잎집으로 된다. 잎집 입구에 긴 털이 있고 약간 두꺼우며 질은 연하다. 꽃줄기 끝은 꽃싸개잎으로 싸이고 하늘색 꽃이 피며 꽃싸개잎은 넓은 심장모양이고 안쪽으로 접히며 끝이 갑자기 뾰족해지고 길이 2cm로 겉에 털이 없거나 있다. | 식용, 약용

결실 8~10월 | 튀는열매(삭과)

자생 전국 각지, 산과 들, 낮은 지대 집 주변 텃밭이나 길가 도랑가 등 초원 양지

❗ 이 풀이 집에서 기르는 닭의 집(닭장) 밑에 잘 자란다 하여 이름 지어졌다. | 어린 잎을 나물로 먹는다. | 민간에서 식물체를 종기 등에 약으로 사용한다.

애기닭의장풀
Commelina mina

과명 닭의장풀과
개화 7~9월 **높이** 20~25cm
특징 한해살이풀 | 닭의장풀과 비슷하지만 꽃이 훨씬 작으며 색깔이 연한 하늘색, 또는 붉은빛을 띤 하늘색이며 풀잎도 작은 것이 특징이다. | 식용, 약용
결실 8~10월 | 튀는열매(삭과)
자생 중부지방 마을 근처

! 닭의장풀과 같은 용도로 식용, 약용한다.

흰꽃좀닭의장풀
Commelina communis for. *leucantha*

과명 닭의장풀과
개화 7~9월 **높이** 20~25cm
특징 한해살이풀 | 원변종에 비하여 꽃이 흰색으로 피는 것이 특징이다. | 식용, 약용
결실 8~10월 | 튀는열매(삭과)
자생 남·중부지방, 깊은 산지 길가

! 닭의장풀과 같은 용도로 식용, 약용한다.

여름

너도제비난
Orchis joojokiana

과명 난초과

개화 7~8월　　**높이** 10~30cm

특징 여러해살이풀 | 땅속의 둥근 뿌리는 거꿀달걀모양이고 밑부분에 3개의 칼집모양 잎이 있고 그 위에 1~3개의 잎이 달린다. 잎은 좁은 타원모양, 피침모양이다. 꽃은 홍자색이고 3~8개가 한쪽으로 향해 피며 꽃싸개잎은 피침모양이다.

결실 8~9월 | 튀는열매(삭과)

자생 북부지방, 양강도 백두산 고원지 초원 양지

❗ 꽃은 제비난과 비슷하지만 같은 무리의 식물이 아닌 데서 온 이름이다.

나도제비난
Orchis cyclochila

과명 난초과

개화 6~8월　　**높이** 7~15cm

특징 여러해살이풀 | 뿌리가 약간 굵으며 밑부분에 1개의 잎이 달린다. 잎은 넓은 타원모양이며 꽃은 꽃줄기 끝에 대개 2개씩 달리며 연한 홍색이고 꽃싸개잎은 긴 달걀모양이다.

결실 7~9월 | 튀는열매(삭과)

자생 제주도, 남·북부지방, 깊은 산골짜기 숲속 그늘이나 고원지 숲속

❗ 제비난과 꽃은 닮았으나 같은 무리의 식물이 아닌 데서 온 이름이다.

병아리난초
Amitostigma gracilis

과명 난초과

개화 6~7월　　**높이** 8~20cm

특징 여러해살이풀 | 1~2개의 뿌리가 실타래모양으로 굵어지며 잎은 밑부분보다 약간 위에 1개 달리고 긴 타원모양이며 털은 없고 밑부분이 약간 원줄기를 감싼다. 꽃은 홍자색이고 꽃차례에 꽃이 한쪽으로 치우쳐서 달리며 꽃싸개잎은 달걀모양으로 끝이 뾰족하고 1개의 잎줄이 있다. | 관상용

결실 7~8월 | 튀는열매(삭과)

자생 전국 각지, 산골짜기 숲속 그늘의 바위 표면 또는 이끼 있는 곳

❗ 식물체가 작고 꽃이 귀엽게 옹기종기 병아리떼처럼 모여 피는 데서 온 이름이다.

큰방울새난
Pogonia japonica

과명 난초과

개화 6~7월　　**높이** 15~30cm

특징 여러해살이풀 | 뿌리는 옆으로 벋고 잎이 원줄기 중앙에 1개 달리며 잎은 좁은 긴 타원모양으로 끝이 둔하고 밑부분이 좁아져서 원줄기에 붙으며 날개처럼 흐른다. 원줄기 끝에 홍자색 꽃이 1개가 달리고 꽃싸개잎은 잎 같고 대개 씨방보다 길다. | 관상용

결실 7~8월 | 튀는열매(삭과)

자생 전국 각지, 산기슭의 습지 초원 양지

여름

손바닥난초
Gymnadenia conopsea

▲ 백두산 7월

과명 난초과

개화 6~8월   **높이** 30~70cm

특징 여러해살이풀 | 뿌리의 일부분이 손바닥모양처럼 되고 굵어지며 4~6개의 잎이 어긋나게 붙는다. 잎은 넓은 줄모양으로 끝이 뾰족하지만 밑부분의 것은 끝이 둔하다. 꽃은 연한 홍자색이고 꽃차례에는 꽃이 빽빽하게 달리며 꽃싸개잎은 넓은 피침모양이고 길게 뾰족해진다. | 약용

결실 7~8월 | 튀는열매(삭과)

자생 제주도, 중·북부지방, 고원지, 약간 습기 있는 초원 양지

❗ 땅속에 손바닥모양의 거짓뿌리가 있어 이름 지어졌다. | 한방과 민간에서 덩이뿌리를 [불수삼(佛手蔘)]이라 하고 강장, 전신쇠약, 폐결핵, 기침, 대장염 등에 약재로 쓰며 민간에서는 식물체와 덩이뿌리를 치통, 성기능 장애 등에 약으로 사용하기도 한다.

여름새우난
Calanthe reflexa

과명 난초과

개화 8월　　　**높이** 40cm 안팎

특징 여러해살이풀 | 뿌리줄기는 짧고 거짓비늘줄기는 달걀꼴의 둥근모양이며 2~3개가 연결된다. 잎은 3~5개가 묶음으로 나와 서고 다음 해 봄에 쓰러진다. 잎은 긴 타원모양이고 털은 없거나 뒷면에 짧은 털이 약간 있다. 꽃은 연한 홍자색이고 1~2개의 꽃싸개잎이 달리며 윗부분에 10~20개의 꽃이 송이모양으로 달린다. | 관상용

결실 9월 | 튀는열매(삭과)

자생 제주도 한라산 숲속 그늘

자주강아지풀
● 440p

자주초롱꽃
● 685p

삼백초
Saururus chinensis

▲ 남양주 7월

과명 삼백초과

개화 6~8월 **높이** 50~100cm

특징 여러해살이풀 | 뿌리줄기는 흰색이고 옆으로 벋는다. 잎은 어긋나게 붙고 긴 달걀꼴의 타원모양이며 5~7개의 잎줄이 있다. 끝이 뾰족하고 가장자리가 밋밋하며 밑부분은 심장모양의 귀모양이다. 윗부분의 2~3개 잎은 표면이 흰색이다. 잎자루 밑부분이 약간 넓어져서 원줄기를 안는다. 꽃은 흰색이고 이삭모양꽃차례는 잎과 마주 붙으며 꼬불꼬불한 털이 있고 밑으로 숙이다가 곧게 선다. | 관상용, 약용

결실 9월 | 쪽꼬투리열매(골돌)

자생 제주도 남쪽 습지 초원 양지

❗ 꽃, 잎, 뿌리 세 가지가 흰색이기 때문에 '삼백초'라 부른다. | 한방과 민간에서 식물체를 이뇨, 중풍, 개선, 수종, 간염, 폐렴, 변독, 고혈압 등에 약재로 사용한다.

섬모시풀
Boehmeria nipononivea

과명 쐐기풀과

개화 8~9월   **높이** 2m 안팎

특징 여러해살이풀 | 여러 개의 원줄기가 나오며 잎자루와 더불어 누운 털이 빽빽하게 있다. 잎은 어긋나게 붙고 넓은 달걀모양이며 끝이 꼬리모양으로 길다. 잎줄 위에 잔털이 있고 가장자리에 둔한 톱니가 있으며 잎자루 밑부분에 좁은 받침잎이 붙는다. 꽃은 황백색이며 잎겨드랑이 고깔꽃차례에 밑부분은 수꽃차례 윗부분에는 암꽃차례가 달린다. | 식용, 약용

결실 9~10월 | 여윈열매(수과)

자생 남부 섬지방 바닷가 초원 양지

❗ 어린 잎을 식용한다. | 한방과 민간에서 뿌리를 이뇨, 통경, 단독, 하혈, 광견병, 충독, 당뇨병 등에 약재로 사용한다.

제비꿀
Thesium chinense

과명 단향과

개화 7~8월   **높이** 10~25cm

특징 여러해살이풀 | 줄기는 여러 대가 나오지만 간혹 1개인 것도 있고 전체에 털이 없으며 흰빛이 돈다. 잎은 어긋나게 붙고 줄모양이며 가장자리는 밋밋하고 간혹 3개로 갈라지며 흰빛이 도는 녹색이다. 꽃은 짧은 대가 있거나 없고 꽃싸개잎은 1개이며 잎과 비슷하지만 약간 작다. 작은 꽃싸개잎은 2개이고 줄모양이며 흰 꽃이 1개씩 달리고 꽃잎은 없으며 밑부분이 통 같은 꽃받침만 있고 윗부분은 4~5갈래로 갈라진다. | 약용

결실 9~10월 | 굳은씨열매(핵과)

자생 전국 각지의 산지 초원 양지

❗ 한방과 민간에서 풀 전체를 이뇨, 연주창, 한열, 두창, 각기 등에 약재로 사용한다.

여름

싱아
Aconogonum polymorphum

▲ 소백산 8월

과명   여뀌과

개화   6~8월   **높이**   80~100cm

특징   여러해살이풀 | 줄기는 곧게 서고 가지가 많다. 잎은 잎자루가 짧으며 달걀꼴의 타원모양, 긴 타원모양, 피침모양이고 양끝이 좁다. 중앙부의 잎은 양면에 털이 없고 잎집모양의 받침잎은 반투명질로 털과 잎줄이 있고 갈라진다. 꽃은 흰색이고 고깔꽃차례는 윗부분의 잎겨드랑이와 가지 끝에 달리며 작은 꽃이 많이 달린다. | 식용

결실   7~9월 | 여윈열매(수과)

자생   남부지방, 대개는 중부 이북지방 산기슭, 개울가 빈터나 밭둑 등 양지 초원

❗ 어린 잎과 연한 줄기를 봄나물로 먹으며 줄기를 생으로 먹기도 한다.

긴개싱아
Aconogonum ajanense

과명 여뀌과

개화 7~8월　　**높이** 10~40cm

특징 여러해살이풀 | 줄기는 곧게 서지만 약간 굽으며 가지가 갈라지고 잎은 피침모양, 넓은 피침모양, 달걀꼴의 피침모양이고 양끝이 좁다. 양면에 누운 털이 약간 있고 잎자루는 없으며 마디 사이가 짧고 잎집모양의 받침잎은 마른 반투명질로 갈색이다. 꽃은 연한 녹색이고 고깔꽃차례는 끝이 처진다.

결실 8~9월 | 여윈열매(수과)

자생 북부지방, 양강도, 함경북도 등의 고원지 돌밭 근처 초원 양지

왜개싱아
Aconogonum divaricatum

과명 여뀌과

개화 6~7월　　**높이** 1~1.2cm

특징 여러해살이풀 | 가지는 사방으로 퍼지고 전체에 털이 없으며 잎은 어긋나게 붙고 밑부분에 긴 잎자루가 있으나 위로 올라갈수록 점차 짧아져서 없어진다. 잎은 달걀꼴의 긴 타원모양, 피침모양이며 양끝이 좁고 가장자리에 털이 있다. 흰 꽃이 가지 끝과 원줄기 끝에 송이모양으로 달리지만 전체가 큰 고깔모양으로 된다.

결실 8~9월 | 여윈열매(수과)

자생 중부 이북지방, 산마루 근처 또는 산기슭의 초원 양지

여름

대황
Rheum undulatum

▲ 정선 8월

과명 여뀌과

개화 6~8월　　**높이** 60~150cm

특징 여러해살이풀 | 굵은 황색 뿌리가 있고 원줄기는 속이 비어 있으며 뿌리잎에는 자줏빛이 도는 긴 잎자루가 있다. 잎은 달걀모양이고 끝이 뾰족하며 양쪽 가장자리가 안으로 말린다. 위로 올라가면서 작아지고 밑부분이 원줄기를 반 정도 감싸며 깊은 심장모양으로 5~7개의 잎줄이 있다. 줄기 끝에서 고깔꽃차례를 형성하고 꽃자루가 있는 황백색 꽃이 꽃차례에 돌려 붙는다. | 관상용, 약용, 염료용

결실 7~8월 | 여윈열매(수과)

자생 전국 각지, 냇가 등의 초원 양지

❗ 땅속에 황색의 굵은 뿌리가 있어 이름 지어졌다. | 뿌리를 황색 염료재로 사용한다. | 한방과 민간에서 뿌리를 [대황(大黃)]이라 하고 건위, 통경, 어혈, 황달 등에 약재로 사용한다.

호장근
Reynoutria japonica

▲ 파주 8월   ▼ 새순

과명 여뀌과

개화 6~8월   **높이** 50~150cm

특징 여러해살이풀 | 원줄기는 곧게 서고 비스듬히 자라기도 하며 속이 비어 있고 어릴 때는 적자색의 얼룩점이 퍼져 있다. 마디에 원줄기를 둘러싼 받침잎이 있다. 잎은 어긋나게 붙고 잎자루가 있으며 달걀꼴의 타원모양으로 짧게 뾰족하며 밑은 잘린모양이다. 송이모양꽃차례는 잎겨드랑이와 가지 끝에 달리며 흰색의 꽃이 달린다. | 관상용, 식용, 약용

결실 9~10월 | 여윈열매(수과)

자생 남·중·북부지방, 낮은 지대 산지 떨기나무 숲 근처의 반그늘

❗ 어린 줄기를 식용한다. | 한방과 민간에서 뿌리를 [호장근(虎杖根)]이라 하며 이뇨, 완하, 보익, 진정 등에 약재로 사용한다. 뿌리줄기는 배당체인 폴리고닌과 에모딘, 모노메틸에테르, 크리소파놀 등을 함유하고 있다.

왕호장
Reynoutria sachalinensis

과명 여뀌과

개화 8~9월　　**높이** 2~3m

특징 여러해살이풀 | 뿌리줄기는 굵고 겉은 갈색이지만 안쪽은 황색이며 원줄기는 속이 비어 있고 녹색이지만 햇볕이 닿으면 붉어진다. 잎은 어긋나게 붙고 달걀모양, 긴 달걀모양으로 끝이 뾰족하며 밑은 심장모양이고 뒷면은 흰빛이 돌며 받침잎은 반투명질이다. 꽃은 흰색이고 송이모양꽃차례는 잎겨드랑이와 가지 끝에 달리고 털이 빽빽하게 있다. | 관상용, 식용, 약용

결실 9~10월 | 여윈열매(수과)

자생 북부지방, 울릉도, 독도의 바닷가 산기슭 초원 양지

❗ 호장근과 같은 용도로 식용, 약용한다.

나도하수오
Pleuropterus ciliinervis

과명 여뀌과

개화 7~9월　　**길이** 1~2m

특징 여러해살이 덩굴풀 | 덩굴은 겨울에 말라 죽고 윗부분에서 가지가 갈라져 뒤엉킨다. 잎은 어긋나게 붙고 긴 타원모양이며 뒷면 잎줄 위에 잔털이 있다. 잎자루는 관절이 있고 표면에 홈이 있으며 잎이 없는 마디에 달린 잎집 같은 받침잎은 반투명질이고 흑갈색이며 잎이 달린 부분의 것은 약간 투명하다. 줄기 끝이나 밑부분에서 고깔꽃차례가 자라고 흰 꽃이 빽빽하게 달린다. | 약용

결실 9~10월 | 여윈열매(수과)

자생 남·중·북부지방, 산마루 근처의 초원이나 개울가 초원 양지

❗ 한방과 민간에서 거담, 보익, 감기, 관절염, 통풍, 신경쇠약 등에 약재로 사용한다.

하수오
Pleuropterus multiflorus

▲ 울산 9월

▲ 열매

과명 여뀌과

개화 8~9월　　**길이** 3~4m

특징 여러해살이 덩굴풀 | 귀화식물(중국 원산). 땅속줄기가 벋으면서 둥근 덩이뿌리를 형성한다. 잎은 어긋나게 붙고 달걀꼴의 심장모양이다. 끝이 뾰족하며 밑부분이 심장모양이고 가장자리는 밋밋하다. 꽃은 흰색이고 가지 끝의 고깔꽃차례에 달리며 꽃잎은 없고 꽃받침이 흰 꽃잎처럼 보인다. | 약용

결실 10월 | 여윈열매(수과)

자생 황해도 이남지방, 마을 근처 숲 가장자리 양지

! 한방과 민간에서 덩이뿌리를 [하수오(何首烏)]라 하고 활혈, 양혈, 보익, 거담, 통경, 감기, 기관지염, 사지동통, 신경쇠약, 두통 등에 약재로 사용한다. 덩이뿌리에는 옥시메틸안트라키논 유도체와 약 45%의 녹말, 3%의 기름, 레시틴 등이 함유되어 있다.

세뿔여뀌
Persicaria debilis

과명 여뀌과

개화 8~9월 　　**높이** 10~40cm

특징 한해살이풀 | 줄기 밑부분이 옆으로 벋고 마디에서 뿌리가 내리며 가지가 갈라져서 위로 서고 마디에 간혹 갈고리 같은 도드라기가 있으며 털은 없다. 잎은 어긋나게 붙고 세모진모양이며 끝이 뾰족하고 양쪽 귀도 약간 뾰족하며 밑부분이 거의 수평이고 표면과 가장자리 및 뒷면 잎줄 위에 잔털이 있다. 잎자루는 밑의 것은 길지만 위로 가면서 없어지고 잎집 같은 받침잎은 작으며 꽃은 흰색이고 꽃차례는 잎겨드랑이에서 나와 긴 대가 있다. | 가축 사료용

결실 9~10월 | 여윈열매(수과)

자생 중부 이남지방, 산기슭 숲속 그늘

흰여뀌
Persicaria lapathifolia

과명 여뀌과

개화 6~9월 　　**높이** 30~80cm

특징 한해살이풀 | 식물체는 털이 없고 곧게 서며 가지가 갈라진다. 잎은 피침모양, 달걀꼴의 피침모양으로 양끝이 좁고 가장자리와 양면 엄지잎줄 위에 잔털이 있다. 잎자루는 받침잎보다 짧고 잎집 같은 받침잎은 연한 털이 있으며 마디가 굵다. 꽃은 흰색 또는 연한 홍색이고 이삭꽃차례는 곧게 서지만 약간 굽는 것도 있다. | 식용, 약용

결실 8~10월 | 여윈열매(수과)

자생 전국 각지, 들녘 길가 빈터, 초원이나 밭둑 양지

❗ 어린 잎을 식용한다. | 민간에서 풀 전체를 이뇨, 창종, 부종, 각기, 위장염, 요충통 등에 약재로 사용한다.

흰꽃여뀌
Persicaria japonica

과명 여뀌과

개화 8~9월　　**높이** 50~100cm

특징 여러해살이풀 | 뿌리줄기는 땅속으로 길게 벋고 퍼져 나가며 원줄기는 약간 딱딱하며 마디가 두드러진다. 잎은 어긋나게 붙고 피침모양으로 양끝이 좁으며 가장자리와 뒷면 잎줄 위에 굳센 털이 있다. 잎자루는 짧고 받침잎은 둥근 통모양이며 끝이 잘린 것 같고 가장자리에 수염 같은 털과 발달한 잎줄이 있다. 꽃은 연한 홍색이고 꽃차례는 이삭꽃차례와 비슷하며 갈라지지 않고 많은 꽃이 달린다. | 가축 사료용

결실 9~10월 | 여윈열매(수과)

자생 전국 각지, 들녘 연못가 등 습기 있는 도랑 주변 초원 양지

바보여뀌
Persicaria pubescens

과명 여뀌과

개화 8~9월　　**높이** 40~80cm

특징 한해살이풀 | 여뀌와 비슷하지만 원줄기에 털이 있고 잎에 검은 점이 있으며 매운 맛이 없고 열매가 세모진 것이 다르다. 잎은 긴 타원모양의 피침모양이고 양끝이 좁으며 양면에 짧은 털이 있다. 뒷면에 샘점이 있으며 마르면 원줄기와 더불어 적갈색이 돈다. 잎집 같은 받침잎은 반투명질이고 누운 털이 있으며 연한 털이 있다. 흰 바탕에 연한 붉은 빛이 도는 꽃이 피고 꽃차례는 가늘며 밑으로 처져서 꽃이 드문드문 달린다. | 가축 사료용

결실 9~10월 | 여윈열매(수과)

자생 전국 각지, 들녘 늪지, 연못가나 도랑가 등 초원 양지

여름

마디풀
Polygonum aviculare

과명 여뀌과

개화 6~9월 **높이** 10~50cm

특징 한해살이풀 | 줄기는 털이 없고 약간 딱딱하다. 잎은 어긋나게 붙고 긴 타원모양으로 양끝이 둔하며 잎집 같은 받침잎은 얇고 2개로 크게 갈라진 다음 다시 잘게 갈라진다. 가장자리에 굵은 털이 있다. 잎겨드랑이에 녹색 바탕에 흰빛 또는 붉은빛이 도는 꽃이 핀다. | 식용, 약용

결실 7~10월 | 여원열매(수과)

자생 전국 각지, 산과 들, 길가 초원 양지

❗ 어린 잎을 나물로 먹는다. | 한방과 민간에서 풀 전체를 [편축(萹蓄)]이라 하고 살충, 구충, 이뇨, 치질, 곽란, 황달, 창종, 외치 등에 약재로 사용한다.

미국자리공
Phytolacca americana

과명 자리공과

개화 6~9월 **높이** 1~2m

특징 한해살이풀 | 귀화식물(북아메리카 원산). 줄기는 대개 적자색이 돌며 털은 없다. 잎은 어긋나게 붙고 달걀꼴의 타원모양, 긴 타원모양으로 양끝이 좁으며 가장자리는 밋밋하고 잎자루가 있다. 꽃은 붉은빛이 도는 흰 꽃이고 송이모양꽃차례는 열매가 익을 때는 밑으로 처지고 꽃받침잎은 5개이다. | 유독성식물 | 관상용, 약용, 염료용

결실 7~10월 | 물열매(장과)

자생 전국 각지, 들녘 길가 초원 양지

❗ 열매를 붉은색 염료재로 사용한다. | 한방에서 뿌리를 이뇨, 수종, 하리, 신장염 등에 약재로 사용한다.

자리공
Phytolacca esculenta

▲ 대관령 6월　　　　　　　▼ 열매

과명　자리공과

개화　5~7월　　**높이**　80~150cm

특징　여러해살이풀 | 식물체에 털이 없고 뿌리는 크게 굵어지며 잎은 어긋나게 붙고 피침모양, 넓은 피침모양이며 양끝이 좁고 가장자리가 밋밋하며 잎자루가 있다. 꽃은 흰 꽃이며 송이모양꽃차례는 잎과 마주 붙고 곧게 서거나 비스듬히 위를 향한다. | 유독성식물 | 관상용, 약용

결실　7~9월 | 물열매(장과)

자생　남부지방과 각 섬지방에서는 야생상으로 자라고, 중부 이북지방에서는 재배하던 것이 퍼져 나와 양지 초원에 자란다.

❗ 한방에서 뿌리를 미국자리공과 같은 약재로 사용한다.

여름

섬자리공
Phytolacca insularis

▲ 울릉도 7월

과명 자리공과

개화 7~8월　　**높이** 20~25cm

특징 여러해살이풀 | 자리공과 비슷하지만 꽃차례에 젖꼭지 같은 도드라기가 있고 꽃밥이 흰 것이 다르다. 뿌리는 굵게 자라며 잎은 어긋나게 붙고 달걀모양, 긴 타원모양이며 전체에 털이 없고 가장자리가 밋밋하며 잎자루가 있다. 꽃은 윗부분에서 잎과 마주 붙는 송이모양꽃차례에 젖꼭지 같은 도드라기가 있고 작은 꽃자루가 있으며 꽃받침은 흰색으로 4개이며 8개의 수술에는 흰 꽃밥이 달린다. | 유독성식물 | 관상용, 약용

결실 7~8월 | 물열매(장과)

자생 울릉도 바닷가 산기슭 초원 양지

❗ 한방에서 뿌리를 미국자리공과 같은 약재로 사용한다.

들개미자리
Spergula arvensis

과명 석죽과

개화 6~8월   **높이** 20~50cm

특징 한해살이풀 | 귀화식물(유럽 원산). 줄기는 약간 모여 나며 털이 약간 있고 윗부분에 샘털이 있으며 받침잎은 작다. 잎은 줄모양이고 끝이 둔하며 12~20개가 돌려 붙는다. 꽃은 엉성한 고른살꽃차례에 달리고 꽃싸개잎은 작고 반투명질이며 작은 꽃자루에 흰 꽃이 핀 다음 밑으로 처진다.

결실 7~9월 | 튀는열매(삭과)

자생 전국 각지, 경작지나 길가 초원 양지

갯개미자리
Spergularia marina

과명 석죽과

개화 5~8월   **높이** 10~20cm

특징 한해 또는 두해살이풀 | 줄기는 밑에서 여러 개로 갈라지고 윗부분과 꽃받침에 샘털이 있다. 잎은 마주 붙고 줄모양이며 털은 없다. 받침잎은 흰 반투명질이고 밑부분에서 합쳐지며 가장자리에 대개 2~3개의 톱니가 있다. 윗부분의 잎 겨드랑이에서 흰 꽃이 피며 작은 꽃자루에 샘털이 있고 꽃받침잎은 5개이다.

결실 6~9월 | 튀는열매(삭과)

자생 전국 각지, 바닷가 주변의 갯벌 등 소금기가 있는 양지

여름

나도개미자리
Minuartia arctica

▲ 백두산 7월

과명 석죽과

개화 7~8월   **높이** 3~9cm

특징 여러해살이풀 | 줄기에는 2개의 털줄이 있고 밑에서는 약간 누우며 가지가 많이 갈라져서 무더기로 난 것처럼 보인다. 잎은 마주 붙고 침모양이며 밑부분이 서로 합쳐지며 1개의 잎줄이 있고 털은 거의 없다. 꽃은 흰 꽃이며 대개 가지 끝에 1개씩 달리지만 잎겨드랑이에 달리는 것도 있고 꽃받침잎은 긴 타원모양으로 끝이 둥글다. | 관상용, 식용, 약용

결실 8~9월 | 튀는열매(삭과)

자생 북부지방, 낭림산 이북지방의 양강도, 함경북도의 고원지 돌밭 양지

❗ 개미자리와는 같은 무리가 아니지만 식물체나 꽃의 모양이 닮아 이름 지어졌다. | 어린 잎은 나물로 먹는다. | 민간에서 풀 전체를 정혈, 최유 등에 약재로 사용한다.

너도개미자리
Minuartia laricina

▲ 백두산 7월

과명 석죽과

개화 6~8월 **높이** 10~30cm

특징 여러해살이풀 | 줄기는 가지가 밑에서 갈라져서 위로 서고 원줄기에 털이 줄로 나 있으며 무더기로 난 것처럼 보인다. 잎은 마주 붙고 침모양이며 밑부분이 합쳐져서 원줄기를 감싸며 잎의 밑부분과 더불어 바늘모양의 긴 털이 있다. 꽃은 흰 꽃이며 가지 끝에 1~2개씩 달리고 작은 꽃자루에 짧은 털과 중앙부에 작은 꽃싸개잎이 있다. | 식용, 약용

결실 7~9월 | 튀는열매(삭과)

자생 북부지방, 양강도, 함경북도의 고원지 돌밭 양지

❗ 나도개미자리와 같은 용도로 식용, 약용한다.

벼룩이울타리
Arenaria juncea

과명 석죽과

개화 6~8월　　**높이** 20~60cm

특징 여러해살이풀 | 줄기는 굵은 뿌리에서 무더기로 나고 뿌리잎은 긴 줄모양이며 원줄기 높이의 1/2 정도이다. 줄기잎은 마주 붙고 뿌리잎과 같으며 원줄기를 감싼다. 꽃은 흰 꽃이며 고른살꽃차례는 원줄기 끝과 윗부분의 잎겨드랑이에 달리고 짧은 꽃자루가 있는 꽃이 달린다. | 관상용, 약용

결실 7~8월 | 튀는열매(삭과)

자생 북부지방, 양강도, 함경북도 등의 고원지 양지

❗ 민간에서 뿌리를 약재로 사용한다.

유럽점나도나물
Cerastium glomeratum

과명 석죽과

개화 5~7월　　**높이** 10~30cm

특징 두해살이풀 | 작은 꽃꼭지가 꽃받침보다 짧거나 같고 식물체에 털이 많은 것이 점나도나물과 다르다. | 식용, 가축사료용

결실 6~8월 | 튀는열매(삭과)

자생 전국 각지, 들녘 길가 언덕이나 경작지 근처 초원 양지

❗ 어린 줄기와 잎을 나물로 먹는다.

점나도나물
Cerastium holosteoides var. *hallaisanense*

▲ 서울 근교 5월

과명 석죽과

개화 5~7월　　**높이** 10~30cm

특징 두해살이풀 | 줄기는 가지가 많이 갈라져서 비스듬히 서고 흑자색이 돌며 털이 있고 윗부분에 샘털이 있다. 잎은 마주 붙고 잎자루는 거의 없으며 달걀모양, 달걀꼴의 피침모양이고 가장자리는 밋밋하며 양끝이 좁고 잔털이 있다. 흰꽃이 원줄기 끝의 고른꽃차례에 달리고 작은 꽃자루는 꽃이 핀 다음 끝부분이 밑으로 굽는다. | 식용

결실 6~8월 | 튀는열매(삭과)

자생 전국 각지, 들녘 길가 언덕이나 경작지 근처 초원 양지

! 어린 줄기와 잎을 나물로 먹는다.

여름

큰점나도나물
Cerastium fischerianum

과명 석죽과

개화 5~7월　　**높이** 20~60cm

특징 여러해살이풀 | 원줄기는 무더기로 나며 퍼진 털과 샘털이 있고 잎은 마주 붙으며 잎자루는 없다. 잎몸은 달걀모양, 긴 타원모양으로 끝이 둔하며 양면에 털이 있다. 꽃은 흰 꽃이고 고른살꽃차례는 원줄기 끝에 달리며 작은 꽃자루는 꽃받침과 더불어 샘털이 빽빽하게 있다. | 식용

결실 6~8월 | 튀는열매(삭과)

자생 전국 각지, 바닷가 바위 표면이나 모래땅 초원 양지

❗ 어린 줄기와 잎을 나물로 먹는다.

북선점나도나물
Cerastium rubescens var. *ovatum*

과명 석죽과

개화 7~8월　　**높이** 30~50cm

특징 두해살이풀 | 원줄기에 밑을 향한 2줄의 털이 있다. 줄기는 무더기로 나며 잎은 마주 붙고 거꿀피침모양, 긴 거꿀달걀모양으로 끝이 뾰족하다. 양면에 털이 없고 밑으로 갈수록 좁아져서 잎자루처럼 된다. 꽃은 흰 꽃이고 고른살꽃차례는 원줄기 끝에 달리며 작은 꽃자루에 퍼진 털과 더불어 샘털이 있다. | 식용

결실 8~9월 | 튀는열매(삭과)

자생 북부지방, 함경남도, 부전고원의 양지

❗ 어린 줄기와 잎을 나물로 먹는다.

왕별꽃
Stellaria radicans

▲ 만포진 7월

과명 석죽과

개화 6~7월 **높이** 40~60cm

특징 여러해살이풀 | 식물체에 명주실 같은 털이 약간 있고 가지가 많으며 밑에서 비스듬히 자라다가 곧게 선다. 잎은 마주 붙고 피침모양, 거꿀피침모양으로 양끝이 좁으며 옆잎줄이 약간 뚜렷하고 잎자루는 없다. 꽃은 흰 꽃이고 고른살꽃차례에 달리며 작은 꽃자루는 꽃이 핀 다음 밑을 향하고 꽃싸개잎은 잎모양이다. | 식용, 약용

결실 7~8월 | 튀는열매(삭과)

자생 북부지방, 산과 들, 양강도의 압록강변 초원 양지

❗ 어린 잎과 줄기를 나물로 먹는다. | 민간에서 풀 전체를 말려서 피임약으로 사용한다.

여름

대나물
Gypsophila oldhamiana

과명 석죽과

개화 6~8월   **높이** 40~100cm

특징 여러해살이풀 | 잎은 마주 붙고 피침모양이며 3개의 옆잎줄이 뚜렷하고 끝이 뾰족하다. 밑부분이 좁아져서 잎자루처럼 되고 가장자리가 밋밋하다. 가지 끝과 원줄기 끝에서 자라는 고른모양의 고른살꽃차례에 흰 꽃이 많이 달리고 꽃받침이 짧은 종모양이며 5개로 갈라진다. | 관상용, 약용

결실 7~9월 | 튀는열매(삭과)

자생 전국 각지, 낮은 지대 산과 들, 메마른 초원 양지

❗ 한방에서 뿌리를 [은시호(銀柴胡)]라 하여 가래삭임 등에 약재로 사용하며, 뿌리는 용혈작용을 하고 피 속의 콜레스테롤 함량을 줄이며 거담작용을 한다.

덩굴별꽃
Cucubalus baccifer var. *japonicus*

과명 석죽과

개화 7~8월   **길이** 50~150cm

특징 여러해살이 덩굴풀 | 원줄기는 가지가 많고 꼬불꼬불한 털이 있으며 마디에서 뿌리가 내리고 길게 벋는다. 잎은 마주 붙고 달걀꼴의 피침모양이며 표면은 털이 없고 뒷면 잎줄 위와 가장자리에 털이 있으며 끝이 뾰족하고 밑부분이 갑자기 좁아져서 잎자루로 된다. 가지 끝에 흰 꽃이 1개씩 옆을 향해 달리고 꽃받침은 처음에는 통모양이지만 꽃이 피는 중앙부까지 갈라지며 나중에 벌어져서 붙어 있다. | 관상용

결실 6~9월 | 튀는열매(삭과)

자생 전국 각지, 떨기나무 숲이나 개울가 등지의 초원 양지

◀ 열매

가는장구채
Melandryum seoulense

과명 석죽과

개화 7~8월   **높이** 30~60cm

특징 한해살이풀 | 밑부분이 옆으로 기면서 마디에서 뿌리가 내리며 윗부분은 곧게 서고 전체에 굽은 털이 있다. 잎은 마주 붙고 잎자루가 있으며 양끝이 좁고 윗부분이 뾰족하다. 꽃은 흰 꽃이며 가지 끝의 고른살꽃차례에 달리고 꽃받침은 녹색이며 종모양이고 끝이 5개로 갈라지며 꽃잎도 5개이다. | 식용, 약용

결실 8~9월 | 튀는열매(삭과)

자생 중부 이남지방, 산기슭 숲속 그늘

❗ 어린 잎을 식용한다. | 한방과 민간에서 풀 전체를 해열, 통경, 정혈, 지혈, 이질, 난산, 최유 등에 약재로 사용한다.

가는다리장구채
Silene jenisseensis

과명 석죽과

개화 7~8월   **높이** 15~25cm

특징 여러해살이풀 | 줄기는 연약하며 뿌리잎은 무더기로 나고 원줄기에서는 마주 붙으며 줄모양이고 양끝이 좁으며 밑부분이 좁아져서 잎자루처럼 된다. 잎은 위로 올라갈수록 점차 작아져서 꽃싸개잎과 연결된다. 꽃은 흰 꽃이고 윗부분의 잎겨드랑이와 줄기 끝에 달리며 작은 꽃자루와 꽃싸개잎은 밑부분이 넓어져서 반투명질로 되고 가장자리에 잔털이 있다. | 관상용, 약용

결실 8~9월 | 튀는열매(삭과)

자생 중부 이북지방, 대개는 높은 산 산기슭 메마른 양지

❗ 민간에서 풀 전체를 정혈, 최유 등에 약재로 사용한다.

여름

흰장구채
Silene oliganthella

과명 석죽과

개화 7~8월　　**높이** 10~30cm

특징 여러해살이풀 | 뿌리목에서 1~5개의 원줄기가 나온다. 뿌리잎은 줄모양이고 털은 없으며 무더기로 난다. 원줄기는 녹색이며 털이 없고 부분적으로 자줏빛이 돌며 줄기잎의 1~3쌍은 밑부분이 약간 합쳐지고 줄모양이다. 꽃은 흰 꽃이고 윗부분의 잎겨드랑이에서 1~2개씩 나와 전체가 송이모양 비슷하게 된다. 작은 꽃자루는 녹색, 자주색이며 작은 꽃싸개잎은 줄모양으로 젖혀진다. | 관상용, 약용

결실 8~9월 | 튀는열매(삭과)

자생 중부 이북지방, 백두산 고원지 돌밭 양지

❗ 가는다리장구채와 같은 용도로 약용한다.

오랑캐장구채
Silene repens

과명 석죽과

개화 7~8월　　**높이** 10~30cm

특징 여러해살이풀 | 줄기는 밑에서 가지가 많이 갈라지며 밑을 향한 털이 빽빽하다. 잎은 마주 붙고 잎자루가 없으며 피침모양, 긴 타원꼴의 피침모양이고 양 끝이 좁으며 털이 없거나 가장자리에 털이 있다. 꽃은 흰 꽃이며 고른살꽃차례는 원줄기 끝에 달리고 작은 꽃자루는 지극히 짧고 털이 있다. | 관상용, 약용

결실 8~9월 | 튀는열매(삭과)

자생 중부 이북지방, 고원지 산기슭 돌밭 양지

❗ 가는다리장구채와 같은 용도로 약용한다.

울릉장구채
Silene takesimensis

과명 석죽과

개화 6~8월 **높이** 20~50cm

특징 여러해살이풀 | 굵은 뿌리가 옆으로 비스듬히 서며 그 끝에서 많은 원줄기가 무더기로 난다. 잎은 마주 붙고 좁은 피침모양이며 양면에 털이 없으나 가장자리에 도드라기 같은 털이 있고 양끝이 좁으며 밑부분이 잎자루처럼 된다. 꽃은 흰 꽃이고 윗부분의 잎겨드랑이와 가지 끝에 달려서 고깔꽃차례를 이루고 작은 꽃자루에 털이 있다. | 관상용, 약용

결실 7~9월 | 튀는열매(삭과)

자생 울릉도 산기슭 바위 표면이나 반그늘

❗ 울릉도에만 자라기 때문에 이름 지어졌다. | 가는다리장구채와 같은 용도로 약용한다.

흰꽃장구채
Silene alba

과명 석죽과

개화 6~9월 **높이** 70~150cm

특징 두해 또는 여러해살이풀 | 귀화식물(지중해 연안 원산). 줄기는 곧게 서고 회백색의 부드러운 잔털이 빽빽하게 나며 윗부분에서 가지를 벋고 갈색의 샘털이 섞여 있다. 잎은 마주 붙고 긴 타원모양으로 가장자리는 밋밋하며 잎 양면에도 부드러운 털이 빽빽하게 난다. 꽃은 흰 꽃이며 꽃잎은 5개이고 중간 정도까지 갈라지며 꽃목에서 수평으로 퍼지고 동자꽃과 비슷한 모양이다. | 관상용

결실 7~10월 | 튀는열매(삭과)

자생 중부 이남지방, 산과 들 양지

여름

애기수련(각시수련)
Nymphaea minima

▲ 서울 근교 6월

과명 수련과

개화 6~10월　　**높이** 30~50cm

특징 여러해살이 수생식물 | 잎은 뿌리목에서 무더기로 나며 잎몸은 말발굽모양이고 밑은 깊은 심장모양으로 가죽질이며 물 위에 뜬다. 잎자루는 가늘고 길며 뿌리목에서 나온 긴 꽃자루 끝에서 1개의 흰 꽃이 핀다. 꽃받침잎은 4개로 긴 타원모양이며 녹색으로 끝이 뾰족하다. 꽃잎은 여러 개이며 버들잎모양으로 여러 겹으로 붙는다. 높이는 물 깊이에 따라 조절된다. | 관상용

결실 7~10월 | 튀는열매(삭과)

자생 중부지방, 황해도의 장산곶, 몽금포 근처의 바닷가 주변 늪지 등의 양지

바람꽃
Anemone narcissiflora

▲ 설악산 대청봉 6월

과명 미나리아재비과

개화 6~7월　　**높이** 25~30cm

특징 여러해살이풀 | 뿌리잎과 꽃줄기가 무더기로 나며 전체에 긴 털이 있고 뿌리줄기는 굵고 마른 잎자루의 섬유로 덮여 있다. 뿌리잎은 잎자루가 길고 둥근 심장모양이며 3개로 완전히 갈라지고 옆 갈래조각은 다시 2개로 갈라진다. 갈래조각은 다시 2~3개로 갈라진 다음 줄모양으로 된다. 모인꽃싸개잎은 줄모양으로 갈라지며 꽃자루는 1~4개이고 작은 꽃자루는 5~6개가 우산모양으로 나와 끝에 흰 꽃이 1개씩 달린다. | 유독성식물 | 관상용, 약용

결실 7~8월 | 여윈열매(수과)

자생 중부 이북지방, 비교적 높은 산 산마루 근처나 산기슭 등의 양지

❗ 민간에서 풀 전체를 류머티즘, 설사 등에 약재로 사용한다.

여름

큰바람꽃
Anemone narcissiflora var. *crinifta*

▲ 삼지연 6월

과명 미나리아재비과

개화 6~7월 **높이** 40~70cm

특징 여러해살이풀 | 원변종에 비하여 크며 잎도 크다. 한 번 갈라진 갈래조각에는 꼭지가 없고 마지막 갈래조각은 버들잎모양이거나 줄꼴의 버들잎모양이다. 꽃꼭지와 잎꼭지에는 부드러운 긴 털이 성글게 있는 것이 특징이다. | 관상용, 약용

결실 7~8월 | 여윈열매(수과)

자생 북부지방, 양강도의 백두산, 간백령 등 고원지 초원 양지

❗ 민간에서 풀 전체를 바람꽃과 같은 약으로 사용한다.

조선바람꽃
Anemone chosenicola

▲ 압록강 상류 6월

과명 미나리아재비과

개화 6~7월　　**높이** 10~55cm

특징 여러해살이풀 | 줄기는 곧게 서고 처음에는 털이 있으나 차차 없어지고 뿌리줄기는 짧으며 곧게 들어가고 뿌리잎은 3~8개이다. 긴 잎자루에 부드러운 긴 털이 있으며 잎몸은 둥근 콩팥모양이고 3갈래로 밑부분까지 갈라졌으며 갈라진 조각은 다시 3갈래로 거의 가운데까지 갈라진다. 한 번 갈라진 옆갈래조각은 일그러진 넓은 거꿀달걀모양이며 마지막 갈래조각은 버들잎모양이다. 줄기와 가지 끝에 겹우산꽃차례를 이루고 흰색의 꽃이 모여 핀다. | 유독성식물 | 관상용

결실 7~8월 | 여윈열매(수과)

자생 북부지방, 양강도의 백두산 고원지 초원 양지

꿩의다리
Thalictrum aquilegifolium

▲ 태백산 7월

과명 미나리아재비과

개화 7~8월   **높이** 50~100cm

특징 여러해살이풀 | 원줄기에 모서리가 있고 속은 비어 있으며 녹색 또는 자주색 바탕에 분백색이 돈다. 잎은 어긋나게 붙고 잎자루가 길지만 위로 올라갈수록 짧아져서 없어지고 전체가 세모지며 2~3회 깃모양으로 갈라진다. 받침잎은 가장자리가 거의 반투명질이며 뒤로 젖혀지고 작은 받침잎이 있다. 흰 꽃이 원줄기 끝에서 고른모양의 큰 꽃차례로 된다. | 식용, 약용

결실 8~9월 | 여윈열매(수과)

자생 제주도, 남·중·북부지방, 산기슭이나 골짜기의 초원 양지

❗ 어린 순은 나물로 먹는다. | 민간에서 뿌리를 지혈, 위염, 설사, 시력장애, 신경장애, 염증 등에 약으로 사용한다. 식물체에는 알칼로이드, 플라보노이드, 사포닌이 함유되어 있다.

산꿩의다리
Thalictrum filamentosum

과명 미나리아재비과

개화 6~8월　　　**높이** 50~70cm

특징 여러해살이풀 | 잎은 잎자루가 길고 흔히 3개씩 2~3회 갈라진다. 줄기잎은 3개씩 1~2회 갈라지며 잎자루가 짧거나 없다. 갈래쪽잎은 뒷면이 분백색이고 네모난 달걀모양으로 끝이 둔하며 밑은 넓거나 심장모양이고 가장자리에 둔한 톱니가 있으며 대개 2~3개로 갈라진다. 흰 꽃이 원줄기 윗부분에 고깔모양꽃차례를 이루고 꽃받침잎은 4~5개로 일찍 떨어지며 꽃잎은 없다. | 식용

결실 8~9월 | 여윈열매(수과)

자생 남·중·북부지방, 산지 떨기나무 숲속 반그늘

❗ 어린 잎과 줄기는 나물로 먹는다.

은꿩의다리
Thalictrum actaefolium

과명 미나리아재비과

개화 7~8월　　　**높이** 60cm 안팎

특징 여러해살이풀 | 식물체에 털이 없고 잎은 어긋나게 붙으며 세모지고 밑부분의 것은 잎자루가 길지만 위로 올라갈수록 점차 짧아지며 2~3회 3출엽이다. 갈래쪽잎은 얇은질이고 넓은 달걀모양으로 뒷면이 분백색이다. 끝이 뾰족하며 밑은 넓거나 심장모양이고 가장자리에 몇 개의 큰 톱니가 있다. 고깔꽃차례는 줄기 끝에 달리며 꽃받침잎이 4개로 흰색이지만 홍자색이 돌기도 하며 꽃잎은 없다. | 식용, 약용

결실 9~10월 | 여윈열매(수과)

자생 중부 이남지방, 산기슭 반그늘

❗ 꿩의다리와 같은 용도로 식용, 약용한다.

여름

바이칼꿩의다리
Thalictrum baicalense

▲ 백두산 7월

과명 미나리아재비과

개화 6~7월 **높이** 20~25cm

특징 여러해살이풀 | 식물체에 털이 없고 둔한 모서리줄이 있으며 잎은 윗부분의 것은 잎자루가 없으나 밑부분의 것은 잎자루가 길며 2~3회 3출엽이고 뒷면이 분백색이다. 받침잎은 반투명질이고 잘게 갈라지며 작은 받침잎은 없고 갈래쪽 잎은 넓은 거꿀달걀모양, 일그러진 모양으로 끝이 둥글거나 둔하고 흔히 3개로 얕게 갈라지며 둔한 톱니가 있다. 밑은 잘린모양으로 뾰족하며 꽃은 흰 꽃이고 꽃받침잎에 3~5개의 잎줄이 있다. | 식용

결실 8~9월 | 여윈열매(수과)

자생 북부지방, 양강도, 함경북도의 백두산 고원지 초원 양지

❗ 바이칼호수 근처에서 처음 발견되었다 하여 이름 지어졌다. | 어린 순을 나물로 먹는다.

꽃꿩의다리
Thalictrum petaloideum

과명 미나리아재비과

개화 5~7월   **높이** 50cm 안팎

특징 여러해살이풀 | 식물체에 털이 없고 잎은 2~3회 깃모양겹잎 또는 3출엽이며 맨 끝의 갈래쪽잎은 타원모양이다. 가장자리가 밋밋하거나 달걀모양, 거꿀달걀모양이고 2~3개로 갈라지며 갈래쪽에 톱니가 있다. 꽃은 흰 꽃이며 고른모양의 고깔꽃차례에 달리고 꽃받침잎은 4~5개이다. | 식용

결실 7~9월 | 여윈열매(수과)

자생 남부지방, 부산 근처와 광양지역 산기슭 초원 양지

❗ 어린 순은 나물로 먹는다.

흰진범
Aconitum longecassidatum

과명 미나리아재비과

개화 8월   **높이** 50~120cm

특징 여러해살이풀 | 줄기는 덩굴로 서고 윗부분에 꼬부라진 털이 있으며 잎자루가 길지만 위로 올라갈수록 짧아진다. 밑부분 잎은 3~7개, 윗부분 잎은 3~5개로 갈라지며 갈래조각 끝에 뾰족한 톱니가 있고 뒷면 잎줄 위에 털이 있다. 꽃은 연한 황백색이고 원줄기 끝과 윗부분의 잎겨드랑이에서 송이모양꽃차례에 달리며 꽃싸개잎은 피침모양이다. | 유독성식물 | 약용

결실 10월 | 쪽꼬투리열매(골돌)

자생 남·중·북부지방, 산기슭 반그늘

❗ 뿌리에 알칼로이드가 함유되어 있어 한방에서 뿌리를 관절염, 황달 등에 약재로 사용한다.

여름

촛대승마
Cimicifuga simplex

▲ 향로봉 8월

과명 미나리아재비과

개화 6~8월   **높이** 1~1.5m

특징 여러해살이풀 | 꽃차례와 더불어 흰 털이 있고 잎은 어긋나게 붙으며 2~3회 3개씩 갈라지고 달걀모양이며 3개로 갈라지기도 한다. 가장자리에 불규칙한 톱니가 있다. 원줄기 끝에 긴 송이모양꽃차례가 달리고 꽃차례는 간혹 가지가 갈라지기도 하며 많은 흰 꽃이 달리고 작은 꽃자루가 있다. | 유독성식물 | 약용

결실 10월 | 쪽꼬투리열매(골돌)

자생 중부 이북지방, 깊은 산골짜기 산마루 근처나 산기슭 초원 양지

❗ 꽃차례가 양초모양 같아 이름 지어졌다. | 뿌리줄기에는 여러 가지 배당체와 알칼로이드, 사포닌, 정유 등이 함유되어 있다. 한방과 민간에서 풀 전체를 해열, 해독, 종독, 창저, 소아혈뇨, 감기 등에 약재로 사용한다.

눈빛승마
Cimicifuga davurica

과명 미나리아재비과

개화 8월 　　　**높이** 1~2m

특징 여러해살이풀 | 줄기잎은 어긋나게 붙으며 긴 잎자루 끝에서 3회 깃모양으로 갈라진다. 갈래조각은 달걀모양으로 끝이 뾰족하며 가장자리에 결각모양 톱니가 있다. 원줄기 윗부분의 큰 고깔꽃차례에 흰 꽃이 송이모양으로 달린다. 꽃받침잎은 4~5개이고 꽃잎은 3~4개이며 깊게 2개로 갈라진다. | 유독성식물 | 약용

결실 10월 | 쪽꼬투리열매(골돌)

자생 중부 이북지방, 산기슭 초원 양지

❗ 꽃이 눈송이처럼 흰빛이 나는 데서 이름 지어졌다. | 촛대승마와 같은 용도로 약용한다.

승마
Cimicifuga heracleifolia

과명 미나리아재비과

개화 8~9월 　　　**높이** 1~1.2m

특징 여러해살이풀 | 뿌리는 자흑색이며 굵고 잎은 잎자루가 길며 3개씩 1~2회 갈라진다. 갈래조각은 달걀모양이고 끝이 뾰족하며 작은 잎자루가 있다. 밑부분은 얕은 심장모양으로 가장자리가 대개 2~3개로 갈라져서 불규칙한 톱니가 있으며 털은 없다. 원줄기 윗부분에서 큰 겹송이모양꽃차례가 발달하며 많은 흰 꽃이 달린다. | 유독성식물 | 약용

결실 10월 | 쪽꼬투리열매(골돌)

자생 중부 이북지방, 깊은 산기슭 숲 근처 양지 초원이나 냇가 초원

❗ 촛대승마와 같은 용도로 약용한다.

여름

흰양귀비
Papaver anomalum

▲ 두만강변 7월

과명 양귀비과

개화 6~7월　　**높이** 20~60cm

특징 두해살이풀 | 식물체에 굵은 털이 빽빽하고 잎은 밑부분에서 무더기로 나며 잎자루가 길고 긴 타원모양이며 깃모양으로 깊게 갈라진다. 밑부분에 지난해의 마른 잎자루가 그대로 달려 있고 갈래조각은 피침모양으로 끝이 뾰족하고 가장자리에 결각모양의 톱니가 있다. 꽃은 흰 꽃이며 잎이 없는 긴 꽃자루 끝에 1개씩 달리고 꽃받침잎은 2개이며 타원모양의 조각배모양으로 겉에 털이 있고 일찍 떨어진다. | 유독성식물 | 관상용, 약용

결실 7~8월 | 튀는열매(삭과)

자생 북부지방, 함경북도, 회령, 선봉 근처 두만강 연안의 메마른 초원 양지

❗ 한방과 민간에서 열매를 진해, 호흡 진정, 진통, 최면, 위장병, 하리, 다발성 경화증 등에 약재로 사용한다.

덩굴며느리주머니
Adlumia asiatica

▲ 백두산 8월

과명 양귀비과

개화 7~8월　　**높이** 120cm 안팎

특징 여러해살이 덩굴풀 | 잎은 1~3회 깃모양겹잎이고 끝이 덩굴손으로 되며 마지막 갈래쪽잎은 거꿀달걀모양, 달걀꼴의 타원모양으로 가장자리가 밋밋하며 얇다. 연한 자주색 꽃이 송이모양꽃차례에 달리며 꽃차례는 잎겨드랑이에서 나오고 3~4개의 꽃이 달리며 작은 꽃자루에서 밑을 향해 핀다. | 유독성식물 | 관상용

결실 8~9월 | 튀는열매(삭과)

자생 북부지방, 백두산 등 해발 1,000m 지역의 숲속 습기 있는 그늘

두메냉이
Cardamine resedifolia var. *morii*

과명 십자화과

개화 6~7월   **높이** 3~8cm

특징 여러해살이풀 | 밑부분에서 잎이 무더기로 나며 뿌리잎은 잎자루가 있으며 긴 타원꼴의 달걀모양이고 밑부분이 톱니모양으로 갈라진다. 줄기잎은 깃모양으로 갈라지며 맨 끝의 갈래조각이 가장 크며 3쌍의 옆갈래조각이 있다. 꽃은 흰 꽃이고 송이모양꽃차례는 원줄기 끝에 달리며 단순하고 작은 꽃자루가 있다.

결실 7~8월 | 긴뿔열매(장각과)

자생 북부지방, 양강도의 백두산 고원지 산마루 또는 천지 호숫가의 양지

구름꽃다지
Draba davurica var. *ramosa*

과명 십자화과

개화 7월   **높이** 7~10cm

특징 여러해살이풀 | 뿌리목에서 2~3개의 줄기가 나오며 곧게 서고 식물체에 짧은 별모양 털 또는 퍼진 털이 빽빽하게 나 있다. 뿌리잎은 무더기로 나며 잎자루가 없고 긴 타원꼴의 버들잎모양이다. 줄기잎은 어긋나게 붙고 잎자루가 없으며 달걀꼴의 버들잎모양으로 끝이 뾰족하고 가장자리에 작은 톱니가 있다. 줄기 끝에서 송이모양꽃차례를 이루고 흰 꽃 또는 황색 꽃이 핀다.

결실 8월 | 짧은뿔열매(단각과)

자생 북부지방, 백두산, 관모봉 고원지 양지의 바위틈

끈끈이주걱
Drosera rotundifolia

▲ 대암산 7월

과명 끈끈이귀개과

개화 7월　　**높이** 6~30cm

특징 여러해살이 식충식물 | 잎은 무더기로 나며 옆으로 퍼지고 거꿀달걀꼴의 일그러진 둥근모양이며 밑부분이 갑자기 좁아져서 잎자루로 된다. 표면에 붉은 색의 긴 샘털이 있으며 긴 잎자루가 있다. 꽃줄기는 털이 없고 흰 꽃이 윗부분에서 한쪽으로 치우쳐서 송이모양으로 달린다. | 관상용

결실 8~9월 | 튀는열매(삭과)

자생 남·중·북부지방, 산골짜기 산성 토양의 습지 양지

! 잎에 달린 붉은색 샘털에서 끈끈한 액을 내보내 곤충이 앉으면 날아가지 못하며 액으로 곤충을 녹여 흡수한다.

낙지다리
Penthorum chinense

과명 돌나물과

개화 7~8월　　**높이** 30~70cm

특징 여러해살이풀 | 땅속으로 기는 가지가 길게 벋고 잎은 어긋나게 붙으며 잎자루가 없다. 양끝이 좁고 가장자리에 잔톱니가 있으며 반투명질이다. 원줄기 끝에서 가지가 사방으로 갈라져서 황백색 꽃이 송이모양꽃차례를 이루고 달리며 위쪽으로 치우쳐서 달리기 때문에 낙지다리처럼 보인다. | 관상용, 식용, 약용

결실 8~9월 | 튀는열매(삭과)

자생 전국 각지, 들녘 도랑가나 늪지 근처, 연못가 등 습지 양지

❗ 어린 잎은 나물로 먹는다. | 민간에서 풀 전체를 강장제 등으로 사용한다.

난장이바위솔
Orostachys sikokianus

과명 돌나물과

개화 8~9월　　**높이** 3~8cm

특징 여러해살이풀 | 뿌리줄기는 굵고 짧으며 많은 잎이 무더기로 난다. 잎은 줄모양이고 약간 편평하며 고기질이고 털은 없다. 끝이 약간 딱딱해지면서 가시 같은 끝으로 된다. 흰 바탕에 약간 붉은 빛이 도는 꽃이 고른살꽃차례에 달린다. | 관상용

결실 9~10월 | 쪽꼬투리열매(골돌)

자생 제주도, 남·중부지방, 깊은 산골짜기 산마루 근처 등 바위 표면 양지

❗ 키가 작고 바위 표면에 자라기 때문에 이름 지어졌다.

도깨비부채
Rodgersia podophylla

과명 범의귀과

개화 6~7월　　**높이** 1m 안팎

특징 여러해살이풀 | 잎은 손바닥모양의 겹잎이고 뿌리잎은 잎자루가 길며 5개의 쪽잎으로 구성되고 큰 것은 지름 50cm로 밑부분의 것은 1~4개의 쪽잎으로 된다. 작은 쪽잎은 거꿀달걀모양이고 3~5개로 얕게 갈라지며 가장자리에 불규칙한 톱니가 있고 뒷면 잎줄 위에 잎자루와 더불어 털이 있다. 꽃은 황백색이고 꽃대에는 젖꼭지 같은 털이 있고 가지 끝이 말려 있다. | 관상용

결실 7~8월 | 튀는열매(삭과)

자생 전국 각지, 깊은 산기슭 숲 가장자리나 산마루의 양지

개병풍
Rodgersia tabularis

과명 범의귀과

개화 6~7월　　**높이** 1~1.5m

특징 여러해살이풀 | 가시모양의 털이 있고 뿌리잎은 잎자루가 길며 둥글고 가장자리가 7개 정도로 갈라진다. 갈래조각은 다시 2~3개로 얕게 갈라지고 가장자리에 잔톱니가 있다. 잎자루가 뒷면 중앙에서 약간 밑으로 달리고 손바닥모양으로 갈라진 잎 옆줄은 다시 2개씩 갈라진다. 꽃은 흰 꽃이고 고깔꽃차례에 빽빽하게 달린다. | 관상용, 식용

결실 8~9월 | 튀는열매(삭과)

자생 중부 이북지방, 산기슭 숲 가장자리 양지

❗ 연한 잎을 식용한다.

여름

톱바위취
Saxifraga punctata

과명 범의귀과

개화 6~8월 **높이** 5~25cm

특징 여러해살이풀 | 뿌리에서 나온 잎은 잎자루가 길고 콩팥모양, 콩팥모양의 둥근모양이다. 가장자리에 규칙적인 큰 이빨모양의 톱니가 있고 털은 없으며 밑은 심장모양이다. 꽃줄기 끝에 흰 꽃이 피며 꽃차례에 샘털이 있고 꽃받침이 젖혀진다. | 관상용, 식용, 약용

결실 8~9월 | 튀는열매(삭과)

자생 중부 이북지방, 고산지대 산골짜기 약간 습기 있는 바위틈 반그늘

❗ 풀잎의 모양이 톱니처럼 갈라져 이름 지어졌다. | 어린 잎은 식용한다. | 민간에서 풀 전체를 보익 등에 약재로 사용한다.

구름범의귀
Saxifraga laciniata

과명 범의귀과

개화 7~8월 **높이** 5~25cm

특징 여러해살이풀 | 줄기에 샘털이 있고 뿌리잎은 잎자루가 길며 넓은 피침모양, 긴 거꿀달걀모양으로 끝이 뾰족하고 가장자리에 결각모양의 톱니가 있다. 꽃줄기는 잎이 없고 끝에서 고른모양의 고른살꽃차례를 이루고 흰 꽃이 피며 작은 꽃자루에 털이 있다.

결실 9~10월 | 튀는열매(삭과)

자생 북부지방의 평안남북도, 자강도, 양강도의 고원지 산마루 근처 돌밭 양지

바위떡풀
Saxifraga fortunei var. *incisolobata*

과명 범의귀과

개화 7~8월   **높이** 5~35cm

특징 여러해살이풀 | 뿌리잎은 심장모양, 둥근모양이고 가장자리가 얕게 갈라지며 이빨모양의 톱니가 있고 털은 거의 없으나 표면에는 누운 털이 약간 있다. 잎자루 밑동에 반투명질의 받침잎이 있다. 꽃줄기에는 털이 있기도 하고 흰 꽃이 고깔꼴의 고른살꽃차례에 달리고 작은 꽃자루에 흔히 샘털이 있다. | 관상용, 식용, 약용

결실 9~10월 | 튀는열매(삭과)

자생 전국 각지, 깊은 산골짜기 냇가 등지의 습기 있는 그늘 바위 표면

❗ 어린 잎은 나물로 먹는다. | 민간에서 풀 전체를 보익제 등으로 사용한다.

흰바위취
Saxifraga manshuriensis

과명 범의귀과

개화 7~8월   **높이** 15~40cm

특징 여러해살이풀 | 줄기에 꼬불꼬불한 털이 있고 땅속 뿌리줄기는 없으며 뿌리잎은 잎자루가 길고 둥근 심장모양이다. 가장자리에 큰 이빨모양의 톱니가 있으며 잎자루에 털이 약간 있다. 꽃은 흰 꽃이고 고깔꽃차례에 달리며 꽃싸개잎은 줄모양이다. 작은 꽃자루에 샘털과 더불어 꼬불꼬불한 털이 있다. | 관상용, 식용

결실 8~9월 | 튀는열매(삭과)

자생 북부지방, 양강도, 함경도의 깊은 산골짜기 그늘지고 습기 있는 바위 표면

❗ 어린 잎을 나물로 먹는다.

여름

참바위취
Saxifraga oblongifolia

과명 범의귀과

개화 7~8월   **높이** 20~30cm

특징 여러해살이풀 | 뿌리잎은 잎자루가 길며 타원모양, 둥근꼴의 타원모양이고 털은 없으며 가장자리에 이빨모양의 톱니가 있다. 꽃줄기 끝에 흰 꽃이 피며 고깔꽃차례에 달린다. 꽃싸개잎은 녹색이며 잎 같으나 크기는 아주 작고 털이 없으며 작은 꽃자루는 가늘고 샘털이 있다. | 식용, 약용

결실 8~9월 | 튀는열매(삭과)

자생 중부 이북지방, 깊은 산골짜기 습기 있는 바위 표면 등의 그늘

❗ 어린 잎은 나물로 먹는다. | 민간에서 풀 전체를 보익제 등으로 사용한다.

헐떡이풀
Tiarella polyphylla

과명 범의귀과

개화 5~6월   **높이** 10~40cm

특징 여러해살이풀 | 뿌리잎은 심장꼴의 둥근모양이며 가장자리가 얕게 5개로 갈라진다. 둔한 톱니가 있고 표면에 긴 털이 있으며 뒷면 특히 잎줄 위에 퍼진 짧은 털과 긴 털이 있다. 받침잎은 반투명질이며 갈색이고 꽃줄기에 샘털이 있다. 짧은 대가 있는 2~3개의 잎이 달리고 꽃은 흰 꽃이며 밑으로 처지고 송이모양 꽃차례에 달린다. | 약용

결실 7~8월 | 튀는열매(삭과)

자생 울릉도 산기슭 숲속 그늘

❗ 원래 천식약풀이라 했으며 천식병은 숨을 헐떡거리기 때문에 이름 지어졌다. | 민간에서 보익, 천식 등에 약으로 사용한다.

물매화
Parnassia palustris

▲ 월출산 8월

과명 범의귀과

개화 7~9월 **높이** 10~50cm

특징 여러해살이풀 | 뿌리잎은 잎자루가 길고 둥근 심장모양이며 가장자리가 밋밋하다. 줄기잎은 잎자루가 없으며 원줄기를 감싼다. 꽃줄기에는 털이 없고 모서리가 약간 있다. 중앙부에 1개의 잎이 있고 끝에는 1개의 흰 꽃이 달린다. | 관상용

결실 9~10월 | 튀는열매(삭과)

자생 전국 각지, 낮은 지대 산부터 높은 산기슭까지 습기 있는 초원 양지

❗ 꽃이 매화꽃과 닮았으며 습지에서 자라 이름 지어졌다.

눈개승마
Aruncus dioicus var. *kamtschaticus*

▲ 중앙산 6월

과명 장미과

개화 6~8월　　**높이** 30~150cm

특징 여러해살이풀 | 뿌리줄기는 나무질로 되어 굵어지고 밑부분에 떨어지는 비늘쪽이 몇 개 붙어 있다. 잎은 2~3회 깃모양겹잎으로 갈래쪽잎은 좁은 달걀모양, 달걀꼴의 둥근모양이며 끝이 뾰족하거나 꼬리모양으로 길게 뾰족해진다. 가장자리에 결각과 톱니가 있고 간혹 깃모양으로 갈라지며 대개 윤채가 있다. 꽃은 황록색이며 고깔꽃차례는 짧은 털과 짧은 작은 꽃자루가 있다. | 관상용, 약용

결실 8~9월 | 쪽꼬투리열매(골돌)

자생 남·중·북부지방, 높은 지대 산기슭이나 고산지대 산기슭 양지

❗ 한방에서 풀 전체를 지혈, 해독, 정력, 편도선염 등에 약재로 사용한다.

한라개승마
Aruncus dioicus var. *aethusifolius*

과명 장미과

개화 8월   **높이** 15~20cm

특징 여러해살이풀 | 잎은 넓은 세모꼴이고 2회 깃모양이며 3출엽이고 갈래조각은 달걀모양이다. 맨 위의 갈래조각이 크고 꼬리모양으로 길게 뾰족해지며 결각모양으로 갈라진다. 꽃은 황백색이고 송이모양꽃차례는 원줄기 끝에서 모여 큰 고깔꽃차례를 이루고 흰 털이 있다. 꽃싸개잎은 줄모양이고 위로 올라갈수록 작아지며 꽃이 달린 꽃줄기는 곧게 선다. | 관상용, 약용

결실 8~9월 | 쪽꼬투리열매(골돌)

자생 제주도 한라산 고원지의 양지 바위틈

❗ 눈개승마와 같은 용도로 약용한다.

땃딸기
Fragaria nipponica var. *yezoensis*

과명 장미과

개화 6~8월   **높이** 10~20cm

특징 여러해살이풀 | 흰땃딸기와 비슷하지만 작은 꽃자루에 털이 옆으로 퍼지고 가지가 땅 위로 벋으면서 마디에서 뿌리가 내리는 것이 다르다. 위의 갈래쪽잎은 네모꼴의 거꿀달걀모양이고 끝이 둥글며 이빨모양의 톱니가 있다. 잎에는 비단털이 빽빽하게 나고 잎자루에 퍼진 털이 있다. 꽃은 흰색이며 꽃줄기 끝에 작은 꽃자루가 있고 퍼진 털이 있다. | 식용, 약용

결실 7~8월 | 여윈열매(수과)

자생 중부 이북지방, 고산지대 산기슭 숲 가장자리 초원 양지

❗ 열매를 식용한다. | 민간에서 풀 전체를 통풍, 신장병, 설사, 자궁출혈 등에 약재로 쓴다.

여름

단풍터리풀
Filipendula palmata

과명 장미과

개화 6~8월　　**높이** 50~100cm

특징 여러해살이풀 | 잎은 어긋나게 붙고 1회 깃모양겹잎이며 맨 위의 갈래쪽잎이 가장 크고 단풍잎모양으로 5~7개로 갈라진다. 갈래조각은 피침모양이며 표면은 털이 거의 없으나 뒷면은 잎줄 위에 잔털이 있고 끝이 뾰족하며 가장자리에 결각모양의 톱니가 있다. 옆갈래쪽잎은 작은 것과 큰 것이 교차하여 달리고 3~6쌍으로 톱니와 결각이 있고 받침잎은 피침모양의 긴 타원모양이다. 꽃은 흰빛이 도는 연한 홍색이고 가지 끝과 원줄기 끝의 고른살꽃차례에 달린다. | 관상용

결실 8~10월 | 여윈열매(수과)

자생 중부 이북지방, 산기슭 초원이나 냇가 등의 초원 양지

터리풀
Filipendula palmata var. *glabra*

과명 장미과

개화 6~8월　　**높이** 80~100cm

특징 여러해살이풀 | 뿌리잎은 1회 깃모양겹잎이고 맨 위의 갈래쪽잎은 단풍잎같이 5개로 갈라진다. 갈래조각은 피침모양이며 결각모양의 톱니가 있고 끝은 뾰족하며 줄기잎은 어긋나게 붙는다. 옆갈래쪽잎은 1~7쌍으로 받침잎은 피침꼴의 긴 타원모양이다. 꽃은 흰색이며 가지 끝과 원줄기 끝에 고른꽃차례로 달리고 털이 없다. | 관상용

결실 8~10월 | 여윈열매(수과)

자생 전국 각지, 산마루나 산기슭 초원 양지

❗ 먼지 터는 터리개와 비슷한 꽃모양 때문에 이름 지어졌다.

가는오이풀
Sanguisorba tenuifolia var. *alba*

과명   장미과

개화   7~9월   **높이**   70~120cm

특징   여러해살이풀 | 뿌리잎은 1회 깃모양겹잎이며 밑에 받침잎모양의 작은 잎이 있다. 쪽잎은 11~15개이고 달걀모양으로 끝은 둥글며 밑은 심장모양이고 뒷면은 흰 빛이 돌며 가장자리에 톱니가 있다. 줄기잎 뒷면 밑에 간혹 흰 털이 있다. 꽃은 위에서부터 피고 흰 꽃이며 꽃이삭은 원줄기 끝과 가지 끝에 달려 곧게 서거나 끝이 약간 처진다. | 식용, 약용

결실   9~10월 | 여윈열매(수과)

자생   남·중·북부지방, 산지 약간 습기 있는 초원 양지

❗ 어린 잎을 나물로 먹는다. | 한방에서 뿌리를 [지유(地楡)]라 하고 지혈, 월경과다, 산후복통, 동상 등에 약재로 사용한다.

자주가는오이풀
Sanguisorba tenuifolia var. *purpurea*

과명   장미과

개화   7~9월   **높이**   70~120cm

특징   여러해살이풀 | 원변종에 비하여 꽃이삭이 검붉은 색을 띠는 것이 특징이다. | 식용, 약용

결실   9~10월 | 여윈열매(수과)

자생   북부지방, 고원지 초원 양지

❗ 가는오이풀과 같은 용도로 식용, 약용한다.

큰오이풀
Sanguisorba stipulata

▲ 백두산 7월

과명 장미과

개화 7~8월 　　**높이** 30~80cm

특징 여러해살이풀 | 식물체에는 털이 없고 뿌리줄기는 굵으며 옆으로 벋는다. 뿌리잎은 무더기로 나며 5~6쌍의 갈래쪽잎으로 구성된 홀수 1회 깃모양겹잎이다. 쪽잎은 긴 타원모양이고 끝이 둥글며 밑부분이 둥글거나 심장모양이다. 뒷면이 분백색이고 가장자리에 톱니가 있다. 작은 잎자루가 있고 줄기잎은 밑에 누운 털이 있으며 꽃은 밑에서부터 흰 꽃이 피고 꽃차례는 곧게 선다. | 식용, 약용

결실 8~9월 | 여윈열매(수과)

자생 북부지방, 양강도의 백두산 고원지 초원 양지

❗ 풀잎에서 오이냄새가 나기 때문에 이름 지어졌다. | 가는오이풀과 같은 용도로 식용, 약용한다.

개황기
Astragalus uliginosus

▲ 백두산 7월

과명 콩과

개화 6~7월　　**높이** 30~100cm

특징 여러해살이풀 | 식물체에 위로 향한 누운 털이 있고 잎은 어긋나게 붙으며 잎자루가 있고 8~13쌍의 갈래쪽잎으로 된 홀수 1회 깃모양겹잎이다. 갈래쪽잎은 긴 타원모양, 긴 타원꼴의 피침모양으로 양끝은 둔하며 짧은 잎자루가 있고 표면 가운데에 누운 털이 약간 있으나 뒷면에는 약간 빽빽하게 있다. 꽃은 황백색이고 긴 꽃자루 끝에 송이모양으로 달리며 작은 꽃자루는 꽃받침보다 짧고 꽃받침과 더불어 갈색 털이 빽빽하게 난다. | 약용

결실 8~9월 | 꼬투리열매(협과)

자생 북부지방, 양강도의 백두산 고원지 메마른 돌밭 등의 양지

❗ 한방과 민간에서 뿌리를 보익, 강장, 해열, 완화 등에 약재로 사용한다.

여름

관모두메자운
Oxytropis coerulea

▲ 삼지연 6월

과명 콩과

개화 6월   **높이** 10cm 안팎

특징 여러해살이풀 | 뿌리는 나무질이고 딱딱하며 옆으로 길게 벋고 식물체에 길고 연한 흰 털이 덮여 있다. 줄기는 짧고 잎은 줄기 끝에 모여 붙으며 17~35개의 쪽잎으로 구성된 홀수깃모양겹잎으로 긴 잎자루가 있다. 받침잎은 잎자루의 밑에 붙고 띠꼴의 버들잎모양으로 끝이 뾰족하며 털이 있다. 쪽잎은 버들잎모양으로 윗부분이 길게 뾰족하고 밑은 둥글며 표면에 털이 적게 있거나 없고 뒷면에 털이 많이 있다. 꽃줄기 끝에 흰색, 자주색 꽃이 10~15개 모여 송이꽃차례를 이루고 핀다.

결실 9월 | 꼬투리열매(협과)

자생 북부지방, 함경남도 관모봉, 양강도 백두산, 포태산 등지의 고원지 양지

토끼풀
Trifolium repens

과명 콩과

개화 6~7월   **높이** 30~60cm

특징 여러해살이풀 | 귀화식물(유럽 원산). 식물체에 털이 없고 밑에서 갈라진 가지가 옆으로 기면서 마디에서 뿌리가 내린다. 잎은 어긋나게 붙고 잎자루가 길며 갈래쪽잎은 3개이고 거꿀심장모양으로 끝이 둥글거나 오목하고 밑은 뾰족하며 가장자리에 잔톱니가 있다. 받침잎은 달걀꼴의 피침모양이고 끝이 뾰족하다. 머리모양꽃차례에 흰 꽃이 많이 모여 우산모양으로 달린다. | 관상용, 식용, 약용

결실 7~8월 | 꼬투리열매(협과)

자생 전국 각지, 산과 들, 초원 양지

❗ 토끼가 잘 먹어서 이름 지어졌다. | 어린 잎은 식용한다. | 민간에서 풀 전체를 거담, 이뇨, 화상 등에 약으로 사용한다.

선토끼풀
Trifolium hybridum

과명 콩과

개화 6~7월   **높이** 30~60cm

특징 여러해살이풀 | 귀화식물(유럽, 서아시아 원산). 토끼풀과 비슷하지만 줄기가 곧게 서고 꽃이 연한 홍색으로 피는 것이 다르다. 토끼풀과 함께 자란다. | 관상용, 식용, 약용

결실 7~8월 | 꼬투리열매(협과)

자생 전국 각지, 산과 들, 낮은 지대 길가 언덕이나 들녘의 초원 양지

❗ 토끼풀과 같은 용도로 식용, 약용한다.

여름

산물봉선화
Impatiens furcillata

▲ 대암산 8월

과명 봉선화과

개화 8~9월   **높이** 50~100cm

특징 한해살이풀 | 줄기는 곧게 서고 둥글며 마디 부분이 굵고 윗부분과 잔가지, 꽃줄기에 적갈색의 샘털이 있다. 잎은 윗부분에서 거의 돌려 붙으며 잎몸은 마름꼴의 달걀모양이고 끝이 길게 뾰족하다. 밑은 쐐기모양이며 가장자리는 큰 톱니가 있다. 잎겨드랑이에서 위로 비스듬히 겹쳐 나는 꽃줄기 끝에서 송이모양꽃차례를 이루고 흰 꽃, 드물게 연한 황색 꽃이 몇 개씩 핀다. | 유독성식물 | 약용

결실 9~10월 | 튀는열매(삭과)

자생 전국 각지, 깊은 산골짜기, 대개는 높은 산 산기슭 개울가 등의 양지

❗ 한방과 민간에서 씨를 해독, 소화, 타박상, 난산 등에 약재로 사용한다.

난쟁이아욱
Malva neglecta

과명 무궁화과

개화 6~9월　　**높이** 50cm 안팎

특징 두해살이풀 | 귀화식물(유럽과 서아시아 원산). 줄기는 땅 위를 비스듬히 기면서 끝이 곧게 서고 털이 약간 있다. 잎자루는 가늘고 잎몸은 둥글거나 콩팥모양이며 얕게 5~7개로 갈라지고 받침잎은 마른 성질이며 가장자리에 털이 있다. 잎겨드랑이에서 3~6개의 흰 꽃 또는 연한 홍색 꽃이 모여 핀다.

결실 8~10월 | 튀는열매(삭과)

자생 제주도, 남·중부지방, 울릉도 등지의 바닷가 근처 길가 빈터나 경작지 근처 양지

❗ 키가 작고 땅바닥을 기며 자라기 때문에 이름 지어졌다.

돌외
Gynostemma pentaphyllum

과명 박과

개화 8~9월　　**길이** 1~3m

특징 여러해살이 덩굴풀 | 줄기가 엉켜서 자라지만 덩굴손으로 기어 오르기도 한다. 잎은 어긋나게 붙고 갈래쪽잎은 대개 5개이지만 3~7개인 것도 있다. 잎몸은 좁은 달걀꼴의 타원모양이고 맨 위의 갈래쪽잎은 끝이 뾰족하며 가장자리에 톱니가 있다. 황록색 꽃이 고깔꽃차례에 모여 핀다. | 식용, 약용

결실 9~10월 | 물열매(장과)

자생 황해도 일부, 제주도, 울릉도, 다도해 등의 산과 들, 습기 있는 초원

❗ 잎을 차 대용으로 마신다. | 한방에서 뿌리를 피로회복, 당뇨병, 위궤양, 기관지천식, 변비, 두통, 불면증, 건망증, 현기증, 고혈압, 신장기능장애, 저혈압 등에 약재로 사용한다.

여름

가시박
Sicyos angulatus

과명 박과

개화 6~9월　　**길이** 4~8m

특징 한해살이 덩굴풀 | 귀화식물(북아메리카 원산). 줄기는 모서리가 졌고 연한 잔털이 빽빽하게 나며 덩굴손은 3~4개로 갈라져 주변의 식물을 감으며 올라간다. 잎은 어긋나게 붙고 잎자루가 있으며 잎몸은 둥근모양으로 뒷면 잎줄 위에 드문드문 털이 있다. 얕게 5~7개로 갈라지며 밑은 심장모양이고 가시모양의 잔털이 있다. 암수한그루이고 수꽃은 송이모양꽃차례에 달리며 황백색이고 암꽃은 머리모양꽃차례에 달린다.

결실 8~11월 | 튀는열매(삭과)

자생 중부 이남지역, 특히 도심 한강변 등 언덕 양지

산외
Schizopepon bryoniaefolius

과명 박과

개화 8~9월　　**길이** 1.5~3m

특징 한해살이 덩굴풀 | 잎과 마주 붙는 덩굴손이 2개로 갈라져 다른 물체를 감으면서 길게 벋는다. 잎은 어긋나게 붙으며 긴 잎자루가 있고 심장꼴의 둥근모양이며 끝이 뾰족하고 밑은 심장모양이며 표면에 털이 있고 잎줄 위에 잔털이 있다. 5~7개로 얕게 갈라지며 넓은 톱니 끝이 뾰족하다. 꽃은 황백색이며 수꽃은 송이모양꽃차례로 양성화는 잎겨드랑이에 1개씩 달린다. | 관상용, 약용

결실 9~10월 | 물열매(장과)

자생 제주도, 남·중·북부지방, 깊은 산 골짜기 숲 가장자리나 냇가 등 양지

❗ 민간에서 열매를 해열, 거담, 맹장염 등에 약재로 사용한다.

새박
Melothria japonica

▲ 나주 8월

과명　박과

개화　7~8월　　**길이**　3m 안팎

특징　한해살이 덩굴풀 | 잎과 마주 붙는 덩굴손으로 옆의 물체를 감고 올라간다. 잎은 어긋나게 붙고 일그러진 둥근모양이며 끝이 둔하게 끝난다. 밑은 심장모양이며 가장자리에 크고 낮은 톱니가 있다. 꽃은 흰색이며 암, 수꽃이 모두 잎겨드랑이에 1개씩 달리지만 수꽃이 가지 끝의 송이모양꽃차례에 달리는 경우도 있다. | 약용

결실　8~9월 | 물열매(장과)

자생　제주도 한라산 및 남부지방 거제도, 보길도 등지의 숲속 그늘

❗ 열매와 씨의 모양은 박과 같지만 식물체가 아주 작다. | 민간에서 열매를 당뇨, 이뇨, 통유, 황달 등에 약재로 사용한다.

여름

하늘타리
Trichosanthes kirilowii

▲ 진도 9월

과명 박과

개화 7~8월   **길이** 3~6m

특징 여러해살이 덩굴풀 | 잎과 마주 붙는 덩굴손이 다른 물체를 감고 오르며 땅속에는 고구마모양의 덩이뿌리가 있다. 잎은 어긋나게 붙고 단풍잎같이 5~7개로 갈라지며 각 갈래조각에 톱니가 있다. 꽃은 연한 황백색, 흰색이며 수꽃자루는 길이 15cm이고 암꽃자루는 3cm 정도이며 각각 끝에 1개씩의 꽃이 핀다. | 관상용, 약용

결실 9~10월 | 물열매(장과)

자생 중부 이남지방, 낮은 지대 산과 들, 밭둑이나 집 근처 울타리 등 양지

❗ 한방에서 씨를 [과루인(瓜蔞仁)], 뿌리를 [과루근(瓜蔞根)]이라 하고 해열, 이뇨, 거담, 어혈, 창종, 당뇨, 해수, 최유, 중풍, 유두염, 황달, 산열, 설사, 변비, 천식, 협심증 등에 약재로 사용한다.

마름
Trapa japonica

과명 마름과

개화 7~8월　　　**길이** 2m 안팎

특징 한해살이 수생식물 | 식물체 원줄기는 물속에서 물의 깊이에 따라 조절된다. 줄기는 가늘고 끝에서 많은 잎이 사방으로 퍼져 수면을 덮고 물속의 마디에는 깃모양의 뿌리가 내린다. 잎은 마름모 비슷한 세모꼴이고 윗 가장자리에 불규칙한 이빨모양의 톱니가 있으며 밑이 넓거나 잘린모양이다. 잎 표면에 윤채가 나며 뒷면 잎줄 위에 털이 많고 잎자루는 길이 20cm 정도로서 털이 있으며 굵어진 부분은 피침모양이다. 꽃은 흰색이지만 약간 붉은빛이 돌며 잎겨드랑이에 달리고 꽃자루는 짧으며 위를 향하지만 열매가 익을 무렵에는 밑으로 굽는다. | 관상용, 식용, 약용

결실 10월 | 굳은씨열매(핵과)

자생 전국 각지, 들녘 연못, 늪지 등의 물속 양지

❗ 열매를 식용한다. | 한방과 민간에서 열매를 [능실(菱實)]이라 하며 해독, 자양강장, 진경, 진정, 수렴성 설사 등에 약재로 사용한다.

애기마름
Trapa pseudoincisa

과명 마름과

개화 7~8월　　　**길이** 2m 안팎

특징 한해살이 수생식물 | 잎자루와 꽃자루, 꽃받침에 털이 없고 잎이 지름 1~2cm인 것이 특징이다. | 관상용, 식용, 약용

결실 10월 | 굳은씨열매(핵과)

자생 전국 각지, 들녘 연못, 늪지 등

❗ 마름과 같은 용도로 식용, 약용한다.

털이슬
Circaea mollis

과명 바늘꽃과

개화 8월　　　　**높이** 40~60cm

특징 여러해살이풀 | 뿌리줄기는 옆으로 길게 벋고 식물체에 굽은 잔털이 있다. 잎은 마주 붙고 마디 사이의 밑부분이 약간 굵으며 홍자색이 돌고 넓은 피침모양으로 밑은 뾰족하거나 둥글다. 끝이 뾰족하며 가장자리에 얕은 톱니가 있고 잎자루에 잔털이 있다. 송이모양꽃차례는 꽃이 핀 다음 자라서 길어지고 털은 없으며 흰 꽃이 핀다.

결실 9월 | 여윈열매(수과)

자생 전국 각지, 습기 있고 그늘진 산기슭 숲속

말털이슬
Circaea quadrisulcata

과명 바늘꽃과

개화 7~8월　　　　**높이** 30~40cm

특징 여러해살이풀 | 식물체에 털이 없다. 잎은 마주 붙고 좁은 달걀모양, 달걀꼴의 긴 타원모양으로 끝이 뾰족하다. 밑부분이 둥글거나 얕은 심장모양이다. 가장자리에 점으로 그치는 희미한 톱니와 잔털이 있으며 잎자루는 잎몸보다 짧다. 송이모양꽃차례를 이루고 연한 홍백색 꽃이 가지 끝에서 핀 다음 꽃줄기가 길게 자란다.

결실 9~10월 | 여윈열매(수과)

자생 전국 각지, 습기 있고 약간 그늘진 산기슭 숲 가장자리

쥐털이슬
Circaea alpina

과명 바늘꽃과

개화 7~8월　　**높이** 5~15cm

특징 여러해살이풀 | 줄기는 붉은빛이 돌고 밑부분에서 실모양으로 땅바닥을 기는 가지가 자라며 그 끝에 살눈이 생긴다. 잎은 마주 붙고 세모꼴의 둥근 달걀모양, 달걀모양으로 밑은 얕은 심장모양이거나 심장모양 비슷하다. 끝이 뾰족하며 표면과 가장자리에 잔털이 있고 뾰족한 톱니가 약간 있으며 잎자루는 붉은 빛이 돈다. 꽃은 연한 홍백색이고 가지 끝의 송이모양꽃차례에 달린다.

결실 8~9월 | 여윈열매(수과)

자생 남·중·북부지방, 높은 산 깊은 골짜기의 그늘

사상자
Torilis japonica

과명 미나리과

개화 6~8월　　**높이** 30~70cm

특징 두해살이풀 | 식물체에 짧은 누운 털이 있고 잎은 어긋나게 붙으며 3출엽이 2회 깃모양으로 갈라진다. 작은 갈래쪽잎은 달걀꼴의 피침모양이며 뾰족한 톱니가 있다. 잎자루 밑부분이 넓어져서 원줄기를 감싸 안는다. 5~9개의 작은 우산꽃자루에 6~20개의 흰 꽃이 가지 끝과 원줄기 끝의 겹우산꽃차례에 달린다. | 식용, 약용

결실 8~9월 | 갈래열매(분과)

자생 전국 각지, 산기슭 습기 있는 양지 초원이나 골짜기 개울가 근처

> ❗ 어린 잎과 줄기를 식용한다. | 한방에서 열매를 [사상자(蛇床子)]라 하고 관절염, 간질, 치통, 대하증, 염증 등에 약재로 사용한다.

여름

전호
Anthriseus sylvestris

과명　미나리과

개화　5~6월　　　**높이**　1m 안팎

특징　여러해살이풀 | 뿌리잎과 밑부분의 잎은 잎자루가 길고 세모졌으며 3개씩 2~3회 갈라지고 다시 깃모양으로 각각 갈라진다. 갈래조각은 끝이 뾰족하며 톱니가 있고 줄기잎은 점점 작아져서 잎집으로 된다. 꽃은 흰색이며 가장자리의 것이 가장 크다. 작은 우산꽃차례는 5~12개로 털이 없고 길이 3~4cm이며 끝에 10여 개의 꽃이 달린다. | 식용, 약용

결실　7~8월 | 갈래열매(분과)

자생　전국 각지, 산기슭 숲 가장자리 양지 초원이나 냇가 근처의 습기 있는 곳

❗ 어린 순을 식용한다. | 한방에서 뿌리를 [전호(前胡)]라 하고 통경, 진통, 해열, 진정, 거담, 기침 등에 약재로 사용한다.

무산상자
Sphallerocarpus gracilis

과명　미나리과

개화　8월　　　**높이**　2m 안팎

특징　두해살이풀 | 잎은 어긋나게 붙고 3회 깃모양으로 잘게 갈라지며 잎자루는 편평하고 밑부분이 칼집모양이며 윗부분은 가지 밑부분과 더불어 흰 긴 털이 빽빽하게 난다. 맨 끝의 갈래조각은 줄모양으로 가늘며 가장자리는 밋밋하고 털은 없다. 꽃은 흰 꽃이며 모인꽃싸개잎은 없고 작은 모인꽃싸개잎은 5개이며 타원모양으로 밑이 좁고 끝이 가시처럼 뾰족하며 가장자리에 잔털이 있다. | 식용

결실　9월 | 갈래열매(분과)

자생　함경북도 무산, 선봉 근처의 산기슭 메마른 초원 양지

❗ 어린 순을 식용한다.

미나리
Oenanthe javanica

▲ 김제 8월

과명 미나리과

개화 7~9월   **높이** 20~80cm

특징 여러해살이풀 | 밑에서 가지가 갈라져 옆으로 퍼지며 원줄기에 모서리가 있다. 가을에 땅을 기는 가지의 마디에서 뿌리가 내려 번식된다. 잎은 어긋나게 붙고 뿌리잎과 더불어 잎자루가 있으나 위로 올라가면서 점차 짧아진다. 1~2회 깃모양겹잎으로 갈래쪽잎은 달걀모양이고 톱니가 있다. 겹우산꽃차례는 원줄기 끝부분에서 잎과 마주 붙고 5~15개의 작은 우산꽃자루로 갈라지며 각각 10~25개의 흰 꽃이 달린다. | 식용, 약용

결실 9~10월 | 갈래열매(분과)

자생 전국 각지, 낮은 지대 산과 들, 냇가 또는 도랑가 등의 물가 양지

❗ 연한 잎과 줄기를 식용한다. | 한방과 민간에서 뿌리를 해열, 정혈, 이뇨, 해독, 장염, 황달, 고혈압, 간염 등에 약재로 사용한다.

여름

왜방풍
Aegopodium alpestre

과명 미나리과

개화 6~7월　　**높이** 30~70cm

특징 여러해살이풀 | 땅바닥을 기는 가지가 벋으며 마디가 흔히 굵어지고 원줄기는 속이 비어 있다. 밑부분의 잎은 세모졌고 2~3회 3출겹잎이다. 맨 끝의 갈래 조각은 좁은 달걀모양이고 끝이 뾰족하며 불규칙하고 깊은 톱니가 있거나 3개로 갈라지며 윗부분 잎은 잎자루가 없다. 큰 우산꽃차례는 8~12개의 긴 꽃자루 끝에서 1~3개가 발달하고 작은 우산꽃차례에 10여 개의 흰 꽃이 달린다. | 식용

결실 7~8월 | 갈래열매(분과)

자생 강원도 이북지방, 높은 산과 고산지대 산기슭 습기 있는 초원 양지

❗ 어린 잎과 줄기를 식용한다.

독미나리
Cicuta virosa

과명 미나리과

개화 7~9월　　**높이** 70~150cm

특징 여러해살이풀 | 땅속줄기 끝에서 속이 빈 땅위 줄기가 곧게 서고 가지가 갈라진다. 뿌리잎과 밑부분 잎은 잎자루가 길고 세모꼴의 달걀모양이며 2회 깃모양으로 갈라지고 끝이 뾰족하다. 가장자리에 뾰족한 톱니가 있고 큰 우산꽃줄기 끝에 20개 정도의 우산꽃자루가 달리고 끝에 흰 꽃이 핀다. | 유독성식물 | 관상용, 약용

결실 9~10월 | 갈래열매(분과)

자생 중부 이북지방, 산기슭 냇가 초원이나 낮은 곳의 물가 양지

❗ 미나리와 다르게 강한 독성분이 있어 먹지 못한다. | 한방에서 풀 전체를 통경, 거담, 구풍, 월경통 등에 약재로 사용한다.

고수
Coriandrum sativum

과명 미나리과

개화 6~7월 　　**높이** 30~60cm

특징 한해살이풀 | 귀화식물(지중해 연안 원산). 원줄기는 서고 속이 비어 있으며 가지가 갈라진다. 잎은 빈대 냄새가 심하게 나며 뿌리잎은 잎자루가 길지만 밑부분이 모두 잎집으로 된다. 원줄기 끝과 가지 끝에서 우산꽃차례가 발달하며 각 꽃차례는 3~6개의 작은 우산꽃자루로 갈라져서 10개 정도의 흰 꽃이 달린다. | 관상용, 식용, 약용

결실 7~9월 | 갈래열매(분과)

자생 전국 각지의 산중 사찰

❗ 연한 잎과 줄기를 식용한다. | 한방과 민간에서 열매를 건위, 거담, 해열, 진정, 치풍, 고혈압 등에 약재로 사용한다.

누룩치(왜우산풀)
Pleurospermum camtschaticum

과명 미나리과

개화 6~7월 　　**높이** 50~200cm

특징 여러해살이풀 | 줄기는 속이 비어 있다. 뿌리잎과 줄기 밑의 잎은 잎자루가 길고 넓은 달걀꼴의 세모진모양이며 3출엽으로서 2회 깃모양으로 갈라진다. 끝이 뾰족하며 결각모양의 톱니가 있다. 흰 꽃이 원줄기 끝이나 가지 끝의 겹우산꽃차례에 달리며 원줄기 끝의 꽃차례가 가장 크고 작은 꽃자루가 많이 나와 반달모양으로 된다. | 식용, 약용

결실 8~9월 | 갈래열매(분과)

자생 남·중·북부지방, 깊은 산골짜기 고산지대 초원 양지

❗ 어린 순을 식용한다. | 한방과 민간에서 식물체와 뿌리를 정력, 골통, 식중독, 대하증 등에 약재로 사용한다.

여름

갯방풍
Glehnia littoralis

▲ 태안반도 6월

과명 미나리과

개화 6~7월　　**높이** 5~20cm

특징 여러해살이풀 | 굵은 황색 뿌리가 깊이 들어가며 식물체에 긴 흰 털이 있다. 뿌리잎과 밑부분 잎은 잎자루가 길고 땅 위를 따라 퍼지며 달걀꼴의 세모진모양이고 1~2회 갈라진다. 갈래조각은 다시 3개로 갈라지며 타원모양으로 끝이 둔하거나 둥글다. 가장자리에 불규칙한 잔톱니가 있다. 꽃차례는 1~3개로 흰색이며 긴 털이 빽빽하게 나고 10개의 작은 우산꽃대가 나와 끝에 각각 20~40개의 흰꽃이 빽빽하게 달린다. | 식용, 약용

결실 7~8월 | 갈래열매(분과)

자생 전국 각지, 바닷가 모래땅 양지

❗ 어린 잎과 줄기를 식용한다. | 한방에서 뿌리를 진통, 식욕 촉진, 구풍, 거담, 신경통, 간질, 치통, 부인음종, 관절염, 만성기관지염, 폐확장부전, 폐농양 등에 약재로 사용한다.

털기름나물
Libanotis coreana

과명 미나리과

개화 7~8월   **높이** 30~90cm

특징 여러해살이풀 | 줄기와 잎이 흰 털로 덮여 있고 원줄기에 모서리가 있으며 뿌리줄기는 굵고 뿌리목에 섬유가 남아 있다. 뿌리잎과 줄기잎은 잎자루가 길지만 위로 올라갈수록 짧아진다. 잎자루 밑부분이 잎집으로 되며 윗부분의 잎은 어긋나게 붙고 2회 깃모양겹잎이며 마지막 갈래조각은 피침모양으로 가장자리에 잔털이 있다. 겹우산꽃차례는 가지 끝과 원줄기 끝에 달리고 꽃은 흰색이며 작은 우산꽃자루 끝에 달린다.

결실 9~10월 | 갈래열매(분과)

자생 제주도 한라산 백록담 근처, 북부지방 양강도, 함경북도, 고원지 초원 양지

방풍
Saposhnikovia seseloides

과명 미나리과

개화 7~8월   **높이** 1m 안팎

특징 여러해살이풀 | 가지가 많고 잎은 어긋나게 붙으며 긴 잎자루의 밑부분이 잎집으로 되며 3회 깃모양겹잎이다. 갈래조각은 줄모양이고 끝이 뾰족하다. 흰색 꽃이 원줄기와 가지 끝의 겹우산꽃차례에 많이 달리고 우산꽃자루 끝에서 5개 정도의 작은 우산꽃자루가 갈라지며 각각 많은 꽃이 달린다. | 식용, 약용

결실 9~10월 | 갈래열매(분과)

자생 중부 이북지방, 산기슭 메마른 석회암지대 초원 양지

❗ 어린 잎과 줄기를 식용한다. | 한방에서 뿌리를 [관방풍(關防風)]이라 하고 해열, 진통, 거담, 구풍, 관절염, 풍질, 백열, 식중독, 두통, 신경통 등에 약재로 사용한다.

여름

부전바디
Coelopleurum nakaianum

▲ 백두산 8월

과명 미나리과

개화 8월　　**높이** 20~40cm

특징 여러해살이풀 | 줄기에 모서리가 있고 윗부분과 꽃자루 및 작은 우산꽃대를 제외하고는 털이 없으며 밑부분에서부터 몇 개의 큰 가지가 갈라진다. 뿌리잎과 밑부분 잎은 잎자루가 길며 잎자루 밑부분이 넓어져서 원줄기를 감싸고 윗부분의 것은 완전히 잎집으로 되며 줄기잎은 2회 3출엽이다. 마지막 갈래조각은 타원모양이며 끝이 가시처럼 뾰족한 톱니가 있다. 우산꽃대는 굵으며 20여 개의 굵은 작은 우산꽃자루 끝에 연한 홍백색 꽃이 달린다. | 식용

결실 8~9월 | 갈래열매(분과)

자생 북부지방, 양강도 백두산, 함경남도 관모봉 등 고원지 초원 양지

❗ 어린 싹을 나물로 먹는다.

어수리
Heracleum moellendorffii

▲ DMZ 8월

과명 미나리과

개화 7~8월 **높이** 70~150cm

특징 여러해살이풀 | 원줄기는 속이 비고 둥근 기둥모양이며 가지가 갈라지고 털이 있다. 뿌리잎과 밑부분 잎은 잎자루가 있고 크며 3~5개의 작은 갈래쪽잎으로 구성되며 뒷면과 잎자루에 털이 있다. 맨 위의 작은 갈래쪽잎은 둥근 심장모양이고 3개로 깊이 갈라지며 옆갈래쪽잎은 세모졌고 2~3개로 갈라진다. 겹우산꽃차례는 가지와 원줄기 끝에 달리고 20~30개의 작은 우산꽃자루는 갈라져 25~30개의 흰 꽃이 달린다. | 식용, 약용

결실 9~10월 | 갈래열매(분과)

자생 남·중·북부지방, 산골짜기 초원이나 개울가 근처 양지

❗ 어린 잎과 줄기를 식용한다. | 한방에서 뿌리를 [백지(白芷)]라 하고 해열, 진정, 진통, 감기, 두통, 관절염 등에 약재로 사용한다.

여름

섬바디
Dystaenia takeshimana

▲ 울릉도 7월

과명 미나리과

개화 7월   **높이** 120~150cm

특징 여러해살이풀 | 줄기 윗부분에서 가지가 갈라지고 4~5개의 마디가 있으며 잎은 어긋나게 붙고 3개씩 2회 갈라진다. 잎자루가 길고 밑부분이 넓어져서 원줄기를 감싼다. 맨 끝의 갈래조각은 넓은 피침모양이고 가장자리에 결각모양의 겹톱니가 있고 위로 올라가면서 점점 작아져서 3출엽으로 된다. 우산꽃차례는 원줄기 끝과 가지 끝에 달리고 꽃은 흰색이며 우산꽃자루 끝에 달린다. | 약용

결실 8~9월 | 갈래열매(분과)

자생 울릉도, 독도의 바닷가 산기슭 비탈진 초원이나 바위틈 양지

❗ 민간에서 열매와 뿌리를 익정, 양정신 등에 약으로 사용한다.

참나물
Pimpinella brachycarpa

▲ 향로봉 6월

과명 미나리과

개화 6~8월 **높이** 50~80cm

특징 여러해살이풀 | 뿌리잎은 잎자루가 길며 적자색이 돌고 줄기잎은 위로 올라가면서 짧아지며 밑이 넓어져서 원줄기를 얼싸안는다. 작은 우산꽃자루는 10개 정도이고 각각 13개 정도의 흰 꽃이 가지 끝과 원줄기 끝에 겹우산꽃차례로 달린다. | 식용, 약용

결실 8~9월 | 갈래열매(분과)

자생 전국 각지, 깊은 산골짜기 약간 습기 있는 숲속 그늘

❗ 연한 줄기와 잎을 나물로 먹는다. | 한방과 민간에서 풀 전체를 지혈, 해열, 대하, 중풍, 폐렴, 신경통 등에 약재로 사용한다. | 참나물의 줄기와 잎에는 단백질 1.1%, 기름 0.02%, 무질소 추출물 1.5%, 섬유소 1.7%, 재성분 0.93%, 이밖에 비타민 C, B_1, B_2, PP와 여러 가지의 아미노산, 탄닌, 정유 등이 함유되어 있다. 때문에 예부터 산나물 중의 으뜸으로 알려져 왔다.

여름

사동미나리
Cnidium davuricum

▲ 백두산 7월

과명 미나리과

개화 7~8월　　**높이** 50cm 안팎

특징 여러해살이풀 | 줄기잎은 밑부분이 칼집모양이며 1~3회 깃모양으로 갈라진다. 마지막 갈래조각은 3개 또는 깃모양으로 갈라지며 잎줄이 달린 것처럼 두꺼워지거나 약간 뒤로 말려 두꺼워지고 끝이 바늘같이 뾰족하다. 잎자루에 줄이 있고 잎줄은 표면에서는 들어가고 뒷면에서는 튀어나온다. 꽃은 흰색이며 꽃싸개잎은 잎과 비슷하지만 가장자리가 넓은 반투명질로 된 끝에 잎의 흔적이 있고 꽃자루에 모서리가 있다. | 식용, 약용

결실 9~10월 | 갈래열매(분과)

자생 북부지방, 양강도의 백두산 고원지 돌밭 양지

> ❗ 어린 잎과 줄기를 식용한다. | 한방에서 뿌리를 부인음종, 관절염, 간질, 부인병 등에 약재로 사용한다.

갯사상자
Cnidium japonicum

▲ 독도 8월

과명   미나리과

개화   8월   **높이**   10~30cm

특징   두해살이풀 | 뿌리잎은 무더기로 나며 비스듬히 자라고 세로줄이 있으며 잎자루가 길고 한군데서 여러 대가 나와 땅 위로 처진다. 줄기잎은 잎자루 밑부분이 원줄기를 약간 감싼다. 중앙부의 잎은 달걀꼴의 긴 타원모양이고 1회 깃모양겹잎이며 갈래쪽잎은 5~7개로 작은 잎자루가 없고 가장 밑부분의 잎은 잎자루가 짧고 깃모양으로 깊이 갈라지며 윤채가 있다. 꽃은 흰색이고 긴 우산꽃줄기 끝에 10개 정도의 작은 우산꽃차례가 달리며 끝에 꽃이 달린다. | 식용, 약용

결실   9~10월 | 갈래열매(분과)

자생   중부지방, 황해도 및 강원도의 바닷가와 울릉도, 독도의 바닷가 양지 바위틈

❗ 사동미나리와 같은 용도로 식용, 약용한다.

여름

천궁
Cnidium officinale

▲ 금산 8월

과명   미나리과

개화   8~9월   **높이**   30~60cm

특징   여러해살이풀 | 귀화식물(중국 원산). 줄기는 곧게 서고 가지가 갈라지며 잎은 어긋나게 붙고 2회 깃모양겹잎이며 뿌리잎은 잎자루가 길고 줄기잎은 위로 올라갈수록 점차 작아져서 밑부분이 잎집으로 되어 원줄기를 감싼다. 갈래쪽잎은 달걀모양이고 결각모양의 톱니와 더불어 날카로운 톱니가 있다. 가지 끝과 원줄기 끝에서 큰 우산꽃차례가 발달하고 꽃잎은 5개이며 안으로 꼬부라지고 흰 꽃이다. | 약용

결실   9~10월 | 갈래열매(분과)

자생   전국의 약초농가에서 재배한다.

◀ 덩이뿌리

❗ 한방에서 뿌리를 보익, 진통, 강장, 진정, 치풍, 진경, 음위, 간질, 치통, 대하, 부인병, 두통, 빈혈, 월경불순 등에 약재로 사용한다.

개발나물
Sium suave

▲ 괴산 8월

과명 미나리과

개화 8월   **높이** 50~200cm

특징 여러해살이풀 | 뿌리잎과 밑부분 잎은 홀수 1회 깃모양겹잎이고 잎자루가 길며 위로 올라갈수록 잎자루와 잎이 모두 작아지며 잎자루 밑부분이 잎집으로 된다. 작은 갈래쪽잎은 7~17개이고 쐐기 모양으로 맨 끝의 작은 갈래쪽잎 외에는 작은 잎자루가 없고 끝이 뾰족하며 가장 자리에 날카로운 톱니가 있다. 모인꽃싸개잎은 5~6개로서 줄모양이며 젖혀진다. 모인우산꽃자루는 10~20개의 작은 우산 꽃자루로 다시 갈라지며 각각 10여 개의 흰 꽃이 원줄기 끝과 가지 끝의 겹우산꽃 차례에 달려 핀다. | 식용

결실 9월 | 갈래열매(분과)

자생 전국 각지, 산과 들, 산골짜기 냇가 습기 있는 초원 양지

❗ 어린 순은 나물로 먹는다.

왜당귀(일당귀)
Angelica acutilobum

▲ 금산 8월

과명 미나리과

개화 8~9월   **높이** 60~90cm

특징 여러해살이풀 | 귀화식물(일본 원산). 뿌리잎과 밑부분의 잎은 잎자루가 길고 잎자루 밑부분이 긴 잎집으로 되며 3개씩 1~3회 깃모양으로 갈라진다. 작은 갈래쪽잎은 가장자리에 날카로운 톱니가 있고 깊게 3개로 갈라진다. 꽃은 흰색이며 원줄기 끝과 가지 끝의 겹우산꽃차례에 달리고 모인꽃자루의 윗부분과 작은 우산꽃자루 및 작은 꽃자루의 안쪽에 작은 도드라기가 있다. 작은 우산꽃자루는 20~40개이며 끝에 흰 꽃이 핀다. | 식용, 약용

결실 9~10월 | 갈래열매(분과)

자생 전국의 약초농가에서 재배한다.

❗ 어린 순을 식용한다. | 한방과 민간에서 뿌리를 [일당귀(日當歸)]라 하고 지혈, 진통, 진정, 진해, 이뇨, 건위, 사기, 익기, 통경, 감기, 빈혈, 부인병, 두통, 역기, 간질, 치통 등에 약재로 사용한다.

궁궁이
Angelica polymorpha

▲ 대관령 8월　　　　▼ 열매

과명　미나리과

개화　8~9월　　**높이**　80~150cm

특징　여러해살이풀 | 뿌리는 약간 굵고 뿌리잎과 밑부분 잎은 잎자루가 길며 세모꼴의 넓은 달걀모양으로 3개씩 3~4회 갈라진다. 작은 갈래쪽잎은 피침모양이고 결각모양의 톱니가 있으며 끝이 뾰족하다. 윗부분의 잎은 퇴화되며 잎자루는 흰색이고 긴 타원모양이다. 꽃은 흰색이며 큰 겹우산꽃차례에 많은 꽃이 달리며 우산꽃자루는 20~40개의 작은 우산꽃자루로 갈라지고 각각 끝에 20~40개의 꽃이 달린다. | 식용, 약용

결실　9~10월 | 갈래열매(분과)

자생　전국 각지, 깊은 산골짜기 개울가 습기 있는 초원이나 물가 양지

❗ 어린 순을 나물로 먹는다. | 한방과 민간에서 뿌리를 익기, 익정, 강장, 수태, 진정, 통경, 이뇨, 정혈, 치질, 구역질, 간질, 치통, 빈혈 등에 약재로 사용한다.

여름

구릿대
Angelica dahurica

▲ DMZ 8월

과명 미나리과

개화 6~8월　　**높이** 1~2m

특징 여러해살이풀 | 줄기의 밑부분이 지름 7~8cm 정도로 굵고 가지가 갈라지며 뿌리는 굵다. 뿌리잎과 밑부분 잎은 잎자루가 길고 3개씩 3~4회 깃모양으로 갈라지며 맨 마지막 갈래쪽잎은 밑으로 흐르고 다시 3개로 갈라진다. 갈래쪽은 긴 타원모양으로 끝이 날카롭고 가장자리에 규칙적이고 예리한 톱니가 있으며 잎줄 위와 가장자리에 잔털이 있다. 큰 우산꽃차례가 달리고 작은우산꽃자루는 20~40개이며 끝에 흰 꽃이 달린다. | 약용

결실 8~9월 | 갈래열매(분과)

자생 전국 각지, 높은 산 산마루 초원이나 길가 양지의 습기 있는 곳

❗ 한방에서 뿌리를 [백지(白芷)]라 하고 정혈, 진통, 진정, 이뇨, 건위, 익기, 통경, 감기, 빈혈, 부인병 등에 약재로 사용한다.

개구릿대
Angelica anomala

과명 미나리과

개화 8월 **높이** 1~2m

특징 여러해살이풀 | 줄기는 속이 비어 있고 대개 자줏빛이 돈다. 잎은 2~3회 깃모양겹잎이고 질이 두꺼우며 세모졌다. 작은 갈래쪽잎은 다시 2~3개로 갈라지고 긴 타원모양이며 끝이 뾰족하다. 가장자리에 뾰족한 톱니가 있고 간혹 밑부분이 흘러서 날개모양으로 되고 가장자리가 평활하다. 우산꽃줄기는 잔털이 퍼져 나고 작은 우산꽃자루는 30~60개이며 끝에 흰 꽃이 핀다. | 식용, 약용

결실 9월 | 갈래열매(분과)

자생 중부 이북지방, 깊은 산 초원 양지

❗ 어린 순을 식용한다. | 한방에서 뿌리와 열매를 정혈, 진통, 진정, 건위, 통경, 빈혈, 부인병 등에 약재로 사용한다.

삼수구릿대
Angelica jaluana

과명 미나리과

개화 7~8월 **높이** 1~1.5m

특징 여러해살이풀 | 줄기는 속이 비어 있고 둥글며 윗부분에 털이 있고 뿌리줄기는 굵고 실타래모양이다. 뿌리잎은 2회 깃모양겹잎이고 갈래조각은 피침모양이며 안으로 굽은 뾰족한 톱니가 있다. 밑부분 잎은 3회 깃모양겹잎이지만 윗부분 잎은 2회 깃모양겹잎으로 뿌리잎과 모양이 비슷하다. 작은 우산꽃차례에 흰 꽃이 달리며 모인꽃싸개잎은 없고 작은 모인꽃싸개잎은 5~7개이다. | 식용, 약용

결실 8~9월 | 갈래열매(분과)

자생 북부지방 고산지대, 압록강 유역의 삼수지방 개울가 초원 양지

❗ 궁궁이와 같은 용도로 식용, 약용한다.

강활
Ostericum praeteritum

과명 미나리과

개화 8~9월   **높이** 1~2m

특징 여러해살이풀 | 잎은 어긋나게 붙으며 2회 3출엽이다. 갈래조각은 달걀꼴의 타원모양이고 끝이 뾰족하며 가장자리에 결각모양의 톱니가 있고 뒷면 잎줄 위에 털이 있다. 작은 잎자루는 위로 올라가면서 점차 짧아지며 잎자루 밑부분이 넓어져서 잎집으로 된다. 겹우산꽃차례는 가지 끝과 원줄기 끝에서 발달하고 10~30개의 작은 우산꽃자루로 갈라져서 많은 흰 꽃이 핀다. | 약용

결실 9~10월 | 갈래열매(분과)

자생 중부 이북지방, 깊은 산골짜기 산기슭 초원 양지

❗ 한방에서 뿌리를 강장, 보혈, 해열, 구풍, 진통, 진경, 중풍, 치통 등에 약재로 사용한다.

기름나물
Peucedanum terebinthaceum

과명 미나리과

개화 7~9월   **높이** 30~90cm

특징 여러해살이풀 | 줄기는 대개 홍자색이 돌며 비교적 가지가 많고 잎자루가 있으며 2회 3출엽이다. 작은 갈래쪽잎은 넓은 달걀모양이며 밑부분으로 흘러 날개처럼 되고 다시 깃모양으로 깊게 갈라지며 결각과 뾰족한 톱니가 있다. 윗부분 잎은 퇴화되고 잎집은 좁은 거꿀피침모양으로 커지지 않는다. 꽃은 흰색이며 가지 끝과 원줄기 끝의 겹우산꽃차례에 달리고 작은 우산꽃자루는 10~15개이며 20~30개의 꽃이 핀다. | 식용, 약용

결실 8~10월 | 갈래열매(분과)

자생 전국 각지, 산지 메마른 양지의 숲 근처나 암석지

❗ 갯기름나물과 같은 용도로 식용, 약용한다.

갯기름나물
Peucedanum japonicum

▲ 울릉도 8월

과명　미나리과

개화　6~8월　　**높이**　60~100cm

특징　여러해살이풀 | 줄기는 곧게 서고 끝부분에 짧은 털이 있으며 그밖의 부분은 평활하다. 잎은 어긋나게 붙고 잎자루가 길며 회백색으로 흰 가루를 칠한 것 같으며 2~3회 깃모양겹잎으로 작은 갈래쪽잎은 거꿀달걀모양이고 두꺼우며 대개 3개로 갈라지고 불규칙하다. 꽃은 흰색이며 가지 끝과 원줄기 끝에 겹우산꽃차례에 달리고 꽃차례는 10~20개의 작은 우산꽃자루로 갈라져서 끝에 각각 20~30개의 꽃이 달린다. | 관상용, 식용, 약용

결실　8~9월 | 갈래열매(분과)

자생　울릉도, 중부 이남지방, 바닷가 근처 산기슭 초원 양지

❗ 어린 순을 식용한다. | 한방과 민간에서 열매와 뿌리를 풍사, 정력, 식중독, 도한, 대하증 등에 약재로 사용한다.

여름

콩팥노루발
Pyrola renifolia

▲ 백두산 6월

과명 노루발풀과

개화 6~7월   **높이** 10~20cm

특징 늘푸른 여러해살이풀 | 잎은 1~3개가 밑부분에서 어긋나게 붙고 끝이 둥글며 밑은 심장모양으로 표면에 윤채는 없고 짙은 녹색이다. 잎줄 부위는 색깔이 연하며 가장자리에 물결모양의 톱니가 있고 잎자루가 있다. 꽃은 흰 바탕에 녹색이 돌며 꽃줄기는 간혹 1개의 비늘잎이 있고 몇 개의 꽃이 달린다. | 약용

결실 8월 | 튀는열매(삭과)

자생 울릉도, 북부지방, 고산지대 바늘잎나무 숲속 그늘

❗ 풀잎의 모양이 콩팥모양 같아 이름 지어졌다. | 한방과 민간에서 풀 전체를 이뇨, 수렴, 충독, 감기 등에 약재로 사용한다.

주걱노루발
Pyrola minor

▲ 삼지연 6월

과명 노루발풀과

개화 6~7월　　**높이** 20cm 안팎

특징 늘푸른 여러해살이풀 | 식물체에 털이 없고 잎은 뿌리목에서 몇 개가 모여 나며 가죽질로 잎자루가 있다. 잎몸은 넓은 타원모양, 둥근 달걀모양이고 끝은 약간 뾰족하며 밑은 둥근편이고 가장자리에 물결모양의 둔한 주름이 있다. 꽃줄기는 곧게 서고 모서리가 있으며 밑에 1~2개의 비늘잎이 붙고 끝에서 7~15개의 흰 꽃이 모여 송이모양꽃차례를 이루고 핀다. | 약용

결실 8월 | 튀는열매(삭과)

자생 북부지방, 양강도의 백두산 고원지 등 바늘잎나무 숲 그늘

❗ 콩팥노루발과 같은 용도로 약용한다.

여름

노루발
Pyrola japonica

▲ 양평 6월

과명 노루발풀과

개화 6~7월　　**높이** 15~30cm

특징 늘푸른 여러해살이풀 | 뿌리줄기는 길게 옆으로 벋고 잎은 1~8개가 밑부분에서 무더기로 나며 둥근모양, 넓은 타원모양으로 흔히 잎자루와 더불어 자줏빛이 돈다. 표면은 잎줄 부위가 연한 녹색이며 가장자리에 낮은 톱니가 약간 있고 잎자루는 길다. 꽃줄기는 모서리가 있고 1~2개의 비늘잎이 달리며 윗부분에서 5~12개의 흰 꽃이 송이모양으로 달린다. | 약용

결실 8~9월 | 튀는열매(삭과)

자생 전국 각지, 산지 바늘잎나무 숲속 그늘이나 넓은잎나무 아래

! 콩팥노루발과 같은 용도로 약용한다.

기생꽃
Trientalis europaea

▲ 설악산 8월

과명 앵초과

개화 7~8월 **높이** 7~25cm

특징 여러해살이풀 | 줄기는 곧게 서고 실모양의 흰 땅을 기는 줄기가 벋으며 밑부분에 비늘모양 잎이 붙고 끝부분에서 5~10개의 큰 잎이 돌려 붙는다. 잎몸은 얇고 넓은 거꿀피침모양, 피침모양, 타원모양, 달걀모양으로 끝이 뾰족하거나 약간 둔하다. 밑부분이 좁아져서 직접 원줄기에 달리며 가장자리는 거의 밋밋하다. 꽃자루는 길이 2~3cm이고 끝에 1개의 흰 꽃이 달린다.

결실 9월 | 튀는열매(삭과)

자생 남·중·북부지방, 높은 산마루 바위틈, 백두산 고원지 숲속 반그늘

여름

진퍼리까치수염(진퍼리까치수영)
Lysimachia fortunei

▲ 나주 7월

과명 앵초과

개화 7~8월　　**높이** 40~70cm

특징 여러해살이풀 | 땅속줄기가 옆으로 벋으면서 퍼지고 밑부분에 붉은빛이 돈다. 잎은 어긋나게 붙고 거꿀피침모양, 거꿀피침꼴의 긴 타원모양으로 끝이 뾰족하거나 둔하다. 밑부분이 좁아져서 직접 원줄기에 달리고 가장자리는 밋밋하며 연한 색의 선점이 마르면 모래알 같이 두드러진다. 맨 위에 달리는 송이모양꽃차례에 흰 꽃이 많이 모여 핀다. | 식용, 약용

결실 9~10월 | 튀는열매(삭과)

자생 남부지방, 들녘 도랑가 등 습기 있는 초원 양지

❗ 습지에서 자라기 때문에 이름 지어졌다. | 어린 잎을 식용한다. | 민간에서 풀잎을 구충제 등으로 사용한다.

까치수염(까치수영)
Lysimachia barystachys

▲ 소백산 6월

과명 앵초과

개화 6~8월　　**높이** 50~100cm

특징 여러해살이풀 | 땅속줄기가 옆으로 퍼지고 식물체에 잔털이 있으며 원줄기는 둥근 기둥모양으로 밑부분에 붉은 빛이 돌고 가지가 약간 갈라지거나 없다. 잎은 어긋나게 붙지만 모여 난 것 같이 보이며 좁은 긴 타원모양이고 가장자리는 밋밋하며 양끝이 점차 좁아져서 밑부분이 잎자루처럼 되지만 잎자루는 없다. 잎 가장자리와 뒷면, 잎살 속에 연한 색의 샘털이 있고 표면에도 흔히 털이 있다. 원줄기 끝에 꼬리모양으로 옆으로 굽은 꽃차례가 달리고 흰 꽃이 빽빽하게 핀다. | 관상용, 식용

결실 8~9월 | 튀는열매(삭과)

자생 전국 각지, 산과 들, 산골짜기 냇가 등의 습기 있는 초원 양지

❗ 어린 순을 나물로 먹는다.

여름

큰까치수염(큰까치수영)
Lysimachia clethroides

▲ 축령산 6월

과명 앵초과

개화 6~8월 **높이** 50~100cm

특징 여러해살이풀 | 뿌리줄기는 퍼지며 원줄기는 둥근 기둥모양이고 밑부분에 털이 없으며 붉은빛이 돌고 대개 가지는 갈라지지 않는다. 잎은 어긋나게 붙고 긴 타원꼴의 피침모양으로 끝이 뾰족하며 밑부분이 점차 좁아져서 원줄기에 달리거나 잎자루로 된다. 표면에 흔히 털이 있고 뒷면은 털이 없으며 잎살 속에 샘점이 있다. 원줄기 끝에서 한쪽으로 굽다가 끝부분이 수평으로 서는 송이모양꽃차례에 흰 꽃이 빽빽하게 핀다. | 관상용, 식용

결실 9월 | 튀는열매(삭과)

자생 남·중·북부지방, 산기슭 초원, 길가 빈터 양지

❗ 어린 순을 나물로 먹는다.

갯까치수염(갯까치수영)
Lysimachia mauritiana

▲ 독도 5월

과명 앵초과

개화 7~8월　　**높이** 10~40cm

특징 두해살이풀 | 줄기는 밑에서 가지가 갈라지며 밑부분에 붉은빛이 돌고 잎은 어긋나게 붙으며 고기질이다. 주걱 같은 거꿀피침모양으로 가장자리가 밋밋하며 끝이 둔하거나 둥글고 밑으로 좁아져서 직접 원줄기에 달리며 잎살 속에 검은 샘털이 있다. 송이모양꽃차례는 줄기 끝에 달리고 작은 꽃자루가 비스듬히 퍼지며 끝에 각각 흰 꽃이 핀다. | 관상용

결실 9~10월 | 튀는열매(삭과)

자생 바닷가 모래땅이나 양지의 바위틈

고산봄맞이
Androsace lehmanniana

▲ 삼지연 6월

과명 앵초과

개화 6~7월 **높이** 10cm 안팎

특징 여러해살이풀 | 원줄기는 갈라져 그 끝에서 잎이 돌려붙은 모양으로 달리며 어릴 때는 긴 흰 털이 있으나 점차 없어진다. 잎은 연한 황록색이며 넓은 거꿀피침모양, 좁은 거꿀달걀모양으로 끝이 둔하고 밑부분이 좁아져서 짧은 잎자루처럼 되며 가장자리가 밋밋하다. 윗부분에 표면과 더불어 긴 흰 털이 퍼져 있다. 꽃줄기 끝에서 2~4개의 흰 꽃이 우산모양으로 달린다. | 식용

결실 8~9월 | 튀는열매(삭과)

자생 북부지방, 양강도의 백두산 고원지 돌밭 양지

❗ 고원지에만 자라기 때문에 이름 지어졌다. | 어린 순을 나물로 먹는다.

금강봄맞이
Androsace cortusaefolia

▲ 설악산 6월

과명 앵초과

개화 6월   **높이** 7~15cm

특징 여러해살이풀 | 뿌리줄기는 짧고 끝에 분해된 잎자루의 섬유가 남아 있으며 모든 잎이 뿌리에서 나온다. 잎은 둥근 심장모양이고 7~11개로 갈라지며 갈래조각은 중앙까지 3개로 갈라지거나 톱니가 있거나 밋밋하며 뒷면은 색깔이 연하거나 흰빛이 돌고 잎자루가 있다. 줄기 끝에 7~17개의 흰 꽃이 1개의 우산꽃차례가 되고 끝에 각각 1개씩 꽃이 달린다. | 관상용, 식용

결실 8월 | 튀는열매(삭과)

자생 중부지방, 설악산과 금강산의 산기슭 반그늘의 바위틈이나 비옥한 땅

❗ 금강산에서 가장 먼저 발견되어 이름 지어졌다. | 어린 순은 나물로 먹는다.

여름

산용담
Gentiana algida

▲ 백두산 8월

과명 용담과

개화 8~9월　　**높이** 10~25cm

특징 여러해살이풀 | 뿌리줄기는 짧고 마디 사이도 짧으며 털이 없고 모서리가 있다. 밑부분에서 새순이 나와 몇 개의 뿌리잎이 달린다. 뿌리잎은 좁은 거꿀피침모양, 넓은 줄모양으로 끝이 둔하고 밑부분이 좁아지면서 서로 얼싸안고 칼집모양으로 된다. 줄기잎은 피침모양이고 밑부분이 합쳐져 짧은 칼집모양으로 된다. 연한 황백색 바탕에 청록색 점이 있는 꽃이 짧은 꽃자루 끝에 달린다. | 약용

결실 9~10월 | 튀는열매(삭과)

자생 북부지방, 양강도 백두산 고원지의 초원 양지

❗ 한방에서 뿌리를 건위, 설사, 창종, 개선, 간질, 경풍, 회충, 심장병, 습진 등에 약재로 사용한다.

어리연꽃
Nymphoides indica

▲ 태안반도 8월

과명 용담과

개화 8월 **높이** 물 깊이에 따라 조절됨

특징 여러해살이 수생식물 | 줄기에는 수염 같은 뿌리가 있고 원줄기는 가늘며 1~3개의 잎이 드문드문 달린다. 잎은 물 위에 뜨고 둥근 심장모양이며 밑부분이 깊이 갈라진다. 잎자루는 길이 1~2cm이고 원줄기의 연속으로서 밑부분 양쪽이 귀모양으로 넓어지며 꽃차례 밑부분을 감싼다. 흰 바탕에 중심부는 황색인 꽃이 잎 사이로 물 위에 나와서 피고 10여 개가 한군데에 달린다. | 관상용, 약용

결실 9월 | 튀는열매(삭과)

자생 중부 이남지방, 강변, 하천, 호숫가 얕은 물 양지

❗ 민간에서 잎을 고미, 건위, 사열 등에 약재로 사용한다.

여름

새삼
Cuscuta japonica

▲ 괴산 8월

과명   메꽃과

개화   8~9월   **길이**   2~5m

특징   한해살이 기생식물 | 원줄기는 철사모양이고 황적색이 돌며 털은 없다. 씨가 발아되어 옆의 다른 나무에 붙게 되면 원뿌리는 없어지고 남의 나무에서 양분을 흡수하고 살아가는 기생식물이다. 잎은 비늘쪽 같고 세모졌으며 꽃은 흰색이다. 작은꽃자루가 짧거나 없으며 이삭꽃차례에 모려 달리고 꽃이 다시 모여서 덩이모양으로 된다. | 약용

결실   9~10월 | 튀는열매(삭과)

자생   전국 각지, 산과 들, 길가 언덕이나 냇가 풀숲 양지

❗ 한방에서 씨를 [토사자(菟絲子)]라 하고 강정, 강장, 진정, 익기, 음위증, 유정, 요통, 설사, 면창, 구창, 뇨혈, 치질 등에 약재로 사용한다.

실새삼
Cuscuta australis

▲ 공주 8월

과명 메꽃과

개화 7~8월 **길이** 50cm 안팎

특징 한해살이 기생식물 | 줄기에는 비늘쪽 같은 잎이 드문드문 어긋나게 붙고 전체에 털이 없으며 왼쪽으로 감으면서 벋는다. 꽃은 흰색이고 가지의 각 부분에 송이모양꽃차례가 덩이모양으로 달린다. 꽃자루는 짧고 꽃받침잎은 5개이며 넓은 타원모양으로 끝이 둔하고 약간 고기질이다. | 약용

결실 9~10월 | 튀는열매(삭과)

자생 전국 각지, 들녘 길가나 냇가 초원 양지

❗ 줄기가 실모양처럼 가늘게 벋는 데서 이름 지어졌다. | 새삼과 같은 용도로 약용한다.

여름

모래지치
Messerschmidia sibirica

▲ 태안반도 7월

과명 지치과

개화 6~8월　　**높이** 25~40cm

특징 여러해살이풀 | 땅속줄기가 옆으로 길게 벋고 누운 털이 빽빽하게 나며 가지가 많이 갈라진다. 잎은 어긋나게 붙고 주걱모양으로 잎자루는 없으며 질이 두껍고 양면에 누운 털이 있다. 꽃은 흰색이며 원줄기나 가지 끝 또는 잎겨드랑이에 고른살꽃차례에 달리며 작은꽃자루는 짧고 꽃받침은 중앙까지 5개로 갈라지며 겉에 퍼진 털이 있다. | 식용

결실 9~10월 | 굳은껍질열매(견과)

자생 전국 각지, 바닷가 모래땅과 근처 길가 양지

❗ 바닷가의 모래땅에만 자라기 때문에 이름 지어졌다. | 어린 순은 나물로 먹는다.

컴프리
Symphytum officinale

과명 지치과

개화 6~7월 **높이** 60~90cm

특징 여러해살이풀 | 귀화식물(유럽 원산). 줄기에 짧은 털이 있고 가지가 갈라지며 날개가 약간 있다. 잎은 어긋나게 붙고 달걀꼴로 끝이 길게 뽀족해지며 밑부분의 것은 잎자루가 있으나 윗부분의 것은 없고 잎이 달린 곳에서 밑으로 흘러 날개모양으로 된다. 꽃은 자주색, 연한 홍색, 흰색이며 꽃대축은 1~2회 2개씩 갈라지고 끝이 꼬리모양으로 말려서 밑을 향해 핀다. | 관상용, 식용, 약용

결실 8월 | 굳은껍질열매(견과)

자생 전국 각지, 길가 빈터 등의 양지

❗ 잎을 차 대용으로 마신다. | 한방과 민간에서 뿌리를 잎과 같이 보익, 진정, 고혈압 등에 약재로 사용한다.

쉽싸리
Lycopus ramosissimus var. *japonicus*

과명 꿀풀과

개화 7~8월 **높이** 1m 안팎

특징 여러해살이풀 | 원줄기는 네모지고 녹색이지만 마디는 검은빛이 돌고 흰 털이 있다. 잎은 마주 붙고 옆으로 퍼지며 넓은 피침모양으로 양끝이 좁고 끝은 둔하며 밑으로 좁아져서 날개가 있는 잎자루모양으로 되며 가장자리에 톱니가 있다. 잎겨드랑이에 흰 꽃이 모여 달린다. | 식용, 약용

결실 9~10월 | 갈래열매(분과)

자생 전국 각지, 산기슭 도랑가 습기 있는 초원 양지

❗ 어린 순을 식용한다. | 한방에서 식물체 전체를 이뇨, 해열, 익정, 통경, 요통, 두풍, 당뇨병, 류머티즘, 황달, 폐경, 월결통, 월경불순, 부인병 등에 약재로 사용한다.

여름

꽈리
Physalis alkekengi var. *francheti*

▲ 온양 10월

과명 가지과

개화 6~8월　　**높이** 40~80cm

특징 여러해살이풀 | 땅속줄기가 길게 벋으며 번식하고 잎은 어긋나게 붙지만 한군데서 2개씩 나오며 그 틈에서 꽃이 핀다. 잎은 넓은 달걀모양이고 끝이 뾰족하고 밑은 점차 좁아지며 가장자리에 톱니가 있다. 꽃은 1개씩 달리며 작은꽃자루는 길이 3~4cm이고 꽃받침은 짧은 통모양으로 끝이 얕게 5개로 갈라지며 꽃은 황색기가 도는 흰색이다. | 유독성식물 | 관상용, 약용

결실 8~10월 | 물열매(장과)

자생 전국 각지, 낮은 산골짜기 초원 양지

❗ 한방과 민간에서 열매를 백일기침, 기관지염에 약재로 쓰며 식물체와 뿌리는 해산할 때 진통 촉진약, 이뇨제 등으로 쓴다. 풀 전체는 열매와 같이 통경, 조경, 안질, 임파선염, 황달, 간경화, 자궁염, 난소염, 수난관염 등에 약재로 쓴다.

까마중
Solanum nigrum

▲ 서울 9월

과명 가지과

개화 5~9월　　**높이** 30~90cm

특징 한해살이풀 | 원줄기는 모서리가 약간 나타나며 잎은 달걀모양이고 끝이 뾰족하거나 둔하다. 밑은 둥글거나 넓으며 긴 잎자루 윗부분까지 흐르고 가장자리가 밋밋하거나 물결모양의 톱니가 있다. 꽃은 흰색이며 꽃차례는 잎보다 위에서 나오고 길이 1~3cm의 꽃자루가 갈라진다. 짧은꽃자루에 길이 7~12mm 정도의 작은꽃자루가 나와 우산모양으로 꽃이 달린다. | 유독성식물 | 식용, 약용

결실 8~10월 | 물열매(장과)

자생 전국 각지, 길가 빈터나 밭둑, 집 주변 텃밭 등의 양지

❗ 어린 잎과 줄기를 데쳐서 나물로 먹는다. | 한방에서 식물체를 강장, 해열, 이뇨, 피로 회복, 진통, 신경통, 탈항, 대하증, 좌골신경통 등에 약재로 사용한다.

여름

배풍등
Solanum lyratum

▲ 북한산 6월

과명 가지과

개화 6~8월   **길이** 3m 안팎

특징 여러해살이 덩굴풀 | 줄기와 잎에 줄모양의 털이 있고 잎은 어긋나게 붙으며 긴 타원모양으로 끝이 뾰족하다. 밑은 심장모양이고 대개 잎 밑동에서 1~2쌍의 갈래조각이 갈라진다. 꽃차례는 잎과 마주 붙고 가지가 갈라지며 흰 꽃이 피고 꽃받침에 둔한 톱니가 있으며 꽃부리는 수레바퀴모양이고 5개로 깊게 갈라진다. | 유독성식물 | 약용

결실 9~11월 | 물열매(장과)

자생 경기도 이남지방, 낮은 지대 산기슭이나 길가 언덕 등 양지

❗ 줄기에는 쏠라닌, 쏠라닌틴 등 알칼로이드와 딜카마린이라는 배당체가 함유되어 있어 신경통, 요통, 종기, 자궁염 등에 피를 맑게 하고 독을 풀어주며 통증을 멈추게 한다. 뿌리와 잎은 기침, 갈증, 단독 등에 열을 내리고 통증을 멈추게 한다.

털독말풀
Datura meteloides

▲ 남양주 8월

◀ 열매

과명 가지과

개화 6~8월　　**높이** 60~150cm

특징 한해살이풀 | 귀화식물(열대아시아 원산). 원줄기는 곧게 서고 굵은 가지가 많이 갈라진다. 잎은 어긋나게 붙지만 간혹 마주 붙은 모양으로 되고 잎자루가 길며 넓은 달걀모양으로 끝이 뾰족하다. 밑은 심장모양이고 가장자리에 결각모양의 톱니가 있거나 밋밋하다. 잎겨드랑이에 1개씩 흰 꽃이 달리며 꽃자루는 길고 꽃받침은 긴 통모양으로 꽃부리가 깔때기모양이다. 저녁에 피었다가 이튿날 낮에 쓰러진다. | 유독성식물 | 약용

결실 8~10월 | 튀는열매(삭과)

자생 전국 각지, 들녘 길가 빈터 등

❗ 한방에서 잎과 열매를 진통, 진해, 진정, 천식, 마취, 경풍, 간질 등에 약재로 사용한다.

여름

질경이
Plantago asiatica

▲ 남한산성 8월

과명 질경이과

개화 6~8월 **높이** 10~50cm

특징 여러해살이풀 | 원줄기는 없고 많은 잎이 뿌리에서 나와 비스듬히 퍼지며 잎자루는 길이가 일정하지 않으나 대개 잎과 길이가 비슷하고 밑부분이 넓어져서 서로 얼싸안는다. 잎몸은 타원모양, 달걀모양이고 나란히 잎줄이 있으며 가장자리는 물결모양이다. 꽃은 흰색이며 잎 사이에서 꽃자루가 나와 꽃이 이삭모양으로 빽빽하게 달린다. | 식용, 약용

결실 8~10월 | 튀는열매(삭과)

자생 전국 각지, 산과 들, 특히 양지의 길바닥

❗ 어린 잎은 나물로 먹는다. | 한방에서 씨를 [차전자(車前子)]라 하고 식물체와 씨를 거담, 강심, 눈병, 설사멎이, 방광염, 장염, 기관지염, 음양, 난산 등에 약재로 사용한다.

창질경이
Plantago lanceolata

▲ 제주도 6월

과명 질경이과

개화 6~8월 **높이** 30~60cm

특징 여러해살이풀 | 귀화식물(유럽 원산). 뿌리줄기는 굵고 고기질이며 잎은 피침모양, 좁은 달걀모양으로 곧게 서고 양끝이 좁으며 위를 향한 털이 있고 밑부분의 잎자루로 흐른다. 꽃자루는 길며 끝에 이삭꽃차례가 달리고 꽃차례는 처음에는 둥글지만 자라면서 이삭처럼 되고 꽃부리는 흰색이지만 자주색의 꽃밥이 뚜렷하게 보인다. | 식용, 약용

결실 7~9월 | 튀는열매(삭과)

자생 전국 각지, 길가 빈터 등의 양지나 바닷가 초원

❗ 꽃차례 모양이 창같이 뾰족한 데서 이름 지어졌다. | 질경이와 같은 용도로 식용, 약용한다.

낚시돌풀

Hedyotis biflora var. *parvifolia*

▲ 거제도 7월

과명 꼭두서니과

개화 7~8월   **높이** 5~20cm

특징 여러해살이풀 | 줄기는 가지가 많고 옆으로 퍼지며 털은 없고 약간 고기질이다. 잎은 마주 붙고 거꿀달걀꼴의 긴 타원모양으로 표면에 윤채가 나며 가장자리는 밋밋하고 뒤로 약간 말린다. 잎자루는 짧고 받침잎은 작으며 양쪽에 각각 2개의 톱니가 있다. 꽃은 흰색이며 줄기 끝에 고른살꽃차례로 달리고 작은꽃자루는 짧다. | 관상용, 식용

결실 8~9월 | 튀는열매(삭과)

자생 제주도, 경상남도, 전라남도의 바닷가 양지의 바위틈

❗ 어린 잎은 나물로 먹는다.

계요등
Paederia scandens

과명 꼭두서니과

개화 7~8월　　**길이** 5~7m

특징 여러해살이 덩굴풀 또는 작은덩굴나무 | 밑부분은 나무질화 되었으며 윗부분 줄기는 겨울 동안 죽는다. 어린 가지에 잔털이 약간 있고 잎은 마주 붙으며 달걀모양, 달걀꼴의 피침모양으로 끝이 길게 뾰족하다. 밑은 둥글거나 수평 또는 심장모양이다. 표면은 처음에 털이 있고 뒷면은 잔털이 있거나 없으며 가장자리가 밋밋하고 잎자루가 있다. 고깔꽃차례 또는 고른살꽃차례는 줄기 끝이나 잎겨드랑이에 달리고 흰 바탕에 자주색의 얼룩점이 있는 꽃이 모여 달린다. | 관상용, 약용

결실 9~10월 | 굳은씨열매(핵과)

자생 중부 이남지방, 울릉도, 제주도, 대개는 바닷가 지역 숲 가장자리 또는 마을 돌담 등 양지

❗ 꽃이 피면 닭의 오줌 냄새가 심하게 나기 때문에 원래 계뇨등(鷄尿藤)으로 불렀다. | 한방에서 식물체와 뿌리를 거담, 해독, 충독, 해수, 치질, 감기, 신장염 등에 약재로 사용한다.

좁은잎계요등
Paederia scandens var. *argustifolia*

과명 꼭두서니과

개화 7~8월　　**길이** 5~7m

특징 여러해살이 덩굴풀 또는 작은덩굴나무 | 원변종에 비하여 잎이 좁은 긴 피침모양이며 밑은 잘린모양이고 잎 표면에는 털이 없으나 뒷면 잎줄 위에 털이 있는 것이 특징이다. | 관상용, 약용

결실 9~10월 | 굳은씨열매(핵과)

자생 남부지방, 산과 들

❗ 계요등과 같은 용도로 약용한다.

여름

꼭두서니
Rubia akane

▲ 부암동 8월

과명 꼭두서니과

개화 7~8월 　　**길이** 2~3m

특징 여러해살이 덩굴풀 | 원줄기는 네모지며 모서리에 밑을 향한 짧은 가시가 있고 뿌리는 연한 황적색이다. 잎은 4개씩 돌려붙지만 그 중 2개는 보통잎이며 2개는 받침잎이고 심장모양, 긴 달걀모양이다. 5개의 잎줄이 있고 잎자루와 뒷면 잎줄 위, 가장자리에 잔가시가 있다. 꽃은 4~5개로 갈라지고 연한 황색이며 잎겨드랑이와 줄기 끝의 고깔꽃차례에 달리며 작은꽃자루는 짧다. | 약용, 염료용

결실 9~10월 | 물열매(장과)

자생 전국 각지, 산과 들, 마을 근처 담장이나 숲 가장자리 초원 양지

❗ 뿌리를 붉은색 물감원료로 사용한다. | 한방에서 뿌리를 [천초근(茜草根)]이라 하고 강심, 이뇨, 자궁수축, 청혈, 통경, 지혈, 자궁내막염 등에 약재로 사용한다.

초롱꽃
Campanula punctata

과명 도라지과

개화 6~8월 **높이** 40~100cm

특징 여러해살이풀 | 식물체에 퍼진 털이 있고 대개 옆으로 자라는 땅바닥을 기는 가지가 있다. 뿌리잎은 잎자루가 길고 달걀꼴의 심장모양으로 줄기잎은 날개가 있는 잎자루가 있거나 없다. 세모꼴의 달걀모양, 넓은 피침모양으로 뾰족한 끝이 둔하게 그치고 밑부분이 둥글거나 좁으며 가장자리에 불규칙하고 둔한 톱니가 있다. 꽃은 흰색 또는 연한 홍자색 바탕에 짙은 얼룩점이 있으며 긴 꽃자루 끝에 종모양으로 달려 꽃이 밑으로 처진다. | 관상용, 식용, 약용

결실 8~9월 | 튀는열매(삭과)

자생 전국 각지, 산과 들, 낮은 산부터 높은 산에 이르기까지 산기슭 초원 양지

❗ 어린 잎을 나물로 먹는다. | 한방과 민간에서 뿌리를 보폐, 경풍, 천식, 한열, 편도선염, 인후염 등에 약재로 사용한다.

자주초롱꽃
Campanula punctata var. *rubriflora*

과명 도라지과

개화 6~8월 **높이** 40~100cm

특징 여러해살이풀 | 원변종에 비하여 꽃받침 갈래조각이 좁은 세모꼴이고 꽃은 짙은 자주색이며 꽃부리에 연한 자주색 반점이 빽빽하게 있는 것이 특징이다. | 관상용, 식용, 약용

결실 8~9월 | 튀는열매(삭과)

자생 북부지방, 고산지대, 압록강 유역의 초원 양지

❗ 초롱꽃과 같은 용도로 식용, 약용한다.

여름

정영엉겅퀴
Cirsium chanroenicum

▲ 지리산 9월

과명 국화과

개화 8~9월 **높이** 50~100cm

특징 여러해살이풀 | 뿌리가 굵으며 깊이 들어가고 원줄기는 홈이 파진 모서리가 있으며 가지가 갈라진다. 뿌리잎은 꽃이 필 때 대개 없어지고 중앙부의 잎은 달걀모양으로 끝이 뾰족하고 밑이 잘린 모양이거나 약간 좁아져서 잎자루의 날개로 되며 털이 약간 있다. 밋밋한 가장자리에 침 같은 톱니가 있거나 밑부분이 1~2쌍 정도로 갈라지며 잎자루는 짧다. 머리모양꽃은 3~4개가 모여 달리거나 이삭처럼 배열되고 황백색 꽃이다. | 약용

결실 9~10월 | 여윈열매(수과)

자생 남부지방, 지리산, 가야산 등 깊은 산 산마루 근처 초원 양지

❗ 한방에서 식물체를 해열, 지혈, 염증, 토혈, 혈뇨, 외상성출혈, 종창, 감기, 대하증, 안태, 음창 등에 약재로 사용한다.

단풍취
Ainsliaea acerifolia

▲ 오대산 8월

과명 국화과

개화 7~9월   **높이** 35~80cm

특징 여러해살이풀 | 줄기는 가지가 없고 긴 갈색 털이 드문드문 있다. 잎은 원줄기 중앙에 4~7개가 돌려 붙은 것처럼 달리고 둥근모양으로 끝이 7~11개로 얕게 갈라진 다음 다시 3개로 얕게 갈라지는 것이 있다. 양면과 잎자루에 털이 약간 있으며 잎자루는 약간 길다. 원줄기 끝에서 이삭모양으로 달리고 짧은 작은 꽃자루 끝에 흰 꽃이 달린다. | 식용

결실 9~10월 | 여윈열매(수과)

자생 전국 각지, 산기슭 숲 그늘

❗ 풀잎의 모양이 단풍잎을 닮은 데서 이름 지어졌다. | 어린 잎은 나물로 먹는다.

여름

왜솜다리
Leontopodium japonicum

▲ 향로봉 8월

과명 국화과

개화 8~9월　　**높이** 25~55cm

특징 여러해살이풀 | 줄기는 무더기로 나며 윗부분이 약간 갈라지고 윗부분까지 잎이 달리며 흰 솜털로 덮여 있다. 뿌리잎과 밑부분의 잎은 꽃이 필 때 없어지고 중앙부의 잎은 피침모양, 긴 타원모양으로 끝이 뾰족하며 밑부분이 좁고 표면에 솜털이 있거나 없으며 뒷면에 흰 솜털이 있다. 꽃싸개잎은 드문드문 달리고 윗부분 잎보다 작으며 표면에 황백색 털이 있다. 꽃은 회백색이고 머리모양꽃은 잡성이며 1개 또는 여러 개가 모여 달린다. | 관상용, 식용

결실 9~10월 | 여윈열매(수과)

자생 중부지방, 소백산 이북지방의 높은 산 산마루 근처 초원 양지

❗ 어린 잎과 줄기를 나물로 먹는다.

산솜다리
Leontopodium leioleis

▲ 간백령 8월

과명 국화과

개화 8월   **높이** 7~22cm

특징 여러해살이풀 | 밑에 묵은 잎들이 있고 줄기는 자줏빛이 돌며 거미줄 같은 털과 잔털로 덮여 있다. 뿌리잎은 꽃이 필 때까지 남아 있고 중앙부의 잎은 넓은줄 모양으로 둔한 끝에 뾰족한 도드라기가 있고 밑부분이 원줄기에 붙어 있다. 양면은 회백색이고 누른빛이 돌며 솜털과 짧은 털이 있다. 꽃이 달리지 않는 줄기의 잎은 밑이 좁아져서 잎자루 같이 되며 표면에 솜털이 있고 뒷면은 회백색 털이 빽빽하다. 꽃은 연한 황색이고 꽃싸개잎은 6~9개로 회백색 털이 빽빽하며 머리모양꽃은 6~9개가 달린다. | 관상용, 식용

결실 9월 | 여윈열매(수과)

자생 북부지방, 낭림산 이북지방의 고원지 양지의 바위틈

❗ 어린 잎과 줄기를 나물로 먹는다.

여름

다북떡쑥
Anaphalis sinica

과명 국화과

개화 7~8월　　**높이** 20~35cm

특징 여러해살이풀 | 가는 뿌리줄기에서 여러 대가 나오며 가지는 없고 좁은 날개가 있으며 흰 털로 덮여 있다. 뿌리잎은 작고 꽃이 필 때 없어진다. 줄기잎은 어긋나게 붙으며 거꿀피침모양으로 끝이 둔하고 밑부분이 좁아져서 원줄기로 흐르기 때문에 모서리로 된다. 표면은 녹색이고 솜털이 약간 있으나 뒷면은 솜털이 빽빽하게 있어 회백색으로 된다. 꽃은 연한 분홍색이고 고른모양의 꽃차례에 암꽃이 머리모양꽃차례로 피며 모인 꽃싸개잎은 종모양이다. | 식용, 약용

결실 8~9월 | 여윈열매(수과)

자생 제주도 한라산, 강원도 설악산, 금강산 등의 고원지 바위틈

❗ 어린 잎은 식용한다. | 한방과 민간에서 식물체를 지혈, 건위, 거담, 하리 등에 약재로 사용한다.

구름떡쑥
Anaphalis sinica subsp. *morii*

과명 국화과

개화 7~8월　　**높이** 20~35cm

특징 여러해살이풀 | 원변종에 비하여 줄기는 모여 나고 잎은 줄기에 빽빽하게 모여 붙으며 머리모양꽃차례는 적게 생기거나 때로 1개씩 생기는 것이 특징이다. | 식용, 약용

결실 8~9월 | 여윈열매(수과)

자생 제주도 한라산 고원지 양지

❗ 다북떡쑥과 같은 용도로 식용, 약용한다.

등골나물
Eupatorium chinense var. *simplicifolum*

과명 국화과

개화 7~10월　　**높이** 60~180cm

특징 여러해살이풀 | 가지에 꼬부라진 털이 있고 원줄기에 자줏빛이 도는 얼룩점이 있다. 밑부분의 잎은 꽃이 필 때쯤 없어지고 중앙부의 큰 잎은 마주 붙는다. 잎은 잎자루가 짧고 달걀꼴의 긴 타원모양으로 끝이 뾰족하고 규칙적인 뾰족한 톱니가 있다. 양면에 털이 있으며 뒷면에 샘점이 있고 잎줄은 6~7쌍이며 위로 올라가면서 길고 좁아진다. 황백색 또는 연한 자주색 꽃이 원줄기 끝의 고른꽃차례에 달리고 모인꽃싸개잎은 둥근 통모양이다. | 관상용, 식용, 약용

결실 8~11월 | 여윈열매(수과)

자생 전국 각지, 산기슭 숲 가장자리 양지 초원이나 냇가 초원

❗ 어린 잎을 나물로 먹는다. | 민간에서 잎을 해산 전후에 약으로 사용한다.

향등골나물
Eupatorium chinense for. *tripartitum*

과명 국화과

개화 7~10월　　**높이** 60~180cm

특징 여러해살이풀 | 원변형에 비하여 잎이 3개로 갈라지고 가운데의 갈래조각은 가장 크며 긴 타원모양이지만 양쪽의 갈라진조각은 작고 피침모양인 것이 특징이다. | 관상용, 식용, 약용

결실 8~11월 | 여윈열매(수과)

자생 중부 이남지방, 산지 풀숲

❗ 등골나물과 같은 용도로 식용, 약용한다.

여름

개망초
Erigeron annuus

과명 국화과

개화 6~7월   **높이** 30~100cm

특징 두해살이풀 | 귀화식물(북아메리카 원산). 줄기잎은 어긋나게 붙고 밑부분의 것은 달걀모양으로 양면에 털이 있으며 가장자리에 톱니가 있고 잎자루는 날개가 있다. 윗부분 잎은 피침모양으로 뾰족한 톱니가 있으며 양끝이 좁고 뒷면 잎자루 위와 가장자리에 털이 있다. 꽃은 가지와 원줄기 끝에 고른모양으로 달리며 흰색이지만 간혹 연한 자줏빛이 도는 혀모양 꽃잎이 둘러싸는 것도 있다. | 식용

결실 8~9월 | 여윈열매(수과)

자생 전국 각지, 산과 들, 경작지 근처나 길가 둑 등 초원 양지

❗ 어린 잎을 나물로 먹는다.

망초
Erigeron canadensis

과명 국화과

개화 7~9월   **높이** 50~150cm

특징 두해살이풀 | 귀화식물(북아메리카 원산). 식물체에 굵은 털이 있다. 줄기잎은 촘촘히 달리고 어긋나게 붙으며 밑부분의 것은 거꿀피침모양으로 가장자리에 톱니가 있거나 밋밋하다. 위로 올라가면서 작아져 줄모양으로 된다. 끝에서 가지가 많이 돋아 전체적으로 큰 고깔꽃차례를 이루고 모인꽃싸개잎은 종모양으로 털이 있고 흰 꽃이 핀다. | 식용, 약용

결실 8~10월 | 여윈열매(수과)

자생 전국의 산과 들, 경작지 근처 등

❗ 이 풀이 밭에 많이 자라면 다른 작물이 되지 않고 농사를 망치기 때문에 이름 지어졌다. | 어린 잎을 나물로 먹는다. | 한방과 민간에서 잎과 줄기를 지혈제, 이뇨제 등으로 사용한다.

우산나물
Syneilesis palmata

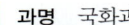

과명 국화과

개화 7~9월　　**높이** 70~120cm

특징 여러해살이풀 | 줄기에 2개의 잎이 달린다. 첫째 잎자루는 길고 밑부분이 원줄기를 완전히 둘러싼다. 첫째 잎은 둥글고 7~9개로 깊게 갈라지며 흔히 2회 2개씩 갈라진다. 갈래조각은 끝이 뾰족하고 털이 있으나 없어지며 뒷면에 흰빛이 돌고 가장자리에 날카로운 톱니가 있다. 꽃자루에 털이 있고 끝에 흰 꽃이 고깔꽃차례로 핀다. | 관상용, 식용, 약용

결실 8~10월 | 여윈열매(수과)

자생 남·중·북부지방, 깊은 산골짜기 숲속 그늘

❗ 풀잎 모양이 우산같아 이름 지어졌다. | 어린 잎을 나물로 먹는다. | 민간에서 뿌리를 타박상 등에 약으로 사용한다.

애기우산나물
Syneilesis aconitifolia

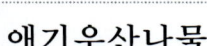

과명 국화과

개화 7~8월　　**높이** 70~120cm

특징 여러해살이풀 | 뿌리줄기는 옆으로 벋고 원줄기는 자줏빛이 돌며 2개의 잎이 달린다. 첫째 잎은 둥글고 손바닥모양으로 갈라지며 갈래조각은 7~9개이고 2~3회 2개씩 중간까지 갈라진다. 갈래조각은 뒷면에 흰빛이 돌고 가장자리에 불규칙하고 뾰족한 톱니가 있으며 처음에는 뒤로 젖혀져 거미줄 같은 흰 털로 덮이지만 없어지고 긴 잎자루가 있다. 둘째 잎은 약간 작으며 잎자루도 짧다. 꽃자루 끝에 연한 붉은색 꽃이 겹고른꽃차례로 핀다. | 관상용, 식용, 약용

결실 8~9월 | 여윈열매(수과)

자생 남·중·북부지방, 산지 숲속 그늘

❗ 우산나물과 같은 용도로 식용, 약용한다.

여름

민박쥐나물
Cacalia hastata var. *orientalis*

과명 국화과

개화 6~9월　　**높이** 1~2m

특징 여러해살이풀 | 줄기 윗부분에서 가지가 퍼지고 가지에 짧은 털이 있으며 뿌리잎과 밑부분 잎은 꽃이 필 때 없어지고 중앙부의 잎은 어긋나게 붙는다. 잎은 세모꼴로 끝이 날카롭고 밑은 심장모양으로 양면 특히 뒷면에 짧은 털이 있으며 가장자리가 3개로 갈라진다. 양쪽 갈래조각은 다시 갈라지기도 하고 긴 잎자루가 있으며 대개 날개가 있다. 원줄기 끝에 고깔꽃차례로 흰 꽃이 모여 핀다. | 식용

결실 8~10월 | 여원열매(수과)

자생 전국 각지, 깊은 산골짜기 산기슭 약간 습기 있는 나무 밑 그늘

❗ 어린 잎을 나물로 먹는다.

게박쥐나물
Cacalia adenostyloides

과명 국화과

개화 6~9월　　**높이** 60~100cm

특징 여러해살이풀 | 털이 없고 줄기에 홈이 파진 모서리가 있다. 잎은 어긋나게 붙고 콩팥모양으로 끝이 짧게 뾰족해지며 가장자리에 불규칙한 이빨모양 톱니가 있고 긴 잎자루가 있다. 위의 잎은 꽃싸개잎같이 되고 긴 타원모양으로 짧은 잎자루가 있다. 원줄기 끝의 고깔꽃차례에 흰 꽃이 밑으로 숙여 핀다. | 식용

결실 8~10월 | 여원열매(수과)

자생 중부 이북지방, 깊은 산골짜기 나무 밑 그늘

❗ 어린 잎을 나물로 먹는다.

귀박쥐나물
Cacalia auriculata

과명 국화과

개화 8~9월　　**높이** 35~60cm

특징 여러해살이풀 | 중앙부의 잎은 4개 정도가 남으며 어긋나게 붙고 5각모양의 콩팥모양, 세모꼴의 콩팥모양으로 끝이 날카롭고 밑은 심장모양이다. 뒷면 잎줄 위에 털이 있고 가장자리에 불규칙한 톱니가 있다. 잎자루가 있고 잎자루에 날개는 없으며 밑부분이 넓어져서 귀모양으로 된다. 위로 올라가면서 잎이 갑자기 작아지고 꽃차례의 잎은 좁은 피침모양이다. 원줄기 끝에 송이모양 또는 겹송이모양으로 황백색 꽃이 핀다. | 식용

결실 9~10월 | 여윈열매(수과)

자생 중부 이북지방, 깊은 산기슭 숲속

❗ 잎 밑의 양쪽이 귀모양처럼 되기 때문에 이름 지어졌다. | 어린 잎을 나물로 먹는다.

참나래박쥐나물
Cacalia praetermissa

과명 국화과

개화 8월　　**높이** 20~25cm

특징 여러해살이풀 | 줄기의 밑부분이 굵고 윗부분에서 가지가 갈라지며 잎은 어긋나게 붙고 잎자루가 있다. 중앙부의 것은 끝이 뾰족하고 밑부분이 약간 심장모양이며 갑자기 밑으로 흘러서 잎자루의 날개로 된다. 날개는 밑부분이 넓어져서 귀모양으로 되고 원줄기를 감싼다. 원줄기 끝의 고깔꽃차례에 연한 황색 꽃이 달리고 모인꽃싸개잎 조각은 5~6개로 줄모양이며 1줄로 달린다. | 식용

결실 9월 | 여윈열매(수과)

자생 북부지방, 함경남도, 양강도 등 고원지 숲속 그늘

❗ 어린 잎을 나물로 먹는다.

병풍
Cacalia firma

과명 국화과

개화 7~9월　　**높이** 1~2m

특징 여러해살이풀 | 줄기에 모서리줄이 있고 뿌리잎은 잎자루가 길며 둥근모양이다. 뒷면은 연한 녹색이고 그물잎줄이 있으며 잎줄 위에 털이 약간 있다. 가장자리가 11~15개로 갈라지고 갈래조각은 불규칙한 톱니가 있다. 줄기에 달린 잎은 잎자루목이 원줄기를 둘러싸서 잎집처럼 된다. 원줄기 끝에 송이모양꽃차례가 모여서 큰 고깔꽃차례를 이루고 황백색 꽃이 핀다. | 관상용, 식용 약용

결실 8~10월 | 여윈열매(수과)

자생 중부 이북지방, 깊은 산골짜기 숲

❗ 어린 잎을 나물로 먹는다. | 한방과 민간에서 식물체를 발한, 이뇨 등에 약재로 사용한다.

멸가치
Adenocaulon himalaicum

과명 국화과

개화 8~9월　　**높이** 50~100cm

특징 여러해살이풀 | 줄기는 대개 1대씩 나와 곧게 서며 윗부분에서 가지가 갈라진다. 윗부분에 대가 있는 샘털이 있고 원줄기와 잎 뒷면에 샘털이 빽빽하다. 뿌리잎은 꽃이 필 때까지 그대로 남아 있고 줄기잎은 어긋나게 붙으며 콩팥모양으로 표면은 녹색이고 뒷면은 흰빛이 돌며 가장자리에 결각모양, 톱니가 있고 긴 잎자루에 날개가 있다. 가지와 원줄기 끝에 긴 꽃자루가 달리고 끝에 흰색, 황백색 꽃이 핀다. | 식용, 약용

결실 9~10월 | 여윈열매(수과)

자생 전국 각지, 산기슭 습기 있는 숲속

❗ 어린 잎을 나물로 먹는다. | 민간에서 식물체를 진정, 이뇨 등에 약재로 사용한다.

털별꽃아재비(털쓰레기꽃)
Galinsoga ciliata

과명 국화과
개화 6~9월   **높이** 15~50cm
특징 한해살이풀 | 귀화식물(열대 아메리카 원산). 식물체에 흰 털이 많이 있다. 줄기는 가지를 벋고 곧게 서며 잎은 마주 붙는다. 달걀모양으로 가장자리에 5~10개의 거친 톱니가 있으며 잎 양면은 거친 털이 있다. 어린 가지나 줄기의 마디에는 흰 긴 털이 많이 있다. 원줄기와 가지 끝에서 머리모양꽃차례가 달리고 모인꽃싸개잎은 반달모양으로 꽃자루 끝에 흰 꽃이 핀다.
결실 8~10월 | 여윈열매(수과)
자생 전국 각지, 집 근처 빈터나 길가 빈터 등의 양지

별꽃아재비(쓰레기꽃)
Galinsoga parviflora

과명 국화과
개화 6~9월   **높이** 15~50cm
특징 한해살이풀 | 털별꽃아재비에 비하여 식물체 전체가 가늘고 연약하며 가지를 더 많이 벋고 흰 털은 적으며 잎몸은 달걀모양으로 너비가 약간 좁은 게 특징이다.
결실 8~10월 | 여윈열매(수과)
자생 전국 각지, 집 근처 빈터나 길가 빈터 등의 양지

여름

서양톱풀
Achillea millefolium

과명 국화과
개화 6~9월   **높이** 30~100cm
특징 여러해살이풀 | 귀화식물(유럽 원산). 줄기에는 거미줄 같은 털이 있고 땅속줄기는 옆으로 벋으며 새싹이 나온다. 줄기잎은 어긋나게 붙고 잎자루는 없으며 밑부분이 원줄기를 감싸고 2회 깃모양으로 깊게 갈라진다. 갈래조각은 줄모양이고 양면에 털이 약간 있으며 가장자리에 잔톱니가 있다. 꽃은 흰색, 연한 홍색이고 머리모양꽃은 고른모양으로 달리며 혀모양꽃은 암꽃이고 옆으로 퍼지며 활짝 핀다. | 관상용, 식용, 약용
결실 8~10월 | 여윈열매(수과)
자생 전국 각지

❗ 어린 잎을 나물로 먹는다. | 한방에서 식물체를 진경, 진통, 월경통 등에 약재로 사용한다.

큰톱풀
Achillea ptarmica var. *acuminata*

과명 국화과
개화 7~8월   **높이** 50~100cm
특징 여러해살이풀 | 줄기는 가지가 갈라지지 않고 윗부분에 털이 약간 있다. 뿌리잎과 밑부분의 잎은 꽃이 필 때 없어지고 중앙부의 잎은 잎자루는 없고 좁은 피침모양으로 끝이 길게 뾰족해진다. 양면에 털이 약간 있으나 없어지고 일부분에는 샘점이 있으며 가장자리에 잔톱니가 있고 밑부분이 원줄기를 감싼다. 꽃은 흰색이고 머리모양꽃은 고른모양으로 달리며 핀다. | 식용, 약용
결실 8~9월 | 여윈열매(수과)
자생 북부지방, 양강도 백두산 고원지 양지의 냇가 초원

❗ 서양톱풀과 같은 용도로 식용, 약용한다.

톱풀
Achillea sibirica

과명 국화과

개화 7~10월　　**높이** 50~110cm

특징 여러해살이풀 | 여러 대가 한군데에서 나오며 윗부분에 털이 많다. 잎은 어긋나게 붙고 끝이 둔하며 밑부분이 원줄기를 얼싸안고 빗살처럼 갈라진다. 잎은 긴 타원꼴의 피침모양으로 뾰족한 톱니가 있다. 원줄기 끝에서 고른꽃차례에 흰 꽃이 모여 핀다. | 관상용, 식용, 약용

결실 8~10월 | 여윈열매(수과)

자생 전국 각지, 산과 들, 산기슭 약간 습기 있는 초원 양지나 길가 언덕

❗ 풀잎 양쪽의 톱니가 나무 자르는 톱날 같다 하여 이름 지어졌다. | 어린 잎을 나물로 먹는다. | 한방에서 식물체를 지혈, 식욕촉진, 장출혈, 자궁출혈, 위염, 통풍 등에 약재로 쓴다.

카밀레
Matricaria chamomilla

과명 국화과

개화 6~9월　　**높이** 30~60cm

특징 두해살이풀 | 귀화식물(유럽 원산). 줄기에 모서리가 있고 사과향기가 나며 가지가 많이 갈라진다. 잎은 어긋나게 붙고 2~3회 깃모양으로 갈라지며 밑부분이 원줄기를 감싼다. 갈래조각은 줄모양으로 긴 털이 약간 있거나 없고 가장자리는 밋밋하다. 흰 꽃이 고른모양으로 엉성하게 배열되고 모인꽃싸개잎은 반달모양이다. | 관상용, 식용, 약용

결실 7~10월 | 여윈열매(수과)

자생 전국 각지, 마을 근처 길가, 언덕 등

❗ 민간에서 차 대용으로 먹기도 한다. | 한방에서 식물체를 발한, 이뇨, 구풍, 강장 등에 약재로 사용한다.

여름

흑삼릉
Sparganium stoloniferum

과명 흑삼릉과
개화 6~7월   **높이** 70~100cm
특징 여러해살이풀 | 옆으로 기는 가지가 있고 전체가 바다솜질이며 원줄기는 곧게 서고 굵다. 잎은 서로 감싸며 원줄기보다 길어지고 잎 뒷면에 1개의 모서리가 있다. 여름철에 꽃줄기가 나와 윗부분이 갈라지고 가지 밑에는 잎모양의 꽃싸개잎이 있다. 머리모양꽃차례가 이삭처럼 달리고 밑부분에 암꽃, 윗부분에 수꽃만 달리며 꽃은 흰색이다. | 약용
결실 8~9월 | 굳은씨열매(핵과)
자생 중부 이남지방, 들녘 연못가나 도랑가, 물웅덩이 등

❗ 한방에서 덩이뿌리 말린 것을 [흑삼릉(黑三棱)]이라 하고 해산 후 어혈, 하혈, 적치 등에 약재로 사용한다.

질경이택사
Alisma plantago-aquatica var. *orientale*

과명 택사과
개화 7~8월   **높이** 60~100cm
특징 여러해살이풀 | 잎은 모두 뿌리에서 나오고 잎자루가 있다. 잎몸은 달걀꼴의 타원모양으로 끝이 날카로우며 양면에 털은 없다. 꽃줄기가 나오며 가지가 돌려 붙고 작은꽃자루는 가지에서 돌려 붙으며 끝에 흰 꽃이 핀다. | 유독성식물 | 관상용, 약용
결실 8~9월 | 여윈열매(수과)
자생 남·중·북부지방, 울릉도 등의 늪지나 연못가 등 물가 습지의 양지

❗ 잎이 질경이 잎과 닮은 데서 온 이름이다. | 한방에서 뿌리를 [택사(澤瀉)]라 하고 강장, 통유, 신장염, 임산부의 부종, 방광염, 최유, 황달, 만성간염, 당뇨병, 동맥경화증 등에 약재로 사용한다.

택사
Alisma canaliculatum

과명 택사과

개화 7~8월　　**높이** 40~130cm

특징 여러해살이풀 | 잎은 뿌리에서 무더기로 나고 밑부분이 넓어지며 서로 감싸는 긴 잎자루가 있다. 잎몸은 피침모양, 넓은 피침모양으로 양끝이 좁다. 밑부분이 밑으로 흐르며 가장자리가 밋밋하고 털은 없으며 5~7개의 나란한 잎줄이 있다. 꽃줄기는 잎 가운데에서 나오며 윗부분에서 흰 꽃이 돌려 달리고 마디에 꽃싸개잎이 붙는다. | 유독성식물 | 관상용, 약용

결실 8~9월 | 여윈열매(수과)

자생 전국 각지, 습지, 늪지, 강가, 연못가 등 물가 양지

 질경이택사와 같은 용도로 약용한다.

올미
Sagittaria pygmaea

과명 택사과

개화 7~9월　　**높이** 10~30cm

특징 여러해살이풀 | 옆으로 벋는 땅속줄기 끝에 덩이줄기가 달리며 잎은 뿌리에서 무더기로 나고 줄모양으로 가장자리는 밋밋하며 털이 없다. 꽃줄기는 윗부분에 흰 꽃이 1~2층으로 돌려 붙고 꽃가지 밑에 꽃싸개잎이 있다. 맨 밑에는 꽃자루가 없는 암꽃이 달리고 위에는 수꽃이 달린다.

결실 8~10월 | 여윈열매(수과)

자생 전국 각지, 들녘 경작지의 논바닥이나 늪지 또는 연못가 등의 습지 양지

여름

벗풀
Sagittaria trifolia

과명　택사과

개화　8~10월　　**높이**　20~80cm

특징　여러해살이풀 | 옆으로 벋는 줄기 끝에 작은 덩이줄기가 달리며 잎은 무더기로 나고 긴 잎자루가 있으며 밑부분에서 서로 감싼다. 잎몸은 윗부분이 피침모양, 달걀모양으로 끝이 뾰족하며 밑부분은 화살촉모양이고 길게 벋어 윗부분보다 길어지고 끝이 날카롭다. 꽃줄기는 흰 꽃이 층층으로 피며 암꽃이 밑부분에 달리고 수꽃은 윗부분에 달리며 각각 꽃자루가 있다. | 유독성식물 | 관상용, 약용

결실　9~11월 | 여원열매(수과)

자생　중부 이남지방, 들녘 늪지, 물웅덩이, 도랑가 등 습지의 양지

❗ 한방에서 뿌리줄기를 해독, 이뇨, 통유, 지갈, 광견병, 부종 등에 약재로 사용한다.

보풀
Sagittaria aginashi

과명　택사과

개화　7~9월　　**높이**　30~80cm

특징　여러해살이풀 | 잎겨드랑이에서 작은 덩이줄기가 생긴다. 잎자루가 길고 화살촉모양이며 윗부분이 약간 길다. 잎은 피침모양, 줄모양으로 끝이 뾰족하고 밑부분 끝이 윗부분 끝보다 둔하며 가장자리가 밋밋하고 뒷면의 잎줄이 튀어나온다. 줄기에 대가 없는 흰 꽃이 층층으로 달리며 암꽃은 꽃차례 밑부분에 달리고 꽃받침과 꽃잎은 각각 3개씩이다. | 유독성식물 | 약용

결실　8~10월 | 여원열매(수과)

자생　남·중·북부지방, 들녘 경작지 논바닥이나 도랑가 습지 등의 양지

❗ 민간에서 뿌리를 달여서 개에게 물린 데 약으로 쓰며 가루는 상처, 악성종양에 쓴다.

물질경이
Ottelia alismoides

▲ 태안반도 8월

과명 자라풀과

개화 8~10월　　**높이** 20~30cm

특징 한해살이 수생식물 | 잎이 뿌리에서 무더기로 나고 잎은 잎자루가 있으며 얇다. 처음 나온 것은 거꿀피침모양이며 나중에 나온 것은 넓은 달걀모양으로 끝이 둔하고 5~9개의 잎줄이 있으며 가장자리에 주름과 더불어 톱니가 약간 있다. 꽃줄기 끝에서 꽃싸개잎에 싸인 1개의 흰 꽃, 연한 홍자색 꽃이 피고 꽃싸개잎은 통모양으로 되며 닭벼슬 같은 날개가 있다. | 관상용

결실 9~11월 | 물열매(장과)

자생 전국 각지, 들녘 도랑가나 호숫가 또는 물웅덩이 등의 양지

❗ 잎이 질경이 잎과 비슷하며 물속에서 자라기 때문에 이름 지어졌다.

여름

자라풀
Hydrocharis dubia

▲ 우포늪 8월

과명 자라풀과

개화 8~9월 **높이** 50~150cm

특징 여러해살이 수생식물 | 마디에서 뿌리가 내리고 마디에는 처음에 2개의 얇은 받침잎만 있다. 달걀꼴의 피침모양이고 잎겨드랑이에서 물에 뜨는 잎이 돋아난다. 잎은 둥근모양이고 밑부분이 심장모양이며 밋밋하고 뒷면에 기포가 있어서 물에 뜨기 쉽다. 거북 등 모양으로 생긴 그물눈이 있다. 꽃은 물 위에서 피며 수꽃은 1개의 꽃싸개잎 안에 2~3개씩 들어 있으며 3개씩의 꽃받침잎과 꽃잎 및 6~9개의 수술이 있다. | 관상용

결실 9~10월 | 물열매(장과)

자생 전국 각지, 들녘 늪지나 도랑의 물웅덩이 등 얕은 물속 양지

❗ 풀잎에 자라 등처럼 그물눈이 나타나기 때문에 이름 지어졌다.

주름조개풀
Oplismenus undulatifolius

과명 벼과

개화 8~10월   **높이** 10~30cm

특징 여러해살이풀 | 밑부분이 옆으로 벋으면서 뿌리가 내리고 퍼져 나가며 잎은 납작하고 잎집 및 꽃차례와 더불어 털이 있다. 잎혀는 매우 짧고 가장자리에 털이 있다. 꽃차례는 가지가 갈라지고 작은 이삭이 밀착하며 작은 이삭은 대가 거의 없고 짧은 털이 있으며 흰 꽃이 핀다. | 가축 사료용

결실 9~11월 | 겨깍지열매(영과)

자생 중부 이남지방, 산과 들, 낮은 지대 숲 가장자리 길가 언덕 등의 반그늘

개밀
Agropyron tsukushiense var. *transiens*

과명 벼과

개화 6~7월   **높이** 40~100cm

특징 여러해살이풀 | 줄기는 대개 무더기로 나고 잎은 녹색, 분록색이며 꽃이삭은 끝이 옆으로 처진다. 작은 이삭은 곧게 서거나 꽃대 축에 돌려 붙지만 꽃이 필 때는 비스듬히 서고 대가 거의 없으며 자주색, 회녹색, 연한 녹색으로 꽃잎은 없다. | 가축 사료용

결실 7~8월 | 겨깍지열매(영과)

자생 전국 각지, 산과 들, 대개는 밭둑이나 길가 빈터 초원 양지, 바닷가 등지의 산기슭

여름

참황새풀
Eriophrum angustifolium

과명 사초과

개화 6~7월   **높이** 20~40cm

특징 여러해살이풀 | 뿌리줄기는 옆으로 벋고 대개 1대씩 곧게 선다. 뿌리잎은 꽃줄기보다 짧고 접히거나 납작하며 윗부분이 세모지고 끝은 둔하다. 꽃줄기는 1~2개의 잎이 달리고 위로 올라갈수록 잎집이 없어지며 잎은 길이 3~7cm이다. 잎집은 밑부분에만 있고 검은색이며 갈라진다. 작은 이삭은 2~5개이고 꽃이 필 때 길이 1~1.5cm로서 긴 타원꼴의 달걀모양이고 옆 작은 이삭은 밑으로 처지며 흰 꽃이 핀다.

결실 7~8월 | 여윈열매(수과)

자생 북부지방, 양강도 백두산 고원지 약간 습기 있는 초원 양지

애기황새풀
Scirpus hudsonianus

과명 사초과

개화 7~8월   **높이** 10~30cm

특징 여러해살이풀 | 뿌리줄기는 옆으로 짧게 벋고 날카로운 모서리가 있으며 밑부분에 잎몸이 없는 잎집이 있다. 작은 이삭은 1개이고 넓은 피침모양으로 길이 5~7mm이며 성숙하면 좁은 달걀모양으로 된다. 꽃싸개잎은 없으며 5~10개의 꽃이 달리고 꽃밥은 적갈색이 돈다.

결실 8~9월 | 여윈열매(수과)

자생 북부지방, 양강도 백두산 고원지 습지의 초원 양지

덩굴닭의장풀
Streptolirion cordifolium

과명 닭의장풀과

개화 7~9월　　**길이** 80~300cm

특징 한해살이 덩굴풀 | 잎은 어긋나게 붙고 잎자루가 길며 끝이 뾰족하고 밑부분은 깊은 심장모양이다. 가장자리는 밋밋하고 털이 있으며 간혹 표면에도 털이 있다. 잎자루는 길이 3~6cm이고 밑부분이 길이 1~2cm의 잎집으로 되며 잎집은 끝이 잘린모양으로 가장자리에 털이 있다. 흰 꽃이 가지 끝과 원줄기 끝에 2~3개씩 달린다. | 관상용, 식용

결실 8~10월 | 튀는열매(삭과)

자생 남·중·북부지방, 산지 낮은 지대 양지의 습기 있는 초원이나 집 주변의 돌담장

! 닭의장풀과 비슷하나 덩굴지며 더 길게 벋는다. | 어린 잎을 식용한다.

나도옥잠화
Clintonia udensis

과명 백합과

개화 6~7월　　**높이** 20~70cm

특징 여러해살이풀 | 뿌리줄기는 짧고 2~5개의 잎이 나온다. 잎은 긴 타원모양으로 녹색이며 양끝이 좁고 가장자리가 밋밋하며 처음에는 가장자리에 털이 있다. 꽃자루는 길게 나오고 잎이나 가지는 없으나 간혹 가지가 1개 달리기도 하며 끝에 흰 꽃이 송이모양으로 달리고 꽃차례에 털이 있다. | 관상용, 식용, 약용

결실 7~8월 | 물열매(장과)

자생 전국 각지, 깊은 산골짜기 산기슭 바위틈이나 숲속 그늘

! 어린 잎은 나물로 먹는다. | 민간에서 식물체를 달여 강장약, 보약으로 사용한다.

여름

민솜대
Smilacina davurica

과명 백합과

개화 6~7월   **높이** 40cm 안팎

특징 여러해살이풀 | 뿌리줄기가 길게 옆으로 벋고 끝에서 원줄기 1개가 나와 곧게 서며 원줄기 밑부분을 3개 정도의 잎집이 둘러싼다. 잎은 어긋나게 붙고 4~6개가 2줄로 달리며 긴 타원모양으로 양끝이 좁고 갑자기 뾰족해지며 밑부분은 둥글고 갑자기 좁아져서 원줄기를 반 정도 얼싸안는다. 표면은 녹색이며 뒷면은 잎줄 위와 가장자리에 작은 도드라기가 있다. 흰 꽃이 원줄기 끝의 송이모양꽃차례에 달리고 밑부분이 약간 갈라져 겹송이모양꽃차례로 된다. | 관상용

결실 7~8월 | 물열매(장과)

자생 중부 이북지방, 산기슭 숲속 그늘

금강애기나리 (진부애기나리)
Disporum ovale

과명 백합과

개화 6~8월   **높이** 30~50cm

특징 여러해살이풀 | 줄기 윗부분이 옆으로 처지며 중앙에서부터 5~6개의 잎이 어긋나게 붙지만 가지가 있을 때는 잎이 더 많이 달린다. 잎몸은 긴 타원모양이고 수평으로 퍼지며 뒷면 밑부분과 가장자리에 작은 도드라기가 있고 뾰족하며 밑에서 원줄기를 감싼다. 잎줄은 5~7개가 뒷면에서 튀어나온다. 황백색 바탕에 짙은 자주색 얼룩점이 있는 꽃 1~3개가 원줄기와 가지 끝에 달린다. | 식용, 약용

결실 7~9월 | 물열매(장과)

자생 남·중·북부지방, 깊은 산골짜기 숲 가장자리의 반그늘 초원

❗ 어린 잎은 나물로 먹는다. | 한방과 민간에서 식물체를 자양, 강장, 냉습 등에 약재로 쓴다.

충층둥굴레
Polygonatum stenophyllum

▲ 보은 6월

과명 백합과

개화 6월   **높이** 30~90cm

특징 여러해살이풀 | 굵은 뿌리줄기가 옆으로 벋으면서 번식하고 잎은 3~5개가 돌려 붙으며 좁은 피침모양, 줄모양이다. 표면은 녹색, 뒷면은 분백색이며 양끝이 좁고 밑부분이 점점 좁아져서 직접 원줄기에 달린다. 꽃은 연한 황색이고 잎겨드랑이에 돌려붙는 모양으로 달리며 짧은 꽃자루에 2개의 꽃이 밑을 향해 핀다. | 관상용, 식용, 약용

결실 7~8월 | 물열매(장과)

자생 충청도 이북지방, 산지 숲속 그늘

❗ 줄기에 잎과 꽃이 층층으로 달리기 때문에 이름 지어졌다. | 뿌리줄기를 솥에 쪄서 먹는다. | 한방에서 뿌리줄기를 해열, 강심, 병후쇠약, 전신쇠약, 부인과 질병 등에 약재로 사용한다.

여름

왕죽대아재비
Stereptopus koreanus

과명 백합과

개화 6~7월   **높이** 30cm 안팎

특징 여러해살이풀 | 잎은 어긋나게 붙으며 밑부분의 것은 비늘 같고 원줄기를 둘러싸지만 윗부분의 것은 긴 타원모양으로 잎자루가 없다. 표면은 황록색, 뒷면은 황백색으로 3~7개의 잎줄이 있고 가장자리에는 털이 있다. 꽃은 황백색이며 잎겨드랑이와 가지 끝에서 밑으로 처지고 꽃덮이조각은 6개로 피침모양이며 윗부분이 젖혀지고 끝이 뾰족하다.

결실 7~8월 | 물열매(장과)

자생 중부지방, 경상북도, 강원도 이북지방, 양강도, 함경북도의 고원지 나무숲 가장자리 반그늘

❗ 잎이 대나무 잎 같아 이름 지어졌다.

숙은돌창포
Tofieldia coccinea

과명 백합과

개화 7~8월   **높이** 5~15cm

특징 늘푸른 여러해살이풀 | 뿌리줄기는 짧고 뿌리가 튼튼하며 잎은 좌우로 편평하고 가장자리가 까실까실하며 끝이 뾰족하다. 꽃줄기에는 1~2개의 잎이 달리고 송이모양꽃차례는 길이 1~2cm로 많은 꽃이 모여 달린다. 꽃은 흰색이고 꽃싸개잎 겨드랑이에서 밑을 향해 피며 길이 2~3mm로 간혹 자주색이 돌기도 한다. | 관상용

결실 8~9월 | 튀는열매(삭과)

자생 중부 이북지방, 양강도 백두산 고원지 초원이나 바위 표면 양지

한라돌창포
Tofieldia fauriei

과명 백합과

개화 6~7월   **높이** 6~8cm

특징 늘푸른 여러해살이풀 | 식물체에 털이 없고 밑부분의 잎은 서로 마주 안으며 8~9개의 잎줄이 있고 꽃줄기의 잎은 3개로 작다. 꽃은 송이모양꽃차례에 달리고 작은 꽃자루는 열매가 익을 때는 약간 커지며 꽃덮이조각은 넓은 타원모양으로 끝이 둔하며 흰색, 흑자색이다. | 관상용

결실 7~8월 | 튀는열매(삭과)

자생 제주도 한라산 고원지의 바위 표면이나 초원 양지

❗ 한라산에만 자라기 때문에 이름 지어졌다.

돌창포
Tofieldia nuda

과명 백합과

개화 7~8월   **높이** 15~30cm

특징 늘푸른 여러해살이풀 | 땅속줄기는 짧고 잎은 좌우로 편평하며 굽은 줄모양으로 3~7개의 잎줄이 있다. 끝이 뾰족하고 밑부분이 안쪽의 잎을 마주 안기 때문에 2줄로 배열된다. 꽃줄기는 털이 없고 좁은 잎이 2개 달리며 꽃은 흰색이고 송이모양꽃차례에 달리며 작은 꽃자루가 있다. | 관상용

결실 8~9월 | 튀는열매(삭과)

자생 중부 이북지방, 깊은 산골짜기 습기 있는 바위 표면이나 산기슭 경사지의 바위 표면

❗ 바위 표면에 뿌리내리고 자라기 때문에 이름 지어졌다.

여름

박새
Veratrum patulum

▲ 백두고원 7월

과명 백합과

개화 7~8월　　**높이** 100~150cm

특징 여러해살이풀 | 뿌리줄기는 굵고 짧으며 밑에서 굵고 긴 수염뿌리가 사방으로 퍼진다. 원줄기는 곧게 서고 속이 비어 있으며 둥근 기둥모양이다. 잎은 어긋나게 붙고 밑부분의 것은 잎집만 있으며 원줄기를 둘러싼다. 중앙부의 것은 넓은 타원모양으로 세로로 주름이 지고 큰 것은 길이 30cm 이상 자란다. 꽃은 연한 황백색이며 원줄기 끝의 고깔꽃차례에 빽빽하게 달리고 꽃차례에 양털 같은 털이 빽빽하다. | 유독성식물 | 약용

결실 8~9월 | 튀는열매(삭과)

자생 남·중·북부지방, 높은 산과 백두산 고원지 초원 양지

❗ 한방에서 뿌리줄기를 통유, 살충, 해열, 강심, 감기, 생선중독, 뱀독, 곽란, 혈뇨, 고혈압, 중풍, 황달, 개선, 치통, 신경통 등에 약재로 사용한다.

흰여로
Veratrum versicolor

과명 백합과

개화 7~8월　　**높이** 1m 안팎

특징 여러해살이풀 | 뿌리줄기는 짧고 밑부분에 굵은 수염뿌리가 있으며 뿌리줄기 윗부분과 원줄기 밑부분은 잎집이 썩어서 남은 섬유로 덮여 있다. 잎은 원줄기 밑부분에서 어긋나게 붙고 긴 타원모양, 피침모양으로 끝이 뾰족하며 밑부분이 좁아져서 잎집과 연결된다. 흰 꽃이 원줄기 끝의 고깔꽃차례에 달리고 꽃싸개잎은 피침모양이다. | 유독성식물 | 약용

결실 8~9월 | 튀는열매(삭과)

자생 남·중·북부지방, 산지 약간 습기 있는 초원 양지

❗ 박새와 같은 용도의 약재로 사용한다.

개감채
Lloydia serotina

과명 백합과

개화 6~7월　　**높이** 10~15cm

특징 여러해살이풀 | 땅속 비늘줄기는 둥근 기둥모양이고 겉껍질은 연한 황갈색이다. 뿌리잎은 대개 2개씩 달리고 줄모양으로 꽃줄기에는 2~4개의 잎이 달린다. 잎은 줄모양이며 끝이 둔하고 가장자리가 위로 말리며 위쪽에 붙은 잎은 작다. 꽃은 흰 바탕에 자줏빛 잎줄이 있고 넓은 종모양으로 꽃덮이조각은 6개이고 긴 타원모양이다. | 식용, 약용

결실 8~9월 | 튀는열매(삭과)

자생 북부지방, 양강도 백두산 고원지 산기슭 암석지대나 초원 양지

❗ 어린 잎을 식용한다. | 한방과 민간에서 식물체를 강장, 강근, 건뇌, 강심 등에 약재로 사용한다.

여름

문주란
Crinum asiaticum var. *japonicum*

▲ 제주도 토끼섬 8월

◀ 열매

과명 수선화과

개화 7~9월 **높이** 50~100cm

특징 늘푸른 여러해살이풀 | 땅속 비늘줄기는 둥근 기둥모양이다. 잎은 좁은 피침모양이며 털이 없고 고기질로 윗부분은 길이 60cm까지 자라고 끝이 뾰족하며 밑부분은 잎집으로 되어 비늘줄기를 둘러싼다. 꽃줄기는 잎이 없고 모인꽃싸개잎 조각은 2개이며 달걀꼴의 피침모양으로 길이 6~10cm이고 흰색이다. 우산꽃차례에는 많은 흰 꽃이 달리며 꽃 사이에 좁은 꽃싸개잎이 있다. | 유독성식물 | 관상용, 약용

결실 이듬해 4~5월 | 튀는열매(삭과)

자생 제주도의 토끼섬 모래땅

❗ 한방에서 비늘줄기를 해열, 거담, 토혈, 창종, 적리, 급만성 기관지염, 폐결핵, 백일해, 각혈 등에 약재로 사용한다.

참마
Dioscorea japonica

과명 마과

개화 6~7월 　　**길이** 2m 안팎

특징 여러해살이 덩굴풀 | 잎은 마주 붙지만 간혹 어긋나게 붙으며 세모꼴로 끝이 뾰족하고 밑부분은 심장모양으로 털이 없으며 잎겨드랑이에서 살눈이 생긴다. 잎겨드랑이에서 나오는 1~3개의 이삭꽃차례에 흰 꽃이 달린다. 수꽃차례는 곧게 서고 암꽃차례는 밑으로 처진다. | 관상용, 식용, 약용

결실 9~10월 | 튀는열매(삭과)

자생 전국 각지, 산과 들, 낮은 산 숲 가장자리나 개울가의 언덕 양지

! 덩이뿌리를 식용한다. | 한방과 민간에서 덩이뿌리를 [산약(山藥)]이라 하고 건위, 강장, 해독, 자양, 보로, 양모, 요통, 동상, 화상, 유종, 심장염, 갑상선종, 종독 등에 약재로 사용한다.

마
Dioscorea batatas

과명 마과

개화 6~7월 　　**길이** 20~25cm

특징 여러해살이 덩굴풀 | 줄기는 자줏빛이 돌고 뿌리는 고기질이며 깊이 들어가고 잎은 마주 붙으며 돌려붙기도 한다. 잎몸은 세모꼴, 달걀모양으로 끝이 뾰족하고 밑부분은 심장모양이며 잎자루는 길고 잎줄과 더불어 자줏빛이 돌며 잎겨드랑이에 살눈이 생긴다. 수꽃차례는 곧게 서고 흰 꽃이 달리며 암꽃차례는 밑으로 처진다. | 관상용, 식용, 약용

결실 8~9월 | 튀는열매(삭과)

자생 중부 이남지방, 낮은 지대 산기슭이나 경작지 밭둑 등의 양지

! 덩이뿌리에는 단백질, 탄수화물, 광물질이 많이 함유되어 있어 음식재료로 쓰인다. | 덩이뿌리를 참마와 같은 용도로 식용, 약용한다.

여름

털개불알꽃
Cypripedium guttatum var. *koreanum*

과명 난초과

개화 6~7월　　**높이** 10cm 안팎

특징 여러해살이풀 | 식물체에 털이 있고 땅속줄기가 옆으로 벋으며 마디에서 뿌리가 내린다. 밑부분에 2~3개의 잎집모양의 잎이 있고 그 위에 2개의 큰 잎이 원줄기를 감싸면서 마주 붙는다. 잎은 넓은 타원모양이고 끝이 뾰족하며 뒷면 잎줄 위에 털이 있다. 중앙부에서 꽃자루가 나와 1개의 잎 같은 꽃싸개잎이 달리며 그 위에서 1개의 꽃이 밑을 향해 핀다. 꽃은 황백색 바탕에 자주색 얼룩점이 있고 위 꽃받침잎은 넓은 달걀모양이다. | 관상용

결실 7~8월 | 튀는열매(삭과)

자생 중부 이북지방, 백두대간을 따라 높은 산마루 근처의 숲 가장자리 반그늘, 백두산 고원지 초원 양지

흰털개불알꽃(흰털주머니꽃)
Cypripedium guttatum for. *albiflorum*

과명 난초과

개화 6~7월　　**높이** 10cm 안팎

특징 여러해살이풀 | 원변형에 비하여 흰 꽃이 피는 것이 특징이다. | 관상용

결실 7~8월 | 튀는열매(삭과)

자생 북부지방, 백두산 고원지

❗ 식물체 전체에 털이 많고 꽃의 모양이 수캐의 불알 같다 하여 '개불알꽃'이라고 부른다.

해오라비난초
Habenaria radiata

▲ 신갈 8월

과명 난초과

개화 7~8월 **높이** 15~40cm

특징 여러해살이풀 | 타원모양의 둥근 덩이줄기에서 옆으로 벋는 땅속줄기가 돋아나며 끝에 둥근 줄기가 달린다. 원줄기는 털이 없고 밑부분에 1~2개의 칼집모양 잎이 있고 그 위에 3~5개의 큰 잎이 달리며 그 윗부분에 몇 개의 꽃싸개잎 모양의 잎이 달린다. 잎은 비스듬히 서며 넓은 줄모양이고 밑부분이 잎집으로 되며 원줄기 끝에 1~2개의 흰 꽃이 달린다. | 관상용

결실 9~10월 | 튀는열매(삭과)

자생 중부지방, 경기도 수원과 강원도 금강산 등 낮은 산기슭 습지의 초원 양지

❗ 꽃이 핀 모양이 해오라비라 하는 철새가 나는 모습과 닮아 이름 지어졌다.

여름

잠자리난초
Habenaria linearifolia

과명　난초과

개화　6~8월　　**높이**　40~70cm

특징　여러해살이풀 | 땅속에 둥근 뿌리가 있고 잎은 처음의 2~3개는 잎집모양이다. 1~2개의 큰 줄모양 잎은 점점 작아져서 꽃싸개잎과 연결된다. 꽃차례는 길며 꽃싸개잎은 길이 1~1.5cm이고 꽃은 흰색이며 위꽃받침잎은 곧게 서고 달걀모양으로 5개의 잎줄이 있다.

결실　7~9월 | 튀는열매(삭과)

자생　전국 각지, 산과 들, 습기 있는 양지 초원과 얕은 늪지

제비난
Platanthera metabifolia

과명　난초과

개화　7~8월　　**높이**　20~50cm

특징　여러해살이풀 | 큰 잎이 2개 달리고 뿌리의 일부분이 실타래모양으로 커진다. 잎은 타원모양이고 끝이 둔하며 밑부분이 좁아지고 밑부분에 칼집모양 잎이 있으며 큰 잎 위에 꽃싸개잎이 달려있다. 꽃은 흰색이며 꽃차례는 길고 많은 꽃이 달리며 꽃싸개잎은 피침모양으로 꽃보다 짧다.

결실　8~9월 | 튀는열매(삭과)

자생　남·중·북부지방, 산지 숲속 그늘

풍란
Neofinetia falcata

▲ 제주도 7월

과명 난초과

개화 6~7월　　**높이** 30~50cm

특징 늘푸른 여러해살이풀 | 밑부분에서 끈모양의 뿌리가 돋아나고 잎은 2줄로 달리며 서로 마주 안고 넓은 줄모양이며 뒤로 활모양으로 굽고 밑에 둥근 마디가 있다. 꽃은 흰색이며 꽃줄기는 밑부분의 잎겨드랑이에서 나오고 길이 3~10cm 정도로 3~5개의 흰 꽃이 송이모양으로 달린다. 꽃싸개잎은 피침모양이고 꽃받침잎과 꽃잎은 좁은 피침모양으로 끝이 둔하다. | 관상용

결실 9월 | 튀는열매(삭과)

자생 남부지방, 다도해 섬지방, 백도, 홍도, 제주도 등지의 바닷가 그늘 바위 표면이나 늙은 고목

여름

나도풍란
Aerides japonicum

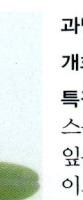

과명 난초과

개화 6~8월　　**높이** 5~12cm

특징 늘푸른 여러해살이풀 | 줄기는 비스듬히 서고 밑에서 굵은 뿌리가 벋는다. 잎은 3~5개가 2줄로 달리며 긴 타원모양이고 표면의 엄지잎줄은 약간 들어가고 끝이 둔하거나 오목하다. 꽃은 연한 녹백색이고 꽃줄기는 옆에서 나오며 길이는 5~12cm로 4~10개의 꽃이 송이모양으로 달린다. 꽃싸개잎은 달걀모양이고 끝이 둔하며 꽃받침잎은 긴 타원모양으로 끝이 둔하다. | 관상용

결실 7~9월 | 튀는열매(삭과)

자생 남부 다도해 섬지방과 제주도 등 바닷가 늘푸른나무 밑의 그늘진 바위 표면이나 나무 줄기

사철란
Goodyera schlechtendaliana

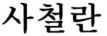

과명 난초과

개화 8~9월　　**높이** 12~25cm

특징 늘푸른 여러해살이풀 | 줄기 밑부분이 옆으로 기면서 곧게 서고 잎은 좁은 달걀모양이며 짙은 녹색이고 흰 얼룩무늬가 있으며 1~2cm의 잎자루가 있다. 꽃은 흰 바탕에 붉은빛이 돌며 7~15개 정도가 한쪽 방향으로 치우쳐서 달리고 꽃싸개잎은 곧게 서서 씨방과 이어지며 피침모양이다. 원줄기 윗부분과 씨방에 털이 있다. | 관상용

결실 9~10월 | 튀는열매(삭과)

자생 남부지방, 제주도, 울릉도의 깊은 산골짜기 나무 숲속 약간 메마른 그늘

흰술패랭이꽃
● 257p

흰동자꽃
● 259p

흰꽃바디나물
● 279p

흰메꽃
● 285p

흰수염머느리밥풀
● 292p

흰솔나리
● 307p

흰두메양귀비
● 347p

흰전동싸리
● 378p

미색물봉선
● 382p

흰왕바꽃
● 481p

흰그늘돌쩌귀
● 482p

흰나비나물
● 490p

여름

흰오리방풀
● 516p

흰독말풀
● 518p

흰꼬리풀
● 524p

흰송이풀
● 533p

백도라지
● 539p

흰꽃넓은잔대
● 542p

흰금강초롱
● 547p

흰바늘엉겅퀴
● 550p

흰가시엉겅퀴
● 552p

흰구름국화
● 564p

흰비비추
● 565p

흰꽃참산부추
● 569p

흰무릇
● 570p

흰꽃좀닭의장풀
● 575p

가을
Autumn

선선한 바람이 가을을 알리면
향긋하고 달콤한 산국의 향기가 코끝을 간지럽히고
온 세상은 황금빛으로 물든다.

가을

고마리
Persicaria thunbergii

▲ 천안 9월

과명 여뀌과

개화 8~10월 　　**높이** 30~100cm

특징 한해살이풀 | 줄기는 모서리를 따라 밑을 향한 가시가 있고 털은 없다. 잎은 잎자루가 있으나 윗부분의 것은 없고 창검같다. 가운데 갈래조각은 달걀모양으로 끝이 뾰족하고 옆 갈래조각은 서로 비슷하게 옆으로 퍼지며 밑부분이 심장모양이고 털이 약간 있으며 윤채는 없다. 잎자루에 대개 날개가 있고 뒷면 잎줄 위와 더불어 밑을 향한 잔가시가 있고 잎집 가장자리에 짧은 털과 작은갈래조각 같은 것이 달리기도 한다. 가지 끝에 10~20개씩 흰 바탕에 끝이 붉은 꽃과 흰 꽃이 모여 달리고 꽃자루에 짧은 털과 대가 있는 샘털이 있다. | 가축 사료용

결실 9~11월 | 여윈열매(수과)

자생 전국 각지, 산과 들, 골짜기 냇가나 들녘 도랑가 등의 물이 흐르고 습기 있는 양지

나도미꾸리낚시
Persicaria maackiana

과명 여뀌과

개화 7~9월　　　**높이** 40~100cm

특징 한해살이풀 | 줄기 밑부분이 옆으로 기면서 뿌리가 나오고 모서리가 지며 갈고리 같은 가시가 많다. 잎은 어긋나게 붙고 피침모양으로 밑부분의 양쪽이 돌출되어 창 같은 모양으로 되며 양면에 별 모양 털이 빽빽하게 나고 표면은 약간 짧은 털이 섞여 있다. 잎자루에는 뒷면 잎줄 위와 더불어 갈고리 같은 가시가 있고 받침잎은 짧으며 가장자리는 잎모양으로 퍼지고 톱니가 있다. 연한 홍색 꽃이 갈라진 가지 끝에 몇 개씩 달린다. | 가축 사료용

결실 9~10월 | 여윈열매(수과)

자생 남·중·북부지방, 낮은 지대 냇가나 도랑가 습지의 초원 양지

넓은잎미꾸리낚시
Persicaria nipponensis

과명 여뀌과

개화 8~10월　　　**높이** 30~50cm

특징 한해살이풀 | 줄기 밑부분이 옆으로 기고 가지가 갈라지며 갈고리 같은 작은 가시가 있다. 잎은 긴 타원모양이고 끝이 뾰족하며 밑부분은 얕은 심장모양으로 가장자리가 깔깔하며 뒷면 엄지잎 줄을 따라 짧은 가시가 있다. 잎자루에 갈고리 같은 잔가시가 있고 받침잎은 갈색으로 반투명질이며 끝이 잘린 모양이고 가장자리에 털이 있다. 연한 홍색 꽃이 가지 끝이나 잎겨드랑이에 머리모양으로 달리고 꽃자루에 샘털이 있다. | 가축 사료용

결실 9~11월 | 여윈열매(수과)

자생 전국 각지, 들녘, 도랑가나 냇가 등지의 습기 있는 물가 초원 양지

가을

가시여뀌
Persicaria dissitiflora

▲ 지리산 9월

과명 여뀌과

개화 8~9월   **높이** 50~100cm

특징 한해살이풀 | 줄기는 가지가 갈라지고 윗부분은 꽃자루와 더불어 붉은 샘털이 빽빽하게 있다. 잎은 피침모양이며 끝이 뾰족하고 밑부분은 얕은 심장모양이다. 양쪽 밑동의 갈래조각이 뾰족하고 밖으로 튀어나오며 뒷면 잎줄 위에 짧고 가시 같은 털이 있다. 잎집모양의 받침잎은 반투명질이고 잎줄이 뚜렷하며 잎줄 위에 가시 같은 털이 있다. 연한 홍색 꽃이 윗부분의 잎겨드랑이와 갈라진 가지 끝에 달린다. | 가축 사료용

결실 9~10월 | 여윈열매(수과)

자생 남·중·북부지방, 산지 그늘지고 습기 있는 숲 가장자리

❗ 줄기에 붉은 샘털이 가시모양으로 많이 나기 때문에 이름 지어졌다.

털여뀌
Persicaria orientalis

과명 여뀌과

개화 8~9월　　**높이** 1.5~2m

특징 한해살이풀 | 식물체에 털이 빽빽하게 나며 잎은 어긋나게 붙고 잎자루가 길다. 잎은 넓은 달걀모양, 달걀꼴의 심장모양으로 끝이 뾰족하고 밑부분은 심장모양이다. 받침잎은 통모양이고 털이 있다. 붉은 꽃이 길이 5~12cm의 이삭꽃차례로 많이 모여 달리며 원줄기 윗부분에서 나오는 가지에 붙고 밑으로 처진다. | 관상용, 약용

결실 9~10월 | 여윈열매(수과)

자생 전국 각지, 마을 근처 경작지 둑이나 길가

❗ 민간에서 줄기, 잎, 꽃, 씨를 통경제 등으로 사용한다.

개여뀌
Persicaria longiseta

과명 여뀌과

개화 7~10월　　**높이** 30~60cm

특징 한해살이풀 | 줄기 밑부분이 비스듬히 서고 땅에 닿으면 뿌리가 내리며 가지가 벋어 곧게 서므로 무더기로 난 것같이 보인다. 털은 없으며 전체가 적자색이 돈다. 잎은 어긋나게 붙고 넓은 피침모양이며 양끝이 좁고, 밋밋한 가장자리와 뒷면 잎줄 위에 털이 있다. 받침잎은 거의 같은 길이의 털이 가장자리에 있다. 적자색, 흰색 꽃이 가지 끝에 이삭꽃차례로 많이 모여 달린다. | 약용, 가축 사료용

결실 8~11월 | 여윈열매(수과)

자생 전국 각지, 들녘, 대개는 경작지의 밭둑이나 길가 빈터 등의 양지

❗ 한방과 민간에서 잎, 줄기를 해열, 통경, 해독, 부종, 각기, 장염 등에 약으로 사용한다.

가을

오이풀
Sanguisorba officinalis

▲ 남양주 9월   ▼ 꽃   ▼ 어린 잎

과명 장미과

개화 7~9월 **높이** 30~150cm

특징 여러해살이풀 | 원줄기는 윗부분에서 갈라지며 식물체에 털은 없다. 잎은 잎자루가 길며 1회깃모양겹잎이고 갈래쪽잎은 5~11개로 긴 타원모양이고 끝이 둥글다. 밑은 심장모양으로 세모진 톱니가 있고 작은 잎자루가 있으며 뿌리잎은 어긋나게 붙고 잎자루는 짧고 작다. 곧게 선 긴 대 끝에 검붉은 꽃이 이삭꽃차례로 핀다. 꽃싸개잎은 넓은 타원모양이고 작은 꽃싸개잎은 피침모양이며 가장자리에 털이 있다. | 식용, 약용

결실 9~10월 | 여윈열매(수과)

자생 전국 각지, 산과 들, 산기슭 양지 초원이나 길가 둑

❗ 어린 잎은 나물로 먹는다. | 한방과 민간에서 뿌리를 [지유(地楡)]라 하고 지혈, 토혈, 월경과다, 산후복통, 동상, 충독, 대하증 등에 약재로 사용한다.

꽃며느리밥풀
Melampyrum roseum

▲ 정선 9월

과명 현삼과

개화 7~9월　　**높이** 30~50cm

특징 한해살이 반더부살이풀 | 줄기는 둔하게 네모지고 모서리 위에 짧은 털이 있다. 잎은 마주 달리고 중앙부의 잎은 좁은 달걀모양, 긴 타원꼴의 피침모양이고 끝이 뾰족하며 밑부분이 둥글다. 양면에 짧은 털이 퍼져 나고 가장자리는 밋밋하며 길이 7~10mm의 잎자루가 있다. 꽃은 홍색이며 이삭꽃차례에 달리고 꽃싸개잎은 녹색이며 중앙부의 잎과 같은 모양이지만 작고 대가 있으며 끝이 뾰족하다. 가장자리에 가시모양의 도드라기가 있다. | 관상용, 약용

결실 9~10월 | 튀는열매(삭과)

자생 전국 각지, 산기슭 숲 가장자리 등의 반그늘

❗ 민간에서 풀 전체를 진정약, 혈압강하제 등으로 사용한다.

가을

큰수리취
Synurus excelsus

▲ 백두고원 8월

과명 국화과

개화 9~10월 　　**높이** 1~2m

특징 여러해살이풀 | 자줏빛 줄기에는 거미줄 같은 털이 빽빽하다. 밑부분의 잎은 잎자루가 길며 세모지고 끝이 날카로우며 밑은 심장모양으로 둥글다. 잎 뒷면은 흰 솜털이 빽빽하게 있어 흰빛이 돌며 가장자리가 결각모양으로 갈라지고 뾰족한 톱니가 있다. 가지 끝과 원줄기 끝에 흑자색 꽃이 밑을 향해 달린다. 모인꽃싸개잎은 둥글고 거미줄 같은 털로 덮인다. | 식용, 약용

결실 10~11월 | 여윈열매(수과)

자생 전국 각지, 산마루 메마른 초원 양지, 고원지

❗ 어리고 부드러운 잎은 나물로 먹는다. 강원도에서는 수리취떡을 만들어 먹는다. | 한방과 민간에서 식물체를 지혈, 안태, 부종 등에 약재로 사용한다.

수리취
Synurus deltoides

▲ 대관령 9월

과명 국화과

개화 9~10월　　**높이** 40~100cm

특징 여러해살이풀 | 줄기에 세로줄이 있고 흰 털이 빽빽하게 나며 줄기잎은 어긋나게 붙고 밑부분의 것은 달걀모양으로 끝이 뾰족하며 밑부분은 둥글거나 심장모양이다. 표면에 꼬불꼬불한 털이 있고 뒷면에 흰 솜털이 빽빽하게 나며 가장자리에 결각모양의 톱니가 있다. 잎자루는 길며 좁은 날개가 있거나 없다. 윗부분의 잎은 점차 작아지고 잎자루도 점차 짧아져서 없어진다. 자주색 꽃은 원줄기 끝이나 가지 끝에 달리고 꽃이 필 때는 밑을 향해 핀다. 모인꽃싸개잎은 둥글고 거미줄 같은 흰 털이 있다. | 식용, 약용

결실 10~11월 | 여윈열매(수과)

자생 전국 각지, 산기슭이나 산마루 근처의 메마른 초원 양지

❗ 큰수리취와 같은 용도로 식용, 약용한다.

가을

수크령
Pennisetum alopecuroides

▲ 고창 9월

과명 벼과

개화 8~9월 **높이** 30~80cm

특징 여러해살이풀 | 뿌리줄기에서 굳센 뿌리가 사방으로 퍼지고 위 끝에 중축과 더불어 흰 털이 있다. 잎은 납작하고 털이 약간 있다. 꽃이삭은 둥근 기둥모양이고 흑자색이다. 작은 이삭의 대는 길이 1mm 정도이고 중축과 더불어 털이 빽빽하며 잔가지에는 1개의 두성꽃과 수꽃이 달린다. | 가축 사료용

결실 9~10월 | 겨깍지열매(영과)

자생 전국 각지, 산과 들, 습기 있는 산기슭 초원, 들녘 길가 언덕의 습지 초원

❗ 잎과 줄기를 가내세공재로 사용한다.

붉은수크령
Pennisetum alopecuroides for. *erythrochaetum*

과명 벼과

개화 8~9월　　**높이** 30~80cm

특징 여러해살이풀 | 원변형에 비하여 모인꽃싸개잎의 털이 짙은 붉은색인 것이 특징이다. 수크령과 함께 자란다. | 가축 사료용

결실 9~10월 | 겨깍지열매(영과)

자생 전국 각지, 산과 들, 습기 있는 산기슭 초원, 들녘 길가 언덕의 습지 초원

❗ 잎과 줄기를 가내세공재로 사용한다.

청수크령
Pennisetum alopecuroides for. *viridescens*

과명 벼과

개화 8~9월　　**높이** 30~80cm

특징 여러해살이풀 | 원변형에 비하여 모인꽃싸개잎의 털이 연한 황록색인 것이 특징이다. 수크령과 함께 자란다. | 가축 사료용

결실 9~10월 | 겨깍지열매(영과)

자생 전국 각지, 산과 들, 습기 있는 산기슭 초원, 들녘 길가 언덕의 습지 초원

❗ 잎과 줄기를 가내세공재로 사용한다.

가을

방동사니대가리
Cyperus sanguinolentus

과명 사초과

개화 7~10월　　**높이** 10~40cm

특징 한해살이풀 | 줄기는 무더기로 나며 밑부분이 비스듬히 선다. 잎은 밑부분에 달리며 밑부분이 통모양이고 꽃줄기보다 짧다. 잎집은 녹색이 돌지만 밑부분의 것은 갈색이다. 꽃싸개잎은 2~3개이고 꽃차례보다 길며 옆으로 퍼진다. 꽃차례는 대가 짧은 3~10개의 작은 이삭이 우산모양으로 달려 둥글게 되며 작은 이삭은 편평한 긴 타원모양, 피침모양이고 끝이 뾰족하며 15~30개의 연한 갈색 또는 자갈색의 꽃이 달린다.

결실 8~11월 | 여윈열매(수과)

자생 전국 각지, 산기슭 습지 초원이나 개울가, 도랑가의 습기 있는 양지

참여로
Veratrum nigrum var. *ussuriense*

과명 백합과

개화 9월　　**높이** 150cm 안팎

특징 여러해살이풀 | 원줄기의 밑부분에 잎집이 썩어서 남은 섬유로 덮여 있다. 꽃줄기는 높게 자라고 곧게 선다. 잎은 원줄기의 밑부분에 달리며 첫째 잎은 피침모양이고 밑부분으로 갈수록 좁아져서 잎집으로 된다. 짙은 흑자색 꽃이 원줄기 끝의 고깔꽃차례에 빽빽하게 달리고 꽃덮이조각은 6개로 긴 타원모양이며 끝이 둔하다. | 유독성식물 | 약용

결실 10월 | 튀는열매(삭과)

자생 제주도, 중부 이북지방의 고산지대, 산지 숲 가장자리 초원 양지

❗ 한방에서 뿌리와 줄기 말린 것을 강심, 해열, 통유, 생선중독, 곽란, 혈뇨, 고혈압, 중풍, 황달 등에 약재로 사용한다.

꽃무릇(석산)
Lycoris radiata

▲ 선운산 9월   ▼ 가을철 새 잎

과명 수선화과

개화 9~10월   **높이** 30~50cm

특징 여러해살이풀 | 비늘줄기는 검은색이며 잎이 없어진 비늘줄기에서 꽃대만 나와 곧게 서며 끝에 큰 꽃이 우산모양으로 핀다. 모인꽃싸개잎은 넓은 줄모양이고 얇으며 작은 꽃자루는 길이 6~15mm이다. 꽃은 붉은색이고 꽃덮이조각은 6개로 거꿀피침모양이고 뒤로 말리며 가장자리에 주름이 진다. 가을에 꽃이 지고 새 잎이 나서 겨울을 나고 초여름에 모두 말라 없어진다. | 유독성식물 | 관상용, 약용

결실 열매를 맺지 못하고 비늘줄기에 의해 번식한다.

자생 남부지방, 대개는 산사 근처의 숲 속 그늘

❗ 한방에서 비늘줄기를 해열, 거담, 창종, 적리, 급만성 기관지염, 백일해 등에 약재로 쓴다.

가을

긴잎모시풀
Boehmeria sieboldiana

과명 쐐기풀과

개화 8~10월　　**높이** 1~2m

특징 여러해살이풀 | 줄기는 무더기로 나며 둔하게 네모지고 짧은 누운 털이 있으며 잎자루와 함께 붉은빛이 돈다. 잎은 마주 붙고 긴 타원모양이며 끝이 뾰족하고 가장자리에 규칙적인 톱니가 있으며 양면에 털이 약간 있다. 꽃은 연한 녹색으로 꽃차례는 잎겨드랑이에서 나오며 밑부분에 수꽃차례, 윗부분에 암꽃차례가 달린다. | 식용, 약용

결실 9~11월 | 여윈열매(수과)

자생 전국 각지, 산골짜기 습기 있는 숲 속 반그늘

❗ 어린 잎은 식용한다. | 한방과 민간에서 뿌리와 잎을 이뇨, 통경, 하혈, 충독, 당뇨병 등에 약재로 사용한다.

큰닭의덩굴
Fallopia dentata-alata

과명 여뀌과

개화 8~10월　　**길이** 1~2m

특징 한해살이 덩굴풀 | 줄기에는 잔털 같은 도드라기가 있고 길게 벋는다. 잎은 어긋나게 붙고 잎몸은 화살촉 같으며 달걀모양으로 끝이 뾰족하고 밑부분이 심장모양이며 양쪽 돌기의 끝이 둔하다. 잎자루는 1~6cm이고 잎집은 길이 3~6mm이다. 꽃은 황록색이고 이삭꽃차례는 가지 끝과 잎겨드랑이에서 나오거나 잎겨드랑이에 모여 달린다. | 가축 사료용

결실 9~11월 | 여윈열매(수과)

자생 전국 각지, 들녘 개울가 초원이나 마을 주변 언덕 등의 양지

며느리배꼽
Persicaria perfoliata

과명 여뀌과

개화 7~9월   **길이** 2m 안팎

특징 한해살이 덩굴풀 | 줄기는 잎자루와 더불어 밑으로 향한 가시가 있어 다른 물체에 잘 붙는다. 잎은 세모지고 밑부분은 잘린 모양이다. 받침잎은 잎모양이고 가지 끝에 연한 녹색 꽃이 이삭꽃차례로 달리고 꽃차례 밑부분을 접시모양 같은 꽃싸개잎이 받치고 있다. | 식용, 약용

결실 8~10월 | 여윈열매(수과)

자생 전국 각지, 들녘 마을 근처 둑이나 낮은 산기슭 및 개울가 등의 빈터 양지

❗ 긴 잎자루가 잎 밑에서 약간 올라 붙은 모양이 배꼽 같아 이름 지어졌다. | 어린 잎은 생으로 먹는다. | 한방과 민간에서 성숙한 잎을 양모, 피부병, 옴, 고기 먹고 체한 데 등에 약재로 사용한다.

긴화살여뀌
Persicaria breviochreata

과명 여뀌과

개화 9~10월   **높이** 30~60cm

특징 한해살이풀 | 원줄기는 갈라져서 땅에 닿고 가지의 끝이 비스듬히 서며 털 같은 밑을 향한 가시가 있다. 잎은 긴 타원모양으로 끝이 뾰족하며 밑부분이 얕은 심장모양이고 잎집모양의 받침잎은 짧으며 가장자리에 긴 털이 있다. 꽃은 연한 녹색 바탕에 붉은 빛이 돌며 꽃차례는 잎겨드랑이와 가지 끝에 달리고 꽃자루 끝에 1~3개의 꽃이 달린다. | 약용, 가축 사료용

결실 10~11월 | 여윈열매(수과)

자생 전국 각지, 산기슭 숲속 그늘

❗ 한방과 민간에서 잎과 줄기를 해열, 통경, 해독, 부종, 각기, 요종통, 장염 등에 약재로 사용한다.

가을

칠면초
Suaeda japonica

▲ 영종도 9월

과명 명아주과

개화 8~9월　　**높이** 15~50cm

특징 한해살이풀 | 윗부분에서 많은 가지가 나오며 잎은 어긋나게 붙고 고기질로 거꿀피침모양이거나 방망이 같다. 잎은 처음에는 녹색이지만 점차 홍자색으로 변하여 바닷가를 아름답게 한다. 잎 겨드랑이에 수꽃과 더불어 꽃자루 없는 녹자색 꽃이 2~10개 모여 달리며 처음에는 녹색이지만 점차 자주색으로 변한다. | 식용

결실 9~10월 | 주머니모양열매(포과)

자생 전국 각지, 바닷가 근처의 소금기 많은 갯벌 양지

❗ 봄에 부드러운 잎과 줄기를 데쳐 나물로 먹는다.

퉁퉁마디
Salicornia europaea

과명 명아주과

개화 8~9월   **높이** 10~30cm

특징 한해살이풀 | 줄기는 둥근 기둥모양이고 마주 붙은 가지가 많으며 잎이 없다. 원줄기는 짙은 녹색이며 뚜렷한 마디가 많고 씹어보면 짠맛이 난다. 가지 윗부분 마디 사이 양쪽의 오목한 곳에 작은 꽃이 3개씩 달린다. 꽃은 황록색의 꽃밥만 있다. 꽃받침조각은 서로 붙어 주머니모양이며 입구는 좁고 1~2개의 수술이 있다. | 관상용

결실 9~11월 | 주머니모양열매(포과)

자생 남·중·북부지방, 서해 바닷가와 울릉도의 바닷가, 바닷물이 들어오는 소금기 있는 갯벌 양지

나문재
Suaeda glauca

과명 명아주과

개화 7~9월   **높이** 50~100cm

특징 한해살이풀 | 줄기는 가지가 많이 갈라지고 잎은 무더기로 나며 녹색이고 좁은 줄모양이다. 잎겨드랑이에 1~2개의 꽃이 달리지만 윗부분의 것은 잎이 없으므로 이삭꽃차례 같으며 짧은 꽃자루가 있고 꽃은 녹색이다. 꽃 밑에 달린 3개의 꽃싸개잎은 반투명질이며 꽃받침이 깊게 5개로 갈라진다. | 식용

결실 9~10월 | 주머니모양열매(포과)

자생 전국 각지, 바닷가 모래땅이나 바닷물이 들어오는 소금기 있는 갯벌 양지

❗ 부드러운 줄기와 잎을 데쳐서 나물로 먹는다. | 꽃이 피기 전의 식물체에는 단백질과 비타민 등의 영양분이 많이 함유되어 있다.

가을

해홍나물
Suaeda maritima

▲ 대부도 9월

과명 명아주과

개화 8~9월　　**높이** 20~50cm

특징 한해살이풀 | 나문재와 비슷하지만 주머니모양열매가 작고 3~5개의 꽃이 잎겨드랑이에 달리는 것이 다르다. 털이 없고 곧게 서며 가지가 많이 갈라진다. 잎은 무더기로 붙고 좁은 줄모양으로 길이 1~3cm이며 끝이 뾰족하다. 꽃은 잎겨드랑이에 3~5개씩 달리고 꽃자루가 없으며 연한 황색으로 꽃받침이 5개로 갈라진다. 갈래조각은 타원모양이고 열매가 익을 때까지 커지지 않는다. | 식용

결실 9~10월 | 주머니모양열매(포과)

자생 전국 각지, 바닷가나 근처의 바닷물이 들어오는 소금기 있는 갯벌 양지

❗ 봄에 부드러운 줄기와 잎을 데쳐 나물로 먹는다.

개버무리
Clematis serratifolia

▲ 한계령 9월 ▼ 열매

과명 미나리아재비과

개화 8~9월 **길이** 2m 안팎

특징 여러해살이 덩굴풀(또는 덩굴성 떨기나무) | 잎은 마주 붙고 2회 3출겹잎이다. 작은 갈래쪽잎은 긴 달걀모양, 피침모양으로 끝이 날카롭고 밑은 날카롭거나 둥글다. 약간 치밀한 톱니가 있고 양면에 털은 없다. 연한 황색 꽃이 짧은 꽃자루에 몇 개씩 밑을 향해 달리고 꽃받침잎은 4개이다. | 관상용, 약용

결실 10월 | 여윈열매(수과)

자생 중부 이북지방, 산골짜기 숲 가장자리 또는 냇가의 언덕 양지

❗ 한방에서 뿌리를 발한, 요슬통, 천식, 복중괴, 풍질, 각기, 절상, 파상풍, 악종, 개선 등에 약재로 사용한다.

눈괴불주머니
Corydalis ochotensis

과명 양귀비과
개화 7~9월 　　**높이** 25~60cm
특징 두해살이풀 | 식물체에 분백색이 돌며 가지가 많이 갈라져서 엉키고 줄기에 모서리가 있다. 잎은 어긋나게 붙고 잎자루가 길며 세모지고 2~3회 3출엽이다. 갈래조각은 거꿀달걀모양으로 잎자루에 날개가 있다. 황색 꽃의 송이모양꽃차례는 가지 끝과 원줄기 끝에 달리며 꽃싸개잎은 넓은 달걀모양이고 가장자리는 밋밋하다. | 유독성식물 | 약용
결실 8~10월 | 튀는열매(삭과)
자생 전국 각지, 산지 낮은 곳의 냇가 양지

❗ 누워서 자라기 때문에 '누운괴불주머니(눈괴불주머니)'라 부른다. | 한방에서 풀 전체를 진경, 조경, 진통, 타박상 등에 약재로 사용한다.

가는괴불주머니
Corydalis ochotensis var. *raddeana*

과명 양귀비과
개화 7~9월 　　**높이** 25~60cm
특징 두해살이풀 | 송이모양꽃차례에 많은 작은 꽃이 모여 피고 꽃꼭지는 짧으며 부풀어 있다. 꽃싸개잎은 달걀꼴의 버들잎모양으로 약간 작으며 튀는열매는 줄모양, 줄꼴의 거꿀버들잎모양이다. 씨는 1줄로 들어있고 비교적 긴 혓바닥모양이다. | 유독성식물 | 약용
결실 8~10월 | 튀는열매(삭과)
자생 중부 이북지방, 산지 숲속 그늘

❗ 한방에서 풀 전체를 눈괴불주머니와 같은 용도의 약재로 사용한다.

여뀌바늘
Ludwigia prostrata

과명 바늘꽃과

개화 9월　　**높이** 30~60cm

특징 한해살이풀 | 어릴 때는 잔털이 약간 있으며 원줄기는 곧게 서거나 비스듬히 서며 가지가 갈라지고 붉은빛이 돌며 세로로 줄이 나 있다. 잎은 어긋나게 붙고 피침모양으로 양끝이 좁고 잎자루가 있다. 꽃은 황색이고 잎겨드랑이에 달리며 꽃받침잎은 3~6개이고 녹색이며 달걀모양으로 꽃잎은 작고 3~6개이다.

결실 9~10월 | 튀는열매(삭과)

자생 전국 각지, 들녘 논바닥이나 도랑가 습지 등 양지

! 풀잎이 여뀌잎 같아 이름 지어졌다.

갯질경(갯기송)
Limonium tetragonum

과명 갯질경이과

개화 9~10월　　**높이** 30~60cm

특징 두해살이풀 | 잎은 무더기로 나며 사방으로 퍼지고 긴 타원꼴의 주걱모양으로 끝이 둥글며 밑부분이 좁아져서 잎자루모양으로 된다. 꽃줄기는 갈라지며 끝에 이삭모양꽃차례가 달린다. 녹색 꽃싸개잎 안에 몇 개의 황색 꽃이 들어 있고 그 속에는 2개의 작은 꽃싸개잎이 있다. | 관상용, 식용

결실 11~12월 | 여윈열매(수과)

자생 전국 각지, 바닷물이 들어오는 소금기 있는 양지의 갯벌, 제주도 및 섬지방

! 풀잎의 모양이 질경이를 닮았으며 바닷가 갯벌에서만 자라기 때문에 이름 지어졌다. | 어린 잎은 나물로 먹는다.

절국대
Siphonostegia chinensis

과명 현삼과

개화 7~9월   **높이** 30~60cm

특징 한해살이 반기생식물 | 잎은 마주 붙거나 어긋나게 붙고 깃모양으로 갈라지며 윗부분의 것은 3개로 갈라진다. 갈래조각은 좁은 피침모양이고 1~3개의 톱니가 있다. 꽃은 황색이며 잎겨드랑이에 1개씩 옆을 향해 달려서 이삭모양을 이루고 꽃받침통은 통모양으로 튀어나온 잎줄이 있으며 작은 꽃싸개잎이 짧다. | 약용

결실 9~10월 | 튀는열매(삭과)

자생 전국 각지, 산기슭 메마른 양지 초원이나 숲 가장자리

❗ 꽃 필 때 식물체를 말려서 민간에서 해열제, 지혈제 등으로 쓰며 뿌리를 조경, 진해, 황달, 간염, 고혈압, 임질, 폐렴 등에 약재로 사용한다.

땅귀개
Utricularia bifida

과명 통발과

개화 8~9월   **높이** 10~30cm

특징 여러해살이 식충식물 | 실같이 가는 땅속줄기가 땅속으로 벋으면서 벌레를 잡는 포충대가 군데군데 달린다. 잎은 줄모양이고 땅속줄기의 여러 곳에서 땅 위로 나오며 녹색이고 밑부분에 대개 1~2개의 포충대가 있다. 꽃줄기는 몇 개의 비늘잎이 어긋나게 붙고 비늘잎은 달걀모양으로 반투명질이며 끝이 둔하거나 뾰족하고 밑부분에 달린다. 꽃은 밝은 황색이며 2~7(10)개 정도가 달리고 꽃싸개잎은 달걀모양으로 끝이 뾰족하며 작은 꽃싸개잎은 2개이다.

결실 9~10월 | 튀는열매(삭과)

자생 전국 각지, 산지 산골짜기 양지의 습지

마타리
Patrinia scabiosaefolia

▲ 홍천 9월

과명 마타리과

개화 7~9월　　**높이** 60~150cm

특징 여러해살이풀 | 원줄기는 곧게 서며 윗부분에서 가지가 갈라지고 밑부분에는 털이 약간 있으며 밑에서 새싹이 갈라져서 번식한다. 잎은 마주 붙고 깃모양으로 갈라지며 밑부분의 것은 잎자루가 있으나 올라가면서 없어진다. 꽃은 황색이고 가지 끝과 원줄기 끝에 고른모양으로 달린다. | 관상용, 식용, 약용

결실 8~10월 | 여윈열매(수과)

자생 전국 각지, 산과 들, 산기슭 초원 양지

> ❗ 약이름 '패장'은 이 풀의 뿌리에서 된장 썩은 냄새가 나기 때문에 지어진 이름이다. | 어린 잎은 나물로 먹는다. | 한방에서 뿌리를 [패장(敗醬)]이라 하고 염증약, 해열제, 쥐오줌풀 대용약 등으로 사용한다. 민간에서 소염, 안질, 화상, 부종, 대하증 등에 약으로 쓴다.

담배풀
Carpesium abrotanoides

과명 국화과

개화 8~9월 　　**높이** 50~100cm

특징 여러해살이풀 | 잎은 어긋나게 붙고 밑부분의 것은 넓은 타원모양으로 끝이 둔하고 밑부분이 잎자루로 흘러서 날개로 된다. 황색 꽃이 잎겨드랑이에 이삭모양으로 달리며 모인꽃싸개잎은 둥근 종모양이다. | 식용, 약용

결실 9~10월 | 여윈열매(수과)

자생 전국 각지, 산지 숲 가장자리나 골짜기의 그늘지고 습기 있는 곳

❗ 어린 잎은 식용한다. | 열매를 한방 약재로 쓰며 열매에는 카르페시아락톤, 카라브론을 주성분으로 하는 정유와 유기산 등이 함유되어 있다. 오충증, 거위증에 약재로 쓰고 잎, 줄기는 해열제로 쓴다.

천일담배풀
Carpesium glossophyllum

과명 국화과

개화 8~9월 　　**높이** 20~50cm

특징 여러해살이풀 | 뿌리잎은 꽃이 필 때까지 남아 있고 꽃무늬모양으로 땅 위로 퍼지며 거꿀피침꼴의 혓바닥모양으로 둥근 끝이 뾰족해진다. 밑부분이 좁으며 작은 도드라기가 퍼져 있고 양면에 털이 많다. 줄기잎은 적으며 드문드문 달리고 긴 타원꼴의 피침모양이지만 윗부분의 것은 좁은 피침모양이다. 녹백색의 머리모양꽃은 원줄기와 가지 끝에 밑을 향해 달리며 피침모양의 꽃싸개잎이 있고 모인꽃싸개잎은 도토리껍질 모양이다. | 식용, 약용

결실 9~10월 | 여윈열매(수과)

자생 전국 각지, 산지 메마른 숲속 그늘

❗ 담배풀과 같은 용도로 식용, 약용한다.

애기담배풀
Carpesium rosulatum

과명 국화과

개화 8~9월 　　**높이** 15~45cm

특징 여러해살이풀 | 식물체에 부드러운 털이 빽빽하게 난다. 뿌리잎은 꽃이 필 때까지 남아 있고 꽃무늬 모양으로 퍼지며 주걱 같은 피침모양으로 끝이 둥글고 밑으로 갈수록 좁아져서 잎자루 모양으로 된다. 가장자리에 불규칙한 톱니가 있고 부드러운 털이 빽빽하다. 줄기잎은 드문드문 붙고 거꿀피침모양으로 잎자루는 없다. 황갈색 머리모양꽃은 가지와 원줄기 끝에 달리고 밑을 향해 피며 모인꽃싸개잎은 통모양이다.

결실 9~10월 | 여윈열매(수과)

자생 제주도, 울릉도의 약간 메마른 산기슭 숲속 그늘

긴담배풀
Carpesium divarricatum

과명 국화과

개화 8~10월 　　**높이** 30~150cm

특징 여러해살이풀 | 식물체에 털이 빽빽하게 있으며 잎은 어긋나게 붙고 밑부분 잎은 잎자루가 길며 긴 타원모양으로 끝이 날카롭거나 둔하고 밑은 둥글거나, 넓고 날카롭다. 양면에 털이 있고 뒷면에 샘점이 있으며 가장자리에 불규칙한 톱니가 있고 잎자루 밑부분에 날개가 있다. 가지 끝과 원줄기 끝에 황백색 꽃이 밑을 향해 달린다. | 식용, 약용

결실 9~11월 | 여윈열매(수과)

자생 전국 각지, 산기슭 숲 가장자리나 길가 풀숲 그늘

❗ 담배풀과 같은 용도로 식용, 약용한다.

가을
미역취
Solidago virga-aurea var. *asiatica*

▲ 백두고원 8월

과명 국화과

개화 7~10월   **높이** 35~85cm

특징 여러해살이풀 | 줄기 윗부분에서 가지가 갈라지며 잔털이 있다. 줄기잎은 달걀꼴의 긴 타원모양으로 끝이 날카롭고 밑은 날카로우며 표면에 털이 약간 있다. 가장자리에 뾰족한 톱니가 있고 잎자루에 날개가 있으며 올라가면서 점차 작아져서 긴 타원꼴의 피침모양으로 되고 잎자루는 없어진다. 황색 꽃이 대개 3~5개의 고른살 이삭모양꽃차례로 되고 작은 꽃자루가 있으며 털이 있고 꽃싸개잎은 길이 1mm 정도이다. | 관상용, 식용, 약용

결실 9~11월 | 여윈열매(수과)

자생 전국 각지, 산과 들 양지

❗ 어린 잎은 나물로 먹는다. | 한방과 민간에서 식물체를 이뇨, 건위, 해수, 부종 등에 약재로 사용한다.

울릉미역취
Solidago virga-aurea var. *gigantea*

과명 국화과

개화 8~9월　　　**높이** 10cm 안팎

특징 여러해살이풀 | 줄기는 윗부분이 갈라진다. 잎은 어긋나게 붙고 긴 타원모양, 달걀모양이며 끝이 날카롭고 밑은 둥글거나 날카로우며 밑부분이 흘러 잎자루의 날개로 된다. 가장자리에 뾰족한 톱니가 있다. 머리모양꽃은 황색이고 고깔모양으로 달리며 꽃싸개잎은 없거나 작다. | 관상용, 식용, 약용

결실 9~10월 | 여윈열매(수과)

자생 울릉도, 산기슭 숲 가장자리 양지 초원이나 산기슭 밭

! 울릉도에만 자라기 때문에 이름 지어졌다. | 식물체를 미역취와 같은 용도로 식용, 약용한다.

잔미역취
Solidago virga-aurea var. *nana*

과명 국화과

개화 8~9월　　　**높이** 10cm 안팎

특징 여러해살이풀 | 원변종에 비하여 식물체의 키가 작은 것이 특징이다. | 관상용, 식용, 약용

결실 9~10월 | 여윈열매(수과)

자생 제주도의 산지 초원 양지

! 식물체를 미역취와 같은 용도로 식용, 약용한다.

털머위
Farfugium japonicum

과명 국화과
개화 9~10월　　**높이** 30~80cm
특징 늘푸른 여러해살이풀 | 잎자루가 긴 잎이 뿌리에서 무더기로 나오며 잎몸은 콩팥모양이고 두꺼우며 윤채가 있고 가장자리에 이빨모양 톱니가 있거나 밋밋하다. 꽃자루는 곧게 서며 꽃싸개잎이 있다. 머리모양꽃은 황색이며 가지 끝에 1개씩 달리고 꽃은 지름 4~6cm이다. | 관상용, 식용, 약용
결실 10~11월 | 여윈열매(수과)
자생 남부지방, 제주도, 울릉도의 바닷가 숲 가장자리나 초원 양지

❗ 어린 잎은 식용한다. | 한방과 민간에서 뿌리와 식물체를 진통, 보익, 진정 등에 약재로 쓰며 민간에서 줄기와 잎을 해독, 싱싱한 잎을 습진 등에 약으로 쓴다.

쑥방망이
Senecio argunensis

과명 국화과
개화 8~9월　　**높이** 65~160cm
특징 여러해살이풀 | 희미한 모서리줄과 거미줄 같은 털이 있고 뿌리잎은 꽃이 필 때 없어진다. 중앙부의 잎은 잎자루가 없고 긴 타원모양으로 표면에 털이 없고 뒷면에는 거미줄 같은 털이 있다. 깃모양으로 깊게 갈라지고 갈래조각은 6쌍 정도이며 결각이 있다. 윗부분의 잎은 작고 깃모양으로 갈라진다. 황색의 머리모양꽃이 많이 달리며 모인꽃싸개잎쪽은 반달모양이다. | 관상용
결실 9~10월 | 여윈열매(수과)
자생 남·중·북부지방, 산지의 메마른 길가 언덕 양지

❗ 잎이 쑥잎과 닮아 이름 지어졌다.

만수국아재비(청하향초)
Tagetes minuta

과명 국화과

개화 7~9월　　**높이** 20~100cm

특징 한해살이풀 | 귀화식물(남아메리카 원산). 식물체에서 향기가 강하게 난다. 잎은 어긋나게 붙거나 마주 붙고 깃모양으로 갈라지며 갈래조각은 좁은 피침모양이고 샘점이 있으며 톱니가 있다. 꽃은 황색이고 머리모양꽃은 둥근 기둥모양으로 가지 끝에 고른모양으로 배열된다. 모인 꽃싸개잎쪽은 붙어서 통모양으로 되고 끝이 5개로 갈라지고 갈색의 샘점이 있다.

결실 8~10월 | 여윈열매(수과)

자생 남부지방, 길가 빈터나 초원 양지

갯금불초
Wedelia prostrata

과명 국화과

개화 8~10월　　**높이** 30~60cm

특징 여러해살이풀 | 줄기는 옆으로 자라며 마디에서 뿌리가 내리고 누운 털이 있다. 잎은 마주 붙고 잎자루가 짧거나 없으며 피침모양, 긴 타원모양으로 양끝이 좁고 누운 털과 톱니가 있다. 황색의 머리모양꽃은 꽃자루 끝에 1개씩 달리고 모인꽃싸개잎은 반달모양이다. 꽃싸개잎 조각은 5개이고 길이가 거의 비슷하며 1줄로 배열되고 긴 타원모양으로 누운 털이 있다. | 약용

결실 9~11월 | 여윈열매(수과)

자생 제주도, 바닷가 모래땅이나 습지의 초원 양지

❗ 민간에서 잎을 찧어서 지혈제로 쓴다.

가을

뚱단지
Helianthus tuberosus

▲ 덩이뿌리

과명 국화과

개화 9~10월   **높이** 1.5~3m

특징 여러해살이풀 | 귀화식물(북아메리카 원산). 땅속줄기의 끝이 굵어져서 덩이뿌리가 발달하고 잎과 더불어 털이 있다. 잎은 긴 타원모양으로 끝이 뾰족하고 가장자리에 톱니가 있다. 밑부분에서 많은 가지가 갈라져 끝에 황색의 머리모양꽃이 달리며 가장자리에 10개 이상의 혀모양 꽃이 달린다. | 관상용, 식용

결실 11월 | 여윈열매(수과)

자생 전국 각지, 마을 근처 밭둑이나 길가 언덕

❗ 덩이뿌리의 모양이 옛날 선조들이 거름 줄 때 쓰던 똥단지 같다 하여 똥을 뚱으로 바꾸어 부르게 되었다고 한다. | 덩이뿌리를 예전에 식용하였다.

미국가막사리
Bidens frondosa

과명 국화과

개화 8~10월   **높이** 50~200cm

특징 한해살이풀 | 귀화식물(북아메리카 원산). 줄기는 네모지고 짙은 흑자색이 돌며 털은 없다. 잎은 마주 붙고 깃모양겹잎이며 작은 갈래쪽잎은 3~5개이다. 잎자루는 없고 피침모양으로 가장자리에 톱니가 있다. 윗부분에서 가지가 갈라지고 그 끝에 황색의 머리모양꽃이 달리며 겉에 6~10개의 잎모양의 모인꽃싸개잎이 있다. | 약용

결실 9~11월 | 여윈열매(수과)

자생 전국 각지, 들녘 경작지 논바닥이나 길가 언덕, 도랑가 습지의 양지

❗ 민간에서 식물체를 충독 등에 약으로 사용한다.

가막사리
Bidens tripartita

과명 국화과

개화 8~10월　　　**높이** 10~30cm

특징 여러해살이풀 | 식물체에 털이 없고 잎은 마주 붙으며 중앙부의 것은 피침모양으로 가장자리에 톱니가 있거나 3~5개로 갈라지며 잎자루에 날개가 약간 있다. 가지 끝과 원줄기 끝에 황색 꽃이 1개씩 달리며 길이 4~15cm의 꽃자루가 있다. | 식용, 약용

결실 9~11월 | 여윈열매(수과)

자생 전국 각지, 들녘 경작지의 논바닥이나 도랑가 습지 양지

❗ 어린 잎은 식용한다. | 한방과 민간에서 식물체를 건위, 해열, 진통, 창종 등에 약재로 사용한다.

구와가막사리
Bidens radiata var. *pinnatifida*

과명 국화과

개화 8~9월　　　**높이** 15~70cm

특징 한해살이풀 | 줄기는 네모지고 잎은 마주 붙는다. 중앙부의 잎은 깃모양으로 갈라지며 2~3쌍으로서 옆으로 퍼지고 끝이 뾰족하다. 끝의 갈래조각은 잎자루에 좁은 날개가 있다. 가지와 원줄기 끝에 1개씩 황색 꽃이 달리고 꽃자루가 있으며 모인꽃싸개잎은 1줄로 배열되고 12~14개의 꽃싸개잎은 잎모양으로 길이 2~3.5cm이지만 간혹 7cm 정도이고 깃모양으로 갈라지는 것도 있다. | 식용, 약용

결실 9~10월 | 여윈열매(수과)

자생 남·중·북부지방, 들녘 논이나 길가 도랑가 습지의 양지

❗ 잎을 그늘에 말려 차 대용으로 달여 마신다. | 가막사리와 같은 용도로 약용한다.

가을

산국
Chrysanthemum boreale

▲ 설악산 9월

과명 국화과

개화 9~10월　　**높이** 1~1.5m

특징 여러해살이풀 | 줄기는 가지가 많이 갈라지고 흰 털이 많다. 잎은 어긋나게 붙고 중앙부의 것은 긴 타원꼴로 밑부분이 약간 잘린모양이며 깃모양으로 갈라진다. 갈래조각은 크기가 거의 비슷하며 긴 타원모양이고 끝이 둔하며 가장자리에 날카로운 결각모양의 톱니가 있다. 가지와 원줄기 끝에 황색 꽃이 우산꽃차례로 달리고 모인꽃싸개잎은 길이 4mm이며 꽃싸개잎조각은 3~4줄로 배열된다. | 관상용, 식용, 약용

결실 10~11월 | 여윈열매(수과)

자생 전국 각지, 산과 들, 양지바른 산기슭이나 밭둑 등 길가

❗ 어린 순과 꽃을 식용한다. | 한방에서 식물체를 강심, 명안, 거담, 빈혈, 현기증, 습비 등에 약재로 사용한다.

감국
Chrysanthemum indicum

과명 국화과

개화 9~10월 **높이** 1~1.5m

특징 여러해살이풀 | 꽃의 지름이 2.5cm로 산국보다 1cm 정도가 크며 혀모양꽃의 너비가 약간 넓다. 머리모양꽃차례가 고른꽃차례모양으로 모여 달리는 게 특징이다. | 관상용, 식용, 약용

결실 10~11월 | 여윈열매(수과)

자생 전국 각지, 산과 들, 양지바른 산기슭이나 밭둑 등 길가

! 산국과 같은 용도로 식용, 약용한다.

흰섬감국
Chrysanthemum indicum for. *leucantum*

과명 국화과

개화 9~10월 **높이** 1~1.5m

특징 여러해살이풀 | 원변형에 비하여 흰 꽃이 피는 것이 특징이다. | 관상용, 식용, 약용

결실 10~11월 | 여윈열매(수과)

자생 남부 다도해 섬지방, 바닷가 산기슭 양지

! 산국과 같은 용도로 식용, 약용한다.

가을

사데풀
Sonchus brachyotus

▲ 영종도 10월

과명 국화과

개화 8~10월　　**높이** 30~100cm

특징 여러해살이풀 | 뿌리잎은 꽃이 필 때 없어지고 줄기잎은 잎 사이가 짧으며 긴 타원모양으로 끝이 둔하다. 밑부분이 좁아져서 원줄기를 감싸며 가장자리가 밋밋하거나 이빨모양 톱니가 불규칙하게 깃모양으로 갈라진다. 갈래조각은 표면은 녹색, 뒷면은 회청색이다. 윗부분의 잎은 점차 작아지고 떨어져 붙으며 가장자리에 이빨모양, 결각모양의 톱니가 있다. 황색 꽃이 원줄기 끝에 우산꽃차례로 달린다. 꽃싸개잎은 1~2개이다. | 식용, 약용, 가축 사료용

결실 9~11월 | 여윈열매(수과)

자생 전국 각지, 들녘 묵밭이나 길가 빈터, 바닷가 초원 양지

❗ 어린 잎은 식용한다. | 한방과 민간에서 식물체를 이뇨제, 지혈제 등으로 사용한다.

이고들빼기
Youngia denticulata

과명 국화과

개화 8~9월 **높이** 30~70cm

특징 한해 또는 두해살이풀 | 줄기는 흔히 자줏빛이 돌며 가지가 퍼진다. 줄기잎은 어긋나게 붙고 주걱모양으로 끝이 둔하며 양면에 털은 없다. 가장자리에 불규칙한 이빨모양 톱니가 있고 밑부분이 약간 원줄기를 감싸는 듯하다. 가지와 원줄기 끝에 황색 꽃이 우산꽃차례로 달리고 꽃이 필 때는 곧게 서지만 핀 다음에는 밑으로 처진다. 꽃자루는 짧으며 꽃싸개잎은 2~3개이다. | 식용

결실 9~10월 | 여윈열매(수과)

자생 전국 각지, 산기슭 숲 가장자리 메마른 양지 또는 길가 언덕

! 어린 순은 나물로 먹는다.

까치고들빼기
Youngia chelidoniifolia

과명 국화과

개화 9~10월 **높이** 20~50cm

특징 한해 또는 두해살이풀 | 밑에서부터 가지가 갈라지며 잎은 어긋나게 붙고 잎자루가 있으며 깃모양으로 완전히 갈라진다. 3~6쌍의 갈래조각은 서로 떨어져 있고 달걀모양이며 결각이 있거나 톱니가 드문드문 있다. 잎자루는 밑부분이 귀모양으로 되어 원줄기를 둘러싸며 윗부분 잎은 점차 작아진다. 가지와 원줄기 끝에 황색 꽃이 고른모양으로 달리고 모인꽃싸개잎은 좁은 통모양이다. | 약용

결실 9~11월 | 여윈열매(수과)

자생 전국 각지, 깊은 산골짜기 숲 근처의 양지 언덕이나 바위틈

! 민간에서 식물체를 발한, 이뇨, 구풍 등에 약재로 사용한다.

억새
Miscanthus sinensis

과명 벼과
개화 9월 　　　**높이** 1~2m
특징 여러해살이풀 | 잎은 밑부분이 원줄기를 완전히 둘러싸고 줄모양이며 가장자리의 잔톱니가 딱딱하다. 표면은 녹색이며 엄지잎줄은 흰색이다. 꽃이삭은 길이 20~30cm이고 가운데 축은 꽃차례가지 길이의 1/2 이하이다. 가지는 길이 15~30cm 정도이고 작은이삭은 대가 있는 것과 없는 것이 1마디에 1쌍씩 달리고 꽃잎은 없으며 짙은 자주색의 꽃밥이 두드러진다. | 관상용
결실 10월 | 겨깍지열매(영과)
자생 전국 각지, 산과 들, 산기슭 양지 초원이나 길가 둑

❗ 잎과 줄기를 가내세공재 및 지붕을 덮는 데 사용한다.

금억새
Miscanthus chejuensis

과명 벼과
개화 9월 　　　**높이** 1~2m
특징 여러해살이풀 | 억새와 비슷하지만 꽃이삭이 황금색을 띠며 잎도 간혹 황록색을 띠는 것이 특징이다. | 관상용
결실 10월 | 겨깍지열매(영과)
자생 제주도의 산과 들, 초원 양지

물억새
Miscanthus sacchariflorus

과명 벼과

개화 9월   **높이** 1~2.5m

특징 여러해살이풀 | 뿌리줄기는 땅속으로 벋으면서 무더기로 자라고 잎은 윗부분 가장자리에 잔톱니가 있고 뒷면은 약간 분백색이 돈다. 고깔꽃차례는 길이 25~40cm이고 고른모양으로 퍼지며 꽃이삭축은 길이의 1/2 정도로 마디 부근에 털이 있으며 꽃잎은 없고 자갈색의 꽃밥이 두드러지게 나타난다. | 관상용

결실 10월 | 겨깍지열매(영과)

자생 전국 각지, 산과 들, 산기슭 낮은 지대 습기 있는 초원 양지, 강가, 냇가

❗ 습기 있는 물가에 자라기 때문에 이름 지어졌다. | 억새와 같은 용도로 사용한다.

억새아재비
Miscanthus oligostachya var. *intermedia*

과명 벼과

개화 9월   **높이** 1.2~1.8m

특징 여러해살이풀 | 무더기로 모여 나며 잎은 길이 40~60cm, 너비 1~2cm이고 대개 털이 약간 있으며 뒷면은 분록색을 띤다. 잎집은 윗부분 끝에 짧은 털이 있다. 꽃차례축은 짧고 가지는 8~10개이며 작은이삭은 길이가 서로 다른 대가 있고 1마디에 2개씩 달린다. 끝이 뾰족하고 묶음털이 있으며 꽃잎은 없고 대신 받침깍지가 있고 황갈색의 꽃밥이 있다. | 관상용

결실 10월 | 겨깍지열매(영과)

자생 남부지방, 경상남도, 산마루 근처 메마른 초원 양지

❗ 억새와 닮았다 하여 이름 지어졌다.

가을

갈대
Phragmitws communis

▲ 순천만 10월 까락이삭

과명 벼과

개화 9월 　　　**높이** 1~3m

특징 여러해살이풀 | 뿌리줄기는 땅속 깊이 벋으며 마디에 수염뿌리가 내리고 원줄기와 뿌리줄기는 속이 비어 있다. 잎은 2줄로 어긋나게 붙고 끝이 길게 뾰족해지고 밑으로 처진다. 잎집은 원줄기를 둘러싸고 고깔꽃차례는 끝이 밑으로 처진다. 꽃잎은 없으며 자주색의 꽃밥이 두드러진다. 후에는 자갈색으로 변하며 작은이삭에 2~4개의 작은 꽃이 핀다. | 관상용, 약용

결실 10월 | 겨깍지열매(영과)

자생 전국 각지, 바닷물이 들어오는 강 하구언 또는 해안 갯벌 습지 양지

❗ 줄기를 지붕 및 건축자재, 공예품재로 사용한다. | 한방에서 뿌리를 [로근(蘆根)]이라 하며 이뇨, 해열, 진통 등에 약재로 쓴다. 식물체에는 뿌리와 같이 단백질 6.8%, 지질 2.1%, 당질 34.5%, 재성분 5.8% 정도 함유되어 있다.

파대가리
Kyllinga brevifolia var. *leiolepis*

과명 사초과

개화 7~10월　　**높이** 5~20cm

특징 여러해살이풀 | 줄기가 벋으면서 마디에서 꽃줄기와 뿌리가 자라고 적갈색 비늘조각으로 덮이며 밑부분에 잎이 약간 달린다. 잎집은 갈색 또는 적갈색이 돈다. 꽃줄기 끝에 둥근 꽃차례가 1개 달리며 작은 이삭이 빽빽하게 달리고 녹색이다. 꽃싸개잎은 2~3개로 잎 같으며 꽃차례보다 길고 작은이삭은 4개의 비늘조각이 있으나 1개의 황록색 꽃이 핀다.

결실 8~11월 | 여윈열매(수과)

자생 전국 각지, 들녘 습기 있는 도랑가나 논바닥 양지

❗ 둥근 꽃차례가 파의 꽃차례와 비슷하여 이름 지어졌다.

한란
Cymbidium kanran

과명 난초과

개화 12~1월　　**높이** 25~60cm

특징 늘푸른 여러해살이풀 | 잎은 줄모양이고 뒤로 젖혀지며 끝이 뾰족하고 가장자리는 밋밋하다. 꽃은 연한 황록색, 홍자색이 도는 것 등 변화가 있고 향기가 있다. 꽃줄기 밑부분에 칼집모양 잎이 달리고 꽃이 송이모양으로 달리며 꽃싸개잎은 줄모양이고 딱딱하며 끝이 뾰족하다. | 관상용

결실 4~5월 | 튀는열매(삭과)

자생 한라산 남쪽 늘푸른 넓은잎나무 그늘

❗ 한겨울 가장 추울 때 꽃이 피기 때문에 한란(寒蘭)이라 부른다.

가을

긴미꾸리낚시
Persicaria hastato-sagittata

과명 여뀌과

개화 8~10월　　**높이** 30~80cm

특징 한해살이풀 | 원줄기는 땅 위를 따라 기면서 곧게 서고 갈고리 같은 가시가 약간 있다. 잎은 긴 타원모양으로 끝이 뾰족하고 밑부분이 화살촉 밑처럼 된다. 갈래조각 끝이 뾰족하고 가장자리에 있는 딱딱한 털은 윗부분에서 위를 향하며 아래에서는 밑을 향하기 때문에 매우 거칠다. 잎 뒷면 잎줄 위에 밑을 향한 가시가 있고 잎집 같은 받침잎 밑부분에 밑을 향한 짧은 가시가 있다. 윗 가장자리는 편평하다. 가지 끝이 2~3개로 갈라져서 끝에 홍자색 꽃이 달린다.

결실 9~11월 | 여윈열매(수과)

자생 전국 각지, 들녘 도랑가나 물가 습지의 초원 양지

개싹눈바꽃
Aconitum pseudoproliferum

과명 미나리아재비과

개화 8~10월　　**높이** 1~1.5m

특징 여러해살이풀 | 줄기는 땅에 닿으면 뿌리가 내리며 줄기잎은 3개로 갈라진다. 청자색 꽃이 잎겨드랑이에서 나온 고른꽃차례에 2~4개씩 달리며 작은꽃자루는 퍼진 털이 있고 중앙 이하에 2개의 작은 꽃싸개잎이 있다. | 유독성식물 | 약용

결실 9~11월 | 쪽꼬투리열매(골돌)

자생 남·중·북부지방, 양강도 백두산 고원지, 백두대간 깊은 산골짜기 그늘

❗ 한방에서 덩이뿌리를 진통, 강심, 이뇨, 진경, 수렴, 관절염, 신경통, 풍습 등에 약재로 사용한다.

한라돌쩌귀
Aconitum napiforme

▲ 한라산 9월

과명 미나리아재비과

개화 9월　　**높이** 45~100cm

특징 여러해살이풀 | 줄기에 굽은 털이 있고 잎은 어긋나게 붙고 3개로 완전하게 갈라진다. 갈래조각에는 작은잎꼭지가 있고 옆갈래조각은 다시 2개씩 깊게 갈라진 다음 2~3개로 갈라진다. 꽃은 청자색이며 겉에 꼬부라진 털이 있고 고른모양의 송이모양꽃차례에 달리며 작은꽃자루는 길이 2~3cm로 꼬부라진 털이 있다. | 유독성식물 | 약용

결실 10월 | 쪽꼬투리열매(골돌)

자생 제주도 한라산 해발 1,200m 근처의 초원 양지

❗ 한라산에만 자라기 때문에 이름 지어졌다. | 한방에서 덩이뿌리를 강심, 진통, 이뇨, 진경, 관절염, 흥분, 중풍, 실음, 냉풍, 신경통, 풍질, 정종, 개선, 간반 등에 약재로 사용한다.

가을

투구꽃
Aconitum jaluense

과명 미나리아재비과

개화 8~9월 　　**높이** 1~2m

특징 여러해살이풀 | 줄기는 곧게 서고 잎은 어긋나게 붙으며 긴 잎자루 끝에서 3~5개로 갈라지고 밑부분의 것은 양쪽 첫째 갈래조각과 가운데 갈래조각이 다시 3개로 갈라지지만 윗부분의 것은 점차 작아진다. 전체가 3개로 갈라지거나 양쪽 첫째 갈래조각이 다시 2개로 갈라지고 갈래조각 가장자리에 톱니가 있다. 꽃은 자주색이고 송이모양꽃차례 또는 겹송이꽃차례에 달리며 작은꽃자루에 털이 많이 있다. | 유독성식물 | 약용

결실 9~10월 | 쪽꼬투리열매(골돌)

자생 중부 이북지방, 깊은 산골짜기 산기슭 숲속 그늘이나 근처 초원

❗ 머리꽃받침잎이 둥글게 위로 튀어나온 모양이 투구와 비슷하여 이름 지어졌다. | 한방에서 뿌리줄기를 강심, 진통, 이뇨, 진경, 관절염, 흥분, 중풍, 실음, 냉풍, 풍질, 정종, 개선, 간반, 신경통 등에 약재로 사용한다.

흰투구꽃
Aconitum jaluense for. *album*

과명 미나리아재비과

개화 8~9월 　　**높이** 1~2m

특징 여러해살이풀 | 투구꽃과 거의 같으나 흰 꽃이 피는 것이 다르다. | 유독성식물 | 약용

결실 9~10월 | 쪽꼬투리열매(골돌)

자생 중부 이북지방, 깊은 산골짜기 산기슭 숲속 그늘이나 근처 초원

❗ 한방에서 뿌리줄기를 투구꽃과 같은 약재로 사용한다.

큰꿩의비름
Sedum spectabile

과명 돌나물과

개화 8~9월　　**높이** 30~70cm

특징 여러해살이풀 | 식물체는 털이 없고 녹백색으로 굵은 뿌리에서 몇 개의 원줄기가 나온다. 잎은 마주 또는 돌려 붙고 고기질이며 잎자루가 없고 달걀모양, 거꿀달걀모양 또는 주걱모양으로 가장자리가 밋밋하거나 약간 물결모양의 톱니가 있다. 꽃은 홍자색이고 꽃차례는 원줄기 끝에서 고른모양으로 크게 발달하며 많은 꽃이 모여 핀다. | 관상용, 식용, 약용

결실 9~10월 | 쪽꼬투리열매(골돌)

자생 중부 이북지방, 약간 습기 있는 산기슭 초원 양지

! 어린 잎과 줄기는 나물로 먹는다. | 민간에서 풀 전체를 강장, 선혈, 단종창 등에 약재로 사용한다.

자주꿩의비름
Sedum telephium var. *purpureum*

과명 돌나물과

개화 8~9월　　**높이** 30~50cm

특징 여러해살이풀 | 원줄기는 1개 또는 몇 개씩 한군데에서 나온다. 잎은 어긋나게 붙거나 마주 붙으며 분백색으로 털이 없다. 긴 타원모양으로 고기질이고 끝이 둔하며 밑으로 갈수록 좁아져서 직접 원줄기에 붙고 가장자리에 얕고 둔한 톱니가 있다. 꽃은 홍자색으로 원줄기 끝 고른모양의 고른살꽃차례에 달리며 꽃받침잎은 넓은 피침모양으로 연한 녹색이다. | 관상용, 식용, 약용

결실 9~10월 | 쪽꼬투리열매(골돌)

자생 남·중·북부지방, 산기슭 돌밭이나 길가 초원 양지

! 큰꿩의비름과 같은 용도로 식용, 약용한다.

산오이풀

Sanguisorba hakusanensis var. *koreana*

▲ 향로봉 9월

과명 장미과

개화 8~9월　　**높이** 40~80cm

특징 여러해살이풀 | 원줄기에 털이 없고 뿌리잎은 잎자루가 길고 4~6쌍의 작은 잎으로 구성된 홀수 1회 깃모양겹잎이다. 작은 잎은 타원모양으로 뒷면이 분백색으로 가장자리에 톱니가 있다. 가지 끝에 길이 4~10cm의 긴 둥근기둥모양의 꽃차례가 밑으로 처지며 홍자색 꽃이 이삭처럼 빽빽하게 달려서 위에서부터 핀다. 꽃자루에 털이 빽빽하게 있다. | 식용, 약용

결실 9~10월 | 여원열매(삭과)

자생 지리산, 설악산, 향로봉 등의 산마루 바위틈이나 돌밭 양지

❗ 어린 잎은 나물로 먹는다. | 한방과 민간에서 뿌리를 수렴, 지혈, 토혈, 월경과다, 하리, 산후복통, 동상, 대하증 등에 약재로 사용한다.

이질풀
Geranium thunbergii

▲ 서울 9월

과명 쥐손이풀과

개화 8~9월   **높이** 30~50cm

특징 여러해살이풀 | 원줄기는 땅 위로 기면서 벋고 위로 퍼진 털이 있다. 잎은 마주 붙고 손바닥모양으로 3~5개로 갈라진다. 양면에 얼룩무늬가 있고 얕게 3개로 갈라지며 불규칙한 톱니가 있고 받침잎은 서로 떨어진다. 꽃은 연한 홍색, 홍자색, 또는 흰색이고 꽃자루에서 2개의 작은 꽃자루가 갈라져 각각 1개씩의 꽃이 핀다. | 약용

결실 9~10월 | 튀는열매(삭과)

자생 전국 각지, 산과 들, 길가 빈터, 집 주변 밭둑 초원 양지

! 이 풀을 약으로 먹으면 이질병이 즉시 낫는 데서 온 이름이다. | 한방과 민간에서 풀 전체를 통경, 역리, 변비, 위장병, 대하증, 피부병, 위궤양, 적리, 방광염, 심장병, 결막염 등에 약재로 사용한다.

가을

물봉선
Impatiens textori

▲ 남양주 9월

과명 봉선화과

개화 8~9월   **높이** 60~90cm

특징 한해살이풀 | 원줄기는 고기질에 가까우며 마디가 튀어 나온다. 잎은 어긋나게 붙고 넓은 피침모양으로 양끝이 좁으며 가장자리에 예리한 톱니가 있다. 꽃차례 잎은 잎자루가 거의 없다. 송이모양 꽃차례는 가지 윗부분에 달리며 작은 꽃자루는 꽃차례 축과 더불어 밑으로 굽고 붉은 빛이 도는 고기질의 털이 있다. 꽃은 홍자색이고 꿀주머니는 넓으며 자주색 얼룩점이 있고 끝이 안쪽으로 말린다. | 유독성식물 | 관상용, 약용

결실 9~10월 | 튀는열매(삭과)

자생 전국 각지, 산과 들, 산골짜기 냇가 등 습기 있는 도랑가 초원 양지

! 잎, 꽃, 줄기를 자주색 염료재로 사용한다. | 한방과 민간에서 씨를 소화, 해독, 타박상, 뱀독, 난산 등에 약재로 사용한다.

가야물봉선
Impatiens textori for. *atrosanguinea*

과명 봉선화과

개화 8~9월　　**높이** 60~90cm

특징 한해살이풀 | 원변형에 비하여 꽃이 검은 자주색으로 피는 것이 특징이다. | 유독성식물 | 관상용, 약용

결실 9~10월 | 튀는열매(삭과)

자생 남부지방, 경상남도의 가야산, 거제도

❗ 한방과 민간에서 씨를 물봉선과 같은 약재로 사용한다.

흰물봉선
Impatiens textori for. *pallescens*

과명 봉선화과

개화 8~9월　　**높이** 60~90cm

특징 한해살이풀 | 원변형에 비하여 꽃이 연한 흰색으로 피는 것이 특징이다. 우리나라 특산변종이다. | 유독성식물 | 관상용, 약용

결실 9~10월 | 튀는열매(삭과)

자생 중부 이북지방, 산지 습지

❗ 한방과 민간에서 씨를 물봉선과 같은 약재로 사용한다.

자주쓴풀
Swertia pseudochinensis

과명 용담과

개화 9~10월 　　**높이** 15~30cm

특징 두해살이풀 | 뿌리는 쓴맛이 강하고 원줄기는 흑자색이 돌며 네모진다. 잎은 마주 붙고 피침모양으로 양끝이 좁다. 자주색 꽃이 원줄기 윗부분에 달려 전체가 고깔모양이며 위에서부터 핀다. 꽃받침잎은 넓은 줄모양이다. | 약용

결실 10~11월 | 튀는열매(삭과)

자생 전국 각지, 산기슭 메마른 양지나 숲 가장자리 초원

❗ 한방에서 풀 전체를 [당약(當藥)]이라 하고 구충, 고미, 건위, 식욕 촉진, 발모, 강심, 산기, 태독, 개선, 소화 불량, 심장병, 습진, 경풍, 설사 등에 약재로 사용한다.

흰자주쓴풀
Swertia pseudochinensis for. *alba*

과명 용담과

개화 9~10월 　　**높이** 15~30cm

특징 두해살이풀 | 원변형에 비하여 흰 꽃이 피는 것이 특징이다. | 약용

결실 10~11월 | 튀는열매(삭과)

자생 전국 각지, 산기슭 메마른 양지나 숲 가장자리 초원

❗ 한방에서 풀 전체를 자주쓴풀과 같은 약재로 사용한다.

쓴풀
Swertia japonica

▲ 화순 10월

과명 용담과

개화 9~10월   **높이** 20~30cm

특징 두해살이풀 | 원줄기는 네모지고 자줏빛이 돌며 자주쓴풀과 비슷하지만 전체에 털이 없고 모서리 주위에 털이 밋밋한 것이 다르다. 잎은 줄모양, 넓은 줄모양으로 가장자리가 약간 뒤로 말린다. 꽃은 자주색이고 꽃자루가 있으며 수술이 5개이고 원줄기 끝에 모여 달려 전체가 고깔모양으로 된다. | 약용

결실 10~11월 | 튀는열매(삭과)

자생 중부 이남지방, 낮은 지대 산기슭 메마른 양지

❗ 뿌리가 황색이며 쓴맛이 용담 뿌리보다 10배나 강하기 때문에 이름 지어졌다. | 한방에서 풀 전체를 자주쓴풀과 같은 약재로 사용한다.

가을

용담
Gentiana scabra var. *buergeri*

▲ 화악산 9월

과명 용담과

개화 8~10월   **높이** 20~60cm

특징 여러해살이풀 | 줄기에는 4개의 가는 모서리줄이 있고 뿌리줄기는 짧으며 굵은 수염뿌리가 있다. 잎은 마주 붙고 피침모양이며 끝이 뾰족하고 밑이 둥글며 3개의 잎줄이 있다. 표면은 녹색이고 뒷면은 연한 녹색이며 가장자리는 약간 깔깔하다. 꽃은 자주색이며 꽃자루가 없고 윗부분의 잎겨드랑이에서 핀다. 꽃싸개잎은 좁은 피침모양이다. | 관상용, 약용

결실 10~11월 | 튀는열매(삭과)

자생 전국 각지, 산기슭 초원 양지

❗ 풀의 쓴맛이 용의 쓸개만큼 쓰다 하여 이름 지어졌다. | 한방에서 뿌리를 [초용담(草龍膽)]이라 하고 건위, 설사, 창종, 개선, 간질, 도한, 경풍, 회충, 심장병, 습진 등에 약재로 사용한다.

흰용담
Gentiana scabra for. *alba*

과명 용담과

개화 8~10월　　**높이** 20~60cm

특징 여러해살이풀 | 원변형에 비하여 흰 꽃이 피는 것이 특징이다. | 관상용, 약용

결실 10~11월 | 튀는열매(삭과)

자생 중부지방, 강원도 산간 양지

❗ 한방에서 뿌리를 용담과 같은 약재로 사용한다.

멧용담
Gentiana nipponica

과명 용담과

개화 9월　　**높이** 5~10cm

특징 여러해살이풀 | 모양은 용담과 비슷하지만 식물체 높이가 5~10cm이다. 줄기는 네모지며 잎은 넓은 피침모양으로 길이 5~12cm, 너비 3~5mm이고 9월에 자주색 꽃이 핀다. 꽃받침의 갈래조각은 달걀모양이며 꽃부리의 길이는 꽃받침 길이의 2배 정도이다. | 관상용, 약용

결실 10월 | 튀는열매(삭과)

자생 제주도 한라산 고원지

❗ 한방에서 뿌리를 용담과 같은 약재로 사용한다.

덩굴용담
Tripterospermum japonicum

과명 용담과

개화 9~10월 **길이** 40~80cm

특징 여러해살이 덩굴풀 | 줄기는 털이 없고 자줏빛이 돈다. 잎은 마주 붙고 긴 달걀모양, 달걀꼴의 피침모양이며 끝이 길게 뾰족해지고 밑부분이 심장모양 또는 둥글며 3개의 잎줄이 있다. 표면은 짙은 녹색이며 뒷면은 연한 녹색으로 흔히 자줏빛이 돌고 가장자리가 밋밋하며 짧은 잎자루가 있다. 꽃자루는 짧고 윗부분의 잎겨드랑이에 홍자색 꽃이 1개씩 달린다. | 관상용, 약용

결실 10~11월 | 물열매(장과)

자생 제주도, 울릉도, 산기슭 숲속 그늘

❗ 민간에서 풀 전체를 건위, 강심, 종기 등에 약재로 사용한다.

층꽃풀(층꽃나무)
Caryopteris incana

과명 마편초과

개화 8~9월 **높이** 30~60cm

특징 여러해살이풀(또는 아관목) | 윗부분은 겨울에 죽고 잔 가지에 털이 빽빽하게 난다. 잎은 달걀모양으로 끝이 날카롭고 잘린모양이다. 뒷면은 회백색으로 털이 빽빽하게 있다. 가장자리에 5~10개씩의 톱니가 있고 잎자루가 있다. 고른살꽃차례가 윗부분의 잎겨드랑이에 많이 모여 달려 층층으로 보이며 꽃은 자벽색이다. | 관상용, 약용

결실 10월 | 굳은씨열매(핵과)

자생 남부지방, 남해 섬지방, 산과 들, 산기슭 메마른 양지

❗ 한방에서 뿌리를 해열, 지사, 통경, 두통, 신경통, 피부병 등에 약재로 사용한다.

꽃향유
Elsholtzia splendens

▲ 해남 10월

과명 꿀풀과

개화 9~10월   **높이** 30~60cm

특징 여러해살이풀 | 원줄기는 네모지고 잎자루와 더불어 굽은 흰 털이 줄지어 있다. 잎은 마주 붙으며 달걀모양으로 밑은 날카롭다. 끝도 날카로우며 잎자루로 흐르고 양면에 털이 드문드문 있으며 특히 잎줄 위에 많다. 뒷면에 샘점이 있고 가장자리에 톱니가 있다. 자주색 꽃이 빽빽하게 한쪽으로 치우쳐서 이삭모양으로 달리고 꽃차례는 원줄기 끝과 가지 끝에 달리며 바로 밑에 잎이 있다. | 관상용, 식용, 약용

결실 10~11월 | 갈래열매(분과)

자생 전국 각지, 산과 들, 산기슭이나 들녘 길가 초원 양지

❗ 식품향료제, 욕탕향료제 등 각종 향료제로 사용한다. | 어린 잎은 식용한다. | 한방에서 풀 전체를 그늘에 말려 발한, 이뇨, 수종 등에 약재로 사용한다.

향유
Elsholtzia ciliata

과명 꿀풀과

개화 8~9월　　**높이** 30~70cm

특징 한해살이풀 | 원줄기는 네모지고 털이 있으며 식물체에서 강한 향기가 난다. 잎은 마주 붙고 긴 달걀모양이다. 끝이 뾰족하며 가장자리에 톱니가 있고 짧은 잎자루가 있다. 꽃이삭은 원줄기와 가지 끝에 달리며 홍자색 꽃이 한쪽으로 치우쳐서 빽빽하게 달린다. 꽃싸개잎은 꽃받침보다 길거나 같고 간혹 자줏빛이 돈다. | 관상용, 식용, 약용

결실 10~11월 | 갈래열매(분과)

자생 전국 각지, 낮은 지대 집 주변의 텃밭이나 길가 빈터 양지

❗ 꽃향유와 같이 향료제로 사용하며 식용, 약용한다.

애기향유
Elsholtzia saxatilis

과명 꿀풀과

개화 10월　　**높이** 30cm 안팎

특징 한해살이풀 | 원줄기는 네모지고 가늘며 잎은 마주 붙고 잎자루는 잎몸 길이와 거의 같다. 잎몸은 긴 타원모양이고 길이 2~5cm, 너비 1~1.5cm로 양면에 털이 드문드문 있고 가장자리에 굵은 톱니가 있다. 원줄기 끝에서 이삭모양꽃차례를 이루고 홍자색 꽃이 빽빽하게 달려 핀다. | 관상용, 식용, 약용

결실 11월 | 갈래열매(분과)

자생 제주도 한라산과 중부지방의 높은 산 산기슭 양지의 돌밭

❗ 꽃향유와 같이 향료제로 사용하며 식용, 약용한다.

좀향유
Elsholtzia minima

과명 꿀풀과

개화 9~10월　　높이 2~5cm

특징 한해살이풀 | 잎자루 길이가 1~2mm이고 잎몸은 길이 2~7mm이며 너비 2~5mm인 것이 특징이다. | 관상용, 식용, 약용

결실 11월 | 갈래열매(분과)

자생 제주도 한라산 고원지 양지

❗ 꽃향유와 같이 향료제로 사용하며 식용, 약용한다.

구와말
Limnophila sessiliflora

과명 현삼과

개화 8~9월　　높이 10~30cm

특징 여러해살이풀 | 원줄기는 붉은 빛이 돌고 물 위로 나와 있는 부분에 여러 세포의 털이 있으며 땅바닥을 기는 가지가 벋으면서 갈라진다. 잎은 물 밖에서 5~8개가 돌려 붙고 중앙 윗부분에서 몇 개로 깃모양으로 갈라지고 밑부분이 좁아져서 원줄기에 직접 붙어 있다. 갈래조각은 좁은 피침모양이고 끝이 뾰족하다. 물속의 잎은 1~3회 깃모양으로 완전히 갈라지고 갈래조각이 실처럼 가늘다. 꽃은 홍자색이며 1개씩 잎겨드랑이에 피고 꽃자루가 없다. | 관상용

결실 10~11월 | 튀는열매(삭과)

자생 전국 각지, 들녘 논바닥 습지 또는 늪지나 도랑가 습지의 물

가을

나도송이풀
Phtheirospermum japonicum

과명 현삼과

개화 8~10월   **높이** 10cm 안팎

특징 한해살이 반기생식물 | 잎과 더불어 부드러운 샘털이 빽빽하게 있다. 잎은 마주 붙고 잎자루가 있으며 세모꼴의 달걀모양으로 끝이 뾰족하고 깃모양으로 깊게 갈라진다. 연한 홍자색 꽃이 윗부분의 잎겨드랑이에 달리며 꽃받침은 비스듬히 5개로 갈라진다. | 관상용, 약용

결실 9~11월 | 튀는열매(삭과)

자생 전국 각지, 산과 들, 산기슭 낮은 지대의 초원 양지

❗ 꽃모양이 송이풀과 닮았으나 같은 무리는 아니기 때문에 이름 지어졌다. | 민간에서 풀 전체를 황달, 부종, 감기 등에 약재로 사용한다.

흰꽃나도송이풀
Phtheirospermum japonicum for. *albiflora*

과명 현삼과

개화 8~10월   **높이** 10cm 안팎

특징 한해살이 반기생식물 | 원변형에 비하여 흰 꽃이 피는 것이 특징이다. | 관상용, 약용

결실 9~11월 | 튀는열매(삭과)

자생 중부지방 대관령

❗ 민간에서 풀 전체를 나도송이풀과 같은 약재로 사용한다.

야고
Aeginetia indica

과명 열당과

개화 9월　　　　**높이** 10~20cm

특징 한해살이 기생식물 | 줄기는 짧기 때문에 거의 땅 위로 나타나지 않고 몇 개의 적갈색 비늘조각이 어긋나게 붙는다. 작은 꽃줄기는 길이 10~20cm이고 털이 없으며 끝에 1개의 홍자색 꽃이 옆을 향해 달린다. 꽃받침은 조각배모양이고 한쪽이 갈라지며 뒷면 위쪽에 약간 모서리가 있다. 꽃부리는 통부가 길며 길이 3~3.5cm이고 가장자리가 5개로 얕게 갈라지며 약간 입술모양이고 약간 고기질이다.

결실 10월 | 튀는열매(삭과)

자생 제주도 한라산 남쪽면의 낮은 곳 억새밭 억새 포기 사이

이삭귀개
Utricularia racemosa

과명 통발과

개화 8~9월　　　　**높이** 10~30cm

특징 여러해살이 식충식물 | 땅속줄기는 가는 실모양이고 땅속으로 벋으면서 뿌리에 작은 포충대가 달린다. 잎은 땅속줄기의 군데군데에서 무더기로 나고 주걱모양이며 녹색이고 꽃줄기는 비늘 같은 잎이 어긋나게 붙는다. 줄기잎은 원줄기 중앙에 붙고 거꿀피침모양이며 양끝이 좁고 중앙부에 붙어 있다. 꽃은 자주색이고 4~10개가 약간 드문드문 달리고 꽃싸개잎은 줄기에 달린 잎과 같으며 작은 꽃싸개잎은 줄모양이다.

결실 9~10월 | 튀는열매(삭과)

자생 중부 이남지방, 산골짜기 양지의 습지

방울꽃
Strobilanthes oligantha

과명 쥐꼬리망초과

개화 9월   **높이** 30~60cm

특징 여러해살이풀 | 원줄기는 네모지고 마디 사이 밑부분이 굵으며 잎은 마주 붙고 넓은 달걀모양이며 끝이 뾰족하다. 양면에 털이 있고 가장자리에 둔한 톱니가 있으며 밑부분이 좁아져서 잎자루로 흐른다. 꽃은 연한 자주색이고 아침에 피었다가 저녁에 지며 윗부분의 잎겨드랑이에 달리고 꽃자루가 없으며 작은 꽃싸개잎이 있다. | 식용

결실 9~10월 | 튀는열매(삭과)

자생 제주도, 산지 떨기나무 숲 그늘이나 낮은 지대 초원의 그늘

❗ 어린 잎은 나물로 먹는다.

잔대
Adenophora triphylla var. *japonica*

과명 도라지과

개화 7~9월   **높이** 40~120cm

특징 여러해살이풀 | 식물체에 잔털이 있고 뿌리잎은 잎자루가 길며 꽃이 필 때쯤 되면 없어진다. 줄기잎은 돌려 붙거나 마주 붙고 또는 어긋나게 붙으며 긴 타원모양, 달걀꼴의 타원모양, 넓은 줄모양으로 양끝이 좁고 톱니가 있다. 원줄기 끝에 엉성한 고깔꽃차례를 이루고 작은 종모양의 하늘색 꽃이 피며 꽃받침은 5개로 갈라진다. | 관상용, 식용, 약용

결실 9~10월 | 튀는열매(삭과)

자생 전국 각지, 산기슭 초원 양지

❗ 어린 잎은 나물로 먹으며 뿌리도 겉껍질을 벗겨 나물로 먹는다. | 한방과 민간에서 뿌리를 거담, 강정, 기침, 기관지염, 천식, 경기, 한열, 익담 등에 약재로 사용한다.

수원잔대
Adenophora polyantha

과명 도라지과

개화 8~9월　　**높이** 30~50cm

특징 여러해살이풀 | 식물체에 털이 없고 약간 단단해 보인다. 잎은 어긋나게 붙고 잎자루가 없으며 피침모양 또는 줄모양이고 중앙부의 잎은 가장자리가 약간 뒤로 말린다. 톱니가 드문드문 있어 톱잔대와 비슷하지만 톱니가 뒤로 젖혀지지 않는다. 꽃은 하늘색이고 원줄기 끝에 송이모양꽃차례로 달리며 꽃받침잎은 줄모양 또는 피침모양이다. | 관상용, 식용, 약용

결실 9~10월 | 튀는열매(삭과)

자생 중부 이북지방, 산기슭 초원 양지

! 잔대와 같은 용도로 식용, 약용한다.

당잔대
Adenophora stricta

과명 도라지과

개화 8~9월　　**높이** 50~100cm

특징 여러해살이풀 | 도라지 모양의 굵은 뿌리가 있고 뿌리잎은 잎자루가 길며 둥근 콩팥모양이다. 줄기잎은 어긋나게 붙고 잎자루가 없으며 넓은 달걀모양이고 양끝이 좁고 가장자리에 톱니가 있다. 꽃은 하늘색이며 원줄기의 윗부분에 이삭모양처럼 달리고 가지가 많이 갈라지지 않는다. 꽃싸개잎과 작은 꽃싸개잎은 피침모양으로 끝이 뾰족하다. | 관상용, 식용, 약용

결실 9~10월 | 튀는열매(삭과)

자생 중부 이북지방, 산기슭 초원 양지

! 잔대와 같은 용도로 식용, 약용한다.

큰엉겅퀴
Cirsium pendulum

과명 국화과

개화 7~10월　　**높이** 1~2m

특징 여러해살이풀 | 원줄기에 세로줄이 있고 윗부분에서 가지가 갈라지며 거미줄 같은 털이 있다. 잎 밑부분이 잎자루의 날개로 되고 가장자리가 깃모양으로 갈라지며 갈래조각에 결각모양의 톱니와 가시가 있다. 가지 끝과 원줄기 끝에 자주색 꽃이 밑을 향해 달리며 모인꽃싸개잎은 달걀모양이다. | 관상용, 식용, 약용

결실 9~11월 | 여윈열매(수과)

자생 남·중·북부지방, 산과 들, 산기슭 초원이나 길가 빈터 양지

❗ 어린 잎은 나물로 먹는다. | 한방에서 꽃이 피기 전 식물체 윗부분을 그늘에 말려 해열, 지혈, 염증, 토혈, 혈뇨, 감기, 대하증, 안태 등에 약재로 사용한다.

고려엉겅퀴
Cirsium setidens

과명 국화과

개화 7~10월　　**높이** 60~120cm

특징 여러해살이풀 | 가지가 사방으로 퍼지며 뿌리잎과 밑부분 잎은 꽃이 필 때 쓰러진다. 줄기잎은 어긋나게 붙고 달걀모양이며 끝이 뾰족하다. 밑부분이 넓은 날카로운 모양으로 털이 약간 있다. 윗부분 잎은 작고 좁은 피침모양으로 끝이 뾰족하며 잎자루가 짧고 가장자리에 바늘 같은 톱니가 있다. 가지와 원줄기 끝에 자주색 꽃이 달리고 모인꽃싸개잎은 둥근 종모양이다. | 관상용, 식용, 약용

결실 9~11월 | 여윈열매(수과)

자생 중부 이북지방, 깊은 산골짜기 산마루나 산기슭 초원 양지

❗ 큰엉겅퀴와 같은 용도로 식용, 약용한다.

갯개미취
Aster tripolium

과명 국화과

개화 9~10월　　　**높이** 25~100cm

특징 두해살이풀 | 곧게 서고 털이 없으며 윗부분에서 가지가 갈라지고 밑부분에 붉은빛이 돈다. 잎은 좁은 피침모양이고 끝이 뾰족하며 밑부분이 반 정도 원줄기를 감싸고 윗부분 잎은 줄모양으로 꽃싸개잎모양이다. 자주색 머리모양꽃 밑부분에 꽃싸개잎이 달리고 꽃자루는 1~3cm이며 털이 없다. | 식용, 약용

결실 9~10월 | 여윈열매(수과)

자생 전국 각지, 바닷가나 강 하구언의 갯벌

❗ 어린 잎은 나물로 먹는다. | 한방에서 식물체를 보익, 이뇨, 토혈, 해수, 후두염, 창종, 경풍, 인후종 등에 약으로 사용한다.

흰꽃갯개미취
Aster tripolium var. *albiflora*

과명 국화과

개화 9~10월　　　**높이** 25~100cm

특징 두해살이풀 | 원변종에 비하여 순백색 꽃이 피는 것이 특징이다. | 식용, 약용

결실 9~10월 | 여윈열매(수과)

자생 남부지방, 강변 갯벌이나 바닷가 습기 있는 갯벌

❗ 갯개미취와 같은 용도로 식용, 약용한다.

가는쑥부쟁이
Aster pekinensis

과명 국화과

개화 8~9월　　　**높이** 30~70cm

특징 여러해살이풀 | 윗부분에서 가지가 갈라지며 뿌리잎과 밑부분의 잎은 꽃이 필 때 쓰러진다. 줄기잎은 촘촘히 붙고 어긋나게 붙으며 거꿀피침모양으로 끝이 둔하거나 뾰족하다. 밑부분이 점차 좁아져서 잎자루처럼 되며 양면에 짧은 털이 많다. 가지 끝과 원줄기 끝에 자주색 꽃이 달린다. | 관상용, 식용, 약용

결실 9~10월 | 여윈열매(수과)

자생 중부 이북지방, 산과 들, 낮은 지대의 냇가 근처 초원 양지

❗ 어린 잎은 나물로 먹는다. | 한방에서 식물체를 이뇨, 보익, 해수, 방광염 등에 약재로 사용한다.

갯쑥부쟁이
Aster hispidus

과명 국화과

개화 8~11월　　　**높이** 30~100cm

특징 두해살이풀 | 뿌리잎은 꽃이 필 때 쓰러지며 거꿀피침모양으로 밑부분이 점차 좁아져서 잎자루의 날개로 된다. 줄기잎은 거꿀피침모양으로 끝이 둔하고 밑부분이 점차 좁아지며 가장자리에 굽은 털이 있다. 가지 끝과 원줄기 끝에 자주색 꽃이 달리며 잎과 더불어 굽은 털이 많이 있고 모인꽃싸개잎은 반달모양이다. | 관상용, 식용, 약용

결실 9~12월 | 여윈열매(수과)

자생 남·중·북부지방, 바닷가 메마른 초원 양지

❗ 어린 싹을 나물로 먹는다. | 한방에서 식물체를 보익, 이뇨, 해수 등에 약재로 사용한다.

개미취
Aster tataricus

▲ 홍천 9월

과명 국화과

개화 7~10월　　**높이** 100~150cm

특징 여러해살이풀 | 가지는 위에서 갈라지며 짧은 털이 있다. 뿌리잎은 꽃이 필 때 없어지고 잎몸은 밑부분이 점차 좁아져 잎자루의 날개로 되며 양면에 짧은 털이 있고 가장자리에 물결모양 톱니가 있다. 줄기잎은 어긋나게 붙고 잎자루로 흘러 날개처럼 된다. 가장자리에 날카로운 톱니가 있고 위로 올라가면서 작아진다. 가지와 원줄기 끝에 하늘색 꽃이 고른모양으로 달리고 꽃자루에 짧은 털이 빽빽하다. | 관상용, 식용, 약용

결실 8~11월 | 여윈열매(수과)

자생 남·중·북부지방, 산기슭 습기 있는 초원 양지

❗ 어린 잎을 나물로 먹는다. | 한방에서 식물체와 뿌리를 지혈, 이뇨, 보익, 토혈, 해수, 후두염, 창종, 경풍, 인후증 등에 약재로 쓴다.

까실쑥부쟁이
Aster ageratoids

과명 국화과

개화 8~10월　　**높이** 1m 안팎

특징 여러해살이풀 | 윗부분에서 가지가 갈라지며 거칠다. 뿌리잎과 줄기 밑부분 잎은 꽃이 필 때쯤 쓰러지고 갑자기 좁아져 짧은 잎자루로 되고 표면이 거칠다. 가장자리에 톱니가 드문드문 있고 밑부분에 3개의 잎줄이 있으며 위로 올라갈수록 점차 작아져서 가장 윗부분의 것은 길이가 5mm 정도이다. 꽃은 자주색이고 원줄기 끝 고른모양꽃차례에 달리고 꽃자루는 거칠다. | 관상용, 식용, 약용

결실 9~11월 | 여윈열매(수과)

자생 전국 각지 산기슭 양지 초원

❗ 어린 싹을 나물로 먹는다. | 한방에서 식물체를 보익, 이뇨, 해수 등에 약재로 사용한다.

개쑥부쟁이
Aster ciliosus

과명 국화과

개화 8~10월　　**높이** 35~50cm

특징 여러해살이풀 | 줄기에는 세로줄과 털이 있다. 밑부분의 잎은 달걀꼴의 타원모양으로 끝이 둔하고 밑으로 흐르며 잎자루가 길다. 줄기잎은 좁고 긴 타원모양이며 다닥다닥 붙고 끝이 둔하며 밑으로 갈수록 점차 좁아져서 잎자루처럼 되며 톱니가 있다. 가지 끝과 원줄기 끝에 남자색 꽃이 달리고 꽃싸개잎은 3줄로 배열된다. | 관상용, 식용, 약용

결실 9~11월 | 여윈열매(수과)

자생 전국 각지, 산과 들, 산마루 근처 길가 빈터, 바닷가 초원 양지

❗ 까실쑥부쟁이와 같은 용도로 식용, 약용한다.

해국
Aster spathulifolius

▲ 독도 9월 ⓒ 변선구

과명 국화과

개화 7~11월   **높이** 30~60cm

특징 반목본성 여러해살이풀 | 뿌리목에서 여러 갈래로 갈라진다. 잎은 어긋나게 붙지만 밑부분의 것은 무더기로 난 것같이 보이고 주걱모양, 거꿀달걀모양으로 끝이 둔하고 밑은 날카로우며 양면에 부드러운 털이 있다. 머리모양꽃은 가지 끝에 달리고 연한 자주색이다. 모인꽃싸개잎은 반달모양이고 꽃싸개잎조각은 줄모양으로 털이 있으며 3줄로 배열된다. | 관상용, 식용, 약용

결실 9~12월 | 여윈열매(수과)

자생 중부 이남지방, 바닷가 언덕이나 섬지방 바닷가 양지의 바위틈

❗ 어린 잎은 식용한다. | 한방과 민간에서 식물체를 이뇨, 보익, 해수, 방광염 등에 약재로 사용한다.

가을

사마귀풀
Aneilema keisak

▲ 양수리 9월

과명 닭의장풀과

개화 8~9월   **높이** 10~30cm

특징 한해살이풀 | 줄기 밑부분이 비스듬히 땅바닥을 기면서 뿌리가 내리고 가지가 많이 갈라지며 연한 녹색이지만 홍자색이 돌며 줄기에 털이 돋은 1개의 줄이 있다. 잎은 좁은 피침모양이고 밑부분이 길이 1cm 정도의 잎집으로 되며 잎집 전체에 털이 있다. 꽃은 연한 홍자색이고 각 잎겨드랑이에서 1개씩 피며 꽃자루는 길이 1.5~3cm이며 좁은 꽃싸개잎이 1개 있다. | 식용, 약용, 가축 사료용

결실 9~10월 | 튀는열매(삭과)

자생 전국 각지, 들녘 경작지 논바닥이나 도랑가, 연못가 얕은 물 등 습기 있는 양지

❗ 어린 잎과 줄기를 식용한다. | 민간에서 식물체를 종기 등에 약으로 사용한다.

물옥잠
Monochoria korsakowi

과명 물옥잠과

개화 9~10월　　**높이** 30~50cm

특징 한해살이 수생식물 | 밑에서 나온 잎은 잎자루가 길고 위로 올라갈수록 짧아지며 줄기와 더불어 스폰지같이 구멍이 많고 밑부분이 넓어져서 원줄기를 감싼다. 잎몸은 심장모양이고 가장자리가 밋밋하며 끝이 뾰족하다. 원줄기 끝에 청자색 꽃이 달리는 꽃차례는 길이 5~15cm이고 밑부분에 잎집 같은 꽃싸개잎이 있으며 작은 꽃자루가 있고 지름 2.5~3cm이다. 6개의 꽃덮이조각은 수평으로 퍼진다.

결실 10~11월 | 튀는열매(삭과)

자생 전국 각지, 들녘 늪지나 논도랑 등 얕은 물이나 습지 양지

❗ 잎모양이 옥잠화 잎과 닮았으며 물에 자라기 때문에 이름 지어졌다.

흰꽃물옥잠
Monochoria korsakowi var. *albiflora*

과명 물옥잠과

개화 9~10월　　**높이** 30~50cm

특징 한해살이 수생식물 | 식물체는 원변종과 비슷하지만 순백색 꽃이 피는 것이 특징이다. 물옥잠과 함께 자란다.

결실 10~11월 | 튀는열매(삭과)

자생 중부지방, 서울과 경기도 일원 경작지나 도랑가 습지

가을

물닭개비
Monochoria vaginalis var. *plantaginea*

▲ 김포 9월

과명 물옥잠과

개화 9~10월　　**높이** 10~30cm

특징 한해살이풀 | 줄기는 5~6개가 한군데에서 나오고 원줄기에 각각 1개의 잎이 달린다. 잎은 넓은 피침모양, 세모진 달걀모양이고 밑은 둥글거나 얕은 심장모양으로 끝이 둔하거나 날카롭고 뾰족하다. 잎자루는 밑부분의 것은 길이 10~20cm이지만 원줄기의 것은 길이 3~7cm이다. 꽃은 청자색이고 꽃차례는 잎보다 짧으며 한쪽에 3~7개의 꽃이 달린다. 꽃덮이조각은 6개이며 긴 타원모양이다. | 식용

결실 10~11월 | 튀는열매(삭과)

자생 남·중·북부지방, 들녘 경작지 논바닥 벼 포기 사이나 도랑가 등 얕은 물속의 그늘

! 어린 잎을 식용한다.

산부추
Allium thunbergii

과명 백합과

개화 8~10월　　**높이** 30~60cm

특징 여러해살이풀 | 비늘줄기는 달걀꼴의 피침모양이며 줄기 밑부분과 더불어 말라버린 잎집으로 싸여 있고 겉껍질은 약간 두꺼우며 갈색이 돈다. 잎은 지름 2~5mm이고 2~3개가 비스듬히 위로 퍼지며 흰 빛이 도는 녹색으로 자른 면은 세모졌다. 홍자색 꽃이 꽃줄기 끝에 많이 달리며 꽃싸개잎은 갑자기 끝이 뾰족해지고 넓은 달걀모양으로 길이 1~1.5cm의 작은 꽃자루가 있다. | 관상용, 식용, 약용

결실 10~11월 | 튀는열매(삭과)

자생 전국 각지, 산지 초원 양지

❗ 어린 잎과 비늘줄기를 식용한다. | 한방과 민간에서 건위, 정장 또는 화상에 약재로 사용한다.

한라부추
Allium taquetii

과명 백합과

개화 8~9월　　**높이** 27cm 안팎

특징 여러해살이풀 | 비늘줄기가 긴 달걀모양이고 한군데에서 여러 대가 모여 나며 연한 자주색 꽃이 핀다. 꽃실 밑부분이 넓어져서 가장자리가 날개처럼 되고 암술머리가 길며 씨는 검은색이다. | 관상용, 식용, 약용

결실 9~10월 | 튀는열매(삭과)

자생 제주도 한라산 고원지 초원 양지

❗ 산부추와 같은 용도로 식용, 약용한다.

가을

미꾸리낚시
Persicaria sieboldii

과명 여뀌과

개화 8~10월   **높이** 30~100cm

특징 한해살이풀 | 줄기 밑부분이 누우며 가지가 갈라지고 밑을 향한 잔가시가 있어 주변 물체에 잘 붙는다. 잎은 잎자루가 있고 어긋나게 붙으며 피침모양이고 끝이 뾰족하며 밑부분이 심장모양이다. 뒷면의 잎줄은 잎자루와 더불어 밑을 향한 가시가 있다. 잎집 같은 받침잎은 털이 없다. 꽃은 밑부분이 흰색이며 윗부분은 홍색 또는 연한 홍색이다. 꽃과 열매가 같이 달리며 머리모양꽃차례는 가지 끝에 달리고 꽃자루에는 가시가 없다. | 퇴비용

결실 9~11월 | 여윈열매(수과)

자생 전국 각지, 냇가나 도랑 근처의 습지 양지

산여뀌
Persicaria nepalensis

과명 여뀌과

개화 8~9월   **높이** 30~60cm

특징 한해살이풀 | 줄기 밑부분이 땅바닥을 기다가 곧게 서고 붉은빛이 돌며 마디에 밑을 향한 털이 있고 가지가 많이 갈라진다. 잎은 달걀꼴의 세모진모양이며 밑부분은 잘린모양으로 갑자기 좁아져서 잎자루의 날개로 된다. 잎자루 밑부분이 원줄기를 감싸고 잎집은 반투명질로 잎줄이 희미하게 있다. 흰 바탕에 붉은빛이 도는 꽃이 잎겨드랑이와 줄기 끝에 머리모양으로 모여 달린다. | 약용

결실 9~10월 | 여윈열매(수과)

자생 남·중·북부지방, 산기슭 습기 있는 숲 가장자리 빈터

❗ 민간에서 풀 전체를 요통 등에 약으로 사용한다.

바위솔
Orostachys japonicus

과명 돌나물과

개화 9~10월 **높이** 5~20cm

특징 여러해살이풀 | 식물체가 고기질이며 뿌리잎은 끝이 굳어져서 가시처럼 된다. 꽃이 피고 열매를 맺은 후에는 원줄기가 죽고 다음해 뿌리에서 새싹이 나온다. 원줄기에 잎이 다닥다닥 달리며 여름철에 나오는 뿌리잎과 더불어 끝이 굳어지지 않고 녹색이지만 자주색 또는 흰색인 것도 있다. 흰색 꽃이며 이삭모양꽃차례로 빽빽하게 달리고 꽃싸개잎은 피침모양이다. | 관상용, 약용

결실 10~11월 | 여윈열매(수과)

자생 전국 각지, 높은 산 바위 표면과 오래된 기와지붕, 바닷가 양지 바위틈

❗ 민간에서 풀 전체를 강장, 습진 등에 약으로 사용한다.

흰좀바위솔
Orostachys minutus for. *albus*

과명 돌나물과

개화 9~10월 **높이** 5~20cm

특징 여러해살이풀 | 좀바위솔과 닮았으나 흰 꽃이 피는 것이 다르다. | 관상용, 약용

결실 10~11월 | 여윈열매(수과)

자생 전국 각지, 높은 산 바위 표면과 오래된 기와지붕, 바닷가 양지 바위틈

❗ 민간에서 풀 전체를 바위솔과 같은 약재로 사용한다.

가을

둥근바위솔
Orostachys malacophyllus

▲ 백두산 8월

과명 돌나물과

개화 9~12월　　**높이** 20~30cm

특징 여러해살이풀 | 뿌리줄기는 짧고 굵으며 끝에서 잎이 무더기로 난다. 원줄기는 꽃이 피고 열매를 맺으면 죽는다. 뿌리잎은 고기질이고 주걱모양 비슷하며 끝이 둔하거나 둥글며 연한 녹색이다. 송이모양꽃차례는 길이 5~20cm이고 짧은 꽃줄기가 있는 흰 꽃, 녹백색 꽃이 빽빽하게 달린다. 꽃싸개잎은 달걀모양으로 끝이 날카롭고 꽃받침잎과 꽃잎은 각각 5개이다. | 관상용, 약용

결실 11~1월 | 쪽꼬투리열매(골돌)

자생 남·중·북부지방, 바닷가 바위 표면이나 고원지 메마른 돌밭 양지

❗ 민간에서 풀 전체를 강장, 화상, 충독 등에 약재로 사용한다.

세잎꿩의비름
Sedum verticilatum

과명 돌나물과

개화 8~9월 **높이** 30~50cm

특징 여러해살이풀 | 식물체에 털이 없고 분백색이 돈다. 잎은 대개 돌려 붙지만 마주 붙거나 어긋나게 붙기도 한다. 타원모양, 피침모양으로 끝이 둔하고 밑부분이 뾰족하며 가장자리에 둔한 톱니가 있고 마르면 잔 잎줄이 뚜렷하다. 갈색이 돌고 부분적으로 흑갈색 점이 있으며 잎자루가 있다. 황색기가 도는 녹백색 꽃이 윗부분의 잎겨드랑이와 끝에 고른모양으로 빽빽하게 달린다. | 관상용

결실 9~10월 | 쪽꼬투리열매(골돌)

자생 남·중·북부지방, 산골짜기 냇가 바위틈이나 초원 양지

새끼꿩의비름
Sedum viviparum

과명 돌나물과

개화 8~9월 **높이** 30~60cm

특징 여러해살이풀 | 잎은 마주 붙거나 3개씩 돌려 붙고 잎자루는 짧으며 넓은 피침모양으로 가장자리가 밋밋하거나 톱니가 드문드문 있다. 꽃은 황백색이며 원줄기 끝에 고른살꽃차례로 많은 꽃이 달리고 작은 꽃자루는 짧다. | 관상용

결실 9~10월 | 여윈열매(수과)

자생 남·중·북부지방, 산기슭 숲 가장자리 초원 양지

가을

꿩의비름
Sedum erythrostichum

▲ 원주 9월

과명 돌나물과

개화 8~9월 　　**높이** 30~90cm

특징 여러해살이풀 | 원줄기는 분백색이 돌며 둥근 기둥모양으로 곧게 선다. 잎은 마주 붙거나 어긋나게 붙고 고기질이며 타원모양, 긴 타원꼴의 달걀모양이다. 가장자리에 뚜렷하지 않은 둔한 톱니가 있고 끝이 둔하며 밑부분이 좁아져서 짧은 잎자루로 흐르고 털은 없으며 윗부분이 약간 오목해진다. 흰 바탕에 붉은빛이 도는 많은 꽃이 원줄기 끝에 고른살꽃차례로 달린다. | 관상용, 약용

결실 9~10월 | 쪽꼬투리열매(골돌)

자생 남·중·북부지방, 산기슭 골짜기의 냇가나 돌밭 등의 양지

❗ 민간에서 풀 전체를 강장, 선혈, 단독, 대하증 등에 약재로 사용한다.

개쓴풀
Swertia diluta var. *tosaensis*

과명 용담과

개화 9월   **높이** 10~35cm

특징 두해살이풀 | 줄기는 약간 가지가 갈라지고 털은 없으며 네모진다. 잎은 마주 붙으며 밑부분의 것은 긴 타원꼴의 거꿀피침모양으로 끝이 둔하고 가장자리는 밋밋하며 잎자루는 없다. 흰 바탕에 연한 자주색 줄이 나 있는 꽃이 좋은 고깔모양으로 윗부분 또는 가지의 잎겨드랑이에 1개씩 달린다. | 약용

결실 11월 | 튀는열매(삭과)

자생 중부지방, 황해도 서흥 이남지방의 산기슭, 들녘의 습기 있는 초원 양지

> ❗ 한방에서 풀 전체를 구충, 고미, 건위, 식욕촉진, 발모, 산기, 태독, 개선, 소화 불량, 심장병, 습진, 경풍, 서사 등에 약재로 사용한다.

땅꽈리
Physalis angulata

과명 가지과

개화 7~9월   **높이** 30~80cm

특징 한해살이풀 | 귀화식물(열대 아메리카 원산). 줄기에 짧은 털이 있고 잎은 어긋나게 붙는다. 잎자루가 길며 달걀모양으로 끝이 뾰족하고 밑부분이 둥글며 가장자리에 큰 톱니가 약간 있거나 없다. 꽃은 황백색이며 잎겨드랑이에 밑을 향해 달리고 작은 꽃자루는 길이 1cm 정도이다. | 유독성식물 | 관상용

결실 9~10월 | 물열매(장과)

자생 중부 이남지방, 들녘 마을 주변의 경작지 밭이나 길가 빈터 양지

가을

뚝갈
Patrinia villosa

과명 마타리과

개화 7~9월 　　**높이** 50~100cm

특징 여러해살이풀 | 줄기에 흰 털이 많으며 밑에서 벋는 가지가 땅속과 땅 위로 벋는다. 잎은 마주 붙고 깃모양으로 갈라지며 잎 뒷면은 흰빛이 돌며 가장자리에 톱니가 있고 밑부분 잎은 잎자루가 있으나 위로 올라가면서 없어진다. 가지와 원줄기 끝에 흰 꽃이 고른모양으로 달리며 원줄기 하반부에 퍼지거나 밑을 향한 흰 털이 있다. | 관상용, 식용, 약용

결실 9~10월 | 여윈열매(수과)

자생 전국 각지, 산기슭 언덕 등의 메마른 양지

❗ 어린 잎은 나물로 먹는다. | 한방에서 뿌리를 염증약, 해열제 등으로 사용한다.

수염가래꽃
Lobelia chinensis

과명 숫잔대과

개화 5~10월 　　**높이** 3~15cm

특징 여러해살이풀 | 줄기는 옆으로 벋으며 군데군데에서 뿌리가 내리고 옆으로 비스듬히 선다. 잎은 어긋나게 붙고 좁은 타원모양으로 가장자리에 둔한 톱니가 있다. 작은 꽃자루는 길이 1.5~3cm이고 꽃은 흰 바탕에 연한 자줏빛이 돌며 한 가지에서 1~2개씩 잎겨드랑이에 붙는다. 꽃이 필 때는 곧게 서지만 꽃이 진 다음에는 밑으로 처진다. | 관상용, 약용

결실 8~10월 | 튀는열매(삭과)

자생 전국 각지, 들녘 논둑이나 도랑 부근의 습기 있는 양지

❗ 한방과 민간에서 잎과 줄기를 이뇨, 빈혈, 뱀독 등에 사용하며 숫잔대와 같이 진경, 진정, 거담, 기관지천식 등에도 약재로 쓴다.

삽주
Atractylodes japonica

과명 국화과

개화 7~10월　　**높이** 30~100cm

특징 여러해살이풀 | 줄기잎은 긴 타원모양이다. 표면에 윤채가 있고 뒷면에 흰빛이 돌며 가장자리에 짧은 바늘 같은 가시가 있고 3~5개로 갈라지며 잎자루가 있다. 흰 꽃은 원줄기 끝에 달리고 꽃싸개잎은 2줄로 달리고 2회 깃모양으로 갈라지며 모인꽃싸개잎은 종모양이다. | 관상용, 식용, 약용

결실 9~11월 | 여윈열매(수과)

자생 전국 각지, 산기슭 숲 가장자리 초원 양지

❗ 어린 순은 나물로 먹는다. | 한방에서 뿌리줄기를 [백출(白朮)]이라 하고 건위, 해열, 이뇨, 중풍, 결막염, 고혈압, 현기증 등에 약재로 사용한다.

용원삽주
Atractylodes koreana

과명 국화과

개화 7~10월　　**높이** 30~100cm

특징 여러해살이풀 | 삽주와 비슷하지만 잎에 잎자루가 없는 것이 특징이다. | 관상용, 식용, 약용

결실 9~11월 | 여윈열매(수과)

자생 북부지방, 산지 메마른 초원

❗ 어린 순은 나물로 먹는다. | 한방에서 뿌리줄기를 삽주와 같은 약재로 사용한다.

좀딱취
Ainsliaea apiculata

과명 국화과

개화 8~10월　　**높이** 8~30cm

특징 여러해살이풀 | 뿌리줄기는 옆으로 벋고 마디가 있으며 털이 많고 단순하거나 가지가 갈라진다. 잎은 잎자루가 길고 원줄기 밑에서 빽빽하게 붙으며 콩팥모양이고 양면에 긴 털이 있으며 5개로 얕게 갈라진다. 갈래조각 끝이 둔하고 흔히 맨 끝 갈래조각이 길다. 흰색의 머리모양꽃은 원줄기와 가지에 송이모양으로 달리고 꽃자루는 짧고 꽃싸개잎은 달걀모양으로 끝이 뾰족하며 많다. | 식용

결실 9~11월 | 여윈열매(수과)

자생 제주도, 남부지방, 바닷가 근처의 산기슭 숲속 메마른 그늘

! 어린 잎과 줄기는 나물로 먹는다.

서양등골나물(사근초)
Eupatorium rugosum

과명 국화과

개화 8~10월　　**높이** 10~30cm

특징 여러해살이풀 | 귀화식물(북아메리카 원산). 뿌리줄기는 마디지고 딱딱하며 잎은 마주 붙고 달걀모양으로 얇으며 뾰족한 톱니가 있다. 꽃은 흰색이고 고른모양으로 나열되며 통모양 꽃뿐이다. 모인꽃싸개잎은 둥근 통모양이고 모인꽃싸개잎조각은 1줄로 나열되며 10개 안팎이다. | 관상용, 식용

결실 9~11월 | 여윈열매(수과)

자생 중부지방 전역

! 공원에 심기 위해 들여왔으나 번식력과 생명력이 강해 지금은 중부지방 전역에 퍼져 나는 악질적인 풀이다. | 어린 잎은 나물로 먹는다.

참취
Aster scaber

▲ 백두고원 8월

과명 국화과

개화 8~10월　　**높이** 100~150cm

특징 여러해살이풀 | 줄기 끝에서 가지가 고른모양으로 갈라지며 뿌리잎은 꽃이 필 때 없어지고 잎자루가 길며 심장모양이다. 줄기잎은 어긋나게 붙고 밑의 것은 잎자루가 길고 날개가 있으며 심장모양으로 거칠고 가장자리에 겹톱니가 있다. 중앙부의 잎은 잎자루가 짧고 날개가 있으며 달걀꼴의 세모꼴로 끝이 뾰족하고 밑부분은 심장모양이고 점차 작아져 꽃차례의 잎은 작다. 흰색 꽃이 가지 끝과 원줄기 끝의 고른꽃차례에 달린다. | 관상용, 식용, 약용

결실 9~11월 | 여윈열매(수과)

자생 전국의 산기슭, 고원지 초원 양지

❗ 취나물 중 가장 으뜸으로 치기 때문에 이름 지어졌다. | 어린 잎은 나물로 먹는다. | 한방과 민간에서 식물체를 [동풍채(東風菜)]라 하고 이뇨, 보익, 방광염 등에 약재로 사용한다.

미국쑥부쟁이(샛강사리)
Aster pilosus

과명 국화과

개화 9~10월　　**높이** 30~100cm

특징 여러해살이풀 | 귀화식물(북아메리카 원산). 줄기는 털이 없고 가지가 많이 갈라지며 뿌리잎은 주걱모양이고 꽃이 필 때쯤 없어진다. 꽃은 흰색 또는 연한 자주색이며 머리모양꽃은 전체 고깔꽃차례를 이룬다. 머리모양꽃은 지름 5~6mm 정도이다. 모인꽃싸개잎은 종모양이고 꽃이 진 다음 우산털이 자라면서 밖으로 나온다. | 관상용

결실 10~11월 | 여윈열매(수과)

자생 중부 이남지방, 산과 들, 산기슭 양지 초원이나 길가 빈터 등

❗ 매우 빨리 번식지를 넓혀가는 악질적인 풀이다.

붉은서나물
Erechtites hieracifolia

과명 국화과

개화 9~10월　　**높이** 60~200cm

특징 한해살이풀 | 귀화식물(북아메리카 원산). 줄기에는 세로로 모서리줄이 있고 붉은 빛이 돌며 줄기의 골속은 바다솜질이다. 원줄기는 연약하며 잎이 쇄서나물과 비슷하지만 털이 없다. 잎은 어긋나게 붙거나 2~3개의 잎이 달리며 피침모양으로 끝이 뾰족하고 밑이 좁아져서 원줄기를 감싼다. 날카로운 이빨모양의 톱니가 있고 위로 올라갈수록 작아진다. 줄기 끝이나 잎겨드랑이에 연한 황백색 머리모양꽃이 고른모양으로 달려 핀다.

결실 10~11월 | 여윈열매(수과)

자생 중부 이남지방, 산과 들, 초원이나 길가 빈터 양지

한련초
Eclipta prostrata

과명 국화과

개화 8~9월　　**높이** 10~60cm

특징 한해살이풀 | 줄기는 곧게 서고 전체에 거친 털이 있으며 가지는 마주 붙는 잎겨드랑이에서 마주 달리고 다시 가지 끝에서 1개의 가지가 자란다. 잎은 잎자루가 없거나 극히 짧고 피침모양이며 양면에 거센 털이 있다. 잎몸 목부분에 굵은 3개의 잎줄이 있고 가장자리에 잔톱니가 있다. 흰색의 머리모양꽃은 가지 끝과 원줄기 끝에 1개씩 달린다. | 약용

결실 9~10월 | 여윈열매(수과)

자생 전국 각지, 들녘 논둑이나 길가, 바닷가 양지

! 한방에서 식물체를 진통, 종기, 충독 등에 약재로 사용한다.

포천구절초
Chrysanthemum zawadskii var. *tenuisectum*

과명 국화과

개화 9~10월　　**높이** 50cm 안팎

특징 여러해살이풀 | 털이 거의 없으나 꽃자루 윗부분에 부드러운 털이 있다. 뿌리잎과 밑부분의 잎은 꽃이 필 때 없어지며 깃모양으로 완전히 갈라진다. 꽃이 달리지 않는 줄기는 끝에서 잎이 무더기로 나며 꽃줄기 중앙부의 잎은 깃모양 또는 3개로 갈라지며 밑부분이 갈래조각보다 좁아져서 잎자루로 되고 피침모양이다. 꽃은 약간 분홍빛이 돌며 꽃자루 끝에 1개씩 달린다. | 관상용, 약용

결실 11월 | 여윈열매(수과)

자생 경기도 포천 근처 산기슭 초원 양지

! 한방과 민간에서 식물체를 건위, 보익, 식욕촉진, 신경통, 중풍 등에 약재로 사용한다.

구절초(넓은잎구절초)

Chrysanthemum zawadskii var. *latilobum*

▲ DMZ 9월

과명 국화과

개화 9~10월　　**높이** 40~50cm

특징 여러해살이풀 | 땅속줄기가 옆으로 벋으면서 번식한다. 산구절초와 비슷하지만 잎이 달걀모양, 넓은 달걀모양으로 밑은 잘린모양 또는 심장모양에 가까우며 윗부분의 잎은 밑이 날카롭게 되고 가장자리가 1회 깃모양으로 갈라진다. 옆 갈래조각은 긴 타원모양이며 끝이 둔하고 가장자리가 약간 갈라지거나 톱니가 있다. 머리모양꽃은 크며 꽃은 흰색이지만 연한 붉은 빛이 도는 것도 있다. | 관상용, 약용

결실 10~11월 | 여원열매(수과)

자생 전국 각지, 산과 들, 메마른 언덕의 양지 초원이나 높은 산마루 능선

❗ 한방과 민간에서 건위, 보익, 정혈, 식욕 촉진, 강장, 보온, 신경통, 중풍, 부인병 등에 약재로 사용한다.

울릉국화
Chrysanthemum lucidum

과명	국화과
개화	9~10월 높이 40~50cm

특징 여러해살이풀 | 잎이 두껍고 털이 없으며 윤채가 나는 것이 특징이다. | 관상용, 약용

결실 10~11월 | 여윈열매(수과)

자생 울릉도 바닷가 산기슭 초원 양지

❗ 한방에서 식물체를 구절초와 같은 용도의 약재로 사용한다.

한라구절초
Chrysanthemum zawadskii ssp. *coreanum*

과명	국화과
개화	9~10월 높이 40~50cm

특징 여러해살이풀 | 원변종에 비하여 잎몸이 가늘게 깃모양으로 갈라지고 고기질이다. 머리모양꽃차례는 지름 5~6cm로 흰색, 분홍색인 것이 특징이다. | 관상용, 약용

결실 10~11월 | 여윈열매(수과)

자생 제주도 한라산 1,300m 이상의 고원지 초원

❗ 한방에서 식물체를 구절초와 같은 용도의 약재로 사용한다.

가을

왕고들빼기
Lactuca indica var. *laciniata*

▲ 나주 8월

과명 국화과

개화 8~10월   **높이** 1~2m

특징 한해 또는 두해살이풀 | 줄기 윗부분에서 가지가 갈라지며 뿌리잎은 꽃이 필 때 없어지고 줄기잎은 어긋나게 붙으며 긴 타원꼴의 피침모양으로 끝이 뾰족하고 밑부분이 직접 원줄기에 달린다. 가장자리가 결각모양이거나 뒤로 젖혀진 깃모양으로 갈라지고 톱니가 있다. 윗부분의 잎은 갈라지지 않으며 작고 밋밋하거나 잔톱니가 있다. 고깔꽃차례는 많은 머리모양 흰 꽃, 연한 황색 꽃이 달리고 꽃은 지름 2cm이다. | 식용, 약용

결실 9~11월 | 여윈열매(수과)

자생 전국 각지, 들녘 길가 둑이나 경작지 밭둑, 바닷가 초원의 양지

❗ 어린 잎은 나물로 먹는다. | 한방과 민간에서 식물체를 건위, 발한, 이뇨, 창종 등에 약재로 사용한다.

흰상사화
Lycoris albiflora

▲ 위도 9월

과명 수선화과

개화 9~10월　　**높이** 40~50cm

특징 여러해살이풀 | 비늘줄기는 달걀 모양이고 지름 4cm 정도이며 흑갈색이다. 잎은 가을철에 새 잎이 나오고 줄모양으로 황록색이며 봄철에 말라 없어진다. 꽃줄기는 9월경에 나와 높이 자라고 속이 비어 있다. 모인꽃싸개잎은 2개로 얇으며 뒤로 젖혀지고 10개의 흰 바탕에 황색 또는 붉은 색이 섞인 꽃이 우산모양으로 달린다. 작은 꽃자루는 길이가 일정하지 않다. | 유독성식물 | 관상용

결실 열매는 맺지 않고 비늘줄기로 번식한다.

자생 남부지방, 나로도, 위도, 제주도 등지의 바닷가 산기슭 초원 반그늘

가을

섬사철란
Goodyera maximowiczana

과명 난초과

개화 9~10월　　**높이** 5~10cm

특징 늘푸른 여러해살이풀 | 줄기 밑부분이 옆으로 길게 벋는다. 잎은 타원모양, 달걀꼴의 타원모양으로 잎에 무늬는 없고 길이 1cm 정도의 잎자루가 있다. 꽃은 연한 자홍색 또는 유백색이며 3~7개의 꽃이 달린다. 꽃자루는 없으며 가운데 갈비대축과 꽃싸개잎의 가장자리 및 씨방의 모서리에 도드라기 같은 털이 있고 꽃싸개잎은 피침모양으로 약간 곧게 선다. | 관상용

결실 10~11월 | 튀는열매(삭과)

자생 제주도와 울릉도, 산지 숲속 그늘

솜나물
○ 223p

흰섬감국
● 757p

흰투구꽃
● 766p

흰물봉선
● 771p

흰자주쓴풀
● 772p

흰용담
● 775p

흰꽃나도송이풀
● 780p

흰꽃갯개미취
● 785p

흰꽃물옥잠
● 791p

부록
Appendix

화사한 빛깔과 우아한 자태를
한껏 뽐내는 수련은
잔잔한 수면을 밝히는 등불과도 같다.

| 원예식물 |

선줄맨드라미
비름과

맨드라미
비름과

구루메맨드라미
비름과

팔래트맨드라미
비름과

천일홍
비름과

분꽃
분꽃과

리빙스턴 데이지
석류풀과

채송화
쇠비름과

카네이션
석죽과

꽃패랭이
석죽과

안개초
석죽과

수련
수련과

아마존 수련
수련과

디렉터 무어 수련
수련과

핑크 플렛터 수련
수련과

이블린 랜딕 수련
수련과

헐 밀러 수련
수련과

헬 볼라 수련
수련과

| 원예식물 |

레오 파르데스 수련
수련과

레드 플레어 수련
수련과

꽃매발톱꽃
미나리아재비과

개양귀비
양귀비과

풍접초
풍접초과

파리지옥
끈끈이귀개과

미모사
콩과

작두콩
콩과

제라늄
쥐손이풀과

무늬제라늄
쥐손이풀과

한련
한련과

포인세티아
대극과

유포르비아
대극과

풍선덩굴
무환자나무과

봉선화
봉선화과

아프리카봉선화
봉선화과

접시꽃
무궁화과

당아욱
무궁화과

| 원예식물 |

부용
무궁화과

미국부용
무궁화과

삼색제비꽃
제비꽃과

시계꽃
시계초과

베고니아
베고니아과

선인장
선인장과

게발선인장
선인장과

공작선인장
선인장과

네펜데스알라타
벌레잡이통풀과

네펜데스벤트리코사
벌레잡이통풀과

후크시아
바늘꽃과

프리물라줄리안
앵초과

시클라멘
앵초과

빈카
협죽도과

둥근잎유홍초
메꽃과

유홍초
메꽃과

미국나팔꽃
메꽃과

나팔꽃
메꽃과

| 원예식물 |

둥근잎나팔꽃
메꽃과

풀협죽도
꽃고비과

지면패랭이꽃(꽃잔디)
꽃고비과

깨꽃
꿀풀과

꽃범의꼬리
꿀풀과

천사의나팔꽃
가지과

페튜니아
가지과

디기탈리스
현삼과

금잔화
국화과

데이지
국화과

천수국
국화과

만수국
국화과

백일홍
국화과

겹삼잎국화
국화과

해바라기
국화과

기생초
국화과

큰금계국
국화과

달리아
국화과

| 원예식물 |

코스모스
국화과

국화
국화과

물상추
천남성과

자주닭개비
닭의장풀과

부레옥잠
물옥잠과

만년청
백합과

백합
백합과

군자란
백합과

상사화
수선화과

사프란
붓꽃과

덧치아이리스
붓꽃과

저먼아이리스
붓꽃과

파초
파초과

극락조화
파초과

꽃칸나
홍초과

레드킹홈베르트칸나
홍초과

칸나루시페라
홍초과

물양귀비
물양귀비과

| 꽃의 구조 |

화관 : 꽃부리, 꽃울, 꽃덮이

약 : 꽃가루집, 꽃밥

가웅예 : 거짓수술, 헛수술

밀선엽 : 꽃잎, 꿀샘잎

물매화

화주 : 암술대

관상화 : 통꽃, 대롱꽃, 관모양꽃

설상화 : 혀꽃, 혀모양꽃

벌개미취

밀선엽 : 꽃잎, 꿀샘잎

주두 : 암술머리

약 : 꽃가루집, 꽃밥

화사 : 꽃실, 수술대

악 : 꽃받침, 꽃받침잎

붓꽃

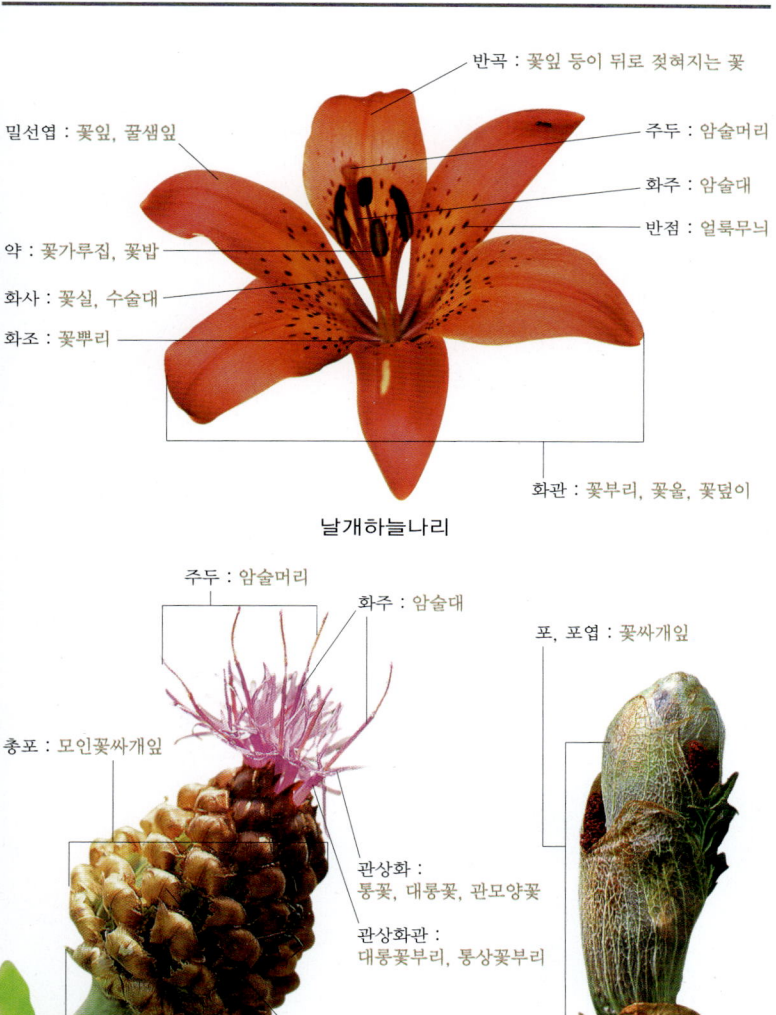

날개하늘나리

뻐꾹채

장군풀

| 꽃의 구조 |

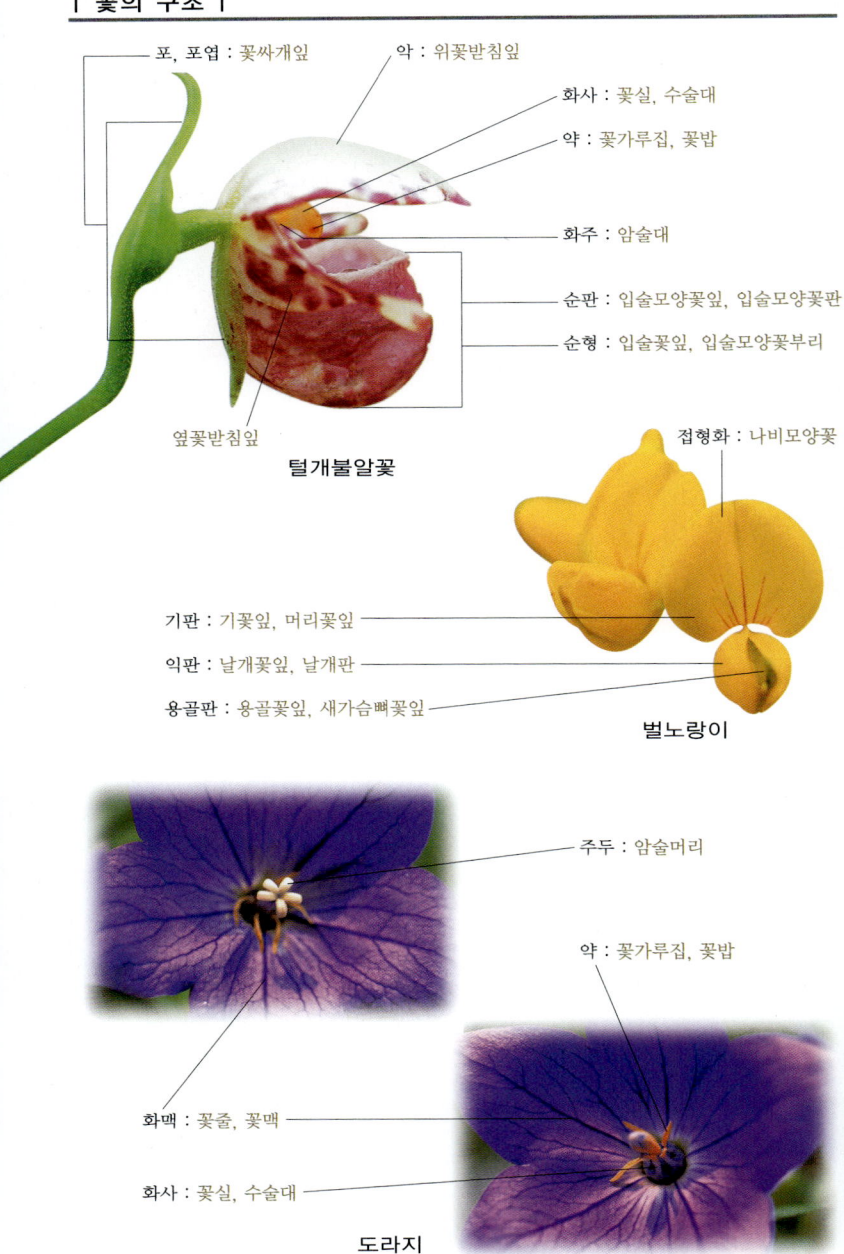

- 화거, 거 : 꽃뿔, 꽃주머니
- 악 : 꽃받침, 꽃받침잎
- 화피 : 꽃덮이, 꽃부리
- 외화피 : 겉꽃덮이, 바깥꽃울조각
- 내화피 : 안쪽꽃울조각, 안꽃울조각
- 부화관, 부편 : 부꽃부리, 덧꽃갓
- 화주 : 암술대
- 화관 : 꽃부리, 꽃울, 꽃덮이

하늘매발톱

- 약 : 꽃가루집, 꽃밥
- 주두 : 암술머리

수선화

- 불염포 : 불꽃모양꽃싸개잎, 햇불모양꽃싸개잎
- 합판화관 : 통꽃부리
- 부화관, 부편 : 부꽃부리, 부꽃덮이
- 꽃받침통
- 악 : 꽃받침, 꽃받침잎

애기앉은부채   **비로용담**

꽃차례

두상화서 : 머리모양꽃차례

곰취

배상화서 : 술잔모양꽃차례, 등잔모양꽃차례

등대풀

복산형화서 : 겹우산꽃차례

어수리

총상화서 : 송이모양꽃차례, 송이꽃차례, 술모양꽃차례

큰까치수염

은두화서 : 무화과꽃차례, 주머니모양꽃차례

무화과

| 원추화서 : 고깔모양꽃차례, 원뿔모양꽃차례 | 수상화서 : 이삭꽃차례 | 육수화서 : 살이삭꽃차례, 고기질꽃차례 |

벼　　　　　**부들**　　　　　**창포**

꽃이름 찾아보기

ㄱ

가는갈퀴 · 132
가는갯능쟁이 · 331
가는괴불주머니 · 744
가는금불초 · 411
가는기린초 · 353
가는다리장구채 · 601
가는돌쩌귀 · 480
가는등갈퀴 · 486
가는쑥부쟁이 · 786
가는오이풀 · 627
가는잎쐐기풀 · 318
가는장구채 · 601
가는줄돌쩌귀 · 478
가락지나물 · 61
가래 · 435
가막사리 · 755
가백작 · 199
가새쑥부쟁이 · 561
가시도꼬마리 · 430
가시박 · 634
가시엉겅퀴 · 552
가시여뀌 · 728
가시연꽃 · 471
가야물봉선 · 771
가지괭이눈 · 56
가지금불초 · 413
가지돌꽃 · 350
각시등굴레 · 238
각시붓꽃 · 175
각시수련 · 604
각시원추리 · 458
각시취 · 553
각시투구꽃 · 480
간도쥐오줌풀 · 295
갈대 · 762
갈퀴나물 · 486
갈퀴현호색 · 127
감국 · 757
감둥사초 · 300

감자난 · 105
갑산제비꽃 · 144
강아지풀 · 439
강활 · 658
개감수 · 70
개감채 · 713
개갓냉이 · 53
개곽향 · 286
개구리갓 · 37
개구리미나리 · 340
개구리발톱 · 195
개구리자리 · 37
개구릿대 · 657
개대황 · 323
개도둑놈의갈고리 · 267
개망초 · 692
개머위 · 224
개모시풀 · 322
개미자리 · 183
개미취 · 787
개민들레 · 79
개밀 · 705
개발나물 · 653
개버무리 · 743
개별꽃 · 185
개병풍 · 619
개보리뺑이 · 78
개불알꽃 · 31
개불알풀 · 166
개비름 · 334
개사상자 · 217
개상사화 · 462
개쇠스랑개비 · 64
개시호 · 398
개싸리 · 371
개싹눈바꽃 · 764
개쑥갓 · 78
개쑥부쟁이 · 788
개쓴풀 · 799
개아마 · 501

개양귀비 · 816
개여뀌 · 729
개연꽃 · 337
개자리 · 66
개정향풀 · 506
개족도리 · 122
개차즈기 · 510
개피 · 87
개황기 · 629
갯강아지풀 · 440
갯개미자리 · 593
갯개미취 · 785
갯괴불주머니 · 48
갯금불초 · 753
갯기름나물 · 659
갯기송 · 745
갯까치수염 · 667
갯까치수영 · 667
갯능쟁이 · 330
갯메꽃 · 25
갯무 · 131
갯방풍 · 644
갯사상자 · 651
갯쑥부쟁이 · 786
갯씀바귀 · 433
갯완두 · 135
갯장구채 · 12
갯질경 · 745
갯취 · 416
갯패랭이꽃 · 469
갯활량나물 · 65
거미고사리 · 116
거북꼬리 · 322
거지덩굴 · 383
게박쥐나물 · 694
게발선인장 · 818
겹삼잎국화 · 821
계요등 · 683
고깔제비꽃 · 21
고들빼기 · 86

고란초 · 120
고려엉겅퀴 · 784
고마리 · 726
고비 · 111
고사리 · 112
고사리삼 · 109
고산구슬봉이 · 150
고산봄맞이 · 668
고삼 · 370
고수 · 643
고슴도치풀 · 383
고추나물 · 389
골무꽃 · 158
골풀 · 456
곰취 · 419
공작고사리 · 114
공작선인장 · 818
관모두메자운 · 630
관중 · 116
광대나물 · 26
광대수염 · 222
광릉갈퀴 · 488
광릉골무꽃 · 158
광릉요강꽃 · 103
광릉치마난초 · 103
괭이눈 · 56
괭이밥 · 67
괭이사초 · 90
괴불주머니 · 50
구루메맨드라미 · 814
구름국화 · 563
구름꽃다지 · 616
구름떡쑥 · 690
구름미나리아재비 · 339
구름범의귀 · 620
구름병아리난초 · 313
구름송이풀 · 531
구름체꽃 · 537
구름털제비꽃 · 390
구름패랭이꽃 · 470

구릿대 · 656
구상난풀 · 218
구슬갓냉이 · 349
구슬골무꽃 · 512
구슬봉이 · 151
구슬봉이 · 151
구와가막사리 · 755
구와말 · 779
구절초 · 806
국화 · 822
국화마 · 463
군자란 · 822
궁궁이 · 655
귀박쥐나물 · 695
그늘골무꽃 · 512
그령 · 444
극락조화 · 823
금강봄맞이 · 669
금강아지풀 · 441
금강애기나리 · 708
금강제비꽃 · 214
금강초롱꽃 · 546
금꿩의다리 · 473
금난초 · 104
금낭화 · 18
금대기린초 · 354
금떡쑥 · 411
금마타리 · 75
금매화 · 344
금방동사니 · 451
금방망이 · 422
금불초 · 412
금붓꽃 · 102
금새우난 · 104
금소리쟁이 · 325
금억새 · 760
금영화 · 348
금잔화 · 820
금창초 · 156
기는미나리아재비 · 39

기름나물 · 658
기린초 · 354
기생꽃 · 663
기생여뀌 · 467
기생초 · 821
긴강남차 · 369
긴개별꽃 · 187
긴개싱아 · 583
긴담배풀 · 749
긴미꾸리낚시 · 764
긴병꽃풀 · 162
긴사상자 · 217
긴산꼬리풀 · 522
긴오이풀 · 485
긴잎곰취 · 418
긴잎나비나물 · 490
긴잎모시풀 · 738
긴화살여뀌 · 739
길골풀 · 456
까마중 · 677
까실쑥부쟁이 · 788
까치고들빼기 · 759
까치깨 · 386
까치수염 · 665
까치수영 · 665
깨꽃 · 820
깽깽이풀 · 125
껄껄이풀 · 432
께묵 · 432
꼬리풀 · 523
꼭두서니 · 684
꽃고비 · 508
꽃꿩의다리 · 611
꽃다지 · 51
꽃마리 · 155
꽃매발톱꽃 · 816
꽃며느리밥풀 · 731
꽃무릇 · 737
꽃바지 · 154
꽃범의꼬리 · 820

꽃이름 찾아보기

꽃상추 · 170
꽃여뀌 · 256
꽃잔디 · 820
꽃쥐손이 · 136
꽃창포 · 572
꽃칸나 · 823
꽃패랭이 · 815
꽃향유 · 777
꽃황새냉이 · 203
꽈리 · 676
꿀풀 · 160
꿩의다리 · 608
꿩의다리아재비 · 346
꿩의바람꽃 · 191
꿩의밥 · 95
꿩의비름 · 798
끈끈이대나물 · 260
끈끈이주걱 · 617

ㄴ

나도개감채 · 244
나도개미자리 · 594
나도겨풀 · 443
나도고사리삼 · 109
나도냉이 · 52
나도닭의덩굴 · 326
나도물통이 · 34
나도미꾸리낚시 · 727
나도바람꽃 · 196
나도송이풀 · 780
나도수영 · 325
나도승마 · 356
나도양지꽃 · 64
나도옥잠화 · 707
나도제비난 · 576
나도풍란 · 720
나도하수오 · 586
나리난초 · 181
나리잔대 · 543
나문재 · 741

나비나물 · 489
나팔꽃 · 819
낙지다리 · 618
낚시돌풀 · 682
낚시제비꽃 · 147
난장이바위솔 · 618
난장이붓꽃 · 176
난장이패랭이꽃 · 470
난쟁이아욱 · 633
날개하늘나리 · 306
남개연꽃 · 338
남산제비꽃 · 212
남산천남성 · 230
낭독 · 379
냇씀바귀 · 84
냉이 · 206
냉초 · 526
너도개미자리 · 595
너도바람꽃 · 197
너도제비난 · 576
넉줄고사리 · 114
넓은묏황기 · 372
넓은잎개수염 · 455
넓은잎구절초 · 806
넓은잎꼬리풀 · 522
넓은잎미꾸리낚시 · 727
넓은잎바늘꽃 · 277
넓은잎쥐오줌풀 · 294
넓은잎천남성 · 229
넓은잔대 · 542
네귀쓴풀 · 503
네잎갈퀴나물 · 488
네펜데스벤트리코사 · 819
네펜데스알라타 · 818
노랑갈퀴 · 267
노랑매발톱꽃 · 342
노랑무늬붓꽃 · 101
노랑무늬창포 · 94
노랑물봉선화 · 382
노랑미치광이풀 · 163

노랑붓꽃 · 101
노랑상사화 · 462
노랑어리연꽃 · 401
노랑원추리 · 460
노랑장대 · 348
노랑제비꽃 · 71
노랑투구꽃 · 343
노랑하늘말나리 · 304
노랑할미꽃 · 15
노루귀 · 124
노루발 · 662
노루삼 · 195
노루오줌 · 484
논냉이 · 205
놋젓가락나물 · 479
누룩치 · 643
누린내풀 · 509
누운주름잎 · 164
눈개승마 · 624
눈괴불주머니 · 744
눈비름 · 334
눈빛승마 · 613
는쟁이냉이 · 203
능수쇠뜨기 · 108

ㄷ

다닥냉이 · 200
다북고추나물 · 389
다북떡쑥 · 690
닥풀 · 385
단풍마 · 463
단풍잎돼지풀 · 428
단풍잎제비꽃 · 212
단풍잎황촉규 · 385
단풍취 · 687
단풍터리풀 · 626
달구지풀 · 268
달리아 · 821
달맞이꽃 · 394
달뿌리풀 · 448

닭의난초 · 464
닭의덩굴 · 253
닭의장풀 · 574
담배취 · 555
담배풀 · 748
당개지치 · 153
당아욱 · 817
당잔대 · 783
닻꽃 · 400
대극 · 381
대나물 · 600
대사초 · 92
대성쓴풀 · 150
대청 · 52
대청부채 · 573
대황 · 584
댑싸리 · 331
댓잎현호색 · 129
더덕 · 407
덧치아이리스 · 823
덩굴개별꽃 · 184
덩굴닭의장풀 · 707
덩굴며느리주머니 · 615
덩굴별꽃 · 600
덩굴용담 · 776
데이지 · 821
도깨비고비 · 115
도깨비바늘 · 426
도깨비부채 · 619
도깨비사초 · 93
도깨비쇠고비 · 115
도깨비엉겅퀴 · 549
도꼬마리 · 430
도둑놈의갈고리 · 266
도라지 · 538
도라지모시대 · 545
도루박이 · 448
독말풀 · 518
독미나리 · 642
돌꽃 · 350

돌나물 · 54
돌단풍 · 209
돌동부 · 492
돌바늘꽃 · 277
돌양지꽃 · 359
돌외 · 633
돌창포 · 711
돌콩 · 495
돌피 · 442
동강할미꽃 · 15
동의나물 · 41
동자꽃 · 259
돼지풀 · 429
두루미꽃 · 236
두루미천남성 · 228
두메꿀풀 · 161
두메냉이 · 616
두메담배풀 · 415
두메대극 · 379
두메부추 · 568
두메분취 · 556
두메양귀비 · 347
두메자운 · 497
두메잔대 · 543
두메층층이 · 290
두메투구꽃 · 525
둑새풀 · 89
둥굴레 · 239
둥근바위솔 · 796
둥근배암차즈기 · 514
둥근이질풀 · 272
둥근잎꿩의비름 · 264
둥근잎나팔꽃 · 820
둥근잎돼지풀 · 428
둥근잎유홍초 · 819
둥근잔대 · 544
둥근털제비꽃 · 137
들개미자리 · 593
들깨풀 · 515
들바람꽃 · 191

들현호색 · 19
등갈퀴나물 · 487
등골나물 · 691
등대시호 · 398
등대풀 · 68
디기탈리스 · 820
디렉터 무어 수련 · 815
딱지꽃 · 362
땃딸기 · 625
땅귀개 · 746
땅꽈리 · 799
땅나리 · 309
땅빈대 · 380
땅채송화 · 55
떡쑥 · 76
뚜껑덩굴 · 392
뚜껑별꽃 · 149
뚝갈 · 800
뚝새풀 · 89
뚱단지 · 754
띠 · 87

ㄹ

레드킹홈베르트칸나 · 823
레드 플레어 수련 · 816
레오 파르데스 수련 · 816
리빙스턴 데이지 · 814

ㅁ

마 · 715
마디풀 · 590
마름 · 637
마주송이풀 · 533
마타리 · 747
마편초 · 509
만년청 · 822
만삼 · 408
만수국 · 821
만수국아재비 · 753
만주바람꽃 · 196

꽃이름 찾아보기

만주송이풀 · 73
말나리 · 305
말냉이 · 201
말똥비름 · 355
말털이슬 · 638
망초 · 692
매듭풀 · 265
매미꽃 · 46
매발톱꽃 · 342
매자기 · 450
매화노루발 · 218
매화마름 · 194
맥문동 · 172
맥문아재비 · 233
맨드라미 · 814
머위 · 225
메귀리 · 88
메꽃 · 285
멧용담 · 775
며느리밑씻개 · 254
며느리배꼽 · 739
멸가치 · 696
명아주 · 329
모데미풀 · 198
모래지치 · 674
모시대 · 545
모시물통이 · 320
모시풀 · 321
모싯대 · 545
목향 · 414
몽골할미꽃 · 15
뫼제비꽃 · 143
무늬둥굴레 · 240
무늬제라늄 · 817
무릇 · 570
무산상자 · 640
묵밭소리쟁이 · 324
문주란 · 714
물닭개비 · 792
물대 · 447

물레나물 · 387
물매화 · 623
물봉선 · 770
물상추 · 822
물솜방망이 · 77
물싸리풀 · 364
물쑥 · 427
물양귀비 · 823
물양지꽃 · 361
물억새 · 761
물여뀌 · 255
물옥잠 · 791
물질경이 · 703
물통이 · 320
미국가막사리 · 754
미국개기장 · 441
미국나팔꽃 · 819
미국미역취 · 416
미국부용 · 818
미국쑥부쟁이 · 804
미국외풀 · 521
미국자리공 · 590
미국제비꽃 · 148
미꾸리낚시 · 794
미나리 · 641
미나리냉이 · 204
미나리아재비 · 38
미모사 · 816
미색물봉선 · 382
미역취 · 750
미치광이풀 · 163
민눈양지꽃 · 63
민대극 · 69
민둥체꽃 · 537
민들레 · 80
민들레아재비 · 79
민박쥐나물 · 694
민백미꽃 · 221
민산작약 · 16
민솜대 · 708

민솜방망이 · 421
민쑥부쟁이 · 562
민졸방제비꽃 · 145
밀나물 · 99

ㅂ

바늘꽃 · 278
바늘엉겅퀴 · 550
바디나물 · 279
바람꽃 · 605
바보여뀌 · 589
바위구절초 · 299
바위돌꽃 · 351
바위떡풀 · 621
바위솔 · 795
바위솜나물 · 421
바위채송화 · 355
바위취 · 210
바이칼꿩의다리 · 610
바이칼바람꽃 · 193
박새 · 712
박주가리 · 507
반디지치 · 154
반하 · 227
방가지똥 · 84
방동사니 · 451
방동사니대가리 · 736
방아풀 · 517
방울고랭이 · 449
방울꽃 · 782
방울비짜루 · 97
방풍 · 645
밭뚝외풀 · 520
배암차즈기 · 515
배초향 · 513
배풍등 · 678
백도라지 · 539
백미꽃 · 283
백부자 · 343
백선 · 273

백양꽃 · 311	부싯깃고사리 · 113	사데풀 · 758
백일홍 · 821	부용 · 818	사동미나리 · 650
백작약 · 199	부전바디 · 646	사마귀풀 · 790
백합 · 822	부전패모 · 100	사상자 · 639
뱀딸기 · 60	부채붓꽃 · 571	사철란 · 720
뱀무 · 365	부처꽃 · 502	사프란 · 823
버드쟁이나물 · 561	북관중 · 115	산골무꽃 · 511
버들금불초 · 413	북분취 · 554	산괭이눈 · 59
버들명아주 · 328	북선점나도나물 · 598	산괴불주머니 · 49
버들바늘꽃 · 276	분꽃 · 814	산국 · 756
번행초 · 36	분홍개미자리 · 12	산꼬리풀 · 524
벌개미취 · 560	분홍꿀풀 · 161	산꿩의다리 · 609
벌깨냉이 · 204	분홍노루발 · 281	산달래 · 243
벌깨덩굴 · 159	분홍바늘꽃 · 275	산둥굴레 · 240
벌노랑이 · 376	분홍쥐손이 · 271	산마늘 · 242
범꼬리 · 250	분홍할미꽃 · 14	산물봉선화 · 632
범부채 · 312	붉노랑상사화 · 462	산민들레 · 82
벗풀 · 702	붉은꿀풀 · 161	산박하 · 517
베고니아 · 818	붉은벌깨덩굴 · 159	산부채 · 454
벳지 · 134	붉은서나물 · 804	산부추 · 793
벼룩나물 · 189	붉은수크령 · 735	산비장이 · 557
벼룩이울타리 · 596	붉은조개나물 · 157	산속단 · 291
벼룩이자리 · 184	붉은참반디 · 149	산솜다리 · 689
변산바람꽃 · 197	붉은터리풀 · 265	산솜방망이 · 420
별꽃 · 189	붉은토끼풀 · 268	산씀바귀 · 433
별꽃아재비 · 697	붉은톱풀 · 296	산여뀌 · 794
병아리난초 · 577	붓꽃 · 178	산오이풀 · 768
병조희풀 · 472	비로용담 · 504	산옥잠화 · 567
병풍 · 696	비름 · 333	산외 · 634
보리뺑이 · 85	비비추 · 565	산용담 · 670
보춘화 · 106	비짜루 · 99	산자고 · 244
보태면마 · 115	빈카 · 819	산작약 · 16
보풀 · 702	빗살현호색 · 129	산조아재비 · 446
복수초 · 40	뻐꾹나리 · 564	산조풀 · 447
봄구슬봉이 · 152	뻐꾹채 · 169	산짚신나물 · 366
봄구슬붕이 · 152	뽀리뱅이 · 85	산쪽풀 · 68
봄맞이꽃 · 219		산토끼꽃 · 535
봉선화 · 817	**ㅅ**	산함박꽃 · 16
부들 · 434	사국이질풀 · 500	산해박 · 402
부레옥잠 · 822	사근초 · 802	산현호색 · 126

835

꽃이름 찾아보기

살갈퀴 · 132
삼 · 317
삼백초 · 580
삼색제비꽃 · 818
삼수구릿대 · 657
삼수여로 · 302
삼잎방망이 · 423
삼쥐손이 · 272
삼지구엽초 · 42
삽주 · 801
삿갓나물 · 457
상사화 · 822
새 · 438
새끼꿩의비름 · 797
새끼노루귀 · 190
새며느리밥풀 · 528
새모래덩굴 · 346
새박 · 635
새삼 · 672
새섬말나리 · 461
새완두 · 133
새우난초 · 246
새콩 · 496
새팥 · 375
샛강사리 · 804
서덜취 · 554
서양금혼초 · 79
서양등골나물 · 802
서양민들레 · 81
서양톱풀 · 698
서울제비꽃 · 140
석결명 · 368
석곡 · 32
석류풀 · 336
석산 · 737
석위 · 118
석잠풀 · 288
석창포 · 452
선괭이눈 · 58
선백미꽃 · 284

선씀바귀 · 170
선연리초 · 491
선이질풀 · 270
선인장 · 818
선주름잎 · 520
선줄맨드라미 · 814
선토끼풀 · 631
설령쥐오줌풀 · 295
설앵초 · 23
섬갯장대 · 208
섬기린초 · 352
섬꼬리풀 · 523
섬노루귀 · 190
섬말나리 · 461
섬모시풀 · 581
섬바디 · 648
섬사철란 · 810
섬양지꽃 · 359
섬자리공 · 592
섬잔대 · 544
섬쥐손이 · 500
섬천남성 · 228
섬초롱꽃 · 168
섬현삼 · 519
세바람꽃 · 192
세복수초 · 40
세뿔석위 · 119
세뿔여뀌 · 588
세잎꿩의비름 · 797
세잎양지꽃 · 63
세잎쥐손이 · 269
세잎현호색 · 130
소경불알 · 540
소리쟁이 · 324
속단 · 290
속새 · 108
속속이풀 · 349
손바닥난초 · 578
솔나리 · 307
솔나물 · 406

솔방울고랭이 · 449
솔붓꽃 · 177
솔새 · 436
솔잎란 · 106
솔체꽃 · 536
솜나물 · 223
솜다리 · 410
솜방망이 · 77
솜분취 · 555
솜양지꽃 · 61
송이고랭이 · 450
송이풀 · 532
송장풀 · 288
쇠뜨기 · 107
쇠무릎 · 335
쇠별꽃 · 188
쇠보리 · 437
쇠비름 · 336
쇠서나물 · 431
수강아지풀 · 440
수까치깨 · 386
수레국화 · 558
수련 · 815
수리취 · 733
수박풀 · 384
수송이풀 · 533
수염가래꽃 · 800
수염며느리밥풀 · 292
수염패랭이꽃 · 469
수영 · 35
수원잔대 · 783
수정난풀 · 219
수크령 · 734
숙은노루오줌 · 264
숙은돌창포 · 710
순채 · 261
술패랭이꽃 · 257
숫잔대 · 547
쉽싸리 · 675
승마 · 613

837

시계꽃 · 818
시베리아팽이눈 · 59
시클라멘 · 819
시호 · 397
실꽃풀 · 241
실새삼 · 673
싱아 · 582
싸리냉이 · 201
쌍동이바람꽃 · 194
쐐기풀 · 319
쑥 · 298
쑥방망이 · 752
쑥부쟁이 · 562
쓰레기꽃 · 697
쓴풀 · 773
씀바귀 · 83
씨범꼬리 · 251

ㅇ
아마 · 501
아마존 수련 · 815
아프리카봉선화 · 817
안개초 · 815
앉은부채 · 171
앉은좁쌀풀 · 529
알록제비꽃 · 138
알만삼 · 540
알며느리밥풀 · 528
암대극 · 69
애기가래 · 436
애기고추나물 · 388
애기괭이눈 · 58
애기괭이밥 · 211
애기금매화 · 345
애기기린초 · 353
애기나리 · 238
애기나비나물 · 490
애기낚시제비꽃 · 147
애기노랑토끼풀 · 65
애기달맞이꽃 · 393

애기닭의장풀 · 575
애기담배풀 · 749
애기도라지 · 539
애기땅빈대 · 381
애기똥풀 · 44
애기마름 · 637
애기메꽃 · 284
애기며느리밥풀 · 293
애기물꽈리아재비 · 404
애기봄맞이 · 220
애기부들 · 435
애기솔나물 · 406
애기송이풀 · 27
애기수련 · 604
애기수영 · 34
애기씨범꼬리 · 251
애기앉은부채 · 301
애기우산나물 · 693
애기참반디 · 72
애기풀 · 137
애기향유 · 778
애기현호색 · 129
애기황새풀 · 706
앵초 · 24
야고 · 781
약모밀 · 316
얇은제비꽃 · 216
양귀비 · 263
양명아주 · 327
양지꽃 · 62
어리연꽃 · 671
어수리 · 647
어저귀 · 384
억새 · 760
억새아재비 · 761
얼레지 · 174
얼치기완두 · 133
엉겅퀴 · 551
엉겅퀴아재비 · 29
여뀌바늘 · 745

여로 · 302
여름새우난 · 579
여우오줌 · 414
여우콩 · 374
여우팥 · 373
연꽃 · 262
연령초 · 234
연미붓꽃 · 179
연복초 · 74
연잎꿩의다리 · 474
염아자 · 541
염주 · 437
염주괴불주머니 · 47
예팥 · 375
오대산팽이눈 · 59
오랑캐장구채 · 602
오리나무더부살이 · 293
오리방풀 · 516
오리새 · 445
오이풀 · 730
옥잠난초 · 465
올미 · 701
왕고들빼기 · 808
왕과 · 391
왕대황 · 466
왕모시풀 · 323
왕바랭이 · 444
왕별꽃 · 599
왕솜대 · 237
왕쌀새 · 445
왕원추리 · 303
왕죽대아재비 · 710
왕질경이 · 222
왕호장 · 586
왜갓냉이 · 205
왜개싱아 · 583
왜개연꽃 · 338
왜낚시제비꽃 · 147
왜당귀 · 654
왜모시풀 · 319

꽃이름 찾아보기

왜미나리아재비 · 39
왜방풍 · 642
왜솜다리 · 688
왜우산풀 · 643
왜젓가락나물 · 340
왜제비꽃 · 139
왜졸방제비꽃 · 146
왜지치 · 508
왜현호색 · 126
외풀 · 521
용담 · 774
용둥굴레 · 97
용머리 · 513
용원삽주 · 801
우단석잠풀 · 514
우단일엽 · 119
우산나물 · 693
우산천남성 · 232
우엉 · 548
울릉국화 · 807
울릉미역취 · 751
울릉장구채 · 603
원산딱지꽃 · 363
원추리 · 303
유럽점나도나물 · 596
유럽쥐손이 · 21
유포르비아 · 817
유홍초 · 819
윤판나물 · 95
율무 · 438
은꿩의다리 · 609
은난초 · 245
은대난초 · 245
은방울꽃 · 235
은양지꽃 · 358
은조롱 · 402
음양고비 · 110
이고들빼기 · 759
이블린 렌딕 수련 · 815
이삭귀개 · 781

이삭바꽃 · 479
이삭송이풀 · 530
이삭여뀌 · 253
이질풀 · 769
익모초 · 287
일당귀 · 654
일엽초 · 118
일월비비추 · 566
잇꽃 · 409

ㅈ

자귀풀 · 371
자라풀 · 704
자란 · 180
자리공 · 591
자운영 · 20
자주가는오이풀 · 627
자주강아지풀 · 440
자주개자리 · 498
자주괴불주머니 · 130
자주꽃방망이 · 540
자주꿩의다리 · 473
자주꿩의비름 · 767
자주넓은잎천남성 · 229
자주닭개비 · 822
자주쓴풀 · 772
자주조희풀 · 472
자주천남성 · 229
자주초롱꽃 · 685
자초 · 221
작두콩 · 816
작약 · 17
작은산꿩의다리 · 474
잔개자리 · 66
잔대 · 782
잔디 · 88
잔미역취 · 751
잔털제비꽃 · 213
잠자리난초 · 718
장구채 · 260

장군풀 · 466
장대나물 · 207
장대냉이 · 483
장대여뀌 · 256
장백제비꽃 · 390
재쑥 · 54
저먼아이리스 · 823
전동싸리 · 378
전호 · 640
절국대 · 746
절굿대 · 559
점나도나물 · 597
점박이천남성 · 232
점현호색 · 127
접시꽃 · 817
젓가락나물 · 339
정선황기 · 377
정영엉겅퀴 · 686
제라늄 · 816
제비고깔 · 477
제비꽃 · 142
제비꿀 · 581
제비난 · 718
제비동자꽃 · 258
제주양지꽃 · 62
조개나물 · 157
조밥나물 · 431
조뱅이 · 29
조선바람꽃 · 607
족도리 · 123
졸방제비꽃 · 145
좀가지풀 · 72
좀고추나물 388
좀꽃마리 · 156
좀꿩의다리 · 341
좀낭아초 · 356
좀담배풀 · 415
좀딱취 · 802
좀딸기 · 357
좀명아주 · 330

좀민들레 · 79
좀보리사초 · 93
좀설앵초 · 282
좀씀바귀 · 82
좀양지꽃 · 360
좀쥐손이 · 270
좀쥐오줌풀 · 294
좀향유 · 779
좀현호색 · 126
좁쌀냉이 · 202
좁쌀풀 · 399
좁은잎계요등 · 683
좁은잎돌꽃 · 352
좁은잎엉겅퀴 · 552
좁은잎해란초 · 404
종지나물 · 148
주걱노루발 · 661
주름잎 · 164
주름조개풀 · 705
주머니꽃 · 31
주홍서나물 · 296
줄 · 443
줄민둥뫼제비꽃 · 22
중국패모 · 100
중나리 · 309
중대가리풀 · 297
중의무릇 · 100
쥐꼬리망초 · 534
쥐손이아재비 · 21
쥐손이풀 · 269
쥐오줌풀 · 27
쥐털이슬 · 639
지네발란 · 313
지느러미엉겅퀴 · 28
지리바꽃 · 481
지리터리풀 · 485
지면패랭이꽃 · 820
지치 · 221
지칭개 · 169
지황 · 527

진돌쩌귀 · 482
진득찰 · 425
진범 · 477
진부애기나리 · 708
진퍼리까치수염 · 664
진퍼리까치수영 · 664
진황정 · 241
질경이 · 680
질경이택사 · 700
집함박꽃 · 199
짚신나물 · 366
쪽 · 255

ㅊ

차풀 · 367
참개별꽃 · 186
참골무꽃 · 510
참꽃마리 · 155
참나래박쥐나물 · 695
참나리 · 310
참나물 · 649
참당귀 · 280
참마 · 715
참바위취 · 622
참배암차즈기 · 403
참비비추 · 566
참산부추 · 569
참삿갓사초 · 92
참소리쟁이 · 35
참시호 · 397
참쑥 · 297
참양지꽃 · 360
참여로 · 736
참이질풀 · 271
참작약 · 199
참좁쌀풀 · 399
참줄바꽃 · 478
참취 · 803
참함박꽃 · 199
참황새풀 · 706

창질경이 · 681
창포 · 94
채송화 · 814
처녀치마 · 173
천궁 · 652
천남성 · 230
천마 · 464
천문동 · 98
천사의나팔꽃 · 820
천수국 · 821
천일담배풀 · 748
천일홍 · 814
청명아주 · 327
청비름 · 333
청수크령 · 735
청알록제비꽃 · 138
청하향초 · 753
초롱꽃 · 685
초종용 · 167
촛대승마 · 612
취명아주 · 328
층꽃나무 · 776
층꽃풀 · 776
층층둥굴레 · 709
층층이꽃 · 289
치커리 · 170
칠면초 · 740
칡 · 494

ㅋ

카네이션 · 814
카밀레 · 699
칸나루시페라 · 823
칼잎용담 · 506
컴프리 · 675
코스모스 · 822
콩다닥냉이 · 200
콩제비꽃 · 216
콩짜개덩굴 · 117
콩팥노루발 · 660

꽃이름 찾아보기

큰각시취 · 553
큰개미자리 · 183
큰개별꽃 · 186
큰개불알풀 · 165
큰개수염 · 455
큰개여뀌 · 467
큰구슬붕이 · 505
큰금계국 · 821
큰까치수염 · 666
큰까치수영 · 666
큰꿩의비름 · 767
큰나비나물 · 489
큰달맞이꽃 · 395
큰닭의덩굴 · 738
큰도둑놈의갈고리 · 266
큰두루미꽃 · 236
큰둥굴레 · 240
큰등갈퀴 · 487
큰땅빈대 · 380
큰물레나물 · 387
큰바늘꽃 · 276
큰바람꽃 · 606
큰반하 · 227
큰방가지똥 · 85
큰방울새난 · 577
큰뱀무 · 365
큰봉의꼬리 · 113
큰산장대 · 207
큰산좁쌀풀 · 529
큰솔나리 · 308
큰수리취 · 732
큰애기나리 · 96
큰앵초 · 22
큰엉겅퀴 · 784
큰여우콩 · 374
큰연령초 · 233
큰오이풀 · 628
큰옥매듭풀 · 326
큰용담 · 505
큰원추리 · 459

큰잎쓴풀 · 503
큰장대 · 483
큰절굿대 · 558
큰점나도나물 · 598
큰제비고깔 · 476
큰조롱 · 402
큰조뱅이 · 29
큰조아재비 · 446
큰천남성 · 231
큰톱풀 · 698
키다리난초 · 465

ㅌ

타래난초 · 33
타래붓꽃 · 176
탑꽃 · 289
태백제비꽃 · 214
택사 · 701
터리풀 · 626
털갈퀴덩굴 · 134
털개불알풀 · 716
털괭이눈 · 57
털기름나물 · 645
털도깨비바늘 · 427
털독말풀 · 679
털동자꽃 · 258
털딱지꽃 · 363
털머위 · 752
털별꽃아재비 · 697
털부처꽃 · 502
털비름 · 332
털빕새귀리 · 90
털쓰레기꽃 · 697
털여뀌 · 729
털이슬 · 638
털점나도나물 · 187
털중나리 · 30
털쥐손이 · 136
털진득찰 · 424
털질경이 · 223

토끼풀 · 631
토란 · 453
토현삼 · 519
톱바위취 · 620
톱잔대 · 541
톱풀 · 699
통둥굴레 · 96
통발 · 405
통보리사초 · 91
투구꽃 · 766
퉁퉁마디 · 741

ㅍ

파대가리 · 763
파란여로 · 457
파리지옥 · 816
파리풀 · 534
파초 · 823
파초일엽 · 117
팔래트맨드라미 · 814
패랭이꽃 · 468
패모 · 175
페튜니아 · 820
포인세티아 · 817
포천구절초 · 805
포태면마 · 115
푸른백미꽃 · 283
풀솜나물 · 224
풀솜대 · 237
풀협죽도 · 820
풍도대극 · 69
풍란 · 719
풍선난초 · 314
풍선덩굴 · 817
풍접초 · 816
프리뮬라줄리안 · 819
피 · 442
피나물 · 45
피뿌리풀 · 274
핑크 플렛터 수련 · 815

ㅎ

하늘나리 · 305
하늘말나리 · 304
하늘매발톱 · 475
하늘타리 · 636
하수오 · 587
한계령풀 · 43
한라개승마 · 625
한라구절초 · 807
한라돌쩌귀 · 765
한라돌창포 · 711
한라민들레 · 79
한라부추 · 793
한라산비장이 · 557
한라송이풀 · 530
한란 · 763
한련 · 817
한련초 · 805
할미꽃 · 13
해국 · 789
해녀콩 · 493
해란초 · 403
해바라기 · 821
해오라비난초 · 717
해홍나물 · 742
향등골나물 · 691
향모 · 89
향유 · 778
헐떡이풀 · 622
헐 밀러 수련 · 815
헬 볼라 수련 · 815
현호색 · 128
호모초 · 332
호범꼬리 · 252
호장근 · 585
호제비꽃 · 141
홀아비꽃대 · 182
홀아비바람꽃 · 193
화살곰취 · 417
화엄제비꽃 · 213

화점초 · 34
환삼덩굴 · 318
활나물 · 499
활량나물 · 373
황금 · 511
황기 · 376
황새냉이 · 202
회리바람꽃 · 192
회향 · 396
후크시아 · 819
흑삼릉 · 700
흰가시엉겅퀴 · 552
흰갑산제비꽃 · 144
흰구름국화 · 564
흰그늘돌쩌귀 · 482
흰그늘용담 · 220
흰금강초롱 · 547
흰꼬리풀 · 524
흰꽃갯개미취 · 785
흰꽃나도송이풀 · 780
흰꽃넓은잔대 · 542
흰꽃물옥잠 · 791
흰꽃바디나물 · 279
흰꽃여뀌 · 589
흰꽃장구채 · 603
흰꽃좀닭의장풀 · 575
흰꽃참산부추 · 569
흰꿀풀 · 161
흰나비나물 · 490
흰노랑민들레 · 226
흰독말풀 · 518
흰동자꽃 · 259
흰두메양귀비 · 347
흰땃딸기 · 211
흰메꽃 · 285
흰명아주 · 329
흰무릇 · 570
흰물봉선 · 771
흰민들레 · 226
흰바늘엉겅퀴 · 550

흰바위취 · 621
흰범꼬리 · 252
흰분홍투구꽃 · 525
흰붓꽃 · 179
흰비추 · 565
흰상사화 · 809
흰섬감국 · 757
흰섬초롱꽃 · 168
흰솔나리 · 307
흰송이풀 · 533
흰수염며느리밥풀 · 292
흰술패랭이꽃 · 257
흰씀바귀 · 83
흰양귀비 · 614
흰얼레지 · 174
흰여뀌 · 588
흰여로 · 713
흰오리방풀 · 516
흰왕바꽃 · 481
흰용담 · 775
흰자주쓴풀 · 772
흰장구채 · 602
흰전동싸리 · 378
흰젖제비꽃 · 215
흰제비꽃 · 215
흰좀바위솔 · 795
흰지느러미엉겅퀴 · 28
흰진범 · 611
흰털개불알꽃 · 716
흰털괭이눈 · 57
흰털제비꽃 · 139
흰털주머니꽃 · 716
흰투구꽃 · 766

| 학명 찾아보기 |

A

Abutilon avicennae · 384
Aceriphyllum rossii · 209
Achillea millefolium · 698
Achillea ptarmica var. *acuminata* · 698
Achillea sibirica · 699
Achillea sibirica
　subsp. *rhodoptarmica* · 296
Achyranthes japonica · 335
Aconitum barbatum · 343
Aconitum chiisanense · 481
Aconitum ciliare · 479
Aconitum fischeri for. *leucanthum* · 481
Aconitum jaluense · 766
Aconitum jaluense for. *album* · 766
Aconitum koreanum · 343
Aconitum kusnezofii · 479
Aconitum longecassidatum · 611
Aconitum macrorhynchum · 480
Aconitum monanthum · 480
Aconitum napiforme · 765
Aconitum pseudolaeve var. *erectum* · 477
Aconitum pseudoproliferum · 764
Aconitum seoulense · 482
Aconitum uchiyamai for. *albiflorum* · 482
Aconitum villosum · 478
Aconitum volubile · 478
Aconogonum ajanense · 583
Aconogonum divaricatum · 583
Aconogonum polymorphum · 582
Acorus calamus · 94
Acorus calamus var. *angustatus* · 94
Acorus gramineus · 452
Actaea asiatica · 195
Actinostemma lobatum · 392
Adenocaulon himalaicum · 696
Adenophora coronopifolia · 544
Adenophora divaricata for. *albiflora* · 542
Adenophora divaricata
　var. *manshurica* · 542

Adenophora grandiflora · 545
Adenophora lamarckii · 543
Adenophora liliifolia · 543
Adenophora pereskiaefolia
　var. *curvidens* · 541
Adenophora polyantha · 783
Adenophora remotiflora · 545
Adenophora stricta · 783
Adenophora taquetii · 544
Adenophora triphylla var. *japonica* · 782
Adiantum pedatum · 114
Adlumia asiatica · 615
Adonis amurensis · 40
Adonis multiflora · 40
Adoxa moschatellina · 74
Aeginetia indica · 781
Aegopodium alpestre · 642
Aerides japonicum · 720
Aeschynomene indica · 371
Agastache rugosa · 513
Agrimonia coreana · 366
Agrimonia pilosa · 366
Agropyron tsukushiense var. *transiens* · 705
Ainsliaea acerifolia · 687
Ainsliaea apiculata · 802
Ajuga decumbens · 156
Ajuga multiflora · 157
Ajuga multiflora for. *rosea* · 157
Alisma canaliculatum · 701
Alisma plantago-aquatica
　var. *orientale* · 700
Allium grayi · 243
Allium sacculiferum · 569
Allium sacculiferum for. *albiflorum* · 569
Allium senescens · 568
Allium taquetii · 793
Allium thunbergii · 793
Allium victorialis var. *platyphyllum* · 242
Alopecurus aequalis var. *amurensis* · 89
Amaranthus deflexus · 334

Amaranthus lividus · 334
Amaranthus mangostanus · 333
Amaranthus retroflexus · 332
Amaranthus viridis · 333
Ambrosia artemisiifolia var. *elatior* · 429
Ambrosia trifida · 428
Ambrosia trifida for. *integrifolia* · 428
Amethystea caerulea · 510
Amitostigma gracilis · 577
Amphicarpaea edgeworthii
　var. *trisperma* · 496
Anagallidium dichotomum · 150
Anagallis arvensis · 149
Anaphalis sinica · 690
Anaphalis sinica subsp. *morii* · 690
Androsace cortusaefolia · 669
Androsace filiformis · 220
Androsace lehmanniana · 668
Androsace umbellata · 219
Aneilema keisak · 790
Anemone amurensis · 191
Anemone baicalensis · 193
Anemone chosenicola · 607
Anemone koraiensis · 193
Anemone narcissiflora · 605
Anemone narcissiflora var. *crinifta* · 606
Anemone raddeana · 191
Anemone raddeana palibiniana · 186
Anemone reflexa · 192
Anemone rossii · 194
Anemone stolonifera · 192
Angelica acutilobum · 654
Angelica anomala · 657
Angelica dahurica · 656
Angelica decursiva for. *albiflora* · 279
Angelica decursiva · 279
Angelica gigas · 280
Angelica jaluana · 657
Angelica polymorpha · 655
Anthriseus sylvestris · 640

Apocynum lancifolium · 506
Aquilegia buergeriana for. *pallidiflora* · 342
Aquilegia buergeriana var. *oxysepala* · 342
Aquilegia flabellata var. *pumila* · 475
Arabis gemmifera · 207
Arabis glabra · 207
Arabis stelleri var. *japonica* · 208
Arctium lappa · 548
Arenaria juncea · 596
Arenaria serpyllifolia · 184
Arisaema amurense var. *serratum* · 230
Arisaema amurense var. *violaceum* · 230
Arisaema angustatum var. *peninsulae* · 232
Arisaema heterophllum · 228
Arisaema negishii · 228
Arisaema ringens · 231
Arisaema robustum · 229
Arisaema robustum var. *purpureum* · 229
Arisaema takesimense · 232
Artemisia lavandulaefolia · 297
Artemisia princeps var. *orientalis* · 298
Artemisia selengensis · 427
Aruncus dioicus var. *aethusifolius* · 625
Aruncus dioicus var. *kamtschaticus* · 624
Arundinella hirta var. *ciliata* · 438
Arundo donax · 447
Asarum maculatum · 122
Asarum sieboldii · 123
Asparagus cochinchinensis · 98
Asparagus oligoclonos · 97
Asparagus schoberioides · 99
Asplenium antiquum · 117
Aster ageratoids · 788
Aster associatus · 562
Aster ciliosus · 788
Aster hispidus · 786
Aster incisus · 561
Aster koreansis · 560
Aster pekinensis · 786
Aster pilosus · 804

학명 찾아보기

Aster pinnatifidus · 561
Aster scaber · 803
Aster spathulifolius · 789
Aster tataricus · 787
Aster tripolium · 785
Aster tripolium var. *albiflora* · 785
Aster yomena · 562
Astibe chinensis var. *davidii* · 484
Astibe chinensis var. *koreana* · 264
Astragalus koraiensis · 377
Astragalus membranaceus · 376
Astragalus sinicus · 20
Astragalus uliginosus · 629
Atractylodes japonica · 801
Atractylodes koreana · 801
Atriplex gmelinii · 331
Atriplex subcordata · 330
Avena fatua · 88

B

Barbarea orhoceras · 52
Beckmannia syzigachne · 87
Belamcanda chinensis · 312
Berteroella maximowiczii · 483
Bidens bipinnata · 426
Bidens biternata · 427
Bidens frondosa · 754
Bidens radiata var. *pinnatifida* · 755
Bidens tripartita · 755
Bistorta incana · 252
Bistorta manshuriensis · 250
Bistorta ochotensis · 252
Bistorta vivipara · 251
Bistorta vivipara var. *angustifolia* · 251
Bletilla striata · 180
Boehmeria longispica · 319
Boehmeria nipononivea · 581
Boehmeria nivea · 321
Boehmeria pannosa · 323
Boehmeria platanifolia · 322

Boehmeria sieboldiana · 738
Boehmeria tricuspis · 322
Boschniakia rossica · 293
Bothriospermum tenellum · 154
Botrychium ternatum · 109
Brachybotrys paridiformis · 153
Brasenia schreberi · 261
Breea segeta · 29
Breea segeta for. *setosa* · 29
Bromus tectorum · 90
Bupleurum euphorbioides · 398
Bupleurum falcatum · 397
Bupleurum longiradiatum · 398
Bupleurum scorzoneraefolium · 397

C

Cacalia adenostyloides · 694
Cacalia auriculata · 695
Cacalia firma · 696
Cacalia hastata var. *orientalis* · 694
Cacalia praetermissa · 695
Calamagrostis epigeios · 447
Calanthe discolor · 246
Calanthe reflexa · 579
Calanthe striata · 104
Calla palustris · 454
Caltha palustris var. *membranacea* · 41
Calypso bulbosa · 314
Calystegia hederacea · 284
Calystegia japonica · 285
Calystegia japonica for. *album* · 285
Calystegia soldanella · 25
Campanula glomerata var. *dahurica* · 540
Campanula punctata · 685
Campanula punctata var. *rubriflora* · 685
Campanula takesimana · 168
Campanula takesimana for. *alba* · 168
Camptosorus sibiricus · 116
Canavalia lineata · 493
Cannabis sativa · 317

Capsella bursa-pastoris · 206
Cardamine amaraeformis · 203
Cardamine flexuosa · 202
Cardamine flexuosa var. *fallax* · 202
Cardamine impatiens · 201
Cardamine komarovii · 203
Cardamine leucantha · 204
Cardamine lyrata · 205
Cardamine resedifolia var. *morii* · 616
Cardamine violifolia · 204
Cardamine yezoensis · 205
Carduus crispus · 28
Carduus crispus for. *albus* · 28
Carex atrata · 300
Carex dickinsii · 93
Carex jaluensis · 92
Carex kobmugi · 91
Carex neurocarpa · 90
Carex pumila · 93
Carex siderosticta · 92
Carpesium abrotanoides · 748
Carpesium cernuum · 415
Carpesium divarricatum · 749
Carpesium glossophyllum · 748
Carpesium macrocephalum · 414
Carpesium rosulatum · 749
Carpesium triste var. *manshuricum* · 415
Carthamus tinctorius · 409
Caryopteris divaricata · 509
Caryopteris incana · 776
Cassia nomame · 367
Cassia occidentalis · 368
Cassia tora · 369
Caulophyllum robustum · 346
Cayratia japonica · 383
Centaurea cyanus · 558
Centipeda minima · 297
Cephalanthera erecta · 245
Cephalanthera falcata · 104
Cephalanthera longibracteata · 245

Cerastium fischerianum · 598
Cerastium glomeratum · 596
Cerastium holosteoides
   var. *hallaisanense* · 597
Cerastium pauciflorum · 187
Cerastium rubescens var. *ovatum* · 598
Chamaerhodos erecta · 356
Cheilanthes argentea · 113
Chelidonium majus var. *asiaticum* · 44
Chenopodium album var. *album* · 329
Chenopodium album
   var. *centrorubrum* · 329
Chenopodium ambrosioides · 327
Chenopodium bryoniaefolium · 327
Chenopodium glaucum · 328
Chenopodium serotinum · 330
Chenopodium virgatum · 328
Chimaphila japonica · 218
Chionographis japonica · 241
Chloranthus japonicus · 182
Chrysanthemum boreale · 756
Chrysanthemum indicum · 757
Chrysanthemum indicum
   for. *leucantum* · 757
Chrysanthemum lucidum · 807
Chrysanthemum zawadskii
   ssp. *coreanum* · 807
Chrysanthemum zawadskii
   var. *alpinum* · 299
Chrysanthemum zawadskii
   var. *latilobum* · 806
Chrysanthemum zawadskii
   var. *tenuisectum* · 805
Chrysosplenium alternifolium
   var. *sibiricum* · 59
Chrysosplenium flagelliferum · 58
Chrysosplenium grayanum · 56
Chrysosplenium japonicum · 59
Chrysosplenium pilosum · 57
Chrysosplenium pilosum var. *barbatum* · 57

학명 찾아보기

Chrysosplenium ramosum · 56
Chrysosplenium trachyspermum · 58
Cichorium endiva · 170
Cicuta virosa · 642
Cimicifuga davurica · 613
Cimicifuga heracleifolia · 613
Cimicifuga simplex · 612
Circaea alpina · 639
Circaea mollis · 638
Circaea quadrisulcata · 638
Cirsium chanroenicum · 686
Cirsium japonicum for. *alba* · 552
Cirsium japonicum var. *nakaianum* · 552
Cirsium japonicum var. *spinosissimum* · 552
Cirsium japonicum var. *ussuriense* · 551
Cirsium pendulum · 784
Cirsium rhinoceros · 550
Cirsium rhinoceros for. *albiflorum* · 550
Cirsium schantarense · 549
Cirsium setidens · 784
Clematis heracleifolia · 472
Clematis heracleifolia var. *davidiana* · 472
Clematis serratifolia · 743
Clinopodium chinense
   var. *parviflorum* · 289
Clinopodium gracile var. *multicaule* · 289
Clinopodium micranthum · 290
Clintonia udensis · 707
Cnidium davuricum · 650
Cnidium japonicum · 651
Cnidium officinale · 652
Codonopsis lanceolata · 407
Codonopsis pilosula · 408
Codonopsis ussuriensis · 540
Coelopleurum nakaianum · 646
Coix lachryma-jobi · 437
Coix lachryma-jobi var. *mayuen* · 438
Colocasia antiquorum var. *esculenta* · 453
Commelina communis · 574
Commelina communis for. *leucantha* · 575

Commelina mina · 575
Convallaria keiskei · 235
Corchoropsis psilocarpa · 386
Corchoropsis tomentosa · 386
Coriandrum sativum · 643
Corispermum stauntonii · 332
Corydalis ambigua · 126
Corydalis decumbens · 126
Corydalis grandicalyx · 127
Corydalis heterocarpa · 47
Corydalis heterocarpa var. *japonica* · 48
Corydalis incisa · 130
Corydalis maculata · 127
Corydalis ochotensis · 744
Corydalis ochotensis var. *raddeana* · 744
Corydalis pallida · 50
Corydalis speciosa · 49
Corydalis ternata · 19
Corydalis ternata var. *tenata* · 130
Corydalis turtschaninovii · 128
Corydalis turtschaninovii
   var. *fumariaefolia* · 129
Corydalis turtschaninovii var. *linearis* · 129
Corydalis turtschaninovii
   var. *pectinata* · 129
Crassocephalum crepidioides · 296
Crinum asiaticum var. *japonicum* · 714
Crotalaria sessiliflora · 499
Crypsinus hastatus · 120
Cucubalus baccifer var. *japonicus* · 600
Cuscuta australis · 673
Cuscuta japonica · 672
Cymbidium goeringii · 106
Cymbidium kanran · 763
Cynanchum ascyrifolium · 221
Cynanchum atratum · 283
Cynanchum atratum for. *viridesoens* · 283
Cynanchum inamoenum · 284
Cynanchum paniculatum · 402
Cynanchum wilfordii · 402

Cyperus amuricus · 451
Cyperus microiria · 451
Cyperus sanguinolentus · 736
Cypripedium guttatum for. *albiflorum* · 716
Cypripedium guttatum var. *koreanum* · 716
Cypripedium japonicum · 103
Cypripedium macranthum · 31
Cyrtomium falcatum · 115

D

Dactylis glomerata · 445
Datura meteloides · 679
Datura stramonium · 518
Datura stramonium var. *chalybea* · 518
Davallia mariesii · 114
Delphinium grandiflorum
  var. *chinense* · 477
Delphinium maackianum · 476
Dendrobium moniliforme · 32
Descurainia sophia · 54
Desmodium oldhami · 266
Desmodium oxyphyllum · 266
Desmodium podocarpum · 267
Dianthus barbatus · 469
Dianthus chinensis · 468
Dianthus japonicus · 469
Dianthus morii · 470
Dianthus superbus for. *albiflorus* · 257
Dianthus superbus var. *longicalycinus* · 257
Dianthus superbus var. *speciosus* · 470
Dicentra spectabilis · 18
Dictamnus dasycarpus · 273
Dioscorea batatas · 715
Dioscorea japonica · 715
Dioscorea quinqueloba · 463
Dioscorea septemloba · 463
Dipsacus japonicus · 535
Dispirum smilacinum · 238
Disporum ovale · 708
Disporum sessile · 95

Disporum viridescens · 96
Draba davurica var. *ramosa* · 616
Draba nemorosa var. *hebecarpa* · 51
Dracocephalum argunense · 513
Drosera rotundifolia · 617
Dryopteris coreanomontana · 115
Dryopteris crassirhizoma · 116
Duchesnea chrysantha · 60
Dunbaria villosa · 373
Dystaenia takeshimana · 648

E

Echinochloa crus-galli · 442
Echinochloa crus-galli
  var. *frumentacea* · 442
Echinops latifolius · 558
Echinops setifer · 559
Eclipta prostrata · 805
Eleusine indica · 444
Elsholtzia ciliata · 778
Elsholtzia minima · 779
Elsholtzia saxatilis · 778
Elsholtzia splendens · 777
Epilobium angustifolium · 275
Epilobium cephalostigma
  var. *nudicarpum* · 277
Epilobium cephalostigma · 277
Epilobium hirsutum · 276
Epilobium palustre
  var. *lavandulaefolium* · 276
Epilobium pyrricholophum · 278
Epimedium koreanum · 42
Epipactis thunbergii · 464
Equisetum arvense · 107
Equisetum hyemale · 108
Equisetum sylvaticum · 108
Eragrostis ferruginea · 444
Eranthis pinnatifida · 197
Eranthis stellata · 197
Erechtites hieracifolia · 804

| 학명 찾아보기 |

Erigeron annuus · 692
Erigeron canadensis · 692
Erigeron glabratus var. *albus* · 564
Erigeron thunbergii var. *glabrata* · 563
Eriocaulon hondoense · 455
Eriocaulon robustius · 455
Eriophrum angustifolium · 706
Erodium moschatum · 21
Erythronium japonicum · 174
Erythronium japonicum for. *album* · 174
Eschscholzia californica · 348
Eupatorium chinense for. *tripartitum* · 691
Eupatorium chinense
　　var. *simplicifolum* · 691
Eupatorium rugosum · 802
Euphorbia ebracteolata · 69
Euphorbia fauriei · 379
Euphorbia helioscopia · 68
Euphorbia humifusa · 380
Euphorbia jolkini · 69
Euphorbia maculata · 380
Euphorbia pallasii var. *pilosa* · 379
Euphorbia pekinensis · 381
Euphorbia sieboldiana · 70
Euphorbia supina · 381
Euphrasia hirtella var. *paupera* · 529
Euphrasia pectinata var. *simplex* · 529
Euryale ferox · 471

F

Fallopia convolvulus · 326
Fallopia dentata-alata · 738
Fallopia dumetora · 253
Farfugium japonicum · 752
Filipendula formosa · 485
Filipendula palmata · 626
Filipendula palmata var. *glabra* · 626
Filipendula purpurea · 265
Foeniculum vulgare · 396
Fragaria nipponica · 211

Fragaria nipponica var. *yezoensis* · 625
Fritillaria ussuriensis · 175
Fritillaria verticillata var. *thunbergii* · 100

G

Galinsoga ciliata · 697
Galinsoga parviflora · 697
Galium pusillum · 406
Galium verum var. *asiaticum* · 406
Gastrodia elata · 464
Gentiana algida · 670
Gentiana jamesii · 504
Gentiana nipponica · 775
Gentiana pseudo-aquatica · 220
Gentiana scabra for. *alba* · 775
Gentiana scabra var. *buergeri* · 774
Gentiana squarrosa · 151
Gentiana thunbergii · 152
Gentiana triflora var. *japonica* · 505
Gentiana uchiyamai · 506
Gentiana wootshuliana · 150
Gentiana zollingeri · 505
Geranium eriostemon · 136
Geranium eriostemon
　　var. *megalanthum* · 136
Geranium koraiense · 271
Geranium koreanum · 272
Geranium krameri · 270
Geranium maximowiczii · 271
Geranium shikokianum
　　var. *quelpaertense* · 500
Geranium shikokianum · 500
Geranium sibiricum · 269
Geranium soboliferum · 272
Geranium thunbergii · 769
Geranium tripartitum · 270
Geranium wilfordii · 269
Geum aleppicum · 365
Geum japonicum · 365
Glechoma hederacea var. *longituba* · 162

Glehnia littoralis · 644
Glycine soja · 495
Gnaphalium affine · 76
Gnaphalium hypoleucum · 411
Gnaphalium japonicum · 224
Gogea lutea · 100
Goodyera maximowiczana · 810
Goodyera schlechtendaliana · 720
Gymnadenia conopsea · 578
Gymnadenia cucullata · 313
Gynostemma pentaphyllum · 633
Gypsophila oldhamiana · 600

H

Habenaria linearifolia · 718
Habenaria radiata · 717
Halenia corniculata · 400
Hanabusaya asiatica for. *alba* · 547
Hanabusaya asiatica · 546
Hedyotis biflora var. *parvifolia* · 682
Hedysarum hedysaroides · 372
Helianthus tuberosus · 754
Heloniopsis orientalis · 173
Hemerocallis dumortieri · 458
Hemerocallis fulva · 303
Hemerocallis fulva var. *kwanso* · 303
Hemerocallis middendorfii · 459
Hemerocallis thunbergii · 460
Hemistepta lyrata · 169
Hepatica asiatica · 124
Hepatica insularis · 190
Hepatica maxima · 190
Heracleum moellendorffii · 647
Hesperis trichosepala · 483
Hibiscus coccineus · 385
Hibiscus manihot · 385
Hibiscus trionum · 384
Hieracium coreanum · 432
Hieracium umbellatum · 431
Hierochloe odorata · 89

Hololeion maximowicii · 432
Hosta capitata · 566
Hosta clausa · 566
Hosta longipes · 565
Hosta longipes for. *alba* · 565
Hosta longissima · 567
Houttuynia cordata · 316
Humulus japonicus · 318
Hydrocharis dubia · 704
Hylomecon hylomeconoides · 46
Hylomecon vernale · 45
Hypericum ascyron · 387
Hypericum ascyron var. *longistylum* · 387
Hypericum erectum · 389
Hypericum erectum var. *caespitosum* · 389
Hypericum japonicum · 388
Hypericum laxum · 388
Hypochoeris radicata · 79

I

Impatiens furcillata · 632
Impatiens noli-tangere · 382
Impatiens noli-tangere for. *pallida* · 382
Impatiens textori · 770
Impatiens textori for. *atrosanguinea* · 771
Impatiens textori for. *pallescens* · 771
Imperata cylindrica var. *koenigii* · 87
Inula britannica var. *chinensis* · 412
Inula britannica var. *linariaefolia* · 411
Inula britannica var. *ramosa* · 413
Inula helenium · 414
Inula salicina var. *asiatica* · 413
Iris dichotoma · 573
Iris ensata var. *spontanea* · 572
Iris koreana · 101
Iris koreana var. *albiflora* · 101
Iris lactea var. *chinensis* · 176
Iris minutiaurae · 102
Iris rossii · 175
Iris ruthenica · 177

| 학명 찾아보기 |

Iris sanguinea · 178
Iris sanguinea for. *albiflora* · 179
Iris setosa · 571
Iris tectorum · 179
Iris uniflora var. *caricina* · 176
Isatis tinctoria var. *yezoensis* · 52
Ischaemum crassipes · 437
Isodon excisus · 516
Isodon excisus for. *albiflorus* · 516
Isodon inflexus · 517
Isodon japonicus · 517
Isopyrum mandshuricum · 196
Isopyrum raddeanum · 196
Ixeris chinensis var. *strigosa* · 170
Ixeris dentata · 83
Ixeris dentata for. *albiflora* · 83
Ixeris repens · 433
Ixeris stolonifera · 82
Ixeris tamagawaensis · 84

J

Jefferonia dubia · 125
Juncus effusus var. *decipiens* · 456
Juncus tenuis · 456
Justica procumbens · 534

K

Kirengeshoma coreana · 356
Kochia scoparia · 331
Kummerowia striata · 265
Kyllinga brevifolia var. *leiolepis* · 763

L

Lactuca indica var. *laciniata* · 808
Lactuca raddeana · 433
Lamium album var. *barbatum* · 222
Lamium amplexicaule · 26
Lapsana apogonoides · 78
Lathyrus davidii · 373
Lathyrus japonicus · 135

Lathyrus komarovii · 491
Leersia japonica · 443
Leibnitzia anandria · 223
Lemmaphyllum microphyllum · 117
Leontice microrhynncha · 43
Leontopodium coreanum · 410
Leontopodium japonicum · 688
Leontopodium leioleis · 689
Leonurus macranthus · 288
Leonurus sibiricus · 287
Lepidium apetalum · 200
Lepidium virginicum · 200
Lepisorus thunbergianus · 118
Lespedeza tomentosa · 371
Libanotis coreana · 645
Ligularia fischerii · 419
Ligularia jaluessis · 418
Ligularia jamesii · 417
Ligularia taquetii · 416
Lilium amabile · 30
Lilium callosum · 309
Lilium cernuum · 307
Lilium cernuum for. *candidum* · 307
Lilium concolor var. *partheneion* · 305
Lilium davuricum · 306
Lilium distichum · 305
Lilium hansonii · 461
Lilium hansonii for. *emaculatum* · 461
Lilium lancifolium · 310
Lilium leichtlinii var. *tigrinum* · 309
Lilium tenuifolium · 308
Lilium tsingtauense · 304
Lilium tsingtauense for. *flavum* · 304
Limnophila sessiliflora · 779
Limonium tetragonum · 745
Linaria japonica · 403
Linaria vulgaris · 404
Lindernia attenuata · 521
Lindernia crustacea · 521
Lindernia procumbens · 520

Linum stelleroides · 501
Linum usitatissimum · 501
Liparis japonica · 465
Liparis kumokiri · 465
Liparis makinoana · 181
Liriope platyphylla · 172
Lithospermum erythrorhizon · 221
Lithospermum zollingeri · 154
Lloydia serotina · 713
Lloydia triflora · 244
Lobelia chinensis · 800
Lobelia sessilifolia · 547
Lotus corniculatus var. *japonicus* · 376
Ludwigia prostrata · 745
Luzula capitata · 95
Lychnis cognata · 259
Lychnis cognata for. *albiflora* · 259
Lychnis fulgens · 258
Lychnis wilfordii · 258
Lycopus ramosissimus var. *japonicus* · 675
Lycoris albiflora · 809
Lycoris aurea · 462
Lycoris chinensis · 462
Lycoris radiata · 737
Lycoris sanguinea var. *koreana* · 311
Lysimachia barystachys · 665
Lysimachia clethroides · 666
Lysimachia coreana · 399
Lysimachia fortunei · 664
Lysimachia japonica · 72
Lysimachia mauritiana · 667
Lysimachia vulgaris var. *davurica* · 399
Lythrum anceps · 502
Lythrum salicaria · 502

M

Maianthemum bifolium · 236
Maianthemum dilatatum · 236
Malva neglecta · 633
Matricaria chamomilla · 699
Mazus miquelii · 164
Mazus pumilus · 164
Mazus stachydifolius · 520
Medicago hispida · 66
Medicago lupulina · 66
Medicago sativa · 498
Meehania urticifolia · 159
Meehania urticifolia for. *rubra* · 159
Megaleranthis saniculifolia · 198
Melampyrum roseum · 731
Melampyrum roseum for. *leucanthum* · 292
Melampyrum roseum var. *japonicum* · 292
Melampyrum roseum var. *ovalifolium* · 528
Melampyrum setaceum · 293
Melampyrum setaceum
 var. *nakaianum* · 528
Melandryum firmum · 260
Melandryum oldhamianum · 12
Melandryum seoulense · 601
Melica nutans · 445
Melilotus alba · 378
Melilotus suaveolens · 378
Melothria japonica · 635
Menispermum dauricum · 346
Mercurialis leiocarpa · 68
Messerschmidia sibirica · 674
Metaplexis japonica · 507
Mimulus tenellus · 404
Minuartia arctica · 594
Minuartia laricina · 595
Miscanthus chejuensis · 760
Miscanthus oligostachya
 var. *intermedia* · 761
Miscanthus sacchariflorus · 761
Miscanthus sinensis · 760
Mollugo pentaphylla · 336
Monochoria korsakowi · 791
Monochoria korsakowi var. *albiflora* · 791
Monochoria vaginalis
 var. *plantaginea* · 792

| 학명 찾아보기 |

Monotropa hypopithys · 218
Monotropastrum globosum · 219
Mosla punctulata · 515
Myosotis sylvatica · 508

N

Nanocnide japonica · 34
Nelumbo nucifera · 262
Neofinetia falcata · 719
Nuphar japonicum · 337
Nuphar pumilum · 338
Nuphar pumilum var. *ozeense* · 338
Nymphaea minima · 604
Nymphoides indica · 671
Nymphoides peltata · 401

O

Oenanthe javanica · 641
Oenothera laciniata · 393
Oenothera lamarckiana · 395
Oenothera odorata · 394
Ophioglossum vulgatum · 109
Ophiopogon jaburan · 233
Oplismenus undulatifolius · 705
Orchis cyclochila · 576
Orchis joojokiana · 576
Oreorchis patens · 105
Orobanche coerulescens · 167
Orostachys japonicus · 795
Orostachys malacophyllus · 796
Orostachys minutus for. *albus* · 795
Orostachys sikokianus · 618
Osmorhiza aristata · 217
Osmunda claytoniana · 110
Osmunda japonica · 111
Ostericum praeteritum · 658
Ottelia alismoides · 703
Oxalis acetosella · 211
Oxalis corniculata · 67
Oxyria digyna · 325

Oxytropis anertii · 497
Oxytropis coerulea · 630

P

Paederia scandens · 683
Paederia scandens var. *argustifolia* · 683
Paeonia japonica · 199
Paeonia japonica var. *trichocarpa* · 199
Paeonia lactiflora var. *hortensis* · 17
Paeonia obovata · 16
Paeonia obovata var. *glabra* · 16
Panicum dichotomiflorum · 441
Papaver anomalum · 614
Papaver radicatum var. *pseudoradicatum*
   for. *albiflorum* · 347
Papaver radicatum
   var. *pseudoradicatum* · 347
Papaver somniferum · 263
Paris verticillata · 457
Parnassia palustris · 623
Patrinia saniculaefolia · 75
Patrinia scabiosaefolia · 747
Patrinia villosa · 800
Pedicularis hallaisanensis · 530
Pedicularis ishidoyana · 27
Pedicularis manshurica · 73
Pedicularis resupinata · 532
Pedicularis resupinata for. *albiflora* · 533
Pedicularis resupinata var. *gigantea* · 533
Pedicularis resupinata
   var. *oppositifolia* · 533
Pedicularis spicata · 530
Pedicularis verticillata · 531
Pennisetum alopecuroides · 734
Pennisetum alopecuroides
   for. *erythrochaetum* · 735
Pennisetum alopecuroides
   for. *viridescens* · 735
Penthorum chinense · 618
Persicaria amphibia · 255

Persicaria breviochreata · 739
Persicaria conspicua · 256
Persicaria debilis · 588
Persicaria dissitiflora · 728
Persicaria filiforme · 253
Persicaria hastato-sagittata · 764
Persicaria japonica · 589
Persicaria lapathifolia · 588
Persicaria longiseta · 729
Persicaria maackiana · 727
Persicaria nepalensis · 794
Persicaria nipponensis · 727
Persicaria nodosa · 467
Persicaria orientalis · 729
Persicaria perfoliata · 739
Persicaria pubescens · 589
Persicaria senticosa · 254
Persicaria sieboldii · 794
Persicaria thunbergii · 726
Persicaria tinctoria · 255
Persicaria viscosa · 467
Persicaria yokusaiana for. *laxiflora* · 256
Petasites japonicus · 225
Petasites saxatilis · 224
Peucedanum japonicum · 659
Peucedanum terebinthaceum · 658
Phaseolus calcaratus · 375
Phaseolus nipponensis · 375
Phleum alpinum · 446
Phleum pratense · 446
Phlomis koraiensis · 291
Phlomis umbrosa · 290
Phragmites japonica · 448
Phragmitws communis · 762
Phryma leptostachya var. *asiatica* · 534
Phtheirospermum japonicum
   for. *albiflora* · 780
Phtheirospermum japonicum · 780
Physalis alkekengi var. *francheti* · 676
Physalis angulata · 799

Phyteuma japonicum · 541
Phytolacca americana · 590
Phytolacca esculenta · 591
Phytolacca insularis · 592
Picris hieracioides var. *glabrescens* · 431
Pilea mongolica · 320
Pilea peploides · 320
Pimpinella brachycarpa · 649
Pinellia ternata · 227
Pinellia tripartita · 227
Plantago asiatica · 680
Plantago depressa · 223
Plantago lanceolata · 681
Plantago major var. *japonica* · 222
Platanthera metabifolia · 718
Platycodon grandiflorum · 538
Platycodon grandiflorum
   for. *albiflorum* · 539
Pleuropterus ciliinervis · 586
Pleuropterus multiflorus · 587
Pleurospermum camtschaticum · 643
Pogonia japonica · 577
Polemonium racemosum · 508
Polygala japonica · 137
Polygonatum falcatum · 241
Polygonatum humile · 238
Polygonatum inflatum · 96
Polygonatum involucratum · 97
Polygonatum odoratum
   var. *maximowiczii* · 240
Polygonatum odoratum
   var. *pluriflorum* · 239
Polygonatum odoratum
   var. *pluriflorum* for. *variegatum* · 240
Polygonatum odoratum
   var. *thunbergii* · 240
Polygonatum stenophyllum · 709
Polygonum aviculare · 590
Polygonum bellardi var. *effusum* · 326
Portulaca oleracea · 336

| 학명 찾아보기 |

Potamogeton distinctus · 435
Potamogeton octandurus · 436
Potentilla bifurca var. *glabrata* · 364
Potentilla centigrana · 357
Potentilla chinensis · 362
Potentilla chinensis var. *concolor* · 363
Potentilla cryptotaeniae · 361
Potentilla dickinsii · 359
Potentilla dickinsii var. *breviseta* · 360
Potentilla dickinsii var. *glabrata* · 359
Potentilla discolor · 61
Potentilla fragarioides var. *major* · 62
Potentilla freyniana · 63
Potentilla kleiniana · 61
Potentilla matsumurae · 360
Potentilla nipponica · 363
Potentilla nivea · 358
Potentilla stolonifera
　var. *quelpaertensis* · 62
Potentilla supina · 64
Potentilla yokusaiana · 63
Primula jesoana · 22
Primula modesta var. *fauriae* · 23
Primula sachalinensis · 282
Primula sieboldi · 24
Prunella vulgaris for. *albiflora* · 161
Prunella vulgaris for. *lilacina* · 161
Prunella vulgaris var. *aleutica* · 161
Prunella vulgaris var. *lilacina* · 160
Pseudolysimachion insulare · 523
Pseudolysimachion kiusianum · 522
Pseudolysimachion linariifolium · 523
Pseudolysimachion longifolium · 522
Pseudolysimachion rotundum
　for. *album* · 524
Pseudolysimachion rotundum
　var. *subintegrum* · 524
Pseudostellaria coreana · 186
Pseudostellaria davidii · 184
Pseudostellaria heterophylla · 185

Pseudostellaria japonica · 187
Psilotum nudum · 106
Pteridium aquilinum var. *latiusculum* · 112
Pteris cretica · 113
Pueraria thunbergiana · 494
Pulsatilla davurica · 14
Pulsatilla davurica var. *tongkangensis* · 15
Pulsatilla koreana · 13
Pulsatilla koreana for. *flava* · 15
Pulsatilla mongolia · 15
Pyrola incarnata · 281
Pyrola japonica · 662
Pyrola minor · 661
Pyrola renifolia · 660
Pyrrosia linearifolia · 119
Pyrrosia lingua · 118
Pyrrosia tricuspis · 119

R

Ranunculus borealis · 339
Ranunculus chinensis · 339
Ranunculus franchetii · 39
Ranunculus japonicus · 38
Ranunculus kazusensis · 194
Ranunculus quelpaertensis · 340
Ranunculus repens var. *major* · 39
Ranunculus sceleratus · 37
Ranunculus tachiroei · 340
Ranunculus ternatus · 37
Raphanus sativus for. *raphanistroides* · 131
Rehmannia glutinosa · 527
Reynoutria japonica · 585
Reynoutria sachalinensis · 586
Rhaponticum uniflora · 169
Rheum coreanum · 466
Rheum undulatum · 584
Rhodiola angusta · 352
Rhodiola elongata · 350
Rhodiola ramosa · 350
Rhodiola rosea · 351

Rhynchosia acuminatifolia · 374
Rhynchosia volubilis · 374
Rodgersia podophylla · 619
Rodgersia tabularis · 619
Rorippa globosa · 349
Rorippa indica · 53
Rorippa islandica · 349
Rubia akane · 684
Rumex acetocella · 34
Rumex acetosa · 35
Rumex conglomeratus · 324
Rumex crispus · 324
Rumex japonicus · 35
Rumex longifolius · 323
Rumex maritimus · 325

S

Sagina japonica · 183
Sagina maxima · 183
Sagittaria aginashi · 702
Sagittaria pygmaea · 701
Sagittaria trifolia · 702
Salicornia europaea · 741
Salvia chanroenica · 403
Salvia japonica · 514
Salvia plebeia · 515
Sanguisorba hakusanensis
　　var. *koreana* · 768
Sanguisorba officinalis · 730
Sanguisorba rectispica · 485
Sanguisorba stipulata · 628
Sanguisorba tenuifolia var. *alba* · 627
Sanguisorba tenuifolia var. *purpurea* · 627
Sanicula rubriflora · 149
Sanicula tuberculata · 72
Saposhnikovia seseloides · 645
Sarcanthus scolopendrifolius · 313
Saururus chinensis · 580
Saussurea alpicola · 556
Saussurea conandrifolia · 555

Saussurea eriophylla · 555
Saussurea grandifolia · 554
Saussurea japonica · 553
Saussurea mongolica · 554
Saussurea pulchella · 553
Saxifraga fortunei var. *incisolobata* · 621
Saxifraga laciniata · 620
Saxifraga manshuriensis · 621
Saxifraga oblongifolia · 622
Saxifraga punctata · 620
Saxifraga stolonifera · 210
Scabiosa tschiliensis · 536
Scabiosa tschiliensis for. *alpina* · 537
Scabiosa tschiliensis for. *zuikoensis* · 537
Schizopepon bryoniaefolius · 634
Scilla scilloides · 570
Scilla scilloides for. *alba* · 570
Scipus radicans · 448
Scirpus fluviatilis · 450
Scirpus hudsonianus · 706
Scirpus karuizawensis · 449
Scirpus triangulatus · 450
Scirpus wichurae · 449
Scopolia japonica · 163
Scopolia japonica var. *lutescens* · 163
Scrophularia koraiensis · 519
Scrophularia takesimensis · 519
Scutellaria baicalensis · 511
Scutellaria faurici · 512
Scutellaria indica · 158
Scutellaria insignis · 158
Scutellaria moniliorhiza · 512
Scutellaria pekinensis var. *transitra* · 511
Scutellaria strigillosa · 510
Sedum aizoon · 353
Sedum bulbiferum · 355
Sedum erythrostichum · 798
Sedum kamtschaticum · 354
Sedum kamtschaticum
　　var. (lati) *ovatifolium* · 354

학명 찾아보기

Sedum middendorffianum · 353
Sedum oryzifolium · 55
Sedum polystichoides · 355
Sedum rotundifolium · 264
Sedum sarmentosum · 54
Sedum spectabile · 767
Sedum takesimense · 352
Sedum telephium var. *purpureum* · 767
Sedum verticilatum · 797
Sedum viviparum · 797
Semiaquilegia adoxoides · 195
Senecio argunensis · 752
Senecio aurantiaca var. *leiocarpus* · 421
Senecio cannabifolius · 423
Senecio flammeus · 420
Senecio flammeus var. *glabrifolius* · 421
Senecio integrifolius var. *spathulatus* · 77
Senecio nemorensis · 422
Senecio pseudosonchus · 77
Senecio vulgaris · 78
Serratula coronata var. *insularis* · 557
Serratula coronata var. *koreana* · 557
Setaria glauca · 441
Setaria viridis · 439
Setaria viridis var. *gigantea* · 440
Setaria viridis var. *pachystachys* · 440
Setaria viridis var. *purpurascens* · 440
Sicyos angulatus · 634
Siegesbeckia glabrescens · 425
Siegesbeckia pubescens · 424
Silene alba · 603
Silene armeria · 260
Silene jenisseensis · 601
Silene oliganthella · 602
Silene repens · 602
Silene takesimensis · 603
Siphonostegia chinensis · 746
Sisymbrium luteum · 348
Sium suave · 653
Smilacina davurica · 708

Smilacina japonica · 237
Smilacina japonica var. *mandshurica* · 237
Smilax riparia var. *ussuriensis* · 99
Solanum lyratum · 678
Solanum nigrum · 677
Solidago serotina · 416
Solidago virga-aurea var. *asiatica* · 750
Solidago virga-aurea var. *gigantea* · 751
Solidago virga-aurea var. *nana* · 751
Sonchus asper · 85
Sonchus brachyotus · 758
Sonchus oleraceus · 84
Sophora flavescens · 370
Sparganium stoloniferum · 700
Spergula arvensis · 593
Spergularia marina · 593
Spergularia rubra · 12
Sphallerocarpus gracilis · 640
Spiranthes sinensis · 33
Stachys palustris var. *imaii* · 514
Stachys riederi var. *japonica* · 288
Stellaria alsine var. *undulata* · 189
Stellaria aquatica · 188
Stellaria media · 189
Stellaria radicans · 599
Stellera chamaejasme · 274
Stereptopus koreanus · 710
Streptolirion cordifolium · 707
Strobilanthes oligantha · 782
Suaeda glauca · 741
Suaeda japonica · 740
Suaeda maritima · 742
Swertia diluta var. *tosaensis* · 799
Swertia japonica · 773
Swertia pseudochinensis for. *alba* · 772
Swertia pseudochinensis · 772
Swertia tetrapetala · 503
Swertia wilfordii · 503
Symphytum officinale · 675
Symplocarpus nipponicus · 301

Symplocarpus renifolius · 171
Syneilesis aconitifolia · 693
Syneilesis palmata · 693
Synurus deltoides · 733
Synurus excelsus · 732

T

Tagetes minuta · 753
Taraxacum coreanum · 226
Taraxacum coreanum var. *flavescens* · 226
Taraxacum hallaisanensis · 79
Taraxacum mongolicum · 80
Taraxacum officinale · 81
Taraxacum ohwianum · 82
Tetragonia tetragonoides · 36
Teucrium japonicum · 286
Thalictrum actaefolium · 609
Thalictrum aquilegifolium · 608
Thalictrum baicalense · 610
Thalictrum coreanum · 474
Thalictrum filamentosum · 609
Thalictrum minus var. *hypoleucum* · 341
Thalictrum petaloideum · 611
Thalictrum raphanorhizon · 474
Thalictrum rochebrunianum · 473
Thalictrum uchiyamai · 473
Themeda triandra var. *japonica* · 436
Thermopsis lupinoides · 65
Thesium chinense · 581
Thladiantha dubia · 391
Thlaspi arvens · 201
Tiarella polyphylla · 622
Tofieldia coccinea · 710
Tofieldia fauriei · 711
Tofieldia nuda · 711
Torilis japonica · 639
Torilis scabra · 217
Trapa japonica · 637
Trapa pseudoincisa · 637
Trichosanthes kirilowii · 636

Tricyrtis dilatata · 564
Trientalis europaea · 663
Trifolium dubium · 65
Trifolium hybridum · 631
Trifolium lupinaster · 268
Trifolium pratense · 268
Trifolium repens · 631
Trigonotis coreana · 156
Trigonotis peduncularis · 155
Trigonotis radicans var. *sericea* · 155
Trillium kamtschaticum · 234
Trillium tschonoskii · 233
Tripterospermum japonicum · 776
Triumfetta japonica · 383
Trollius hondoensis · 344
Trollius japonicus · 345
Tulipa edulis · 244
Typha angustata · 435
Typha orientalis · 434

U

Urtica angustifolia · 318
Urtica thunbergiana · 319
Utricularia bifida · 746
Utricularia japonica · 405
Utricularia racemosa · 781

V

Valeriana amurensis · 295
Valeriana coreana · 294
Valeriana dageletiana · 294
Valeriana fauriei · 27
Valeriana pulchra · 295
Veratrum bohnhofii var. *latifolium* · 302
Veratrum maackii var. *japonicum* · 302
Veratrum maackii var. *parviflorum* · 457
Veratrum nigrum var. *ussuriense* · 736
Veratrum patulum · 712
Veratrum versicolor · 713
Verbena officinalis · 509

학명 찾아보기

Veronica didyma var. *lilacina* · 166
Veronica persica · 165
Veronica stelleri for. *rufescens* · 525
Veronica stelleri var. *longistyla* · 525
Veronicastrum sibiricum · 526
Vicia amoena · 486
Vicia angustifolia var. *minor* · 132
Vicia angustifolia var. *segetilis* · 132
Vicia cracca · 487
Vicia hirsuta · 133
Vicia nipponica · 488
Vicia pseudoorobus · 487
Vicia tenuifolia · 486
Vicia tetrasperma · 133
Vicia unijuga · 489
Vicia unijuga var. *albiflora* · 490
Vicia unijuga var. *angustifolia* · 490
Vicia unijuga var. *kausanensis* · 490
Vicia unijuga var. *ouensanensis* · 489
Vicia venosa var. *cuspidata* · 488
Vicia venosissima · 267
Vicia villosa · 134
Vigna vexillata var. *tsusimensis* · 492
Viola takashii · 212
Viola acuminata · 145
Viola acuminata for. *glaberrima* · 145
Viola albida · 214
Viola biflora · 390
Viola blandaeformis · 216
Viola chaerophylloides · 212
Viola collina · 137
Viola crassa · 390
Viola diamantica · 214
Viola grypoceras · 147
Viola grypoceras var. *exilis* · 147
Viola hirtipes · 139
Viola ibukiana · 213
Viola japonica · 139
Viola kapsanensis · 144
Viola kapsanensis var. *albiflora* · 144
Viola keiskei · 213
Viola lactiflora · 215
Viola mandshurica · 142
Viola orientalis · 71
Viola papilionacea · 148
Viola patrinii · 215
Viola rossii · 21
Viola sacchalinensis · 146
Viola selkirkii · 143
Viola seoulensis · 140
Viola tokubuchiana
    var. *takedana* for. *variegata* · 22
Viola variegata · 138
Viola variegata var. *ircutiana* · 138
Viola verecunda · 216
Viola yedoensis · 141

W

Wahlenbergia marginata · 539
Waldsteinia ternata · 64
Wedelia prostrata · 753

X

Xanthium italicum · 430
Xanthium strumarium · 430

Y

Youngia chelidoniifolia · 759
Youngia denticulata · 759
Youngia japonica · 85
Youngia sonchifolia · 86

Z

Zizania latifolia · 443
Zoysia japonica · 88